中国石油大学（北京）学术专著系列

现代油藏地质学

理论与技术篇

熊琦华　王志章　吴胜和　徐樟有　侯加根 等　著

科学出版社

北　京

内 容 简 介

本书是中国石油大学(北京)二十余年来在油气藏地质研究方面研究成果的总结与升华，是结合中国典型油气藏特征对油藏地质学理论的丰富与发展。全书集基础理论、技术方法与应用实践于一体，阐述了油藏"格架"的复杂性及复合性，"储层"形成的层次性、结构性与非均质性，油藏内"流体"分布的差异性，"油藏"类型特征及模式，开发过程中储层与流体性质的"动态"变化，"剩余油"的形成机理与模式。系统总结了在发现油气藏、认识油气藏、开发油气藏、管理油气藏过程中所采用的系列新技术、新方法。

本书对广大油气勘探与开发工作者有很大的参考作用和实用价值，对石油大专院校师生也是一部很好的参考书。

图书在版编目(CIP)数据

现代油藏地质学：理论与技术篇/熊琦华等著. —北京：科学出版社，2010
(中国石油大学(北京)学术专著系列)

ISBN 978-7-03-028893-6

Ⅰ.①现… Ⅱ.①熊… Ⅲ.①油田开发-石油天然气地质 Ⅳ.①P618.130.2

中国版本图书馆 CIP 数据核字 (2010) 第 173895 号

责任编辑：杨　震　黄　海 / 责任校对：张凤琴
责任印制：钱玉芬 / 封面设计：耕者设计工作室

科学出版社 出版
北京东黄城根北街 16 号
邮政编码：100717
http://www.sciencep.com

中国科学院印刷厂 印刷
科学出版社发行　各地新华书店经销

*

2010 年 9 月第　一　版　　　开本：B5(720×1000)
2010 年 9 月第一次印刷　　　印张：37 3/4　插页：12
印数：1—4 200　　　　　　字数：800 000

定价：138.00 元

(如有印装质量问题，我社负责调换)

丛 书 序

　　大学是以追求和传播真理为目的,并为社会文明进步和人类素质提高产生重要影响力和推动力的教育机构和学术组织。1953 年,为适应国民经济和石油工业发展需求,北京石油学院在清华大学石油系并吸收北京大学、天津大学等院校力量的基础上创立,成为新中国第一所石油高等院校。1960 年成为全国重点大学。历经 1969 年迁校山东改称华东石油学院,1981 年又在北京办学,数次搬迁,几易其名。在半个多世纪的历史征程中,几代石大人秉承追求真理、实事求是的科学精神,在曲折中奋进,在奋进中实现了一次次跨越。目前,学校已成为石油特色鲜明,以工为主,多学科协调发展的"211 工程"建设的全国重点大学。2006 年 12 月,学校进入"国家优势学科创新平台"高校行列。

　　学校在发展历程中,有着深厚的学术记忆。学术记忆是一种历史的责任,也是人类科学技术发展的坐标。许多专家学者把智慧的涓涓细流,汇聚到人类学术发展的历史长河之中。据学校的史料记载:1953 年建校之初,在专业课中有 90% 的课程采用前苏联等国的教材和学术研究成果。广大教师不断消化吸收国外先进技术,并深入石油厂矿进行学术探索。到 1956 年,编辑整理出学术研究成果和教学用书 65 种。1956 年 4 月,北京石油学院第一次科学报告会成功召开,活跃了全院的学术气氛。1957~1966 年,由于受到全国形势的影响,学校的学术研究在曲折中前进。然而许多教师继续深入石油生产第一线,进行技术革新和科学研究。到 1964 年,学院的科研物质条件逐渐改善,学术研究成果以及译著得到出版。党的十一届三中全会之后,科学研究被提到应有的中心位置,学术交流活动也日趋活跃,同时社会科学研究成果也在逐年增多。1986 年起,学校设立科研基金,学术探索的氛围更加浓厚。学校始终以国家战略需求为使命,进入"十一五"之后,学校科学研究继续走"产学研相结合"的道路,尤其重视基础和应用基础研究。"十五"以来学校的科研实力和学术水平明显提高,成为石油与石化工业的应用基础理论研究和超前储备技术研究以及科技信息和学术交流的主要基地。

　　在追溯学校学术记忆的过程中,我们感受到了石大学者的学术风采。石大学者不但传道授业解惑,而且以人类进步和民族复兴为己任,做经世济时、关乎国家发展的大学问,写心存天下、裨益民生的大文章。在半个多世纪的发展历程中,石大学者历经磨难、不言放弃,发扬了石油人"实事求是、艰苦奋斗"的优良作风,创造了不凡的学术成就。

　　学术事业的发展有如长江大河,前浪后浪,滔滔不绝,又如薪火传承,代代相继,火焰愈盛。后人做学问,总要了解前人已经做过的工作,继承前人的成就和经验,在此基础上继续前进。为了更好地反映学校科研与学术水平,凸显石油科技特色,弘扬科学精神,积淀学术财富,学校从 2007 年开始,建立"中国石油大学(北京)学术专著出版基金",专款资助教师们以科学研究成果为基础的优秀学术专著的出版,形成《中国石油大学(北京)学术专著系列》丛书。受学校资助出版的每一部专著,均经过初审评议、校外同行评议、校学术委员会评审等程序,确保所出版专著的学术水平和学术价值。学术专著的出版覆盖学校所有的研究领域。可以说,学术专著的出版为科学研究的先行者提供了积淀、总结科学发现的平台,也为科学研究的后来者提供了传承科学成果和学术思想的重要文字载体。

　　石大一代代优秀的专家学者,在人类学术事业发展尤其是石油石化科学技术的发展中确立了一个个坐标,并且在不断产生着引领学术前沿的新军,他们形成了一道道亮丽的风景线。"莫道桑榆晚,为霞尚满天"。我们期待着更多优秀的学术著作,在园丁们灯下伏案或电脑键盘的敲击声中诞生,展现在我们眼前的一定是石大寥廓邃远、星光灿烂的学术天地。

　　祝愿这套专著系列伴随新世纪的脚步,不断迈向新的高度!

中国石油大学(北京)校长

2008 年 3 月 31 日

前　言

参加本书编写的作者们有幸参加了国家引进油藏描述技术的"七五"、"八五"、"九五"、"十五"科研攻关。历经二十多年的攻关实践，取得了可喜的成果，包括科研成果获国家级及省部级奖项，在油田获显著生产效益并培养了一大批相关人才，发展了与我国陆相复杂油藏相关的理论与方法、技术。1996 年受中国石油天然气总公司科技局委派，总结和出版了《陆相油藏描述》专著中、英文版，并入选第十五届世界石油大会的书展，引起了国内外同行的关注。近十年为油藏描述技术在我国的推广和应用起了积极作用。同时随着实践的积累及研究水平的不断提高，理论体系不断丰富，方法技术不断完善，过去单纯的"油藏描述"技术应该向理论与方法技术相结合的相对独立的学科方向——现代油藏地质学发展。2005 年再次受中国石油天然气集团公司、中国石油化工集团公司、中国海洋石油总公司和中国中化集团公司四大公司资助出版这本《现代油藏地质学》。本专著是 20 余年来中国石油大学（北京）在油气藏地质研究方面的总结，其中浸透了油气藏地质领域全体教师和数百名历届大学、硕士和博士研究生们的心血、智慧和创造，是师生共同勇于面向一个个挑战、攻克一个个难关的集体成果和结晶。

本书由理论篇、技术篇和实例篇三大部分组成，其中，第一章至第六章为理论篇，系统总结油藏非均质理论及其动态变化的机理。第七章至第十三章为技术篇，主要阐述油气藏表征的方法与技术。因受篇幅所限，实例篇的内容不包括在本书中，将单独成册。

本书各章节编写人员如下：前言和绪论由熊琦华编写；第一章由熊琦华、吴胜和、曾联波、岳大力编写；第二章由吴胜和、熊琦华编写；第三章由张一伟、吴胜和、徐樟有编写；第四章由张一伟编写；第五章由熊琦华、张枝焕编写；第六章由熊琦华、吴胜和、侯加根编写；第七章由王志章、蔡毅、徐怀民编写；第八章第一节由陈崇河编写，第二节由王志章、蔡毅编写，第三节由吴胜和、岳大力编写，第四节由王志章、蔡毅、彭仕宓编写，第五节由王志章、蔡毅、曾联波编写，第六节由吴欣松编写，第七节由王志章、蔡毅编写；第九章由王志章、蔡毅编写；第十章由徐樟有、彭仕宓编写；第十一章由侯加根、王志章编写；第十二章由吴胜和、岳大力编写；第十三章由王志章、蔡毅编写。

吴胜和、徐樟有负责理论篇统稿，王志章负责技术篇统稿，熊琦华对全书进行了统编和审定。

本书的出版首先要感谢一贯关心和支持我们的中国石油天然气集团公司科技

局的历届领导,更要感谢与我们合作、给予我们攻关研究机会的各个油田的领导和同行们。

尤要感谢为中国石油教育事业贡献一生的张一伟教授。没有张一伟教授的高瞻远瞩,就没有中国石油学会油气藏开发地质学组的早日成立,更没有本专著的诞生。

同时也特别感谢王昌桂教授、薛培华教授,在百忙之中对初稿进行审核。

愿这本专著能为我国现代油藏地质学的兴起与发展做一点微薄的贡献。由于笔者水平所限,不足之处,敬请读者指正。

熊琦华

2009 年 10 月 10 日

目　　录

理　论　篇

绪　　论

　　现代油藏地质学的产生和发展与油藏开发实践水平及各种先进科学技术发展息息相关。随着计算机技术的迅速发展,"油藏描述"技术应运而生,它是一项优化全油田多学科相关信息来研究与定量表征、评价油气藏的新技术。20世纪70年代末~80年代,油藏描述(reservoir description service)技术的问世及发展使油藏地质研究进入一个新的里程碑。这项技术的发展和应用明显优于以高费用钻井为主要手段辅以测井单井评价的传统研究方法,成为一项有效提高勘探评价及开发水平及效益的支柱技术。我国自1985年引进此技术,二十余年来得到迅速普及、应用和发展,已成为储量计算前必备的基础工作及油田提高开发效益的"希望工程"。

　　在二十余年实践的过程中,每一次实践不仅解决了生产问题,见到了实效,同时,在理论认识上都有所提高和创新,让我们认识到必须对控制油藏不同阶段特征的成因机制进行理论研究,才能准确预测油藏的非均质特征及其变化规律,以及它们对油气采出的控制作用,以减少无效的投资及风险,为提高开发效益及采收率提供理论依据。同时,还必须依据不同类型油藏的非均质特征研究发展不同的方法及技术。

　　科学技术的发展是无止境的,随着世界油气藏勘探领域不断扩大,油藏类型趋于复杂,油藏开发难度和成本不断增加,开发效益不理想等难题向油气藏地质师和油藏工程师不断提出新的挑战,使得传统的油矿地质、油田开发地质以至油藏描述等以方法为主导的学科满足不了实践的需求。因而,发展理论与方法学相结合的学科迫在眉睫。

　　为此,我们从油藏描述的基础上再提高一步,进入现代油藏地质学的理论与实践统一的高度,编写了这本《现代油藏地质学》。本书共分三篇,即理论篇、技术篇和实例篇。

　　在理论篇中,我们重点论述油藏地质研究中核心的理论问题,即油藏格架的复杂性及复合性;储层的层次性、结构性与非均质性;油藏内油气分布的差异性及可变性;决定储层质量的岩石物理相理论及方法;阐明油气藏内部流体与流场相互作用机理的渗流地质学;油藏驱动能量;油藏开发分类及油藏模型分类。

　　在技术篇中,有关油藏描述规范中及1996年我们出版的《陆相油藏描述》专著中所涉及的常规方法及技术将不再赘述。在这本书中主要总结近十年来在参考、借鉴国内外先进技术的基础上,我们在实践中不断创新和发展的、有针对性并取得良好效果的方法及技术,涵盖了理论研究中的一些关键技术,如:构造精细解释及圈闭评价技术;储层精细划分对比及储层结构分析技术;相控储层表征技术;储层裂缝识别及评价技术;储层随机模拟及油藏地质建模技术;油气层识别与评价技术;剩余油评价及预测技术;油藏综合评价技术(含储量计算);数字油藏;油藏描述软件平台等。

实例篇则选择不同类型、不同开发阶段的典型油气藏为实例,简要地系统阐明其特殊性及研究内容、技术流程及关键技术,因受篇幅所限,这部分内容将单独成册。

一、现代油藏地质学的概念

现代油藏地质学是一门以石油地质等地质学科为基础,利用数理化多学科先进的理论与方法、技术对已证实油气藏的特征进行综合研究(study)、描述(description)、表征(characterization)与预测(forecast)的科学,是石油地质学的后续学科。它贯穿始于油藏评价、止于油藏枯竭的各个阶段,是一门油气藏静态研究与动态研究一体化相结合的地质学分支。

油藏地质学为石油地质学的一个分支,但其研究目标又与石油地质学有着鲜明的区别。石油地质学从找油的目的出发,其基本理论是油气的生成、运移、聚集、保存的条件和机理,其核心内容是油气藏形成和分布的基本规律,以便找到油气藏。油藏地质学则以评价油气藏与开采油气藏为目标。其基本理论是"格"——油藏内幕格架(地层、构造)、"储"——储层非均质系统、"流"——油藏流体系统、"藏"——油藏类型及油藏模式、"动"——储层与流体性质动态变化、"油"——剩余油形成与分布的模式及机理。其核心内容则是"格"、"储"、"流"、"藏"、"动"、"油"的形成机理与模式,表征方法与技术。

二、现代油藏地质学的任务及内容

(一)任务

油藏地质学的任务是研究已被证实油藏各方面的地质特征、形成机理及在开发过程中对油气采出的控制作用与变化规律,并最终建立不同精度的油藏模型,为油藏数值模拟、开发方案制定、调整及提高采收率提供依据。

现代油藏地质学则是以石油地质学、构造地质学、沉积学理论为基础,广泛应用储层地质学、层序地层学、地震岩性学、测井地质学、油藏地球化学、各种现代数学方法,以数据库为支柱,运用计算机手段,由复合型研究人员对油藏各种特征及其形成机理、开发过程中油藏属性参数变化、剩余油形成机制及分布进行一体化研究,并最终给出数字化、可视化、智能化的三维或四维空间的油藏模型。

（二）内容

油藏地质学研究的核心内容可归纳为六个方面：

（1）油藏格架的层次性：包括圈闭类型、地层层次性、断层及其封闭性、圈闭的复合性及微构造等。

（2）储层的结构性与非均质性：包括储层类型、储层构型与渗流屏障、储层质量差异性的形成机理及分布、评价；开发过程中储层性质的动态变化及其机理。

（3）油藏内油气分布的差异性。

（4）油藏类型多样性。

（5）开发过程中流体运动规律的可变性。

（6）剩余油形成机理的复杂性。

油藏地质研究内容依勘探开发的阶段性差异而既有连续性又有较大的区别：由第一口评价井证实油气藏的存在到油气藏枯竭的全过程，由于资料信息的类别及分布程度不同，对油藏地质特征的研究内容及认识程度是不断细化和深化的，因而不同阶段的研究任务、内容、方法及成果各有所异。

1. 现代油藏地质学在油藏评价阶段的研究任务及内容

油藏评价阶段油藏地质学研究工作是指第一口发现井到油田开发方案制定之前的研究。目的是少井多探明地质储量及进行开发可行性评价。任务和内容是利用少数探井、评价井及地震信息，以石油地质理论为指导，以构造地质学、沉积学、地球化学为基础，以层序地层学、地震地层学为主要研究方法，在研究构造体系及构造样式、层序划分及体系域类型、沉积体系及沉积相、成岩史及成岩作用、烃源岩及流体地化特征的基础上，建立以下各种地质概念模型：

（1）地层格架模型：建立地层层序及综合剖面，划分生、储、盖组合，确定含油层系，划分可能的地层圈闭及岩性圈闭。

（2）构造格架模型：确定圈闭类型及高点、主断层、断裂系统的分布及性质、圈闭面积及闭合高度。

（3）储层格架模型：储集体类型及分布、储集岩岩性及厚度、储集物性参数变化趋势及规律。

（4）流体格架模型：油藏类型及流体性质、流体分布及含油面积，油水界面及驱动能量。

（5）建立研究区油藏的概念模型，计算未开发探明储量。选择先导开发试验区为开发方案准备必要的基础。

因而这阶段的研究重点是研究组成油藏的各种格架的基本类型并确定油藏类型及其特殊性。

2. 现代油藏地质学在开发早期阶段的研究任务及内容

开发早期阶段为开发方案初步实施阶段,即开发基础井网全部钻完。油藏地质学研究的任务主要是搞清油藏内部地质结构及其中油气富集规律,指明高产区、段,模拟油藏中流体流动规律,预测可能发生的暴性水淹及储层敏感性,以便进行合理的现代油藏管理。为提高无水采收率及可采储量动用程度服务。

因而这阶段油藏地质学研究的特殊性是以取心井为基础,利用开发井的测井信息进行四性关系的转换,以便准确确定储层及油藏参数的变化规律及控制因素。即关键井研究及多井评价是主要方法,研究的基本单元是油层组中的小层,研究内容是影响流体渗流的开发地质特征以及流体性质变化及分布规律,流体与储存流体的流场之间的相互作用。主要研究成果为建立分级的油藏静态地质模型:

(1) 沉积微相——岩石相;

(2) 成岩储集相;

(3) 裂缝相;

(4) 岩石物理相;

(5) 分级的储层非均质特征以及渗流屏障、渗流差异、渗流敏感性、孔隙网络等特征;

(6) 流体与流场相互作用特征——渗流地质特征;

(7) 建立分级的油藏地质静态模型,计算开发探明储量(Ⅰ级)。

在开发方案实施阶段还需利用各种测试资料、生产测井(开发测井)资料、生产动态资料所提供的信息进行油藏动态研究,即研究油气藏基本动态参数的变化规律,建立动态模型,为调整方案提供依据。

因而这阶段的研究重点是控制储层质量的成因机理及储层影响渗流的非均质特征。

3. 现代油藏地质学在开发中后期阶段的研究任务及内容

开发中后期是指开发方案已全面实施,到进行提高采收率的三次采油措施之前的阶段。开发中后期的油藏大多已进入高含水的产量递减阶段。但由于储层非均质特征的差异性、屏障性、敏感性及变化的随机性,加之井网的不完善性,导致油水推进在纵、横向上的不均一性及油层动用程度的差异性,剩余油分布的零散性。同时,在长期水淹的储层中,储层及流体性质都将发生一系列物理的、化学的及机械的变化。以上这些因素使油藏各方面的非均质性更加突出。特别是储层非均质性,它是控制剩余油分布及进一步进行储层合理管理、提高开发效益的主控因素。

因而,这一阶段的油藏地质学研究将以储层非均质及流体变化特征为基础,以剩余油分布规律为核心,以储层、油藏的潜力评价为目的,注重非均质成因机制综合效应的研究及剩余油分布规律综合控制因素的研究。特别是在开发井网条件下,井点储层参数在开发前后的准确标定及求取,以及井点间和无井区储层属性参数变化的内插与外推预测方法的应用及研究。在研究储层非均质特征的同时,进行油藏地球化学研究,即研究流体在开发过程中与储层间相互作用机理及变化规律,并预测对驱油效果的影响;研究注入剂与油藏流体的配伍,为改善开发效果及三次采油措施方案的优选提供依据。研究内容主要有下列六个方面:

(1) 井间非均质参数的随机模拟;

(2) 储层属性参数的变化及其规律;

(3) 储层在注水开发后的变化及非均质特征;

(4) 剩余油分布规律及剩余油饱和度、分布特征及剩余储量复算;

(5) 目前油藏中流体性质的变化及其与储层相互作用机理等油藏地球化学特征;

(6) 目前油藏温度、压力场分布特征,边水及底水的水体变化特征。

通过以上各方面研究,建立储层结构模型、储层不同级别的非均质模型、流动单元模型、岩石物理模型及剩余油分布模型。

以上是按“阶段模式”阐述的研究任务与内容,实际上这种建立在顺序处理问题基础上的阶段往往对缩短勘探开发时间、提高时效、节约资金是不完全合理的,因而在并行方式处理问题的观念指导下,滚动勘探开发在我国已被倡导并实施。所以油藏地质研究的阶段也不是截然分开的,往往勘探早期与评价阶段相交叉,评价阶段先导开发实验区与开发早期交叉,因而在开发早期与中后期的研究内容及方法也是互有特殊性又有共性的。区别在于不同阶段对油藏地质特征认识的程度不同,要求解决的重点地质问题有别,因而应用的技术手段及精度有较大差异。

此外,对于开发阶段的油藏地质研究,往往还需考虑直接影响开发部署及动态特点的内容。如块状油藏重要特征是存在底水,因而底水能量及底水推进条件是进一步研究的重点;小透镜体油藏的特点是各个小储油体形成的独立的油气系统,在含油井段很长,一口井钻遇多个储油体时,就出现纵向上油气水分布杂乱的现象,甚至出现油柱高度超出圈闭高度的现象,用试井资料进行探边测试,用压降法计算井所控制的储集体体积,以及准确地解释每一口井的油气水层都是开发好这类油藏的重点研究内容;而层状油藏研究的重点则应是各油层层间的、平面的、层内的非均质性及隔层的稳定性等。

三、油藏地质学研究进展及动向

(一)油藏地质学研究进展

任何学科的产生与发展都源于实践,油藏描述技术的迅速发展使 20 世纪 70

年代以来油藏地质研究和油藏开发效益发生了质的飞跃。油藏研究由单井点向多井评价发展,由多学科分体式研究向多学科相关信息—一体化系统工程发展,油藏研究过程的计算机化、成果定量化、数字化、可视化及智能化等都使所提供给油藏工程所需的地质模型科学化,使油藏开发效果有较显著的提高。

但油藏描述偏于方法、技术的综合使用,停留在对油藏的描述与表征,而预测性欠完善,更何况开发不同类型、不同地区的油藏中不断出现新的静态与动态的不可认知与不可预测的难题,因而,发展到一定阶段对进一步改善油藏开发效果就不明显。这时必须对油藏的各种地质特征及开发过程地质特征变化的形成机理从成因上进行研究,加强理论基础研究,以便增强地质模型的预测功能及为方法技术的发展提供依据和要求。

二十年来,我们与油田公司合作,先后完成了近 20 个油气田 80 多个不同类型油气藏的描述攻关与研究工作。通过对实践中出现的一个个难题的解决,更重视多学科理论基础的应用并发展了相关的理论研究及创新方法与技术,深感发展现代油藏地质学理论研究是发展油藏描述方法、技术的基础。

1989～1991 年针对大港油田枣园水注不进油采不出、储量与产量极端的不相称、被列为全国最难开发的七个油田之一,我们提出了岩石物理相及渗流地质学的理论。经过实践保证了 103 口调整井 100％见效,产量提高 3 倍,稳产 9 年,经济效益明显,一跃成为全国难开发油田中的带头羊。

1991 年在辽河冷东-雷家地区沙 3 段砾岩、稠油油藏,发现控制有利微相带中油气富集的因素往往与岩性粒度变化相关,提出了沉积微相-岩石相及成岩储集相的概念并发展了测井地质解释,解决了当地砾岩油藏描述问题。

1992～1994 年针对中原胡状集油田开发中后期油水关系极复杂、准备放弃的油田,我们及时引进了区域变化变量理论和随机模拟理论,出版了《地质统计学在油藏描述中的应用》译著,并邀请了世界著名地质统计学专家教授、美国斯坦福大学 Journal A. G. 教授来校面向各院校、研究院所及油田进行一周讲课及研讨,并协助我们共同培养了博士生,翻译出版了《地质统计学软件用户手册》。随后派出青年教师赴世界地质统计学三大研究中心之一的挪威石油研究所进修随机模拟理论及软件应用,在 1992～2002 年的十年中我们进行了相关的研究及不懈的努力,为解决非均质油藏的无井区油藏参数确定及储层随机模拟奠定了基础。

1987～1996 年针对胜利油田牛庄储层对比的难题提出了相控等时储层对比的方法,针对大港油田枣园提出了分层、分块、分相带建立储层参数解释模型的新思路,针对吐哈油田温吉桑-米登及塔里木塔中东河塘砂岩油藏开创性地进行了相控储层预测以及相控储层随机建模研究,针对陆相油藏储层相变频繁复杂的实践不断完善了相控储层表征的理论。

1996～1998 年针对塔里木碳酸盐岩油藏储集空间多为双重孔隙介质及穿层

的特点,提出了"视储集空间"及渗流单元的概念,成功地解决了碳酸盐岩储集空间预测难的问题。

1995～1998 年,针对储层及流体在油藏内部富集规律的复杂性,开展了流场(储层)与流体相互作用机理研究的攻关课题,进一步丰富和完善了含油层系、油层组、油层及小层、孔隙网络中的渗流地质学理论。

2000 年至今,在科研攻关中面向气藏、碳酸盐岩、低渗透裂缝储层、特高含水油藏、多层砂岩油藏等一系列新的问题,我们重视实验室的物理模拟、数学模拟、储层构型、相概率等基础研究,将非均质性、不确定性、非线性、随机性、事件性、概率性贯穿于油藏地质研究始终。

(二)现代油藏地质研究动向

如前所述,现代油藏地质学核心内容是"格"、"储"、"流"、"动"、"油"的形成机理与模式、表征方法与技术。因此,展望世界各国油藏地质研究动向,可以归纳为如下几个方面。

1. 复杂地层发育模式与对比方法研究

油藏范围内地层发育模式可分为比例式、前积式、超覆式、复合式等模式,地层对比需遵循等时对比,分级控制;井震结合,动态验证;模式指导,相控约束;构造分析,全区闭合等基本原则。借助高精度地震层序地层学、基于多井测井信息的高分辨率层序地层分析及沉积模式指导下的储层构型研究,通过桥式对比、三角网格对比、随机对比、三维闭合对比使复杂地层对比成为可能。

2. 低序次断层预测及微构造研究

通过井间层析成像、动态监测、随机模拟等技术与手段,使低序次断层预测及微构造研究更加逼近真实地下地质情况。

3. 定量可预测储层构型模式建立

储层构型即不同级次储层构成单元的几何形态、大小、方向及其相互关系。储层内部构型表征的核心是井间预测,而预测的基本前提是预知对象的分布规律或模式。地下构型的空间分布不能用线性或非线性方程来表达,因而难于通过井间插值来预测。构型分布的规律主要表现为模式。将不同级次的定量构型模式与地下井资料(包括动态资料)进行拟合,建立地下储层构型的三维模型。目前曲流河定量可预测构型模式相对成熟但还不完善。其他类型沉积体系如冲积扇、扇三角洲、辫状河、三角洲等沉积体系定量可预测构型模式研究刚刚起步。需要通过野外露头、现代沉积、密井网区,进行大量艰苦的原型模型研究。更需要开展地球物理正演模拟、地震与测井沉积学的研究。

4. 储层质量评价及其差异分析

储层储集性能的优劣,受沉积作用、成岩作用和后期构造改造作用的综合效应——储层岩石物理相(熊琦华,1988)的控制。通常体现为层间差异、平面差异、层内差异、微观差异。因此,认识储层、评价储层必须将沉积、成岩、构造、后期改造等作用有机地结合于一起,才可能对储层做出合理的评价。

5. 储层裂缝预测方法研究

储层裂缝通常分为构造裂缝、收缩裂缝、卸载裂缝、风化裂缝、层理缝、成岩缝、人工压裂缝等类型,同样是构造、沉积、成岩、后期人为构造作用的产物。如何有效地识别、评价井点裂缝、井间裂缝,是研究低渗、特低渗复杂裂缝性油藏的关键。

6. 古岩溶储层预测

古岩溶储层具有垂向分带、平面分区,且溶孔、溶缝、溶洞、砾间孔缝共生的特点,导致该类储层非均质性强,因此如何建立其定量可预测模式,成为研究热点。

7. 储层地质建模算法改进

目前,储层地质模型建立通常可分为:确定性建模(deterministic modeling),即对井间未知区给出确定性的预测结果;随机建模(stochastic modeling),即应用随机模拟方法,对井间未知区给出多种可能的预测结果。

确定性建模通常有储层地震学方法(地震信息的确定性变换)、储层沉积学方法(地质模式预测)、常规插值与克里金插值。储层地震学方法,其优点是横向覆盖广,不足之处在于垂向分辨率低、多解性强。储层沉积学方法,其关键点是如何利用少量信息(井、地震、动态),通过标准定量可预测模式、工区定量可预测模式,对地质体进行预测。

随机建模可分为基于目标的随机建模方法、基于像元的随机建模方法。基于目标的随机建模方法目前最大难点为对于一个目标体内的多个数据较难拟合,有时不能拟合(算法不收敛)。基于像元的随机建模方法最大的问题在于地下地质模式认知及与井点吻合的问题。

因此,各种建模算法的改进,是保证所建模型符合地质实际的关键。

8. 油藏流体系统研究

油藏流体系统研究主要体现为圈闭内原始油气差异分布机理、不同规模储层非均质对圈闭内油气充注及油水运动的控制作用、影响原始含油饱和度充注的宏、微观地质因素、复杂油气层识别评价及油水分布规律。

9. 开发过程中储层与流体性质动态变化规律研究

油气储层与外来流体发生各种物理或化学作用而使储层孔隙结构、渗流特性及流体性质发生变化。因此,必须以动态的观点认识油藏、管理油藏,要分期次建立油藏地质模型。

10. 剩余油形成与分布方法研究

剩余油分布及预测是一永恒的话题。伴随油藏开发,剩余油总可划分为未动用或基本未动用的剩余油层、已动用油层的平面剩余油滞留区两种类型。

前者主要分为井网控制不住的剩余油层、层间干扰造成的剩余油层、污染损害严重的油层、未列入原开发方案的油层;后者可分为注采系统不完善造成的剩余油区、储层平面非均质造成的剩余油区、构造高部位的水动力"滞留区"、封闭性断层附近的水动力"滞留区"。尽管已发展了以开发地质学为主、油藏工程理论为主、矿场资料的统计分析为主、地球物理学为主的多种剩余油预测方法,初步形成了"分割控油,劣势富集"的剩余油富集理论(李阳,2005),但储层内部构型、低序次断层对剩余油形成与分布的控制作用、复杂岩性(砂砾岩、碳酸盐岩、火山岩等)剩余油解释、复杂油藏(复杂裂缝性油藏、低渗特低渗油藏)剩余油分布、高精度地质建模与数值模拟一体化研究等方面仍需要一代人的努力。

综观上述发展动向,不难看出,中国油藏现今地质特征的形成是复杂的,是多因素作用的综合效应;同时在地质历史中是不断演化的,在开发过程中是不断变化的。因而要从动态及变化的角度审视油藏地质特征的千变万化,区别出每个油藏的特殊性,找准研究的突破点,发展相关的理论,确定适应该油藏地质特征的研究技术与方法,从根本上提高地质研究水平和应用实效。

理 论 篇

第一章　油藏内幕格架

油藏的基本格架是圈闭,包括构造圈闭(背斜圈闭、断层圈闭)、地层圈闭(不整合圈闭、超覆圈闭)、岩性圈闭(岩性上倾尖灭、砂岩透镜体、生物礁圈闭)、构造-地层圈闭、构造-岩性圈闭等。在油藏圈闭内部,组成圈闭的地层由具有层次性的地层单元组成,同时又可被多级次的断层所复杂化。地层和断层的层次性以及岩性的变化性则导致了油藏圈闭内幕格架的复杂性。这一复杂的内幕格架不仅对油气在圈闭中的聚集与分布具有很大的控制作用,而且对油藏中的油气采出具有很大的影响。

第一节　地层的层次性

地层是油藏圈闭结构的基本单元。在各类圈闭内部,地层(包括层序地层单元、油层对比单元等)均具有层次性,而且地层的分布具有多种模式。

一、地层发育的控制因素

根据层序地层学基本原理,控制地层发育的因素包括地壳升降运动、海(湖)平面变化、气候及沉积物供给。

构造沉降、海(湖)平面升降或二者的综合作用产生了可供沉积物沉积的空间,即可容纳空间,包括沉积物表面至沉积基准面之间的所有空间(Posamentier and Jervey,1988)。沉积物供给与可容纳空间的相对变化速率则决定着层序内地层的叠置形式及层序边界的形成。在可容纳空间为正值的条件下,当沉积物供给速率小于可容纳空间增大速率时,发生向陆退积作用,形成正旋回沉积系列;当沉积物供给速度等于可容纳空间增大速率时,发生加积作用;当沉积物供给速率大于可容纳空间增大速率时,发生前积作用(van Wagoner et al.,1988),形成反旋回沉积系列;而在可容纳空间为零时,发生沉积物路过作用(既无沉积,亦无剥蚀,沉积物路过该区向盆地内搬运、沉积)。当可容纳空间为负值(沉积基准面在沉积物表面上下)时,将发生侵蚀和下切作用,从而形成层序边界(图1-1)。

形成可容纳空间的构造沉降与海(湖)平面升降作用既具有区域性特征,又具有不均衡的特征,因此,导致的沉积旋回既具有一定范围的等时性,又具有层次性。以地壳的升降运动为例,在同一个沉积盆地内,同一次升降运动所表现出的沉积旋回特征是相同或相似的,这就是利用沉积旋回划分对比地层的理论依据。地壳的升降运动又是不均衡的,表现在升降的规模(时间、幅度、范围)有大有小,且在总体

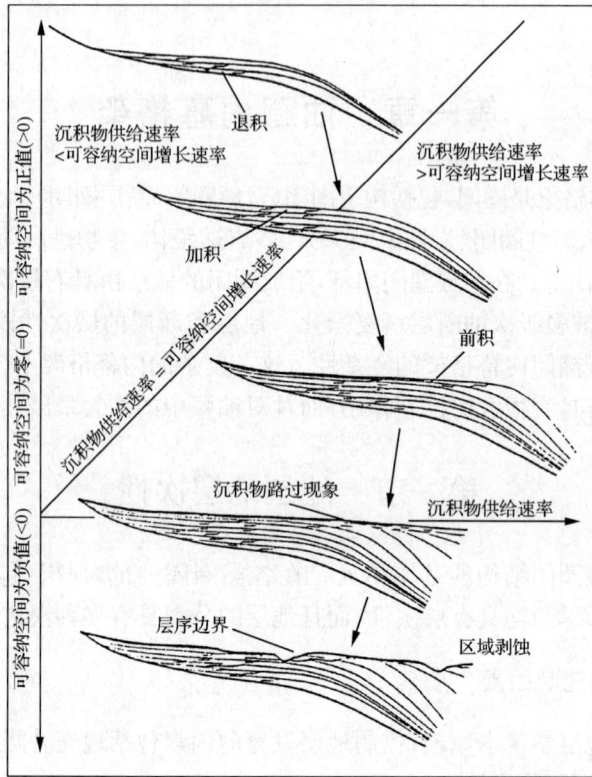

图 1-1　可容纳空间与沉积物供给对层序地层形成过程的控制作用
（据 van Wagoner et al. ,1988；Shanley，McCabe，1994）

上升或下降的背景上还有小规模的升降运动。因此,地层剖面上的旋回就表现出级次,即在较大的旋回内套有小的旋回(图 1-2)。利用旋回对比地层时,可以从大到小分级次进行对比,这就是"旋回对比、分级控制"的原理。

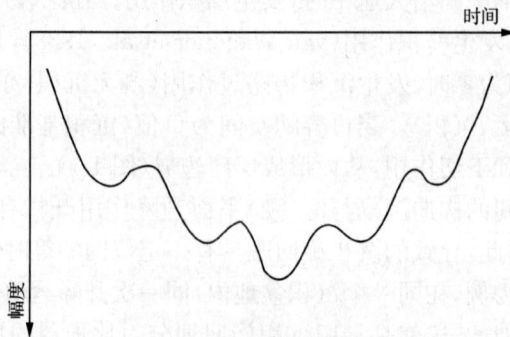

图 1-2　地壳升降运动振幅曲线

在油田范围内,沉积旋回级别一般从小到大分为四级:

(1) 四级沉积旋回(或称韵律):包含一个单砂层在内的不同粒度序列岩石的一个组合,其厚度、结构及层理随沉积相带的变化而有所不同。

(2) 三级沉积旋回:同一岩相段内几种不同类型的单层或者四级旋回组成的旋回性沉积。集中发育的含油砂岩有一定的连通性,上下泥岩隔层分布比较稳定。

(3) 二级沉积旋回:由不同沉积的岩相段组成的旋回性沉积,包含若干三级旋回。油层分布状况与油层特征基本相近,是一套可以组成开发单元的油层组合。

(4) 一级沉积旋回:包含若干二级旋回,相当于一个含油层系。一般都有古生物或微体古生物标志层来控制旋回界线。

沉积旋回分级是个相对概念,各级沉积旋回反映盆地构造活动、气候变化、碎屑物供应量的变化、水进水退、沉积体的废弃转移、各沉积事件能量的差异以及每次沉积事件本身能量的变化过程,应根据油田的实际情况确定沉积旋回级次及成因意义。

二、层序地层的层次性

层序是一套相对整一的、成因上有联系的、顶底以不整合面或与之相应的整合面为界的一套地层(Mitchum et al.,1997)。每个层序均由一系列体系域(如低位体系域、海进体系域、高位体系域等)组成,每个体系域又包含一系列同时形成的沉积体系。体系域是以其在层序内的位置及以海泛面为界的准层序组和准层序的叠置方式来定义的。低位体系域以层序边界为底界,其顶以第一次较大的海泛面(称为海进面)为界,它可能由盆底扇、陆坡扇和低位楔组成(van Wagoner et al.,1988;Posamentier et al.,1988)。海进体系域为一下部以海进面为界、上部以下超面或最大洪泛面为界的体系域,一般地,该体系域表现为向上变深、变细的沉积序列。高位体系域为一以下超面为下部边界、以下一个层序边界为上部边界的体系域。高位体系域的早期沉积一般由一个加积准层序组构成;晚期沉积一般由一个或多个前积准层序组构成(van Wagoner et al.,1988;Posamentier et al.,1988)。另外,在层序内还可识别出陆架边缘体系域、下降阶段体系域等,在此不再详述。

层序地层单元可进一步划分为更细的级次,如准层序组、准层序、层组、层及纹层等。一个准层序是以海(湖)泛面或者它们的对应面为界的、成因上有联系的、相对整一的岩层或层组序列(van Wagoner,1985,1987,1988,1990)。而准层序组则是以较大海(湖)泛面及其对应面为界的、成因上有联系的准层序所构建的一种特定叠置形式(退积、加积或前积)。层组则是由一套相对整一的成因相关的层组成,其边界面为侵蚀面、无沉积作用面或与其对应的整合面(Campbell,1967)。层组还可进一步分为纹层组和纹层(图 1-3)。

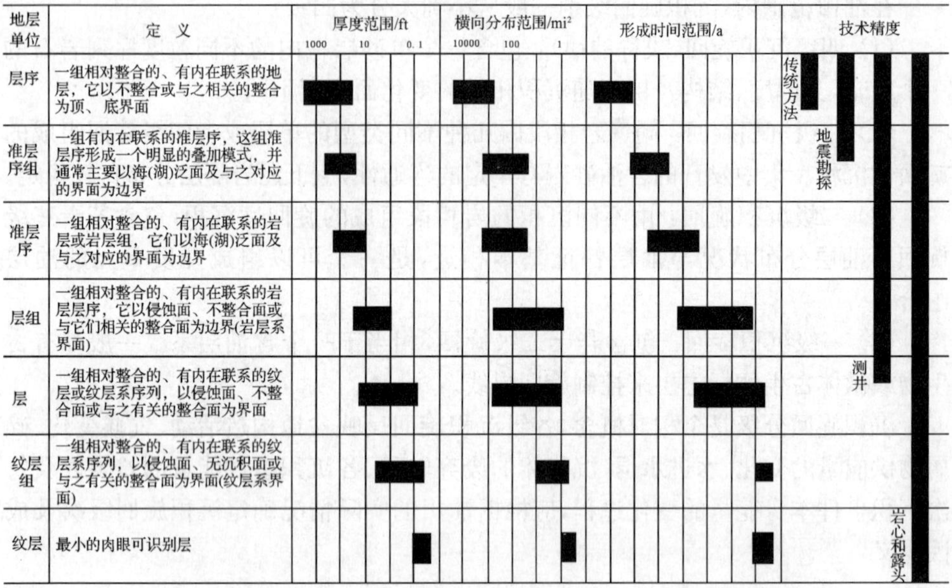

地层单位	定义	厚度范围/ft	横向分布范围/mi²	形成时间范围/a	技术精度
		1000　10　0.1	10000　100　1		
层序	一组相对整合的、有内在联系的地层，它以不整合或与之相关的整合为顶、底界面				传统方法
准层序组	一组有内在联系的准层序，这组准层序形成一个明显的叠加模式，并通常主要以海(湖)泛面及与之对应的界面为边界				地震勘探
准层序	一组相对整合的、有内在联系的岩层或岩层组，它们以海(湖)泛面及与之对应的界面为边界				
层组	一组相对整合的、有内在联系的岩层层序，它以侵蚀面、不整合面或与它们相关的整合面为边界(岩层系界面)				测井
层	一组相对整合的、有内在联系的纹层或纹层系序列，以侵蚀面、不整合面或与之有关的整合面为界面				
纹层组	一组相对整合的、有内在联系的纹层系序列，以侵蚀面、无沉积面或与之有关的整合面为界面(纹层系界面)				岩心和露头
纹层	最小的肉眼可识别层				

图 1-3　层序地层单元的层次分级(据 van Wagoner et al.，1990)

1ft＝0.3048m，1mi²＝2.590km²

　　一般地，层序和体系域厚度较大(数十至数百米)，分布范围相对较广(数十至数百平方千米)，一般在地震剖面上可以进行识别。这一研究范畴主要适用于油气田勘探，即在盆地或凹陷内，利用少数探井和大量的地震剖面进行层序、体系域的划分、对比，建立大规模的层序地层格架，预测有利的生、储、盖组合，优选有利的油气富集区。而一个准层序的厚度范围相对较小(数米至数十米)，一般在常规地震剖面上难于识别，大多数情况下只能借助于岩心、测井或露头资料进行识别。这一地层单元(有时包括准层序组)及次一级地层单元的划分、对比及其在油田(或油藏)范围内的时空分布为高分辨率层序地层学研究的主要内容(Cross et al.，1993；O'Byrne和Flint，1993)，这也是油藏地质学研究的地层范畴。

三、油层对比单元的层次性

　　由于油层对比的主要对象为油田内的含油层段，因此，其对比单元相对较小。在划分各级油层对比单元时，主要考虑油层特性(岩性、储油物性)的一致性和隔层条件(隔层的厚度和分布范围)。油层对比单元级别越小，油层物性的一致性越高，纵向上的连通性越好。油层对比单元同样具有层次性，一般划分为 4 级。

　　(1)单油层：为岩性、储油物性基本一致，具有一定厚度、上下为隔层分开的储油层(相当于一个砂岩层)。单油层具有一定的分布范围，层间隔层所分隔开的面积大于其连通面积，是储存油气的基本单元。相当于四级沉积旋回，大体对应于层序地层单元的层组至层。

（2）砂层组（或称复油组）：是由若干相邻的单砂层组合而成。同一砂层组的岩性特征基本一致，砂层组间的顶底界由较为稳定的隔层分隔。相当于三级沉积旋回，大体对应于层序地层单元的层组至准层序。

（3）油层组：由若干油层特性相近的砂层组组合而成。以较厚的泥岩作为盖层或底层，且分布在同一岩相段内，岩相段的顶底即为油层组的顶底界。相当于二级沉积旋回，大体对应于层序地层单元的准层序至准层序组。

（4）含油层系：由若干油层组组合而成，同一含油层系内油层的沉积成因、岩石类型相近，油水特征基本一致。含油层系的顶底面与地层时代的分界线基本一致。相当于一级沉积旋回，大体对应于层序地层单元的准层序组至层序。

在单油层由复合砂体组成且横向出现分叉合并时，可对单油层进一步细分，这在油田开发中后期的油藏研究中十分必要。此时，单油层称为小层，而在小层内进一步划分若干单层。因此，对于复杂的含油地层，油层对比单元可划分为 5 级，即含油层系、油层组、砂层组、小层、单层。

四、地层分布模式

在油藏范围内，地层分布受到地形、地层堆积方式及后期构造作用的控制。其叠置形式可大体分为以下几种。

（1）比例式：地层内部各地层单元厚度的比例在各处相似。虽然地层厚度在各处有差别，但各地层单元的厚度变化趋势是一致的，即各处各地层单元的厚度比例基本相同（图 1-4）。这类形式的地层是在基本稳定的沉积背景上形成的，横向的厚度变化主要由不同部位沉降幅度和（或）沉积速率的差异造成的。在油藏范围内，这种分布形式最为广泛，其极端形式为等厚式，即各处各地层单元的厚度基本相似。

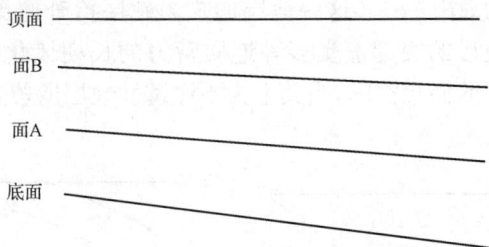

图 1-4　比例式地层分布形式

（2）波动式：地层内部各地层单元的最大厚度沿某一方向迁移，呈波动变化。这主要是受地壳波状运动的影响控制，最大沉降区有规律地转移，导致各层最大厚度带有规律地转移(图 1-5)。

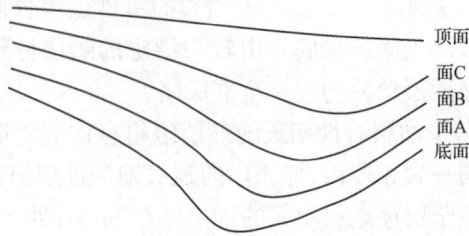

图 1-5　波动式地层分布形式

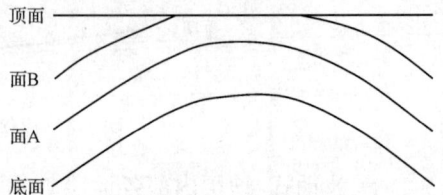

(3) 前积式:地层内部层面与顶面、底面斜交,内部地层沿某一方向前积排列,如图 1-6 中的层面 A～D。这种形式常见于三角洲相地层中,为建设性三角洲向海(湖)推进而形成。

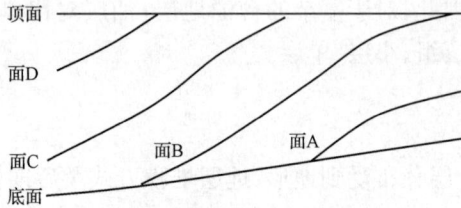

图 1-6　前积式地层分布形式

(4) 超覆式:地层内部层面与底面斜交,而与顶面平行,由地层向盆地边缘(或盆内凸起)超覆而形成(图 1-7),发育于海进(湖进)体系域中。当水体渐进时,沉积范围逐渐扩大,较新沉积层覆盖了较老沉积层,并向陆地扩展,与更老的地层侵蚀面呈不整合接触。在地层超覆圈闭中,发育这种地层模式。

(5) 剥蚀式:地层内部层面与底面平行,而与顶面斜交。顶面为剥蚀面,内部地层在高部位被剥蚀(图 1-8)。这一地层形式为地层抬升遭受剥蚀所致,分布于不整合面之下。古地形的突起遭受多种地质营力的长期风化、剥蚀,常形成破碎带、溶蚀带,具备良好的储集空间,当其上为不渗透性地层所覆盖时,则形成了地层不整合遮挡圈闭。

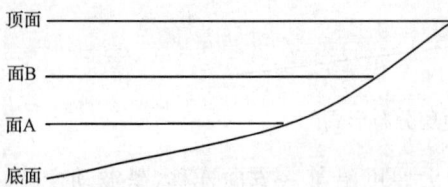

图 1-7　超覆式地层分布形式　　　　图 1-8　剥蚀式地层分布形式

第二节　油藏断层及其封闭性

　　地层的弯曲变形及断层改造是形成油藏内幕格架的重要因素。其中,断层级次、样式及其封闭性是油藏内幕格架复杂化的关键。

一、断层的级次

　　根据断层规模、断层持续活动时间、断层对盆地及其内部构造单元演化、沉积、油气藏和开发的控制作用等因素,可将盆地中的断层划分出 6 个级别(图 1-9)。

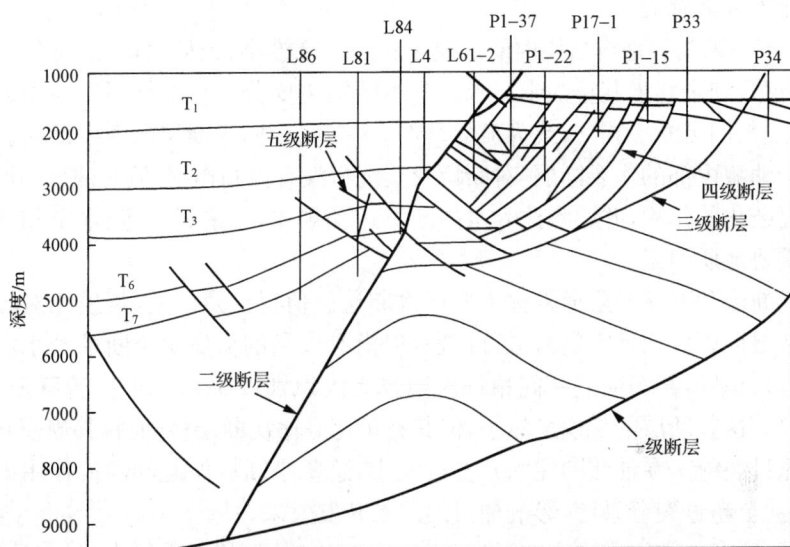

图 1-9　惠明凹陷中央隆起带断层序次剖面图(据张宗檩,2004)

　　(1)区域断层:是指控制盆地内拗陷与隆起间的分界断层。区域断层的规模大,延伸长,一般为几十至上百千米,它控制了沉积盆地内拗陷及其构造、沉积的形成与演化。区域断层的形成和分布受区域地质构造背景的控制,通常还与基底的隆起有关。

　　(2)一级断层:是指盆地内凹陷和凸起间的分界断层。断层的规模较大,延伸较长,一般为几至几十千米。一级断层的形成和分布通常受区域构造环境和控制拗陷分布的区域断层几何形态的控制,并与基底构造有关。

　　(3)二级断层:是指洼陷与凹陷内隆起带之间的断层。断层的规模相对较大,延伸较长,一般为几至几十千米。二级断层通常为构造带的边界断层,控制了构造带的形成与发育。其断层的形成和分布与区域构造应力场、岩层厚度及其展布、古地貌等因素有关。

（4）三级断层：主要是指断块区之间或大型断块之间的边界断层。断层的规模相对较小，断层延伸长度一般为几百至几千米，控制油气藏的形成与分布。三级断层通常是一、二级断层在活动过程中形成的纵向和横向的调节断层，并控制次级断层的形成与分布。三级断层的形成与区域地质构造环境、边界条件、断块体的抬斜旋转与差异升降、岩性岩相及厚度变化等因素有关。

（5）四级断层：主要是指断块区内划分小断块或使大断块复杂化的断层，多为高序次断层在活动过程中由于局部应力调整而形成的次级派生断层，通常表现为油藏内的主要断层。断层规模小，延伸不远，断距一般为数十至百余米，并具有多方向性。四级断层的形成与局部构造及应力环境、断块的掀斜运动、岩性岩相及厚度变化等因素有关。

（6）五级断层：是指断块内的次级小断层。规模小、延伸短，一般延伸仅几百米，断距仅几到十几米甚至几十厘米。五级断层主要分布在四级断层控制的自然断块内，或与四级断层相交，或为孤立分布，大多属于四级断层的派生断层。五级断层属于油藏内部的次要断层，对断块及其沉积没有控制作用，但对油藏的油水关系起着复杂化的作用，并影响注入水的地下运动规律，是造成水淹、水窜和剩余油分布的重要地质因素。

四级断层和五级断层通常称为低序次断层。值得注意的是，规模相对较大的低序次断层可以应用地震资料进行识别，但尚有大量的低序次小断层难于应用地震资料进行识别，甚至通过井间精细对比也无法识别（Boxter，1998；曾联波，漆家福，2006）。这些断层的规模虽然小，但其数量比高序次断层多，而且其规模和渗流性又远超过裂缝。在油藏的注水开发过程中，这些小断层所起的渗流作用十分重要，有时甚至超过裂缝系统，影响油田的注水开发效果。

另外，还有一类级别更小的、发育于层内的微断层，其断距很小，只有数厘米，一般呈阶梯状正断层或形成微型地堑，主要由局部构造形成或改造过程中的派生应力所形成，亦可由地震震动所形成。按照排序，这类断层亦可称为六级断层，在地震剖面上无法识别，对沉积和油气成藏均没有控制作用，但对注水开发的流体运动和剩余油分布有一定影响，其控制作用相当于大型裂缝。

二、油藏断层样式

构造样式是指同一期构造变形或同一构造应力场作用下形成的具有规律的特定构造组合，其剖面形态、平面展布、排列形式以及应力机制存在密切的联系。由于不同类型盆地的动力学背景以及构造变形机制不同，因此，其断层组合样式也不相同。和高序次断层一样，低序次断层的形成和分布与其所处的地质构造背景有关，在相同的动力学背景和构造变形机制下，油藏低序次断层通常表现出与高序次断层相似的组合样式。

（一）伸展构造区的断层样式

伸展构造区的断层以拉张应力场作用下形成的正断层为主，如我国东部伸展盆地。单条正断层的剖面形态主要表现为产状平直、倾角较陡的平面状和上陡下缓的铲状两种类型，而油藏多条断层在平面和剖面组合的类型主要有（图 1-10）：①由相互平行但倾向相反的主干断层和分支断层组合成"Y"字型断层；②由多条相互平行的同向正断层组成的阶梯状断层，包括地层倾向与断层倾向相同的同向阶梯状正断层以及地层倾向与断层倾向相反的反向阶梯状正断层；③由不同时期发育的两条断层断面倾向相反构成的"人"字型断层；④由主干断层与分支断层同向倾斜相交组成的羽状断层，它们在平面上呈树枝状，主干断层与分支断层间可构成小幅度的圈闭；⑤由一组平行的正断层相向或相反组成的地堑或地垒型断层；⑥由于拱升作用形成的放射状或环状断层组合，断层产状发生变化，在剖面上多为地堑、地垒或断阶式，大多发生在短轴背斜顶部、泥丘和底辟构造顶部。

（二）挤压构造区的断层样式

挤压构造区的断层以水平挤压构造应力场作用下形成的逆断层为主，如我国西部挤压盆地。单条逆冲断层的形态包括平面式、铲式和坡坪式三种类型，其油藏断层的组合样式主要有：①由一套产状相近并向一个方向逆冲的若干条逆冲断层构成的叠瓦构造；②由顶板逆冲断层、底板逆冲断层及其夹在中间的叠瓦状逆冲断层组成的双重构造；③在逆冲断层与反冲断层交会的部位，由逆冲断层与反冲断层构成的背冲式冲起构造（图 1-10）；④由两条近平行但倾向相反的逆冲断层构成的对冲式构造（图 1-10）；⑤在反向逆冲断层及其后侧的逆冲断层会聚部位，由反冲断层、分支逆冲断层和底板逆冲断层三向限制的三角带构造。

（三）走滑构造区的断层样式

在走滑构造区，由于扭动构造应力场的作用可形成一系列斜向滑动断层。雁列式断层是走滑构造区的断层在平面上表现出的最基本特征和标志，断层的走滑活动通常形成次一级的雁列式断层。四级和五级断层的走滑活动通常可以产生油藏五级和六级断层的分布，这些次级雁列式断层的不同排列形式反映了高一级别断层的不同走滑扭动方式。

由直立伸入基底的主干断层以及向上分叉、散开的次级断层组成的形似花朵的花状构造是走滑构造区最重要的断层组合样式，包括正花状构造和负花状构造两种类型（图 1-10）。正花状构造在压扭性应力场作用下形成，由多条既具有平移又具有逆断层特征的断层在剖面上构成向上分叉变缓、向外撒开的断层组合，断层之间为一系列与平移断层近于平行的线性背斜，它们主要在西部挤压盆地中发育。

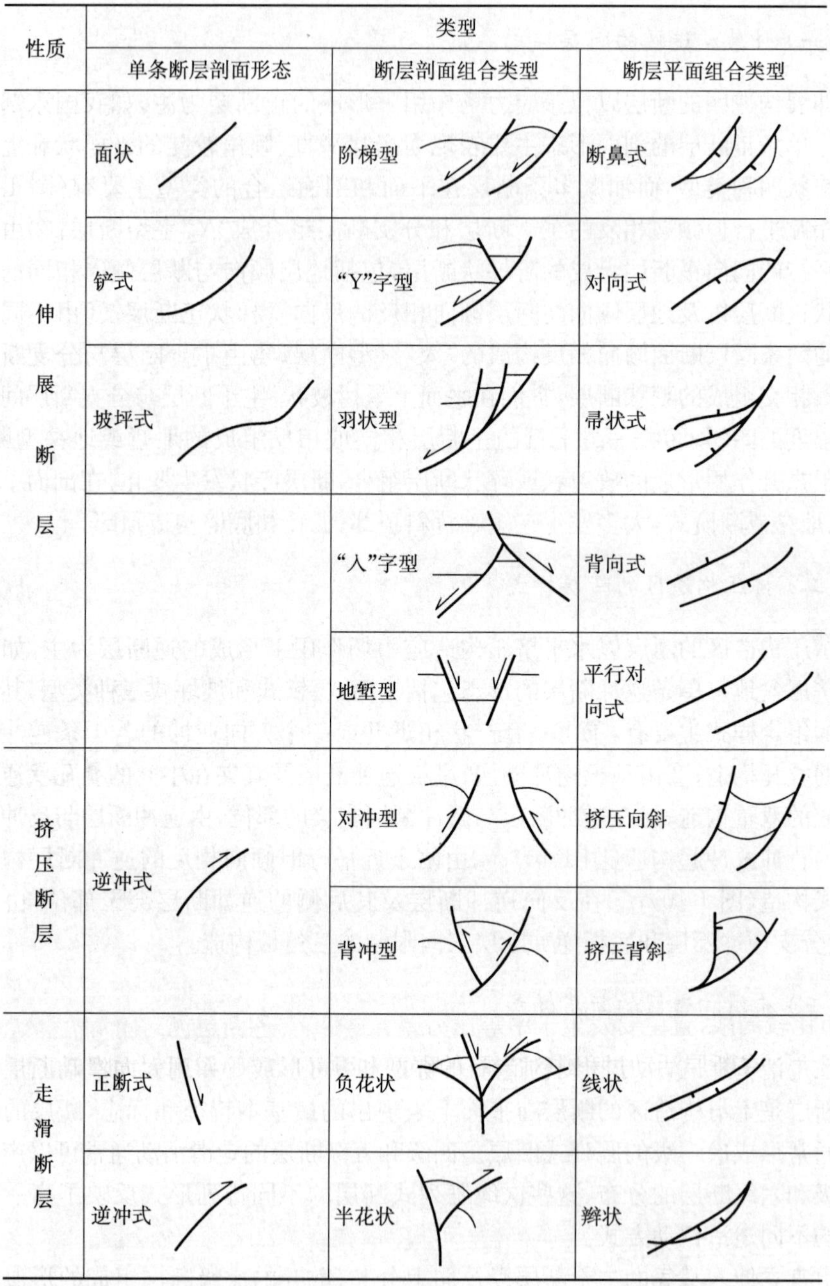

图 1-10　辽河油田油藏断层的主要组合样式(据漆家福,于福生,2006)

负花状构造在张扭性应力场作用下形成,由多条既具有平移又具有正断层特征的断层在剖面上构成向上撒开的地堑式断层组合,它们主要在东部伸展盆地中发育。当花状构造发育不完整时,可以形成由主干断层和一侧的分支断层组成的半花状构造。

值得指出的是,我国所处的特殊大地构造位置,使得中生代以来的构造应力场演化具有多期变化的特点,不同时期、不同性质的构造应力场可以形成不同类型的构造样式。因此,在同一个盆地甚至同一个油藏可以出现不同类型的构造样式的叠加现象,但其中以某一种类型的样式为主。例如,在东部伸展盆地,以拉张应力场作用下形成的正断层组合是其主要样式,但在古近纪末期,由于太平洋板块的向西俯冲作用,使我国东部普遍经受了一次构造反转,表现出反转逆断层的组合样式。同时,由于受郯-庐断裂带的走滑活动影响,使得平移断层同样普遍存在,它们叠置在一起,组成了东部盆地油藏的复杂断层体系。同样,在西部挤压盆地,在水平挤压构造应力场作用下形成的逆(冲)断层组合是其主要样式,但不同时期形成或由于派生形成的拉张正断层和平移断层也普遍存在,使得油藏的断层样式复杂化。

三、断层封堵性

大量油气勘探与开发实践表明,高序次断层的封堵性影响油气藏的形成与分布,而低序次断层的封堵性影响油藏的注水开发效果和剩余油的分布。因此,不同级别断层的封堵性评价对深入认识断层的控油气规律以及指导油藏注水开发具有十分重要的意义。

(一)断层的封堵机理

断层的封闭机理主要有断层面的黏土沾污(clay smearing)、断层压碎作用(cataclasis)和成岩封闭作用等几种类型。断层面的黏土沾污主要发生在同沉积断层形成过程中的未固结砂-泥层序,如在三角洲发育过程中的同沉积断层容易发生黏土沾污。断层泥的封闭能力主要取决于断层错断层序中泥岩的比例,因而详细研究层序中砂泥比例有助于认识断层黏土的沾污作用。虽然在大多数情况下断层泥分布比较局限,且主要发生于中等压力差异条件下,但断层泥封闭对流体运动的影响很大。在断层活动过程中对岩石的碾磨和颗粒的压碎作用大大降低了断层的渗透性,使得断层的封堵性增强。断层的压碎作用主要取决于垂直于断层面的压力大小,因而在压扭断层和逆断层中,断层的压碎作用强烈,断层的封堵性强,而张性断层的封堵性差。但屋脊式正断层的断层面倾向与地层倾向相反,在围压和应力等挤压作用下,形成相对压缩带,使得正断层的封堵性较好。屋脊式正断层的倾角越小,其挤压作用越强,则正断层的封堵性越强(图 1-11)。此外,断层带的成岩胶结作用,可以使具有原始渗透性的断层面发生封闭,这也是造成断层封堵的重要原因之一。

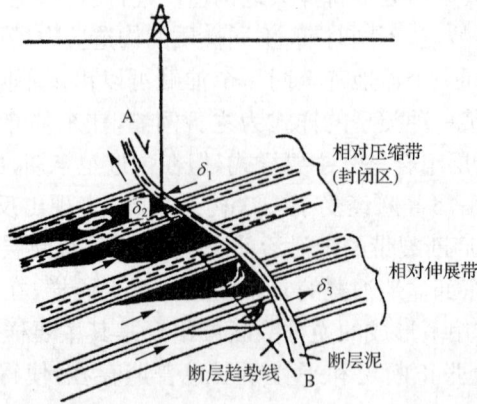

图 1-11　正断层下盘的封堵机理示意图(据陈布科等,1997)

（二）影响断层封堵性的主要因素

　　影响断层封堵性的主要地质因素包括断层的形成时代、性质、断距、产状、几何结构、埋藏深度、断层带中的含泥量及其两侧岩性对接关系、断层面所受到的压力以及应力场的方向与大小等。大多数学者认为,在断层的活动期,无论断层的性质如何,断层主要是开启的;而在断层的静止时期,断层主要起封堵作用。由于一般认为压扭断层和逆断层是封闭的,而正断层是开启,因此,过去主要侧重于拉张环境下正断层的封堵性研究,实际上,在我国西部的挤压盆地,断层不仅可以起封堵作用,也可以起导流作用,只是由于压扭性断层容易形成封堵,因而在这类地区断层的开启性比封堵性显得更重要。

　　(1) 断层面的产状影响断层在不同部位的封堵性。例如,铲式生长断层在断层倾角由陡变缓处,由于其相对挤压作用较强,断层受到地层静岩压力及上盘下滑产生的剪切压力的相互作用,使该地区易产生碎裂和成岩胶结作用,导致断层发生封堵[图 1-12(a)]。逆冲断层的封堵性整体上好于正断层,其中有利封堵区发生在断层倾角由缓变陡的转折部位[图 1-12(b)]。对平移断层而言,无论是压扭还是张扭,都会在断层面的某个部位产生拉伸区和挤压区,与平移断层的排列形式及其运动方向有关,当断层区的地层倾角较缓时,可产生较好的断层垂向封堵,而当地层倾角较陡时,可以形成良好的断层侧向封堵条件[图 1-12(c)]。

　　(2) 适当的断距对碎裂作用产生的断层泥以及造成的断层两侧岩性的良好对接关系有利于断层的封堵性。但若断距超过盖层厚度时,就有可能形成垂向开启。形成年龄越老、埋深越大的断层越有利于成岩胶结作用而产生良好的封堵。但当老断层重新复活而发生脆性破裂时,不论埋深多大,都不利于封堵。多数盆地油气藏勘探证实表明,正断层的下盘以及逆冲断层的上盘常常形成良好的油气圈闭,这

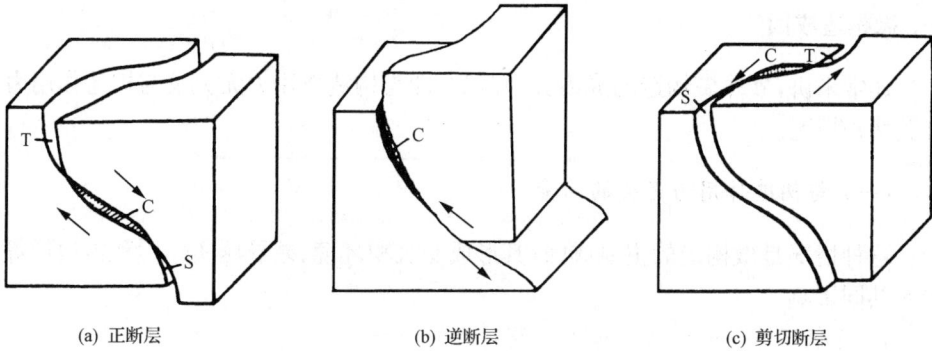

(a) 正断层　　　　　　　　　　(b) 逆断层　　　　　　　　　　(c) 剪切断层

图 1-12　不同性质断层的封闭性(据陈布科,1997)

T、C、S分别代表相对伸张带、相对压缩带和相对剪切带

表明这两类断层均存在着较好的侧向封堵能力。相当一部分断背斜油气藏的形成取决于这些断层的开启性质,它们成藏以后,实际上断层对它们已不起控制作用。无论断层性质如何,断层带中泥质含量越高,封堵物的毛细管压力越大,则越有利于断层的封堵。

（3）断层的走向与应力场之间的关系影响不同方向断层的封堵性。断层走向与现今地应力的关系影响油藏内低序次断层的渗透性,从而影响油藏注入水的地下渗流规律、注水开发效果和剩余油分布。如果断层没有被愈合,随着应力场的变化,断层的封堵性也在不断变化之中。当最大主压应力方向与断层走向近垂直时,断层趋向于闭合状态,主要起封堵作用;当最大主压应力方向与断层走向近平行时,断层趋向于开启,主要起导流的作用。当最大主压应力方向与断层走向斜交时,交角越小,断层的封堵性越差,开启性越好,导流能力越强;交角越大,断层的封堵性越好,开启性越差。当构造应力作用的强度越大,上述断层封堵机制的变化就越显著。因此,在一个油藏内发育的多组断层中,与现今应力场的最大主应力方向近平行的断层开启性最好,渗流作用最明显。

第三节　砂体微构造

微构造是指在油田总的构造背景上,油层本身的微细起伏变化幅度和范围均很小,通常相对高差在 10m 左右,长度在 500m 以内,宽度在 200～400m,构造范围在 0.3km² 以内的小构造(李兴国,1987,1993,2000)。砂体微构造为油藏内幕格架复杂性的一种体现,它对油藏注水开发过程中的剩余油形成与分布具有重要影响。

一、微构造成因

通常来讲,砂体微构造的成因分为两类,即与构造作用力无关及与构造作用力有关两种情况。

(一) 与构造作用力无关的因素

这种情况是微构造的主要成因,其形成受沉积环境、差异压实作用和古地形等因素共同影响。

1. 沉积环境——河道砂体下切及砂坝的增长

河道砂体下切作用形成下切谷再充填河流沉积物,在河道砂底面形成局部低点。在辫状河道中沿主流线两侧形成对称环流,表流为发散水流,由中部向两岸流动,并冲蚀两岸;底流由两岸向河流中心辐聚,并携带沉积物在河床中部堆积下来,不断增长形成心滩,心滩砂体顶面上凸,形成局部高点。

2. 差异压实作用

在碎屑岩沉积储层中,由于砂、泥岩沉积物的差异压实作用,在砂质沉积为主的区域压实作用较小,成岩后厚度减薄比例小,而在泥质沉积物为主的区域受压实作用影响较大,成岩后厚度减薄明显,这种差异压实作用致使沉积物的原始状态发生变化,泥质区下凹,砂质区上凸,形成局部高点。

3. 沉积古地形的影响

河流与湖相沉积受古地形影响较大,在古地形地势较低的部位沉积为填平补齐模式,形成砂体底面局部下凹。

上述三种与构造作用力无关的因素常相互作用,在各类砂体微构造形成过程中发挥主要及辅助作用。

(二) 与构造作用力有关的因素

在断层两侧,常伴生小的断鼻或断沟,其成因是:在下降盘的不同部位下降速度不同,下降较慢部分产生上凸,较快部分产生下凹;在上升盘因受不均衡的拖曳力,拖曳力强处下凹,产生正牵引;弱处上凸,产生逆牵引。

通常情况下,与构造作用力无关的因素是控制砂体微构造形成的主控因素,但在断层比较发育的区域,受后期断层活动控制,与构造作用力有关的因素也发挥重要的作用。从图 1-13 可以看到,断层面上的上覆岩体受重力(F_1)作用向下滑动,由此产生沿断层面向下的作用力(F_2)和垂直作用于断层面的作用力(F_3)及在断层面产生的摩擦阻力(F_4),而垂直作用于断层面的力(F_3)和沿断层面向下的力(F_5)则在下降盘产生向下的拖曳力(F_6),在这些力的作用下加上砂泥的差异压实作用对原始的沉积状态进行改造,产生了各式各样的微构造类型及顶底组合模式。

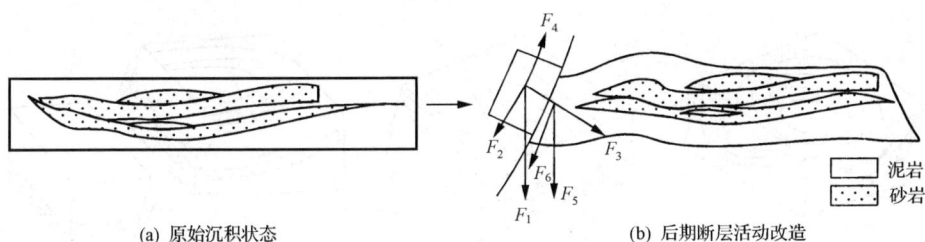

(a) 原始沉积状态   (b) 后期断层活动改造

图 1-13 微构造成因模式图(据侯建国等,2005)

二、微构造的分类

根据微构造的起伏变化和形态,可分为 3 种类型,即正向、负向及斜面。

(一)正向微构造

正向微构造是砂体顶、底面相对上凸的部分,包括微高点、微鼻状及微断鼻等。微高点指储层顶底起伏形态与周围地形相比相对较高,而等值线又闭合的微地貌单元[图 1-14(a)];微鼻状指储层顶底起伏形态与周围地形相比相对较高,而等值线不闭合的微地貌单元,一般与沟槽相伴生[图 1-14(b)];微断鼻指在上倾方向被断层切割的鼻状构造[图 1-14(c)]。其幅度仅有数米,但可形成剩余油的富集区。

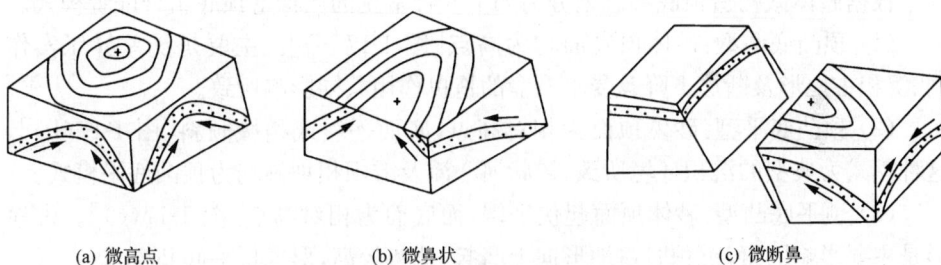

(a) 微高点   (b) 微鼻状   (c) 微断鼻

图 1-14 正向微构造类型模式(据李兴国,2000)

(二)负向微构造

负向微构造是指砂体顶、底面相对下凹的部分,主要包括微低点、微沟槽及微断沟等。微低点指储层顶底起伏形态与周围地形相比相对较低,而等值线又闭合的微地貌单元[图 1-15(a)];微沟槽是对应于鼻状构造的微地貌单元,其形态与微鼻状相对应,只是方向相反,是不闭合的低洼处[图 1-15(b)];微断沟指在下倾方向被断层切割的鼻状构造[图 1-15(c)]。

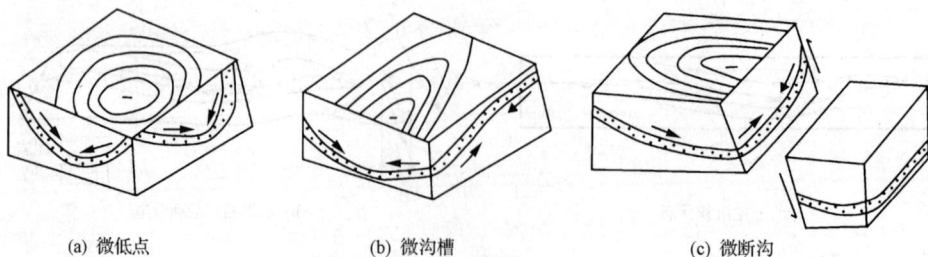

(a) 微低点　　　　　　　　(b) 微沟槽　　　　　　　　(c) 微断沟

图 1-15　负向微构造类型模式(据李兴国,2000)

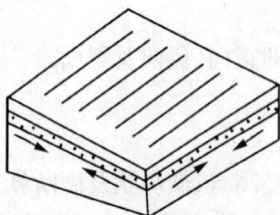

图 1-16　斜面微构造类型
模式(据李兴国,2000)

（三）斜面微构造

斜面微构造指砂体顶底倾向、倾角与区域背景一致,等值线均匀平直排列的微地貌单元(图 1-16)。

三、微构造顶底组合配置模式

大量微构造研究成果表明(李兴国,2000;林承焰,2000;侯建国等,2005),砂体微构造顶底组合配置模式对油井生产和剩余油分布均有重要影响。根据砂体微构造顶底形态划分为如下 6 种常见的微构造顶底组合配置模式。

(1) 顶凸底凸型:砂体顶底面均为高点[图 1-17(a)]。主要是受差异压实作用、沉积古地形及断层下降盘受上升盘的拖曳作用共同影响所致。

(2) 顶凸底平型:砂体顶面为相对高点,底面平缓或稍微倾斜[图 1-17(b)]。这种模式为典型的沉积环境所致,辫状河心滩及滩坝相坝砂均为顶凸底平模式。

(3) 顶平底凸型:砂体顶面起伏平缓,而底面为相对高点[图 1-17(c)]。古地形是主要影响因素,沉积时古地形向上凸起,地势较高,形成顶平底凸模式。

(4) 顶平底凹型:砂体顶面起伏平缓,而底面为相对低点[图 1-17(d)]。河道砂体下切导致砂体底面下凹,同时,差异压实作用可能致使砂体形态局部变形,但总体为顶平底凸模式。

(5) 顶凹底凹型:砂体顶底均为低点[图 1-17(e)]。顶、底面下凹的模式为河道砂体下切作用及断层上升盘局部受到拖曳作用较弱共同影响所致。

(6) 顶底均为斜面型:砂体顶、底面均为平缓倾斜[图 1-17(f)]。顶底均为斜面型微构造常位于正向与负向微构造之间,主要发育在远离主要断层部位,受断层的影响较小。

另外,砂体上倾尖灭与砂岩透镜体为两种特殊类型的砂岩微构造顶底组合模式。在陆相湖盆环境中,各种类型砂岩体的前缘带与大型隆起局部构造圈闭相配

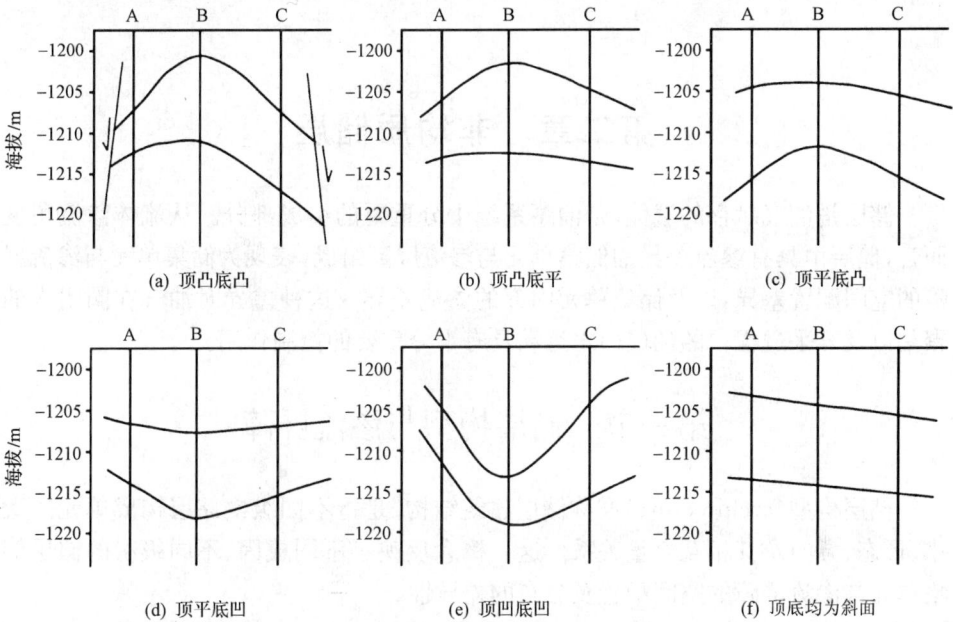

图 1-17　砂体微构造顶底组合概念模式

合,使砂岩上倾尖灭线与储层顶面构造等高线相交,形成岩性上倾尖灭圈闭[图 1-18(a)]。由透镜体或其他不规则状储层周围被不渗透性地层所限,组成砂岩透镜体圈闭[图 1-18(b)]。最常见的是泥岩层中的砂岩透镜体,也有的是低渗透岩层中的高渗透带,其规模一般不大。

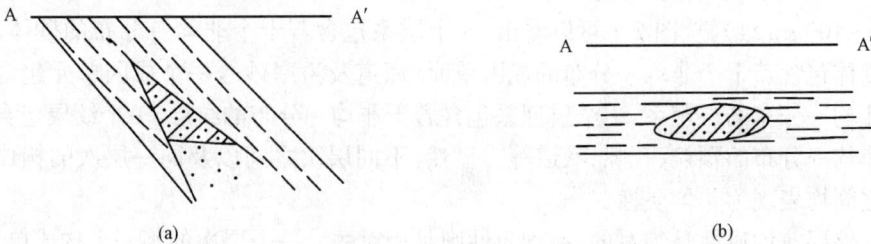

图 1-18　砂体上倾尖灭与砂岩透镜体微构造顶底组合模式

第二章 非均质储层

储层是油气赋存的载体,是油藏系统十分重要的组成部分。从流体渗流角度而言,储层由具有渗流差异的储集单元与渗流屏障组成,表现为储集单元与渗流屏障的空间配置差异,以及储集单元内部的渗流差异。这种差异对油气在圈闭内的聚集以及开采过程中的油(气)水运动具有十分重要的控制作用。

第一节 储层构型与渗流屏障

储层构型(architecture)亦称储层建筑结构,是指不同级次储层构成单元的大小、形态、方向及其相互叠置关系。这一概念反映了不同成因、不同级次的储层储集单元与渗流屏障的空间配置及分布的差异性。

一、储层的层次性与结构性

储层作为一个复杂系统,具有多层次性。一套储层包含多个层次,不同层次具有各自不同的构成单元,较高一级层次的构成单元包含若干个较低一级层次的构成单元,同一层次的若干构成单元在空间上表现为不均一的变化。如 Pettijohn (1973)曾将河流沉积储层划分为五个层次(图 2-1),即层系规模(100m 级)、砂体规模(10m 级)、层理系规模(1~10m 级)、纹层规模(10~100mm 级)、孔隙规模(10~100μm 级)。从图 2-1 可以看出,一个层系包含若干个非均一分布的砂体,一个砂体包含若干个非均一分布的成因单元(河道及溢岸砂),一个成因单元包含若干非均一分布的层理系,一个层理系包含若干非均一分布的纹层,一个纹层包含若干非均一分布的颗粒、孔隙、喉道等。显然,不同层次之间以及同一层次的构成单元之间均表现为非均质性。

储层非均质性是绝对的,而均质性则是相对的。一个层次的某一个构成单元,对于高一级层次而言,可视为相对均质体,但对于低一级层次则是非均质体。如对于单一河道砂体,在研究某一层系内不同河道与溢岸砂体的层间渗透率差异时,可将该河道砂体作为一个相对均质体;而在研究该河道砂体内的垂向渗透率差异时,则视为非均质体,需要测量该砂体内垂向上不同部位的渗透率值,此时,将每一个小测量单位(如岩心塞)视为均质体。实际上,岩心塞也不是均质体,它由不同的颗粒和孔隙组成。

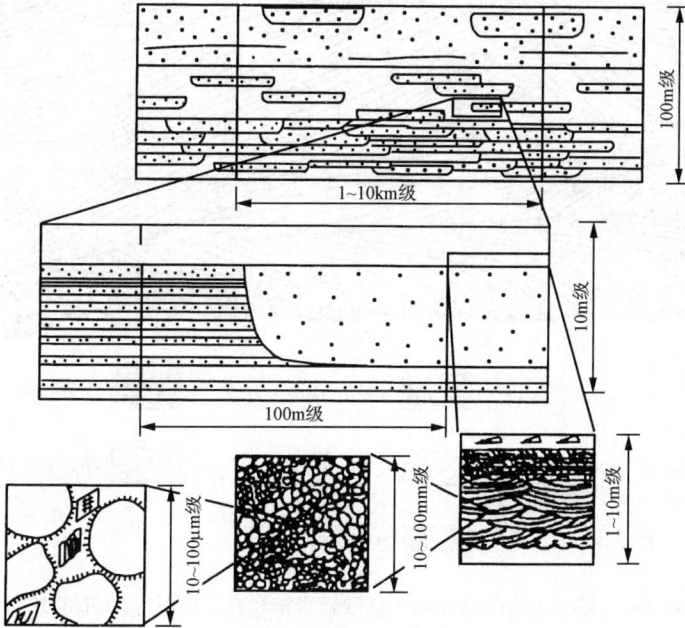

图 2-1　储层非均质性分类图（以河流沉积储层为例，据 Pettijohn，1973）

二、储层构型分级

储层的层次性和结构性可通过构型分级来体现，其级次主要通过构型界面来划分。

（一）构型界面

构型界面是指一套具有等级序列的岩层接触面，据此可将地层划分为具有成因联系的地层块体。

Allen(1983)在河流沉积中第一次明确划分了三级界面，这一界面划分方案被许多地质学家广泛采用。Allen 的一级界面为单个交错层系的界面，二级界面为交错层系组或成因上相关的一套岩石相组合界面，三级界面为一组构型要素或复合体的界面，通常是一个明显的冲刷面(图 2-2)。

Miall(1985，1988，1991，1996)在 Allen 界面的基础上，通过对河流相储层的深入研究，提出了一个九级界面方案，即 0～8 级界面(图 2-3、表 2-1)。

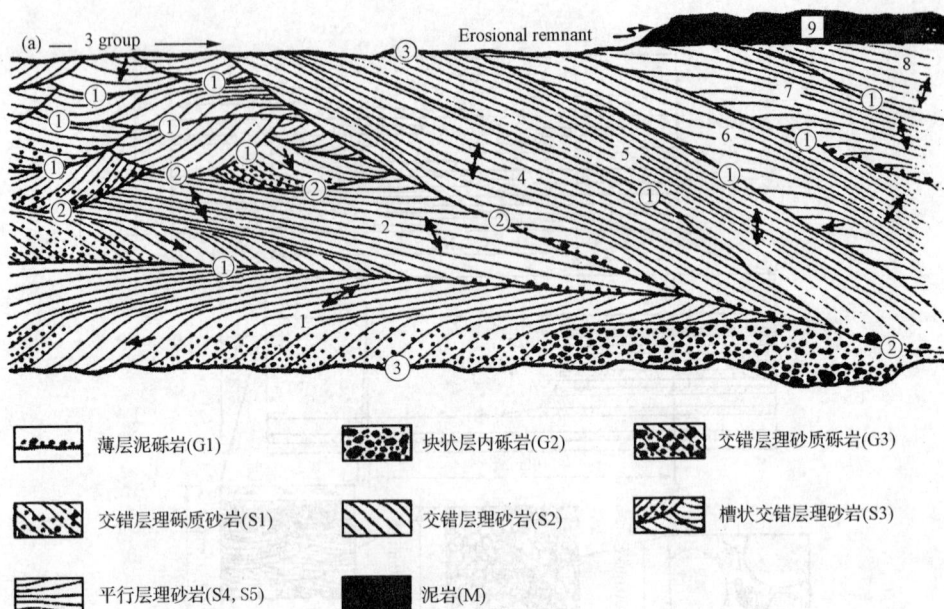

图 2-2　威尔士边陲德文郡褐色砂岩岩相和界面概图（据 Allen,1983）

数字代表沉积层序位置;圆圈数字代表界面级次

　　0 级界面:为沉积纹层间的界面。

　　1 级界面:为交错层系的界面。在这一级界面内部没有侵蚀或仅有微弱的侵蚀作用,实际上代表了连续的沉积作用和相应的底形。在岩心中,这些界面有时并不明显,但可根据交错前积层的前缘及切割作用来识别。

　　2 级界面:为简单的层系组边界面。这类界面指示了流向变化和流动条件变化,但没有明显的时间间断,界面上下具有不同的岩石相。在岩心中,可以通过岩石相的变化来区分 1 级和 2 级界面。

　　3 级界面:为大型底形(如点坝或心滩)内的大规模再作用面或增生面,为一种横切侵蚀面,其倾角较小(<15°),以低角度切割下伏交错层,通常穿过 2~3 个交错层系;界面上通常披覆一层薄泥岩或粉砂岩(代表水位下降事件),其上砂岩内可发育泥砾;界面上下的相组合相同或相似。3 级界面代表流水水位变化,但并没有特别明显的沉积方式和底形方向的变化,代表大型的侵蚀作用。

　　4 级界面:为大型底形的界面,如单一点坝或心滩的顶面,其表面通常是平直或上凸的,下伏的层理面以及 1、2、3 级界面遭受低角度切割或局部与上部层平行;小型河道(如串沟)的底侵蚀面、决口扇顶面亦为 4 级界面,而大型的河道底面属于级别较大的界面。4 级界面亦为低角度面,界面上亦可披覆一层薄泥岩(或透镜体)以及泥砾,但界面上下的岩相组合有变化,而且界面限定的构成单元较大(3 级界面限定的单元面积一般小于 0.1km²)。

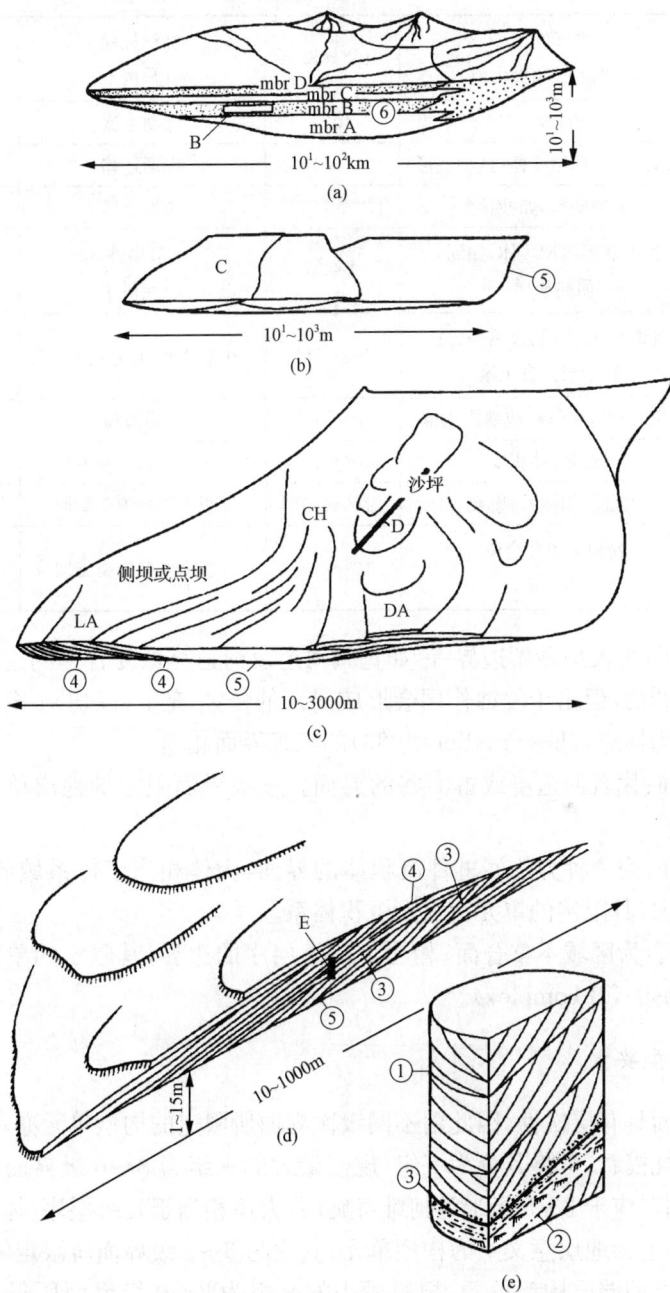

图 2-3　河流沉积单元界面等级示意图(据 Miall,1985,1988,1996)

表 2-1　三级层序内的构型分级(据 Miall,1996)

构型界面 级别	构型单元 (以河流-三角洲为例)	时间规模/a	沉积过程 (举例)	瞬时沉积速率 /(m/ka)
0 级	纹层	10^{-6}	脉动水流	
1 级	波痕,沙丘内部增生体(微型底形)	$10^{-5}\sim10^{-4}$	底形迁移	10^5
2 级	中型底形,如沙丘	$10^{-2}\sim10^{-1}$	底形迁移	10^4
3 级	巨型底形内增生体,如泥 质侧积层	$1\sim10$	季节事件, 10 年洪水	$10^2\sim10^3$
4 级	巨型底形,如点坝、天然堤、决口 扇;未成熟古土壤	$10^2\sim10^3$	100 年洪水,河道及坝迁移	$10^2\sim10^3$
5 级	河道;三角洲舌体;成熟古土壤	$10^3\sim10^4$	河道改道	$1\sim10$
6 级	河道带;冲积扇	$10^4\sim10^5$	5 级米兰柯维奇旋回	10^{-1}
7 级	大型沉积体系;扇域	$10^5\sim10^6$	4 级米兰柯维奇旋回	$10^{-1}\sim10^{-2}$
8 级	盆地充填复合体 (三级层序)	$10^6\sim10^7$	3 级米兰柯维奇旋回	

　　5 级界面:为大型砂席边界,诸如宽阔河道及河道充填复合体的边界。通常是平坦至稍上凹的,但由于侵蚀作用会形成局部的侵蚀-充填,以切割-充填地形及底部滞留砾石为标志,基本与 Allen(1983)的三级界面相当。

　　6 级界面:代表河道群或古河谷的界面。该级界面限定的地层单元大体相当于准层序。

　　7 级界面:为一种异旋回事件沉积体的界面,大体相当于体系域的界面,如最大海(湖)泛面,其限定的单元为大型沉积体系。

　　8 级界面:为区域不整合面,相当于三级层序的边界,其限定的单元为盆地充填复合体(basin-fill complex)。

(二) 构型要素

　　构型界面具有层次性,因此由不同级次界面所限定的构型单元亦具有层次性。从构型单元规模看,可将其分为三组:规模最大的一组为 8~6 级界面所限定的构型单元,分别对应于 3~5 级米兰柯维奇旋回,大体相当于三级层序、体系域和准层序(组),实际上为地层意义上的构型单元;其次为 3~5 级界面所限定的构型单元,为真正意义上的储层构型单元;规模最小的一组为 2~0 级界面所限定的构型单元,为层理级别的岩石单元。

　　Miall(1985,1996)将 3~5 级界面所限定的构型单元定义为构型要素(architectural elements),实为储层意义上的构型单元。他对河流沉积进行了深入的构型分析,将河道及溢岸沉积划分了若干构型要素(表 2-2、表 2-3)。5 级界面限定的构型要素大体相当于沉积微相组合规模,如曲流河的曲流带(或河道);4 级界面限定的构型要素大体相当于单一微相,如单一点坝(或侧向增生巨型底形)、单一决口扇等;3 级界面限定的构型要素大体相当于单一微相内部的构成单元,如点坝内部的侧积体(图 2-4)。目前我国油田生产部门对储层构型的研究多限于 5 级界面所限定的构型要素,而对 4 级、3 级界面限定的构型要素研究甚少。然而,这些低级次构型要素对于油层内部剩余油分布及开发效果具有十分重要的控制作用,是我国油田部门下一步深入挖潜、提高油藏采收率的重要方向。

表 2-2　河道沉积构型要素简表(据 Miall,1996)

构型要素	符号	几何形态及相互关系
河道	CH	指状、透镜状或席状;下凹,底部侵蚀;规模和形状变化大
侧向增生巨型底形	LA	楔状、席状、舌状;侧向加积,常见于点坝,内部具有侧向增生 3 级界面
顺流增生巨型底形	DA	透镜状,顺流加积,常见于纵向心滩坝,内部具有上凸的 3 级侵蚀面
砾质坝及底形	GB	透镜状、毯状;常为板状体;垂向加积;常与 SB 互层
砂质底形	SB	透镜状、席状、毯状、楔状;垂向加积,常见于河道充填、小型沙坝中
层状砂席	LS	席状、毯状;垂向加积
沉积物重力流沉积	SG	窄的长舌状或多层席状,常与 GB 或 SB 互层;单层平均 0.5~3m,平面呈舌状,宽可达 20m,长可达数千米
冲凹	HO	铲状凹地,具有对称充填

表 2-3　溢岸沉积构型要素简表(据 Miall,1996)

构型要素	符号	几何形态
天然堤	LV	楔状,可达 10m 厚,3km 宽
决口水道	CR	条带状,可达数百米宽、5m 深、10km 长
决口扇	CS	透镜状,范围可达 10km×10km,厚 10m 级
泛滥平原	FF	席状,侧向延伸数千米,厚 10m 级
废弃河道	CH(FF)	条带状,规模近似于活动河道

构型要素的几何形态受控于沉积环境,其规模大小则取决于沉积体系的规模。以河流相为例,对于 5 级界面限定的构型要素,单一河道砂体的规模取决于河流的规模,而复合河道砂体的规模还与河流的侧向迁移有关。对于不同河型的河道砂体,其几何形态有较大的差异,如曲流河道砂为不同的曲流带砂体复合体,可呈串珠状、带状甚至席状,而辫状河道砂体则为相对较宽的带状或席状,网状河道砂体则为窄、厚的分枝条带状等。河道砂体的宽度和厚度与河流规模有关,其宽/厚比则有一定的规律(图 2-5)。

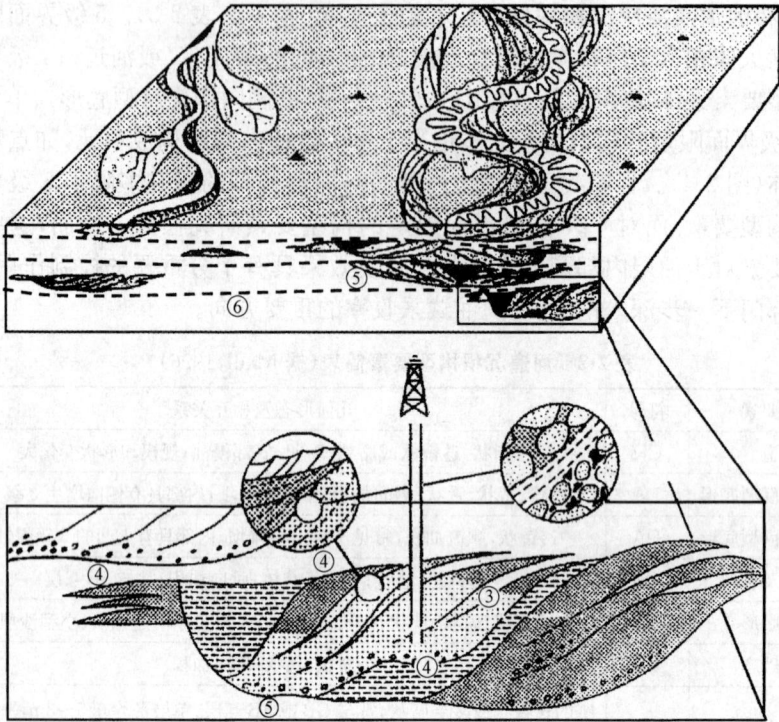

图 2-4　曲流河砂体构型要素界面示意图（据 Ambrose et al. , 1991, 有修改）

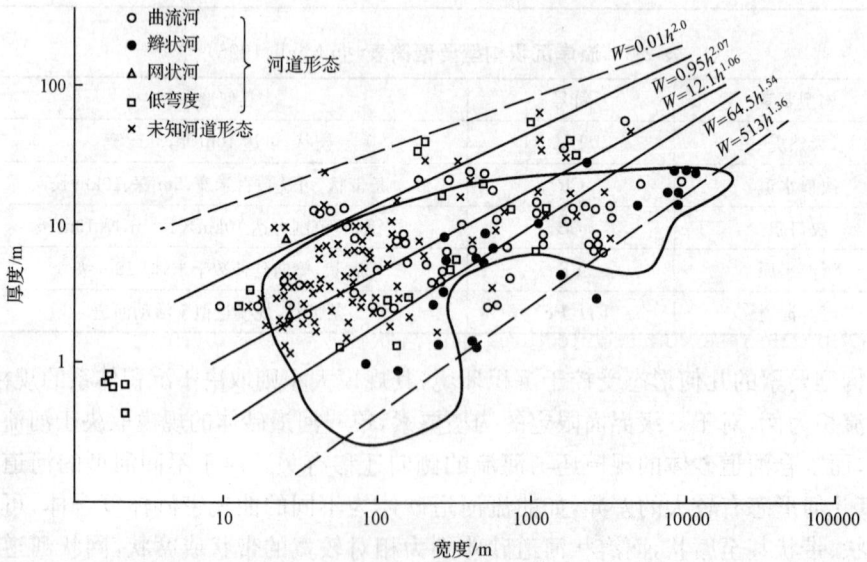

图 2-5　河道充填砂体的宽度和厚度交绘图（主要数据取自 Fielding and Crane, 1987）

图中粗线圈起来的点是简单的曲流河河道砂体

　　对于 4 级界面限定的构型要素,如曲流河道内的点坝,其规模大小与河流规模有关。笔者通过统计国内 10 多条现代曲流河(如嫩江、松花江等)的活动河道宽度与点坝长度(顺流方向),发现其间具有较好的相关关系(图 2-6)。

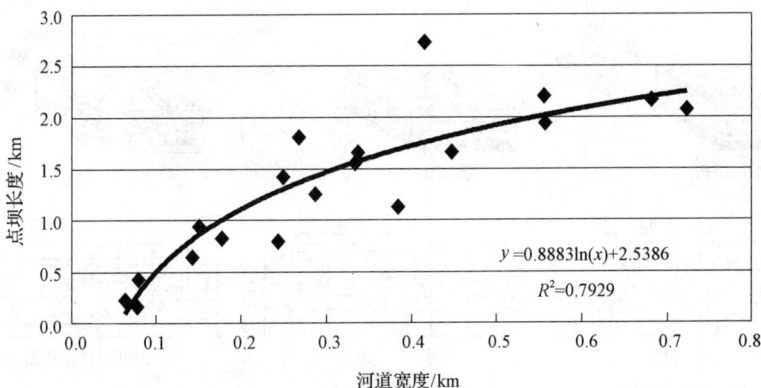

図 2-6　河道宽度与点坝长度关系曲线

　　对于 3 级界面圈定的构型要素,如曲流河点坝内的侧积体,其规模大小既与河流规模有关,又与洪水规模有关。侧积体长度与曲流河波长相关,其横向跨度与河流宽度有关(为河流满岸宽度的 2/3)(Leeder,1973),其砂体宽度则与洪水规模有关。

　　关于构型要素的几何形态、规模及空间配置关系,前人已做了大量的研究工作,由于篇幅有限,本章不予详述。但值得注意的是,目前已有的工作尚不够系统、深入,尚不能满足为地下储层构型特别是低级次构型预测提供定量模式的要求,这有待于进一步深化研究。

三、储层构型分类

　　壳牌石油公司 Weber 等(1990)将不同沉积相形成的储层构型类型归纳为三类,即千层饼状储层构型(layercake reservoir architecture)、拼合板状储层构型(jigsaw-puzzle reservoir architecture)和迷宫状储层构型(labyrinth reservoir architecture)(图 2-7)。

(一)千层饼状储层构型

　　这类储层构型的主要特征为:①由分布宽广的砂体叠合而成,为同一沉积环境或沉积体系形成的层状砂体。②砂体连续性好,单层砂体厚度不一定完全一致,但厚度是渐变的。③砂体水平渗透率在横向上没有大的变化,单层垂向渗透率在横向上也是渐变的。④单层之间的界线与储层性质的变化或阻流界线一致。

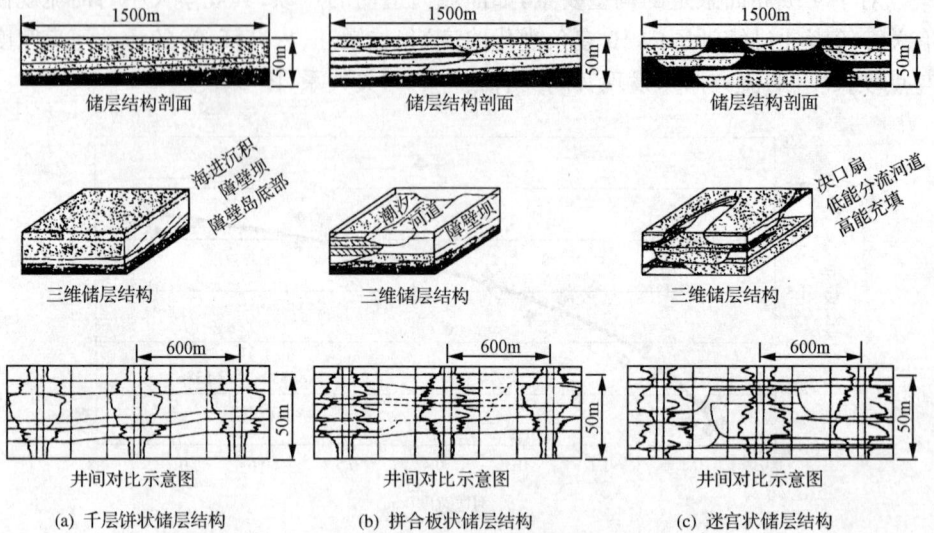

图 2-7　储层构型类型(据 Weber 和 Von Geuns,1990)

　　具有这类储层构型的沉积砂体在陆相主要为湖泊席状砂、风成砂丘等;海岸相主要有障壁砂坝、海岸砂脊、海侵砂;海相主要有浅海席状砂、滨外砂坝和外扇浊积体。

　　这类砂体在横向上对比性很好。主要砂体单元的确定性横向对比所要求的井距可较大,要求井点很少,如矩形井网(1000m 井距)大致为 1 井/km²,三角形井网(井距 1200m)大致为 0.8 井/km²,随机井网大致为 1~3 井/km²,因此,开发这类储层时可加大井距、减少井数。

(二) 拼合板状储层构型

　　这类储层构型的主要特征为:①由一系列砂体拼合而成,而且单元之间没有大的间距。②砂体连续性较好,储层内偶尔夹有低渗或非渗透层,某些重叠砂体之间也存在非渗透隔层。③砂体之间会出现岩石物性的突变,某些砂体内部的岩石物性存在着很强的非均质性。

　　组成这类储层构型的砂体成因类型在陆相环境主要有辫状河砂体、点坝、湖泊-冲积混合沉积和风成-干谷混合沉积;在海岸环境主要为沉积相复合体如障壁岛与潮道充填复合体、河道充填-河口坝复合体等具有较高砂泥比的沉积复合体;在海洋环境主要有风暴砂透镜体和中扇浊积体。

　　这类砂体的连续性较好。一般地,进行确定性砂体对比所要求的井距中等,每平方千米几口井即可,如在矩形井网条件下,井距为 600m 的井网密度为 3 井/km²;三角形井网,(800m 井距)大致需 2 井/km²;随机井网大致需 4 井/km²。当然,砂体对比中尚存在不确定性因素。

（三）迷宫状储层构型

这类储层构型的主要特征为:①为小砂体和透镜状砂体十分复杂的组合。②砂体连续性常具方向性,在剖面上不连续,在平面上不同方向的连续性也不一样。③部分砂体之间为薄层席状低渗透砂岩所连通。

属于这类储层构型的砂体成因类型在陆相主要为低弯度河道充填砂体、具低砂泥比的冲积沉积;在滨岸相主要为低弯度分流河道沉积;在海洋环境主要为上扇浊积岩、滑塌岩及具低砂泥比的风暴沉积。

迷宫状砂体横向连续性差,确定性对比较难,在井距小的地区才可进行详细的对比。一般地,对这类砂体进行确定性对比的井数要求较多,如在矩形井网条件下,井距至少需要 200m,井网密度为 25 井/km^2;如在三角形井网条件下,井距至少需要 300m,井网密度至少为 13 井/km^2;如在随机井网条件下,井网密度至少为 32 井/km^2。实际上,对于这类储层构型,在目前的技术条件下,很难建立准确的三维储层构型模型。对此,可利用地质统计学和随机建模技术建立概率模型。

四、渗流屏障

渗流屏障为储层系统内隔挡流体渗流的岩体。从成因上讲,渗流屏障包括三种成因类型,即沉积屏障(为储层构型内非渗透或低渗透的构成单元)、成岩屏障(即储层内部的胶结带)、封闭性断层屏障。从其对储层渗流的隔挡作用而言,又可将其分为两类:分隔两个连通体的渗流屏障和连通体内部的渗流屏障。

（一）分隔两个连通体的渗流屏障

这类渗流屏障包括层间隔层、横向隔挡体和封闭性断层。

1. 层间隔层

简称隔层,是指分隔垂向上不同砂体的非渗透层,如泥岩、粉砂质泥岩、膏岩等,其横向连续性好,能阻止砂体之间的垂向渗流。隔层的作用是将其上下的油层完全隔开,使油层之间不发生油、气、水窜流,形成两个独立的开发单元。

在沉积环境中,隔层为相对低能的沉积产物,如河流体系中的泛滥平原细粒沉积,其上、下为相对高能的河道沉积。隔层的顶底界面级别较高,一般为 6 级以上界面(表 2-4),实际上为地层界面(如油组、砂组、小层和单层)。

2. 横向隔挡体

为横向上隔挡两个连通体的屏障,即隔挡了砂体的侧向流体流动。主要为平面上相变形成的低能沉积体,如三角洲分流河道之间的河间泥岩、曲流河体系中河道之间的泛滥平原泥岩、复合曲流带内部的废弃河道泥质沉积等(图 2-4)。这一

表 2-4　　泥质屏障界面级别

界面级别	细粒沉积特征 （以河流相为例）		沉积产状	隔夹层类型
6 级	两个时间单元形成的砂体之间的泥质沉积		平行层面	层间隔层
5 级	一个时间单元内两期河道 之间的泥质沉积	河道之间侧向上的泛滥平原 泥质沉积	横向分布	横向隔挡体
		两期河道叠加部分的残留泥 质沉积	顺河道底面， 连续或不连续	层内夹层
4 级	单一微相	废弃河道泥质沉积； 支河道间泥质沉积	横向分布	横向隔挡体
	单一微相之间的泥质沉积	河道迁移形成的点坝间的残 留泥质沉积	顺河道底面分布	层内夹层
3 级	单一微相内部的泥质沉积	点坝内部的侧积泥岩层	斜交层面分布	层内夹层
		心滩内部的落淤泥质层	顺心滩面	层内夹层
2 级	两个层理系之间的细粒沉积		顺层理系面	层内夹层
1 级	层理系内部的不连续泥质条带		顺层理组面	层内夹层

横向隔挡体可以完全隔挡连通体，即在油田注采范围内的渗流屏障使两个连通体间不发生流体渗流，极端的情况为两个砂岩透镜体之间的泥岩屏障；横向隔挡体也可以只起半隔挡作用，即屏障仅在平面上一定范围内分布，其他部位的两个连通体之间仍然连通，如枝状分流河道，在分叉处具有河道间泥岩屏障，而在合并处两个河道砂体连通。

横向隔挡体的构型界面一般为 4～5 级（表 2-4）。如复合曲流带之间的曲流带砂体-泛滥平原泥岩界面为 5 级界面，复合曲流带内部的点坝砂体-废弃河道泥质沉积界面为 4 级界面等（图 2-4），分流河道之间的河道砂体-河间泥岩界面亦为 4 级界面。

封闭性断层在第一章已有介绍，在此不再赘述。

（二）连通体内部的渗流屏障

连通体内部的渗流屏障即通常所称的夹层。

夹层是指分散在单砂体内的、横向不稳定的相对低渗透层或非渗透层。其厚度较小，一般为几厘米至几十厘米。作为渗流屏障，夹层影响着砂体内垂向和（或）

侧向的流体渗流。

1. 夹层岩性及产状

夹层岩性主要以细粒沉积(泥质)为主,其次为分选差的泥质砂(砾)岩、成岩胶结条带等。另外,石油运移过程中所产生的沥青或重质油充填带亦可起着夹层的作用。

1) 细粒沉积

岩性为泥岩、粉砂质泥岩、泥质粉砂岩等,主要为低能环境的沉积。从成因和产状来看,泥质夹层一般以下面三种形式存在。

(1) 砂体中的泥质薄层:这种夹层在砂体中多平行于砂体层面分布。如辫状河心滩内的泥质落淤层、决口扇内的泥质薄层、席状砂内间夹的泥质薄层等,对应着 3 级构型界面。在叠置砂体中,5 级和 4 级界面处侵蚀残存的泥岩亦可发育层内夹层(表 2-4)。

(2) 砂体中的泥质侧积层:这种夹层与砂体斜交,在河流点坝砂体中最为常见。点坝砂体由多个呈叠瓦状排列的侧积体组成,在每个侧积体之上经常披覆一层间洪期的泥质落淤层,夹层为等时间单元,与砂体斜交(图 2-8)。对应着 3 级构型界面(表 2-4)。

(3) 层理构造中的泥质纹层:为层理构造中低能水动力条件形成的泥质纹层,其特点为厚度小、数量多、分布不规则(图 2-9),对应着 2 级甚至 1 级构型界面(表 2-4)。

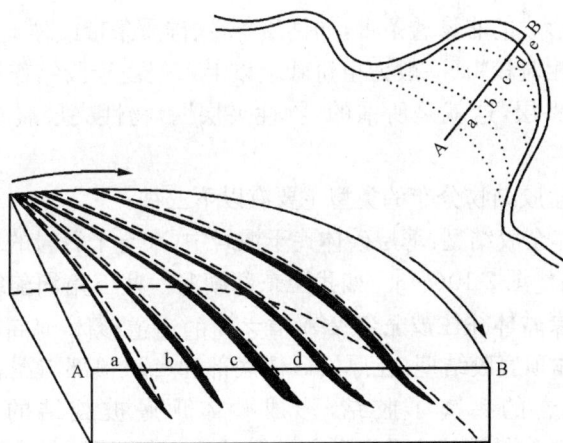

图 2-8　河流点坝砂体的泥质侧积层(据薛培华,1991)

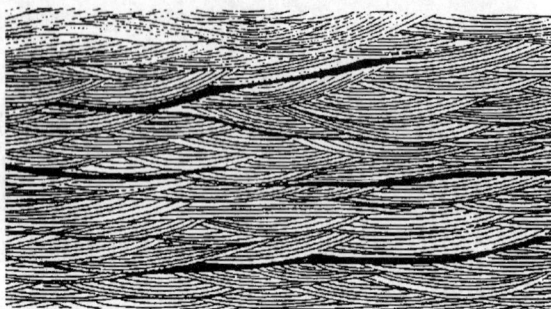

图 2-9　层理构造中的不连续泥质条带

2) 泥质砂(砾)岩

含泥质、分选差的砂岩、砾岩、砂砾岩,往往渗透性差,分布于渗透性砂体中则成为夹层。

这类岩性往往是在沉积速度快、分选作用弱的条件下形成的。如在冲积扇及扇三角洲砂体内的泥石流形成的泥质砂砾岩,为快速堆积的密度流沉积,分选差、泥质含量高,虽然碎屑粒度大,但储层渗透性低。又如在一些河道底部形成的泥砾岩沉积,即为河流侵蚀河岸或河底的泥岩而快速堆积而成,分选作用差,原始渗透性低,而且在后期压实过程中,部分半固结的泥砾受压实变形而堵塞孔喉,使得渗透性更低。

3) 成岩胶结带

为胶结作用形成的非渗透条带,如钙质条带、硅质条带或黏土胶结条带。这类夹层的岩性往往相对较粗(一般为粗粉砂级以上),但由于胶结作用而使得渗透率变得很低而成为夹层,这就是所谓的"物性夹层"。物性夹层属于成岩非均质的范畴。

砂体内碳酸盐胶结物分布的类型主要有以下三种。

(1) 薄层砂体全胶结型:薄层砂体夹于泥岩中,来自于泥岩的钙离子使薄层砂岩胶结成致密砂岩[图 2-10(a)]。如我国东部湖盆一些三角洲前缘远砂坝薄层砂体和前三角洲薄层砂体往往被完全胶结。

(2) 厚层砂体顶底胶结型:在厚层砂体底部和(或)顶部与泥岩接触的界面附近,被来自于泥岩的钙离子胶结,形成砂体顶底被胶结的表层致密条带[图 2-10(b)]。这类胶结形式在我国陆相湖盆砂体中很常见,如中原胡状集油田沙三段扇三角洲水下分流河道砂体的顶底常被碳酸盐胶结,尤其是底部砂砾岩往往胶结得很致密。

(3) 砂体内的分散胶结型:在厚层砂体内部,形成分散状分布的胶结团块[图 2-10(c)]。

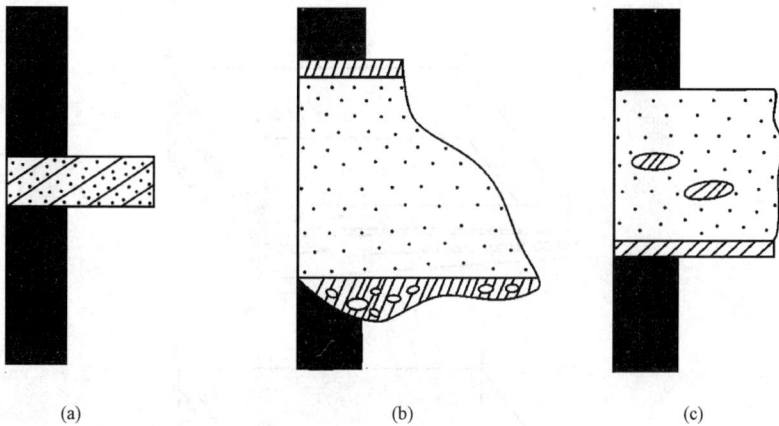

图 2-10　钙质胶结带的分布形式

　　在上述三种胶结形式中,厚层砂体顶底胶结型趋向于形成夹层。由于成岩流体易沿构型界面流动,因此,往往在构型界面处形成成岩胶结带,如在两条河道的侧向叠合处,则可在河道交接处形成斜交的成岩胶结条带;甚至在河道内层理系之间的界面(2 级界面),亦可形成成岩胶结条带(图 2-11)。

图 2-11　新疆风城油砂露头区下白垩统吐谷鲁组辫状河砂体内部钙质胶结层分布

2. 夹层规模

　　夹层规模是指夹层的厚度及侧向延伸范围,其对地下油水运动规律影响较大。根据夹层延伸长度与注采井距之间的关系,将夹层分为三类。

　　(1) 相对稳定的夹层:夹层在油层内延伸距离达到一个注采井距以上,如图 2-12(a)的夹层 1 即属于此类。这类夹层的作用相当于隔层。

　　(2) 较稳定的夹层:夹层在油层内延伸距离可达到注采井井距一半以上,但不到一个井距,如图 2-12(a)的夹层 2。

　　(3) 不稳定夹层:夹层在油层内的延伸距离均小于注采井距之半,呈透镜状分布,如图 2-12(b)。

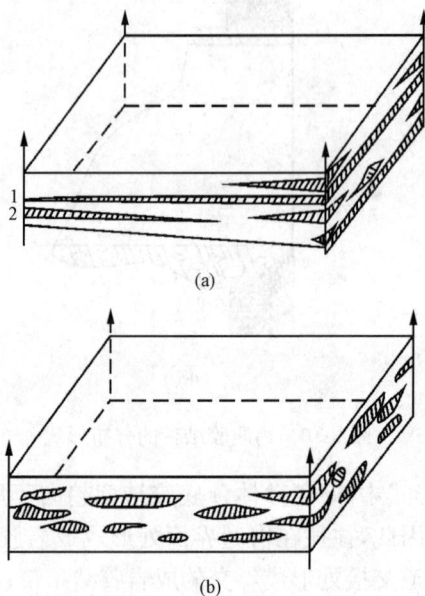

图 2-12　砂体内夹层大小及延伸长度示意图
图中斜纹为夹层符号

夹层规模受沉积、成岩环境的影响。如对于曲流河点坝内的侧积泥岩的规模,受控于点坝的规模,点坝越大,则侧积泥岩夹层的规模也越大。

3. 夹层发育程度

夹层发育程度通常用夹层频率和密度来表达。其中,夹层频率是指单位厚度岩层中夹层的层数,用"层/m"表示;夹层密度是指砂体中夹层总厚度与统计的砂体(包括夹层)总厚度的比值,用百分数(%)表示。

夹层的频率和密度受沉积成岩条件在垂向上的变化速率的影响,如辫状河心滩坝内部的落淤泥岩夹层的频率,受控于洪水次数及落淤泥岩的保存程度。

第二节　储层质量差异

一、储层质量及相关渗流地质参数

(一) 储层质量参数

储层质量为储层储集流体和渗流能力的表达。表征参数包括宏观岩石物理参数和微观孔隙结构参数。对于裂缝性储层,裂缝参数亦是重要的储层质量参数。

1. 宏观岩石物理参数

表征储层质量的宏观岩石物理参数主要为有效孔隙度和绝对渗透率。

1) 有效孔隙度

岩石中互相连通的,且在一定压差下允许流体在其中流动的有效孔隙体积与岩石总体积的比值称为该岩样的有效孔隙度。

有效孔隙度(以下简称孔隙度)反映岩石的储集性能。碎屑岩储集岩孔隙度评价指标见表 2-5。

2) 绝对渗透率

当单相流体充满岩石孔隙,流体不与岩石发生任何物理、化学反应,且流体的流动符合达西直线渗流定律时,所测得的岩石对流体的渗透能力称为该岩石的绝对渗透率。

绝对渗透率(以下简称渗透率)是与流体性质无关而仅与岩石本身孔隙结构有关的物理参数。目前生产上使用的绝对渗透率一般是用空气测定的空气渗透率。它反映岩石的渗流性能,单位常用 $10^{-3}\mu m^2$ 来表示,其评价指标见表 2-5。

表 2-5　孔隙度和渗透率的评价指标

孔隙度级别	范围 /%	渗透率级别	范围 /($\times 10^{-3}\mu m^2$)
特高孔隙度	$\phi_e \geqslant 30$	特高渗透率	$K \geqslant 2000$
高孔隙度	$30 > \phi_e \geqslant 25$	高渗透率	$2000 > K \geqslant 500$
中孔隙度	$25 > \phi_e \geqslant 15$	中渗透率	$500 > K \geqslant 50$
低孔隙度	$15 > \phi_e \geqslant 10$	低渗透率	$50 > K \geqslant 10$
特低孔隙度	$\phi_e < 10$	特低渗透率	$K < 10$

2. 微观孔隙结构参数

孔隙结构指岩石内的孔隙和喉道类型、大小、分布及其相互连通关系。孔隙为岩石颗粒包围着的较大空间,喉道为两个较大孔隙空间之间的连通部分(图 2-13)。孔隙是流体赋存于岩石中的基本储集空间,而喉道则是控制流体在岩石中渗流的重要通道。流体在自然界复杂的孔隙系统中流动时,都要经历一系列交替着的孔隙和喉道。无论是油气在二次运移过程中油气驱替孔隙介质所充满的水时,还是在开采过程中油气从孔隙介质中被驱替出来时,都受流动通道中最小的断面(即喉道直径)所控制。

1) 孔隙类型与大小

按孔隙大小,可将孔隙分为超毛细管孔隙(孔隙直径大于 $500\mu m$,裂缝宽度大于 $250\mu m$)、毛细管孔隙(孔隙直径 $500\sim 0.2\mu m$,裂缝宽度 $250\sim 0.1\mu m$)和微毛细

图 2-13　孔隙与喉道的电镜照片

管孔隙(孔隙直径小于 $0.2\mu m$，裂缝宽度小于 $0.1\mu m$)；按孔隙成因和孔隙几何形状的分类，可将孔隙分为粒间孔隙、溶蚀孔隙、微孔隙(直径小于 $0.5\mu m$)及裂缝孔隙四种类型(Pittman，1979)。综合考虑孔隙成因、产状及几何形状，可按表 2-6 进行孔隙分类。

表 2-6　碎屑岩储层孔隙类型简表

成　因		产　状
原生孔隙	孔隙	原生粒间孔隙(正常粒间孔和残余粒间孔)；原生粒内孔隙和矿物解理缝；杂基内微孔隙
	裂缝	层面缝
次生孔隙	孔隙	粒间溶孔(次生粒间溶孔和混合粒间溶孔)；组分内溶孔(粒内溶孔、杂基内溶孔、胶结物溶孔、交代物溶孔)；铸模孔；特大溶孔；贴粒溶孔
	裂缝	岩石裂缝；粒内裂缝

孔隙大小主要通过铸体薄片定量测量，其评价指标见表 2-5。

2) 喉道类型、大小与分布

孔隙喉道为连通两个孔隙的狭窄通道。每一支喉道可以连通两个孔隙，而每一个孔隙则可和三个以上的喉道相连，有的甚至和六个至八个喉道相连。影响储层渗流能力的因素主要是喉道，而喉道的大小和形态则受控于岩石的颗粒接触关系、胶结类型以及颗粒本身的形状和大小。常见的碎屑岩孔隙喉道类型有：① 孔隙缩小型喉道，喉道为孔隙的缩小部分[图 2-14(a)]，孔隙结构属于大孔粗喉，孔喉直径比接近于 1。② 缩颈型喉道，喉道为颗粒间可变断面的收缩部分[图 2-14(b)]，孔隙较大而喉道较小，孔隙结构属于大孔细喉型，孔喉直径比很大。③ 片状或弯片状喉道，喉道呈片状或弯片状，为长形颗粒之间的长条状通道[图 2-14(c)、(d)]，

可分为窄片状和宽片状两种类型,其孔隙结构变化较大,可以是小孔极细喉型,亦可以是大孔粗喉型,孔喉直径比中等至较大。④ 管束状喉道,当杂基及各种胶结物含量较高时,其中的微孔隙(小于 $0.5\mu m$ 的孔隙)既是孔隙又是喉道,像一支支微毛细管交叉地分布在杂基和胶结物中,组成管束状喉道[图 2-14(e)]。如果岩石中基本上为微孔隙,则渗透率很低。此外,如果岩石中发育张裂缝,则为流体的运动提供了大型的板状通道。从整个储层的角度来看,砂岩中的张裂缝可以看作是一种大的汇总的喉道。

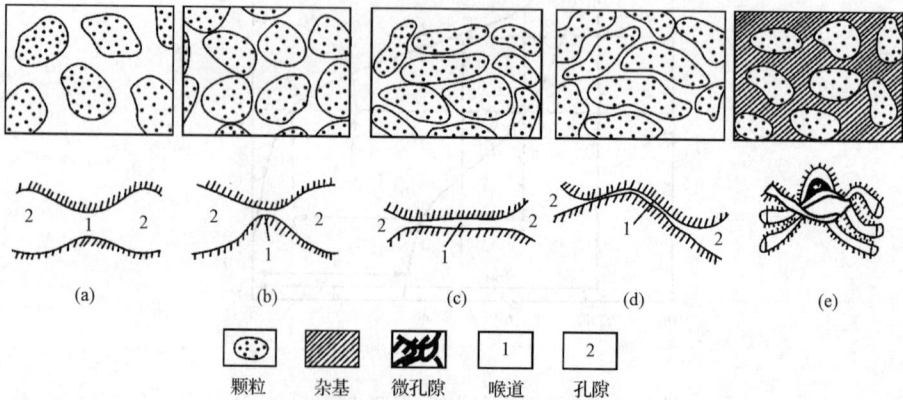

图 2-14 碎屑岩的孔隙喉道类型(据罗蛰潭等,1986)

(a) 孔隙缩小型喉道;(b)缩颈型喉道;(c) 片状喉道;(d) 弯片状喉道;(e) 管束状喉道

喉道大小及分布主要通过毛细管压力曲线进行研究,常用方法为压汞法。根据压汞过程中实测的汞注入压力与相应的岩样含汞体积,经过计算求得汞饱和度值和孔隙喉道半径值后,就可以绘制毛细管压力、孔隙喉道半径与汞饱和度的关系曲线,即毛细管压力曲线(图 2-15)。毛细管压力曲线反映了在一定驱替压力下汞可能进入孔隙喉道的大小及这种喉道所连通的孔隙体积。因此应用毛细管压力曲线可以对储层的孔隙结构进行研究。

应用毛细管压力曲线及其衍生图件,用图解法和统计法可求取反映孔喉大小、分布及其连通性的定量特征参数(表 2-7)。其中,反映喉道大小的参数主要有最大连通孔喉半径(r_d)和排驱压力(p_d)、孔喉半径中值(r_{50})与毛细管压力中值(p_{50})、孔喉半径均值(r_m)、主要流动孔喉半径平均值(r_z)、难流动孔喉半径(r_n)、孔喉峰值等;反映喉道分布的参数主要有孔喉分选系数(S_p)、相对分选系数(D_r)、均质系数(α)、歪度(S_{kp})、峰态(K_p)等;反映孔喉连通性及渗流性能的参数主要有孔喉配位数、平均孔喉直径比(D_{pt})、最小非饱和孔喉体积百分数(S_{min})、退汞效率(W_e)、平均孔喉体积比(V_{pt})等。

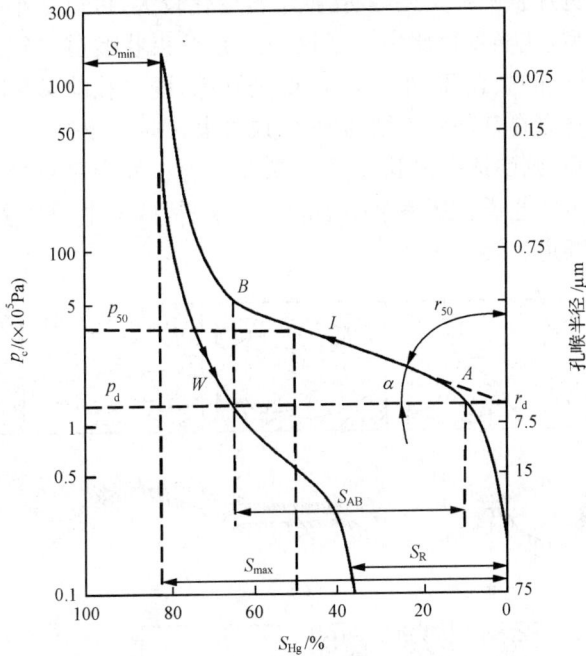

图 2-15　毛细管压力曲线(据罗蛰潭等,1986)

I——注入曲线；W——退出曲线

表 2-7　孔隙和喉道分级指标

孔隙大小		喉道大小	
孔隙大小级别	直径/μm	喉道大小级别	主要流动喉道半径/μm
大孔	>100	特粗喉	>50
		粗喉	20~50
中孔	20~100	中喉	10~20
小孔	5~20	细喉	1~10
微孔	<5	微喉	<1

3. 裂缝基本参数

裂缝是指岩石发生破裂作用而形成的不连续面。显然,裂缝是岩石受力而发生破裂作用的结果,是裂缝性储层的重要储集空间和渗流通道。同一时期、相同应力作用产生的方向大体一致的多条裂缝称为一个裂缝组;同一时期、相同应力作用产生的两组和两组以上的裂缝组则称为一个裂缝系。多套裂缝组系连通在一起称为裂缝网络。

对于一个裂缝组系来说,裂缝的基本参数是指裂缝的宽度、大小、产状、间距、

密度、充填性质、溶蚀情况等。这些参数可在野外露头和岩心上直接测量和研究。下面重点介绍反映裂缝发育程度的裂缝密度、裂缝孔隙度及裂缝渗透率。

1）裂缝密度

裂缝密度反映了裂缝的发育程度。根据测量的参照系的不同,可分为三种密度类型。

（1）线性裂缝密度（L_{fD},简称线密度）指与垂直于流动方向的直线或岩心中线相交的裂缝条数与该直线长度的比值

$$L_{fD} = \frac{n_f}{L_B}$$

式中：L_{fD}——线性裂缝密度,也称为裂缝频率,1/m；

　　　L_B——所作直线的长度,m；

　　　n_f——与所作直线相交的裂缝数目。

（2）面积裂缝密度（A_{fD},简称面密度）指流动横截面上裂缝累计长度（L）与该横截面积（S_B）的比值

$$A_{fD} = \frac{L}{S_B} = \frac{n_f \cdot l}{S_B}$$

式中：A_{fD}——面积裂缝密度,1/m；

　　　L——裂缝总长度,m；

　　　n_f——裂缝总条数；

　　　l——裂缝平均长度,m；

　　　S_B——流动横截面积,m²。

（3）体积裂缝密度（V_{fD},简称体密度）指裂缝总面积（S）与岩石总体积（V_B）的比值

$$V_{fD} = \frac{S}{V_B}$$

式中：V_{fD}——体积裂缝密度,1/m；

　　　S——裂缝总面积,m²；

　　　V_B——岩石体积,m³。

在上述三种裂缝密度中,裂缝体积密度是静态参数,而面积密度和线性密度都与流体流动的方向有关。

影响裂缝密度的因素很多,其中地质因素有岩石成分、粒度、孔隙度、层厚、构造位置等。总的来说,相对坚硬、致密、层薄的岩层,在应力集中或曲率大的构造部位具有较高的裂缝密度。

2）裂缝孔隙度

裂缝性储集岩一般具有两种孔隙度系统,即双重孔隙介质,一种为基质岩块的孔隙介质,一种为裂缝的孔隙介质。基岩孔隙分布比较均匀,而裂缝分布则很不均

匀,这就造成了裂缝性储集岩的孔隙分布的非均质性。

岩石裂缝孔隙度定义为裂缝孔隙体积与岩石体积之比。用下式表示

$$\phi_f = \frac{V_f}{V} \times 100\%$$

式中:ϕ_f——裂缝孔隙度;

V_f——裂缝孔隙体积,m^3;

V——岩石体积,m^3。

裂缝孔隙度一般较小,大都小于 0.5%,很少超过 2%,但当裂缝遭受溶蚀时,裂缝孔隙度可以大于 2%。裂缝孔隙度数值虽小,但在一个巨厚和排流面积很大的储集岩体内,裂缝的容积是很可观的。裂缝孔隙度可通过裂缝宽度与密度、特殊岩心分析、三维岩心试验等方法求得,亦可用测井方法间接求取。下面简单介绍利用裂缝宽度和密度求取裂缝孔隙度的方法。

如果通过岩心观测获得了裂缝的平均宽度和体积密度资料,则可直接计算裂缝孔隙度

$$\phi_f = \frac{V_f}{V} = \frac{S \cdot \bar{b}}{V} = V_{fD} \cdot \bar{b}$$

式中:$\bar{b}$——裂缝平均宽度,m。

实际上,岩心的体积密度并不容易测得,而测定裂缝面积密度则较容易,因此常用面积裂缝密度和裂缝平均宽度来求取裂缝的面孔率。

$$\phi'_f = \frac{S_f}{S} = \frac{L \cdot \bar{b}}{S} = A_{fD} \cdot \bar{b}$$

式中:S_f——裂缝面积,m^2;

ϕ'_f——裂缝面孔率。

由此可见,裂缝孔隙度的大小与裂缝宽度和面积裂缝密度成正比。

3) 裂缝渗透率

裂缝性储集岩由裂缝和基质岩块组成,具有双重孔隙介质,因此存在两种渗透率,即裂缝渗透率和基岩渗透率。岩石总渗透率是这两种渗透率之和。通常,裂缝渗透率很高,而基岩渗透率相对较低,裂缝渗透率往往要高于基岩渗透率数百倍至数千倍以上。裂缝性储层的孔隙度与渗透率之间没有任何唯一的正比关系。例如,裂缝孔隙度很小,但由于裂缝连通性很好,因而渗透率很高;而基岩孔隙度虽然比裂缝孔隙度大,但它的孔隙连通性相对较差,因此基岩渗透率较低。

裂缝渗透率具有两种含义,即固有裂缝渗透率和岩石裂缝渗透率。固有裂缝渗透率是流体沿单一裂缝或单一裂缝组系流动而与其周围基岩无关的裂缝渗透率,其中,流体流动截面积只是裂缝孔隙面积;而岩石裂缝渗透率是将裂缝与基质岩块作为统一的流体动力学单元而计算的裂缝渗透率,流体流动截面积为岩石截

面积。常用的裂缝渗透率即为岩石裂缝渗透率。

图 2-16 给出了一个计算裂缝渗透率的简单模型。对于图中的裂缝①来说，裂缝平行于流动方向，根据流体驱动力与黏滞力的平衡方程，可知通过该裂缝单位时间的流量（Q_f）

$$Q_f = a \cdot b \cdot \frac{b^2}{12\mu} \cdot \frac{\Delta p}{L} = a \cdot \frac{b^3}{12\mu} \cdot \frac{\Delta p}{L}$$

式中：Q_f——单位时间的流量；

　　　a——流动截面的宽度；

　　　b——裂缝宽度，μm^2；

　　　Δp——压力差；

　　　L——流动距离；

　　　μ——流体黏度。

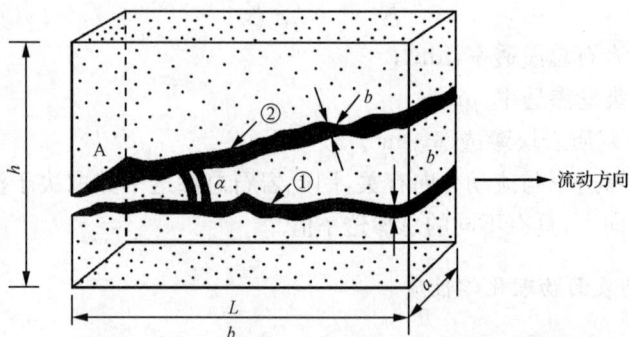

图 2-16　计算裂缝渗透率的简单地质模型（据范高尔夫-拉特，1989）

另一方面，根据达西定律，流经截面 $a \cdot h$ 的流量可表达为

$$Q_f = a \cdot h \cdot \frac{K_f}{\mu} \cdot \frac{\Delta p}{L}$$

式中：K_f——岩石裂缝渗透率，μm^2；

　　　h——岩层流动截面的高度。

对比上述两式，则可求得裂缝①的岩石裂缝渗透率

$$K_f = \frac{b^3}{12h}$$

对于裂缝②来说，裂缝与流动方向有一夹角 α，则裂缝②的岩石裂缝渗透率为

$$K_f = \frac{b^3}{12h}\cos^2\alpha$$

式中：α——裂缝与流动方向的夹角。

岩石裂缝渗透率(K_f)与固有裂缝渗透率的关系为

$$K_f = \phi_f \cdot K_{ff}$$

前面介绍的是单一裂缝的渗透率。对于具多条裂缝的岩石,裂缝渗透率则为所有单一裂缝渗透率之和。如对于一个由两组裂缝组系(以 A 组、B 组表示)构成的裂缝网络来说,岩石裂缝渗透率为

$$K_f = \frac{1}{12h}\left[\cos^2\alpha \sum_{i=1}^{n} b_i^3 + \cos^2\beta \sum_{j=1}^{m} b_j^3\right]$$

式中:α——裂缝组系 A 与流动方向的夹角,(°);

b_i——裂缝组系 A 中第 i 条$(i=1,2,\cdots,n)$裂缝的宽度,μm;

β——裂缝组系 B 与流动方向的夹角,(°);

b_j——裂缝组系 B 中第 j 条$(j=1,2,\cdots,m)$裂缝的宽度,μm。

裂缝性岩石的总渗透率为岩石裂缝渗透率与基质岩块渗透率之和,即

$$K_t = K_f + K_m$$

式中:K_t——岩石总渗透率,μm^2;

K_f——裂缝渗透率,μm^2;

K_m——基质岩块渗透率,μm^2。

由于裂缝渗透率与流动方向有关,因此岩石总渗透率亦取决于流动方向。在不同的流动方向上,具有不同的总渗透率值。

(二) 储层表面物理化学性质

储层表面的物理化学性质包括储层的比面、胶结物(特别是黏土矿物)成分、储层表面的润湿性等。

储层的比面是颗粒的外表面积与体积之比。一般情况下,渗透率越高,储层的比面就小,胶结物含量也就越少,孔隙结构相对简单;渗透率越低,储层的比面就大,胶结物含量就高,孔隙结构相对复杂。

储层中的胶结物主要有碳酸盐矿物(如方解石、铁方解石、白云石、铁白云石等)、黏土矿物(高岭石、蒙皂石、伊利石、绿泥石、伊/蒙混层、绿/蒙混层等)、硅酸盐矿物(如石英、长石等)、硫酸盐矿物(石膏、硬石膏等),等等。黏土矿物是重要的胶结物。胶结物特别是黏土矿物的含量与成分对渗流特性有很大的影响。

储层润湿性在渗流特性中是一个很重要的参数。任何渗流过程都是驱动力、重力和毛细管力三者共同作用的结果,而润湿性将改变毛细管力的方向。在油气藏形成时期,储层应该均属于亲水性的,天然气与岩石应该是强的非润湿关系,所以气藏一般均为强亲水的;油藏因原油中含有较多极性物质,如胶质、沥青质及一些非烃类,在与储层表面长期接触后,就有可能使润湿性改变,从亲水转为中性或亲油。其实从微观看,储层的润湿性是非常复杂的,在大孔道中因含油而改变润湿

性时,非流动的小孔道则因含束缚水而仍然保留亲水的特性,因而在作润湿性实验时又吸油又吸水。在开发过程中,润湿性不是固定不变的,特别是亲油的储层在长期水驱下,极性物质将被冲刷剥落,储层亲油性将减小,亲水性增加。注气时则表面润湿性不会改变。

(三) 相对渗透率曲线

岩石孔隙为多相流体所饱和时,岩石对各种流体的有效渗透率与该岩石的绝对渗透率的比值即为岩石对各流体的相对渗透率。油、气、水的相对渗透率分别用符号 $\dfrac{K_o}{K}$、$\dfrac{K_g}{K}$、$\dfrac{K_w}{K}$ 表示。

实验表明,有效渗透率和相对渗透率不仅与岩石性质有关,而且与流体的性质和饱和度有关。随着该相流体饱和度的增加,其有效渗透率和相对渗透率均增加,直到全部为某种单相流体所饱和(图 2-17),其有效渗透率等于绝对渗透率,相对渗透率则等于1。

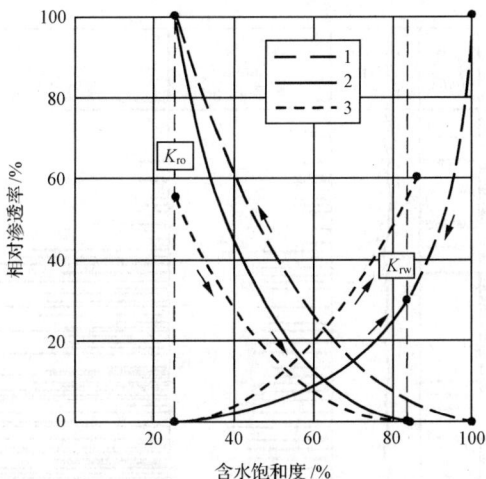

图 2-17　油水饱和度与相对渗透率关系典线
1——水润湿驱替(降低含水饱和度 S_w);　2——水润湿吸入(增加含水饱和度 S_w);
3——油润湿驱替(增加含水饱和度 S_w)

相对渗透率曲线是储层微观结构与表面润湿性共同作用的结果,是渗流计算、数值模拟和预测油田开发动态最重要的依据之一。微观孔隙较均匀的储层,油相渗透率随着油饱和度下降而递减的速度相对较缓;微观孔隙很分散的储层,孔隙半径大的流动孔隙,所占容积百分比很小,对渗透率贡献的百分比很大,油相渗透率下降就很陡。亲水性强的储层,水相相对渗透率终点很低,有的只有 0.1 左右,而亲油性强的储层,水相相对渗透率可以上升较高,可达 0.5~0.7。因此,应针对不同的孔隙结构和润湿性类型测定相对渗透率曲线。

二、层内储层质量差异

在储层内部,由于沉积、成岩等因素的变化,将导致其储层质量的差异性。这种差异性主要表现为垂向的韵律性与差异程度以及渗透率的各向异性。

(一)砂体韵律性

为砂体垂向上粒度及物性(特别是渗透率)的变化。

1. 粒度韵律

单砂层内碎屑颗粒的粒度大小在垂向上的变化称为粒度韵律,它受沉积环境和沉积方式的控制。粒度韵律对渗透率的垂向变化有很大的影响。在成岩变化小的储层中,剖面上粒度的韵律性直接控制着渗透率的韵律性(图 2-18)。粒度韵律大体可分为正韵律、反韵律、复合韵律和均质韵律四类。

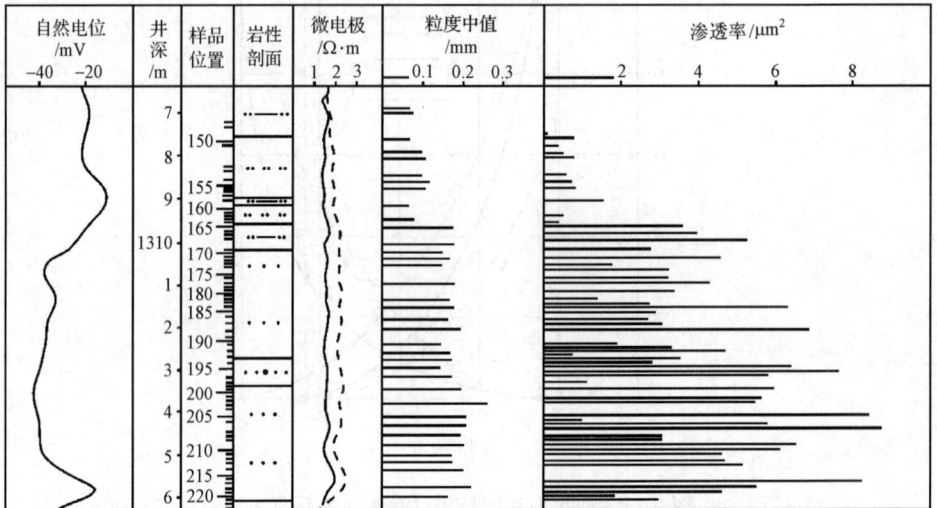

图 2-18　济阳拗陷孤东油田 7-J1 井馆 6^1 层粒度与渗透率垂向韵律性

1) 正韵律

颗粒粒度自下而上变细者称为正韵律。正韵律往往导致岩石物性自下而上变差。曲流河点坝、三角洲分流河道、浊积岩可形成典型的正韵律。

2) 反韵律

颗粒粒度自下而上变粗者称为反韵律。反韵律往往导致岩石物性自下而上变好。三角洲前缘河口砂坝、湖相滩坝可形成典型的反韵律。

3）复合韵律

即正、反韵律的组合。正韵律的叠置称为复合正韵律，反韵律的叠置称为复合反韵律，上下细中间粗者为复合反正韵律，上下粗中间细者为复合正反韵律。如在三角洲体系中，常见下部为河口坝反韵律、上部为分流河道正韵律的复合反正韵律。

4）均质韵律

颗粒粒度在垂向上变化无韵律者则称为无规则序列或均质韵律。如辫状河心滩坝常呈这种韵律。

2. 渗透率韵律

渗透率大小在纵向上的变化所构成的韵律性称为渗透率韵律。一般情况下，渗透率韵律与粒度韵律基本一致，但也不尽然，因其同时受到沉积组构和成岩作用的影响。渗透率韵律亦可分为正韵律、反韵律、复合韵律、均质韵律（图 2-19）。最高渗透层在正韵律中位于底部，在反韵律中位于顶部，在复合韵律中则视具体情况而定。

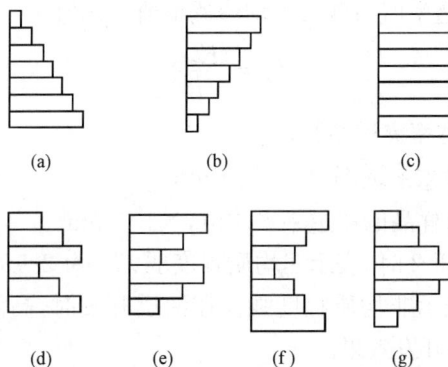

图 2-19　渗透率韵律模式

(a) 正韵律；(b) 反韵律；(c) 均质韵律；(d) 复合正韵律；(e) 复合反韵律；

(f) 复合正反韵律；(g) 复合反正韵律

（二）层内渗透率非均质程度

为层内渗透率（主要是水平渗透率）的垂向变化程度，这是定量描述层内非均质性的重要内容，可采用渗透率变异系数、突进系数和级差表示。公式形式与后述的层间渗透率非均质程度的表征参数相同，但内涵有所差别。

1. 渗透率变异系数

为层内渗透率值相对于其平均值的分散程度或变化程度

$$V_{\mathrm{k}} = \frac{\sqrt{\sum_{i=1}^{n} (K_i - \overline{K})^2 / n}}{\overline{K}}$$

式中：V_{k}——层内渗透率变异系数；

K_i——层内第 i 个样品的渗透率值，$\times 10^{-3} \mu m^2$；

$\overline{K}$——层内所有样品的渗透率平均值，$\times 10^{-3} \mu m^2$；

n——层内样品的个数。

上述的"样品"概念，可以是岩心分析样品（取样应比较均匀，而且样品密度最好大于 5 块/m），也可以是测井解释值（一般 8 点/m），还可以为砂体内的相对均质段。

一般地，当 $V_{\mathrm{k}} < 0.5$ 时，反映非均质程度弱；V_{k} 为 0.5～0.7 时，反映非均质程度中等；$V_{\mathrm{k}} > 0.7$ 时，反映非均质程度强。当然，在实际工作中，需结合流体性质等条件，作出确切的评价标准。

2. 渗透率突进系数

为砂层内最大渗透率值与砂层平均渗透率值的比值

$$T_{\mathrm{k}} = \frac{K_{\max}}{\overline{K}}$$

式中：T_{k}——层内渗透率突进系数；

$K_{\max}$——层内最大渗透率值，$\times 10^{-3} \mu m^2$；

$\overline{K}$——层内所有样品的渗透率平均值，$\times 10^{-3} \mu m^2$。

一般地，当 T_{k} 小于 2 时，表示非均质程度弱；T_{k} 为 2～3 时，表示非均质程度中等；T_{k} 大于 3 时，表示非均质程度强。在油层开发时，高渗层段易发生层内突进，从而影响油层总体开发效果。

3. 渗透率级差

为砂层内最大渗透率值与最小渗透率值的比值

$$J_{\mathrm{k}} = \frac{K_{\max}}{K_{\min}}$$

式中：J_{k}——层内渗透率级差；

$K_{\max}$——层内最大渗透率值，$\times 10^{-3} \mu m^2$；

$K_{\min}$——层内最小渗透率值，$\times 10^{-3} \mu m^2$。

渗透率级差越大，反映渗透率非均质性越强；反之，级差越小，非均质性越弱。

（三）渗透率各向异性

由于层理及夹层的影响，砂体垂直方向的渗透率与水平方向的渗透率有一定的差异，其比值对流体垂向和横向渗流速度的差异性有较大的影响。

1. 层理构造及渗透率各向异性

在碎屑岩储层中,大都具有不同类型的层理构造。常见的层理有平行层理、斜层理、交错层理、块状层理、波状层理、水平层理等。层理类型受沉积环境和水流条件的控制。层理的构成主要表现在粒度、成分、颗粒排列组合的差异,这种差异导致了渗透率的各向异性。不同层理类型对渗透率方向性的影响不同,层理构造的垂向演变导致了渗透率的垂向变化,层理构造的侧向延伸和演变导致了渗透率在平面上的方向性。层理构造形成的非均质规模介于砂体规模与微观规模之间,目前仅限于岩心规模的研究(对于地下储层来说)。通过岩心实验室分析,可直接测量垂直渗透率与水平渗透率的比值。

在不同的层理构造中,渗透率的各向异性有所差别。

平行层理的渗透率各向异性主要表现在水平渗透率(K_h)和垂直渗透率(K_v)的差异,一般 K_h 比 K_v 大得多,因此 K_v/K_h 值很小。平行层理的方向为古水流方向,长轴颗粒亦顺此方向排列,从而造成该方向的渗透率较大。高流态水流作用形成的平行层理具有剥离线理,其纹层呈数毫米至数厘米级的薄板状,薄板间为空隙(即所谓沉积成因的层间缝),很易剥离,在注水压力下则呈开启状态,形成"大孔道",易发生水窜。水平渗透率很大,K_v/K_h 值极小。

斜层理的渗透率各向异性表现在顺层理倾向、逆层理倾向和平行纹层走向方向的渗透率的差异。顺层理倾向的渗透率最大,而逆层理倾向的渗透率最小,平行纹层走向的渗透率介于其间。

交错层理的渗透率各向异性最强,且交错纹层的组合越复杂,各向异性程度越高。在未固结层中,平行纹层方向的渗透率与垂直纹层方向的渗透率之比可达 3,而在固结的砂岩中,这一比值更大。

2. 夹层对砂体垂直渗透率的影响

层内夹层一般不稳定,其对流体的垂向渗流不能起完全的封隔作用,但会降低垂向渗流性能。Haldorsen 等(1990,1993)提出了一个在二维剖面情况下应用夹层频率和密度简化计算砂体垂向渗透率的公式

$$\frac{K_{ve}}{K} = \frac{1 - F_s}{(1 + S\frac{L_{av}}{2})^2}$$

式中：K_{ve}——有效垂直渗透率,$\times 10^{-3} \mu m^2$；

　　　K——均质砂体垂直渗透率,$\times 10^{-3} \mu m^2$；

　　　F_s——夹层密度,小数；

　　　S——夹层频率,层数/m；

　　　L_{av}——夹层延伸长度,m。

另外,对于含裂缝的储层,尚需考虑层内裂缝及其对层内渗透率的影响。

三、平面储层质量差异

（一）孔渗平面分布差异性

油层物性（主要是孔隙度和渗透率，特别是渗透率）在平面上大都具有变化性，这主要受控于沉积和成岩过程的平面差异性。不同微相具有不同的孔渗分布，同一微相不同部位的孔渗也具有差异性，这正是储层参数"相控建模"的理论基础，即在储层参数平面成图或三维建模中应充分考虑沉积和成岩因素对孔隙度和渗透率横向分布的控制作用，分相带编绘孔隙度、渗透率分布图。

不同微相砂体的储层质量分布与其几何形态关系密切，这实际上与主流线有关。如各种河道沉积（河流相河道、三角洲分流河道、浊积水道等）砂体的渗透率沿古水流方向呈条带状分布，多形成高渗条带；天然堤砂体渗透率相对较低，在河道凹岸边缘呈条带状或窄透镜状分布；决口扇砂体渗透率亦较低，呈放射-扇状分布；河口坝砂体渗透率多呈舌状分布，无明显的高渗条带；滩坝砂体特别是海相滩坝砂体渗透率呈席状分布，亦无明显的高渗条带。

（二）平面渗透率的方向性

渗透率为矢量，其数值与测量方向有关。在平面上，渗透率的方向性受砂体沉积的古水流方向的影响。如沿古河道水流方向，颗粒排列和交错层理纹层具有方向性，其中，一些长形颗粒定向排列，斜层理倾向下游，因而沿古水流方向的渗透率比逆古水流方向的渗透率要大。在注水开发时，注入水沿古河道下游方向的推进速度快，向上游方向推进速度慢，驱油效果亦有差别（图 2-20）。

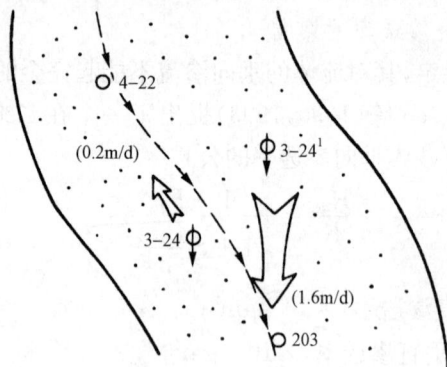

图 2-20　渗透率各向异性分布图

四、层间储层质量差异

由于沉积、成岩等因素随时间的变化性,导致不同储层形成时期沉积相与成岩相的差别,从而进一步导致层间储层质量的差异。

(一)垂向相变与渗透率差异分布

在一套储层内,由于砂体沉积环境和成岩变化的差异,可能导致不同砂体渗透率的较大差异。如图 2-21 所示,垂向上河道(CH)、天然堤(LV)、决口扇(CS)砂体与泛滥平原泥岩(FF)发生垂向相变,由于河道与溢岸砂体渗透率的不同,导致了砂层间渗透率的垂向差异。这一差异影响着油水井的开发生产。例如,若对几个渗透性差异较大的油层采用合层注水开发的话,注入水会优先进入高渗透层驱油,而较低渗透层则动用较差。

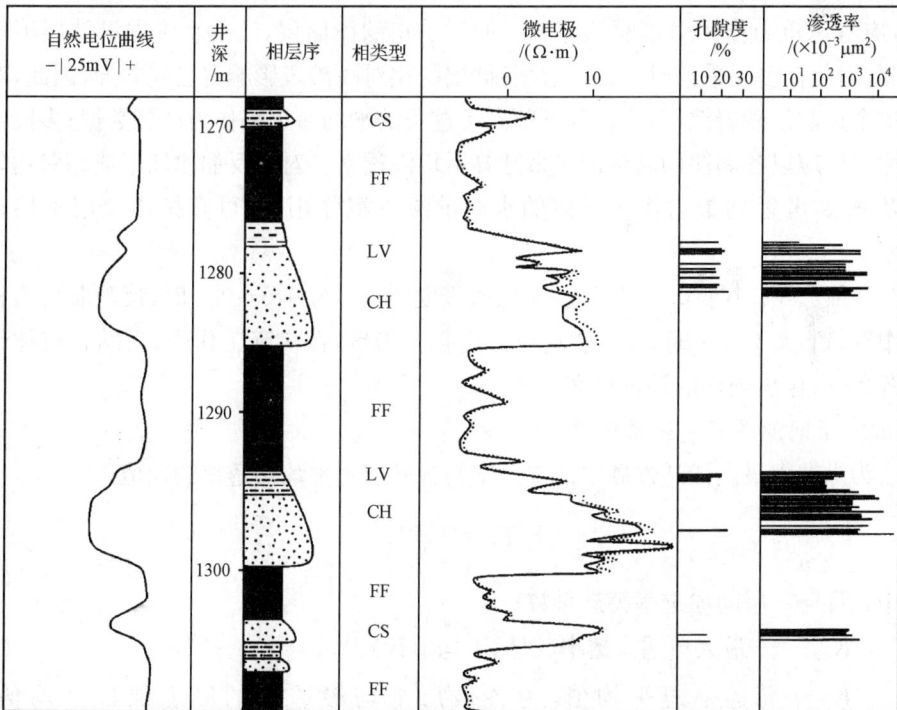

图 2-21 济阳拗陷孤岛油田渤 106 井馆陶组馆 5 砂组垂向相层序及物性剖面

(二)层间渗透率非均质程度

层间渗透率非均质程度通常应用以下统计关系来表达。

1. 层间渗透率变异系数

变异系数是一统计概念,指用于统计的若干数值相对于其平均值的分散程度或变化程度。渗透率变异系数是对层间渗透率非均质程度的一种度量

$$V_k = \frac{\sqrt{\sum_{i=1}^{n}(K_i - \overline{K})^2/n}}{\overline{K}}$$

式中:V_k——层间渗透率变异系数;

K_i——第 i 层渗透率(以层平均值计),$\times 10^{-3} \mu m^2$;

$\overline{K}$——渗透率总平均值,为各砂层平均渗透率的厚度加权平均值,$\times 10^{-3} \mu m^2$;

n——砂层总层数。

在此需要提及的是,为了更客观地反映层间差异,在计算砂层平均渗透率时,应考虑重力作用对水驱的影响。如对于正韵律储层,注入水优先沿储层下部水驱,因此在多层采油时,实际上是各储层的相对高渗段影响着层间差异,因此,对于单个正韵律砂岩储层,应以其下部高渗透段的平均渗透率作为计算数据;多段正韵律油层应以各韵律的高渗透段来计算平均渗透率。对于反韵律储层或相对均匀层及薄层,考虑到重力作用导致的水线前缘下沉作用,则可直接用全层平均渗透率。

一般当 V_k 小于 0.5 时,反映非均质程度弱;V_k 为 0.5～0.7 时,反映非均质程度中等;V_k 大于 0.7 时,反映非均质程度强。当然,在实际工作中,需结合流体性质等条件,作出确切的评价标准。

2. 层间渗透率突进系数

为纵向上最高渗透性砂层的渗透率与各砂层总平均渗透率的比值

$$T_k = \frac{K_{max}}{\overline{K}}$$

式中:T_k——层间渗透率突进系数;

K_{max}——最大单层渗透率(以层平均值计),$\times 10^{-3} \mu m^2$;

$\overline{K}$——渗透率总平均值,为各砂层平均渗透率的厚度加权平均值,$\times 10^{-3} \mu m^2$。

一般当 T_k 小于 2 时,表示非均质程度弱;T_k 为 2～3 时,表示非均质程度中等;T_k 大于 3 时,表示非均质程度强。在油田开发时,高渗层段易发生单层突进,从而影响油田总体开发效果。因此,在研究过程中,尚需研究高渗透层的纵向分布。

3. 层间渗透率级差

为纵向上最高渗透性砂层的渗透率与最低渗透性砂层的渗透率的比值

$$J_k = \frac{K_{max}}{K_{min}}$$

式中：J_k——层间渗透率级差；

　　　K_{max}——最大单层渗透率(以层平均值计)，$\times 10^{-3} \mu m^2$；

　　　K_{min}——最小单层渗透率(以层平均值计)，$\times 10^{-3} \mu m^2$。

渗透率级差越大，反映渗透率非均质性越强；反之，级差越小，非均质越弱。

五、储层流动单元

(一)流动单元的概念

流动单元是 Hearn 等(1984)提出的一个概念，定义为一个纵横向连续的，内部渗透率、孔隙度、层理特征相似的储集带。在该带中，影响流体流动的地质参数(储层孔隙度、渗透率、孔隙结构、表面性质以及相对渗透率曲线)在各处都相似，而不同的流动单元则具有不同的流体流动特征，因而具有相似的开发动态特征。因此，流动单元研究对预测油藏开发生产性能具有十分重要的意义。

本质上，流动单元是具有相似渗流特征的储集单元，不同的单元具有不同的渗流特征，单元间界面为储集体内分隔若干连通体的渗流屏障界面以及连通体内部的渗流差异"界面"。因此，流动单元也可定义为"储层内部被渗流屏障界面及渗流差异界面所分隔的具有相似渗流特征的储集单元"。

(二)流动单元的层次性

根据储层连通性及渗流差异性，可将流动单元分为三个层次，即连通体、连通单元、渗流单元。

1. 连通体

连通体为流动单元的第一层次。在连通体内部，虽然储层质量有差别，但各处是连通的。连通体外缘被层间隔层、横向隔挡体和(或)封闭性断层所限定。连通体之间不发生流体渗流。

2. 连通单元

在连通体内部，仍发育一定数量和规模的渗流屏障(夹层)，这些渗流屏障将连通体分隔成若干连通单元。在该单元内，部分被渗流屏障所隔挡，但另一部分又与其他单元相连通，如在点坝内部，由于泥质侧积层的存在，每一个侧积体均为一个连通单元(图 2-22)。在注水开发过程中，这一层次的单元影响着注采对应关系，易导致剩余油的富集，是油田开发中后期的重点研究单元。

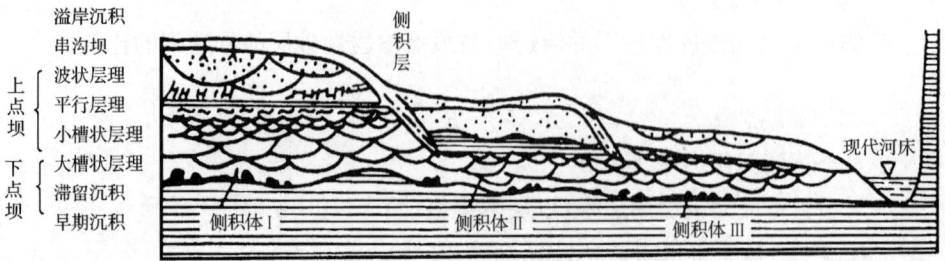

图 2-22　点坝砂体内的连通单元(据薛培华,1991)

值得注意的是,在此没有采用半连通体的概念,如没有将整个点坝作为一个半连通体,而是将点坝当作连通体的一部分(当点坝与其他砂体连通时),因为严格说来,所有具有层内渗流屏障的连通体都具有"半连通体"或部分连通体的性质,只不过连通性不同而已。在这个意义上,"半连通体"的意义就不明显了。因此,本书应用连通单元来表示连通体内部被渗流屏障部分分隔的单元,并作为流动单元的第二层次,具有更大的实用价值。

由于渗流屏障的多层次性,各级界面均可形成渗流屏障,因此从理论上讲,在连通体内部由各级渗流屏障所隔挡(实际上是部分隔挡)的单元均可称为连通单元,但因为 1、2 级界面处的渗流屏障规模太小(层理规模),所以在实际应用中,可暂不考虑这些层理级的屏障,而将连通体内 3 级界面渗流屏障所部分隔挡的单元作为连通单元。

3. 渗流单元

在连通单元内部,流体渗流特征亦有差异。为了表达这种差异,可将连通单元分为若干个具有相似渗流特征的单元,即渗流单元。

渗流特征的差异(简称渗流差异)是一相对的概念,其本质是流体渗流速度及动态响应的差异。这一差异性可分别若干个级别,即渗流单元的分类,实质上是流动单元的分类。

渗流差异的原因主要是储层质量的差异,因此在渗流单元分类和划分时主要考虑储层质量。渗流单元间的界面可以是明确的物理界面,如复合体内单砂体间或韵律层间的边界(前提是界面两侧具有储层质量差异,如河道-决口扇复合体内的微相间界面);也可以是不具有物理意义的"人为"边界,如在一个正韵律砂体内根据储层质量差异人为划分的几个相对均质段之间的边界。

(三) 流动单元的动态性

在油田开发过程中,储层孔隙结构及渗透率可能发生动态变化,从而导致渗流差异的变化,因此渗流单元的类型亦会有所变化。从这一点出发,流动单元又可视为一个动态的概念。

值得注意的是,流动单元的动态性,或者说动态流动单元,只涉及流动单元的第三层次,即渗流单元,因为在开发过程中,连通体及渗流屏障是不会变化的,变化的只是储层质量。

第三节　储层岩石物理相

储层在形成和发育过程中,受到沉积作用、成岩作用和构造作用等多种因素的控制和影响。为此,熊琦华(1989)教授提出了岩石物理相的理论,以综合分析储层成因机制,为储层质量预测奠定必要的理论基础。岩石物理相是指具有一定岩石物理性质的储层成因单元,是沉积作用、成岩作用和后期构造改造作用的综合效应。下面首先分析储层质量的三大控制因素,然后进一步分析岩石物理相的内涵。

一、沉积因素对储层质量的控制

沉积因素包括沉积环境及沉积作用。它控制着储层砂体的分布及砂体的原始孔隙性,并对后期成岩作用有一定的影响。

砂体的原始孔渗性主要受砂体岩石结构的控制。换句话说,岩石碎屑的粒度、分选性、圆球度、排列方式及杂基含量控制着砂体的原始孔渗性。

从理论上讲,等大球形颗粒组成的岩石,其原始孔隙度与粒径本身无关,而与其排列方式有关,如它们以立方体形式排列时,理论孔隙度最大,为 47.6%;当以斜方体排列时,其理论孔隙度减小,从 47.6% 降至 25.9%。因此,颗粒粒度本身与孔隙度并无必然的关系。但是,颗粒粒径与孔隙喉道大小成正比,这意味着,颗粒粒径越大,渗透率也越大,因为渗透率与孔隙大小的平方成正比。

颗粒的分选性是控制岩石原始孔渗性最重要的因素之一。颗粒的分选性好坏反映了岩石中颗粒分布的均一程度。若组成岩石的颗粒粒径大小不等,不同粒径的颗粒则组成了复杂的排列,大颗粒之间构成的大孔隙会被小颗粒所充填,而使得孔隙变小,岩石孔隙度和渗透率降低;当岩石中含有较多的泥质杂基时,则岩石孔渗性会大大降低。

Bread 和 Weyl(1973)在实验室内研究了颗粒分选性与孔隙度的关系,并提出了砂体原始孔隙度与特拉斯克(Trask)分选系数的关系

$$\phi_0 = 20.91 + 22.90/S_0$$

式中:ϕ_0——砂体原始孔隙度;

S_0——特拉斯克分选系数($\sqrt{\dfrac{Q_{25}}{Q_{75}}}$,粒度累计曲线上 25% 处的粒径大小与 75% 处粒径大小之比的平方根)。

　　他们按分选系数将颗粒分选性分为六等(图 2-23),并研究了分选性与砂体原始孔隙度的关系。分选极好的砂体(分选系数 $S_o=1.0\sim1.1$),平均孔隙度为 42.4%;分选很好的砂体($S_o=1.1\sim1.2$),平均孔隙度为 40.8%;分选好的砂体($S_o=1.2\sim1.4$),平均孔隙度为 39.0%;分选中等的砂体($S_o=1.4\sim2.0$),平均孔隙度为 34%;分选较差的砂体($S_o=2.0\sim2.7$),平均孔隙度为 30.7%;分选极差的砂体($S_o=2.7\sim5.7$),平均孔隙度为 27.9%。显然,颗粒分选越好,砂体原始孔隙度越高。

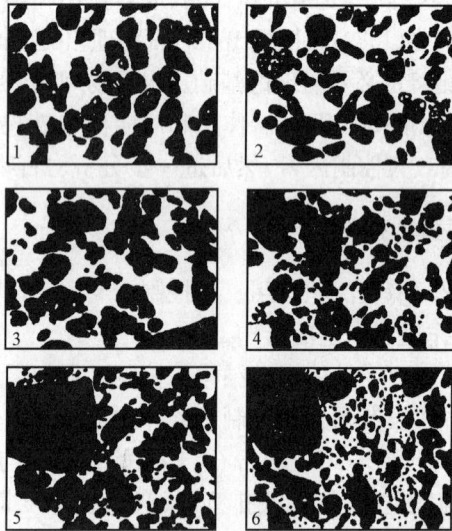

图 2-23　分选系数对孔隙度的直观影响

1——分选极好($S_o=1.0\sim1.1$);2——分选很好($S_o=1.1\sim1.2$);3——分选好($S_o=1.2\sim1.4$);
4——分选中等($S_o=1.4\sim2.0$);5——分选差($S_o=2.0\sim2.7$);6——分选极差($S_o=2.7\sim5.7$)

　　Sneider 综合考虑了颗粒粒度和分选性对岩石孔隙度和渗透率的影响,建立了关系图版(图 2-24)。

　　颗粒的填集程度和定向性对原始孔渗性亦有一定的影响,这与颗粒形状、圆度、表面粗糙度、颗粒支撑方式有关。一般来说,圆球度好的砂岩,其分选也好,孔隙度也高。对于形状不规则的棱角状颗粒,常发生镶嵌现象,相互填充孔隙空间,致使孔隙体积减小,孔隙之间的连通性变差,结果使孔渗性变差;但是,如果颗粒之间不发生相互镶嵌现象(如在快速堆积而压实作用强度又较低的情况下),而是彼此支撑起来,则反而会使岩石的孔渗性变好;当然,由于快速堆积往往伴随着较弱的分选作用而使岩石中杂基含量较多,因此,岩石的孔渗性不会很好。

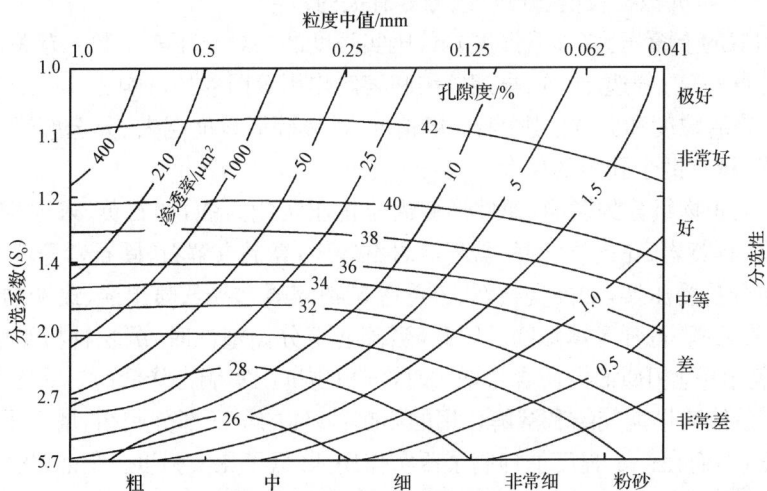

图 2-24 颗粒粒度和分选性与砂体原始孔渗性的关系(据 Sneider,1987)

砂体内杂基含量对砂体原始孔渗性影响很大,尤其对渗透率影响更大。杂基内微孔隙发育,但对渗透率贡献很小。杂基含量多的砂体,孔渗性必然较低。一般杂基含量超过 15%,砂体渗透率就很低了。

不同的沉积微相以及同一微相的不同部位,上述岩石组构即颗粒粒度、分选、杂基含量等特征均有差异,因而原始孔渗性亦有差异,亦即原始储层质量受到沉积相的控制。这正是"相控"储层参数预测和建模的理论依据。

二、成岩因素对储层质量的控制

沉积物在固结前,受到成岩作用的控制,其对砂体原始孔渗性有较大的影响。控制储层质量的主控成岩作用主要为机械压实作用、胶结作用和溶解作用。

(一)压实作用

压实作用的成岩效应是在上覆压力下使沉积物变得致密,减小粒间体积及孔隙喉道的大小,从而降低原始孔渗性。

一般说来,岩石埋藏越深,所受的压实强度就越大,对岩石储集性能的影响也就越大。研究表明,孔隙度随着上覆地层压力的增加呈指数形式降低。这种关系可用相应的数学表达式来表示:

$$\phi = \phi_0 e^{-cp}$$

式中:ϕ——随压力而变化的孔隙度,%;

ϕ_0——原始孔隙度,%;

p——上覆地层压力,$\times 10^{-3}$ MPa;

c——与沉积物粒度、分选、组分等有关的常数。

在相似的上覆压力(埋藏深度)下,压实强度的差异与压实常数 c 有关,而 c 又受控于碎屑粒度、分选、组分、早期胶结和溶解作用等因素的影响。

(1) 碎屑粒度和分选的影响:一般情况,砂体碎屑粒度越大、分选愈好,抗压实能力越强,越有助于孔隙的保存。

(2) 沉积物组分的影响:弹性形变组分抗压实能力强,如石英、未蚀变长石等矿物碎屑,石英岩、花岗岩、碳酸盐岩等岩石碎屑,亮晶方解石、硬石膏等填隙物;塑性形变组分易受压实,如蚀变长石、云母等矿物碎屑,泥岩、喷出岩、凝灰岩等岩石碎屑,泥质杂基、石膏等填隙物。因此,当碎屑组分偏塑性时,沉积物易受压实;而当砂体碎屑组分相似而泥质含量增大时,沉积物抗压实能力降低而易受压实。

(3) 砂体的早期胶结和溶解作用的影响:砂体的早期部分胶结,增大了砂体的抗压强度,因而在一定程度上抑制了压实作用,降低了压实强度。但若砂体发生早期溶解作用,即在压实过程中的溶解作用,则降低了岩石的抗压强度,因而增大了压实作用强度。因此,固结成岩前的早期溶解作用对储层性能的改善不仅不起积极作用,反而起破坏作用。

(二) 胶结作用

胶结作用的成岩效应主要是胶结物(如方解石、黏土矿物、石英等)堵塞孔隙空间,减小孔隙体积及喉道大小,从而降低孔渗性。

胶结作用对岩石储集性能的影响主要表现在胶结物含量与胶结产状。显然,胶结物含量越高,岩石损失的孔隙越多,孔渗性也就越差。胶结物产状对孔渗性的影响比较复杂。主要胶结产状有孔隙充填、孔隙衬边、孔隙桥塞、加大胶结等类型(图 2-25),不同胶结产状对岩石渗透率影响有较大的差异。在胶结物含量相同的情况下,孔隙充填、孔隙衬边、孔隙桥塞对渗透率的影响程度依次增强。

胶结作用是一种化学作用,因而与孔隙水介质、岩性及外部条件(温度、压力等)有关。

孔隙水介质包括离子类型、含量、物理化学性质等,决定着胶结物的类型,如在酸性水环境下易发生石英、高岭石胶结,而在碱性水环境下易发生方解石及其他黏土矿物的胶结。

岩性条件如碎屑成分、原始孔渗性、黏土矿物含量,影响着胶结物类型及胶结程度,如在长石砂岩中易于形成伊利石、高岭石,在岩屑砂岩和杂砂岩中以伊利石为主,而蒙皂石主要形成于火山碎屑岩中,石英砂岩易发生石英加大等;原始孔渗性好的岩性因有利于孔隙水的渗流而有利于胶结,而杂基含量高的岩性则不利于胶结。值得注意的是,在构型界面处,由于有利于成岩孔隙水的渗流,因而在构型界面处有利于胶结而形成沿界面分布的成岩胶结带。

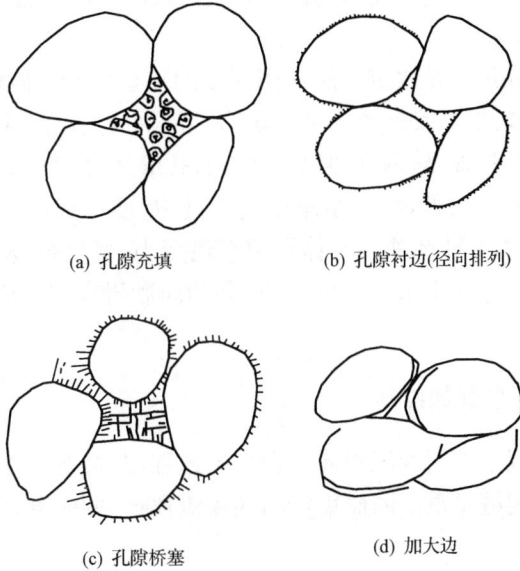

(a) 孔隙充填   (b) 孔隙衬边(径向排列)

(c) 孔隙桥塞   (d) 加大边

图 2-25　填隙物充填产状

外部条件如温度、压力等对胶结作用有较大的影响,如石英胶结多发生于60℃以上的温度环境,异常压力易抑制胶结作用的进行。

(三) 溶解作用

改善岩石储集性能的成岩作用主要为溶解作用。在我国许多油田,均发现有以次生溶蚀孔隙为主的碎屑岩储层。次生溶孔的形成可表现为对碎屑颗粒的溶解、对填隙物的溶解和对自生交代矿物的溶解,形成不同类型的溶蚀孔隙。溶解作用的发生与否,取决于溶解流体、流体的运移及岩石矿物成分和组构等诸因素的综合效应。

成岩环境中溶解流体的形成是溶解作用发生的必要条件。一般情况,溶解流体可以是大气淡水或深部流体,但深部溶解作用的流体主要来源于深部流体,主要是烃源岩产生的有机酸,这与烃源岩的类型、含量、埋藏深度和地温梯度等因素有关。烃源岩中有机质含量越高,生成的有机酸量越多;同时,干酪根类型对有机酸生成量也有影响,一般是Ⅲ型干酪根最好,其次是Ⅱ型,再次是Ⅰ型。然而,烃源岩需达到一定的成熟温度才能生成有机酸,一般在 80～120℃是有机酸浓度最高的温度带。在一具体地区,温度又受控于埋藏深度和地温梯度。

溶解流体必须运移到砂体中才可能发生溶解作用。因此,与富含有机质的烃源岩相邻的砂体更容易受到溶解流体的影响而发生溶解作用,如三角洲砂体、深水浊积砂体、煤系地层砂体等,显然,砂体与烃源岩的空间分布关系主要取决于沉积相及其组合。对于与烃源岩不相邻的砂体,不整合面、断层和裂缝可作为溶解流体的良好通道。

岩石矿物成分和组构是决定溶解作用程度的重要因素。砂体中的长石、岩屑及碳酸盐(硫酸盐)胶结物、交代物为易溶矿物,岩石中若易溶矿物含量高则有利于次生孔隙的形成。另外,砂体内部的原有(溶前)孔渗性对溶解作用有较大的影响。若溶解前砂体的孔渗性很低,酸性水难以进入其中,便形成不了有意义的次生孔隙。当泥质含量高时,黏土矿物使砂体孔隙喉道变小、变复杂,从而抑制了地下酸性流体的运移。一般是黏土杂基含量小于 5% 的净砂岩有利于地下流体的活动和运移。

三、构造作用对储层质量的控制

构造作用从宏观上控制着沉积环境和成岩过程,从微观上主要表现在使岩石破裂而形成裂缝。裂缝是重要的储集空间和渗流通道,同时裂缝又对其后的成岩作用有一定的影响。

在地质条件下,岩石处于上覆地层压力、构造应力、围岩压力及流体(孔隙)压力等作用力构成的复杂应力状态中。上述应力作用于岩石可形成三种基本裂缝类型,即剪裂缝、张裂缝(包括扩张裂缝和拉张裂缝)及张剪缝。岩石中所有裂缝必然与这些基本类型中的一类相符合。

以长轴背斜为例,当最大主应力平行于褶皱短轴,在主压应力作用下,最先形成横向裂缝即扩张裂缝,然后形成共轭剪裂缝(图 2-26)。在褶皱发展过程中,在褶皱横截面上的局部应力状态可能发生变化,即褶皱上部发生拉张,褶皱下部压缩,其间有一个中性面(即岩层受力前后长度不变的面)。在褶皱上部发生拉张的岩层内,即可形成拉张裂缝,裂缝延伸方向平行褶皱长轴,故称为纵向裂缝或纵张裂缝。在向斜底部亦可能形成这种拉张裂缝(图 2-27)。值得注意的是,并非所有的纵向裂缝都是拉张裂缝,如果最大主应力平行于褶皱长轴,则可能形成属于扩张裂缝性质的纵向裂缝。

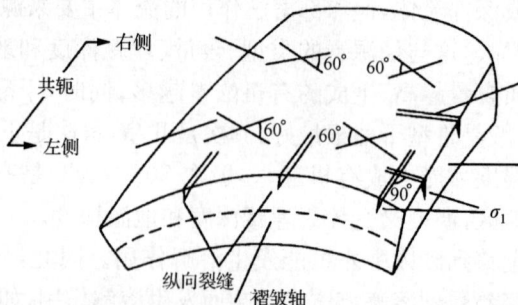

图 2-26　与褶皱有关的三种裂缝形式

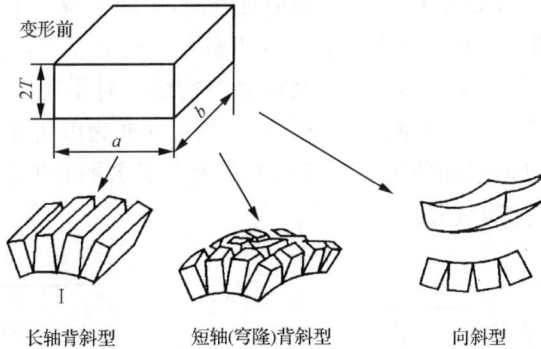

图 2-27　拉张裂缝示意图

从地质角度来讲,裂缝的形成受到各种地质作用的控制,如局部构造作用、区域应力作用、成岩收缩作用、卸载作用、风化作用,甚至沉积作用,在不同的地区可能有不同的控制因素。主要裂缝类型有构造裂缝、区域裂缝、收缩裂缝、卸载裂缝、风化裂缝、层理缝等。

构造作用是形成裂缝最重要的因素。裂缝的方向、分布和形成均与局部构造(褶曲和断层)的形成和发展相关。

(1)与褶皱有关的裂缝系统:岩层发生褶皱时,应力和应变历史十分复杂。不同的褶皱所经受的应力状态不同,而对于同一褶皱来讲,在其形成过程中亦可能会经历不同的应力作用历史。在不同的应力状态下,则可发育不同的裂缝形式。

构造各部位的裂缝发育程度(即密度)取决于应力强度、岩性变化的不均匀性、地层厚度及裂缝形成的多次性。裂缝形成的多次性是由应力强度的重新分配决定的。构造形成前应力分布于整个构造所在的面积内;构造形成后应力场重新分布,引起一连串各种不同的裂缝系统。上述一系列因素致使裂缝密度在构造各部位的分布极为复杂,目前关于裂缝密度的分布规律还没有彻底解决。一般认为,在地台区的局部构造上,窄而陡的构造顶部裂缝发育;构造顶部虽宽而缓,若为几个高点复杂化,裂缝仍很发育。不对称构造的陡翼及隆起构造的端部裂缝发育;被次级褶皱所复杂化的平缓翼裂缝也很发育。

(2)与断层有关的裂缝:理论研究和实际观测结果表明,断层和裂缝的形成机理是一致的。断层的形成可分为几个阶段:第一阶段是大量的微裂缝形成;第二阶段是由于微裂缝的形成而使岩石的坚固性下降,导致应力集中,许多微裂缝合并而成为大裂缝;第三阶段形成大断裂。断层实际上是裂缝的宏观表现,断层的两盘岩层沿断裂面发生了明显相对位移。裂缝是断层形成的雏形。一般在业已存在的断层附近,总有裂缝与其伴生,两者发育的应力场是一致的。

对于正断层而言,最大主应力 σ_1 为垂直方向,中间主应力 σ_2 和最小主应力 σ_3 为水平方向(图 2-28)。断裂面实际上为剪切面。在此情况下,可形成高角度或垂直的张裂缝以及平行于断层和与断层共轭的剪裂缝。对于逆断层而言,最大主应力为水平方向,最小主应力方向为垂直方向。断层面亦为剪切面,岩层沿水平方向缩短(图 2-28),与逆断层相伴生的裂缝则主要为近于水平的扩张裂缝以及平行于断层和与断层共轭的剪裂缝。

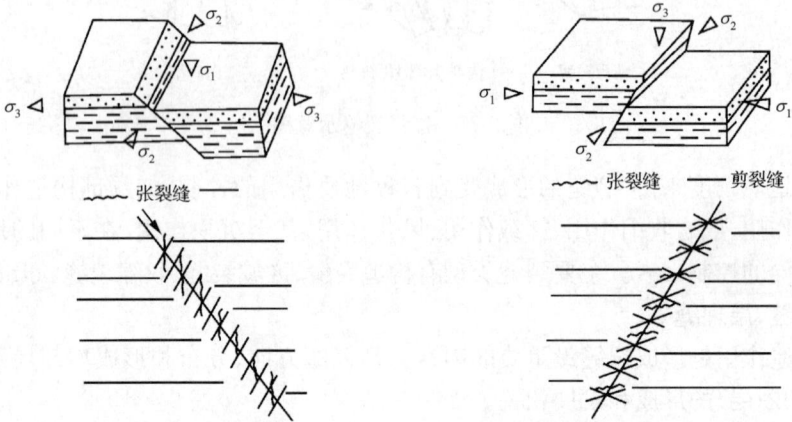

图 2-28　与正断层(左)和逆断层(右)伴生的裂缝分布示意图

实际上,断层与裂缝的关系是十分复杂的,这与断层发育的复杂性有关,特别是在考虑裂缝发育程度与断层的关系时,情况更为复杂。与断层作用相关的裂缝发育程度与下列因素有关:距断层面的距离、断层的位移量、岩性、岩体的总应变、埋深及断层类型。一般断层附近裂缝较发育,随着与断层面距离的增加,裂缝发育程度降低。另外,根据力学实验可知,断层末端、断层交会区及断层外凸区是应力集中区,因而也是裂缝相对发育带。

四、岩石物理相的内涵

岩石物理相的内涵是沉积、成岩和构造作用的互动作用。沉积特征(粒度、分选、泥质含量等)控制着原始储层质量,又影响着随后的成岩作用(压实、胶结、溶解等)及其强度,也影响着裂缝发育的程度;埋藏史影响着成岩作用,构造应力本身以及构造作用形成的裂缝也对成岩作用(主要是溶解作用)造成影响,而沉积特征及成岩固结程度又影响着裂缝发育程度(图 2-29)。储层正是这一互动作用的结果。

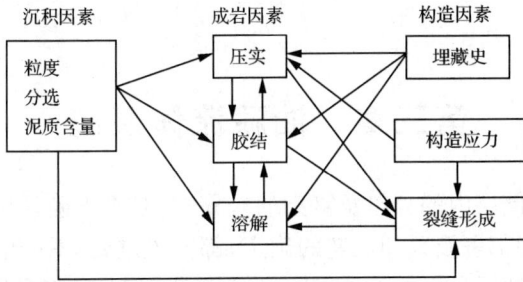

图 2-29 岩石物理相的形成作用示意图

因此,不同沉积相和不同成岩相的叠加,将形成不同质量的储层。有利的沉积相不一定具有高的储层质量,甚至不一定成为储层,而只有在有利的成岩条件和(或)构造改造条件下,才能形成高质量储层。

第三章　油藏流体系统

油气在非均质储层内的分布及富集的差异性,对于正确评价油气藏以及合理开发油气藏(如井网部署及采油工艺的确定)都至关重要,属于油藏地质学的重要研究范畴。在石油地质学中,亦研究油藏油气分布,但其重点是研究油气在圈闭内的宏观分布以满足油气勘探的需要,两者研究的精度具有一定的差别。

第一节　原始油气差异分布机理

油气进入圈闭形成油气藏的过程,实际上是油气驱替圈闭内的可动水而聚集成藏的过程。整个过程包括两个作用过程,其一是油气在圈闭内的充注作用,其二是油气在圈闭内的平衡作用。

一、油气在圈闭内的差异充注作用

油气在圈闭内的充注过程,亦即含油饱和度的增长过程,是水动力、浮力等驱动力克服毛细管阻力和黏滞力的过程。影响浮力的因素主要为油水密度差、油柱高度(油块体积)、地层倾角等;影响毛细管阻力的因素主要为孔隙结构或者储层渗透率;影响黏滞力的因素主要为油水的黏度差。上述因素的共同作用便控制着含油饱和度的增长过程。

上述充注过程是在构造格架及非均质储层内进行的。由于油气充注的主要驱动力即浮力为向上的作用力,因此浮力总是使油向构造高部位运动,故构造位置对油气运聚十分重要。正因为此,人们在研究油气运聚时,大都强调构造对油气运聚的控制作用,这实际上是强调了动力的作用。在考虑储层的控制作用时,人们往往侧重于微观孔隙结构,即注重于孔隙结构与毛细管阻力的关系及其对油气聚集的影响,而对宏观储层非均质性的控制作用涉及很少。关于构造及微观孔隙结构对油气运聚的影响,前人曾做过大量的研究,在此不再赘述,而重点探讨储层非均质性,特别是层间非均质性和层内非均质性对油气充注的控制作用。

(一)层间非均质性对油气差异充注的控制作用

在油藏分析中,我们经常注意到,有效圈闭内的一些高渗层含油,而另一些低渗层不含油。对于这种情况,人们很容易将其解释为低渗层孔喉太小,油气未能充注其内。这一解释无可非议,但是,渗透率(或孔喉)小到什么程度油气才不能充注呢？层间的渗透率差异对油气充注是否有影响呢？

油驱水的物理模拟实验以及油田资料的统计分析表明，层间的渗透率差异对油气充注程度具有较大的影响。

1. 油驱水的物理模拟实验

物理模型采用单斜地层模式。模型由三个不同粒度和渗透率的砂层组成，砂层间用非渗透隔板隔离（图 3-1）。上砂层沙粒粒度为 $0.15\sim0.2$mm，渗透率（K_1）为 $2266.3\times10^{-3}\mu m^2$；中砂层粒度为 $0.05\sim0.1$mm，渗透率（K_2）为 416.3×10^{-3} μm^2；下砂层粒度为 $0.25\sim0.3$mm，渗透率（K_3）为 $5596.3\times10^{-3}\mu m^2$。层间用隔板隔离，左壁用粗砂填充。左下角为充油入口，在模型右端三个砂层有三个油水出口。砂层模型先饱和水，然后进行油驱水实验。由左下角充注煤油（密度为 $0.75g/cm^3$），先进入左壁粗砂，并使之达到平衡，然后进一步进行充注。

在充注过程中，煤油先进入上砂层（充注速率为 0.05 mL/min），并不断驱替其中的水，使煤油饱和度增加，同时下砂层有少量油进入；当充注速率逐渐增加到 1mL/min 时，下砂层开始大量进油，并在充注速度为 2 mL/min 时煤油达到模型右端，此时，中砂层（最低渗透层）进油极少，而且即使将充注速度增加到 7 mL/min，中砂层也基本未进油，而成为水层（图 3-1）。

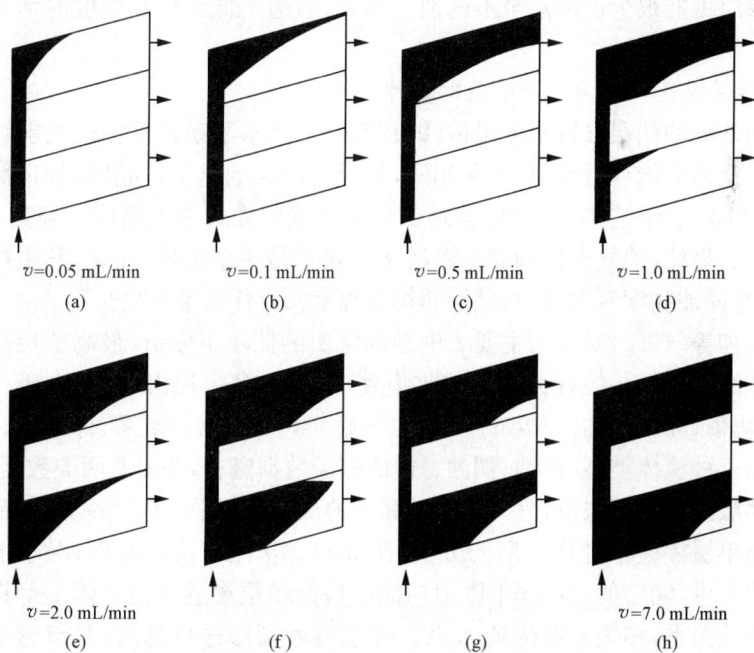

图 3-1　油驱水物理实验模拟示意图

该实验至少说明以下三个问题：

（1）在油气充注过程中出现了层间干扰现象。层间渗透率差异造成了油气充注的层间差异，油气优先充注较高渗透层，低渗层则被"屏蔽"而无油气充注。在本实验中，渗透率级差为 13.4，最高油气充注速度为 7 mL/min，在这一条件下，渗透率为 $416.3 \times 10^{-3} \mu m^2$ 的砂层不发生油气充注而保持为含水砂层。

（2）油气运聚除与储层非均质性有关外，还与油气充注速度有关。在本实验中，当充注速度为 0.05 mL/min、0.1 mL/min 和 0.5 mL/min 时，油气主要在上砂层运聚；当充注速度达 1.0 mL/min 时，油气开始沿下砂层大量运聚；当充注速度大于 2 mL/min 后，上、下砂层基本充满。但值得注意的是，由于层间干扰的影响，即使充注速度达到 7 mL/min，中砂层（低渗透层）也几乎未进油。

（3）浮力在油气充注过程中起着较大的作用。油气并不一定先沿下部最高渗透砂层充注，而是优先沿较高渗透层的顶部砂层充注，这说明构造因素在油气充注过程中起着较大的作用。

该实验说明，层间非均质、构造部位及油气供应速度等因素共同控制了圈闭内油气的充注及其分布。

从上述物理模拟实验可知，在一个油藏范围内，油气优先沿较高渗透层充注，一些低渗层可能很少进油甚至不进油。那么，渗透率低到什么程度时油气就不能充注呢？

2. 储层渗透率与油层下限值的统计分析

不同油藏的储层渗透率下限值（即在现有工艺水平条件下油气层能够产出工业性油气流的最低渗透率值）不尽相同，甚至有较大的差别，如胜坨油田储层下限值为 $40 \times 10^{-3} \mu m^2$ 左右，而吐哈盆地侏罗系油藏的渗透率下限值一般为 1×10^{-3} μm^2 左右。显然，油气充注的储层渗透率下限不是一个定值，那么，其主控因素是什么，除与原油黏度有关外，与储层非均质程度又有什么关系呢？

吴胜和等（1998）对我国主要大中型油气田的储层下限值、最高单层渗透率值及渗透率级差进行了统计分析。共收集整理了 50 多个油田（包括大庆、辽河、胜利、克拉玛依、吐哈等油田）近 60 多个油气藏、四个层系（石炭系、侏罗系、白垩系、古近系）、三种流体类型（稀油、稠油、气）的储层数据资料，并提取两类数据，一类为油藏的储层渗透率下限值，另一类为油藏中的最高单层平均渗透率，并对储层下限值与最高单层渗透率进行了回归分析（图 3-2）。从图中可以看出，对于中国大部分油气田来讲，储层的渗透率下限值与储层最高单层渗透率值整体上呈良好的双对数正相关关系，相关系数达到 0.88。砂层的最高渗透率越高，其渗透率下限值也越高，相关方程为

$$\log K_x = 1.1344 \log K_{max} - 6.60258 \qquad R = 0.8817$$

式中：K_x——储层渗透率下限值，$\times 10^{-3} \mu m^2$；

K_{max}——油藏内最高渗透性砂层平均渗透率，$\times 10^{-3} \mu m^2$。

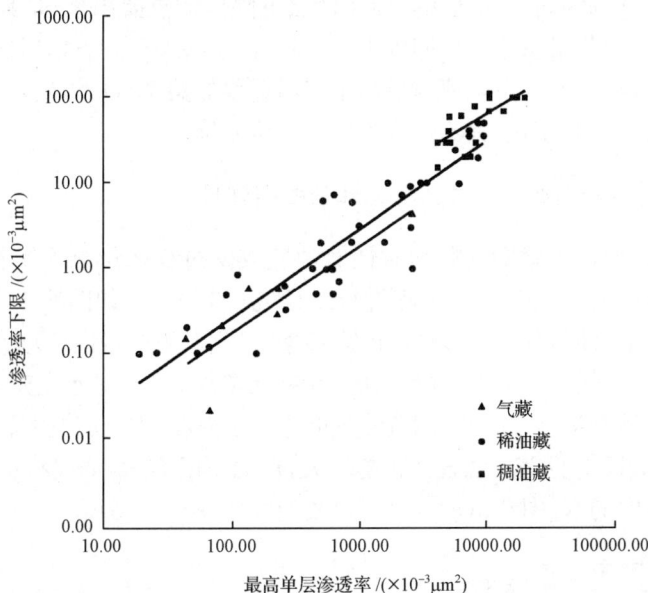

图 3-2　我国主要大中型油气田储层下限值与最高单层渗透率相关关系图

上述关系说明了储层最高渗透率值与储层渗透率下限值的比值（K_{max}/K_x）趋于定值。当然，储层渗透率下限值与现有油气开采工艺水平有关，由于各油田的开采工艺有所差别，对同一类储层的渗透率下限值的确定亦会有所差别，但不会超过一个数量级，因此，上述研究在统计意义上是没有问题的。由此可以推论，油气向储层的充注过程是在一定的层间渗透率级差范围内进行的。

层间渗透率级差反映了层间非均质性的强弱，级差越大，则砂层间渗透率非均质性越强。在非均质储层内，高渗透层的渗透率越高，相对于低渗透层的渗透率差异越大，对低渗透层的屏蔽作用也就越大，层间干扰程度越强，油气进入低渗层的难度也越大。当级差大于一定值时（即圈闭内最高渗透砂层的渗透率与低渗透层渗透率的比值大于一定值时），低渗层便无油气进入。我们将这一级差称为临界级差。其内涵为，当某一砂层的渗透率低于临界级差的倒数时，该砂层便无油气进入或进入很少，而无法在正常的压差下流动和采出。

从图 3-2 可以看出，就我国大中型油气田而言，稠油藏、稀油藏、气藏的平均临界级差分别为 150 左右、350 左右和 900 左右。其中，油藏平均临界级差低于气藏的原因主要是原油和天然气进入储层的黏滞力差异及油（气）水密度差造成的。显然，天然气相对于原油来讲，进入储层的黏滞力更小且浮力更大，因此更易发生充注，对储层性质及非均质程度的要求也最低。

　　从上可知,在油源条件一定的情况下,层间渗透率差异(导致层间干扰)及流体性质是控制油气圈闭内油气充注差异及储层下限值的重要因素,是具有共性的因素,其中层间干扰是最重要的控制因素。当然,由于各油区及各油田的总体地质情况会有所差异,导致储层下限值与最高单层渗透率的关系有所差别,但其双对数正相关的关系模式没有变化,只不过临界级差有所差别。

（二）层内非均质性对油气差异充注的控制作用

　　England(1987)曾就储层非均质性对油气成藏过程的影响作了初步的探讨。他对一个厚砂层内的油气充注过程进行了研究(图 3-3)。如图所示,在油气向砂层的充注过程中,油气优先沿砂层内的高渗条带(相对粗的岩性带)充注,并形成树枝状的油气分布[图 3-3(a)]。显然,在充注初始阶段,油气并非先充注构造脊部,而是先向高渗条带运移。其后,随着油气的进一步充注,油气将进入相对较细的岩性带中[图 3-3(b)],且随着油气体积的增大,浮力不断增大,油气将从越来越细的岩石中替代其中的水[图 3-3(c)],最后形成油气藏[图 3-3(d)]。

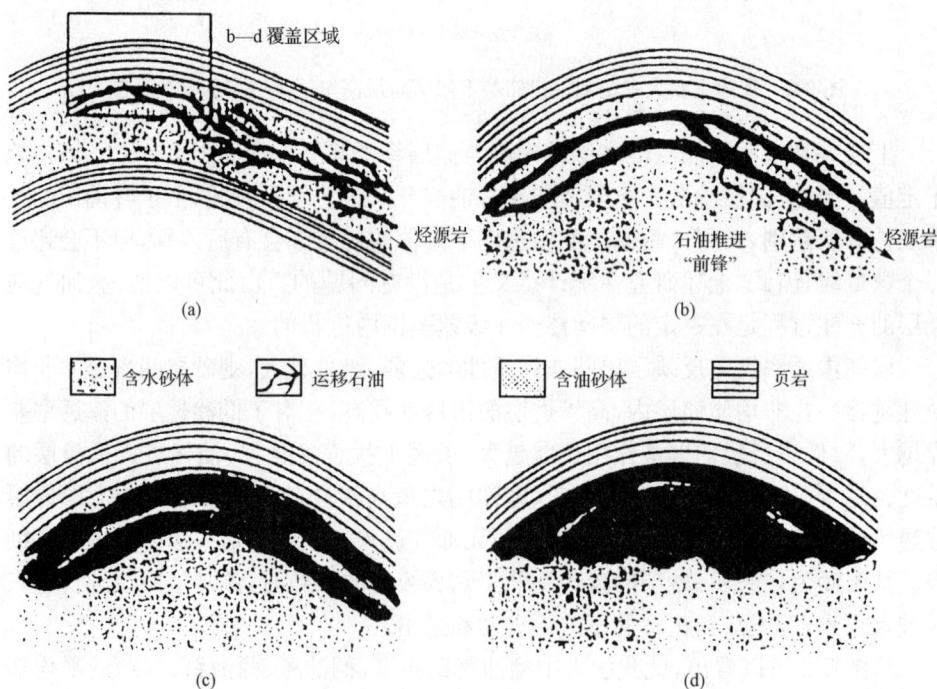

图 3-3　油藏中石油充注的序列模式(据 England,1987)

(a) 石油从烃源岩进入储层,注入石油的树枝状通道与烃源岩连接起来;(b) 石油经过一系列的"前缘"进入圈闭;(c)、(d) 由于石油不断向下取代水,充注石油的孔隙增多,直到少量微小的孔隙保留未被充注为止

　　下面,分别分析正韵律和反韵律储层内油气充注的特征。

1. 正韵律储层含油饱和度分布模式

　　在正韵律储层内,粒度、孔隙度、渗透率等参数在垂向上总体具有由大变小、由高变低的趋势。储层渗透率与含油饱和度具有较好的相关性,相关系数一般大于0.75。原始含油饱和度在垂向上的变化趋势与有效孔隙度、渗透率相一致,即正韵律储层的含油饱和度一般具有向上变小的趋势,其垂向变化幅度与渗透率变化幅度有关。图 3-4 表示一个高渗正韵律河道砂体的孔、渗、饱分布剖面。孔隙度、渗透率具有向上变小的趋势,孔隙度为 23%～35%,渗透率为 0.5～5μm^2,级差为10,原始含油饱和度为 40%～70%,其由下往上的总体变化趋势与渗透率相一致,但变化幅度不如渗透率那么明显。

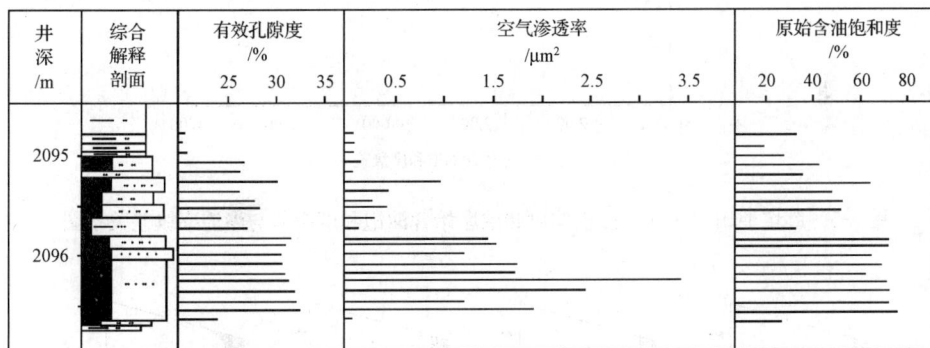

图 3-4　胜坨油田 2-G18 井正韵律河道砂体的孔、渗、饱分布剖面

　　砂体渗透率级差与含油饱和度级差(即原始含油饱和度的最大值与最小值之比)的相关分析表明,渗透率级差与含油饱和度级差具有正比线性关系(图 3-5)。当渗透率级差较小时,原始含油饱和度的级差也较小;当渗透率级差较大时,原始含油饱和度的级差也较大。然而,从数量关系看,原始含油饱和度的级差小于渗透率级差,说明原始含油饱和度的变化幅度小于渗透率变化幅度(小 2～3 个数量级)。

　　油驱水物理模拟实验证实了上述的分析。图 3-6 与图 3-7 分别为小级差和大级差正韵律模型及流体充注过程。模型总体形式同前述的层间模型,均由三个砂层组成,但层间无隔层。其中,小级差正韵律模型的上、中、下砂层渗透率分别为416.35×$10^{-3}\mu m^2$、2266.35×$10^{-3}\mu m^2$、5596.35×$10^{-3}\mu m^2$,渗透率级差为 13.4;大级差正韵律模型的上、中、下砂体渗透率分别为 416.35×$10^{-3}\mu m^2$、2266.35×$10^{-3}\mu m^2$、13366.5×$10^{-3}\mu m^2$,渗透率级差为 32.1。

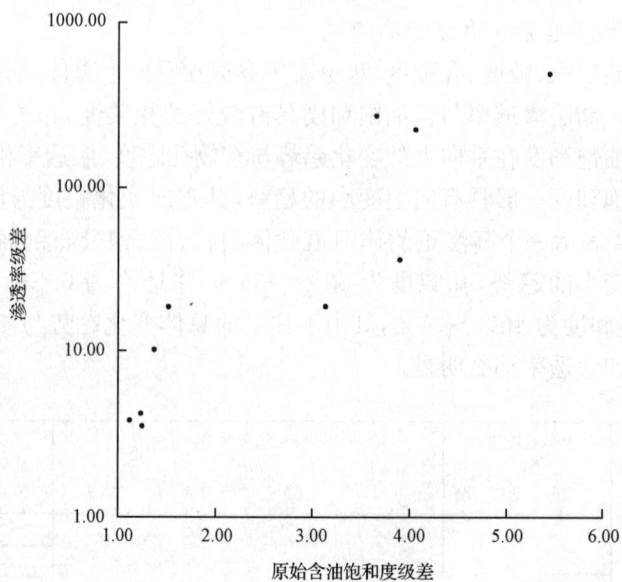

图 3-5　胜坨油田二区沙二段正韵律储层原始含油饱和度级差与渗透率级差关系图

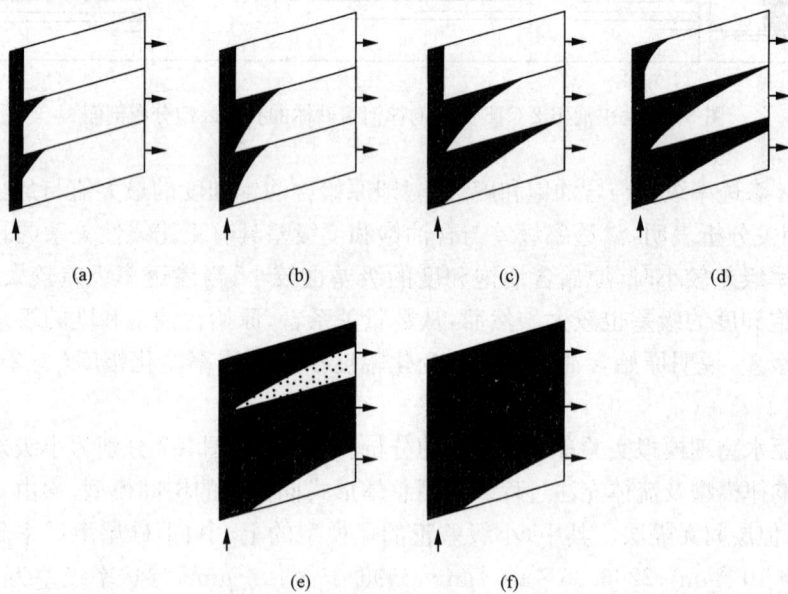

图 3-6　小级差正韵律油驱水模拟实验中煤油充注过程

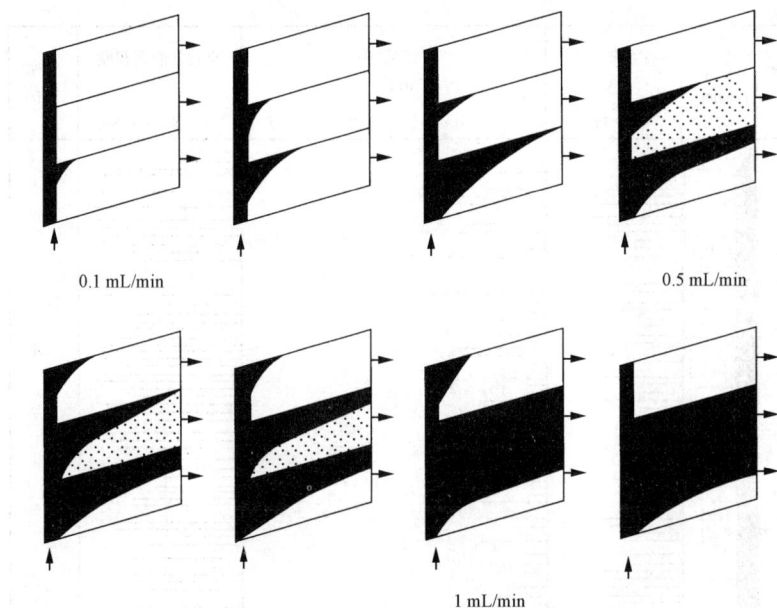

0.1 mL/min   0.5 mL/min

1 mL/min

图 3-7 大级差正韵律油驱水模拟实验中煤油充注过程

油驱水实验表明,在两个模型中均是高渗层先进油,且最高渗透层进油更快、更多,而较低渗透层进油较慢、较少,含油饱和度较低(图 3-6、图 3-7),反映了正韵律储层的油气充注的一般规律。然而,在相同充注速率下,两个模型中的油气运移形态有所差别。在 0.5 mL/min 的充注速率下,小级差模型中的三个砂层均已进油,其中,中、下砂层(较高渗透层)基本充满,上砂层(较低渗透层)部分充注(图 3-6);而在大级差模型中,仅下砂层基本充满(且由于浮力影响,最下部未充满),中砂层仅半充注,而上砂层基本无油进入(图 3-7),这充分说明了渗透率级差对油气充注的干扰现象,级差越大,干扰越严重,含油饱和度级差也越大。

对于正韵律储层,在油气充注过程中,油气优先从下部充注,且充注量大,而上部充注量相对较小。渗透率级差越大,油气充注量的差异也越大,渗透率变化幅度大于油气充注量变化幅度。

2. 反韵律储层含油饱和度分布模式

在反韵律储层内,储层有效孔隙度、渗透率在垂向上由下往上变高。在实例区内,反韵律储层渗透率一般低于 $10\mu m^2$,渗透率与含油饱和度一般也具有较好的正相关关系,相关系数一般大于 0.75。图 3-8 表示一个河口坝成因的复合反韵律砂体,由两个反韵律砂体组成,含油饱和度亦呈两个自下而上变高的反韵律。其中,上部砂体渗透率变化幅度大,原始含油饱和度变化幅度也大,而下部砂体渗透率变化不大,原始含油饱和度也变化不大。

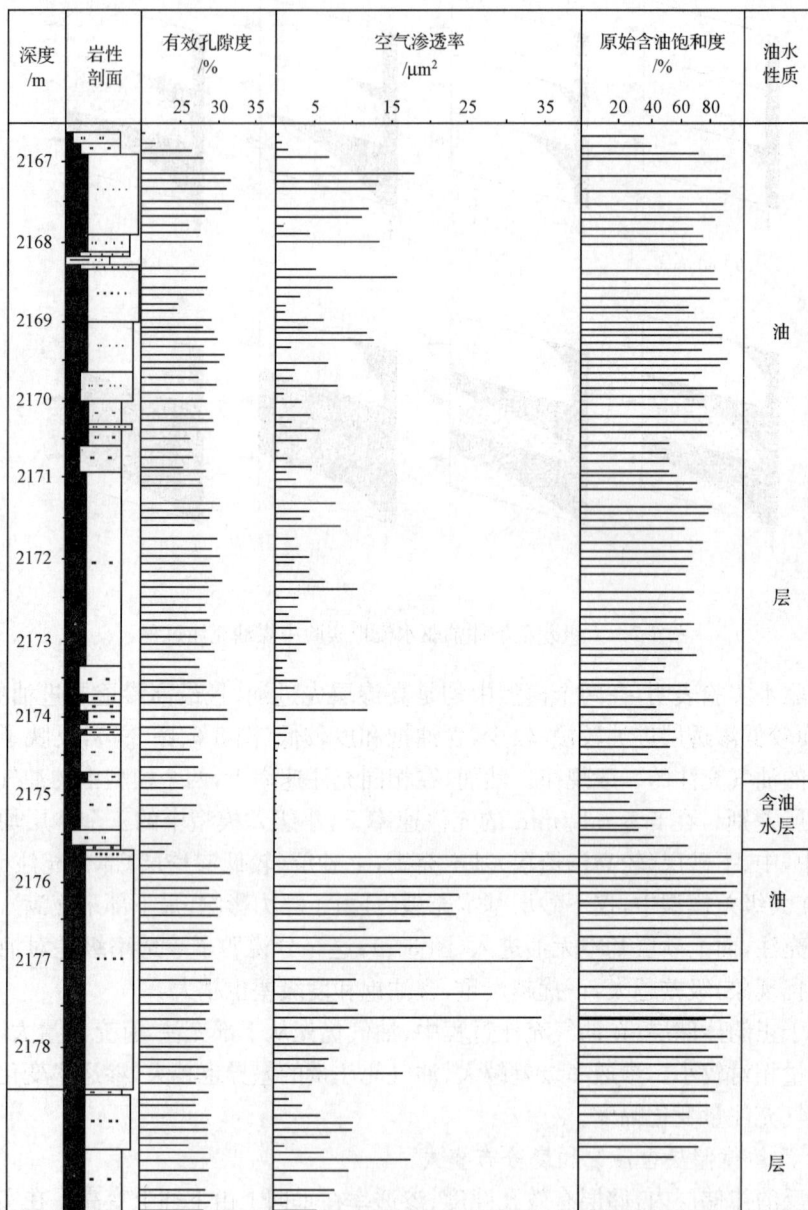

图 3-8　胜坨油田 2-G18 井反韵律河口坝砂体的孔、渗、饱分布剖面

　　渗透率级差与原始含油饱和度级差的相关分析表明,两者呈正比关系(图 3-9),这说明渗透率变化幅度与原始含油饱和度变化幅度成正比。从图中还

可看出,同一砂体的渗透率级差大于原始含油饱和度级差,即渗透率变化幅度大于原始含油饱和度变化幅度。

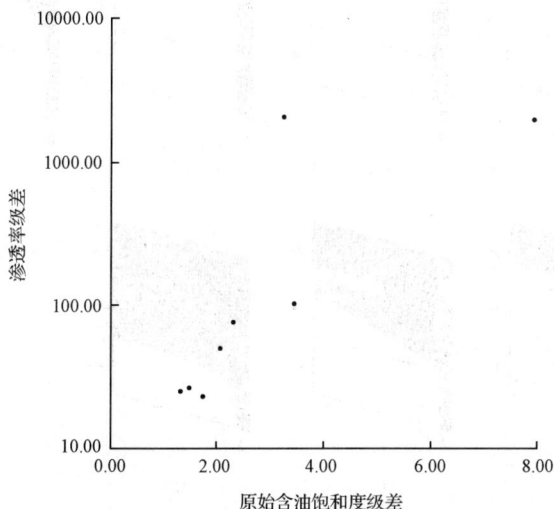

图 3-9 胜坨油田二区沙二段反韵律储层原始含油饱和度级差与渗透率级差关系图

总之,反韵律储层渗透率的变化趋势及变化幅度与常规渗透率正韵律储层一样,同样控制着原始含油饱和度的变化趋势及变化幅度,它们的控制规律基本相似,只不过其含油饱和度分布型式与正韵律相反。

油驱水物理模拟实验证实了反韵律油层的充注特征。模型总体型式与前述的模型相似,只是砂层渗透率分布型式有所改变。上、中、下三个砂层的渗透率分别为 $5596.35 \times 10^{-3} \mu m^2$、$2266.35 \times 10^{-3} \mu m^2$ 和 $416.35 \times 10^{-3} \mu m^2$,级差为 13.4,为反韵律模型。在煤油充注过程中,煤油优先向上部高渗透砂层充注,然后向中间较高渗透砂层充注,下部低渗透砂层进油很少,为含油水层(图 3-10)。

在反韵律储层中,渗透率下低上高。在油驱水过程中,油气优先从上部充注,且充注量大,而下部充注量相对较小。同时,油气具有向上混合的现象。在砂体渗透率总体较大且级差相对较小时,垂向上储层的充注量差别不大,但当渗透率级差相对较大时,垂向上储层的油气充注量有明显的差别,含油饱和度呈现明显的反韵律。当层内渗透率级差很大时,在砂体下部可能出现干层,甚至在复合砂体的中部低渗透部位可出现水层,这主要是由于高渗透层的干扰使低渗透层油气充注量太小所致。水层与油层间可无屏障层,油的重力被下伏油层的浮力所平衡。

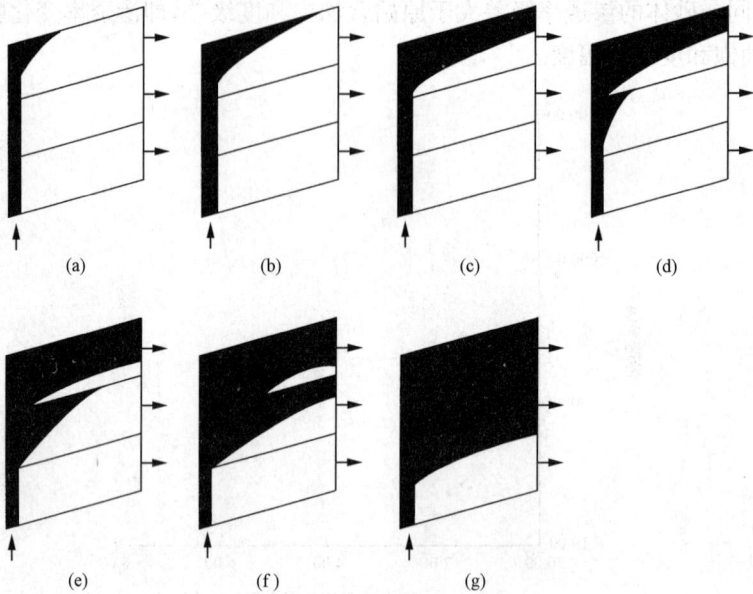

图 3-10　反韵律储层油驱水实验过程示意图

二、油气在圈闭内的分异调整作用

　　圈闭内的油气聚集是油气向上驱替储层内可动水使得油气饱和度增长的过程。在油气进入圈闭后,油藏内流体将发生分异调整过程,油气由于浮力的作用向上运移,形成油(气)上水下的分布格局(图 3-11)。这一过程则是驱动力(主要为浮力)和毛细管阻力平衡的过程。因此,油藏内油水分布(油、水饱和度分布)受毛细管压力和浮力等因素的控制。

图 3-11　油气在圈闭内的分布示意图

　　毛细管力和浮力的计算公式分别为

$$p_c = \frac{2 \times 10^{-3} \sigma \cos\theta}{r}$$

$$p_b = 0.01(\rho_w - \rho_o)H$$

式中: p_c——毛细管力,MPa;

　　　σ——流体两相的表面张力,mN/m;

θ——汞的润湿接触角，(°)；

r——孔隙喉道半径，μm；

p_b——油在水中的浮力，MPa；

ρ_w——地层水的密度，g/cm^3；

ρ_o——地层原油的密度，g/cm^3；

H——含油高度，m。

从上可以看出，毛细管力与岩石孔隙喉道半径、流体界面张力和润湿接触角有关。其中，岩石孔喉半径反映储层质量特征，而流体界面张力和润湿接触角取决于岩石和流体的性质。浮力则与油藏含油高度和流体密度差成正比。其中，油藏含油高度取决于圈闭闭合高度和油气充满度，油水密度差则取决于地下流体性质。

因此，在油藏内油、水达到平衡的情况下，影响含水（含油）饱和度的因素主要为含油高度、储层孔隙结构、流体性质等，而正是由于这些因素分布的不均质性，导致油（水）饱和度分布的差异性。

(一) 含油高度的影响

含油高度反映油藏内浮力的大小。在同一油藏内，随着含油高度增加，浮力也增大，在储层性质变化不大（毛细管力大体相似）的情况下，石油克服毛细管力向上运移的量则增加，故含油饱和度增大，对应的含水饱和度则减小。当然，这种变化的斜率在不同含油段是不同的，其中，油水过渡段含水饱和度高，而且变化大，而纯油段含水饱和度低，而且变化小。

对于含油高度不同的油藏来说，在储层与流体性质相似的情况下，含油高度大的油藏含水饱和度比含油高度小的油藏含水饱和度要低，因为前者的石油浮力更大。因此，对于低幅度油藏而言，含水饱和度往往较高，有的甚至整个含油段均处于油水过渡段，油井开始生产时就油水同出。

(二) 储层孔隙结构的影响

储层孔隙结构影响着毛细管力的大小。孔喉越小，毛细管力越大，油气越难进入。孔喉大小的宏观表现为渗透率。因此，在驱动力（如浮力）大体相当的情况下，小孔喉低渗透储层的含水饱和度要高于大孔喉高渗透储层的含水饱和度。在油水界面附近，则表现为低渗透储层处的含水饱和度偏大，油水界面向上凸，高渗透储层处的含水饱和度偏小，油水界面向下凹，从而形成凹凸不平的油水界面。在含油段内部，同样表现了渗透率与含水饱和度负相关（与含油饱和度正相关）的现象，渗透率正韵律储层也呈现含油饱和度的正韵律（图 3-4），渗透率反韵律储层也呈现含油饱和度的反韵律（图 3-8）。在空间上，这种规律同样存在。

值得注意的是，当渗透率大到一定程度时，渗透率与含油饱和度不再具有线性关系。图 3-12 为异常高渗（渗透率基本上都大于 $10\mu m^2$）的辫状河道砂体的岩石物性与含油饱和度分布剖面图,其渗透率具有正韵律性,但原始含油饱和度却不具正韵律,在砂体底部渗透率最大值处($36\mu m^2$),原始含油饱和度值反而降低。从图3-12可以看出,渗透率与原始含油饱和度无相关关系。其原因何在呢?

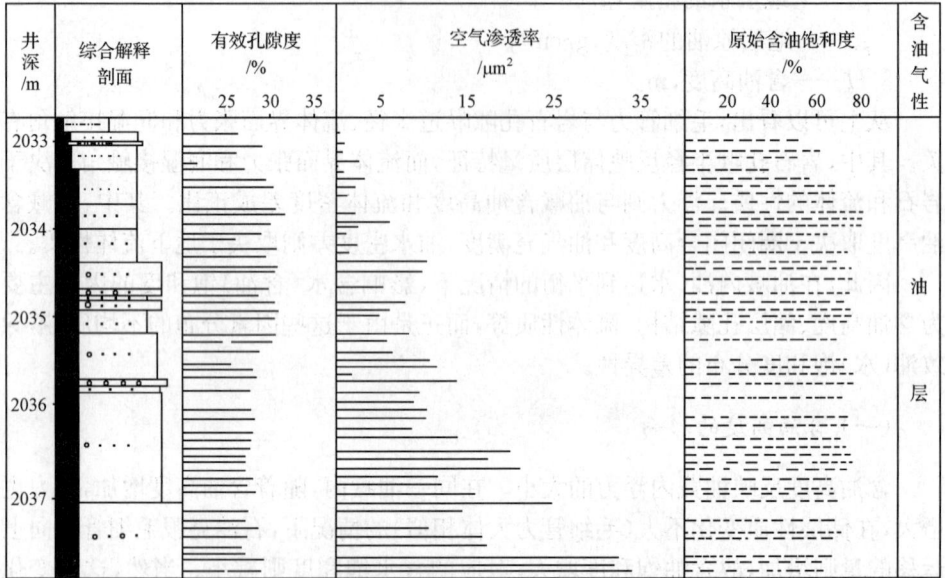

图 3-12　胜坨油田二区沙二段的异常高渗储层渗透率与含油饱和度关系图

　　油气运聚受到水动力、浮力和毛细管力的共同制约。当水动力一定时,控制油气的作用力主要为浮力和毛细管力。我们知道,渗透率与毛细管力呈反比关系,亦即渗透率愈大,毛细管力愈小。因而在浮力与毛细管力的相互作用过程中,当毛细管力小到一定程度,或者说渗透率大到一定程度时,浮力比毛细管力大得多,因而浮力将对砂体内的油气平衡起主导作用。对于胜坨油田来说,这一渗透率门槛值为 $10\mu m^2$。对于这类砂体,由于渗透率很高,为油气运移的优势通道,油气充注量大,含油饱和度总体较高(前提为砂体处于油水界面之上),然而,砂体内部的含油饱和度分布却主要受浮力控制,渗透率的影响相对较小,油(气)具有较大的向上运移的动力,因此,底部最高渗透性处含油饱和度便可能小于上部。

(三) 流体性质的影响

　　流体性质的影响主要表现为流体密度差、流体表面张力和润湿角对含水饱和度的影响。

　　流体密度差指水-油、水-气或油-气之间的密度差。油气与水的密度差越大,则油(气)的浮力越大,分异程度越强,过渡段越薄,油气层含水饱和度越低;反之,流体密度差越小,则过渡段越厚,油气层含水饱和度越高。

流体表面张力越大,则毛细管力越大,不利于油水分异,因而油层内含水饱和度越高。影响表面张力的因素有地层温度、压力及流体性质等。地层温度和压力升高,表面张力降低;液体中存在表面活性剂及油层中溶解气增加,亦使表面张力降低。

润湿角增大,岩石亲水程度降低,则含水饱和度降低。完全亲水的岩石润湿角为零,含水饱和度高;亲油岩石的润湿角大于 $90°$,含水饱和度相对较低。因此,亲水油层的含水饱和度大于亲油油层。亲油油藏的过渡带很小,甚至可以忽略。

以上讨论的是在油-水达到平衡状态下的情况。对于尚未达到平衡状态下的油气藏,如成藏较晚的油气藏,或成藏后又经构造运动使油水重新分布的油气藏,油(气)水分布不完全服从毛细管压力规律。此时,需要具体情况具体分析。

第二节 油(气)水系统

具有统一压力系统和油(气)水界面的油(气)、水聚集的基本单元,即一个单一的油气藏及其底部或边部水体的组合,称为一套油(气)水系统。

一、油(气)水界面

在油藏中,由于流体的分异调整作用,油气占据油藏的高部位,水体则位于油藏的底部或边部。油(气)与水体之间的接触面,则称为油(气)水界面。

然而,实际的油水界面并非一个油、水截然分开的面。从下而上,即从油层的含水部分至油层的含油部分,含水饱和度由 100% 减少至束缚水饱和度,而含油饱和度则由零增加到最大值。油藏自上而下可划分为三个段(图 3-13)。

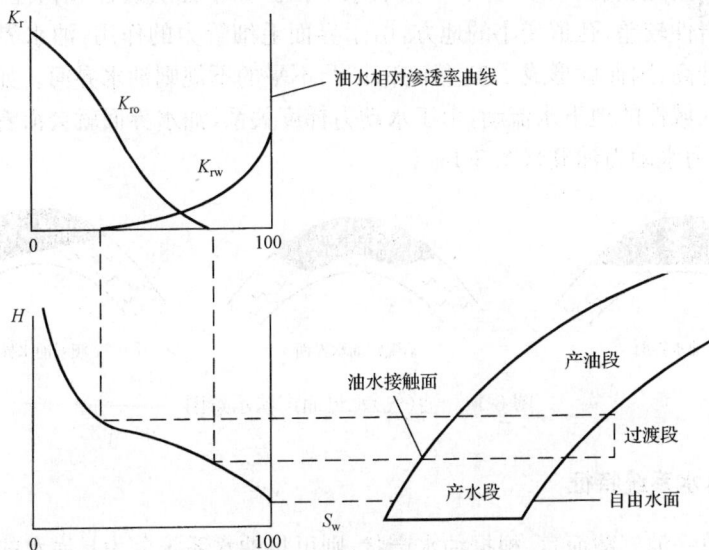

图 3-13 油水界面及相关的相渗透率和毛细管压力曲线示意图

（一）纯油段

亦称产油段，该段只产油，不产水。含油饱和度高，含水饱和度较低，且均为"不可动水"，水的相对渗透率为零。产油段的底面称为"油底"。

（二）油水过渡段

此带内"可动油"与"可动水"共存，油、水的相对渗透率均大于零，段内油水同出。自上而下，含水饱和度迅速增大，其顶界为束缚水饱和度。按含水饱和度变化的趋势，该段又可分为上、下两段，即上部的含水产油段和下部的含油产水段。

（三）纯水段

亦称产水段，该段只产水，不产油，油的相对渗透率为零。该段内实际上也含油，但均为"残余油"，或"不可动油"，含油饱和度一般较低。含水饱和度高，向下至自由水面，含水饱和度达到100%。产水段的顶面称为"水顶"。

油底与水顶之间的油水过渡段的厚度变化较大，可从数分米至数十米，这主要取决于油藏内的油水分异程度，其受油层渗透性、油-水密度差、构造倾角、油藏形成时间等因素的影响。油层渗透性越好、油-水密度差越大、构造倾角越陡、油藏形成的时间越早（油水分异时间越长），则油水分异越完全，油水过渡段的厚度越小；反之，油水过渡段的厚度就越大。

油水界面（油底或水顶）并非严格的水平面。如果油层岩性和物性不均一，在水湿油藏岩性较差、孔道变小的地方，由于界面毛细管力的作用，油水界面就会在这些地方升高，因而就形成了参差不齐、凹凸不平的不规则油水界面。如果含水区中存在着区域性的地下水流动，由于水动力梯度关系，油水界面就会沿着水流方向发生倾斜（为水动力油藏）（图 3-14）。

水平油水界面　　　　　　　不规则油水界面　　　　　　　倾斜油水界面

图 3-14　油(气)水界面产状示意图

二、油(气)水系统特征

对于单一油气藏而言，根据油水产状，则可将油水系统分为具底水的油(气)水系统和具边水的油(气)水系统。而对于一套油层,可以是单一油(气)水系统,也可以是多套油(气)水系统,这取决于油层间隔层的封挡性能,即油层间的垂向渗流性能。

(一)具底水的油(气)水系统

油(气)藏具有底水及统一的油水界面,整个油藏与底水(及气顶)形成统一的水动力学系统。一般为块状油(气)藏,其储层厚度大、内部无连续性隔层,一般含油(气)高度小于油(气)层厚度。这类油藏多为古地貌油藏(如生物礁油藏)、古潜山油藏(如缝洞性基岩油藏)及厚层砂岩、碳酸盐岩油藏等。

对于厚层砂体(如大于 20m),如纵向上叠加的辫状河砂体、扇三角洲砂砾岩体、障壁砂坝等,复合砂体内部往往缺乏稳定的泥岩沉积,垂向渗透性较高,在油气成藏过程中将发生统一的油水分异,可形成具有统一油水界面且具有底水的油藏。

对于低幅度构造背景的厚层砂体,可以形成含油高度很小(小于砂体厚度)的"小油帽子"底水油藏(如长庆马坊油田延长组 10 小层,含油高度 6~10m;大港港东油田一区馆陶组油层,含油高度 20m),它们往往共生于一个总体属于边水层状油藏的油田中。

一些小断块油藏中局部发育厚层砂岩,也可形成块状底水油藏,如济阳拗陷永安镇、现河庄等小断块。

(二)具边水的油(气)水系统

油(气)藏具有边水,即水体位于油层的边部,油层(及气层)与边水形成油(气)水系统。一般为层状油(气)藏,由多层油层组合而成。纵向上砂、泥间互,单油层厚度小,含油(气)高度大于油(气)层厚度,面积大,油层之间有连续性隔层。另外,透镜状砂体形成的透镜状油气藏一般也具有边水(或无水体)。这类系统可分为两类基本类型:

1. 多油层具有统一的油(气)水系统

一般发育于多层砂体形成的原生油藏中。在多旋回沉积中,同一沉积旋回内的多油层之间虽然具有连续性隔层,但由于岩性、裂缝或断层的影响,隔层仍具有一定的孔渗性,在缓慢的成藏过程中,油层间仍发生油水垂向运移及分异,从而使得多油层具有统一的水动力系统和油水界面(图 3-15)。如松辽盆地大庆长垣北部喇嘛甸、萨尔图、杏树岗三个油藏,在数百米的沉积旋回中(河流-三角洲沉积),油水统一分异,形成统一的水动力系统。

2. 各油层具有各自的油(气)水系统

储层内油、水分布以砂层为单元各成系统,纵向上油、水层间互,各油层具有各自的油水系统和油水界面(图 3-15)。

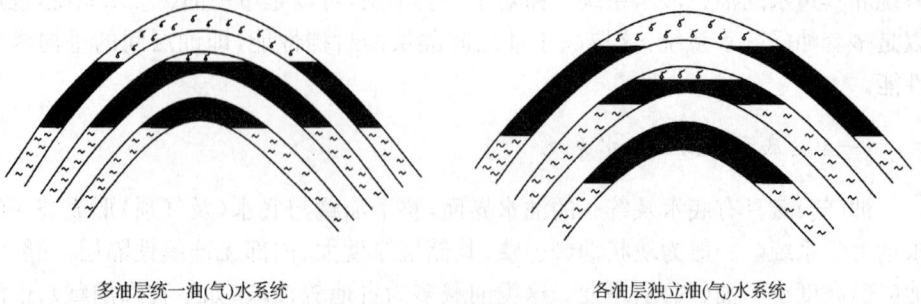

多油层统一油(气)水系统　　　　　　　　　　各油层独立油(气)水系统

图 3-15　边水层状油气藏的两类油(气)水系统

一般情况下,这类油藏的砂层间发育连续的、不渗透的泥岩等岩层。在成藏过程中,油气以砂层为单元发生油气充注,其后的油水平衡作用也是以砂层为单元进行的,而砂层间几乎未发生垂向渗流,因此,各砂层形成各自的水动力系统。

油(气)水系统是成藏及其后油水分异过程的结果,而砂层间的垂向渗流程度是决定多油层是统一油水系统还是各自油(气)水系统的关键。实际上,垂向渗流程度是油层间隔层质量与分异时间的函数,隔层质量越高(渗透性越低)、油水分异时间越短,垂向渗流程度越低,反之亦然。在时间因素相近的情况下,油层间隔层质量是决定油(气)水系统的最关键因素。以济阳拗陷东营凹陷胜坨油田二区为例,沙河街组为河流-三角洲沉积,其内至少存在 12 个油水界面(图 3-16)。较厚

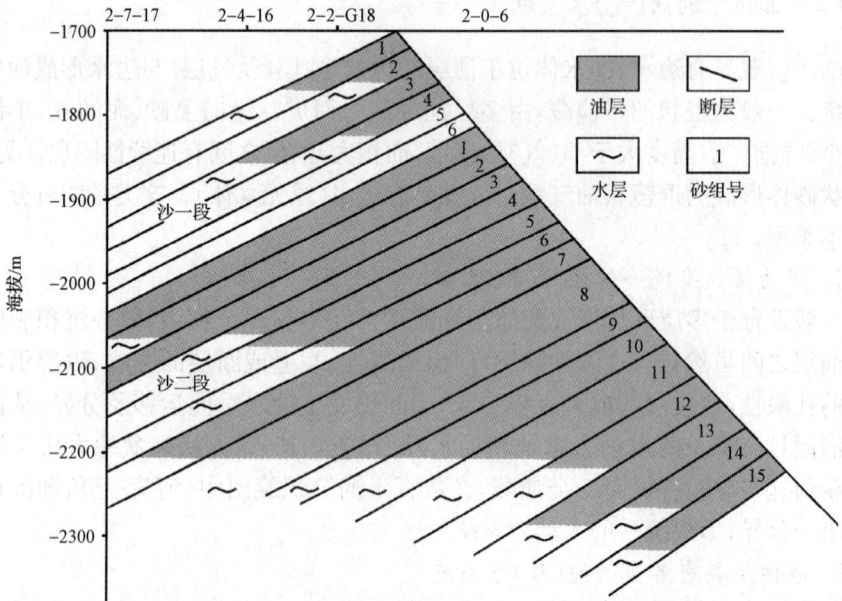

图 3-16　胜坨油田胜二区南西—北东向油藏剖面图

的、稳定的湖泛泥岩控制着大型油水系统的分布,如沙二、沙三段 6 砂组与 7 砂组之间的厚层泥岩将 1～15 砂组分隔为两大油水系统,即上油组(1～6 砂组)和下油组(7～15 砂组)。而在大型油水系统内部,较稳定的泥岩控制着次一级油水界面,形成了若干个小型油水系统,如上油组分为三个小型油水系统,即 1～2 砂组、3～4 砂组、5～6 砂组。在小型油水系统内部,各油层具有统一的油水界面,油层之间虽发育较薄的泥岩层,但隔层质量低,油水发生垂向分异作用。

第三节　油藏压力与温度系统

油藏压力和温度是油藏的重要外部条件。油藏温压条件控制着油藏流体的相态,同时也影响着储层性质(包括储层的成岩场及开发过程中储层性质的动态变化)。同时,压力是油气开采的重要能量。因此,油藏压力和温度系统是油藏地质学的重要研究内容之一。

一、油气藏压力系统

(一)有关地层压力的概念

1. 上覆岩层压力

上覆岩层压力是指上覆岩石骨架和孔隙空间流体的总质量所引起的压力。上覆岩层压力随上覆岩层骨架的增厚而加大,也与岩层及其孔隙空间流体密度大小有关。上覆岩层压力可用下式计算

$$p_r = H\rho_r g$$

式中:p_r——上覆岩层压力,MPa;

H——上覆岩层的垂直高度,m;

ρ_r——上覆沉积物的总平均密度,kg/m³;

g——重力加速度,9.8m/s²。

如果将岩层骨架的质量和岩层孔隙间流体的质量分别加以考虑,上覆岩层压力又可表示为

$$p_r = H[\phi\rho_f + (1-\varphi)\rho_{ma}]g$$

式中:ϕ——岩层平均孔隙度,小数;

ρ_f——岩层孔隙中流体的平均密度,kg/m³;

ρ_{ma}——岩层骨架的平均密度,kg/m³。

2. 静水压力

静水压力是指由静水柱造成的压力。静水压力的大小与液体的密度和液柱的高度有关,而与液柱的形状和大小无关。静水压力的计算公式为

$$p_H = h\rho_w g$$

式中：p_H——静水压力，Pa；

ρ_w——水的密度，kg/m³；

h——静水柱高度，m。

3. 地层压力与油（气）层压力

地层压力是指作用于岩层孔隙空间内流体上的压力，所以又可称为孔隙流体压力，常用 p_f 表示。由地层压力的定义可知，孔隙流体压力全部由流体本身所承担，这也意味着受到高压的地层流体具有潜在能量。

在含油、气区域内，油层的地层压力即为油层压力，气层的地层压力即为气层压力。

在油气层未被钻开之前，处于原始状态下所具有的压力即为原始油（气）层压力。在正常的地质条件下，具有统一水动力系统的油气藏，其地层压力分布规律遵守连通器的原理，即可以用前面介绍的计算静水压力的基本关系式计算。

一旦油气层被钻开并投入开采，原来油气层内压力的相对平衡状态就要被打破，在油气层压力与油气井井底压力之间生产压差的作用下，油气层内的流体就会流向井底，甚至会强烈地喷出地面。

4. 压力梯度

压力梯度是指每增加单位高度所增加的压力，单位用 Pa/m 表示。

对于上覆岩层压力梯度来说，如果取上覆沉积物的平均总密度为 2.3×10^3 kg/m³，则上覆岩层压力梯度为 2.3×10^4 Pa/m。水的密度一般为 1×10^3 kg/m³，则静水压力梯度约为 1×10^4 Pa/m。

在正常压实条件下，作用于孔隙流体的压力即为静水柱的压力。但是由于许多因素的影响，作用于地层孔隙流体的压力很少是等于静水柱压力的。通常我们把偏离静水柱压力的地层孔隙流体压力称之为异常地层压力，或称为压力异常。常用压力系数或压力梯度来表征异常地层压力的大小。

所谓压力系数是指实测地层压力（p_f）与同一深度静水压力的比值，用 a_p 表示：

$$a_p = \frac{p_f}{p_H}$$

显然，a_p 为 1 时，实测地层压力与静水柱压力相等，这时属正常地层压力；当 a_p 不等于 1 时，则为异常地层压力。a_p 大于 1 时，称为高异常地层压力，或称高压异常；当 a_p 小于 1 时，称为低异常地层压力，或称低压异常。

异常压力亦可用压力梯度 G_p 来表示。当 G_p 为 0.01MPa/m 时，属正常地层压力；当 G_p 大于 0.01MPa/m 时，属高异常地层压力；当 G_p 小于 0.01MPa/m 时，属低异常地层压力。

(二)油气藏压力系统

在正常的地质条件下,具有统一水动力系统的油气藏,原始地层压力具有一定的分布规律。原始油层压力随油层埋藏深度的增加而加大,同时,与流体密度具有很大的关系。

对于一个具有天然气顶和边水的油藏,在原始地层条件下,储层中的流体将按其密度的大小,形成纵向的流体分布剖面图。在图 3-17 上绘出了一个具有边水油藏的剖面图,并在其含油水剖面上打探井 5 口。其中的 3 口探井打在含油部分;1 口探井打在油水界面上;另一口探井打在含水部分。由这 5 口探井所测原始地层压力与中部深度绘成的压力梯度图见图 3-17 右侧部分。由压力梯度可以看出,含油部分与含水部分的压力点分别形成斜率不同的两条直线,而两条直线的交点处深度即为地层油水界面的位置。

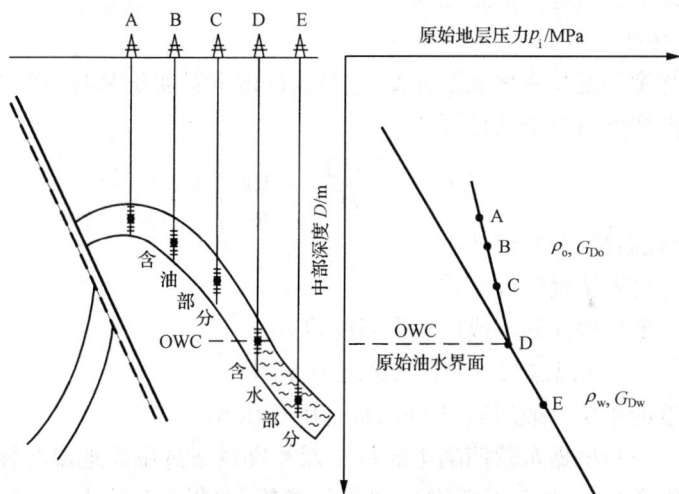

图 3-17 油藏的剖面与压力梯度图(据陈元千等,2004)

对于任何具有气顶和边底水的油藏,或具有边底水的气藏,不同部位探井的原始地层压力与埋深的关系可表示如下

$$p_i = a + G_{Do}D$$

式中:p_i——原始地层压力,MPa;

a——关闭后的井口静压,MPa;

G_{Do}——井筒内静止流体压力梯度,MPa/m;

D——埋深,m。

井筒内的流体静止压力梯度由下式表示:

$$G_{Dw} = dp_i/dD = 0.01\rho$$

式中：ρ—— 井筒内的静止流体密度，g/cm^3；

　　　G_{Dw}—— 压力梯度，MPa/m。

由上式可以看出，压力梯度与地下流体密度成正比，即流体密度小的气顶部分，比流体密度大的含油部分或边水部分，具有较小的压力梯度，而且压力梯度乘以 100 即为地层流体密度。因此，可以通过压力梯度的大小判断地层流体类型，并确定地层的流体密度。同时，代表不同地层流体直线的交点处，即为地层流体的界面位置。

二、油气藏温度

（一）地温场

地温场是指某一地质空间内的地温变化特征及热量释放状况。通常主要用地温梯度及大地热流值等参数来描述。

1. 地温梯度

地温随深度的变化率称地温梯度，它是表征地下温度状况的一个地质-地球物理参数。地温梯度可按下式计算

$$G = \frac{T - T_0}{H} \times 100$$

式中：G—— 地温梯度，$℃/100m$；

　　　T—— 井深 H 处的温度，$℃$；

　　　T_0—— 平均地面温度或恒温带温度，$℃$；

　　　H—— 井下测温点与恒温带深度之差，m。

地温梯度的单位一般用$℃/100m$，也可用$℃/km$。

杨绪充(1984)根据东营凹陷 133 口预探井资料通过编绘地温与深度关系图，认为地温具随深度增大而不断增高的变化趋势，并得出地温与深度的线性关系式为

$$T = 0.036H + 14$$

式中，$0.036(℃/m)$为本区区域地温梯度；$14(℃)$为该区平均地面温度。

地层温度随深度的增加而有规律地变化。地球的平均地温梯度为$3℃/100m$.然而，由于地球热力场的非均质性，地温梯度在各地不一。

地球的平均地温梯度$(3℃/100m)$称为正常地温梯度，低于此值的为地温梯度的负异常；高于此值的为地温梯度的正异常。

2. 大地热流

地温及地温梯度既与区域地温特征有关，又与岩石热能力（热导率）有关，因此地温和地温梯度并不总是能提供区域基本热状况的确切信息；而大地热流则不受

介质的影响,它能从本质上深刻地揭示区域地温场的固有特征,因此,大地热流是表征区域地温特征最重要的地质-地球物理参数。

大地热流是岩石热导率与地温梯度的乘积。按下述一维稳态热传导公式即可计算热流值

$$q = -\lambda \frac{\mathrm{d}T}{\mathrm{d}H} = -\lambda G$$

式中：q——热流,mW/m²；

　　　λ——岩石热导率,W/(m·℃)；

　　　T——温度,℃；

　　　H——对应于 T 的深度,km；

　　　G——地温梯度,℃/km。

所以只要测量地下某一深度间隔的地温梯度及相应段岩石的热导率,即可求得热流值。

含油气区大地热流研究的意义在于,它可以比较准确地给出地球内热提供的总热量的概念,这是某一地区可能生成油气的总的潜在能力的一种标志,因而结合其他资料便能对区域总的油气生成能力做出评价。

实际资料表明,地温场是很不均一的,影响地温场的主要因素包括大地构造性质、基底起伏、岩浆活动、岩性、盖层褶皱、断层、地下水活动及烃类聚集等。其中区域地质构造和深部地壳结构对地温场分布形态起着主要控制作用,岩石物理性质、火山活动、岩浆作用、断裂作用以及地下水活动等因素对局部地温场分布有着重要的影响。

(二)油气藏温度系统

油气藏的温度系统是指由不同井所测静温与相应埋深的关系图,也可称为静温梯度图,如图 3-18 所示。

应当指出,油气藏的静温主要受地壳温度的控制,而不受埋深不同储层的岩性及其所含流体性质的影响。因此,任何地区油气藏的静温梯度图,均为一条静温随埋深变化的直线,并由下式表示

$$T = A + BD$$

式中：T——油气藏不同埋深的静温,℃；

　　　A——取决于地面的年平均常温,℃；

　　　B——静温梯度,℃/m；

　　　D——埋深,m。

实际资料表明,由于地壳温度受到构造断裂运动及岩浆活动的影响,因而不同地区的静温梯度有所不同。如我国东部地区各油气田的静温梯度约为 3.5～

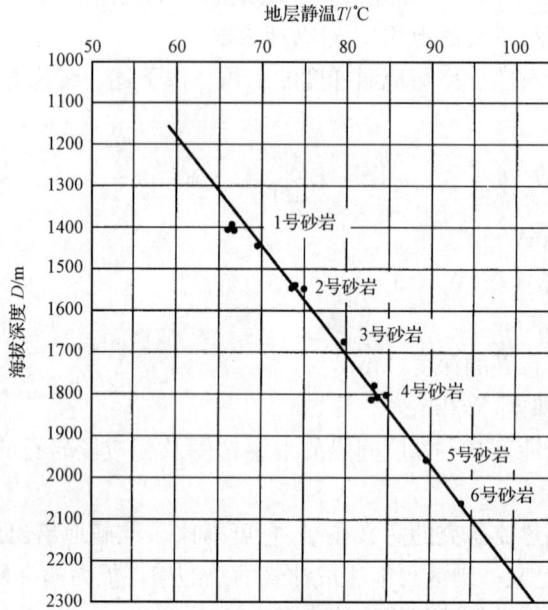

图 3-18　油藏的静温梯度图（据陈元千等, 2004）

4.5℃/100m；中西部各油气田的静温梯度约为 2.5～3.5℃/100m。油气田的静温数据，一般在探井进行测井和测压时由附带的温度计测量。

第四章 油气藏开发分类

油气藏开发分类是我们深入认识油气藏特征,最后归纳上升形成的概念,也是为了确定每个油气藏研究和部署工作的依据。为了保证开发工作在高效快速的原则下进行,深入油藏描述,预测油气藏动态特征,必须进行油气藏分类。

勘探阶段的油气藏分类是从找油出发,以油藏成因分类为主,围绕油气藏的形成和分布规律这一石油地质核心问题。而开发阶段的油气藏分类,不过多涉及其成因,主要围绕油气田开发特点和开发条件,偏重于油藏形态、压力能量、油气性质、储层性质等因素。油藏的开发分类是多因素控制、逐步深化的一个复杂过程,涉及油藏静态特征的早期识别以及油藏开发动态特征的预测,因此,油藏分类是油藏地质学的基本理论问题之一。

我国的油藏地质家和油藏工程师对油藏开发分类做过不少研究工作。1981年闵豫在《油田开发地质学与油藏研究》(石油学报第3卷第2期)一文中论述了油藏研究的六方面的内容后,首先提出了按开发特点进行油藏分类的任务;1982年林志芳等在《我国油藏的类型和开发特征的初步研究》(石油勘探开发科学研究院开发所内部研究报告)一文中将我国已有的油藏分为七类,即:中高渗透率多油层油藏、块状砂岩底水油藏、低渗透油藏、稠油油藏、裂缝孔隙型砂岩油藏、气顶油藏和凝析气顶油藏、裂缝性非砂岩油藏。1983年裘怿楠等在《我国油藏开发地质分类的初步探讨》(石油勘探开发科学研究院开发所内部研究报告)一文中将油藏分为七大类二十亚类。七大类为河流三角洲体系的砂岩储层油藏、冲积扇-扇三角洲-浊积扇沉积体系的砂砾岩储层油藏、三角洲间湖湾体系的席状砂岩油藏、稠油油藏、古潜山碳酸盐岩油藏、凝析气顶油藏和成岩作用改造的低渗透砂岩储层油藏。

原大庆油田总地质师唐曾熊教授认为油藏是由几何形态及其边界条件、储集及渗流特性和流体性质这三个独立的因素组合而成的,缺乏其中任何一个因素就构不成油藏。而其他一些因素则是从属于上述三个因素的或只是对上述三个因素中的某一类才显得特别重要的。本章油藏分类主要采用唐曾熊提出的油气藏开发分类方法[①]。

---

① 唐曾熊生前允诺来中国石油大学讲授此段内容,这是他积四十年之经验为学生写的简明、扼要、易懂、实用的教材,经修改补充录用之,以志纪念。

第一节　按油(气)藏天然驱动能量的分类

这种分类一般反映了油藏开发早期利用天然能量采油阶段的情况,通常分为水压驱动、气顶驱动、溶解气驱动和重力驱动等几类。

一、水压驱动类型油藏

在原始地层条件下,当油藏的边部或底部与广阔或比较广阔的天然水域相连通时,在油藏投入开发之后,由于在含油部分产生的地层压降,会连续地向外传递到天然水域,引起天然水域内的地层水和储层岩石的累加式弹性膨胀作用,并造成对油藏含油部分的水侵作用。天然水域愈大,渗透率愈高,则水驱作用愈强。如果天然水域的储层与地面具有稳定供水的露头相连通,则可形成达到供采平衡和地层压力略降的理想水驱条件。

根据天然边底水能量可将水压驱动油藏细分为两类:① 强水驱油藏:天然边底水能量能满足1%以上采油速度的能量补给;② 弱水驱油藏:天然底水能量能满足 0.5%～1% 的采油速度的能量补给。

二、气顶驱动类型油藏

有的油藏具有原生气顶,这时油层的压力即等于原始饱和压力。随着原油的开采,井底压力将不断下降,压力降落所波及到的井底地区,将是溶解气弹性膨胀驱油,随着压降区的扩大以致扩展到气顶时,气顶气也会因压力降落而产生弹性膨胀,从而使气顶区扩大,成为驱油的能量。如果气顶区和含油区相比足够大,在某一开发阶段也可成为驱油的主要能量。对于这种类型的油藏,称之为气顶驱油藏。

气顶指数是气顶能量大小的指标,即气顶体积与油藏体积之比。由于气体的弹性压缩系数很大,所以虽然气体体积比底水体积一般要小得多,但其驱动能量却往往相对较大,而且有气顶的油田在油气界面处其地层压力等于饱和压力,在降压开采一开始,溶解气就不断脱出而补充到气顶,更加大气顶的弹性驱动能量。

三、溶解气驱动类型油藏

一个高于饱和压力的油藏,随着油田的开发,当油层压力降至饱和压力以下时,在岩石和流体的弹性能释放并发挥驱油作用的同时,原来呈溶解状态的溶解气,便会从原油中挥发出来,成为气泡分散在油中,在压力降低时气泡将产生弹性膨胀,这种弹性膨胀能也会发挥驱油流向井底的作用,并且地层压力降得越低,分离出来的气泡越多,所产生的弹性膨胀能也就越大。由于气体的弹性膨胀系数要比岩石和液体的弹性系数大得多,一般要高出 6～10 倍,所以溶解气的弹性膨胀能在开发的某一阶段内将会起主要作用。在这种条件下开发的油藏称为溶解气驱油藏。

溶解气弹性能量的大小与气体的成分、气体在原油中的溶解度以及油层的压力和温度有关。

四、重力驱动类型油藏

有些油藏的油层具有较大的厚度，或具有较大的倾角（大于 $10°$），处于油层上部的原油依靠自身的位能或重力向低部位的井内流动，当前述的各种能量均已消耗之后，主要依靠重力驱油的油藏称为重力驱动类型油藏。

和其他分类一样，这种分类更具有多因素性，普遍有两种以上的天然驱动能量，而且在开采过程中主导的驱动能量往往会发生变化。特别是在目前，有时从油田开发开始时各种人工影响和改善油田开发效果的措施便同时应用，在这种情况下这种以天然驱动能量分类的方法显然不能满足需求，但是，对这种驱动能量一定要有所认识，因为人类正在模拟和补充这些能量继续开采油藏，如注水、注气。

第二节　按油（气）藏流体性质分类

油气藏所储流体的性质包括：密度、黏度、凝固点及烃类、非烃类组分等，也有多种分类方法，最常用的是按密度分类，通常分为石油和天然气两大类。本书采用国际上通用的分类方法，即将油气藏按所产流体分为天然气藏、凝析气藏、挥发性油藏、稠油油藏、高凝油藏和常规原油油藏。

在自然条件下，储层流体又往往是两类流体甚至三类流体组成一个油气藏，如有气顶或凝析气顶的油藏，有油环或油垫的气藏或凝析气藏，有凝析气顶的挥发性油藏，有气顶的稠油油藏，有稠油环或油垫的气藏等。

一、天然气藏

天然气藏定义为流体在地下储层中原始孔隙压力下呈气态储存，当气层压力降低时，气藏中的天然气不经历相变。因而虽然许多天然气藏采出的流体在地面常温常压或低温下有液相析出（一般也称凝析油），但只要在气藏温度条件下，压力降到气藏枯竭压力仍不会出现两相的，都属天然气藏。用相图表示则气层温度一定大于临界凝析温度。

根据天然气中烃类组分，天然气有干气、湿气、富气、贫气等多种分类。但大多数只是定性概念，没有定量界限，一般干气、湿气以天然气中戊烷以上重烃组分含量多少来区分。富气、贫气以天然气中丙烷以上重烃组分含量多少来区分。由于重烃比甲烷在相同体积下热值要成数倍地增加，且许多重烃都是石油化工的优质原料,故湿气、富气的经济价值比干气、贫气要高得多。

天然气藏的开发与油藏开发有很大的区别,首先是 PVT 特性对开发特征有决定性的作用而不是像油藏那样起提高采收率的作用;其次是能量的补充一般起降低采收率的作用而不是像油藏那样起提高采收率的作用;以及稀有气体、二氧化碳、硫化氢、氮气含量的不同对气体集输处理及经济价值评价的差异极大,还有水化物形成条件对气井开采和集输的影响等。

天然气的开发一般都是采用天然能量开发,其采收率与驱动类型有很大关系,封闭式气藏及弱水驱气藏其采收率可以超过强水驱气藏的一倍。除了从地质条件上分析其驱动类型外,更重要的是通过开采过程的生产动态来判断驱动类型,故一般气田开发都要经过一到两年的初步开发取得足够的生产动态资料后,才能编制正式的开发方案。

二、凝析气藏

凝析气藏定义为流体在地下储层中原始孔隙压力下呈气态储存,但随着储层流体不断被采出,整个气藏压力不断下降(这是一个等温过程),当压力下降到某一点(露点)时,液体将从储层气体中凝析出,因此,在此之后,储层中将存在两相流体饱和度。如果气藏压力进一步下降,一部分凝析液会再次气化,但直到枯竭压力,气藏中仍保持两相流体的存在。在相图上,气层温度介于临界点及临界凝析温度之间。

对于凝析气藏,十分重要的是较精确地取得流体组分及相图,以及确定气藏有无挥发油油环及黑油油环。在试验求得 $P-V$ 关系、上下露点压力及在降压排气过程中各种压力下气体和液体的体积和组分变化,就可以计算出精确的相图,可以了解在凝析气藏开采过程中烃类物质的反凝析量以及井流物的组成变化情况,预测枯竭式开采条件下的气藏开发动态和最终采收率。

有的凝析气藏由于有边底水能量的补充,在一定的采气速度下可使气层压力维持在某一压力下,如该压力高于上露点压力,则气藏开采动态和采收率估算相对简单,相似于水驱下的一般气藏的动态,如该压力低于上露点压力,则只在上露点压力到该压力之间有反凝析作用发生,以后就相似于水驱下的一般气藏的动态。

对于地层压力高于上露点压力很多或凝析油含量较低(<300g/L)的凝析气田一般采用消耗压力方式开发,其开发动态是在气藏压力降到露点压力前凝析油含量、组分不变,降到露点压力后,进入反凝析阶段凝析油含量迅速下降,组分变轻,初期下降快,后期下降缓。产能不仅受压力下降的影响,而且由于凝析油的析出,形成两相流,气相渗透率也要下降,所以产能下降更快。在压力降到下露点压力后,进入蒸发阶段,凝析油含量又稍有上升,组分稍有变重,但一般已接近废弃压力,处于开采末期。

三、挥发性油藏

挥发性油藏定义为地下原始油藏压力下呈液态储存,但随着储层流体不断被采出,油藏在压力下降到某一点(泡点)时,气体从液相中析出,由于原始状态下液相流体溶解气量很大,故随着气体的析出,液相体积大幅度收缩。整个过程从定性上看与常规原油的界限比较难以划分,一般以体积系数与体积收缩的特性来确定。挥发性油的体积系数应在 1.75 以上,其收缩特性是压降初期收缩快而压降后期收缩慢,收缩率与无因次压力关系曲线呈凹形。而常规原油则在压降初期收缩慢而压降后期收缩快,收缩率与无因次压力关系曲线呈凸形。由这个特性可知,挥发油对压力是特别敏感的,压力稍有下降原油体积就会收缩很多,相同残余油饱和度情况下,原油采收率就会明显地下降。

挥发性油藏最重要的特征之一是溶解气油比高,原油中轻组分含量高,因而体积系数大,而且在压力下降的前期体积系数下降很快,采用溶解气驱开发在压力降到泡点压力后,气油比急剧升高,产量大幅度下降,原油体积明显收缩,采收率将是很低的,即使以后再注水恢复压力,原油体积也不可能再膨胀。所以挥发性油藏一般都要尽量采用早期保持压力的开采方式。除了极少数边底水能量特别充足的挥发性油藏可以利用边底水能量将油层压力保持在泡点压力附近外,大多数挥发性油藏将采用早期注气或注水来保持油藏压力。由于挥发油的轻组分很高,注气形成混相驱的可能性较大,混相驱由于没有界面张力可以达到很高的驱油效率,所以混相条件也是挥发性油藏进一步描述的重点之一。

相当多的挥发性油藏仍然采用注水保持压力的开发方式,特别是对那些层数多、非均质较严重、挥发性相对较弱、混相压力较高的油藏更是如此。因为有利的流度和油水黏度比可以获得较高的波及体积和采收率,经济效益往往更优于混相驱。对于油藏原油黏度低于水的油田,注水的不均匀推进可以由黏度来自动调整,所以层间渗透率差异和层系划分、油层内纵向及平面非均质等将不是开发方案研究的主要问题,而吸水能力远远低于采油能力则是注水开发这类油田的主要问题,特别是当油层渗透率较低,润湿性为亲水型,相渗透率曲线上水相端点渗透率相当低时则更为突出。

挥发性油藏只要在泡点压力以上补充能量保持压力开发,其动态特征一般是稳产期较长。注水开发的无水期长,无水采收率高;混相驱则气油比稳定开采期长。一旦油井见水或见注入气后,含水率或气油比将迅速上升,产量将明显下降,使总的开发期短而采收率高。

四、稠油油藏

稠油指黏度大的原油,但在国外相当多的文献用的是"重油"这个名称,是用美国 API 重度标准来区分的。一般来说原油重度与原油黏度有较好的相关性,但重度是指地面脱气原油的性质,黏度一般是指油层条件下的性质,而且因组分、金属离子含量、溶解气量、油层温度等不同,仍有许多不完全一致之处,因而稠油比重油从名称上更为确切。对稠油的定义及稠油的分类标准,我国石油勘探开发科学研究院刘文章作了很好的研究,这个分类标准与联合国训练研究所(UNITAR)推荐的分类标准也一致,同时考虑到近年来热采技术的改进而作了一些修改,并将温度改为以摄氏度度量,也是必要的和适合我国国情的。现将该分类标准摘录如表 4-1。

表 4-1　稠油分类标准(RIPED)

稠油分类			主要指标	辅助指标	开采方式
名称	级别		黏度/(mPa·s)	重度(20℃)	
普通稠油	I		50①(或 100~10000)	>0.9200	
	亚类	I-1	50①~150①	>0.9200	可以常规开采,也可以热采
		I-2	150①~10000	>0.9200	热采
特稠油	II		10000~50000	>0.9500	热采
超稠油(天然沥青)	III		>50000	>0.9800	热采

① 指油层条件下的黏度,其他指油层温度下脱气原油黏度。

以油层条件下原油黏度为 50 mPa·s 作为稠油的起点是因为当油层条件下原油黏度超过 50 mPa·s 后,不仅依靠天然能量开采的采收率很低,而且在注水条件下,由于油水黏度比过大,黏性指进(非活塞性)将十分严重,不仅驱油效率和采收率低,而且耗水量大,经济效益必然也差。由于稠油的高压物性样品很难取,故在不能取得高压物性资料情况下也可以用油层温度下的脱气原油黏度为 100mPa·s 来代替,这不仅是因为一般稠油溶解气的能力低,所溶气体大部为干气,气油比一般不超过 10,稠油热采的深度一般也小于 1500m,油层条件下不脱气油的黏度大于 50mPa·s,脱气后在相同温度下黏度大致为大于 100mPa·s。这也与联合国训练研究所(UNITAR)的标准达成一致。

至于稠油内部的分类,首先是将 UNITAR 分类中的重油即相当于普通稠油分为两个亚类,以便分出对于在开采方式上是常规开采(注水开发)还是热采需要作进一步评价比较的部分。在 UNITAR 分类的沥青(>10000mPa·s)中,刘文章又根据热采技术的新发展细分为特稠油和超稠油两类,特稠油是在油藏其他条件如井深、厚度、孔隙度、含油饱和度和渗透率等条件很好的条件下目前注蒸汽技术仍有可能经济开发的,而超稠油才是必须采取特殊的非常规的蒸汽驱技术。

稠油油藏的进一步描述重点是确定是否采用热采及热采的工艺技术经济条件评价。热采的筛选标准包括油藏埋藏深度、热能利用效率条件、注汽和产液能力三个方面。

油藏埋藏越深,油藏压力也越高,注汽时井底压力必须大于油藏压力,而压力越高,蒸汽干度就越不容易提高。即使油层压力已经降低,但汽柱压力大,井底压力与井口压力差增大,井口至井底的干度差也必然增大,井底干度也不会高。而且井越深,井筒热损失也增大。一般热采深度都不超过 1500m。对于埋藏深度太浅的稠油油藏,注汽时易形成水平裂缝造成汽窜,所以一般要求深度大于 150m。

油藏热能利用效率是指注入蒸汽所携带的热能有多少用于加热原油以降低黏度,而其余的热能则用于加热岩石骨架、地层水、夹层和围岩。孔隙度越高,含油饱和度越高,纯厚比越大,单层厚度越大,则热能利用效率就越高,反之热能利用效率就越低。由于上述因素与热能利用效率的关系并非线性关系,所以虽然可以互相补偿,但每一项也都有一个极限值,在此极限值以下即使其他条件好,也不会有好的热能利用效率和经济效益。通用的标准大致是单层厚度不小于 6m,孔隙度不小于 20%,含油饱和度不小于 50%,纯油层厚度与总砂岩厚度之比不小于 0.5。

注汽和产液能力条件包括油层厚度、渗透率、油藏原油的黏度。注汽能力过低,蒸汽流速慢,热量就会在井筒等部位大量损失,热量带不进去,或要很高压力才能注进去,又会使蒸汽干度下降,注汽后要尽快将原油采出,以免温度扩散到围岩而损失,就要求热采稠油油藏有好的产液能力,所以热采稠油油藏除厚度在热能利用效率中已有要求外,渗透率一般都是达西级的,油藏原油黏度不超过 10000mPa·s,且黏度随温度的升高而下降很快。这三者之间可以相互补偿,厚度特别大和渗透率特别高时,热采的原油黏度界限可以适当提高。

上述三个方面仅仅是一个是否适用于热采的筛选标准,由于经济评价还要受自然地理条件、油价及距市场远近等因素影响,所以达到筛选标准的油藏或单项条件大多数能达到筛选标准的油藏,是否适于热采仍要专门作经济评价。在确定热采后,进一步的描述将是储层及原油的热力学,如原油的黏-温曲线,储层、顶底板和夹层及原油的比热、导热系数等。

储层非均质性的描述和正确估计是稠油热采的一个关键问题。由于稠油和蒸汽的黏度差别太大,所以在吞吐和蒸汽驱中,非均质性必然是不断扩大的,造成蒸汽的指进和过早的窜流,而在模拟计算中往往估计不足,造成整个热采寿命比设计的大大缩短,采收率大幅度降低。有些非均质油田在吞吐阶段由于注入蒸汽及热水呈指进状态,采油阶段水相被流动的油相切断而成为非连续相,含水很快降为零,但在蒸汽驱阶段,注入井与采出井的水相呈连续相流动,受效井含水很快上升到 95% 以上,甚至全部出水。这样的稠油油田也不能用常规的蒸汽驱采油。对一些埋藏较浅的稠油油藏,必须保证注入压力低于破裂压力。一旦压开油层,形成蒸汽沿裂缝的窜流,也会造成热采计划的失败。由于窜流时裂缝附近受蒸汽驱替,流动阻力大幅度下降,即使以后注蒸汽压力降低,裂缝闭合,但原裂缝两侧仍然形成一个低流动阻力带,影响以后的热采效果。

五、高凝油藏

高凝油是指地下原油含蜡量很高,凝固点也很高,因而在原油开采过程中,当井筒中温度下降时,液态的原油会因温度低于凝固点成为固态而不能流动。也有的高凝油在地层条件下即成为固态,即凝固点高于油层温度,这类油田目前工业性开采的实例还未见或极少。

高凝油又可分为两大类,第一类是凝固点与油层温度很接近(<5~10℃),在开采过程中有可能因措施不当(油层脱气、注冷水等)而使原油在油层中凝固或析蜡,造成流动条件的大幅度恶化甚至完全丧失,使采收率及经济效益大幅度下降。这是对温度特别敏感的油藏,开发过程中必须采取措施保持油层温度。另一类是凝固点及析蜡温度比油层温度低得多,只是在井筒流动过程中才会出现因温度下降而凝固成固体的问题,针对这类油藏主要是在井筒中保温或加温,在油藏开发措施上与常规油藏差别不大,主要是要解决采油工艺技术问题。一般说来高凝油的含蜡量都在 30% 以上,凝固点在 40℃ 以上,即在一般情况下井深 1000m 以下即严重结蜡,500~1000m 之间即可能凝固。

六、常规原油油藏

常规原油是指除上述几种特殊性质的原油之外的所有液态碳氢化合物,也就是在油藏中以液态存在的烃类中把挥发性大的、凝固点特别高的和黏度特别高的三种油(因其开采方式特别)区分出去后所有各种原油的总和。它是最常见、而性质差异又非常大的一个大家族。虽然普通原油一般都可以用常规的开采方式开发(天然能量、人工注水或注气等),但由于原油性质差别很大,对各种开发方式的适应性及开发效果差异也是很大的,因此在油藏早期评价及进一步描述中内容及重点也将有很大的差异。

油藏原油性质差异大就决定了油藏描述重点的不确定性,就要由简到繁地逐步明确重点,才能避免并列式的不分轻重的描述。

首先可以按油层原始压力与饱和压力的差值和体积系数的大小,分为对压力敏感的和对压力不太敏感的两大类。当差值小于油藏压力的 10%~20% 时,地层压力下降将很易导致原油在油层中脱气,一般对油藏的采收率和生产能力都会造成明显不利影响。油质较重的原油,一般体积系数较小,脱气后地下原油黏度增加,再加上形成油气两相或油气水三相流动后,油相渗透率也要明显下降,因而产能和采收率都会明显下降;油质较轻的原油,由于溶解气的能力大,饱和压力高的必然气油比高,大多数体积系数也大,因而脱气后虽然原油黏度下降幅度较小,绝对值仍然较低,但脱气后体积的收缩必然会明显影响油藏的采收率,因而这类油藏都是对压力敏感的。

　　常规原油油藏的产能和油田开发动态受储层原油黏度及储层性质的影响也非常大。常规原油在油藏条件下的黏度可以从小于 $0.5mPa \cdot s$ 到 $50mPa \cdot s$，相差上百倍，储层渗透率可以在更大范围内变化，故油藏渗流条件或产能必须以渗透率和黏度的比值即流度来描述。流度大的油藏产能高，流度小的油藏产能低，最好的油藏是高渗透储层和低黏度原油，而低渗透储层和高黏度原油组合的油藏往往没有开发价值或经济效益很低。在流度相同或相近的情况下，虽然初期的油井产能相近，但高渗透储层和高黏度原油组成的油藏与低渗透储层和低黏度原油组成的油藏其注水开发特征却完全不同。前者采收率低，注水后含水上升快；后者采收率高，无水或低含水采油期长，即影响油藏开发特征的因素主要是储层条件的油水黏度比。

　　注水开发储层条件下油水黏度比大的油藏，在注水波及的范围内，渗流阻力就会迅速下降，水沿高渗透层的高渗透部位突进，在已波及部位反复冲洗，而仍有相当厚度或体积未被波及，局部驱油效率很高，但全层采收率却很低。同时，由于油水密度的差异，造成注入水沿储层底部推进，油层的非均质性将会随注水过程而不断扩大，这种由黏性指进所造成的无水采收率低，含水上升快，大量的原油要在高含水或特高含水期采出的问题，使得开发经济效益较低。在注水开发中，原油黏度不同，开采效果差别很大。原油的黏度是由于胶质和沥青质含量高而升高的，而胶质和沥青质是一种极性物质，往往造成储层亲油的表面性质，使水相渗透率上升较快、较高；同时，由于黏度的差异，会使油井产液指数随含水上升而迅速增加。因而注水开发初期注水井吸水指数会明显大于油井采油指数或采液指数，一口注水井的注入量可以满足几口采油井注采压力平衡的需要，随着含水上升，油井可以不断增加排液量以减少产油量的递减，使油井在高含水期仍有一定的产油量，从而延长了开采的经济年限；但吸水能力变化不大，所以开发中后期要不断增加注水井在总井数中的比例，最终达到注水井与采油井的比例为 $1 : 1 \sim 1 : 1.5$。这类油藏开采年限长，大部分可采储量在高含水期采出。

　　在水中加入化学剂例如聚合物以提高注入剂的黏度是改善较高黏度常规原油油藏开发的一个手段。就非均质油藏驱替过程来考虑，仍然存在不少待解决的问题。单位体积油藏内聚合物注入总量受经济条件的制约不可能是大量的，一般只能注一个段塞，聚合物段塞的黏度一般仅能接近原油黏度或使油水黏度比相对降低，即使其黏度很高也不可能超过地下原油黏度很多，因而高黏度驱替剂只能使储层非均质不扩大，而无法降低储层原有的非均质性。注入的聚合物也是要被部分带出的，首先是从非均质的高渗透部位带出，取而代之的是低黏度的水，所以在高渗透部位聚合物带出前，段塞可以起到降低黏性指进的作用，使油井推迟见水或含水率下降。但高渗透部位的聚合物一旦被水驱出，这段油层的渗流阻力将比一般水驱时更低,而其他部位聚合物仍存在于油藏之中,则黏性指进不但会再次出现,甚至会更严重,这就是注聚合物的各种实施方案中必须先进行吸水剖面的调整及堵大孔道的原因。注水开发早期就注聚合物对扩大注水波及体积最有利,但会降低吸水及产油能力,注聚合物太晚,注后增产明显,但提高采收率较少,这就有个最佳的注聚合物时机问题。

第三节　按油(气)藏几何形态分类

油藏的几何形态分类主要考虑油藏边界条件及其几何规模在开发中的作用。这里讲的边界条件为不渗透岩层、断层等,涉及储层条件和构造条件。按储层规模及不渗透岩层的分布,将油藏为块状、层状和透镜状;按构造条件(主要是断块条件),将油藏分为非断块、大断块、小断块油藏,其中前两类因其规模大,可分属为块状或层状。为此,将油藏按几何形态及其边界条件分为块状、层状、透镜状和小断块四类。

一、块状底水油藏

块状油藏为厚度大、面积与厚度比相对较小、含油高度小于储层厚度的油藏。但从油田开发概念上看,更重要的是其上下边界,特别是下部边界。

如果油藏下部边界全部是底水,或从平面投影图上气顶和底水覆盖了油藏面积的绝大部分,油藏内部又无连续性好的隔层或隔层已被发育的垂直裂缝所贯通,因而在开发过程中整个油藏与气顶或底水形成一个统一的水动力学系统。

块状油藏的重要特征是存在底水,因而底水能量大小及底水锥进的控制就成为块状油藏开发决策的关键问题。底水能量及底水锥进条件就是块状油藏进一步描述的重点。

底水能量主要指底水的水体体积与油藏体积之比以及底水是否有补给来源。由于岩石和水的弹性压缩系数很小,因而若水体体积不比含油体积大几十倍以上,底水驱动就难以成为一个独立或主导的驱动类型。如果底水能量不可能达到作为主导驱动类型的规模,则底水能量可以不作为评价工作的重点。这样的油田如需补充能量保持压力开发,就要向底水中人工注水。如果油田有底水能量,油井产能也较高,则控制一定的采油井生产压差,利用底水能量驱油,将是经济效益很高的一种开发方式。

块状底水油藏根据有无气顶(气储量系数小于 0.5)可分为带气顶的块状底水油藏和无气顶的块状底水油藏。若有气顶,则气顶能量及对开发的影响应充分重视。

二、层状边水油藏

与块状油藏相比,层状油藏不仅厚度相对较小和面积相对较大,更重要的是油藏的上下边界主要是不渗透的岩层而不是底水,油藏含油高度大于储层厚度。这种不渗透岩层形成的油藏上下部边界内的重叠部分,应占油藏平面投影面积的50%以上,因而从油藏总体而言油藏有边水或岩性尖灭边界,只在面积不占主要地位,储量比例很小的油水过渡带有底水的特征。如有气顶,油气边界在开发过程中主要是顺储层的移动,而不是锥进。有的多油层油藏,也有全油藏统一的原始油水界面和油气界面,说明在油藏形成的漫长地质历史中是属于同一水动力系统,油藏的各个层和各个部位的原始压力也属同一压力系统。对于一些面积小、单层厚度较大、边水又很活跃的层状油藏,在开发过程中由于边水的推进,也会由层状油藏转化为块状油藏。

层状油藏也有边水和气顶问题,但由于油水和油气接触面不像块状油藏那样广泛,因而基本没有锥进问题,主要是驱动能量和平面上的边水舌进问题。边水的推进一般要比注入水推进均匀,波及体积大,我国许多向水区开口的断块油藏依靠边水能量开发都取得了比人工注水高的采收率和好的开发效果,但如果油藏平面上各向异性很严重或有裂缝,也会形成边水舌进,还有的舌进是由于油井间产量和生产压差差异太大造成的。

气顶的舌进一般比边水要严重一些,但气窜井如果及时控制生产压差,由于重力分异,舌进就可以明显减弱,在气顶能量不足以作为主要驱动能量时,防止气顶舌进最好的办法是保持油气区的压力平衡,以保持油气界面的稳定。

大多数层状油藏是多层的。必然是一套层系要开采多个油层。层间差异如何处理,多油层下如何组合开发层系,同井分注分采工艺如何应用等,就成为开发部署或开发调整的一个最主要问题。层间差异主要是层间渗透率的差异,还有各层展布面积大小及平面非均质性、储量多少及占总储量的百分比。作为研究层间差异的层组,必须具备比较稳定的隔层,否则只能作为层内的差异来对待,层间有局部稳定隔层的,可以作为局部地区研究层间差异的单元。在一套井网下用采油工艺手段不可能调整好的情况下,就要考虑划分开发层系用两套或多套开发井网来开发不同的油层。这时考虑的层间差异不仅是渗透率还有平面展布的面积,储量的绝对值及相对百分比,隔层的稳定性,所含流体性质及压力系统是否相同等,然后以稳定性好的隔层之间的油层进行层系组合优选。

层状油藏的平面矛盾与层间矛盾同样是影响开发效果的重要问题。平面非均质是客观存在的,但要区别有方向性的平面非均质与随机分布的平面非均质两大类。有方向性的平面非均质包括由沉积相形成的各向异性,有方向性的天然裂缝或人工裂缝而造成的各向异性;由于储层地层倾角较大引起重力作用也会造成油气水运动的方向性。这一平面非均质是应该在早期识别中注意到并进行详细的油藏描述,在早期开发部署中加以考虑的,如果早期开发部署中没有考虑,以后调整难度就很大了。随机分布的平面非均质性,在油藏评价描述中不可能搞清,往往是在开发过程中逐步表现出来的,这只能在开发调整中予以解决。

总之,层状油藏描述重点是各油层的层间差异、平面非均质性、隔层稳定性,在此基础上优选出一种最佳的层系和采油工艺组合,而不应把层系、井网、采油工艺分割地去一个个研究,才能获得好的开发效果。

三、透镜状油藏

透镜状油藏大部分是以岩性圈闭为主的油藏。储层分布不连续、单个储集体分布面积小,在经济极限井距下形成不了完整的注采井组。这类油藏的大部分储量只能依靠弹性、溶解气驱和重力驱等天然能量开采,因而产量递减快、采收率低。有的油藏是由许多个零星分布的透镜体组成的,从油藏的叠加投影看是连片分布的。每口评价井甚至开发井都钻到油层,油层对比有的层位相当,有的层位不相当。

小透镜体油藏的特点是各个小储油体形成独立的油气系统。在含油井段很长,一口井钻遇多个储油体时,就会出现纵向上油气水分布杂乱的现象,也会出现油柱高度似乎很高甚至远远超出圈闭高度的假象,这时必须用试井资料进行探边测试,并应该进行试采,用压降法计算井所控制的储集体积,以确定井网及开发方式。透镜体油藏是由数量很多的微型油藏组合而成的,单个油藏的油柱高度往往都很低,在微观孔隙半径分布比较分散(毛细管压力曲线没有平台)的情况下,会出现许多油水同产层,而层内无明显油水界面。对于上述各种油气水分布的复杂情况,准确地解释每一口井的油气水层是开发好这类油藏的关键之一。

由于油藏高度低,原始含油饱和度也低,如果泥质含量再高一些,测井解释油气水层往往就会有较大困难。如果把含不同流体的层同时射开,就会造成开发效果大幅度下降,而如果把油气层当作水层不射则会造成储量及生产能力的损失。小透镜体油藏由于储层面积小,往往前期只能采用天然能量开采,不注水或在较晚期注水,即使注水,注水阶段由于注采层对应率低,采收率也不会太高。在降压情况下开发,层间差异除渗透率的差异外还有天然能量大小的差异,但与注水开发相比层间差异影响开发效果较少,主要是控制好各储集体的边水和气顶窜入。

透镜体油藏在纵剖面上往往泥多砂少,含油井段相当长,所以需要自下而上分段射开,逐层段上返式地投入开发,隔层一般不成问题,透镜体油藏一般高产期很短。随着弹性能量的耗尽就进入低产的溶解气驱高气油比生产阶段,注水则因连通厚度比例小、连通方向少而很快见水和进入高含水采油。当产量低于经济极限后就上返开采新层,总的采收率一般只有 10%～20%。

四、小断块等特殊类型油藏

断层圈闭是断块油藏的特征。以断层圈闭为特征的断块油藏,只要断块足够大,仍按其上下边界条件及隔层条件分别归入块状或层状油藏。小断块油藏则是指因单个断块面积过小,在评价阶段,断块情况也难以确切搞清,而且无法在经济极限井距下形成完整的注采井组,其开发动态特征,与透镜状油藏有相似之处。小断块油藏往往是依附于主力断块油藏的,但开发部署必须与主力断块油藏有所区别。在井网很稀的油藏评价阶段,区分断块油藏各块的不同规模对于确定开发部署是极有意义的。

复杂断块油藏由于其每一块的含油体积小,就有可能由于有边水而形成较充足的天然能量,许多复杂断块油藏的单层含油宽度只有 200~300m,如果在油水边界之外有较大的水体,就可以形成充足的天然能量,如果再有较高的渗透率和较低的原油黏度,就可以形成天然能量驱动下的高速开采,其采收率和经济效益都是很好的。但大多数复杂断块是四面被断层所封闭,无边水或边水能量很弱,只能采用低部位点状注水、高部位采油(切忌顶部开花式的注水),或注水采油井间隔布置的方式。所以区别断块是开启的还是封闭的、估计边水的能量是复杂断块油藏描述的一个重点。

除小断块类型油藏外,还有一些油藏如各种类型的尖灭、不整合状油藏等。

第四节　按油气藏储集渗流特征分类

油藏储集和渗流特征包括储层的孔隙度、渗透率、润湿性、毛细管压力曲线、相渗透率曲线等。按储集渗流特征,可将油气藏分为孔隙型渗流、裂缝型渗流及双重介质型渗流特征三大类。同时,按照储层岩石类型,可将油气藏分为碎屑岩油藏〔包括砂岩(粉砂岩)油藏、砾岩油藏〕、碳酸盐岩油藏、特殊岩性油藏(包括泥岩油藏、火山碎屑岩油藏、火山岩油藏、侵入岩油藏、变质岩油藏)。不同岩类的油藏,其储集空间类型及其非均质性有所区别,但亦可归为孔隙型渗流、裂缝型渗流以及双重介质型渗流三大类。

一、孔隙型储层油藏

孔隙型储层是指储集空间及渗流通道均为孔隙的储层。大部分砂岩、白云岩或礁灰岩储层一般均具有孔隙型渗流特征,其储集空间及渗流通道主要为颗粒间形成的各类原生和次生孔隙。一部分储层虽然储集空间及渗流通道均为微裂缝,但其微裂缝以网状分布于整个储层,或微裂缝的喉道半径与基质孔隙喉道半径处于同一个数量级,或微裂缝喉道半径很小,处于连通基质中大的孔洞状态,虽然从地质成因上属于裂缝性或裂缝孔洞型,但从油藏工程观点看其储集和渗流特性仍属于孔隙型渗流,称为似孔隙型。

按其渗透率,可对孔隙型储层进行细分,可分为高、中、低和特低渗透率等几种类型。其中,以渗透率 $50 \times 10^{-3}\ \mu m^2$ 为界,低于该值的低渗储层与高于该值的中高渗储层在渗流特征与开发动态特征方面有较大的差异。

对于孔隙型储层,在油藏地质学中,应重点研究储层的宏观和微观非均质性、储层的表面物理化学性质、相对渗透率曲线、中高渗透层的出砂机理、低渗透及特低渗透层的敏感性以及异常高压油藏的压力敏感性等。

孔隙型储层的宏观和微观非均质性对油气田开发特征都有很大影响,所以是油藏地质学研究的重点之一。

孔隙型储层渗流特征的第二个要进一步研究的问题是储层的表面物理化学性质,包括储层的比面、胶结物含量和黏土矿物成分、储层表面的润湿性等。需要特别重视储层性质在开发过程中的动态变化。储层表面润湿性对驱油效率和三次采油方法的决策也就有很大影响。

相对渗透率曲线是孔隙型储层渗流特性第三个要研究的重点。它是渗流计算、数值模拟和预测油田开发动态最重要的依据之一。应针对不同的孔隙结构和润湿性类型测定相对渗透率曲线,在实际研究过程中,可按流动单元进行相对渗透率曲线的测定。

储层出砂是中高渗透层开发过程中应重视的问题。相当一部分中高渗透储层是胶结疏松的砂岩,在大的生产压差及高流速下,一部分砂粒泥粒就要被流体带出,而造成储层结构的变化或破坏,渗流条件也随之发生变化。出砂有两种情况,一种是出砂后储层结构被破坏,骨架砂被带出,造成垮塌或形成空洞,还会造成套管变形、破损等严重问题;另一种是储层骨架砂未破坏,只有骨架孔隙中充填的粉砂及泥质被带出,储层结构不受破坏,而且还可以大大改善储层的渗流条件。这就要求产液量适当,产液量过大会破坏储层结构,带出骨架砂,产液量低则会使油井砂埋。

酸化压裂是低渗透及特低渗透层应重视的问题。低渗或特低渗透性储层通常要通过酸化或压裂等增产措施来提高油气田开发的经济效益。这就需要研究胶结物和黏土矿物,分析其敏感性以及酸液和压裂液与储层内共生水的配伍性。对于水力压裂,孔隙型储层在水力压裂后就具有了双重介质的特性,特别是大型压裂之后,储层渗流条件有很大变化。压裂裂缝有水平缝和垂直缝两大类,形成何种裂缝要从地应力研究去解决。储层埋藏较浅时(一般在 1000m 以内,少数稍深),垂向地应力是最小地应力,就形成水平缝;储层埋藏较深时,则形成垂直缝,垂直缝走向都平行于最大地应力方向,油田开发井网就必须顺应这种储层渗透率的各向异性。

对于一些埋藏深、压力系数高的异常高压油藏,应充分重视压力敏感性。这类油藏由于测试及初产时生产压差大,产能比较大。一旦孔隙压力下降,岩石被压缩,一部分孔隙由流动孔隙变为非流动孔隙,储层有效渗透率将大幅度下降,油井可能随之而停产。这时,再注水恢复压力,那些被压缩的孔隙不可能进水,也不可能再度扩大半径,往往吸水能力很低或不吸水,即使再恢复到原始压力,有效渗透率仍会大大低于原始状态。因而,这种异常高压油藏降压后的有效渗透率大幅度降低,是一个不可逆过程。采取压裂等增产增注措施,或使注水压力超过破裂压力,在井眼周围产生一些微裂缝,只能增加裂缝渗透率,不可能恢复基质部分的渗透率,只能改善井筒周围的流动条件,而无法改变油层深部的流动条件。因此,这类油层更需早期保持压力注水开发,保持压力的目的不仅是要保持能量,还在于要保持储层的渗流能力。

二、裂缝型储层油藏

裂缝型及裂缝孔洞型储层是指储集空间及渗流通道均为裂缝及孔洞,这类储层的特点是孔隙度很低而渗透率很高。岩石裂缝孔隙度和渗透率均大大于基质岩块的孔隙度和渗透率($\phi_f \gg \phi_m$, $K_f \gg K_m$)。基质岩块既无储能,又无产能,而裂缝既作为储层的储集空间(几乎全为裂缝),又作为渗流通道。一般单纯裂缝性储层的有效孔隙度都小于1%。泥岩储层、变质岩储层、泥质灰岩储层大都属于此类。

对于低孔隙度(小于10%)及低渗透率(小于$1\times10^{-3}\mu m^2$)的储层而测试产能又较高,则很可能是裂缝在起作用,应属于裂缝型或双重介质型储层。而裂缝型储层往往产能高而岩心分析的孔隙度和渗透率更低。最后确定储层是裂缝型还是双重介质型要通过压力恢复曲线解释来确定。裂缝型储层由于裂缝渗透率很高,基质基本上不渗透,故其压力恢复极快,几乎没有续流段,恢复之后压力曲线平直,没有斜率。而双重介质储层则在压力恢复曲线上呈现两条平行的斜率线,导数曲线上在平直段出现一个下凹,反映了较高渗透率的裂缝与较低渗透率的基质在压力传导上的滞后。

由于裂缝分布的不均匀性,在有多口探井和评价井的情况下,钻遇大裂缝的井往往高产,而没钻到大裂缝的井则低产或为干井。高产井的试井解释渗透率远远大于岩心分析的空气渗透率。这种产能的极大差异及高产井产能远远超过基质渗透率可能提供的产能,正是裂缝型油藏和双重介质油藏的又一识别标志。

裂缝型储层的初期产量也高,而且采收率也较高,如果是天然水驱油,裂缝中原油采收率可达70%~80%,即使是弹性和溶解气驱,采收率也比孔隙型油藏相同开发方式下成倍增加。裂缝型油藏一般都初期产量高,虽然递减很快但投资回收是较快的,影响油田开发经济效益最主要的是钻遇裂缝发育带的成功率。因而在搞清裂缝走向后,垂直于裂缝走向钻水平井,可使钻遇裂缝的成功率大大提高。裂缝型油田一般不采用人工注水方式开发,在有天然边底水驱但能量不足时,部分油田可以在边底水部位补充能量。人工注水容易使水沿一条主裂缝突进,造成油井迅速水淹,且由于水锁作用其他小裂缝的油很难再采出。在天然能量开发裂缝型油田时,由于单一裂缝系统储量少,只需一口井,如果是裂缝型气田更是如此。

三、双重介质型储层油藏

双重介质储层是基质有可供油气流动的有效孔隙,又有较发育的裂缝。大多数有裂缝的储层是双重介质储层。还有一部分储层,普遍发育的微裂缝形成基质的孔隙度和渗透率,而大型缝宽的高渗透裂缝则形成主要渗流通道,虽然整个空间和渗流通道均为裂缝,但仍呈现双重介质的渗流特征。

根据储层基质岩块与裂缝的渗透性差异,又可将双重介质储层分为两大类。

(1)裂缝-孔隙型储层:基质岩块为常规储层,孔隙度较高($\phi_m \gg \phi_f$),具有储能,同时本身具有较好渗流能力,即具有产能,裂缝只起到增加方向渗透率和产能的作用,在试井压力恢复曲线解释上双重介质特征不很明显,井间干扰试井则可看出明显的渗透率方向性,这类储层亦可称为裂缝型常规储层。

(2)孔隙-裂缝型储层:基质岩块的渗透率很低,虽有储能但基本无产能,而裂缝渗透率很高,储层的产能主要依据裂缝的连通作用($\phi_f \gg \phi_m$),显示出强烈的裂缝型储层特征,这类储层亦可称为裂缝型低渗-致密储层。

两类储层的开发特征有较大差异,差异度与基质渗透率与裂缝渗透率之比值有很大的关系。其中,基质渗透率可从岩心分析中求得,总渗透率可以从试井中求得。如果总渗透率与基质空气渗透率之比在 10 以上,即有数量级的差别,则应属孔隙-裂缝型储层,如果总渗透率与基质空气渗透率属同一数量级,则属裂缝-孔隙型储层。

由于双重介质储层基质和裂缝都有孔隙性和渗透性,所以前述关于孔隙型储层及裂缝型储层有关的研究对双重介质储层都是必要的。如果井网排列方向合适,裂缝-孔隙型储层的孔隙驱油过程仍与孔隙型储层近似,裂缝只起到增加产能的作用。孔隙-裂缝型储层则基质孔隙驱动所需压差非常大,在降压采油时,可以很缓慢地向裂缝排油,然后再从裂缝流向井底采出。在注水采油时由于毛细管力的作用,基质孔隙中的油与裂缝中的水发生油水交换,常称吮吸作用。由于上述作用过程都非常缓慢,所以孔隙-裂缝型储层的采收率与采油速度有较密切的关系。采油速度高低与裂缝部分的采收率无关,但对基质部分,速度越高,采收率就越低,降低采油速度就可以增加基质采收率,增加总采收率。但绝大部分这类储层基质的吮吸作用非常慢,从油田开发的经济条件分析,提高单井产量与提高采收率有矛盾,就要优选一个最经济的采油速度。决策这个合适的采油速度还要研究基质孔隙度和裂缝孔隙度的比例,并在试验室做出吮吸曲线。一般孔隙-裂缝型储层的采收率都相当低,主要原因是裂缝采收率虽高但孔隙度很低,而基质孔隙度大,采收率却很低。当注入水已淹没包围某部分基质的整个裂缝系统,各个相反方向的毛细管力会相互抵消,形成水锁,这部分基质的吮吸作用也就停止,其中余下的油就完全成为残余油而采不出来了。

双重介质型储层与裂缝型一样,要研究裂缝方向、长度及渗透率的各向异性。裂缝方向的研究与裂缝型储层的方法一样,裂缝长度及渗透率的各向异性最好是用多井井间干扰的方法来求得,这应该在先搞清裂缝走向的基础上,用不同井距在沿裂缝走向方向布井及在垂直裂缝走向方向布井,这样就可以得到裂缝最大可能长度及最大和最小的方向渗透率(一般最大方向渗透率与裂缝渗透率接近,最小渗透率与基质渗透率接近),在此基础上来研究合理的开发井网及开发方式。

第五节　油气藏综合命名

油藏开发地质分类应以能充分反映控制和影响开发过程,从而影响所采取的开发措施的油藏地质特征为原则,使其所划分的油藏类型既有科学性,又简便实用,能概括地反映油藏总体的地质特征,有效地指导油藏的开发。分类时既不能随意命名,引起混乱,又不能考虑过细,过于烦琐。裴怿楠等采用分级命名的原则对油藏进行了开发地质分类。

(1)首先以决定开发方式最重要的油藏地质特征作为油藏基本类型的命名。以原油性质、构造条件、储层渗透率、储层岩石类型依次作为油藏基本类型命名的第1、2、3、4判别标志。如原油性质已进入必须进行热采的稠油范围,则首先命名为稠油油藏;若油藏构造条件已属非常破碎的断块则首先命名为断块油藏;若油藏储层已进入低渗透率范围,则首先命名为低渗透率油藏等。对于常规油藏,则以储层岩石类型为基本命名。若同时考虑多种判别标志,可据判别标志的级次进行命名,如砾岩稠油油藏、砂岩低渗透率油藏、低渗透断块油藏等。基本分类共14类。

(2)基本类型确定后,对于其他的油藏开发地质特征,可视重要程度,依次在基本类型命名前作为形容词。如按原油饱和程度分为高饱和油藏(原始饱和压力/原始油层压力大于0.5)、低饱和油藏(原始饱和压力/原始地层压力小于0.5);如按油气水接触关系分为层状边水、块状底水、带气顶油藏;如按储集空间分为孔隙型、裂缝型、双重介质型等;按油层原始压力系数分为异常高压油藏(压力系数大于1.2)、异常低压油藏(压力系数小于0.9)、正常压力油藏(压力系数1.0±,一般情况下可以不命名)。

(3)作为常规油藏特征,不必在命名中出现,以简化命名,如孔隙型砂岩油藏,则在命名中可略去"孔隙型"描述,如常规黑油油藏,则在命名中可略去"原油性质"的描述;如常规非高倾角的背斜、单斜、鼻状等构造圈闭油藏,则"构造条件"不必在命名中出现等。

(4)根据我国基本石油地质规律和基本开发方针,考虑油藏分类标准,已发现和投入开发的油藏绝大多数储存于陆相含油气盆地,以碎屑岩储层为主,因此对碎屑岩储层油藏分类应较细,对海相碳酸盐岩和其他岩类为储层的油藏,分类可较粗。我国以注水为油田开发的基本方式,因此应着重考虑影响注水开发的油藏地质特征作为油藏的分类依据。

根据油藏的主要开发地质特征,对于一个具体油田,一般都有简单命名和详细命名两种,如胜坨油田,简单命名为砂岩油藏,详细命名为高饱和边水层状砂岩油藏,我国部分油藏分类举例详见表 4-2。

表 4-2　油气藏开发分类命名表(张一伟,2006)

分类控制因素		基本命名	综合命名举例
油气藏开发分类	驱动能量	水压驱动	透镜状砂岩溶解气驱油藏
		气顶驱动	
		溶解气驱动	
		重力驱动	
	几何形态	块状底水油藏	碳酸盐岩裂缝型块状底水油藏
		层状边水油藏	
		透镜状油藏	
		小断块等特殊油藏	
	储集及渗流特征 / 储层岩性	碎屑岩(砂岩、砾岩)油藏	高饱和边水层状砂岩油藏
		碳酸盐岩油藏	
		特殊岩性(泥岩、火成岩、变质岩)油藏	块状底水双重介质型变质岩油藏
	储渗特征	孔隙型油藏	碳酸盐岩高渗孔隙型油藏
		裂缝型油藏	
		双重介质型油藏	
	渗透性大小	高、中渗油藏	
		低渗透油藏	致密砂岩低渗透油藏
		特低渗透油藏	
	流体性质	天然气藏	
		凝析气藏	
		挥发性油藏	
		稠油油藏	带气顶块状底水稠油油藏
		高凝油藏	边水层状砂岩高凝油油藏
		常规油藏	

第五章　储层与流体性质动态变化

在油藏开发过程中,储层岩石和流体与外来流体(注入剂)接触,从而发生各种物理或化学作用,使得原始油藏的储层性质和流体性质发生动态变化,这种变化又反过来对开发过程中的油水运动产生一定的影响。这种岩石-流体和流体-流体之间的相互作用机理是油藏地质学的基本理论之一。

第一节　开发过程中储层性质的动态变化

在注水开发过程中,储层性质的动态变化主要是由注入水与储层岩石的相互作用及其注水温压条件对油层孔隙的影响造成的,包括黏土矿物的水化膨胀、微粒迁移、酸化后的沉淀以及注入水中的杂质对孔隙的影响等。

一、黏土矿物的水化膨胀——储层的水敏性

在储层条件下,黏土矿物通过阳离子交换作用可与任何天然储层流体达到平衡。但是,在注水开采过程中,不匹配的外来液体会改变孔隙流体的性质并破坏平衡。当与地层不匹配的外来流体进入地层后,引起黏土矿物水化、膨胀,从而减小甚至堵塞孔隙喉道,使渗透率降低,造成储层损害,这一现象即为储层的水敏性。

储层水敏程度一方面取决于储层内黏土矿物的类型及含量,另一方面取决于外来流体的矿化度。

(一)黏土矿物的膨胀性

大部分黏土矿物具有不同程度的膨胀性。在常见黏土矿物中,蒙皂石的膨胀能力最强,其次是伊/蒙和绿/蒙混层矿物,而绿泥石膨胀性弱,伊利石很弱,高岭石则无膨胀性(表 5-1)。

表 5-1　常见黏土矿物的主要性质

特征矿物	阳离子交换 /[mg(当量)/100g]	膨胀性	比表面 /(m²/cm³)	相对溶解度	
				盐酸	氢氟酸
高岭石	3~15	无	8.8	轻微	轻微
伊利石	10~40	很弱	39.6	轻微	轻微至中等
蒙皂石	76~150	强	34.9	轻微	中等
绿泥石	0~40	弱	14	高	高
伊/蒙混层		较强	39.6~34.9	变化	变化

黏土矿物的膨胀有两种情况：一种是层间水化膨胀（内表面水化），它是由于液体中阳离子交换和层间内表面电特性作用的结果，水分子易于进入可扩张晶格的黏土单元层之间，从而发生膨胀；另一种是外表面水化膨胀，黏土矿物表面发生水化，形成水膜（一般为四个水分子层左右），使黏土矿物发生膨胀，而且比表面越大，膨胀性越强。

黏土矿物为层状硅酸盐，其膨胀性取决于晶体结构特征。层间电荷为零的电中性层和层间无阳离子的层状结构，一般不膨胀，如高岭石，其为 1∶1 型层状结构，由一个四面体片和一个八面体片组成，层间缺乏阳离子，使得阳离子交换能力弱，层间膨胀非常弱，只靠外表面水化撑开晶层，且高岭石比表面又较低，故高岭石几无膨胀性。伊利石、蒙皂石、绿泥石矿物属 2∶1 型结构，由二个四面体片和一个八面体片组成。伊利石虽具有较大的层电荷，并且层间具有较强的静电吸引力，但为钾离子所补偿。在加入水时，层间钾离子并不发生交换作用，故层间不发生水化膨胀，因此，伊利石只发生外表面水化，其阳离子交换量与膨胀率均小于蒙皂石。而在蒙皂石的层状结构中，具有离子半径小的 Ca^{2+} 和 Na^+，这些阳离子的水化和溶解都会引起晶体膨胀。

蒙皂石的膨胀特性还取决于复合层阳离子的种类。钠蒙皂石比钙蒙皂石的膨胀性强，当有淡水注入时，钙蒙皂石略显膨胀，而含钠高的蒙皂石可膨胀至原体积的 6～10 倍。但当蒙皂石层间有 K^+ 时，在水中不具有膨胀性，原因是钾离子的大小正好填满蒙皂石复合层的间隙，这与伊利石的情况相同。

（二）外来流体性质与临界盐度

当外来流体为高浓度盐水时，黏土矿物（包括蒙皂石在内）均不膨胀或膨胀性很弱；而当外来流体为淡水时，黏土矿物膨胀性极强，说明流体性质对黏土矿物的膨胀程度影响很大。

当不同盐度的流体流经含黏土的储层时，在开始阶段，随着盐度的下降，岩样渗透率变化不大，但当盐度减小至某一临界值时，随着盐度的继续下降，渗透率将大幅度减小，此临界点的盐度值称为临界盐度。

储层在系列盐溶液中，由于黏土矿物的水化、膨胀而导致渗透率下降的现象称为储层的盐敏性。储层盐敏性实际上是储层耐受低盐度流体能力的度量。度量指标即为临界盐度。黏土膨胀过程可分两个阶段。第一阶段是由表面水合能引起的，即外表面水化膨胀，黏土矿物颗粒周围形成水膜，水可通过渗透效应吸附，并使黏土矿物发生膨胀，但当溶液的盐度低到临界盐度时，膨胀使黏土片距离超过 Å 左右（1Å $=10^{-10}$ m，相当于 4 个单分子层水），表面水合能不再那么重要，而层间内表面水化膨胀（双电层排斥）变为黏土膨胀的主要作用，此时进入黏土膨胀的第二阶段，即内表面水化阶段，其体积膨胀率有时可达 100 倍以上。临界盐度正是这两个过程的交点。外表面水化膨胀是可逆的,而当盐度低于临界盐度时的内表面水化膨胀是不可逆的。

黏土矿物的膨胀性主要与阳离子交换容量有关。水溶液中的阳离子类型和含量(即矿化度)不同,其阳离子交换容量及交换后引起的膨胀、分散、渗透率降低的程度也不同。在水中,钠蒙皂石膨胀的层间间距随水中钠离子的浓度而变化。如果水中钠离子减少,则阳离子交换容量较大,层面间距增大,钠蒙皂石从准晶质逐渐变为凝胶状态。

总的来说,储层水敏性与黏土矿物的类型和含量以及流体矿化度有关。储层中蒙皂石(尤其是钠蒙皂石)含量越多及水溶液矿化度越低,则水敏强度越大。

二、微粒的迁移——储层的速敏性

在地层内部,总是不同程度地存在着非常细小的微粒,这些微粒或被牢固地胶结,或呈半固结甚至松散状分布于孔壁和大颗粒之间。当外来流体流经地层时,这些微粒可在孔隙中迁移,堵塞孔隙喉道,从而造成渗透率下降。

地层中微粒的启动、分散、迁移和堵塞孔喉是由于外来流体的速度或压力波动引起的。储层因外来流体流动速度的变化引起地层微粒迁移,堵塞喉道,造成渗透率下降的现象称为储层的速敏性。

(一)外来流体速度对微粒迁移和孔喉堵塞的影响

流体一开始流动,储层中未被胶结的、细小的微粒便开始移动。但在流速较低的情况下,只能启动细小的地层微粒,且启动的微粒数量也不多,这样难于形成稳定的"桥堵",且即使出现"桥堵",其稳定性也较差,在流体的冲击下,"桥堵"很容易解体。

当流速增至某一值时,与喉道直径较匹配的微粒开始移动。一方面,这部分微粒可以在喉道处形成较稳定的桥堵,另一方面,由于此时的流速较大,启动的微粒也较多,因此导致岩石中的喉道在短时间内大量地被堵塞,致使渗透率骤然下降。这一引起渗透率明显下降的流体流动速度称为该岩石的临界速度(v_c)。临界流速所标志的并不是微粒运移的开始,而是稳定"桥堵"的大量形成。

临界流速后将有一段渗透率随流速增加而急剧下降的区间。此时,流速增加将导致岩石渗透率的大幅度降低,其渗透率的降幅可达原始渗透率的 20%~50%,甚至超过 50%。但这个区间很短,这是由于与喉道匹配的微粒数目通常只占地层微粒的一小部分。当流速超过一定值时,启动的微粒粒径过大,与喉道直径不匹配,难于形成新的"桥堵",而随着流速的进一步增加,高速流体冲击着微粒和"桥堵",一部分微粒可能被流体带出岩石,从而使渗透率回升(图 5-1)。

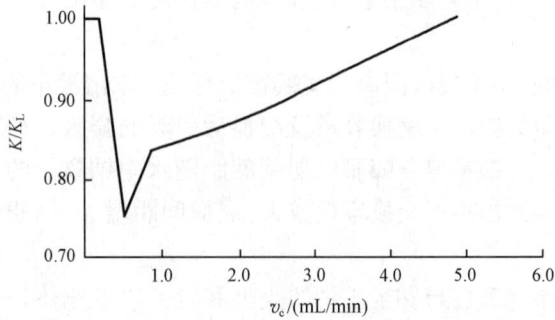

图 5-1　岩石流动实验曲线

（二）大孔道的形成

对于实际的储层,地层微粒还有另一种迁移情况,即随着流体流速的增加,地层内部的微粒并不形成"桥堵",而是直接被流体冲击而带出岩样,致使渗透率随流速增大而升高,只是在流速更大时,渗透率才开始下降。这种情况往往发生于骨架颗粒分选性较好、地层微粒较小而孔隙喉道相对较大的岩石中。由于地层内大部分微粒与孔隙喉道不匹配,因此,难于形成"桥堵",而是流经喉道被带出岩样。在长期注水开发的油田,一些中高渗储层经过注入水的长期冲刷,在地层内部形成了"大孔道"(即宽度较大的孔隙喉道),地层微粒则顺着大孔道被带出,且随着流速的增加和时间的持续,"大孔道"越来越大,地层微粒被带出的越来越多,渗透率越来越大。这是与正常速敏不同的"速敏性",可暂称其为"增渗速敏"。

（三）速敏矿物与地层微粒

速敏矿物是指在储层内,随流速增大而易于分散迁移的矿物。高岭石、毛发状伊利石以及固结不紧的微晶石英、长石等均为速敏性矿物。如高岭石,常呈书页状(假六方晶体的叠加堆积),晶体间结构力较弱,常分布于骨架颗粒间而与颗粒的黏结不坚固,因而容易脱落、分散,形成黏土微粒。

地层内部可迁移的微粒包括三种类型:

(1)储层中的黏土矿物,包括速敏性黏土矿物(高岭石、毛发状伊利石等)和水敏性黏土矿物(蒙皂石、伊/蒙混层)等,水敏性矿物在水化膨胀后,受高速流体冲击即会发生分散迁移。

(2)胶结不坚固的碎屑微粒,如胶结不紧的微晶石英、长石等,见表 5-2。

(3)油层酸化处理后被释放出来的碎屑微粒。

表 5-2　可能损害地层的敏感性矿物及流体

敏感性类型		敏感性矿物	损害形式
水敏性		蒙皂石、伊/蒙混层、绿/蒙混层、降解伊利石、降解绿泥石、水化白云母	晶格膨胀 分散迁移
速敏性		高岭石、毛发状伊利石、微晶石英、微晶长石等	微粒分散迁移
酸敏性	HCl	蠕绿泥石、鲕绿泥石、绿/蒙混层、铁方解石、铁白云石、赤铁矿、黄铁矿、菱铁矿	化学沉淀 $Fe(OH)_3\downarrow$ SiO_2 凝胶↓ 释放微粒
	HF	方解石、白云石、钙长石、沸石类(浊沸石、钙沸石、斜钙沸石、片沸石、辉沸石)	化学沉淀 $CaF_2\downarrow$ SiO_2 凝胶↓

微粒迁移后能否堵塞孔喉和形成桥塞,主要取决于微粒大小、含量以及喉道的大小。当微粒尺寸小于喉道尺寸时,在喉道处既可发生充填又可发生去沉淀作用,喉道桥塞即使形成也不稳定,易于解体;当微粒尺寸与喉道尺寸大体相当时,则很容易发生孔喉的堵塞;若微粒尺寸大大超过喉道尺寸,则发生微粒聚集并形成可渗透的滤饼。微粒含量越多,堵塞程度越严重。另外,颗粒形状对孔喉堵塞亦有影响,细长颗粒不能单独形成桥堵,而球状颗粒相对而言能形成稳定的桥堵。

由于储层微观孔隙的非均质性,微粒在孔喉中的迁移也是非均匀的。较大孔道中的微粒经水驱后,易被冲散、迁移、随水流带出,从而使孔道变得干净、畅通,扩大了喉道直径;另一方面,一些被剥落或冲散的黏土可能在小孔隙中或大孔隙角落中重新聚集,从而加剧了孔间矛盾。

（四）流体性质对速敏性的影响

对速敏性有影响的流体性质主要为盐度、pH 以及流体中的分散剂,这些性质对水敏性黏土矿物的分散迁移影响较大。

低盐度的流体使水敏性黏土矿物水化、膨胀和分散,它们在较低的流速下便会发生迁移,并可堵塞喉道,从而导致岩石临界流速值减小;同时,由于水敏性黏土在低盐度流体中易水化膨胀,在高速流体冲击下易于分散,这样,不仅释放出更多更细小的黏土微粒,而且释放出由黏土矿物作为胶结物的其他矿物颗粒,从而使地层微粒数量增加,使速敏性增强。较高的 pH 也将使地层微粒数量增加,这主要是由于高 pH 将减弱颗粒与基质间的结构力,使那些与基质胶结不好或非胶结的地层微粒释放到流体中去,从而导致临界流速减小,速敏性增强。

分散剂对速敏性的影响与高 pH 流体相似。钻井液滤液是最强的黏土分散剂之一,由此引起的黏土分散导致的渗透率损害不容忽视。

三、酸化后的沉淀——储层的酸敏性

油层中常含有碳酸盐等胶结物。在油田开发过程中,为了增产,常常进行油层酸化处理。酸化的主要目的是通过溶解岩石中的某些物质以增加油井周围的渗透率。但是,在岩石矿物质被溶解的同时,可能产生大量的沉淀物质。如果酸化处理时的溶解量大于沉淀量,就会导致储层渗透率的增加,达到油井增产的效果;反之,则得到相反的结果,造成储层损害。酸化液进入地层后与地层中的酸敏矿物发生反应,产生沉淀或释放出微粒,使储层渗透率下降的现象,即为储层的酸敏性。

美国墨西哥湾岸许多古近系储层因黏土问题而受到严重损害。有些井用 250gal(1gal＝3.78541dm³)15％的盐酸进行酸化处理,结果生产能力反而降低,平均每口井日产量由 250bbl 下降至 10bbl(1bbl＝42gal＝158.987dm³)。通过扫描电镜观察,砂岩中有富铁绿泥石的孔隙衬边以及氧化铁、黄铁矿和铁方解石充填孔隙。酸化确实起了作用,它使孔隙衬边和充填孔隙的铁方解石等矿物溶解掉,但同时析出大量 Fe^{3+},形成胶状的 $Fe(OH)_3$,在孔隙喉道中重新沉淀,使生产能力大大下降。

储层中与酸液发生化学沉淀或酸化后释放出微粒引起渗透率下降的矿物称为酸敏性矿物。酸化过程中的酸液包括盐酸(HCl)和氢氟酸(HF)两类。一般酸化处理中,多用盐酸处理碳酸盐岩油层和含碳酸盐胶结物较多的砂岩油层,用土酸(盐酸和氢氟酸的混合物)处理砂岩油层(适用于碳酸盐含量较低、泥质含量较高的砂岩油层)。

对于盐酸来说,酸敏性矿物主要为含铁高的一类矿物,包括绿泥石(鲕绿泥石、蠕绿泥石)、绿/蒙混层矿物、海绿石、水化黑云母、铁方解石、铁白云石、赤铁矿、黄铁矿、菱铁矿等。它们与盐酸发生化学反应后,随着酸的耗尽,溶液的 pH 会逐渐增大,酸化析出的 Fe^{3+} 和 Si^{4+} 会生成 $Fe(OH)_3$ 沉淀或 SiO_2 凝胶体,堵塞喉道,同时,酸化释出的微粒对孔喉堵塞也有一定的影响(表 5-2)。

对于氢氟酸来说,酸敏性矿物主要为含钙高的矿物,如方解石、白云石、钙长石、沸石类(浊沸石、钙沸石、斜钙沸石、片沸石、辉沸石等),它们与氢氟酸反应后会生成 CaF_2 沉淀和 SiO_2 凝胶体,从而堵塞喉道(表 5-2)。

四、其他作用

(一) 碳酸盐及其他盐类的溶解和沉淀作用

注入水进入油层后,打破了原来的化学平衡状态,储层中的碳酸盐或其他盐类可能会与注入水发生一些化学反应,即发生溶解或沉淀作用。若碳酸盐等物质被溶解带出,则有利于驱油,反之,则不利。溶解或沉淀作用可通过分析地层水、注入

水的离子浓度来判别,若采出水的 Ca^{2+}、Mg^{2+} 离子浓度比注入水的高,说明油层的碳酸盐胶结物发生了溶解作用,Ca^{2+}、Mg^{2+} 被带出;反之,如果油田水和注入水中 Ca^{2+}、Mg^{2+} 两种离子都比采出水的要高,则说明水洗后油层中有碳酸盐沉淀。一般地,酸性、低温水注入油层后会发生碳酸盐沉淀,如大庆油田某区注入水为碳酸氢钠盐的低温水,注入油层后,温度升高,重碳酸根分解,生成碳酸钙沉淀。

(二) 骨架颗粒的侵蚀作用

注入水对储层孔道的长期冲洗,会使矿物颗粒受到侵蚀,类似于山涧流水对岩石的侵蚀作用,只不过规模小得多而已。这种侵蚀作用一般发生在大孔道中,侵蚀的结果便是使大孔道更大、更为畅通。

(三) 注入水中的杂质对孔隙的影响

注入水中均含有杂质,其种类很多,基本上都是起堵塞作用的。按杂质类型可分为以下三类。

1. 机械杂质的堵塞作用

主要是注入水中携带的一些微粒物质进入油层,对油层孔隙的堵塞作用。机械杂质粒径与孔喉直径的匹配关系对堵塞作用影响较大。这需要通过室内试验和现场资料分析来判定。一般认为,微粒粒径大于孔喉直径的 1/3 时,地层易被堵塞,但也容易解堵;而当粒径为喉道直径的 1/3 至 1/2 时,易形成侵入性堵塞,对储层危害很大。

2. 水中其他杂质的堵塞作用

水中其他杂质如铁锈、微细油滴等对储层孔隙也有堵塞作用,类似于机械杂质的堵塞作用。

3. 细菌堵塞(生物化学堵塞)

注入水携带细菌进入地层,在其中生长发育和结垢,同时,硫酸盐还原菌在地层中的生长会造成井底 FeS 的沉淀。

(四) 注入流体与地层流体的不配伍性

如果进入储层中的外来流体与地层流体之间的配伍性不好,在储层条件下,就会引起有害的化学反应,形成乳化物、有机结垢、无机结垢和某些化学沉淀物,从而导致地层损害。

1. 乳化堵塞

油田不同作业过程中经常使用的许多化学添加剂,可能与地层流体之间发生有害化学反应,从而改变油水界面张力和导致润湿性的转变。这种变化会降低油气在近井壁附近侵入带的有效渗透率,同时可能造成外来油相与地层水之间的混合或外来水相流体与地层中的油相混合形成油或水作为外相的乳化物(即油包水、水包油的乳化物和乳化液)。比孔喉尺寸大的乳化液滴可能堵塞喉道、增加黏度、降低碳氢化合物的有效流动能力,损害产层产能。

2. 无机结垢堵塞

无机结垢,如硫酸钙、硫酸锶、硫酸钡和碳酸铁是最普遍但并不容易发现的井下堵塞之一。无机结垢可以发生在井筒内,也可以发生在地层孔隙中。因此,应避免含 Ba、Ca、Sr 的流体与含 SO_4^{2-} 的流体相接触,一旦结垢,处理起来很复杂。对于溶解性差的结垢,如硫酸钡等,用现行的办法几乎是不可能处理的。

3. 有机结垢堵塞

主要是石蜡的析出及堵塞。油藏中的石油以及其中的石蜡和沥青成分是处于一种平衡状态的。这一平衡状态在油井开采过程中可能被破坏。pH 很高的滤液侵入井眼附近的油层会导致沥青从原油中沉淀出来;若注入流体的温度大大低于油层温度时,石蜡就会从原油中沉淀出来,从而导致地层损害。

(五)注水温压条件对油层孔隙的影响

1. 温度对油层孔隙的影响

注入水的温度比地层水的温度低,这虽然对储层孔隙的直接影响很小,但有一定的间接影响,特别是对于具高含蜡原油的储层,当注入水在井底附近形成的低温区温度低于析蜡温度时,油层中将可能出现蜡的析出,从而缩小一些孔道,甚至堵塞一些孔道,造成油层损害。

2. 压力对油层孔隙的影响

随着注水压力的增大,油层孔隙度增大,渗透率也增大,油层吸水能力提高。当注入压力大于某个压力值时,会产生微裂缝。

第二节　开发过程中流体性质的动态变化

油藏内流体性质是由油藏的形成条件、构造特征、流场非均质性等因素共同决定的,油田的开发过程对油藏内的流体性质也有一定的影响。在油藏注水开发过程中,由于注入水与地层流体的长期接触,油藏内部各种流体的原始相平衡状态被破坏,从而导致地层内流体性质发生变化,尤其是原油物理和化学性质变化较为明显。这种复杂的变化导致油藏内流体的非均质性增强。流体非均质性对水驱油效率的影响在注水开发初期表现不太明显,但在注水开发中后期表现越来越明显,成为影响油田水驱油效率和地下剩余油分布的一个十分重要、不可忽视的因素。为此,在注水开发中后期,必须加强流体性质动态变化的研究,以了解油藏内流体性质的变化规律,从而提高油田开发水平,制订合理的注采方案,避免因流体性质的变化造成的不利影响。

一、原油物性的动态变化

在油田注水开发过程中,注入水对油层内的原油密度、黏度等性质将会产生缓慢但不可忽视的影响。Eakin 等(1990)以一口长期注水井为例,通过对钻井取心分析以及井口取样与早期原油物性资料对比研究,发现油藏内含气原油密度上升了 10%、地面标准脱气原油 API 下降了 3、泡点压力下降了 82%、油藏条件下原油黏度增加了 2 倍。前苏联对谢尔盖耶夫油田 81 号井进行了饱和压力和气油比随含水变化规律的研究,认为油水混合物的饱和压力和气油比随含水率的增加而降低。大庆石油研究院对杏树岗油田南部和太平屯油田北部地区油井含水后地层原油性质的变化进行了测试,并通过 25 口含水油井原油物性资料的对比分析和室内不同含水量配样试验,结果表明:① 原油的饱和压力和气油比的下降幅度随含水量的增加而增大(图 5-2),这就意味着随原油含水量增加,油中溶解的气体量降低;② 随注入水量的增加,原油的黏度增大、流动性变差;③ 原油含水后天然气相对密度、地层原油密度、含胶量明显增加,甲烷含量、体积系数和溶解系数明显下降。胜利油田对胜坨二区沙二层不同含水时期地面原油性质的对比研究分析,都得到类似的结论。

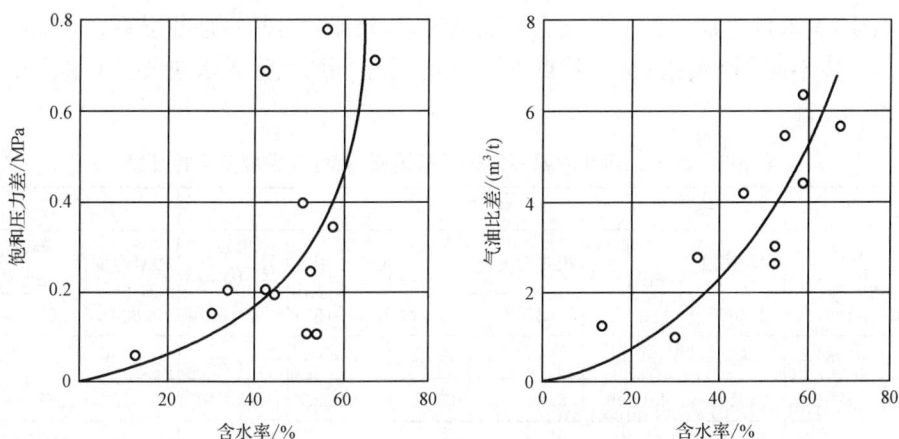

图 5-2　大庆某油田饱和压力差值和气油比与含水量的关系图(据侯读杰等,2001)

据郭莉等(2006)研究,大港油田两类油藏注水开发过程中原油性质都表现出变差的趋势,即原油密度和黏度增加,胶质和沥青质含量上升,原油初馏点上升。其中原油黏度、初馏点、胶质和沥青质含量基本都增大了 10%~30%,含蜡量和原油密度变化幅度相对较小,变化率都小于 3%。在注水开发过程中,原油性质参数的变化呈现出一定的阶段性。在油井含水 20% 以前,原油黏度变化幅度较大;含水在 20%~80% 时,变化幅度比较小;在高含水期原油黏度上升较快(图 5-3)。

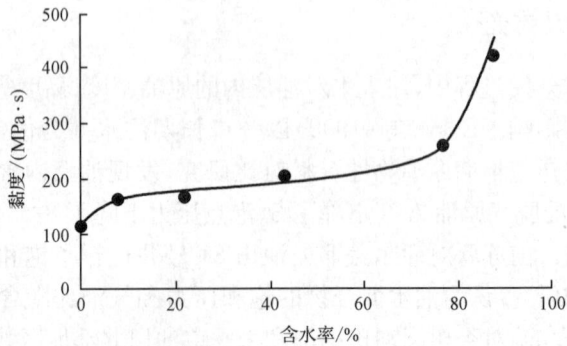

图 5-3　原油黏度与含水率的关系

胡状集油田胡十二断块油藏历时近十年的注水开发,目前已进入高含水期,不同开发阶段各层系原油密度、黏度都有不同程度的变化。从表 5-3 可以看出,在油田开发过程中,原油密度、黏度都有所增大,1991 年初原油密度、黏度达到最大值,随后由于综合治理及大量新井投入生产与新层位的开启,原油物性参数又有所下降。原油物性的另一个变化特征是,在油田开发初期,各层系之间原油密度、黏度都比较接近,进入注水开发初期,各层系之间原油密度、黏度出现差别,进入注水开发后期,其差别更加明显。造成这一现象的原因有两个:其一是各层系之间储层非均质程度不同,剩余油的分布特点不同,其二是不同层系注入水波及程度和采出程度不同。

表 5-3　胡十二断块油藏不同开发阶段原油密度、黏度变化特征表

层位	$Es_3^{中4-5}$		$Es_3^{中6-8}$		$Es_3^{中9-10}$		$Es_3^{中11-12}$	
阶段	相对密度	黏度/(mPa·s)	相对密度	黏度/(mPa·s)	相对密度	黏度/(mPa·s)	相对密度	黏度/(mPa·s)
1986~1987 年	0.8802	41.39	0.8782	52.27	0.8781	44.86	0.8802	37.59
1988~1989 年	0.8968	59.52	0.8902	58.94	0.8963	63.91	0.8909	65.72
1990~1991 年	0.9115	110.96	0.9254	121.91	0.9285	87.84	0.9182	62.31
1992 年以后	0.8970	77.61	0.8980	64.88	0.9038	59.80	0.9260	142.35

引起注水开发油田原油饱和压力变化的因素很多,在原油性质大体相近的同一地区,对饱和压力的影响主要是注入水。由于注入水与原油相互作用,原油中的一部分轻质组分溶解于水中,使气油比和饱和压力下降;水与原油相互作用使原油性质变差,使油、气不易互溶,因而使饱和压力上升;随注入水进到地层中的空气,其中氧气与原油发生氧化,使天然气中增加了氮气,饱和压力上升。由于以上三个因素的相互影响,造成了原油含水后饱和压力变化的复杂性。原油含水后饱和压

力下降、上升还是维持不变,取决于上述三个因素的综合作用。

对注水开发的油田,由于向油层内大量注水,水对地层油黏度将产生直接的影响,使地层原油黏度增大。例如大庆油田注入水温度一般为 $10\sim15$℃,进入油层后将吸收油层热量,造成油层温度降低;注入水中溶解一定数量的空气,水进入油层后,在与原油接触过程中,原油被氧化,造成原油性质变差;注入水进入油层以后,水在与原油接触时,将溶解一部分地层原油中的轻质组分;注入水使油水乳化。所有这些因素,都将造成地层原油黏度的增加。

二、原油组成的动态变化

注水开发过程往往导致油藏内的原油发生水洗作用,水洗作用对油藏内原油的组成有重要影响(Milner et al.,1997),由于注入水中携带着溶解氧、微量金属元素和各种细菌进入地层,使地层水淹区原油烃类发生氧化还原和生物化学作用,从而导致原油化学性质发生改变。但水洗作用通常与生物降解作用相伴,给人们认识水洗作用对油藏内原油性质的影响带来一定的困难。曾经有学者通过实验室模拟研究原油的水洗作用(Larfargre Barker,1988;Eakin et al.,1990;Kao,1994),结果表明,水洗作用对原油物理性质和化学成分均有明显的作用。

(一)族组分及沥青质相对含量的变化

据 Kao(1994)实验室模拟研究表明,在水洗过程中,原油中烃类化合物含量相对降低,NSO 化合物含量相对增大。陈庆春(2003)、丁世梅(2006)系统研究了济阳拗陷临盘油田注水开发过程中油藏内原油的地球化学变化,结果表明,油田开发过程中,随开采时间的增长,油层中芳香烃含量相对增加,导致后期开采出来的原油的饱/芳值低于前期开采的原油。不同时期开采出的原油中饱和烃与非烃和沥青质的相对含量也呈一定的变化规律。原油样品的非烃和沥青质含量随其饱和烃含量的减少而呈增加的趋势。根据胡十二断块油藏石油地质条件分析,不同油层具备共同的成藏史和同一油源,且各层间纵向距离不大,投入开发前原油化学组成是相同或相近的。但根据 12 个不同层位、不同构造部位注水开发后的油样化学分析结果,同一层位不同井之间及不同层位之间原油化学组成不同,说明原油的化学组成发生了变化,且各井间,尤其是层间变化程度不同,如原油饱和烃含量只有 49.5%,而非烃＋沥青质含量达 31.42%,原油组成可能发生了较大的变化,而 $Es_3^{上11-12}$ 饱和烃含量为 56.79%,非烃＋沥青质含量为 24.07%,组成变化相对较小。

蜡质和沥青质都是影响原油物性的重要因素,并且对储层物性也有一定的影响。由于沥青质在储层中的吸附和沉淀可能造成油层的损害,因而如何避免油田开发过程中沥青质在储层中的吸附作用,成为石油开采中的一个重要问题。注水开发过程对油藏内原油沥青质和蜡质的含量有十分明显的影响,这主要与沥青质及蜡质的性质及其与储层中矿物的相互作用有关。Whelan(1994)、Holba(1996)和 Chouparova(1998)都开展过相关的研究工作,发现在油田注水开采过程中,油藏内原油的蜡质、胶质、沥青质的含量均发生较大的变化。

Chouparova(1998)以 Oklahoma 的 Prairie Gern 油田为例,讨论了油田开采过程中原油中沥青质和蜡质含量的变化。采集的原油为 Paschall Z 井,时间自1992 年 12 月到 1995 年 7 月。其中在 1993 年 12 月开始水驱。原油的产量在1994 年 11 月开始大量增加。采集原油的蜡质含量参见图 5-4。从图中可以看出,原油中的蜡含量和沥青质含量在开采过程中发生较大的变化。Ⅰ~Ⅴ号样蜡质含量由Ⅰ号样品的 18% 升高到 20%,然后逐渐降低到 11%,在开采的后期升高到33.8%。相反,沥青质的含量则由 1.5% 降低到 l.2%,在 Ⅴ 号样品中升高到5.2%,达到最高值,然后又逐渐降低。该井原油在开采初期(1977 年 11 月到 1980年 12 月),压力从 12.9MPa 降低到 4.1MPa,在以后开发的 13 年中该油藏的压力是一直呈缓慢下降的趋势。同时油藏出现了一个较小的气顶,说明油藏的压力低于泡点压力,从而造成气体的溢出,使得油藏由单一的油相变为油气两相,降低了原油的渗透率。气体的溢出还造成了原油的密度和黏度增大,也造成原油对沥青质溶解度的增大,同时使得沥青质的浓度增加,在生产流动的过程中,岩石中吸附的沥青质含量也会相应增加。但随着气体的溢出,原油的黏度增大,采出原油的气油比增大,油藏的温度降低,原油对蜡质的溶解度变小,从而造成蜡质的沉淀。随着注水井开始注水,造成地层压力的升高,从而使得原油中轻分子量化合物的含量增加,原油的产量增加。原油可以重新溶解蜡质,使得原油的蜡含量升高。同时,有一部分沉淀的沥青质分布在大孔隙中,并与一些可溶的沥青质松散地连接。在

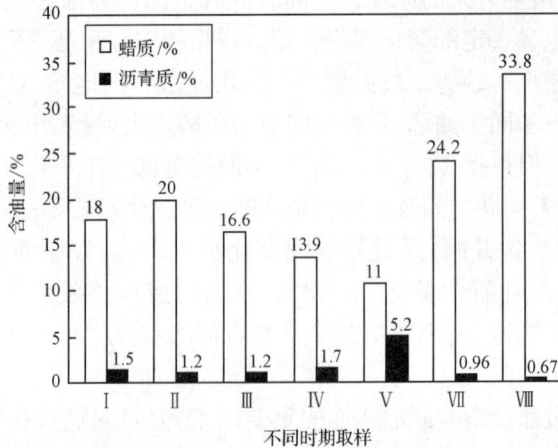

图 5-4　原油生产过程中(从原始采油到水驱)沥青质和蜡质含量的变化(据 Chouparova et al. ,1998)

注入水驱替的过程中,也可以流出,造成生产过程中沥青质含量的增加。影响原油中蜡质和沥青含量变化的还有其他一些因素。在储层孔隙中,存在一些黏土,它们可以吸附一些极性化合物而变成油性,这些黏土很可能成为流体流动过程中的阻力,并不断吸附沥青质和高分子量的蜡质。同时,在原油生产过程中,出水量增加,水的热容量是原油的两倍,温度的升高增大了流体对蜡质和沥青质的溶解性。非烃在蜡质和沥青质的流动过程中也起了重要的作用,这是因为它们可以吸附蜡质和沥青质。

（二）原油中饱和烃化合物组成的变化

大量研究表明,原油的组成随着开发过程与综合含水升高发生有规律性的变化,监测到这些变化规律对于估算综合含水率、识别水淹层等均可提供重要的科学依据。油藏开发过程对油藏中流体的影响是非常显著的,特别是注水开发,明显地改变了油藏原有的流体体系,从而促使油藏内部流体发生一系列的变化。丁世梅（2006）研究了临盘油田油气开发过程油藏内原油组成的变化,认为注水开采过程中饱和烃组成和分布有明显的变化、①随开发时间的增长、采出程度的提高和含水率的增加,采出原油饱和烃中中低分子量正烷烃（nC_{15} 以下）逐渐减少,高分子量化合物相应增加,主峰碳数后移。饱和烃轻重比参数与含水率具有明显相关性,具有随着含水率增加而减小的趋势。这与不同碳数的正构烷烃在水中具有不同的溶解度有关。②随油田含水率升高,芳香烃与正构烷烃相对含量随含水率升高而降低的趋势非常明显。③原油样品中 Pr/nC_{17} 和 Ph/nC_{18} 均随含水率升高而呈升高趋势。同一区块的相同层位这种规律性就比整个区块中要更为明显。

总之,随着注水开发的进行,正构烷烃中的重质部分浓度会增加,正构烷烃中轻重比会降低,芳香烃与正构烷烃比值降低,但 Pr/Ph 是相对稳定的。由于 Pr 与 Ph、iC_{16} 与 iC_{17} 的结构都是异戊二烯单元头尾相连而构成的异构烷烃,在原油驱替过程中,低碳数的低分子量烷烃首先被驱,而高碳数的高分子量烷烃较难被驱出。nC_{21-} 与 nC_{22+}、nC_{14-} 与 nC_{15+} 都具有相似的结构类型,因此也是较轻的烷烃先被驱出,随采出程度增加,轻烃/重烃值变小。Pr 与 nC_{17}、Ph 与 nC_{18} 结构不同,Pr 与 nC_{17}、Ph 与 nC_{18} 结构中相差 2 个—CH_2,且 nC_{17}、nC_{18} 是直链的,Pr、Ph 带有规则的侧链,为使原子之间的相互排斥力最小,这四个侧链空间指向使彼此之间相距最远,从而使 Pr、Ph 形似圆柱体,其分子横截面比 nC_{17}、nC_{18} 要大,在运移过程中只能通过较大孔隙排出,不易通过小孔隙,Pr、Ph 比 nC_{17}、nC_{18} 更难被驱出（刘晓艳等,2000）。

（三）原油中生物标志物及碳同位素组成的变化

据 Kao（1994）报道,水洗作用对原油生物标志物参数及稳定碳同位素组成也有一定的影响,比如水洗作用结果可能导致:① 原油中 Pr/nC_{17}、Ph/nC_{18}、C_{31}/C_{19} 相对增大,而 Pr/Ph、CPI 基本不变。② $C_{15}8\beta(H)$ 补身烷(drimane)/$C_{16}8\beta$ 升补身烷(homodrimane)(DRI/HDR)轻微增大,C_{15} 重排补身烷(drimane)/$C_{15}8\beta(H)$ 补身烷(drimane)(RD/DRI)有较大的增加;水洗作用对二萜烷影响很小,C_{24}/C_{25}、C_{26}/C_{28} 二萜烷变化很小;三萜烷、甾烷组成及藿烷的成熟度指标受水洗作用的影响较小。③ 不同组分稳定碳同位素组成的变化程度不同。其中饱和烃同位素值略微降低,芳香烃基本不变,NSO 化合物的同位素值有较大的降低,全油碳同位素降少 $0.3‰\sim0.4‰$。

张敏等(2000)根据塔中 10 井不同水洗程度储层抽提物分析表明:① 水洗作用对萜类化合物有较大的影响,造成伽马蜡烷含量相对增高,Ts 和三环萜烷含量相对降低,甚至可能完全消耗储集岩烃类中的补身烷系列化合物,如油层中 C_{23} 三环萜烷/C_{30} 藿烷为 $0.54\sim0.99$、Ts/Tm 为 0.94、伽马蜡烷指数为 15.25%,而水洗层中 C_{23} 三环萜烷/C_{30} 藿烷为 0.14、Ts/Tm 为 0.53、伽马蜡烷指数为 28.49%。② 水洗作用对甾烷化合物的相对含量也有影响,可能导致原油中孕甾烷与升孕甾烷的含量明显降低,如油层中(孕甾烷+升孕甾烷)/规则甾烷值为 0.25,水洗层中只有 0.07。③ 与油层相比,水洗层中二环和三环芳香烃含量明显降低,最为显著的是含硫芳香烃化合物含量急剧降低,二苯并噻吩系列化合物的含量由油层的 26.73% 下降到 4.28%,苯并萘并噻吩则由油层的 7.6% 下降到 2.94%。而四环以上芳香烃化合物含量,尤其是苯并荧蒽和苯并苉化合物的含量明显增加。

我国正常原油各组分碳同位素大小顺序为沥青质>非烃>芳香烃>饱和烃,而生物降解原油的碳同位素组成顺序为非烃>芳香烃>沥青质>饱和烃。胡十二断块油藏各层位原油碳同位素组成普遍与后者相似,表明其可能经受一定的生物降解作用。

引起油藏中油质变化的因素是多方面的,但在油藏注水开发中后期,引起油质变化的主要原因有:① 由于注水过程中有大量的溶解氧带入油层,在油水界面处发生氧化作用。② 注入水对原油各种成分的选择性溶解,由于分子量小的成分的溶解度高于分子量大的,因而在长期注水开发中轻的烃类被优先采出,造成重烃富集。③ 注入水和油层中存在各种微生物,主要有铁细菌、需氧菌、厌氧菌和硫酸盐还原菌,这些细菌注入油层后,由于油藏中的压力与温度条件不抑制细菌的发育,且原油中的有机质可以成为细菌生长的碳源,且油层水淹后有稳定的酸碱环境和氧化还原电位,因此有利于微生物在油层内发育。由于细菌的作用,原油烃类组分被分解,从而造成随着含水率的增高,原油密度、黏度增大。

三、油田水的地球化学变化

在油气藏投入开发之前,油田水主要为原始油藏地层水,其性质与油气藏水文地质条件密切相关；在油气藏投入开发之后，油田水成分比较复杂，既有原始地层水又有注入水，此时地层水的特征既受原始油藏地层水的影响，又受非油层补充地层水和注入水的影响。在注水开发过程中，如果注入水与地层水不配伍，在储层内会引起有害的化学反应，可能损害油层。此外，油层水直接与油气接触，对地层中原油的物理性质、化学组成都有一定的改造作用。因此，研究油藏油田水的动态变化，对了解油层的保护情况，改善增产措施都有一定的意义。

　　胡十二断块油藏各层位的地层水的化学组成随着油田开发时间的增长，各参数越来越接近，层间非均质变小。这主要是由于注入水占地层水的比例已经达到90％以上，产出水的性质主要反映了注入水的性质。各井间产出水化学组成的差异主要由注入水所占的比例（注入水侵入程度的差异）造成。研究表明，目前胡十二断块油藏油田水的总矿化度中等，HCO_3^-较大，$r(Na)/r(Cl)<1$，变质系数>1，这说明油田在注水开采过程中，油田水性质虽然由于受注入水的影响有所变化，但其水质条件仍然较好，对油藏的破坏作用不大。

　　总之，油气水在油藏内的分布及性质均存在差异性，且这种差异特征随开发进程是多变的。研究其变化机理有助于合理地管理油藏，以利于提高油藏采收率。

第六章 剩余油形成与分布

油藏在开采前是一个相对静态的平衡系统。投入开发后,由于钻井、注水、采油等开发工程作业措施,原始油、气、水的平衡状态被打破,形成一个动态的非平衡系统,地下油水分布状态发生了变化,一些部位的油被采出,另一些部位则滞留在地下形成剩余油。这一作用过程是流体渗流与复杂地质体的相互作用过程,为油藏地质学的基本理论之一,也是渗流地质学(熊琦华,1989,1990)的重要研究内容。

第一节 剩余油形成与分布的控制因素

剩余油是指油田开发过程中尚未采出而滞留在地下油藏中的原油,其与油田采收率呈负相关关系。采收率越高,则剩余油越少,反之亦然。

$$N_r = N_0(1-\eta)$$

式中:N_r——剩余油储量;

N_0——原始石油地质储量;

η——油田采收率,%。

油田采收率与波及体积系数与驱油效率有关,其中,波及体积系数为注入剂波及的油藏含油体积与油藏总含油体积之比,驱油效率为在注入剂波及的油藏范围内采出的油气体积与该范围内原始原油体积之比。而波及体积系数又可分解为波及厚度系数与波及面积系数

$$\eta = V \cdot L = H \cdot S \cdot L$$

式中:η——油田采收率,%;

V——波及体积系数,小数;

L——驱油效率,%;

H——波及厚度系数,小数;

S——波及面积系数,小数。

显然,在非均质的油藏中,驱油过程也是非均匀的。研究表明,波及系数受控于油藏非均质性与注采状况,其中,波及面积系数受控于平面非均质性与注采状况,而波及厚度系数受控于层间、层内非均质性与注采状况;驱油效率的主要控制因素有储层孔隙结构、相渗透率、润湿性、油水黏度比以及注入倍数等。因此,油藏非均质性和开采非均匀性是导致油藏非均匀驱油的两大因素。

油藏非均质性包括构造、储层及流体非均质性。其中,储层非均质性是控制剩

余油分布最重要的地质因素,储层构型类型、渗流屏障与渗流差异等因素为剩余油分布的内部控制因素,即内因。

开采非均匀性主要为层系组合、井网布置、射孔位置、注采对应、注采强度等注采状况导致的储层开采状况的非均匀性,其为剩余油分布的外部控制因素,即外因。

因此,在这种动态的非平衡系统内剩余油的分布亦是非常复杂的。导致这种复杂不均一系统形成的根本原因是油藏地质因素和开发工程因素的非耦合性。

不同控制因素的非耦合性导致了不同的"作用机制",包括井网控制不住或注采井网不完善、层内驱替(动用)差异、平面注采不均及平面驱替(动用)差异、层间动用差异、水动力屏蔽、井内油层未动等。

不同的"作用机制"又导致不同的剩余油分布类型,包括未动用剩余油砂体、已动用油层的平面剩余油滞留区、已动用油层的垂向剩余油滞留段、水洗区微观剩余油(表 6-1)。其中,前三类受宏观非均质的控制,剩余油规模相对较大,可称为宏观规模的剩余油,后一类受微观非均质的影响,剩余油呈分散的微小规模,可称为微观规模的剩余油。

表 6-1　剩余油分布产状与控制因素简表

剩余油产状	影响因素			
	构造非均质	储层非均质	流体非均质	开采非均匀
未动用或基本未动用的剩余油层		小砂体		井网控制不住
		层间渗透率差异		
		污染损害严重		
				未射孔
已动用油层的平面剩余油滞留区		不规则砂体		注采系统不完善
		平面渗透率差异		
		裂缝分布		
		砂体边部		
	封闭性断层			
	正向微构造			无井钻达
				注入水失调
厚油层内剩余油滞留段		渗透率韵律		
		层内夹层		
		层理构造		
			黏度差与密度差	
				水动力差异
			气锥与水锥	
水洗层微观规模的剩余油		孔隙非均质		

图 6-1 表示上述控制因素-作用机制-剩余油分布的综合作用图。从图 6-1 可以看出,三者不是一一对应的关系,其间存在交互的、错综复杂的关系。

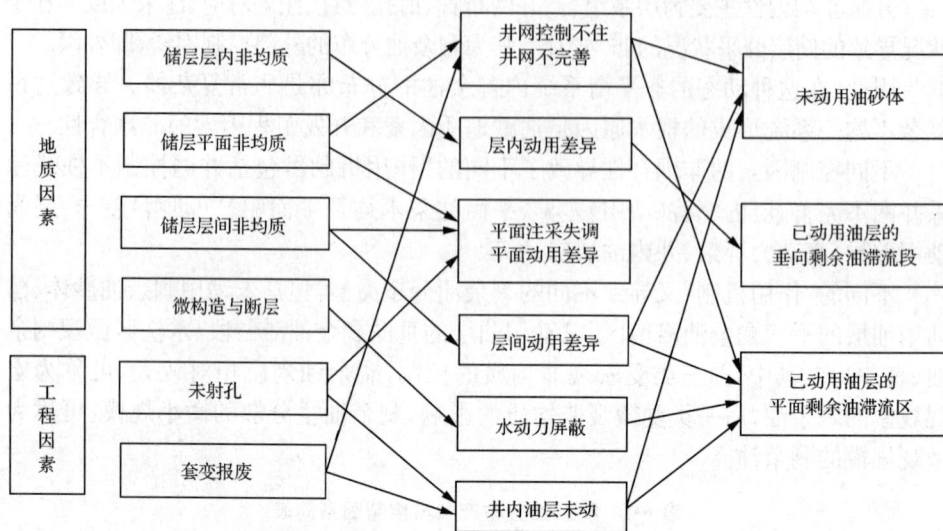

图 6-1　宏观剩余油控制因素-作用机制-分布产状的综合作用图

国内外学者对剩余油分布规律进行了大量的研究。下面,以注水开发砂岩油藏为例,按剩余油分布产状分析剩余油的成因机理。

第二节　未动用剩余油层形成机理

在开发区内,一些油层可能动用得很好,但另一些油层则可能由于储层性质和开发条件的限制而未动用或基本未动用。这些油层属于完整的剩余油层。其形成机理有以下四个方面:①小型砂体——井网控制不住;②层间渗透率差异——层间干扰;③污染损害严重;④未列入原开发方案(未射孔)。其中,前两类属于储层非均质因素,第三类属于储层敏感性因素,第四类属于开发工程因素。

一、小型砂体——井网控制不住

一般来说,主力油层中大型油砂体的注采井网相对完善。但一些小型的透镜状或条带状砂体,在三维空间上具"迷宫状"结构,井网很难控制。由于砂体规模小,往往只 1~3 口井钻遇,目前的井距难于形成完善的注采关系,从而不能动用或动用程度很低,有的由于井距的原因没有钻达,成为井网控制不住的砂体。

从表面上看,井网控制不住油砂体是一个工程因素,因为的确是井网部署不适应砂体分布的要求,但实际上隐含着很深的地质因素。在开发早期,油田部门是根据当时的地质认识来布置开发井网的,但随着研究的深入,特别是研究层段细化后,往往发现油砂体的形态和分布比以前的认识要复杂得多,特别是对于河流相储层而言,发育很多小型连通体,这样,便发现原来看似"完善"的井网很难控制住油砂体,或者原来看似"完善"的注采井网变得"不完善"了。当然,没有绝对的"完善",无限制地加密井网从经济效益来讲是不现实的。

在本书中,不将井网因素看作为单纯的工程因素,而是以储层平面非均质性(油砂体规模)与目前井网(包括调整井)的非耦合性来考虑井网因素对剩余油形成和分布的控制作用。一般包括以下三种情况。

(1)井网控制不住的未动用剩余油砂体:小型、孤立油砂体,如一些决口水道、决口扇、废弃曲流点坝砂体,由于宽度小于常规井距,可能无井钻达,油层保持原始状态,为完整的未动用剩余油层。如图 6-2 所示,中 5-53 井为新钻井,在大港油田明Ⅳ6 小层钻遇一个邻井未遇的孤立油砂体,至今该油层累计产油 1.3713×10^4 t,且正常生产。

(2)有注无采的未动用剩余油层:小型、孤立砂体中只有注水井,没有采油井,只注不采,不能形成注采关系,成为憋高压的剩余油层。

(3)有采无注的基本未动用剩余油层:小型、孤立砂体中只有采油井,只采不注,不能形成注采关系。在多层合采的情况下,当油砂体压力下降到等于油井流压时油井停产,这时因无边水或注入水侵入,含水饱和度不会急剧上升,因而剩余油饱和度较高而成为剩余油层。

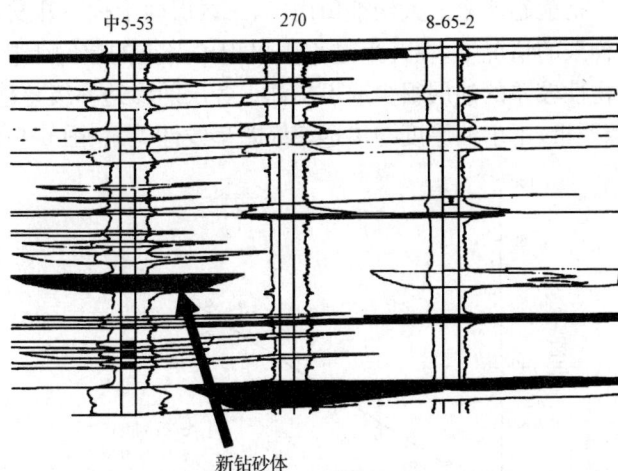

图 6-2 无井控制的剩余油砂体

二、层间渗透率差异——层间干扰

在多层合采的情况下,由于层间非均质性的影响,多油层间会出现层间干扰问题。往往高渗透性油层水驱启动压力低,容易水驱,而较低渗透性的储层水驱启动压力高,水驱程度弱甚至未水驱,这样便出现水沿高渗透层突进的现象,而在较低渗透层动用不好或基本没有动用,形成剩余油层。

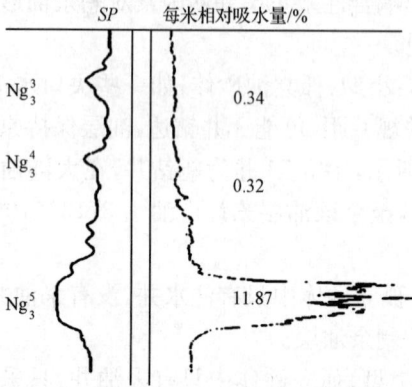

图 6-3　大港油田 11-311 井吸水剖面图

层间干扰现象在吸水剖面和产液剖面上反映十分明显。在多层合注的注水井中,在相同的注水压力下,各层单位厚度吸水能力相差较大。一般来讲,储层质量好的砂体(主力油层)吸水强度大,而储层质量差的砂体(非主力油层)吸水强度小或不吸水(图 6-3),这样在与主力层合采过程中,非主力油层渗流能力差,水淹较轻,剩余油饱和度相对较高;主力油层孔渗性好、层厚,渗流能力强,水淹程度高,水驱油效率高,平均剩余油饱和度相对较低。

层间干扰主要与储层层间非均质程度有关,层位越多、层间差异越大、单井产液量越高,层间干扰就越严重。大庆油田南二、三区层间干扰与开发效果的统计研究表明,在多层合采的情况下,在开采过程中出现了严重的层间干扰,储集性质好的油层出油,而物性较差的油层很少或不出油。各层的渗透率级差越大,注入水的单层突进现象越严重,不出油厚度与渗透率级差呈线性关系(图 6-4)。

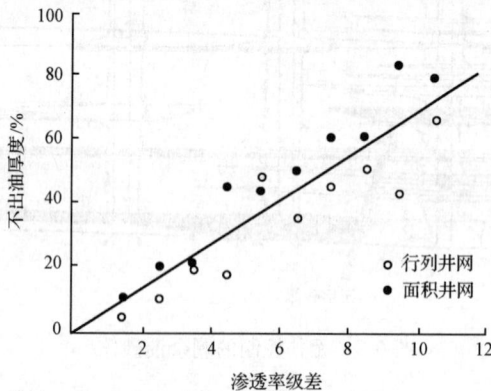

图 6-4　大庆油田南二、三区油层渗透率级差与不出油厚度关系曲线(据李伯虎等,1994)

三、污染损害严重

　　钻井、完井、开采过程中的施工作业及外来流体对井底附近油层造成的污染损害,会使油层产能大大降低,甚至堵死油层,使原来可以动用的油层变成基本不能动用或动用很差的油层。这在低渗、低压油层中表现得尤为突出。

四、未列入原开发方案(未射孔)

　　在开发生产中,还有一类未列入原开发方案的、未射孔的潜力层,出现这类油层通常有三个方面的原因:①一些原来不能开发的油层,由于技术的发展变成可能开发的油层;②开发前测井未解释出而后来重新解释的油层;③不属于原开发层系但在采油井存在的油层。

第三节　平面剩余油滞留机理

　　对于已动用的油层,在平面上的动用情况差别较大,部分地区由于基本未动用或动用不好,形成剩余油滞留区。其形成原因有以下几种类型:①砂体不规则——注采系统不完善;②平面储层渗透率差异;③沿裂缝水窜;④砂体边部水动力滞留;⑤封闭性断层附近水动力滞留;⑥正向微构造水动力滞留;⑦注入水失调。其中,前4项为储层非均质因素,第5、6项为构造非均质因素,第7项主要为开发工程因素。

一、砂体不规则——注采系统不完善

　　一套开发井网一般能控制大部分油层,但对于一些薄油层、条带状、不规则分布的油层,钻达井数少,可能仅控制了油层的一部分,而另一部分可能控制不住,虽然有一定的注采关系,但注采关系不完善,甚至只是一对一的注采关系,为单向受益,油井很快水淹。注入水未驱替到的部位,则成为动用程度低的剩余油滞留区(已动用油层的平面剩余油滞留区)。例如大港油田港 7-68-1 井区 NmIV1-1 小层,新 273 井注水,港 7-68-1 井采油,一对一的注采关系,新 273 与港 7-68-1 井之间的区域含油饱和度小于 0.3,而港 7-68-1 井无水驱替的一侧含油饱和度大于 0.5 (图 6-5)。如果这类油层完全未受井网控制,则形成前面提到的完整的未动用剩余油层。

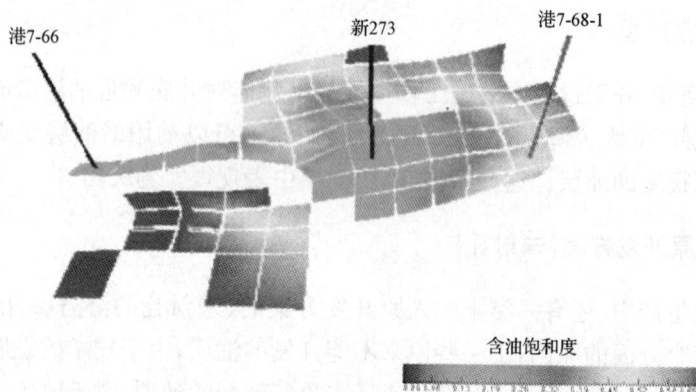

图 6-5　新 273 井区井网未完善剩余油分布图（见彩图 1）

二、平面储层渗透率差异

在较大型连通体内，虽然井网相对完善，但由于储层质量在平面上的差异性，在注水开发过程中，会造成注入水沿不同方向推进速度的差异。若油层高渗带呈条带状，而大部分地区为低渗区，在注水开发时，水沿高渗带窜流，而绕过低渗带甚至把低渗带包围起来，这样，低渗透区的原油就采不出来，而成为剩余油滞留区。图 6-6 反映了一个分流河道与河口坝复合砂体的水驱油差异情况。分流河道渗透率高于河口坝，因此注入水在河道砂体的推进速度高于河口坝；同时，沿古河道方向，颗粒定向排列，颗粒长轴平行古主流线，是古水流流动阻力最小的方向，因此也是注入水流动阻力最小、流速最大的方向，注入水易沿此方向窜流，而在相邻区（河口坝）被旁超而成为剩余油滞留区。

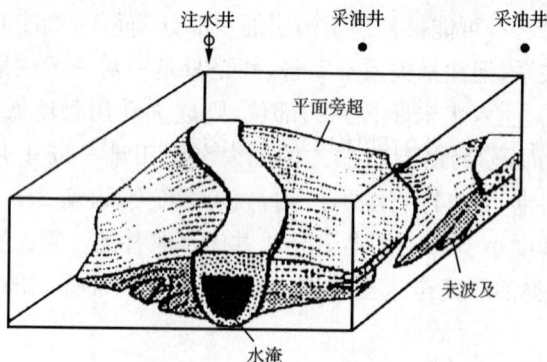

图 6-6　平面渗透率差异导致的剩余油分布

平面渗透率的差异主要是由相变造成的,主要是沉积相变,在成岩作用强的地区也有成岩相变。就沉积相变对渗透率的控制而言,既包括沉积微相的侧相变化,如河道相(物性较好)向溢岸相(物性较差)的变化,也包括同一微相内部不同部位的变化,如河道中心(物性较好)向边缘(物性较差)的过渡。由于不同微相的物性差异以及同一微相中心区与边部物性差异导致注入水驱替的非均一性,平面上各种相的水淹情况不同,显然,高渗透性的河道中心区水淹严重,而河道砂体侧缘或溢岸相(如天然堤、决口扇)水淹较弱,易形成剩余油。

对于由多个砂体(如点坝、心滩等)拼接组合而成的复合砂体,其拼接带储层性质往往相对较差(砂体厚度变薄,渗透性变差)。在注水开发过程中,注入水优先沿着每条砂体的主体带推进,而在不同砂体的拼合带及河道侧缘形成条带状剩余油(图 6-7)。越是复杂的砂体拼合地带,越是剩余油的有利富集区。

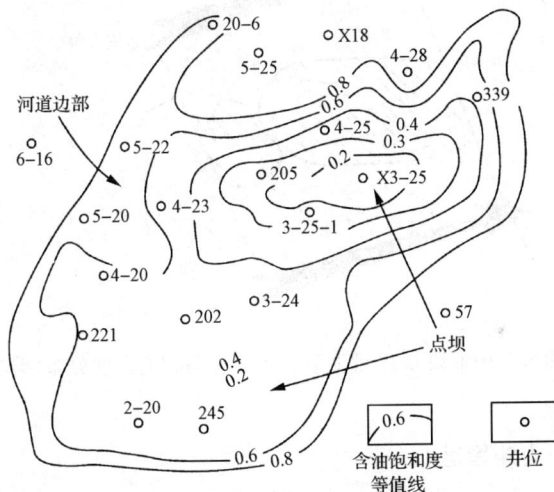

图 6-7 大港油田港东开发区点坝拼接带与河道边部剩余油分布(据石占中等,2005)

根据主流线的分布,这类剩余油的分布形式又可分为两类,其一为主流线间的砂体拼接带,其二为主流线外的砂体边部及漫溢相。

三、沿裂缝水窜

若注水开发区内存在若干延伸较远(超过井距,或裂缝相交连接超过井距)的大裂缝,注入水沿裂缝窜流,使油井迅速水淹,从而使大量的原油仍饱含在基质岩块孔隙或微裂缝中而采不出来,形成剩余油滞留区(图 6-8)。

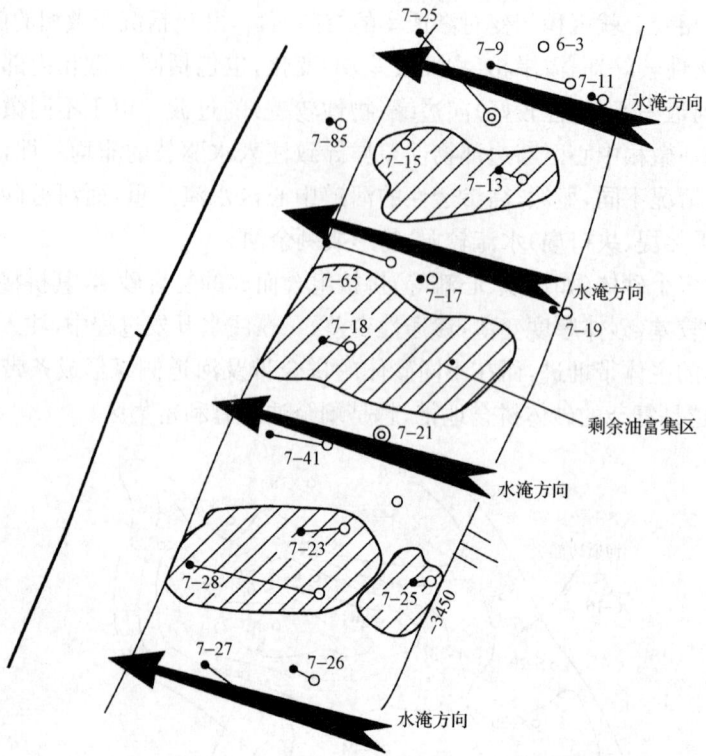

图 6-8　濮城油田沙三中亚段 6-10 油藏裂缝水窜方向与剩余油分布（据李道亮等，2004）

四、砂体边部水动力滞留区

在油砂体边部，注入水驱替不到或水驱很差，从而形成水动力滞留区，即为剩余油分布区。

在油砂体边部，多为主砂体（如河道）侧缘或漫溢相（如天然堤、决口扇），物性变差，且由于靠近砂体尖灭线，往外无泄流通道，是注入水不容易驱替到的部位，剩余油饱和度一般相对较高。

受河流相沉积条件及压实作用控制，许多点坝、心滩、河道砂体的边缘具有上倾尖灭特征，它们不仅原始含油，而且是注水开发后期油藏内分散剩余油在油藏内重新聚集的重要场所，因而通常含有丰富的剩余油资源（图 6-9）。

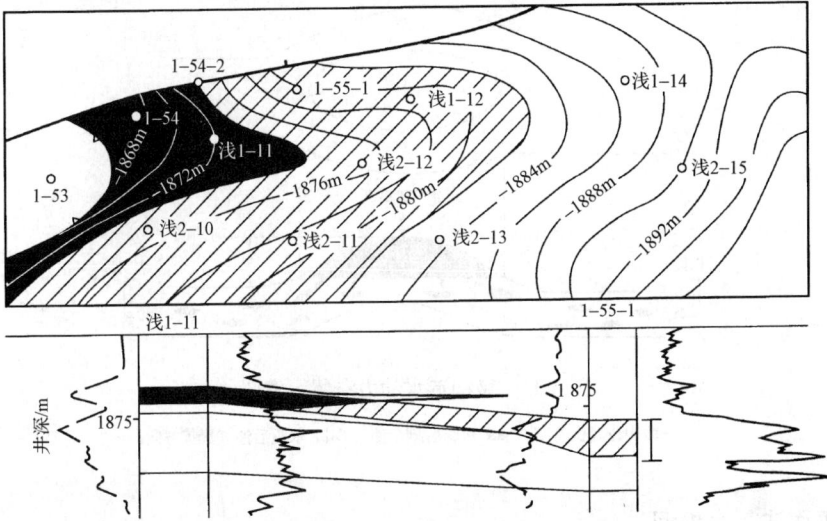

图 6-9　主体砂体边缘上倾尖灭部位剩余油实例图(据石占中等,2005)

五、封闭性断层附近的水动力滞留区

在封闭性断层附近,由于构不成完善的注采关系,往往会形成注入水驱替不到或水驱很差的水动力滞留区,即为剩余油分布区。

封闭性断层遮挡形成的剩余油主要表现为以下三种基本模式,即单一断层边缘区、交叉断层交会区、平行断层夹持区(图 6-10)。

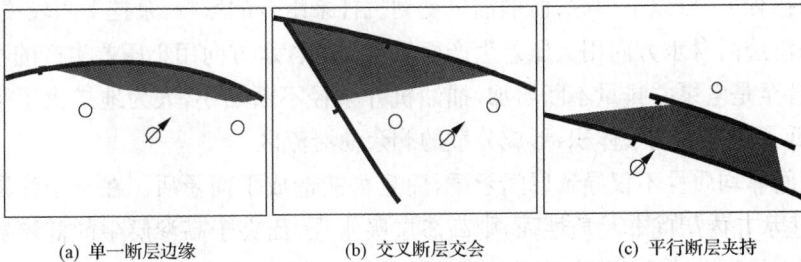

(a) 单一断层边缘　　　　(b) 交叉断层交会　　　　(c) 平行断层夹持

图 6-10　封闭性断层遮挡形成的剩余油模式

六、正向微构造的水动力滞留区

在注水开发过程中,由于注入水常向低处绕流,因此在油层构造背景上的一些正向微构造高部位,若无井控制则注入水驱替不到,从而造成水动力滞留区,即为剩余油分布区(图 6-11)。

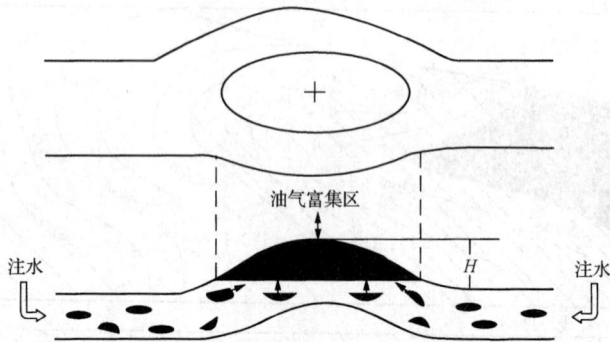

图 6-11　微构造水动力滞留示意图

H—微构造起伏高度；　● 水驱后剩余油；　▲ 水驱后油气聚集方向

七、平面注入水失调

当一口油井或一个油井排受多向注水影响，若其中某一二个注水方向的注水强度大、注水量大且含水饱和度高，那么就会造成其他方向的储量动用不好。这样长期下去，就会造成平面失调，尤其是出现"水道"时，问题就更严重了。

这种平面失调可以由储层渗透率在平面上的各向异性形成（前已述及）和（或）不同注水井间的压力差异造成，还可以是层间非均质性造成的。

在进入人工举升开采后，往往高产井下电泵，低产井下杆式泵，对于油层埋深较浅的油田，这时的各井流动压力基本相近。而当油层埋深超过 2000m 之后，由于电泵扬程大，可以下得深；而抽油机受到机杆泵组合的影响，泵挂下入较浅，就会出现高渗透高含水方向用大压差生产而低渗透低含水方向用小压差生产的不合理情况，甚至是电泵并排量不断增加，抽油机井泵径不断缩小，人为地扩大了平面矛盾，降低了注入水波及体积，形成分散的剩余油滞流区。

层间非均质性不仅导致层间矛盾，而且可能造成平面矛盾。在一个注采井组中，若注水井内层间非均质性强，则高渗层吸水强，而夹于高渗层中的低渗层则由于层间干扰而不吸水，导致平面注采关系失效，对应的采油井能量得不到补充，从而形成剩余油滞留区。

第四节　厚油层内部剩余油滞留机理

对于已动用的油层，由于储层层内非均质和流体非均质性，可造成油层内部的水洗差异，一部分储量动用很好，一部分则动用很差，从而在垂向上形成剩余油滞留段。其影响因素主要有以下几个方面：①渗透率韵律；②层内夹层；③层理构造；④黏度差和密度差；⑤气椎和水锥。其中，前 3 项为储层非均质因素，第 4 项为流体非均质因素，第 5 项主要为开发工程因素。

一、渗透率韵律

就厚油层而言，渗透率韵律性不同，其水淹形式也不同，渗透率非均质程度则加剧水淹状况的差异，因此层内不同部位的储量动用状况也有差异，其中一些动用很差或基本未动用的油层部位便出现了剩余油滞留段。

（一）正韵律

正韵律油层底部水洗程度高，注入水沿油层底部高渗透层段突进，油井见水早、含水率上升快，而中上部水洗程度弱甚至未水洗，而形成剩余油（图 6-12）。这类油层的水洗特征属于底部水淹型，水淹厚度小。随着注水开发的不断进行，底部水洗程度越来越大，且经过长期水的冲刷，孔道增大，可能变成"水窜"的大孔道，从而加剧了层内非均质程度。关于正韵律对剩余油分布的控制作用，前人做过大量的研究工作，在此不再详述。

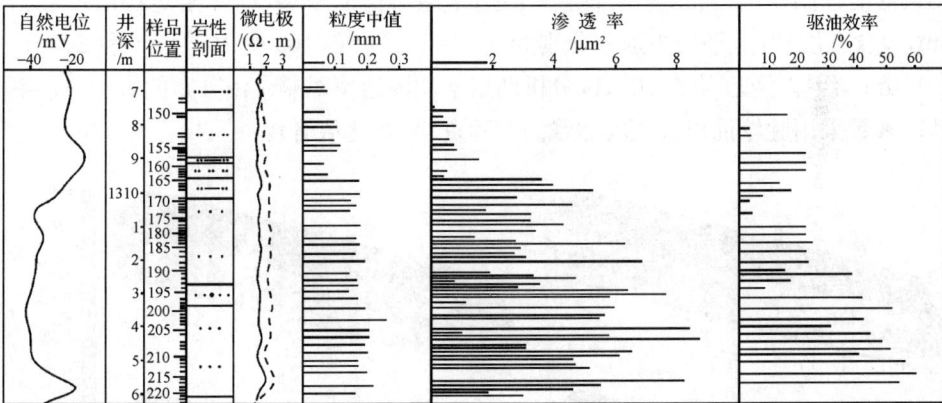

图 6-12　孤东油田 7-J1 井馆 6^1 层正韵律水淹特征图

（二）反韵律

反韵律油层的上部渗透率高于下部。从高渗透层的分布来讲，趋向于上部水洗，但从重力作用来说，注入水又趋向于底部优先水驱。总的来说，反韵律油层的水淹特征比较复杂，但水淹厚度系数大是其共有的特征（图 6-13）。

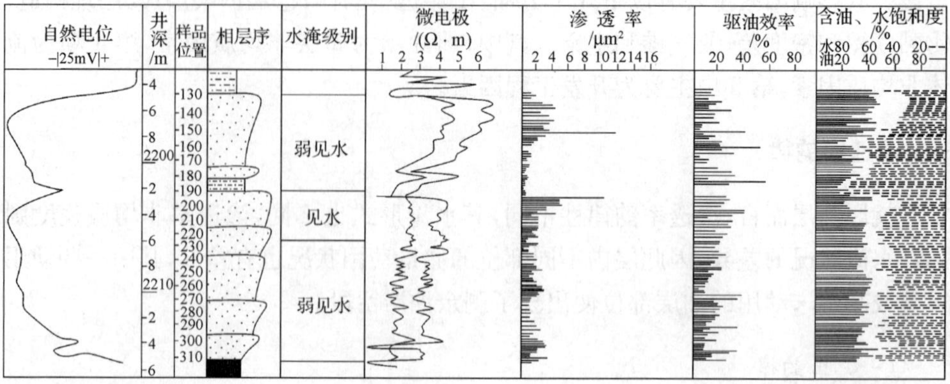

图 6-13　胜坨油田胜二区 2-2-J1502 井沙二段 8 砂组三角洲前缘反韵律油层水驱特征

　　研究表明,反韵律储层水驱效果主要取决于渗透率级差和渗透率值。为了探讨反韵律对剩余油分布的控制作用,笔者进行了相关的数值模拟研究。设计了两套模型,其一为 4 个不同级差的模型,储层厚度均为6m,每个模型由三层砂体构成(均为单斜),渗透率最大值均为 $2000×10^{-3}\ \mu m^2$,各模型的渗透率级差分别为 5、10、20、50,采用行列式注水(如图6-14),以此评价渗透率级差对简单反韵律储层剩余油的控制作用;其二为 3 个不同渗透率绝对值的模型,同样给定储层厚度为6m,包含三层砂体,平均渗透率分别为 $500×10^{-3}\ \mu m^2$、$1000×10^{-3}\ \mu m^2$ 和 $2000×10^{-3}\ \mu m^2$,级差不变(均为20),以分析储层平均渗透率对剩余油分布的影响。油藏动态参数采用胜坨油田沙二段油藏的实际资料(在此从略)。

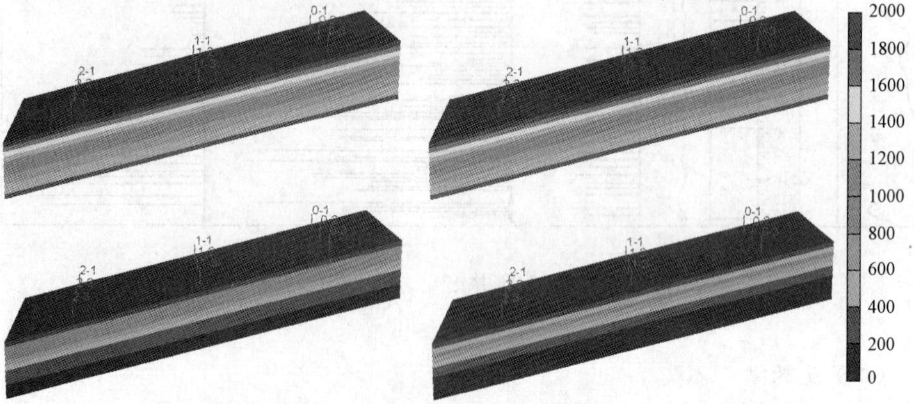

图 6-14　不同渗透率级差的简单反韵律概念模型(渗透率)(见彩图 2)
左上:级差=5;右上:级差=10;左下:级差=20;右下:级差=50

研究表明,渗透率级差越大,韵律底部的低渗储层越难以动用,当级差为 50 时,底部剩余油饱和度接近原始含油饱和度,基本未动用,说明渗透率级差对反韵律储层具有很大的控制作用。统计不同级差概念模型的开发指标(表 6-2)可知,当级差从 5 增加至 50 时,采收率从 38.98% 降至 28.95%,降幅高达 10%;且级差增大后,模型的无水采油期缩短,含水上升速度明显加快,开采年限变短。

表 6-2 不同级差简单反韵律储层开发指标比较

方案	开采年限/年	地质诸量/$10^4 m^3$	累计产油/$10^4 m^3$	采收率/%	剩余油饱和度/%	驱油效率/%	波及系数/%
级差=5	44	86.177	33.5948	38.98	38.68	44.74	87.12
级差=10	44	86.177	31.4127	36.45	40.93	41.53	87.77
级差=20	43	86.177	29.154	33.83	43.17	38.33	88.26
级差=50	42	86.177	24.9473	28.95	47.43	32.24	89.79

在级差为 20 的情况下,剩余油主要分布于韵律底部,若级差不变,则平均渗透率越小,底部剩余油越富集。从三个模型的开发指标(表 6-3)来看,平均渗透率越高,采收率越高,当平均渗透率从 $500\times10^{-3} \mu m^2$ 增加至 $2000\times10^{-3} \mu m^2$ 时,采收率提高 4.5%。级差相同的情况下,高渗透率模型的开采时间要长些,产出的油量更多,剩余油较少,显然层内渗透率绝对值对剩余油分布的控制作用不如渗透率级差明显。

表 6-3 不同层平均渗透率简单反韵律储层开发指标比较

方案	地质储量/$10^4 m^3$	累计产油/$10^4 m^3$	采收率/%	剩余油饱和度/%	驱油效率/%	波及系数/%
$K=500\times10^{-3}\mu m^2$	86.177	30.236	35.09	41.08	41.31	84.93
$K=1000\times10^{-3}\mu m^2$	86.177	31.051	36.03	40.79	41.73	86.34
$K=2000\times10^{-3}\mu m^2$	86.177	34.116	39.59	38.22	45.4	87.2

据此,总结了反韵律储层的三种剩余油分布模式。

1. 顶部富集型

油井附近的剩余油主要集中于韵律的中上部,下部水洗严重(图 6-15)。产生此类剩余油分布的储层反韵律特征不明显,渗透率级差较小,一般小于 2,注入水在运动过程中,受到重力作用的影响,注入水向下渗流,体积波及系数较大,中下部储量动用程度高,剩余油在韵律层的顶部富集。

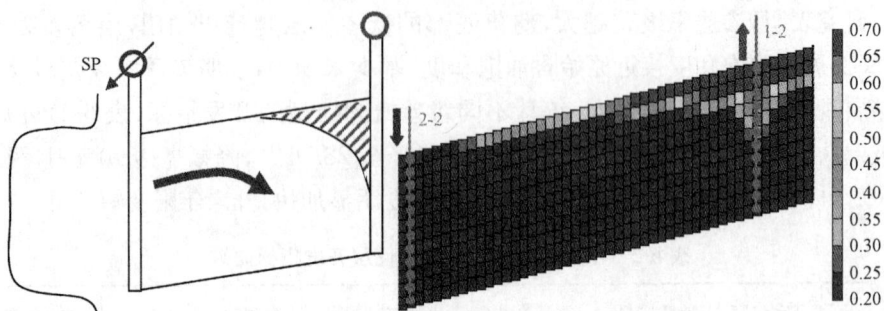

图 6-15　顶部富集型剩余油分布模式(见彩图 3)

2. 均匀驱替型

油井附近的剩余油饱和度比较接近,水洗状况类似(图 6-16)。产生此类剩余油分布的储层渗透率级差为 2～5,注入水在渗流阻力、重力和毛细管力的共同作用下,驱替过程相对均匀,剩余油饱和度相差不大。

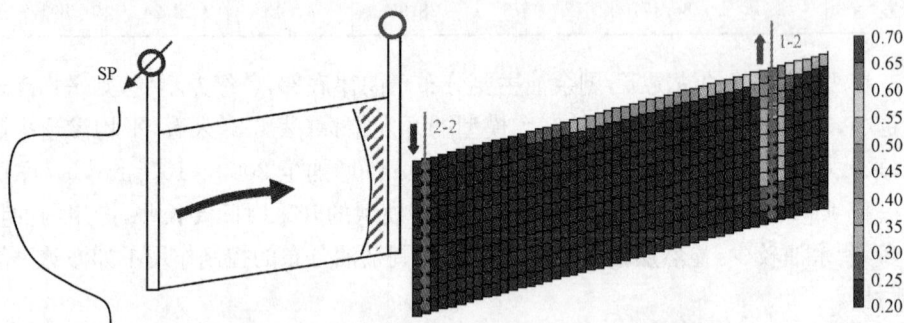

图 6-16　均匀驱替型剩余油分布模式(见彩图 4)

3. 底部富集型

油井中下部的剩余油饱和度较高,剩余油相对富集,上部水淹严重(图 6-17)。产生此类剩余油分布的储层渗透率级差较大,一般大于 5,自然电位曲线呈明显的漏斗形,底部渗透率较低,最高渗透率位于韵律顶部,注入水沿上部的高渗透条带

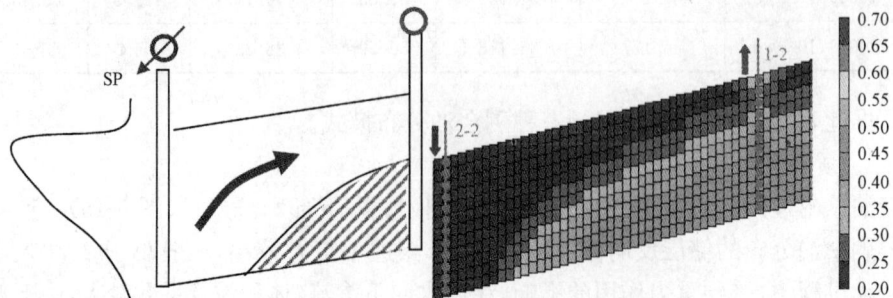

图 6-17　底部富集型剩余油分布模式(见彩图 5)

突进,形成强水洗带,中下部储量动用较差,水洗程度低,剩余油富集。

复合韵律的情况比较复杂。复合正韵律油层为多个正韵律的叠加,油层在纵向上分段水洗,水洗部位对应于各个韵律层的底部高渗透带,但总的来说油层水洗厚度不大,这种油层的水洗特征多属于分段水淹型;复合反韵律为多个反韵律的叠加,各韵律层水洗特征及剩余油赋存模式取决于其渗透率及级差大小,因此,可有不同的组合模式,其水洗特征与反韵律类似,水洗亦较均匀。一般情况是高渗透部位水洗程度相对较强,而低渗透部位水洗程度相对较弱,具体情况则随每个韵律段的厚度、渗透率大小、级差以及垂向渗透率的高低而异。

均质韵律油层的水洗效果与油层厚度关系较大,若油层厚度薄,水洗效果一般较好,若油层厚度大而又无夹层时,水洗效果一般较差。

二、层内夹层

在厚油层内,夹层对地下油水运动有较大的影响。其影响比较复杂,这主要取决于夹层产状、延伸长度及发育程度。一般来说,厚油层内相对稳定的(延伸长度大于一个注采井距)平行夹层有利于水驱油效果。稳定夹层将厚油层分成好几个段,抑制了厚油层内的纵向窜流,提高了层内动用程度,增加了水洗厚度。由于水线是多段推进的,因而水线推进速度较缓,生产动态相对稳定,含水率上升慢,驱油相对均匀,水驱效果好。夹层频率和密度越大,水驱效果越好。这在较厚的均质层中表现得最为明显。

稳定性差的(延伸长度小于注采井距)不连续夹层则对注水开发有不利的影响。这类夹层在油层内构成复杂的渗流屏障,使流体流动的通道变得曲折复杂,极大地降低了纵横向传导系数,影响水驱效果,导致复杂的剩余油分布。

根据夹层产状,将层内不稳定夹层分为两类,其一为平行层面的夹层,其二为斜交层面的夹层。

(一)平行层面的夹层

对于平行层面的夹层(辫状河心滩内部的落淤层及溢岸砂体内部的泥质漫溢层),其横向延伸长度和发育程度以及垂向分布位置对地下油水运动的影响不甚相同。

1. 单一夹层层内屏障作用分析

为了研究平行层面单一夹层(如心滩中的落淤层等)对注水开发油藏中剩余油分布规律的影响,根据孤岛油田中一区馆5层系注采井网实际情况,构建平行层面单一夹层不同延伸程度的三维概念模型,并进行油藏数值模拟;即A:夹层仅被注水井钻达;B:夹层仅被采油井钻达;C:夹层位于注水井、采油井之间。每一类根据注采井射孔方式的不同又分为四小类(表6-4)。模型采用11层均质网格,渗透率为 $1000 \times 10^{-3} \mu m^2$。流体及岩石参数取自中一区馆5油藏。

表 6-4 平行夹层在井中分布状况

注采井与夹层关系			注采井射孔方式
A	A₁	夹层仅被注水井钻达	注采井全射孔
	A₂		注水井中上部射孔,采油井全射孔
	A₃		注水井全射孔,采油井中上部射孔
	A₄		注采井中上部射孔
B	B₁	夹层仅被采油井钻达	注采井中上部射孔
	B₂		注水井中上部射孔,采油井全射孔
	B₃		注水井全射孔,采油井中上部射孔
	B₄		注采井全射孔
C	C₁	夹层位于注水井、采油井之间	注水井中上部射孔,采油井全射孔
	C₂		注采井中上部射孔
	C₃		注采井全射孔
	C₄		采油井中上部射孔,注水井全射孔

  模拟结果如下:当注水井钻遇夹层时,受射孔方式的影响,剩余油富集部位及富集程度也不尽相同,分为四种模式。A_1:水驱效果比较好,剩余油较少,主要分布在采油井附近(图 6-18A_1)。A_2:夹层具明显隔挡作用,上部注入水无法

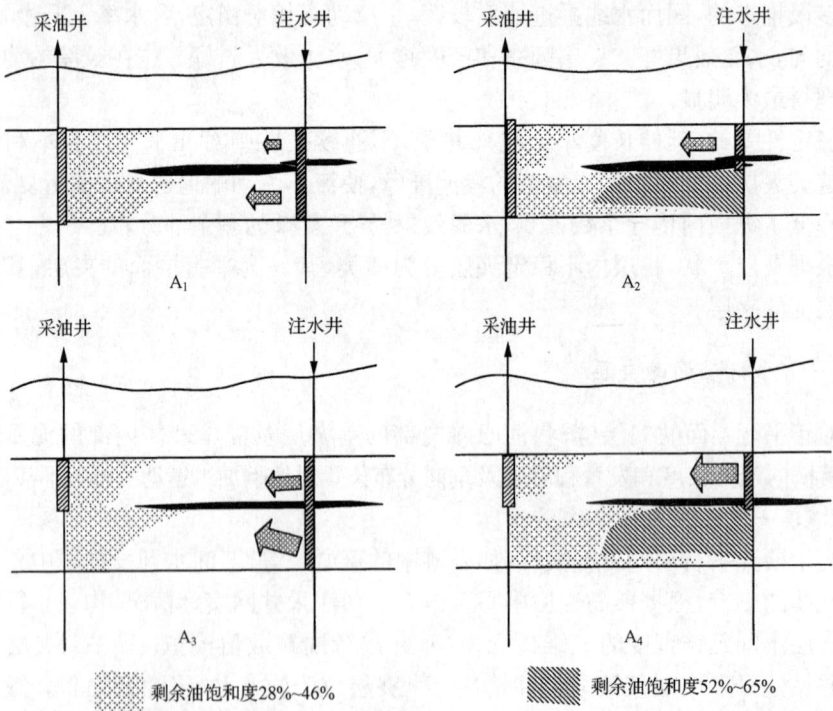

图 6-18 平行夹层对水驱油及剩余油分布的控制作用(A)

波及下部油层,夹层下部剩余油富集(图 6-18A$_2$)。A$_3$:与 A$_1$ 类似,水驱效果比较好,剩余油较少,主要分布在采油井附近,而且下部剩余油饱和度较上部略高(图 6-18A$_3$)。A$_4$:与 A$_2$ 类似,不同之处在于夹层下部剩余油饱和度略高(图 6-18A$_4$)。

当采油井钻遇夹层时,受油水井射孔方式的影响,同样存在四种剩余油分布模式。B$_1$:由于夹层的隔挡作用,剩余油主要富集在远离注水井的夹层下部(图 6-19B$_1$)。B$_2$:由于注入水的重力作用,在靠近注水井部位水驱效果较好,剩余油较少,但夹层的阻挡作用还是使下部剩余油更富集(图 6-19B$_2$)。B$_3$:由于平行夹层的隔挡作用,夹层下部剩余油富集(图 6-19B$_3$)。B$_4$:水驱效果比较好,剩余油较少,而且剩余油主要富集在采油井附近(图 6-19B$_4$)。

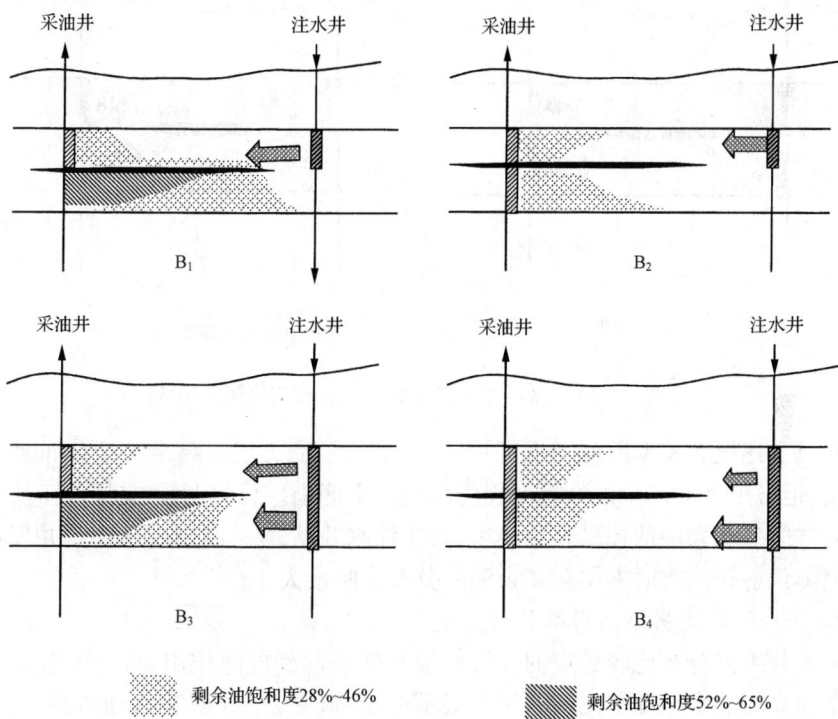

图 6-19　平行夹层对水驱油及剩余油分布的控制作用(B)

当夹层位于注水井和采油井之间,其对注水井水驱效率影响较小,四种模型水驱后剩余油分布模式相近,均分布在采油井附近,但 C$_2$ 模型在靠近采油井附近剩余油更富集一些(图 6-20)。

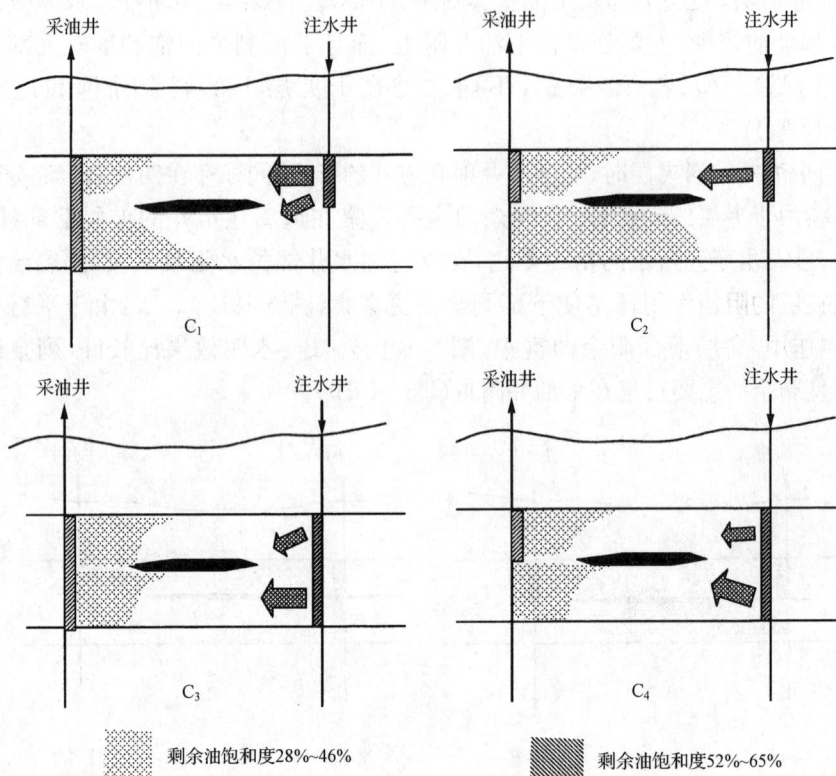

图 6-20　平行夹层对水驱油及剩余油分布的控制作用(C)

剩余油饱和度28%~46%　　　剩余油饱和度52%~65%

通过上述概念模型数值模拟可知,单一平行层面夹层对剩余油的分布具有控制作用,但各模型对剩余油的控制程度存在一定区别。总的来看,夹层位于注水和采油井之间对剩余油的控制作用最小;对于注水井钻遇夹层的情况,注水井仅在夹层以上部位射孔注水时夹层对剩余油的分布影响最大。

2. 多个不稳定夹层的屏障作用分析

注采井组内分布比较稳定的夹层对油水能够起到屏障作用,可将油层上下分成两个独立的油水运动单元。如果夹层不稳定,则油层上下具有水动力联系,一般表现为上下水窜。不稳定的夹层越多,其间油水运动与分布就越复杂。下面通过实验室物理模拟来阐述这个问题。

图 6-21 为高约友(1993)依据双河油田三种不同韵律组合构建的物理模型。模型分为反韵律三层模型(带不渗透夹层)、复合韵律四层模型及五层模型(生产井端有不渗透夹层),模型结构及渗透率分布见表 6-5。

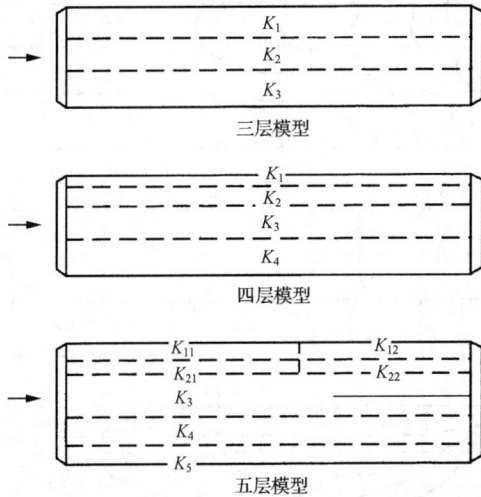

图 6-21　双河油田三种不同韵律组合的物理模拟(据高约友,1993)

表 6-5　渗透率分布及几何尺寸

模型	K_1 /$10^{-3}\mu m^2$	K_2 /$10^{-3}\mu m^2$	K_3 /$10^{-3}\mu m^2$	K_4 /$10^{-3}\mu m^2$	K_5 /$10^{-3}\mu m^2$	厚度比	几何尺寸 /cm
三层	1500~2000	1000~1400	500~900			3：3：4	50×12×1.2
四层	1000~2000	100~300	300~600	100~300		1.3：2：2.1：4.6	50×12×1.2
五层	K_{11}70~250 K_{12}300~500	K_{21}600~1000 K_{22}1100~1500	200~600	1500~2000	200~500	1.4：0.7：3.6：2.9：1.4	50×15×1.2

　　不同渗透性夹层长度为井距的1/3,三层模型中,不渗透夹层在两层不同渗透层的分界上,五层模型不渗透性夹层在第三层中间靠近生产井端(图 6-21)。

　　全部试验分为 2.5%、3.5%、4.5%三种采油速度,保持到含水 70%,合注合采进行生产,当含水达 98%,结束试验。根据直观的水线推进变化,得出油水运动的基本规律。

　　(1) 在水驱过程中,水线推进存在明显差异,有夹层的部位被分割成两层,水线推进呈阶梯状,当水线越过夹层后,上层的水线开始下窜,继续注水,上下两层又连贯起来,当水线推到生产井端的夹层,水线又呈阶梯状,水线的推进速度两头大、中间缓。夹层的位置不同,导致水线推进形态各异(图 6-22)。

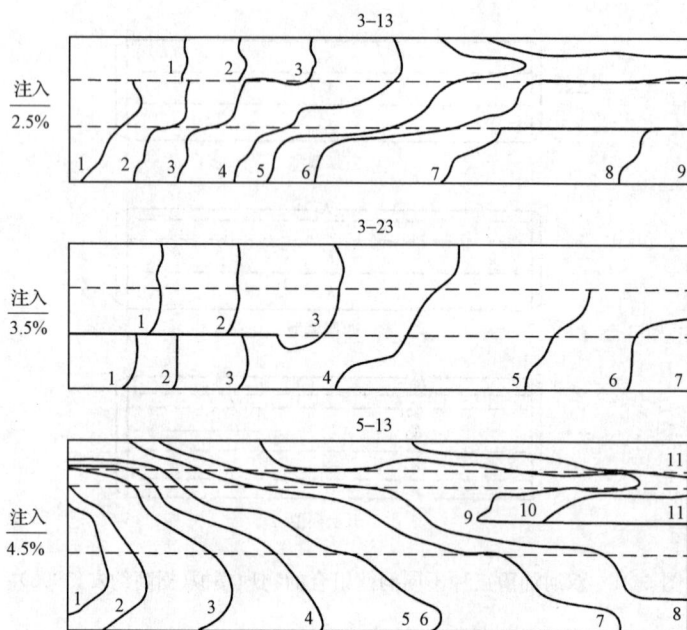

图 6-22　不同位置夹层对水线推进的影响(据高约友,1993)

　　由于夹层的存在,改变了整个流场的分布,使得上下两层不发生毛管渗流及较大的重力作用,对每层来说基本是均质的,所以各层水线较均匀,而不同层之间呈阶梯状,没有夹层的部位,层与层之间可发生层间窜流,相互影响,使得水线较为平顺。

　　一般来讲,当只是注水井有夹层时,夹层越长,越有利于上部水淹。在一定注采井距范围内,夹层长度达到井距之半,上下层水线推进距离就很接近了。当只是油井有夹层时,当水线前缘遇到夹层以后,就沿着夹层分段推进。夹层越长,水淹厚度越大。大致也是当夹层长度为井距一半时,水淹厚度已较大,夹层再增长,水淹厚度增值减小。总之在夹层分布不稳定的注采井组,仍然是底部水洗,水淹厚度较小。夹层分布稳定,易形成多段水淹,水淹厚度较大。

　　(2)不同韵律类型存在不稳定夹层时,水线推进规律表现为:反韵律最均匀,复合反韵律次之,复合韵律相对最不均匀。

　　(3)不稳定夹层对注水开发效果影响较大,模拟结果表明,有不稳定夹层的模型比没有夹层的模型开发效果差,有两段夹层比有一段夹层的开发效果差。对于反韵律(复合反韵律)油层,在合注合采条件下,不稳定夹层的存在对开发效果有着严重的影响,夹层越长,开发效果越差(表6-6)。

表 6-6　不同模型开发指标

模型	无水采收率/%	含水 20% 采出程度/%	含水 60% 采出程度/%	含水 80% 采出程度/%	最终采收率/%	最终注水倍数	备注
(4)	10.9	14.2	20.9	27.2	41.2	3.2	油井端无夹层
(5)	9	12.4	18.4	24	38.5	3.2	油井端有 90cm 长的夹层
(5)A	10.3	13.8	20.1	26	(40)		油井端有 90cm 长的夹层
(6)	9.8	12.8	18.8	24.8	38.4	3.1	油井端有 90cm 长的夹层
(6)A	10.5	13.7	20.1	26.2	39.8		油井端有 90cm 长的夹层

(二) 斜交层面的夹层

斜交层面的夹层,如曲流河点坝内的泥质侧积层,构成了交织的渗透屏障,其对地下油水运动有较大的影响。对于这类夹层,频率和密度越大,水驱效果越差。

针对点坝内部侧积层的分布模式,按照夹层密度不同设计了三个概念模型(夹层间距分别为 50m、100m、150m),为了便于各模型相互之间对比研究,数模中所有概念模型的地质参数(包括构造、有效厚度、孔隙度、渗透率、含油饱和度等)、流体及岩石参数(包括相渗、PVT 等)及动态数据均完全一样。渗透率的取值考虑到点坝为复合正韵律,每个侧积体为单一正韵律,在单一侧积体内部,底部渗透率取值为 $3500×10^{-3} μm^2$,而沿着侧积体向上渗透率变小,顶部渗透率取值为 $200× 10^{-3} μm^2$;斜交层面的夹层渗透率非常小,取值为 $5×10^{-3} μm^2$。其展布结合孤岛中一区实际开发情况,均采用行列式注水方式注水(沿着侧积层倾向注水,图 6-23),采油井排在 2 排注水井之间,注采井排之间间距为 300m,水井排或油井排井距为 270m,在 9 口井以天然能量开发 3 年后,边部的 2 排井转注,中间 1 排油井继续采油,都以注采平衡配注,模拟 45 年后,模型含水率接近 98%,近似于极限含水,最终通过剩余油饱和度、采出程度、含水率以及累计产油量等参数,综合分析侧积层不同间距形成的剩余油分布模式。

模拟生产 45 年后,各概念模型油藏综合含水达到了 98% 左右,在近极限含水状态下,沿着侧积层倾向注水的 3 个模型剩余油分布情况表现出一些共同的特点,剩余油在点坝顶部低渗段富集,底部高渗段水洗程度较高,剩余油相对较少(图 6-24)。另外,由于受到侧积层的遮挡以及生产压差的影响,无井钻达的侧积体内的原油受到注入水波及较小,剩余油富集;而注水井排所钻遇的侧积体波及系数较大,剩余油较少,采油井排所钻遇的侧积体次之(图 6-25)。

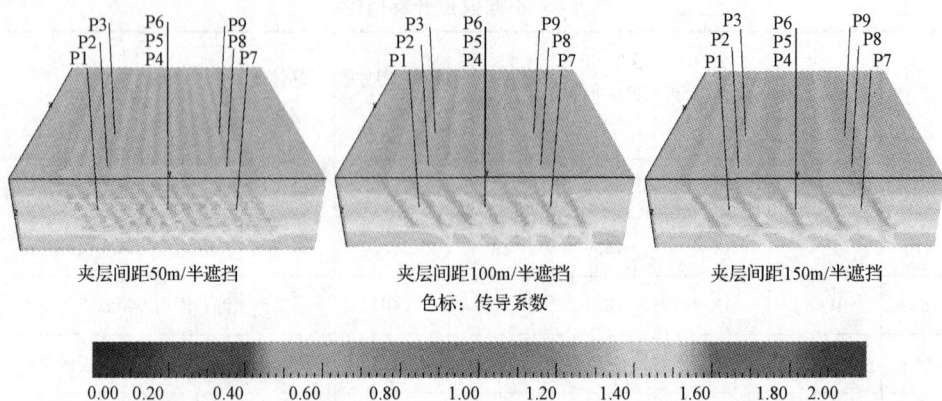

图 6-23 沿着侧积层倾向注水的三维传导系数概念模型(见彩图 6)

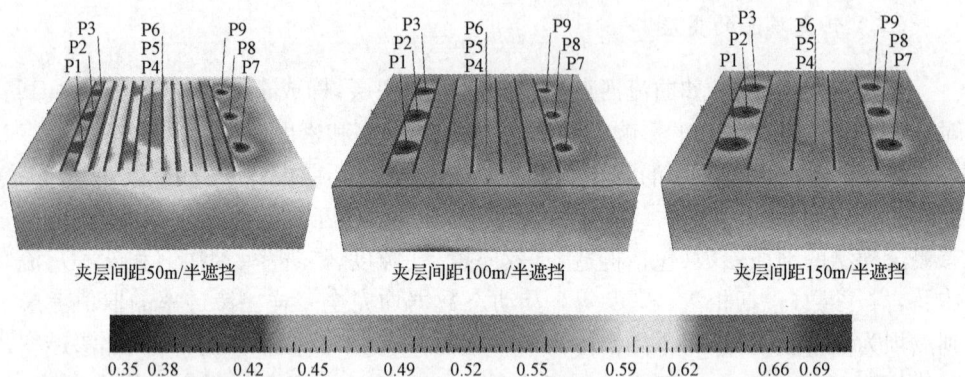

图 6-24 沿着侧积层倾向注水极限含水状态下各模型剩余油饱和度对比(极限含水)(见彩图 7)

同时,在模拟过程中 3 个模型呈现出了不同的生产特征,结合极限含水情况三维及剖面的剩余油饱和度分布(图 6-24、图 6-25)可知,夹层间距越小,极限含水时采出程度越低,含水上升越快,剩余储量越多,反之剩余储量较少(表 6-7)。

表 6-7 沿着侧积层倾向注水概念模型模拟结果(45 年)

序号	夹层间距/m	连通情况	采出程度/%	综合含水率/%	剩余油饱和度均值/%
4	50	半遮挡	35.31	97.31	44.64
5	100	半遮挡	36.35	96.61	43.92
6	150	半遮挡	38.20	95.61	42.65

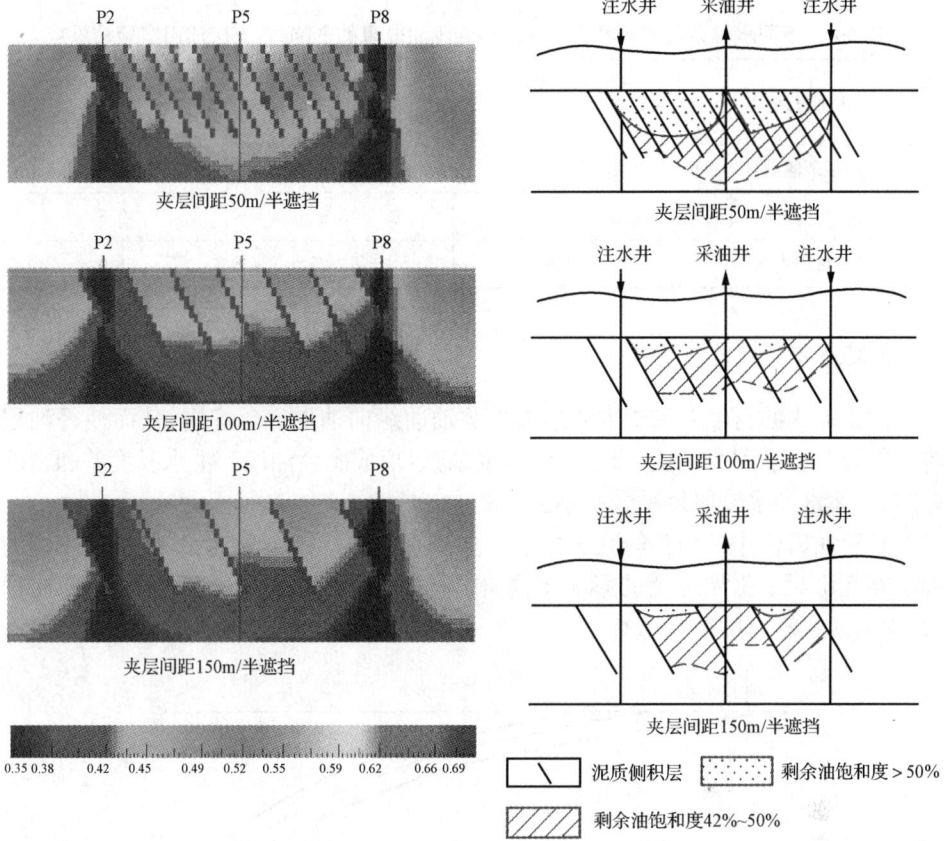

图 6-25　沿着侧积层倾向注水过注采井切片剩余油饱和度对比(极限含水)(见彩图 8)

三、层理构造

在注入水波及的水淹地区,由于不同类型层理对水驱油效率的影响,会形成纹层规模的剩余油。

不同层理构造形成的水动力条件不同,其岩石相的渗透率有所差异。如对于平行层理、交错层理、波状层理而言,三者形成的水动力条件不同,渗透率亦不同。当三者共生时,渗透率的差异将导致注入水流速的差异,较高渗透性的平行层理砂岩层易发生单层突进,而较低渗透性的波状层理砂岩层可能水驱较弱而形成剩余油滞留段。特别是当平行层理发育剥离线理甚至层理缝时,上述水驱差异更大。

另一方面,对于交错层理而言,不同驱油方向的驱油效果不同。如对于板状交错层理,顺层理倾向注水时,水沿着层理中的高渗透条带向前突进,造成油井见水快、水淹快,大量的油残留在低渗透条带中,故采收率较低;逆层理倾向注水,采收率较高；而平行纹层走向方向注水，采收率最高（表 6-8）。

表 6-8　不同水驱方向对板状交错层理砂岩驱油效果的影响（据大庆油田实验结果）

水驱方向	无水采收率/%	最终采收率/%	注入水占孔隙体积的倍数
顺层理倾向	2.84	21.3	1.07
逆层理倾向	19.4	48.5	2.5
平行纹层走向	34.6	53.2	1.0

四、黏度差和密度差

由于油水的密度差和黏度差造成水驱油前缘向油层底部突进，从而使得油层内一部分厚度动用程度低，影响水淹厚度系数，形成剩余油段。油水黏度差和密度差越大，无水期水淹厚度系数越小。

胜利油田曾作过相关的数学模拟。在不考虑重力、毛细管力的情况下，不同的油水黏度比对水驱油厚度的影响不同（图 6-26）。从图可以看出，油水黏度比越大，无水期水淹厚度系数越小。

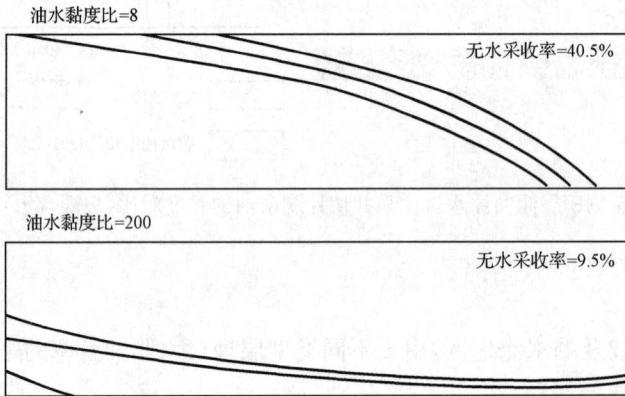

图 6-26　不同油水黏度比纵向水驱油剖面数值模拟计算结果

五、气锥和水锥

对于具有底水或气顶的油田，在开发过程中由于水锥和气锥的形成，使得油层内许多油采不出来。这时在采油井中观察不到有不出油的厚度，但在离油井一定距离就有未水淹厚度，造成井间存在剩余油区。

不同块状油田底水锥进的程度差别很大。影响底水锥进的最主要因素是油藏的垂直渗透率与水平渗透率的比值。如果垂直渗透率大于或接近水平渗透率,则水锥必然很严重。最典型的是那些有垂直裂缝的裂缝型块状油藏,水锥最难以控制。大多数砂岩储层,由于层理作用,垂直渗透率都小于水平渗透率几倍,底水锥进就相对较轻。一些渗透率很低的岩性和物性薄夹层的存在,就会大大降低油藏垂直渗透率。这类夹层对水锥控制作用的强弱,不在于厚度大小,关键是分布面积。根据数值模拟研究,夹层分布的平均半径如小于50m,虽有作用但由于底水可以轻易绕过边缘而上,影响较小。半径大于 50m 之后作用较明显,面积越大控制作用越强。影响底水锥进的因素还有油水黏度比和密度比。地下原油密度和黏度越大,底水锥进一般也越严重,但它们的作用比起油藏的垂直渗透率与水平渗透率的比值来说就要小得多了。

气顶锥进的影响因素与水锥相似,同样受油藏垂直渗透率和水平渗透率的比值、夹层分布状况以及密度比和黏度比的影响。在干气与黑油组成的气顶油藏,则地下油气密度比与黏度比,比油水之间的密度比和黏度比大,它们对气锥形成的作用也就相对较大。气锥对油藏开发效果的影响比水锥更严重。这不仅是由于天然气黏度低,气锥形成之后气油比上升比含水上升要快得多,而且气顶气的采出会使气顶压力迅速下降,气顶驱油能量将会大幅度下降,甚至消失。这时油气界面在除气锥井以外的油藏范围内将由下移变成上移,原油会进入气顶,被储层表面吸附而降低采收率。

第五节　微观剩余油滞留机理

在注入水波及的水淹地区,孔隙系统中仍然会残留许多不连续的油滴或残余油,即微观规模的剩余油,这主要受微观驱替效率的影响,而微观驱替效率与微观孔隙结构、润湿性和流体性质有关,其中孔隙结构是影响微观驱替效率的最重要的因素。

一、剩余油特征

残油在未驱替过地区的存在情况是宏观上的,但在孔隙网络中则是以微观形态存在。被捕集的残余油的形态各异,取决于储层非均质性和润湿性。

在水湿岩石中,残油形态大体有以下几类:①不规则的油滴,其分布位置可能在并联的孔道中、H 型孔隙中、死胡同孔隙中、孤立孔隙中;②索状,油饱和度较大,构成水力连贯性,则形成索状饱和;③簇状油块(图 6-27)。油丝断裂、水桥阻塞及旁超作用是石油捕集的主要机理。

在油湿岩石中,残油形态大体有如下几类:①油滴,残留在小孔隙中的"死胡同"孔隙中;②油膜,以油膜的形式附在孔壁上,尤其是在孔隙表面较粗糙的部分;

③簇状油块,为被小孔隙或喉道圈闭的死油区(图 6-28)。注入水的指进作用、旁超作用以及喉道门槛毛细管压力的圈闭作用是造成石油捕集的主要机理。

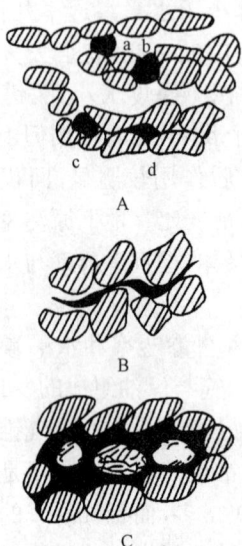

图 6-27　亲水孔隙网络中残余油的典型产状　　图 6-28　亲油孔隙网络中残余油的典型产状
　　　　　A—油滴;B—索状;C—簇状　　　　　　　　　　A—油滴;B—油膜;C—簇状

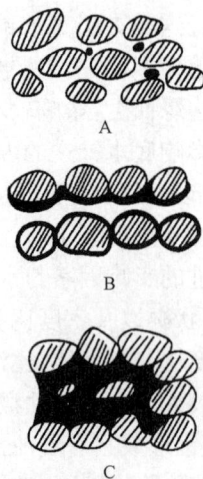

二、孔隙系统中的微观驱替机理

在孔隙介质中,滞留石油的力共有三种,即:①毛细管力,是岩石体系毛细管孔道中作用于油、水、固相界面上各种力引起的,毛细管力作为滞留力主要表现在油湿岩石中;②黏滞力,是流体沿孔隙流动时的剪切应力所引起的;③重力,由于油、气、水的密度差引起的(Dawe,1979)。

在注水过程中,从孔隙中驱替石油的力主要为施加的外力,即驱替力。毛细管力在亲油(即油湿)储层中作为水驱的阻力,而在亲水(即水湿)储层中,毛细管力则作为驱动力。在亲水体系中,毛细管力使水自动吸入小孔道中,这就是自吸现象,即自由渗吸现象。小孔道部分的毛细管力大于大孔道部分的毛细管力,这样,在没有压差的作用下,润湿相液滴将自动吸入小孔道。

在单孔道中,注入水驱替石油的过程便是驱动力克服阻力的过程。但是储层孔隙系统是十分复杂的,在驱替过程中各种孔隙之间的非均质性会导致孔间干扰,而且还有润湿性的差异和孔内黏土矿物的影响,使微观驱替过程更加复杂化。为了分析注入水的微观驱替机理和残余油的捕集机理,通过以下简单的模型来讨论。

（一）双孔道模型

天然岩石的多孔体系很复杂,迄今还没有一个简单的模型能够表述它,但可定性地用一对不等径的并联孔道来阐明驱替动态(图 6-29),说明油是在什么样的情况下被捕集,也可说明如果驱动条件改变的话,被捕集的油滴是如何变化的。在此双孔道模型中,一对孔道具有共同的入口 A 和出口 B。在入口和出口压差下,水开始进入双孔道内驱油。但由于黏滞力和毛细管力的综合作用,每一侧的油水界面运移速度不同,所以其中必然有一个界面先到达 B 点,并继续沿 B 点以后的公共通道前移,而在另一侧孔道中的界面就只好停滞不前,使某些油被捕集在孔隙中。

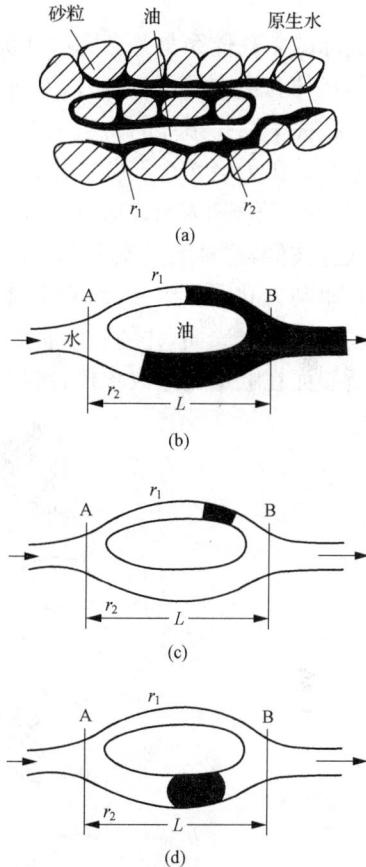

首先考虑油湿岩石的驱替情况。驱动力作为动力,毛细管力和黏滞力为阻力。显然,小孔道的流动阻力要大于大孔道,因此,在压力梯度作用下,注入水总是选择孔径较大的孔道作为突破口向前推进,这就是所谓的指进作用。在双孔道模型中,注入水优先从 A 点进入较大孔道而到达 B 点,而油滴则被滞留在较小的孔道中,这就是所谓的旁超作用,这是孔间干扰的典型模式。

水湿岩石的驱替情况比较复杂。除驱替力为动力外,毛细管力亦为动力。残油捕集取决于大、小孔道的净动力(动力－阻力),而后者又明显地受驱动力大小

图 6-29　残余油捕集的双孔道模型(据 Dawe et al. ,1978)

的影响。当驱替力足够大时,导致黏滞力也较大,而小孔道的黏滞力大于大孔道。虽然小孔道内的动力大于大孔道,但阻力比大孔道大得多,因此,大孔道的净动力大于小孔道。故此,水流在大孔隙中流得较快,大孔一侧的油水界面先到达 B 点,驱替作用超过了自吸作用,因而在小毛细管中就有油被捕集[图 6-29(c)]。

当所施加的压力过小,黏滞力总体较小,毛细管力就显得占优势。此时,小孔道的净动力(动力－阻力)大于大孔道,自吸作用占优势,小孔一侧的弯液面将先到达汇流点,而在大孔道一侧有油被捕集[图 6-29(d)]。

　　对混合润湿的岩石，随着油-水界面在孔道中的推移，油将"黏附"在亲油部位，而后脱离主体油流，变成被捕集的油滴。此时用并联双孔道模型来说明捕集机理就不合适了。

　　（二）串联孔道模型

　　实际的多孔体系是一套宽窄孔隙在一起的毛细管网络，当液-液界面从这种不规则形状的孔道中推移过去时，界面形状将随孔道截面尺寸而变。图 6-30 所示为毛细管截面呈渐扩渐缩的简化图式。这意味着界面的曲率将逐点改变，而界面两侧的毛细管压力当然也随着变化，所以弯液面时而扩张时而收缩，始终处于瞬变的不平衡状态[图 6-30(a)、(b)、(c)、(d)]，这说明液体并不是均匀地流过多孔介质，而是跃进式的，这种跃进就称为海恩斯跃进（Haines jumps）。在水湿情况下，毛细管力和驱动力共同作用，推动液流向前运动。但是，也可能出现阻塞作用，即侵入水自动润湿孔喉表面，并随着水膜的变厚，喉道轴心的油颈被挤成丝状，最后油丝可能断裂而在喉道处形成水桥，水桥则阻塞了油路，从而在水桥后形成残余油。

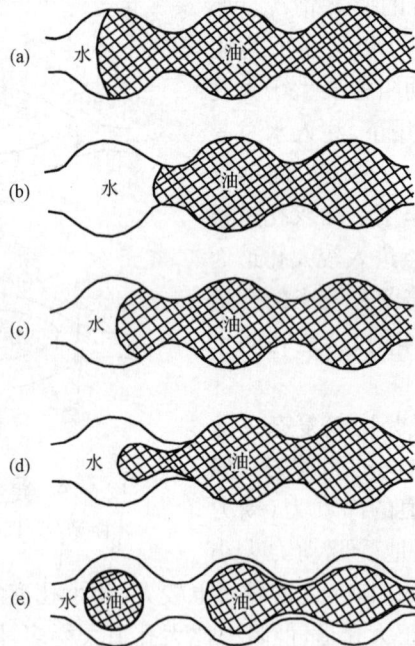

图 6-30　油-水界面经过渐扩渐缩毛细管时的情况（据 Dawe et al.，1978）

　　在油湿情况下，如果施加的压力降足以克服毛细管力，将引起液体的流动，但一旦所施加的压力不足以推动界面穿越毛细管隘口时，渗流将停止。总而言之，视驱动力和毛细管力的均衡情况，在连续的油丝穿过多孔介质时，可能在经过孔喉隘口时被掐断,而出现孤立的油滴(图 6-30e)。

三、孔隙非均质性对驱油效率的影响

从前面的分析可以看出,残余油的形成与储层孔隙结构有很大的关系,换句话说,注水开发中的驱油效率与储层孔隙结构(孔隙与喉道的大小及其分布)密切相关。另外,对于已形成残油的油藏,在三次采油过程中排驱残油的效率即三次采油的石油采收率亦与孔隙结构有关。一般来说,孔隙非均质性越强,驱油效率越低。

在储集岩中出现强润湿相的情况下,以下几个因素是毛细管捕集及影响驱油效率的主要因素,即:孔隙大小与喉道大小的比值;喉道与孔隙的配位数;非均质性的类型和程度。研究表明,当孔隙与喉道的直径比和体积比增高时,石油采收率降低,也就是说,增加了非润湿相的毛细管捕集作用。在一定的孔隙与喉道的直径比条件下,当孔隙与喉道的绝对大小降低时,石油采收率也会相应降低。孔喉配位数对石油采收率亦有较大的影响,配位数定义为连接每一个孔隙的喉道数量,它是孔隙系统连通性的一种量度。例如在单一六边形网络中,配位数为 3;而在三重六边形网络中,其配位数就等于 6(图 6-31)。Fatt(1956)曾指出,对具有无限大的网络来说,随着配位数的增加其采收率也增加(模拟实验结果)。根据用于随机非均质孔隙介质中残余相的渗滤理论,已证实随着配位数减少,非润湿相的残余饱和度相应增加,亦即石油采收率降低,这对三维网络和两维网络都适用。

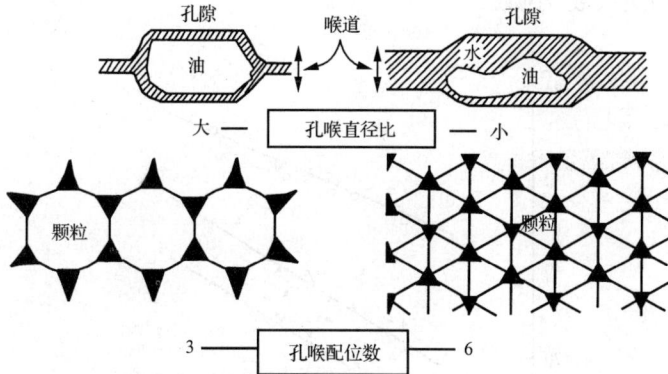

图 6-31　孔隙与喉道大小的比值和配合数及其对非润湿相采收率的影响(据 Wardlaw,1978)

孔隙结构参数对注水采油中水驱油效率有较大的影响。下面以均质系数为例进行简要的分析。沈平平等(1980)通过对我国东部油区古近系沙河街组砂岩油层进行孔隙结构和驱油效率的研究,提出了描述储集岩孔隙结构特征的"均质系数(α)",并研究了均质系数与驱油效率的关系。

（一）强亲油条件

在强亲油条件下,水驱油过程中毛细管力和黏滞力均为阻力,孔喉半径越大,阻力越小,反之,孔喉半径越小,阻力越大。驱动力克服黏滞阻力和毛细管力,水首先沿着阻力小的大孔道前进。压汞过程也正是这一过程,因而,压汞求得的毛细管压力分布反映了驱动力作用下水驱油过程的阻力分布。因此,平均喉道半径分布越偏向于最大喉道半径,即 α 越大,水线推进越均匀,驱油效率越高。若 α 越小,平均喉道半径与最大喉道半径的偏离越大,小喉道所占的比例则越大,水线前沿突进严重,小孔道被周围大孔道的水隔截为不连通的孔隙,无水期直至最终期的驱油效率就低。

在强亲油条件下, α 与无水采油期、含水采油期的驱油效率有明显的线性关系（图 6-32）,可用下述方程式表示

$$\eta_{无} = -6.74 + 66.42\alpha$$
$$\eta_{0.5} = 7.3 + 59.7\alpha$$
$$\eta_{10} = 31.0 + 48.6\alpha$$
$$\eta_{30} = 41.2 + 40.9\alpha$$

式中: $\eta_{无}$, $\eta_{0.5}$, η_{10} , η_{30} ——分别为无水、含水 0.5%、含水 10%、含水 30% 的驱油　　　　　　　　　　　效率,%;

　　α ——均质系数,小数。

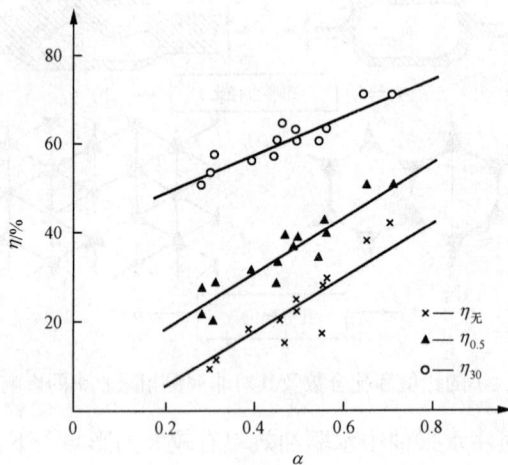

图 6-32　亲油岩样 $\alpha\eta$ 关系图

（二）强亲水条件

在强亲水条件下,动力为驱替力和毛细管力,阻力为黏滞力。在驱动力作用

下,黏滞力作为主要阻力,水总是沿着阻力小的大孔隙方向前进,压汞过程正是驱动力作用下的类似过程,因此,压汞所确定的 α 越大,大孔道所含的比例也越大,岩样越均质,驱油效率越高。另一方面,毛细管力作为驱油动力,能自发地把水吸入到小孔道中去,因此毛细管半径越小,其所占比例越大,驱油作用也就越大。退汞过程类似水驱油过程中毛细管力的作用。因此,退汞过程所确定的 α' 越小,其平均喉道半径与最大喉道半径偏离越大。由于在亲水岩样驱油过程中,若发挥驱动力作用,要求孔道大而集中,若发挥毛细管力的作用,则要求孔道小且所占比例要大,这二者正是以复杂的形式影响着水驱油效率。为此,引入孔隙结构特征参数 β,即退汞过程确定的 α' 与进汞过程确定的 α 之比

$$\beta = \frac{\alpha'}{\alpha}$$

式中:β——孔隙结构特征参数,小数;

α——应用压汞曲线计算的均质系数,小数;

α'——应用退汞曲线计算的均质系数,小数。

β 与无水、含水采油期的驱油效率可用下面的线性方程表示

$$\eta_{无} = 69.2 - 46.6\beta$$

$$\eta_{0.5} = 75.4 - 37.6\beta$$

$$\eta_{10} = 88 - 33.1\beta$$

$$\eta_{30} = 85.6 - 25.8\beta$$

β 越小(即 α 越大,α' 越小),则水驱油效率越高(图 6-33)。对比 α、β 与水驱油效率的相关关系,无水期基本一致,随着注水倍数增加,直至最终期(注水为孔隙体积的 30 倍),β 比 α 的相关系数要高。

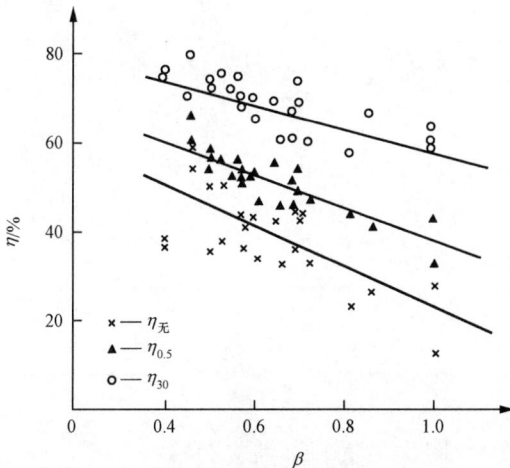

图 6-33　强亲水岩样 β-η 关系图

技 术 篇

第七章   储层划分对比及构造研究

第一节   储层划分与对比

正确的储层层次划分与对比是揭露储层层间非均质性和认识单个含油砂体宏、微观属性的基础,也是描述储层形态及其空间结构的基础。研究中,将相与时的概念结合于一起,以相单元控制进行等时体对比,建立了复杂储层相控-等时对比模式、对比方法与对比流程。并在旋回自动划分基础上,实现了储层油层组、砂层组划分对比及井震合一。利用层控井间模拟及预测技术、层拉平井间模拟及预测技术,进行砂体自动识别与划分对比,进行砂体微相的自动识别与储层结构分析,对砂体规模、边界、连续性及砂体间连通性进行了识别与预测,描述了单砂体在纵横向上的分布规律。

传统上,储层层次划分和对比工作可通过层组划分、标准剖面和骨架网的建立、标准层的确定、单层对比来完成。伴随我国石油工业的发展,国内地学工作者先后提出"旋回对比、分级控制"、"时间单元划分、等高程对比"、"等高程切片对比"等方法。不同方法可适应于不同沉积环境。如旋回对比、分级控制通常适应于湖泊沉积体系,等高程对比用于河道沉积、溢岸带沉积效果明显。然而,由于陆相油藏的构造、沉积条件复杂,相变频繁,并缺少稳定标准层,导致小层对比困难重重。因此,发展复杂油藏条件下小层对比技术意义重大。在此主要阐述现代油藏研究中的三种储层对比方法,即相控-等时对比法、基于短期旋回自动识别的储层对比法、基于储层井间模拟的储层对比法。

一、相控-等时储层对比

经验表明,在复杂油藏条件下,储层层次划分与对比应以层序地层学、测井地质学、储层地质学的理论为指导,依据"区域标准层",选择"相标志段",以"相单元"控制,进行"等时体"对比,即进行相控-等时对比。

(一)相控-等时储层对比方法、原则

为阐述相控-等时储层对比的方法、原则,谨以牛庄万全油田为例来说明。万全油田位于牛庄洼陷北部,面积约 50km²,沙三段中部为主要含油层系。研究表

明,万全油田与牛庄洼陷南部沙三段属同一三角洲沉积体系。自东而西发育三角洲平原、三角洲前缘、三角洲前缘滑塌带、前三角洲、深湖-半深湖等亚相带。利用地震反射结构明显的高分辨率地震剖面,可在沙三中(T_4~T_6反射层)亚段中划分出六个斜反射层,分别对应叶 10、叶 11、叶 2、叶 21、叶 3 及叶 4 六个叶瓣体。纵剖面上,每个叶瓣体均呈缓 S 形西倾展布,自东而西,叶体变化的总趋势由缓到陡再变缓,并呈叠瓦状排列。分析表明,不同的叶体,沉积特征不同,叶 10 以三角洲平原沉积为特征,叶 11、叶 2 则属三角洲前缘滑塌带,叶 21、叶 3 及叶 4 属前三角洲亚相沉积,其间广泛发育滑塌型浊积砂岩体。

依据上述沉积特点,提出如下六级储层划分单元。

(1) 含油层系:为同一地质时期内沉积的,不同岩性、电性和物性,不同地震反射结构特征油层组的组合,是一"等时不同相"(亚相)沉积复合体,其顶底界面均为等时面。

(2) 油层组:为岩性、电性和物性、地震反射结构特征相同或相似砂层组的组合,是一相对的"不等时同亚相"沉积复合体。

(3) 砂层组:为油层组内的"等时不同亚相"沉积复合体。在三角洲平原及三角洲前缘亚相带,相当于一个岩性旋回,而在前三角洲地区则相当于一个斜反射层——叶体。

(4) 亚砂层组:特指前三角洲地区砂层组内的砂体相对集中段。一个砂层组可据其砂体集中发育特征划为几个亚砂层组——"等时同亚相"沉积复合体。

(5) 砂体:为由一系列的单砂层及薄层泥岩组成的连通体,为同时沉积的"事件体",剖面上,相当于一个砂层集中发育段。

(6) 单砂层:是由薄层泥岩分开的单砂层,具有一定的厚度及分布范围。

据此。将研究区沙三段划为一个含油层系。其中包括四个"不等时同亚相"沉积体——油层组,即三角洲平原油层组、三角洲前缘油层组、前三角洲油层组及半深湖、深湖油层组。在三角洲平原、前缘油层组内,可依据岩性、电性的旋回性及渐变性,划分出砂层组及单砂层;而在前三角洲油层组内,则利用高分辨率地震剖面、迭偏剖面、各种测井资料、垂直地震资料划出六个斜反射层——砂层组。在叶 3 砂层组内,根据砂层集中发育程度,进一步划出亚砂层组、砂岩体、单砂层。

显然,在此所建立的储层对比单元划分模式与传统划分法有区别(表 7-1),两种划分法的根本区别在于新的划分方法特别强调了"相与时"的概念,把"相"和"时"有机地结合在一起,用"亚相单元"控制,进行"等时体"对比。

表 7-1　新、旧储层对比单元划分

划分方法＼划分级别	1	2	3			4
传统储层划分法	含油层系	油层组	砂　层　组			单砂层
本书用储层划分法	沙三段含油层系	三角洲平原油层组	砂　层　组			单砂层
		三角洲前缘油层组	砂　层　组			单砂层
		前三角油层组	砂层组	亚砂层组	砂体	单砂层
		深湖-半深湖油层组	砂层组		砂体	单砂层

为此,建立了如图 7-1 所示的储层对比模式,对比原则如下:

(1) 从地震相、测井相分析入手,选择可作全区对比的岩性、电性、地震反射结构特征明显的相标志段作为对比"不等时同亚相"沉积复合体——油层组的依据;

(2) 利用地震、测井资料,对比"等时不同亚相"沉积复合体——叶瓣体(砂层组);

(3) 在"等时不同亚相"单元砂层组内,按由大到小的顺序,依次对比"等时同亚相体"——亚砂层组、"事件体"——砂岩体及单砂层;

(4) 在前三角洲地区对比单砂岩体,既要考虑其岩性、电性以及地震反射结构的一致性与渐变性,也要考虑其沉积时的"事件性"(突变性)。

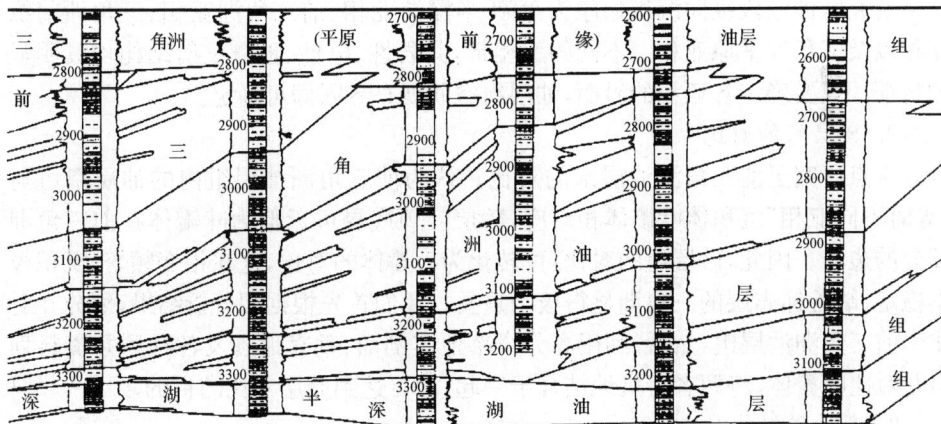

图 7-1　复杂油藏条件下储层对比模式

(二) 对比流程

相控-等时对比方法流程大致归结如下(图 7-2)。

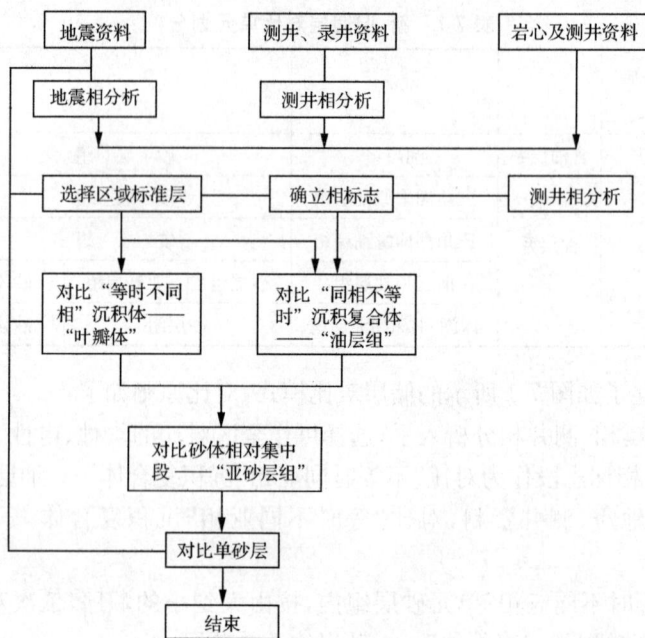

图 7-2　储层对比流程图

1. 对比油层组

研究区沙三段纵向沉积相序为深湖-半深湖亚相、前三角洲亚相、三角洲前缘亚相以及三角洲平原亚相。不同的亚相带,其岩性、电性、地震反射结构均具明显的特征。只要确定各亚相的界面,油层组空间展布界限即可确定。

2. 砂层组的对比

重点研究了前三角洲油层组的对比。认为前三角洲油层组内的油层组可与"等时不同亚相"沉积体叶瓣体相对应,砂层　　顶底界可近似为叶瓣体在前三角洲部分的边界。因此,砂层组的对比,可转化为叶瓣体的对比,这在相变频繁、沉积极不稳定、缺乏标志层的三角洲显得极为重要。我们首先根据相分析结果,划分并对比出前三角洲油层组,然后,利用高分辨率地震剖面、垂直地震及各种测井资料划出并对比叶瓣体,将两者有机地结合于一起,即可达到储层对比的目的。

3. 亚砂层组的对比

亚砂层组为砂层组内砂岩体集中发育段。根据砂岩体集中发育段距砂层组顶底界面的等距性,确定属同一亚砂层组的砂岩体,从而定出亚砂层组的顶底界限。

4. 单砂岩体对比

单砂岩体对比是研究区储层对比中非常重要而困难的问题。

王裕玲等(1986)的研究成果表明,在砂泥岩剖面中,砂岩发育区地震波形变化快,同相轴合并、分叉、波形歧变经常发生;而泥岩发育区地震波形圆滑,延续相位少。然而,研究区(特别是北部)内,地震反射零乱,合成声波资料缺乏,加之砂岩体厚度一般小于 10m。因此,利用上述对比方法,难免遇到困难。针对这种情况,以测井资料为基础,充分考虑砂岩体沉积的有序性及事件性,根据岩电相同或相似,距等时沉积面的等距性,利用简单的数学方法,参考地震资料识别,对比等时沉积的砂岩体。

工作中,对研究区前三角洲油层组内的叶 3 砂层组进行了细致的对比。将其进一步细分为四个亚砂层组,包括 30 个砂岩体。

图 7-3 为叶 3 砂层组 A 亚砂组平面等值图,可以看出,经过合理的划分与对比,砂体几何形态及分布一目了然。

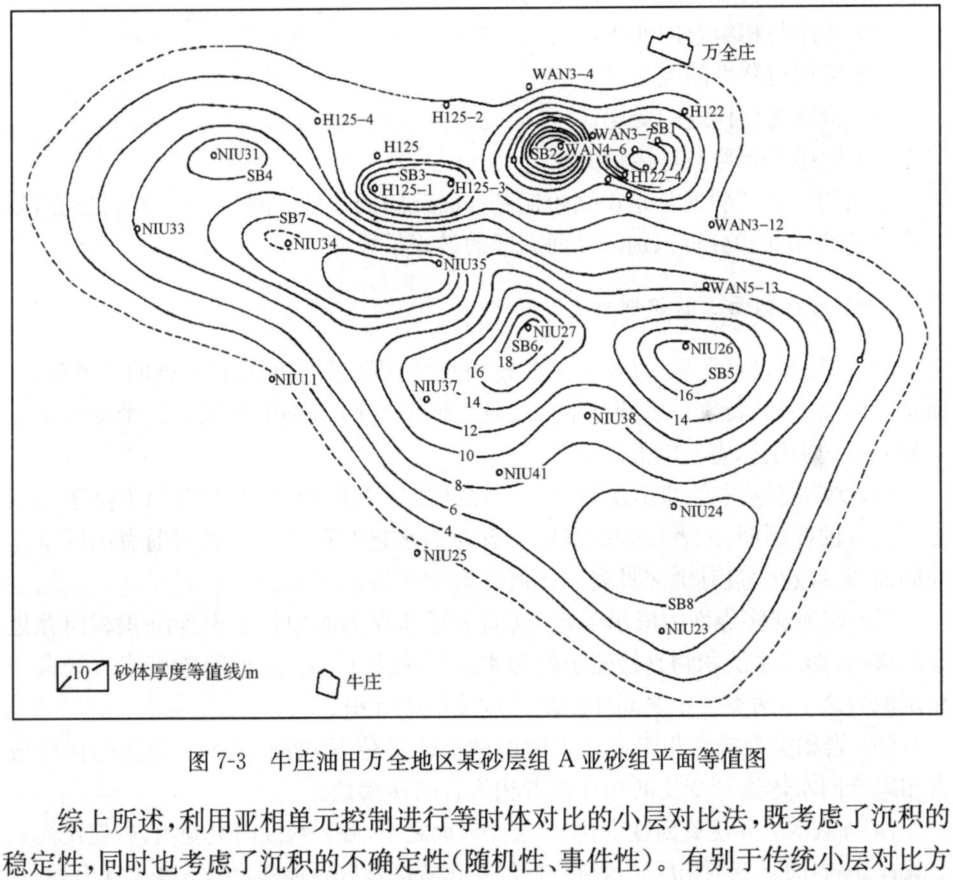

图 7-3　牛庄油田万全地区某砂层组 A 亚砂组平面等值图

综上所述,利用亚相单元控制进行等时体对比的小层对比法,既考虑了沉积的稳定性,同时也考虑了沉积的不确定性(随机性、事件性)。有别于传统小层对比方法之处在于把相与时的概念有机地结合于一起。因此,更适用于陆相复杂油藏条件,特别是三角洲、水下扇等沉积环境的小层对比工作。

二、短期基准面旋回自动识别及储层对比

油藏范围的地层划分与对比,一般是砂层组或小层规模的划分对比,或称三级层序单元划分对比、短期基准面旋回划分对比。

基准面旋回在变化过程中,可以穿越地表运动。穿越地表的基准面旋回所经历的时间由基准面位于地表之上时形成的岩石记录与基准面下降到地表之下时产生的不整合界面组成。基准面也可以只在地表之上运动,这种情况下,基准面上升期和下降期的沉积物均得以保存。

用来识别不同级次基准面旋回的沉积学与地层学特征包括以下几个方面:

(1)单一相物理性质的垂向变化;

(2)相序与相组合的变化;

(3)旋回对称性的变化;

(4)旋回叠加样式的变化;

(5)地层几何形态与接触关系。

露头与岩心资料通常是识别短期基准面旋回的基础。测井曲线分析是通过短期旋回的叠加样式分析识别基准面旋回的最好手段。

(一)岩性剖面上的识别标志

岩心、钻井,特别是三维露头剖面较测井、地震反射剖面具有更高的分辨率,因而是基准面旋回、特别是短期基准面旋回(成因层序)识别的基础。三维露头剖面上旋回界面识别标志有以下几个:

(1)地层剖面中的冲刷现象及其上覆的滞留沉积物、代表基准面下降于地表之下的侵蚀冲刷面,或者代表基准面上升时的水进冲刷面。后者与前者的区别是冲刷面幅度较小,且其上多见盆内碎屑。

(2)作为层序界面的滨岸上超,其向下迁移在剖面中常表现为沉积相向盆地方向移动,如浅水沉积物直接覆于较深水沉积物之上,河流、浊流砂砾岩直接覆于深水泥岩之上,两类沉积之间往往缺乏过渡环境沉积。

(3)岩相类型或者相组合在垂向剖面上转换位置,如水体向上变浅的相序或者相组合向水体逐渐变浅的相序或者相组合的转换处。

(4)砂、泥岩厚度旋回性变化,如层序界面之下,砂岩粒度向上变粗,砂泥比向上变大;层序界面之上则相反。这种旋回的变化特征常以叠加样式的改变表现出来。

(二)测井曲线识别标志

测井曲线的高分辨率特征为各级次基准面旋回识别与划分提供了良好的资料基础。运用测井信息识别和划分基准面旋回时,为了避免测井曲线所代表地质意

义的多解性,选择合理的测井组合序列十分重要。对以陆源碎屑沉积为主的砂泥岩剖面来讲,经验表明,自然电位测井、自然伽马测井、电阻率测井组合序列能比较清楚地反映地层的岩相组成和旋回特征,因此是砂泥岩为主的剖面旋回识别和划分较好的测井组合选择。

较长期基准面旋回的确定可以通过短期旋回的叠加样式分析得到,测井曲线对于这一分析尤为有效。这是因为组成较长期旋回的短期旋回特定的叠加样式是在较长期基准面旋回上升与下降中向其幅度最大(最大可容纳空间)或最小(最小可容纳空间)单向移动的结果,这些叠加样式常常有鲜明的测井响应。

(三)基准面旋回对比

地层旋回性的形成是基准面相对于地表位置的变化产生的沉积作用、侵蚀作用、沉积物路过的非沉积作用和沉积非补偿造成的饥饿性乃至沉积作用随时发生空间迁移的地层响应。层序地层对比正是依据基准面旋回及其可容纳空间的变化导致岩石记录这些地层学和沉积学响应的过程——响应动力学原理进行的,因而高分辨率层序地层对比是时间地层单元的对比,不是岩石类型和旋回幅度(地层厚度)的对比,而且有时是岩石与岩石的对比,有时是岩石与界面或者界面与界面的对比(图 7-4)。

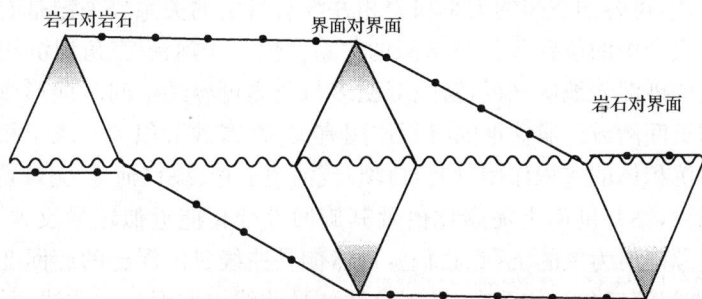

图 7-4　基准面旋回的对比原则(据邓宏文,2002)

一个完整的基准面旋回及其伴随的可容纳空间增加和减小在地层记录中由代表两分时间单元(基准面上升与下降)的地层旋回(岩石与界面)组成。Barrel(1917)指出:"基准面升降期间沉积物的堆积作用将地层记录自然地划分为在多层次时间刻度上的基准面下降期和基准面上升期。"这些自然划分的单元是地层对比的物理基础。因此,基准面旋回的转换点,即基准面上升到下降或者由下降到上升的转换位置可以作为时间地层单元对比的优秀位置,因为转换点代表了可容纳空间增加到最大值或者减少到最小值的单向变化的极限位置,即基准面旋回的两分时间单元的划分界限,因而这一位置具有时间地层对比的意义。

（四）测井基准面旋回自动判别

随着研究精度的提高,根据钻、测井资料进行基准面旋回划分进而划分层序的工作量也变得很大;同时,对同一口井、同一层段、同样的资料基础,不同的人可能有不同的旋回划分结果,这也增加了旋回识别划分的不确定性。在计算机技术飞速发展的今天,能不能根据已有的基准面旋回识别和划分的知识,编制相应的计算机软件,由计算机来进行基准面旋回的识别与划分? 如果可能,既节省了大量的工作量,又可以消除人为因素划分的不确定性。下面就是如何根据基准面旋回原理实现计算机自动划分高分辨率地层层序的一个尝试。

根据测井曲线和岩心资料采用计算机自动划分基准面旋回时,首先划分岩相,求泥砂比曲线、自然伽马滤波曲线,然后综合利用这些曲线计算地层短期基准面变化曲线,最后根据短期基准面变化曲线,综合其他信息,划分出不同级别的层序

1. 泥砂比曲线的地质含义及计算方法

（1）泥砂比曲线的地质含义　高分辨率层序地层学理论的核心思想是:在基准面变化过程中,可容纳空间与沉积物补给通过比值(A/S)决定了沉积物的保存程度、地层堆积样式、相序、相类型以及岩石结构,即当 $A/S>1$ 时,地层发生退积;当 $A/S=1$ 时,地层发生加积;当 $A/S<1$ 时,地层发生前积。

一般来说,可容纳空间的大小和岩相并没有特定的关系。关键是看某一岩相在特定岩相组合中的位置及其与水深的关系。但对于河流-三角洲沉积体系以陆源碎屑为主的砂泥岩地层来说,富泥沉积多与较高可容纳空间时期形成并保存下来的分流河道间湾或泛滥盆地的沉积作用有关,而富砂沉积多形成于相对较低可容纳空间时沉积体的进积作用(如河口坝)或河道亚相、决口河道-决口扇复合体沉积作用。因而,钻井剖面上泥砂比值及其旋回性变化能近似定量反映 A/S 的变化。在以陆源碎屑为主的沉积剖面上,自然伽马曲线对砂泥比的旋回变化最为敏感。由此,在河流三角洲体系中,可用自然伽马曲线求取泥砂比曲线,并根据泥砂比曲线自动计算出由于可容纳空间变化形成的多级次的地层旋回变化曲线。

（2）泥砂比、砂泥比曲线计算方法　反映地层岩性变化的测井曲线有多种,对砂泥岩地层而言,自然伽马曲线受井眼等影响较小,是计算泥砂比的首选曲线。具体计算公式如下

$$RSHSA = VSH/VSA = (GR - GR_{min})/(GR_{max} - GR)$$
$$RSASH = VSA/VSH = (GR_{max} - GR)/(GR - GR_{min})$$

式中: RSHSA 为泥砂比;RSASH 为砂泥比;GR 为自然伽马测井值;GR_{min} 为纯砂岩层的自然伽马测井值;GR_{max} 为纯泥岩层的自然伽马测井值。

由上式可看出,在纯泥岩处,$GR \approx GR_{max}$,RSHSA 为极大值,可用于指示基准面上升最高位置;在纯砂岩处,$GR \approx GR_{min}$,RSASH 为极大值,可用于指示基准面

下降最低位置。

2. 测井高分辨率层序地层计算机自动划分方法

高分辨率层序地层学认为,一个完整的地层基准面旋回由基准面上升半旋回沉积和下降半旋回沉积组成。在河流-三角洲沉积体系中采用泥砂比和砂泥比曲线自动识别基准面旋回的方法是:当泥砂比(RSHSA)大于砂泥比(RSASH)时,求该段地层中自然伽马曲线最大值对应的深度,将该点作为基准面上升的最高点,并赋给该点的短期基准面值为 0;当泥砂比(RSHSA)小于砂泥比(RSASH)时,求该段地层中自然伽马曲线最小值对应的深度,将该点作为基准面下降的最高点,并赋给该点的短期基准面值为 1。

具体实现过程中,首先使用上述方法自动计算出基准面变化曲线,然后采用人机交互方式分析和修改基准面变化曲线,最终获得合理的短期基准面变化曲线。在短期基准面变化曲线基础上,参考其他测井曲线特征以及滤波后的自然伽马趋势特征,通过交互修改短期基准面曲线来获得中长期地层基准面变化曲线,从而保证中长期地层基准面的层序界面与短期基准面层序界面的一致性。

本项目利用测井资料进行成因地层层序分析的工作步骤大致如下:

(1) 建立关键性的剖面。

(2) 识别成因地层层序的边界,首先,根据关键性的沉积倾向剖面,鉴定可能的最大洪水期和其形成的底砾岩;然后,根据沉积走向剖面,追踪可能的最大洪水面在区域上的连续性。

(3) 利用编制的程序实现多井基准面旋回自动划分与对比。

三、储层井间模拟及储层对比

如前所述,储层对比的方法很多,多基于手工对比,伴随井资料的增加,实际操作过程中通常存在很多困难。

为了提高储层基础研究工作的效率和精度,将研究人员从烦琐的手工操作中解放出来,利用计算机与储层建模相结合的方法,从以下几个方面改进储层对比和划分的工作方式或实施流程。

(1) 在储层对比和划分中,仍强调以人为本,但要发挥计算机在储层描述中的作用,应尽可能将机械的、烦琐的手工劳动由计算机完成,但需要将人的思维和认识协同到计算机的工作中,实现定量的、模式化的储层对比,从而把研究人员从工作量的完成者真正转变为储层特征的研究者。

(2) 由于计算机很容易对多个方向的连井剖面同时对比,因而由于某口井或某些井造成的储层界限不闭合的现象,可以仅对这些井进行修改,从而减少了工作量。同时计算机成图迅速,并可同时显示多种参数或几个参数的组合特征,可使储层对比工作更直观、更形象,同时也强化了定量化对比的意识。

（3）在对比中，提供多个侧面和多个角度的信息，包括已转换的或合成的地质、测井、生产其他地层物性资料，实现多种信息协同的一体化作业。

（4）加强研究人员同计算机的协同工作，可利用计算机在不同储层地层单元的控制下，展现该尺度地层单元内部的储层参数变化特征，由研究人员划分出次级别的地层单元，并从不同方向、不同连井剖面中显示划分结果。若有不合理的层位，可由研究人员修改显示结果，如此人机"迭代"式的进行直到得到满意的结果。

（5）在油田开发过程中或在储层研究过程中，随着储层信息丰度的提高，对储层的认识不断加深。在传统工作模式下，信息的增加意味着储层模型的修改，而目前计算机技术的发展可使我们采用一种新的建模方式，即建立"活"的储层模型，利用数据库建立的储层模型同储层信息资料的直接"连接"，地质人员可及时将最新的信息加入到数据库，更新后便可得到反映储层最新数据信息的模型。这种建模方式与传统的一次性建模方式对比，更容易为油田开发所接受。

为此，李凤森（1993）、纪发华（1996）、张春雷（2000，2001）、王颜彬（2001）等先后提出，利用地质统计分析方法，通过井间模拟进行合理的储层划分与对比。

众所周知，储层的形成通常要经过一个较长的地质历史时期，由于沉积环境、物源、水动力条件等因素的变化，不同时期形成的地层单元结构不同。因而在储层井间模拟（如参数插值）时，需利用等时或近乎等时的信息对未知点进行预测，而不等时的信息并不能得到很好的预测结果。

但是，研究的目标是目前状态下的储层，它经过沉积作用形成原始储层，经历成岩作用和压实作用使储层发生物性与厚度上的差异，后期的构造运动和剥蚀作用对其原始状态进行了破坏，因而储层特征参数空间分布的结构是一个随时间变化的复合结构，包括三部分：

（1）储层在沉积过程中形成的结构，由于沉积储层的成层特征，因而这种结构应是水平或近水平的；

（2）储层经成岩作用和压实作用等过程形成的结构；

（3）储层经构造作用和后期剥蚀作用对原生结构的破坏。

对于前两种结构平稳性较好，基本可用理论的模型描述，但第三者却具有较大的随机性，对其的描述较为困难，也降低了结构参数的有效性。

由此，如何有效描述储层参数分布结构的复合性或如何再现这种复合性的影响是储层井间模拟需要解决的技术问题。

（一）储层井间模拟与储层对比流程

储层对比首先要划分层组，进行层组的标定。因为层组划分对进一步落实构造，细分沉积单元，追踪砂体，描述砂体形态，研究储层特征、油气水分布特征以及油气藏类型都具有重大意义。具体流程如下。

1. 选取标志层

所谓"标志层"是指在电测井曲线形态上有明显的、容易识别的特点，在平面上分布较稳定，且容易追踪对比的特殊岩性段。一般情况下都以稳定泥岩作标志层。如辽河沈 67 油田沙三段，主要的对比标志层有以下几种（图 7-5）。

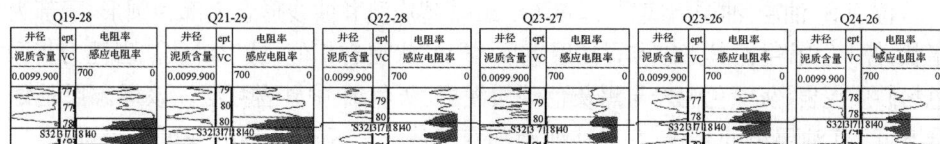

(a) "W"状标志层

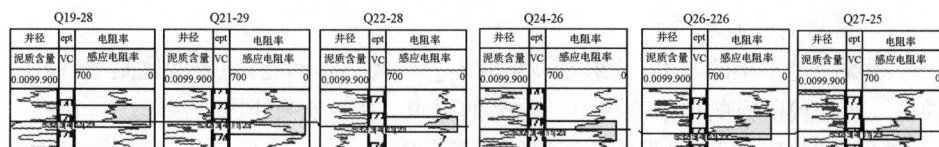

(b) "刀"状标志层

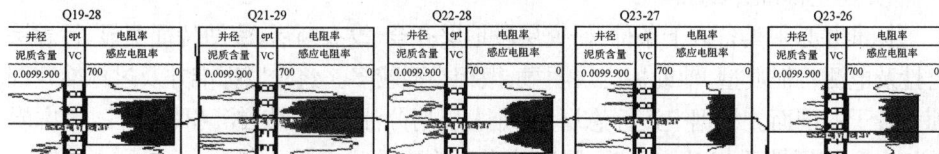

(c) "槽"状标志层

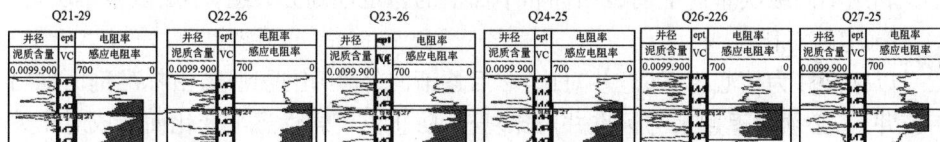

(d) "山"状标志层

图 7-5　地层对比的四种标志层

1）"W"状褐灰色高感低阻泥岩

位于 S_3^5 油层Ⅳ油层组的顶部，厚度 5～8m，感应测井曲线上呈"W"状，岩性为一套褐灰色、灰色泥岩夹灰色、棕褐色油浸、油斑粉-细砂岩。砂岩普遍含油，但饱满程度不均。泥岩质纯性脆，含介形虫化石。

"W"标志层在该区块 95％的井可追踪对比，在中部及北部特征更为明显，易于识别。西南部岩性有所变化，特征变得不明显。

2）"刀"状泥岩

位于 S_3^5 油层Ⅲ油层组的中部，厚度 3～4m，感应测井曲线形态颇似单刃刀尖状。岩性为灰色、深灰色泥岩，富含植物化石碎屑与介形虫化石，该标志层电性特征明显，层薄。稳定程度达 90％以上。与下伏"W"标志层组合对比，提高了对比精度。

3）"槽"状泥岩

位于 S_3^2 油层Ⅳ油层组底界，厚度 $10\sim13m$。岩性为深灰色、黑灰色泥岩夹灰色粉砂质泥岩条带。电阻率低，感应曲线呈凹槽，带小锯齿状。稳定程度达 85％。

4）辅助标志层"山"状泥岩

位于 S_3^2 油层Ⅰ油层组底界，厚度 $6\sim8m$。感应测井曲线形态上部为圆形，下部为指状，像一"山"字。其形态与Ⅳ油层组顶界"W"状泥岩相似，易于辨认。岩性为灰绿色粉砂质泥岩、灰绿色泥岩与黑灰色碳质泥岩、灰色细-中砂岩互层。该标志层是划分 S_3^2 Ⅰ、Ⅱ油层组的界线，并且往西南部变清楚。全区有 80％的井可追踪对比。

上述四个标志层一直以来是本地区公认的最明显的对比标志层。

2. 精细划分储层单元

油藏经过多年的开发，油组及砂组的划分已经不是问题，主要问题是随着开发的深入对油藏研究的精细度提出了更高的要求。需在砂组划分的基础上，进行小层、单砂体、单层的划分，为此需要进行以下工作。

1）建立标准井剖面

标准井必须具备以下条件：研究层段地层齐全、没有断层、旋回特征明显、标志层岩性及电测特征典型、辅助标志层明显、微相类型较多。建立以标准井及过标准井剖面为骨干的剖面。根据上述标志层，卡准大层划分油层组，结合沉积旋回性，考虑岩性组合和储层性质相对一致性、厚度的大致均一性建立骨干剖面，由大到小逐级对比。利用不同级次垂向上的旋回性和平面上的稳定性划分砂组、小层以至单层。

2）追踪对比

以标准井为核心，与邻近井对比，然后逐渐向外推，由近到远，由标准剖面推出一口井后，必须再返回来与标准井对比复核，防止由于岩性逐渐变化而造成对比关系的逐渐上移或下降，致使外围对比结果无法与标准井闭合。划分出每口井的小层和单层。

3）纵横向对比

储层砂体具三维空间展布的特点。在上述追踪对比的过程中，通常沿河道方向易于对比，反映了砂体具条带状的特点，但在垂直分流河道方向，由于砂体的分布、砂体的形态及展布具有何种特点还不清楚，所以沿一个方向的对比远远不够，因此必须建立纵横向连井剖面进行对比。

4）油层组或砂组对比

将单井划分所得到的初步分层数据整理成储层自动对比也即井间储层模拟要求的格式，建立连井对比剖面，通常可加载砂岩百分含量和深侧向电阻率两条测井曲线。采用层拉平对比、层控对比方式，确定油层组或砂组界限。

5）井震合一

将获得的油层组或砂组界限，在精细层位标定基础上，实现井震合一。

6) 小层、砂体或单层的划分与对比

在完全井震合一资料基础上,进行层拉平井间模拟及层控井间模拟,将油层组或砂组内细分为小层、单砂体或单层。

(二) 储层井间模拟及对比方法

所谓储层井间模拟即充分利用多井数字处理成果,进行井间储层属性如泥质含量、储层孔隙度、渗透率、原始含油饱和度等的井间模拟。其目的在于为储层精细划分对比提供可视化的依据。具体过程与方法如下。

1. 根据储层厚度的层拉平

尽管井数据顶拉平后,储层中所有井的顶面位置在同一平面上,但由于不同井中各储层厚度的差异,使储层在不同井中的深度位置并不相同,这可能导致不同储层中的数据被用于同一储层的参数预测,这无疑是不等时的。为了消除这一影响,可根据储层厚度把井数据拉成等厚。

若有 n 口井,每口井中有 k 个储层,则拉平过程如下:

$$\begin{cases} x_{ij}' = x_{ij} \\ y_{ij}' = y_{ij} \\ z_{ij}' = z_{ij} - \dfrac{T_j^{\max}}{T_{ij}}(z_{ij} - Top(x,y)) \end{cases}$$

对于任一储层,寻找最大储层厚度 $T_j^{\max}$ 为

$$T_j^{\max} = \max(T_{ij})$$

式中: T_{ij} ——第 i 口井中第 j 储层的厚度,其中 (x_{ij}, y_{ij}, z_{ij}) 为第 j 储层中井数据坐标,$(x_{ij}', y_{ij}', z_{ij}')$ 为第 j 储层中井数据转换后的坐标;

$T_j^{\max}$ ——第 j 储层的最大厚度;

$Top(x,y)$ ——拉平后顶部深度。

从上式可以看出按储层厚度的拉平,实际上是将所有井的数据根据与储层最大厚度的比例进行放大,拉平后的储层顶底面在所有井中是相同的。若井数据为等间隔采样的测井参数或由测井解释得到的储层物性参数,则这一过程可通过对井数据进行相等数目的三次采样,使同一储层在不同井中具有相同的数据点数,在储层参数插值时,可以认为不同井中位置相同或相邻的数据点为等时或近等时的。

2. 井间模拟方法——快速克里金方法

克里金估计起源于 20 世纪 50 年代南非采矿工程师克里金(Krig)对矿块品味的估计。后来地质统计学先驱、法国的马特隆教授(G. Matheron)将克里金提出的方法上升为克里金估值理论,并发展成为地质统计学的基础和重要分支。

20 世纪 80 年代以来,克里金方法在石油勘探的许多领域得到了广泛的应用,并为储层定量表征奠定了基础。

克里金方法是一种线性最优无偏估计,比三角形法、反距离平方法等都具有优

越性,但也有其适用范围。对于所建模型要求一种平均意义上的最优结果时,克里金方法是最佳的选择。如本书中的小层、砂体划分,只需要一个最佳的结果来指导生产,对不确定性和非均质性因素考虑不多。当要研究不确定性和非均质性时,只有一种最优的结果是不行的,这就需要利用随机建模方法,得到一系列的等概率实现,来分析不确定性和非均质性。

1) 克里金方程组的建立

克里金估值是一种线性估值方法,要满足最优和无偏两个基本条件。

地质变量在某一点可以视为一个随机变量 Z,在一定空间区域内则可视为一随机函数 $Z(x)$。

已知在点 $x_1,x_2,\cdots,x_n$ 处的值为 $Z(x_1),Z(x_2),\cdots,Z(x_n)$,设在估计点 x_0 处的估计值为 $Z^*(x_0)$,其真值为 $Z(x_0)$,则在点 x_0 处的线性估计值为

$$Z^*(x_0) = \lambda_0 + \sum_{i=1}^{n}\lambda_i Z(x_i)$$

满足最优估计是指估计值与真值的方差最小,即

$$E\{[Z(x_0) - Z^*(x_0)]^2\} = \min$$

满足无偏估计是指真值与估计值之差的均值为 0,即

$$E[Z(x_0) - Z^*(x_0)] = 0$$

在线性估值中两者是统一的,由最优条件可以推出无偏条件。

由估计理论可知,线性估计的系数只与随机变量的一阶矩和二阶矩有关。当随机函数(即区域内地质变量)$Z(x)$ 的数学期望 $m(x)=E[Z(x)]$ 对于所有 x 都已知时,该线性估计方法为简单克里金法;当数学期望 $m(x)$ 是一个与 x 无关的常数但未知时,该线性估计方法为普通克里金法;当 $m(x)$ 既非常数又不可知时,该线性估计方法为泛克里金法或漂移克里金法。普通克里金法是最为常用的克里金方法,下面简单介绍普通克里金方程的形式。

在普通克里金法中,假定式中的 λ_0 为 0,并可推导出 $\sum_{i=1}^{n}\lambda_i=1$,则普通克里金法的线性估计可写为

$$\begin{cases} Z^*(x_0) = \sum_{i=1}^{n}\lambda_i Z(x_i) \\ \sum_{i=1}^{n}\lambda_i = 1 \end{cases}$$

用 Lagrange 乘数法可以推出

$$\begin{cases} \sum_{i=1}^{n}\lambda_i C(x_{i,j}) - \mu = C(x_{0,j}), j=1,2,\cdots n \\ \sum_{i=1}^{n}\lambda_i = 1 \end{cases}$$

式中:$C(x_{i,j})$ 为 x_i 和 x_j 两点的协方差函数

$$C(x_{i,j}) = E\{\{Z(x_i) - E[Z(x_j)]\}\{Z(x_j) - E[Z(x_j)]\}\}$$

这就是普通克里金方程组的形式之一,属于线性方程组,求得的加权系数称为克里金系数。从克里金方程组的形式可以看出,克里金系数不仅取决于观测点和估计点之间的相对位置,还取决于协方差函数的形式,即地质变量自身的分布特征。

2) 克里金方程组的解

要解普通克里金方程组,首先要确定方程组的系数矩阵和右端项,这需要知道随机变量 $Z(x_i)$ 和 $Z(x_j)$ 的协方差函数。

仅在普通克里金条件下,协方差函数的求取是不可能的。$E[Z(x_i)]$ 一般是未知的,并且对同一个点一般只有一个观测值,不能求得均值。

利用二阶平稳假设可以简化克里金方程组。二阶平稳满足两个条件:

(1) 随机变量的数学期望是一个常数;

(2) 每一个随机变量之间存在协方差,并且该协方差函数只与这两点之间的差向量有关。

在二阶平稳假设下,原来的普通克里金方程组可以简化为

$$\begin{cases} \sum_{i=1}^{n} \lambda_i C(x_i - x_j) - \mu = C(x_j - x_0), j = 1, 2, \cdots n \\ \sum_{i=1}^{n} \lambda_i = 1 \end{cases}$$

实际中更常用的是变差函数,它的定义如下

$$\gamma = \frac{1}{2} E\{[Z(x_1) - Z(x_2)]^2\}$$

变差函数与协方差函数存在如下关系

$$\gamma(x_1, x_2) = C(0) - C(x_1, x_2)$$

由以上三式可推出克里金方程组的第三种形式如下

$$\begin{cases} \sum_{i=1}^{n} \lambda_i \gamma(x_j - x_i) - \mu = \gamma(x_j - x_0), j = 1, 2, \cdots n \\ \sum_{i=1}^{n} \lambda_i = 1 \end{cases}$$

这是实际中最常用的克里金方程。确定了变差函数的形式,就确定了克里金方程组的系数矩阵和右端项。变差函数的理论模型有球状模型、指数模型、高斯模型等。

3) 快速克里金方法

快速克里金方法是对普通克里金方法的改进,使克里金估计的速度更快,提高了建模的效率。

常规克里金方法对每一个估值点都要解一次线性方程组,而快速克里金方法对于多个估计点只需解一次方程组,并且不会降低估值的精度。

快速克里金方程的形式如下

$$\begin{bmatrix} \gamma(x_1-x_1),\gamma(x_2-x_1)\cdots\gamma(x_n-x_1),1,x_1 \cdot x_1,y_1 \cdot y \\ \gamma(x_1-x_2),\gamma(x_2-x_2)\cdots\gamma(x_n-x_2),1,x_2 \cdot x,y_2 \cdot y \\ \cdots \\ \gamma(x_1-x_n),\gamma(x_2-x_n)\cdots\gamma(x_n-x_n),1,x_n \cdot x,y_n \cdot y \\ 1,1,\cdots1,0,0,0 \\ x_1 \cdot x,x_2 \cdot x,\cdots x_n \cdot x,0,0,0 \\ y_1 \cdot y,y_2 \cdot y,\cdots y_n \cdot y,0,0,0 \end{bmatrix} \cdot \begin{bmatrix} \lambda_1 \\ \lambda_2 \\ \cdots \\ \lambda_n \\ \lambda_{n+1} \\ \lambda_{n+2} \\ \lambda_{n+3} \end{bmatrix}_i = \begin{bmatrix} z_1 \\ z_2 \\ \cdots \\ z_n \\ 0 \\ 0 \\ 0 \end{bmatrix}$$

$$z_0 = \sum_{i=1}^{n} \lambda_i \gamma(x_0-x_i) + \lambda_{n+1} + \lambda_{n+2} \cdot x_0 \cdot x + \lambda_{n+3} \cdot y_0 \cdot y$$

在建模精度要求不是特别高的情况下，x,y 两点间的变差函数也可以用下面的公式近似计算

$$\gamma(x,y) = R \log R \quad (R > 0)$$

式中：R 为 x、y 两点距离的平方。如果 R 为 0，则取 $\gamma=0$。实际结果表明这种近似的计算方法既简单又有效。

3. 标准层拉平井间模拟流程

1）确定剖面线位置

首先要在研究区井位图中确定要建立的井间剖面的位置，一般要在顺物源和垂直物源大致两个方向上确定剖面线。软件对剖面的井数和位置没有限制。

2）确定拉平层位

小层划分一般在以前划分的基础上进行。要认真整理以前的分层结果，找出比较明确的标准层，作为剖面模拟的拉平层位。对没有拉平层位的井可以根据邻井的分层大略估计一个深度，作出剖面之后再进行调整。

3）准备原始数据

选出拉平层位后，准备好需要的原始数据。需要的数据有：井斜数据、原始分层数据、测井数据。实践表明，利用测井解释的泥质含量参数进行井间模拟来辅助小层划分效果较好。

4）设定参数文件

前面的工作完成后，根据软件要求的格式和实际需要，设定剖面模拟需要的参数文件，格式一定要与规定的格式完全一致。

5）生成模拟剖面

运行层拉平井间模拟软件，按要求输入两个参数文件的名称，开始剖面模拟。模拟结束后，每个剖面的结果保存在设定的文本文件中。

生成模拟剖面后，下一步即可进行人机交互小层划分、对比工作。

（三）储层井间模拟和对比

以枣园油田为例，针对研究区的特点，分别将孔一段 1、3、5、8 小层的顶面、孔

二段 2、4 油组顶面进行拉平和井间模拟,通过多井连井剖面在全区分区块进行剖面展布,以人机交互的方式划分对比小层,并以计算机自动存取划分结果。

按照 V1、V3、V5、V8 小层顶面进行拉平,以人机交互的方式划分小层。将枣V 油组划分成 13 个小层,自上而下编号为 V1~V13。其中 V1、V3、V5、V8 小层顶面为稳定的泥岩隔层,且 V1 小层主要具 3~4 个旋回,V2 小层具 3~4 个旋回,V3 小层具 3~4 个旋回,V4 小层具 3~4 个旋回,V5 小层具 2 个旋回,V6 小层具 2~3 个旋回,V7 小层具 1 个旋回,V8 小层具 1~2 个旋回,V9 小层具 1~2 个旋回,V10 小层具 1~2 个旋回。据此,以油组或小层划分结果为约束,分别进行层拉平井间模拟和层控井间模拟,其中层拉平井间模拟剖面主要用于小层对比初期地层划分,层控井间模拟则用于对小层的进一步细分。

图 7-6、图 7-7 分别为层拉平和层控井间模拟的标准剖面。

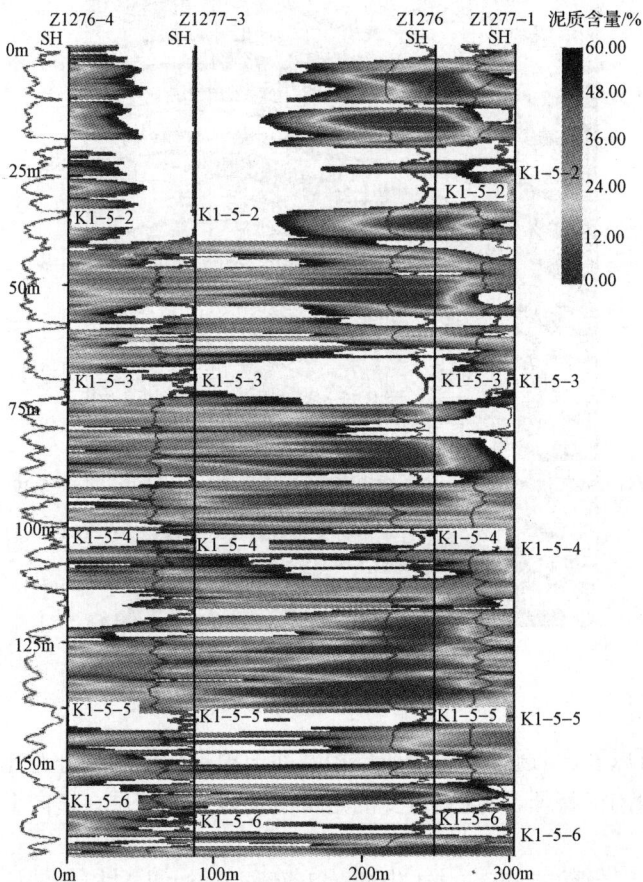

图 7-6 层拉平井间模拟对比剖面

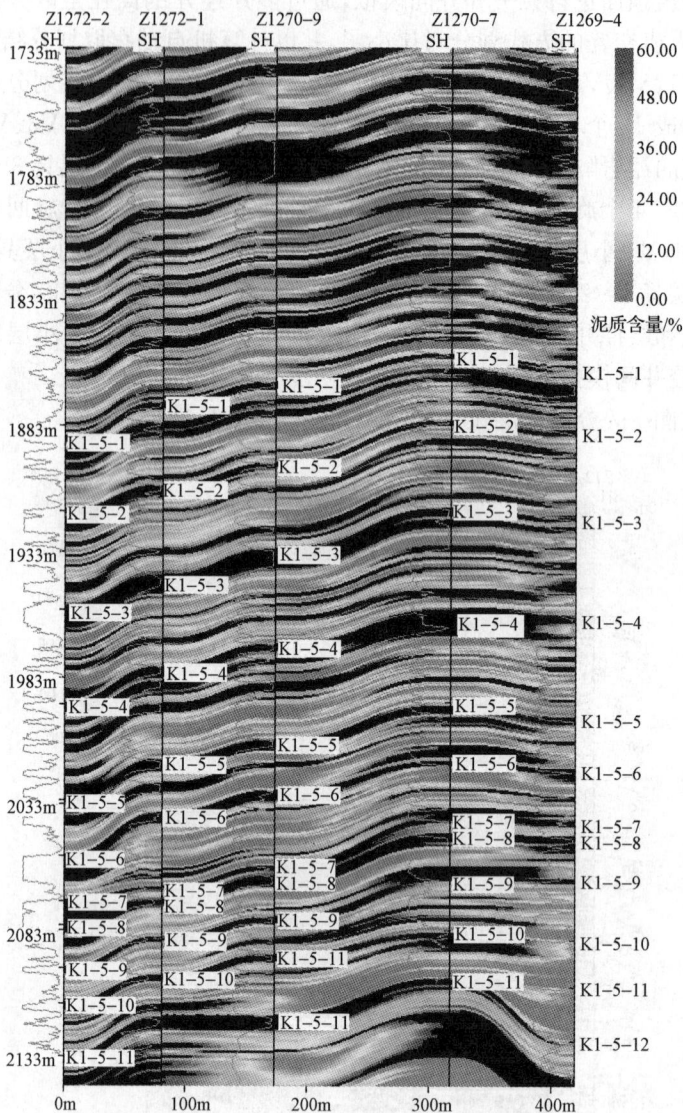

图 7-7　层控储层井间模拟及对比剖面

　　由图中可以看出,通过层拉平或层控井间模拟进行储层划分对比,不仅可以了解层纵向上的韵律特征,而且更重要的是可清楚地表征储层在横向上的变化。

第二节　构造精细解释方法与技术

　　构造研究应贯穿于勘探开发的始终。在油藏评阶阶段,依据所占有的地震信息,通常主要研究一、二、三级断层的形成及分布,研究构造的宏观几何形态。在开发阶段,伴随钻井资料的不断丰富,断层研究逐渐向精细化方向发展,不仅要定量地表征四、五级断层的分布,更重要地是要研究四、五级断层的封闭性、开启性,研究在油田总的构造背景上,由油层本身的细微起伏变化所显示的微构造特征。

一、构造解释模型的确认

特定的边界动力学条件作用于特定结构的地壳构造单元,必然使地壳构造单元产生特定的应力场。岩层在特定的应力场作用下发生的构造变形也必然会遵循特定的变形规律,产生特定的变形场(漆家福,2001)。所谓构造是指岩石或岩层的形态以及岩石或岩层各部分之间的关系。构造解释,就是描述构造变形现象,寻找构造变形规律,重建构造演化过程,揭示构造变形机理,推断构造动力来源,描述岩层变形的空间几何形态。

Groshong(1985)按照研究区位移场的主要分量,将构造变形分为五族,并按基底性质和是否被卷入盖层的变形分为四系,将制图尺度或油田构造分为 19 种构造族系类型。五族构造分别为:

(1) 水平收缩构造族:研究区域的岩层发生构造变形后的剖面长度比变形前的原始剖面长度短。

(2) 差异垂直位移构造族:研究区域的岩层构造变形主要是垂直差异位移的结果,研究区内部主要构造要素表现为差异升降运动。

(3) 水平伸展构造族:研究区域的地层发生构造变形后的剖面长度比变形前原始剖面长度相对伸长。

(4) 差异水平位移(走滑位移)构造族:研究区域的岩层构造变形主要是差异水平位移的结果,研究区侧面边界上或主要构造要素的相对走滑位移分量大于其倾滑位移分量。

(5) 区域垂直位移构造族:区域性隆升或沉降,形成不整合面构造和拗陷盆地。

四系构造分别为:

(1) 盖层滑脱构造系:沉积盖层与基底之间存在大型的区域性滑脱断层或拆离断层,盖层构造变形发生在区域性滑脱断层上盘。

(2) 结晶基底卷入构造系:结晶基底与沉积盖层一起卷入变形,主要的断层一般都切割到结晶基底中。

(3) 准沉积基底卷入构造系:盆地盖层的基底是厚层的沉积岩或浅变质岩,这些基底岩层在盆地沉积盖层发育前可以已经经历了变形,与盆地沉积盖层呈角度不整合或平行不整合接触,在盆地盖层变形过程中再次被卷入变形。

(4) 变质基底卷入构造系:盆地盖层的变质基底是经过较强变质的岩层,原始层理已经对后续变形不起主导作用,这些基底岩层在盆地沉积盖层变形过程中一起被卷入变形。

构造变形实际上可以有许多过渡类型,上述构造族系是连续构造变形谱中的端元成分,没有包括过渡的构造族系。此外,同一构造族系中也可以包含不同构造样式的变形。

由于通常不能观测到构造的整体面貌,更不能知晓构造变形过程,因而构造解释总是带有地质学家的假设和推断。当一个地区能够观测到的构造变形资料(或现象)不够完整时,地质学家还可以提出多种不同的构造解释方案,建立多个构造解释模型。不同的构造模型可能对未知部分有不同的地质预测。

构造解释模型本身应该是合理的、正解的。Groshong(1985)将判断构造解释是否正确的过程称为"构造确认"(structural validation),而将通过研究认为是正确的构造解释模型称为确认构造(a valid structure)。一个确认构造应该在物理学(几何学和运动学等)和地质学的解释上都是合理的,必须很好地满足四条准则:即在几何学上必须是精确的、可接受的、可复原的及平衡的构造。

所谓精确的构造是构造解释模型中的所有构造要素必须与观测资料一致,地质预测也将会与新的地质发现一致;所谓可接受的构造是指构造解释模型中的构造样式与研究区局部能观测到的构造样式相适应,同时符合研究区岩层的变形习性;所谓可复原的构造是指构造解释模型能够复原到它未变形的原始状态;所谓平衡的构造是指构造解释模型中的各岩层长度、面积和三维构造的体积等在变形过程中维持其平衡关系。

对于较复杂的构造变形地区,可能同时存在经过构造确认的几种不同的构造解释模型。这时,需要补充一些关键性构造要素资料进一步做构造确认研究。如果一个地区只能建立一种确认构造或平衡地质剖面,也只能将其认为是可能正确的构造解释。如果在一个地区所建立的构造解释模型不能通过构造确认,则这种构造解释模型一定是错误的。确认构造通常遵循如下四项基本原则(漆家福,2001)。

(一) 构造的精确性确认

构造解释是否正确,最基本的检验标准是它的精确性。即构造解释模型中的各种地质要素应该很好地与实际资料相吻合。如图面上岩层面深度必须与钻井揭示的深度一致,图面构造等高线高程必须与实际控制点相符;断层面与岩层面交线位置和深度必须与断层产状相符;构造剖面图中岩层的埋藏深度和厚度必须与构造等高线图相符;如果相邻剖面之间没有断层等分隔性构造要素的影响,它们的剖面样式应该相似等。

1. 构造等高线图的确认

图面构造等高线与构造面在各个控制点的高程一致。图面的复杂程度与控制点的数目相称，一定比例尺的图件必须有相应密度和相应精度的控制点数据。如果有褶皱构造，图面构造等高线应反映出褶皱轴线的走向。闭合的等高线应该有数据点控制。构造等高线能够说明油气圈闭和油水界面的范围及其相关特征。相邻图幅应该能够较好地衔接起来，因控制数据点不足出现的图幅边缘异常现象被消除。

2. 岩层厚度变化的确认

多数构造单元中的前构造期沉积层厚度应该是相等或均匀渐变的。同一构造期沉积层厚度变化应该能够反映同生构造的几何学、运动学特征。构造作用引起的岩层厚度变化要与构造和岩性的横向变化相匹配。

3. 断层的确认

同一断层的地层断距在平面构造图和剖面图中应该一致。断层的地层断距在断层面上的分布（沿岩层倾向变化和沿断层走向变化）应该符合物理学和地质学逻辑。

4. 协调性的确认

不同的岩层不能占据相同的空间位置。

构造剖面上各岩层的构造变形样式及其位移矢量应该相互协调。断层面等高线图与所切割岩层的等高线图要能够很好地吻合（包括断层两盘的岩层切割线位置、深度等数据）。

断层相关褶皱应该与断层的几何学和运动学特征相适应。

地层层序韵律在各种图件中协调一致，不整合的性质及时代在各种图件中协调一致。

断层形成序列或同生活动时代与同期的沉积层序协调一致。

在成熟探区或开发区，随着各种资料的积累，油田地质学家们一轮又一轮地依据不同来源资料编制各种地质图件。从这些图件中，总会找到与实际资料不一致的解释。也可以找到同一地质要素在不同地质图件中不一致的地方。如穿过断层的钻井揭示的断层断距与构造等高线图不一致，平面图与构造剖面图中的断层位置、断距、埋深等不一致，构造图预测的油气圈闭范围与后来钻探证实的圈闭范围不一致等。通过构造精确性检验可以揭露各种资料、数据、图件之间内在的不协调性，并通过系统修改使各种资料、数据、图件之间内在协调起来，并且与实际的地质发现协调起来。

（二）可接受性确认

一个可接受的构造解释模型必须符合这一区域或类似区域已经基本证实的构造变形几何学特征。如一个区域主要是逆冲褶皱构造变形，而不是盐构造变形，构造解释模型的可接受性确认就要检查构造解释模型中的岩层变形样式是否具有收缩构造变形族系的特征。不同构造之间不可能完全相同,但是如果它们是在基本相同的地质条件下形成的则一定有相似之处。如砂泥岩互层的岩层受挤压发生收缩变形时,如果形成褶皱,则砂岩层起主导褶皱变形作用,岩层厚度基本不变,而泥岩层的厚度可以变化,起被动变形作用。如果发生断层一定是以逆冲断层为主,而且厚层砂岩层中断层倾角较陡,泥岩层中断层倾角相对较缓。因此,构造可接受性确认就是确认解释模型中构造样式是否合理,是否与研究区域岩层变形规律协调,是否与同一地区的已知构造样式相适应和属于同一构造变形族系。

可接受性确认还应该与构造复合平衡检验相结合进行。构造复原得到的古构造同样需要进行可接受性确认。如一条光滑的断层面复原后其剖面上的断层轨迹如果是"Z"形折线则被视为是"不可接受的",因为从物理学上不能解释一条剖面上"Z"形的断层轨迹演化成为一条连续的断层面。

（三）构造复原确认

一个正确的构造解释模型一定是可以复原的,即可以恢复其变形过程。构造复原确认就是建立构造解释模型的复原构造模型。构造解释模型通常是用垂直于构造走向方向的剖面（或垂直与褶皱轴线的截面）表示的,如果这一解释剖面与主应变平面一致,则应该可以用平衡剖面技术编制出相应的复原构造剖面或构造演化剖面。

构造复原确认需要在构造解释剖面（或三维模型）上定义三种不同意义的参照线（在三维模型中为三个参照面）,即参照岩层面（reference horizon）、钉线（pin line）和松线（loose line）（图7-8）。

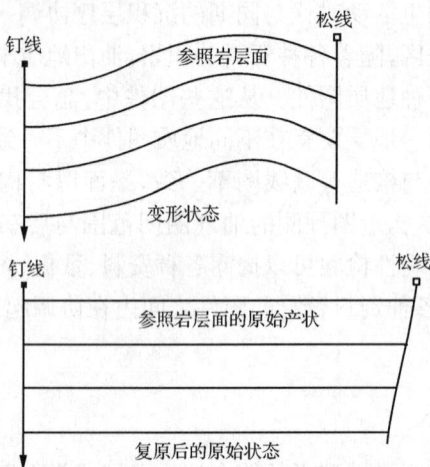

图 7-8　构造复原确认中的三种参照线

　　一般定义参照岩层面在变形前为一个水平面,在剖面图中为一条水平线。如果经研究确认参照岩层面在变形前有一定的原始倾斜,则构造复原应该将参照面复原到原始倾斜位置。钉线是变形剖面中的一条像钉子一样穿过所有变形岩层的假想直线,并且这条直线在构造变形过程中始终保持直线状态。松线是变形剖面中的一条像棉线一样穿过所有岩层的假想参照线,并且这条线在构造变形剖面中是直线状态而在构造复原过程中可以随着岩层面的复原发生变形。钉线和松线都是人为定义的,但要根据剖面变形特征来选择。一般定义构造剖面的某一个端部、变形微弱或未变形的水平岩层的垂直线、岩层褶皱的轴线等为钉线,定义剖面的另一端部、穿过褶皱翼部的直线等为松线。在剖面复原过程中,钉线和松线与岩层面的交点相对于岩层面的位置始终不变。复原剖面上松线的形状可以帮助理解构造变形过程和判断剖面是否能通过"可接受性确认"。

　　构造复原除需要定义上述三条不同意义的参照线外,还需要研究构造变形的几何样式、运动学特征和形成机制,然后根据一系列几何学规则将变形剖面恢复到未变形状态。复原方案中选择的钉线和松线的位置不同,得到的复原剖面可能会有较大的差异。如图7-9、图7-10所示,同样的变形剖面,分别选择剖面端部和断

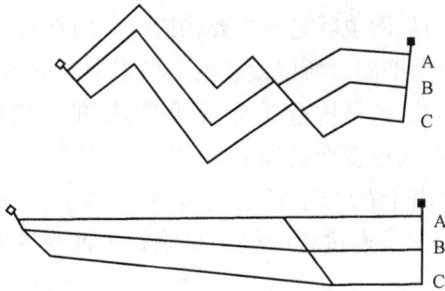

图 7-9　使用右侧钉线的"层长守恒"复原剖面(据 Groshong,1987)

上图为变形剖面,下图为复原剖面,带黑矩形头的直线为钉线,带空心矩形头的线为松线

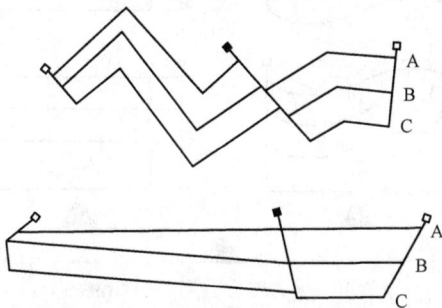

图 7-10　使用断层面为钉线的"层长守恒"复原剖面(据 Groshong,1987)

上图为变形剖面,下图为复原剖面,带黑矩形头的直线为钉线,带空心矩形头的线为松线

层线为针线得到了不同的复原剖面。构造复原确认不只是要研究变形剖面(或构造解释模型)是否可以复原,还要研究不同复原方案得到的未变形的原始剖面及变形过程中的古构造剖面是否都是"可接受的"构造剖面。

（四）构造平衡确认

一条平衡剖面或图件中各种构造要素的数据都应该是合理的、可接受的、能够用现代地质学理论解释的。所谓构造平衡实际上是两方面的,即构造解释模型必须在几何学上是平衡的、在地质上是合理的(也可以称为地质学上的平衡)。变形剖面中各岩层的长度、厚度、体积等可以与复原剖面对比,复原过程中松线的轮廓所反映的构造变形方式是可以接受的。

平衡剖面概念最早是由 Chamberlin(1910)提出来的,用于计算造山带的滑脱深度和缩短量,其基本原理是假设造山带横剖面面积与变形前地层所占面积相等,后来 Dahlstrom(1969)对平衡剖面概念做了系统的论述并应用在油区构造解释中。严格地讲,几何学上的平衡应该是体积平衡。但是多数构造变形模型中总有一个主应变方向的应变量很小或接近于零,这一方向的构造变形很微弱或基本没有变形,与该方向垂直的剖面也就是与主要构造线方向垂直的变形剖面,代表构造模型中变形强烈的主应变平面。所以设想构造模型中变形强烈的主应变平面上的面积在变形前后是守恒的,这是构造剖面"平衡确认"的重要前提条件之一。进一步,如果某些能干岩层在构造变形过程中不发生层内应变,即岩层厚度在变形过程中始终不变,则变形剖面上的岩层长度与复原剖面上同一岩层长度保持一致(图 7-11)。岩层长度、面积平衡过程中松线是检查平衡与否的参照。如果图 7-11

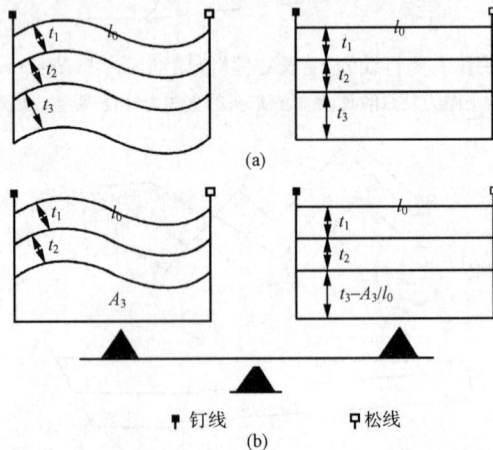

图 7-11　使用左侧钉线的"层长和面积守恒"复原剖面(据 Groshong,1987)

左图为变形剖面,右图为复原剖面,最下一层在变形过程中厚度发生变形中的变形剖面复原后的松线几何形状如图 7-12(a)所示,则表明原始剖面是平衡的;如果复原后的松线几何形状如图 7-12(b)所示,则表明原始剖面是不平衡的或所选用的复原方案需要修正;如果复原后的松线几何形状如图 7-12(c)所示,表明原始剖面基本是平衡的,但是复原方案中的钉线和松线位置的选择不适当。

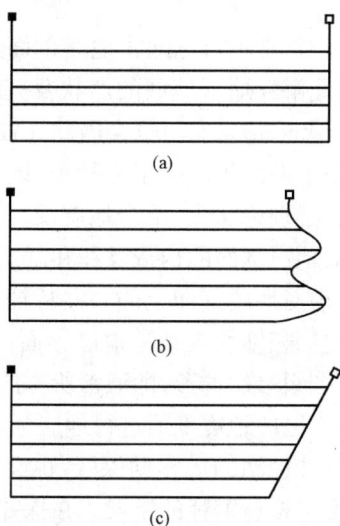

图 7-12　复原剖面中的松线形态(据 Groshong,1987)

(a) 图是可以接受的;(b) 图是不可以接受的,变形剖面的解释不合理;(c) 图表明存在系统误差,可能钉线和松线选择位置不合理,或解释的断层与褶皱关系不合理,需要修改

　　地质学概念上的"平衡"主要是指一条剖面从未变形的原始状态变形至最终的变形剖面的中间过程都是可用现代地质学理论解释清楚的,是合乎地质逻辑的。松线复原过程中的轮廓指示岩层的变形机制,这种机制应该合乎地质逻辑、可以得到很好的解释。变形剖面中的各构造要素形成的先后顺序需要合理地表现出来。某些岩层的面积或长度在变形过程中会有所变化,如松散沉积层的压实、隆起部分岩层的剥蚀、软弱岩层的流动等造成岩层面积和长度的变化,构造平衡确认必须合理的解释和恢复造成这些岩层面积和长度变化的物理过程。

二、构造解释的基本原则

　　三维地震资料是解释地下构造最基础的资料。经过叠加和偏移处理后的地震剖面,能够直接显示出地下构造的基本形态。一般地,物性(波阻抗)差异相对较大的两个地层(或地质体)之间的界面在地震记录上的反射波也比较清楚,物性差异较大、连续性较好的地层界面在地震剖面上形成的同相轴也相对较清楚。地震剖面上的反射特征会受到很多因素影响,地震勘探工程和数字处理中可能会造成各种"同相轴假象"(干扰波、次生波、多次波等形成的同相轴)。在做地质解释时首先必须剔出各种"同相轴假象",然后把属于地层界面、岩体边界面、不整合面、断层面等各种地质界面反射造成的同相轴解释为相应的地质信息。地震剖面的构造解释是地质解释的重要组成部分,在油藏描述中,主要通过 3D 地震数据体来解释地下的地质构造现象。

在解释地震剖面时,人们常常不自觉地将地震剖面连续的"同相轴"看作是地下某地层的反射信息,并据此解释地下地层的产状及其组成的地质构造。在多数情况下,这种设想或许是合理的,但是有时也会因此导致错误。因为地震剖面中的"同相轴"特征实际上是垂向上的沉积层序组合特征,因而单条"同相轴"的地层意义有时难以确定。地震地层学理论认为,单个地震反射记录代表某个等时的沉积地层单元。接受这一思想对地震剖面的构造解释和制图十分有利。在做地震剖面的构造解释工作时,首先必须对地震剖面上的一些特征性的同相轴或同相轴组赋予地质意义。如某种特征的同相轴代表某种地层界面;某种特征的同相轴组代表某一特征岩性的地层("段"、"组"或"群"),即通常所称的"地层标定"。在没有探井控制的情况下,对一个新研究区的地震剖面进行地层标定会遇到很多困难,也难免出现错误。即使在有大量探井控制的成熟勘探区,也会出现地层标定错误。地层标定错误自然导致地震剖面上构造解释的错误。在探井位置的地层标定是正确的情况下,也会因为不正确的构造解释方法和工作程序而导致错误的解释结果。

尽管应用数字地震勘探及各种特殊的处理技术能使地下构造的几何形态有更清楚的显示,但是在对地震资料进行地质解释时仍然存在多解性。不同的地质学家对同一条地震剖面上的构造可能会有不同的解释,但是他们通常都会考虑剖面是否已经是一条平衡地质剖面技术。用平衡地质剖面原理和方法来约束地震剖面的构造解释是非常重要的。编制平衡地质剖面的目的有两个,其一是解释观测所获得的实际地质资料和构造要素之间的关系;其二是合理地推断未知的构造要素和进行古构造复原。前者是主要的,只有在合理地解释了观测到的地质资料才能科学地推断未知的构造要素和进行古构造复原。在用平衡地质剖面原理和方法进行地震剖面构造解释的过程中应该遵循以下一些基本原则(漆家福,2001)。

(一)优先标定构造层的地层标定原则

构造层的标定应该优于构造层内地层界面的标定,或者说不整合面的标定优于整合地层界面的标定。由区域性不整合面分隔一组地层也称为一个构造层。一个地区往往发育多个构造层及其地层,它们可能都被记录在地震剖面上。地震剖面的地质解释工作首先应该从划分构造层开始,然后依次标定出各构造层内部的地层层序。划分构造层的关键是在地震剖面上标定出不整合面。明显的角度不整合面在地震剖面上也许能一目了然地识别出来,然而,有些微角度不整合面则需要仔细的观测才能厘定。不整合面代表一次沉积间断,下伏地层可能部分被剥蚀,上覆地层则"上超"或"顶超"在下伏地层之上。对于微角度不整合面,要特别注意盆地不同部位地层接触关系的变化,盆地边缘部分的微角度不整合面延伸到盆地内部可能成为"平行不整合"或"整合"接触。这是正确地建立一个研究区的地震地层分层系统、进行地震剖面构造解释的基础。在已有勘探井的地区,地震地层分层系统务必与探井揭露的地层分层一致。地震剖面构造解释的目的就是合理地解释观测到的地层资料(包括钻井和地震剖面上标定的各地层)的分布及其相互关系。

(二)优先符合地质学平衡的原则

一般认为,检验一条地质剖面的结构是否合理应该满足两个基本条件。其一是该剖面通过几何制图可以将构造变形复原到未变形状态,即满足几何学平衡(面积平衡、层长平衡等);其二是按照几何学平衡准则复原古构造所反映出的构造变形过程应该满足地质学逻辑对构造变形的理解,即满足地质学平衡。但是在很多情况下实际地质剖面不能同时满足这两个基本条件,或者根据实际资料很难将剖面修改成满足上述基本条件的平衡地质剖面。这是因为实际的地质剖面经过了更为复杂的构造过程,包括剥蚀、压实、变形等。在现有资料可以用几种不同方案进行构造解解释,首先考虑构造带局部的地质逻辑上的合理性,其次考虑构造带几何学上的平衡。

(三)优先接受简单构造解释模式的原则

在解释现有观测资料时,可能同时产生几种构造模式,而且这些模式在解释各种构造要素之间的关系方面都是合乎逻辑的。这时,应该优先采用最简单的构造模式,因为简单模式的前提条件也可能是简单的,容易满足的,而且对未知构造要素的推断也是容易接受的。

但是,这并不意味着构造变形一定是符合最简单的模式。

(四)局部构造符合全区构造、同类型构造具有系统性的原则

局部的构造解释应该与区域构造解释在地质逻辑上具有一致性,同类型的局部构造样式可能是区域某个构造系统的组成部分。

三、构造精细解释

(一)构造精细解释内容

断层是控制断块油藏的主导因素,因此,断层研究的精度与深度关系到断块油田研究的成败。复杂断块油田构造精细解释,归根结底是断层的精细解释。也就

是说,断层研究是复杂断块油田研究中需着重解决的头等重要问题。进行复杂断块油田构造精细解释主要开展断裂的成因、断裂的分布、断层特点、断层分级、断层与油气的关系、断层的封闭性和微构造方面的研究。

1. 确定断裂系统

油藏评价阶段,主要以地震资料为主,对断陷盆地断层研究首先要确定断裂系统,即盆地内主要一、二级断裂的成因及其展布特征。在此基础上,分析三、四级断层配套情况。

依据的主要资料包括重力、电法、磁法等勘探成果图件,以及地震面积普查资料。

理论依据是板内构造区域应力场分析。如我国东部渤海湾盆地区域上属中生-新生代拉张型裂谷,在拗隆相间排列的北北东向区域构造背景上,发育了一、二级大断层,由于受凹陷边界条件影响,有些断裂稍有方向改变,呈北西及近东西向。因此在考虑整个凹陷断裂系统时,要以成因分析为主,具体问题、具体分析。在确定了一、二级主干断裂之后,再研究三、四级配套断层,构成完整的断裂系统研究。

由于构造层上、下(新、老)不同,断裂系统也会有所不同,要考虑每个构造层在地质历史中,其经历中所处特定环境应力场的变化不会完全一致。

2. 精确断点,合理组合断层

这是评价阶段复杂断块油藏描述中时刻会遇到的问题。当第一口井见油后,对复杂的断块油田来说,油气富集区的位置主要取决于对断层的认识,因此如何精确断点(剖面上)、合理地在平面上组合断层成为评价阶段油藏描述工作中至关重要的问题。高精度的地震资料与钻井资料结合是精确断点的主要手段。

一般做法如下:

(1) 在地震剖面上,依据反射段特征,初定断点。

(2) 利用钻井地层剖面、岩性、电性特征精细对比,确定单井断点及断距。

(3) 上述两种资料相互标定,实现真正意义上的井震合一,综合确定断点位置。

合理组合断层的做法如下:

(1) 将已确定的断层在相邻地震剖面上追踪对比,进行断层特征分析(性质、发育时间、断距大小等),与一、二级断层间可能存在的关系,确定断层可能延伸方向。

(2) 明确断层与油藏的关系,研究地层、油气水的性质、分布、油藏(层)压力系统,从而分析断层作用,进而组合同类断点。

(3) 应用三维地震水平切片、相干数据体,研究确定小断层走向。

(4) 利用地层倾角测井信息,明确断层、地层产状,进而划分断层断块,减少多解性。

同时,随钻井增多,要不断进行研究,反复认识,随时解决出现的矛盾,才能正确划分断层、断块。

3. 断层分级

断陷盆地不但断层多,而且断层性质、规模、发育史都不尽相同。不同断层对构造带的形成、对局部构造的影响、对沉积的控制作用与油气的关系都表现不一。应根据勘探开发的不同阶段对断层进行全面的、有针对性的研究,确定其可能的成因、规模大小(包括延伸长度、断距大小)、发育历史与油气关系等多方面的因素,把尽可能多的因素综合起来考虑,用分级(分类)的办法把它们表示出来,常分成以下五级。

一级断层:指断陷的边界断裂,多属基底断裂,具有延伸远、活动强烈、断距大(上千至上万米)、活动时间长(中生代—新生代)的特点,它控制了盆地的生成和发育。

二级断层:是指控制凹陷内二级构造带产生、发展的主要大断裂,其规模和活动强度略逊于一级断裂。但它仍下断至基底(古生界),上断至新近系,在凹陷中延伸较长,断距较大,以其继承性活动控制构造和沉积作用,对油气聚集有重要作用。

三级断层:属于一、二级主断裂派生的(配套)断层,多属于盖层内部的断裂,产生时期多在古近纪始新世—渐新世,活动时期一般较短,长度为数公里至数十公里,断距百米到千米不等,对沉积起部分控制作用,对构造起复杂化作用,常表现为构造背景下油气聚集的分区断层。

四级断层:是更低级别的小断层,在构造内延伸长度小(数公里至数十公里),断距几十米到百余米,活动时期晚且短暂,数量多,方向杂乱,是遮挡油气形成断块油藏的基本条件之一。

五级断层:规模更小,为块内断层,对油气形成不起作用,主要控制断块内的油水运动。

4. 断层封闭性研究

断层遮挡是断块油气藏形成的最重要条件,断层靠什么形成遮挡,什么断层具封闭性,什么断层不具封闭性,已有不少地质学家对这些问题做过研究。

许多地质学家认为,断层的封闭与开启是矛盾的对立统一过程。当断层活动时,无疑将会造成地下流体发生运动;而在断层停止活动的地质历史中,断面在上覆地层重力压实作用下,逐渐变开启为封闭。断层泥在不同的水动力条件下,流体的物理化学变化产生的新物质(矿物)、盐、氧化的稠油、沥青均可形成封闭,从而使断层多表现为封闭的。因此,断层的封闭性取决于一定的时空条件,可通过如下工作进行研究。

1) 断层面两侧岩界条件与封闭性研究

所谓岩界条件是指断层面两侧接触的地层关系。早在 20 世纪 60 年代初期，胜利油田的地质学家们将"砂岩不见面，盖层不破坏"的断层认为是能遮挡油气的封闭性断层。其含义是针对东营凹陷以沙二段为储层，其上沙一段为盖层的储盖组合。当它被断层切割时，断层断距小于沙一段厚度，使沙一段盖层在断层两侧仍连续分布（不破坏），沙二段储层不与以砂岩为主的东营组接触，断层就能遮挡（封住）油气形成油气藏，反之，沙二段储层与东营组砂砾岩接触，则断层不封闭，不能形成断块油气藏。

同一条断层在纵向上由于储盖条件的差异，封闭性也会明显的不同。

2) 断层的活动期与封闭性研究

断层的封闭性与断层产生、发育期也有很大的关系，一般发生在聚油期以前的断层，多呈现出封闭的特性，而在油气聚集之后产生的断层（或重新活动）多表现为不封闭。具体来说，渤海湾盆地以古近系为主要目的层的各凹陷老断层封闭者居多；始新世、渐新世产生并在渐新世中期终止活动的，多具封闭性；东营期产生或新近纪产生的断层对原生油藏多表现为不封闭，成为油气运移的通道。但是当其停止活动时，在其活动的最高层位，形成断层次生油气藏。因此研究断块圈闭，首先要分析遮挡断层的发育史。

3) 断层的力学性质与封闭性研究

岩层在受到不同的应力场作用时，表现出的地层断裂性质有所不同。不同性质的断层，在遮挡油气时应有所区别。挤压或压扭性的断裂，一般是具有封闭性的。封闭性断裂面，经常是能够堵塞地下水的流动，或者在油田中起阻止油气逃逸的作用。张裂或扭性断裂，一般是具分裂性的，地下水或油气往往从裂开的隙缝流动或逃逸。

（二）构造精细解释

进行油田构造精细解释的关键是将地震、测井、生产测试资料有机地结合在一起，实现真正意义上的井震合一、静态与动态合一。为此提出，在进行地震精细解释的同时，与现场动态资料紧密结合。重点应放在研究区复杂性断层的解释和小层与地震同相轴的对应关系上，也就是充分利用地震信息、测井信息及生产动态资料，借助先进的软件系统将不同尺度的信息相互匹配。由于断层、特别是小断层的存在对油水分布及油水运动的影响较突出，对其合理性认识可以达到采取更好的注采措施，提高注采效率的目的。另一方面，高分辨率的层序地层划分结果（每小层约 20～40m）可以对地震进行标定。这样就把地震、小层划分的结果和动态信息有机地结合起来，为全面分析研究区的储层分布、断失状况及其动态响应奠定基础。研究中主要进行如下几方面的工作。

1. 合成地震记录制作

利用测井资料,通过小波分析合成地震记录,可以对比不同小层的地震反射特征。一般选取的合成井要具有代表性,地层一般较全,选取与地层质量密切相关且能体现地震响应的测井曲线作为合成地震记录的指示曲线。研究中可选取声波及密度曲线。

2. 多井储层精细划分与对比

充分利用测井资料,进行储层细分,即在区域标准层或局部标志层控制下,进行砂层组、小层及单砂体划分与对比。

3. 精细标定

精细标定是指在大构造层位标定基础上,对其内部砂组(或油层顶面)的标定(周海民等,2004)。在确定、闭合了三维地震剖面大的地质层位界限基础上,加入细分层信息,将每个小层或单砂体顶面位置在地震剖面上确定下来,找出它们与地震反射波的一一对应关系,有的小层或砂体顶面对应波谷或波峰。小层或砂体的精细标定是复杂断块油田构造精细解释的重要基础,由于小层厚度大,小层的动态对应关系认识较清晰,因此把地质分层、地震动态信息结合起来会增加构造解释的精度。

4. 构造精细解释

构造精细解释包括目的层追踪及断层解释。主要是在精细层位标定基础上进行。具体过程可遵循由大到小、由粗至细的工作方法。

(1) 提高测网解释密度:评价阶段常规解释密度一般采用 200m×200m 或100m×200m。而精细解释,特别是开发阶段油藏构造的解释密度可采用 100m×100m,50m×50m 或 25m×25m。

(2) 充分利用工作站灵活多样的显示功能和处理手段,进行对反射层手动或自动对比追踪。

(3) 剖面小比例显示,以解释地层产状的整体变化及大断层。

(4) 剖面大比例显示,以解释地层产状的微小变化及小断层。

(5) 在研究区内,用过井任意剖面线检查、对比解释方案、圈闭可靠程度并确保层位完全闭合。

5. 断层精细解释

断层解释的精度一直是困扰层位划分对比及影响储层横向预测精细程度的重要因素之一。传统的剖面解释模式,主要依据断层在地震剖面上反映清晰,以及反射层的中断、错开现象非常明显的特征,直接划出断层的轨迹。由于这种对比解释是分别对主测线、联络测线两个方向进行解释,这种解释方式需要对两个方向解释的断点进行闭合及断层面的空间组合。对断层复杂的地区,这种研究方法不仅需要耗费大量的时间和精力,并且解释精度还常常因人而异,难以满足储层精细分析研究的需求。这种研究方法很难从根本上解决断层空间组合、断点闭合的问题，制约了断层的解释精度和工作效率，也难以客观地描述地下构造真实情况。随着计算机及软件技术的飞速发展，断层精细解释进入了崭新的时代。

1) 用瞬时相位技术解释断层

在地震剖面上解释断层时，有时断点不清楚，但是断层两侧地层的连续性很好，并且两侧地层的产状也基本一致，看不出有断层存在，也就是通常所说的层断轴不断。但依据钻井分层标定的结果，相连的两个层并不是同一地质层位，期间存在一条断层，但从常规剖面上很难解释，断点的位置很难卡准，这时就要借助于瞬时相位剖面。通过提取反射波另外的一种属性，即相位属性，就可以比较直观地解释断层。因为不同的岩性组合有不同的反射相位角。利用这种特性，原本在振幅剖面上反映不清楚的信息就会在瞬时相位剖面上显现出来。

2) 用切片技术解释断层

在水平时间切片或沿层切片上，主要断层两侧的地层产状、倾角以及岩性会有较大的变化，它们的地震反射特征也会有明显的差别，因此可以根据同相轴的振幅、频率、连续性以及方向等，较好地识别出大断层，使构造解释方案更加准确合理。

3) 利用相干数据体解释断层

相干数据体是三维地震相干性的估计值，断层附近的地震道通常与相邻道有不同的地震特征，从而会出现局部的道与道之间的相干性突变，在相干数据体切片上，就能得到断层面附近有规律的低相干值。这些低相干值能真实地反映出断裂的展布规律。由此用相干数据体在解释之前可以了解研究区内断层展布规律，在解释之后可以检查断层解释的合理性。但相干数据体中往往由于噪声的存在、断层带的能量变化不均匀等多种因素的影响，便得仅用相干数据体解释断层时，还需要参与解释人员的判断和干预，而且随埋藏深度的加大，地震数据信噪比降低而导致这种仅用相干数据体对断层解释的方法受到限制。

4) 可视化环境中的全三维体解释

在可视化环境中进行多属性约束复杂断层全三维体解释，是断层解释的一种全新的工作流程。该方法是一种既利用了相干数据体对断层特征表现出的突出优势，从平面上控制断层的空间走向及组合关系，又保留了常规数据体断层剖面解释的传统，从主线、联络线剖面方向控制断层的延伸。用两种数据体相互约束，同时对多条断层进行全三维体解释。由于这种解释方法从剖面、平面三维空间上对断层走向、组合方式及剖面延伸方向进行了全面的综合，断层解释无须再经历断点闭合和断层组合这些耗时费力的工作过程。

（三）构造确认

构造确认是对研究区构造、断层反复认识的一个过程。

如图 7-13 为冀东油田柳北 Es_3^3 油藏不同勘探开发时期所确定的顶面构造图。其中,图 7-13(a)为利用 2 口评价井及地震资料获得的评价阶段构造图。初步确定该区为一断鼻构造,图 7-13(b)为利用 20 余口已完钻开发井及地震资料得到的开发早期阶段构造图,图 7-13(c)为利用地震及开发井、加密井资料,按照复杂断块构造模式进行的构造成图。由于地震资料品质较差,地层厚度变化大,随着钻井的实施,逐渐形成了柳北断鼻是一个极复杂断块构造的认识。图 7-13(d)为在三维地震资料重新处理的基础上,初步尝试应用层序地层学理论,以强化地层对比为突破口,开展的构造研究。可以看出,其构造格局、断层组合发生了很大变化。在此基础上进行完善调整,先后实施调整井 11 口均获成功,保证了区块稳产。与滚动开发阶段的认识相比,构造相对简单、油藏相对整装,但断块油藏的本质特征没有发生变化,局部地区动静矛盾仍然存在。图 7-14 为在柳北地区高精度二次三维地震资料采集、处理的基础上,以层序地层学理论为指导,将地质、地震、测井、油藏工程等信息集成于一起进行的精细构造解释。对油藏的认识发生了根本性变化,认为柳北 Es_3^3 油藏是一个构造背景基础上若干扇三角洲沉积砂体叠置、油层分布受其控制的构造岩性油藏,与此前的认识相比,构造简单完整、油藏整装,油藏类型的认识发生了本质变化。

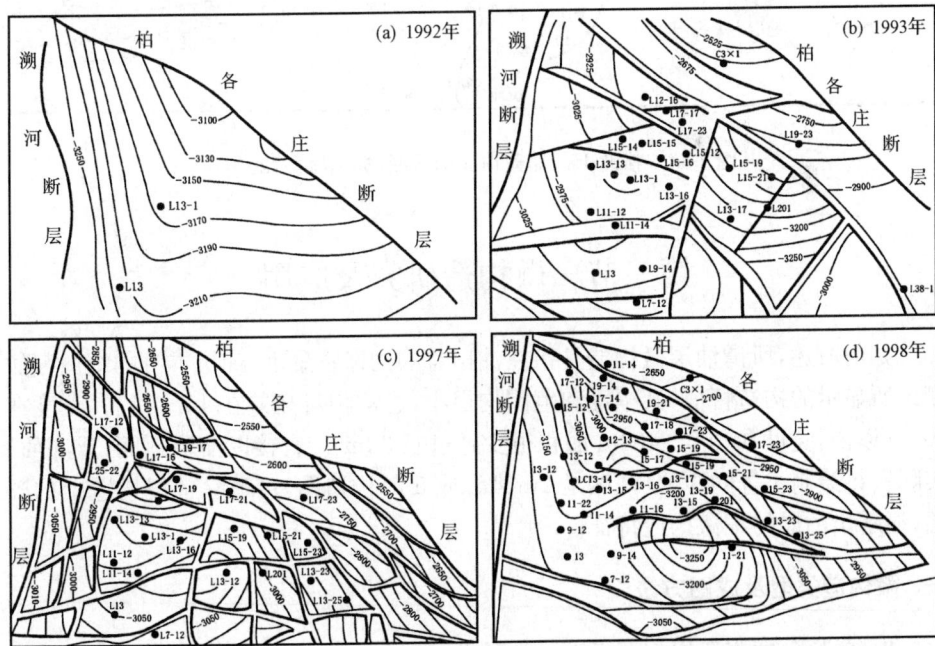

图 7-13　柳北 Es_3^3 油藏不同勘探开发时期顶面构造图(单位:m)(据周海民,2004)

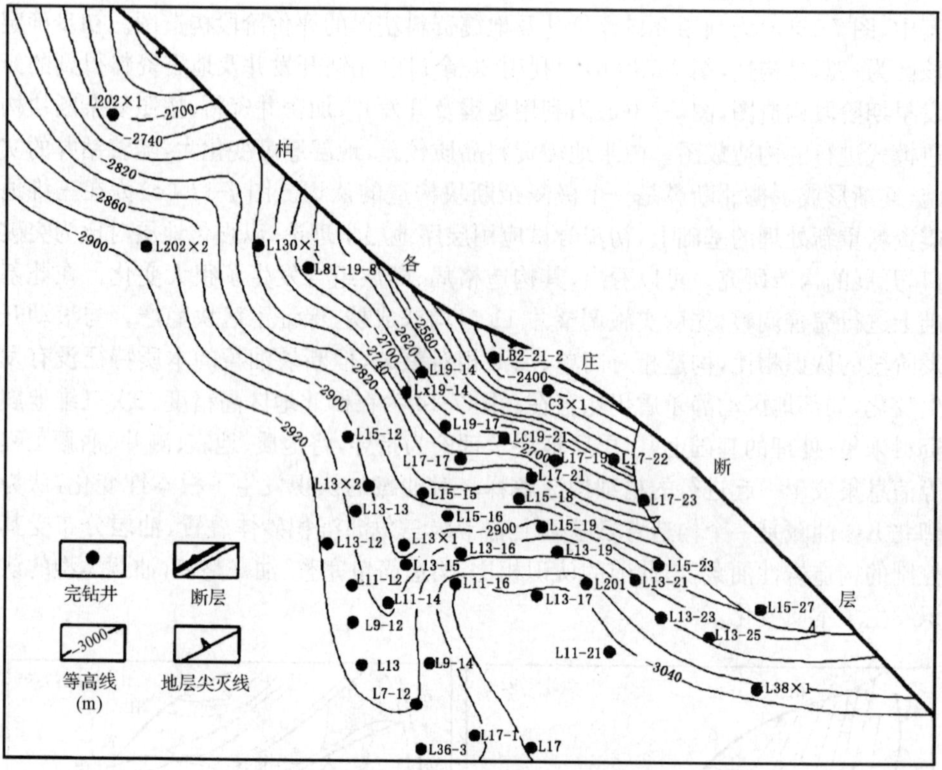

图 7-14　柳北 $E_{s_3}^3$ 油藏顶面构造图(据周海民,2003)

第三节　微构造研究及应用

如前所述,所谓油层微构造是指在油田总的构造背景上,油层本身的细微起伏变化所显示的构造特征,其幅度和范围均很小,通常相对高差在 15m 左右,长度在 500m 以内,宽度在 200～400m 面积很少超过 0.3km² 。直接以油层顶面(或底面)实际资料绘制小等间距的(一般是 2m、4m 或 5m)构造图,可消除常规构造图的弊端,显示出油层的细微构造特征。

一、微构造类型及成图方法

根据研究,微构造通常有以下三种类型。

(1)正向微构造:为油层局部相对上凸部分,包括小鼻状构造、小高点、小构造阶地及小断鼻等。

　　(2)负向微构造:为油层局部相对下凹部分,有小沟槽、小向斜及小洼地等。

　　(3)斜面微构造:为油层正常倾斜部分,常位于正负向微型构造之间,也可单独存在。鼻状构造与小沟槽较为普遍,常相间出现,在构造高部位可存在小沟槽,同样在构造低部位也可存在小鼻状构造。

　　微构造研究的实质性内容就是在较为密集的井数据基础上,对储层(小层或流动单元)的层面(顶面或底面)埋深绘制小间距等值线图,以展示储层构造的细微变化,以此为基础分析剩余油与微构造之间的关系,进而利用微构造进行剩余油的预测,指导油田的下一步挖潜。所以微构造的研究包含以下几方面的内容:①储层的精细对比;②微构造成图;③微构造类型确定;④微构造与剩余油的关系分析;⑤微构造在制定开发方案和挖潜措施中的应用。

　　在储层划分和精细对比工作中,已经得到了准确的小层或砂体分层数据。将小层或砂体分层数据进行精确的井斜校正可得到作微构造所需的数据。

　　通常微构造的成图是由手工勾绘,这种方式可有效结合对构造的经验认识,但工作量较大,同时得到成果不是可以灵活编辑的、数字化的微构造图。为了对微构造进行数字化的定量描述,已有研究人员将分形几何学引入到微构造的研究领域,这种方法可以对井间的层面埋深进行随机的预测和描述。但是,上述方法并非适合任何油田,如枣南油田。主要原因是:①枣南油田是复杂的断块油田,断裂系统发育,一些断块中的井数据较少,无法有效控制微构造形态;②枣南油田的断块较多,断块相邻的部位,井的归属经常发生变化,同时钻遇断层的井较多,并且断点出现在不同的小层,在微构造成图时需要充分利用井的数据,同时又要在不同小层剔除钻遇断点的井数据,数据整理的工作量很大;③在油田的边部、井控制不住的位置,构造的走向趋势需要由经验认识进行控制,以保证构造总体形态的一致性。为此,我们在研究过程中,根据枣南油田的特点开发出一套复杂断块油田微构造成图的软件。在该软件中,将微构造成图分为以下几个步骤。

　　首先将小层及单砂体分层数据进行精确的校斜,得到用于微构造成图的层面埋深数据。根据断块的边界断层构造出断块的区域范围;利用断块的区域数据将断块中不同区域的井分开,以便在区域中进行等值线绘制。

　　由于一些小的断块井太少,无法控制构造的形态,需要根据经验认识或地震解释的结果设置一些构造控制点。由于在枣43西断块仅有Z1312一口井,无法进行等值线的绘制,为了描述该断块的构造形态需要将地震解释的数据作为控制点加入微构造成图。

　　在区域范围的限制下,分别对各个区域进行微构造成图并进行区域拼接,则得到整个断块的微构造图。图7-15是枣43断块三小层微构造图。

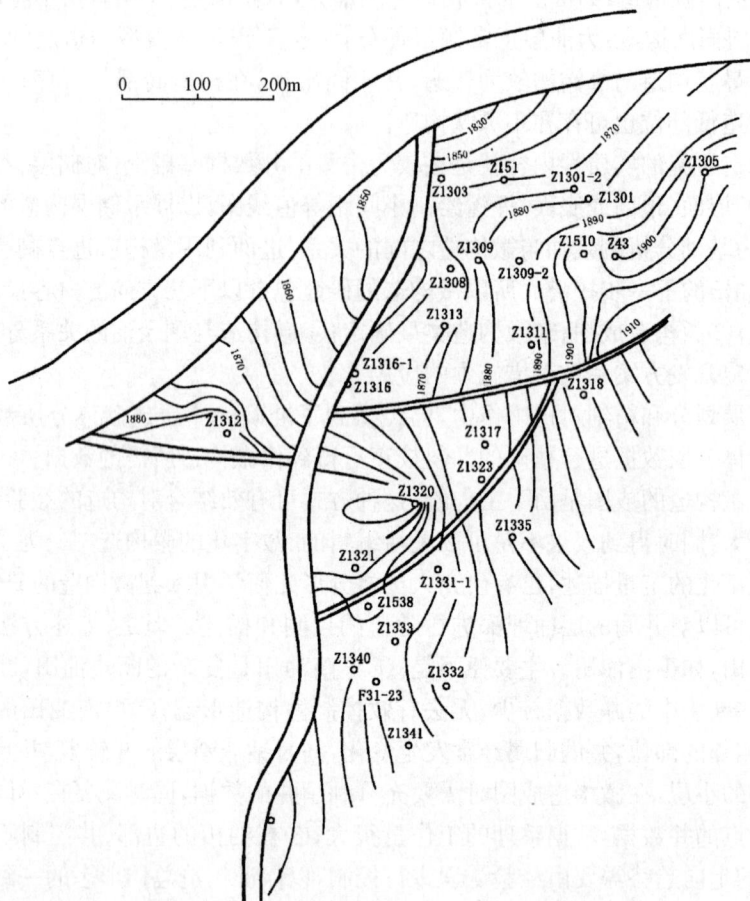

图 7-15　枣 43 断块三小层微构造图

二、微构造特征分析

　　分析大港枣南孔一段和孔二段的微构造图,发现在枣南油田有五种主要的微构造类型。

　　小 高 点:图 7-16(a)是枣 1270 断块孔一段Ⅴ油组一小层,Z1267-1、Z1269-4、Z1270-7 等井的附近形成一个幅度 10m 左右的构造高点。

　　鼻状构造:在单斜构造或背(向)斜的一翼,由于局部出现幅度较小的构造高部位,该构造三面下倾,一面向构造高部位上倾。在枣 1286 断块南部,孔一段枣Ⅴ油组一小层,由于 Z1285 和 Z1285-3 井的构造位置稍高,从而在整个断块大的单斜构造背景上,局部形成一个外延的构造高部位,是一个典型的小型鼻状构造(图 7-16b)。

断鼻构造：断鼻构造是鼻状构造在上倾方向被断层封隔形成的一种正向微构造类型。图 7-16(c)是枣南油田枣 1270 断块孔一段枣 V 油组五小层的南部的一个断鼻构造,它是 Z1272-4 和 Z1321 井附近的鼻状构造,为枣 1270 断块东部的边界断层封隔而形成的。

小阶地构造:是位于正向构造和负向构造之间的一种微构造类型,构造幅度中等,如图 7-16(d)、图 7-16(e)分别是枣 2 断块孔一段 V 油组三小层、枣 1270 断块孔一段 V 油组五小层中的小阶地构造。

小向斜构造:是枣南油田孔一、孔二段出现的主要负向斜构造,是总体构造的局部形成的下洼部分。图 7-16(f)是枣 1270 断块北部孔一段 V 油组三小层中的一个小向斜构造。

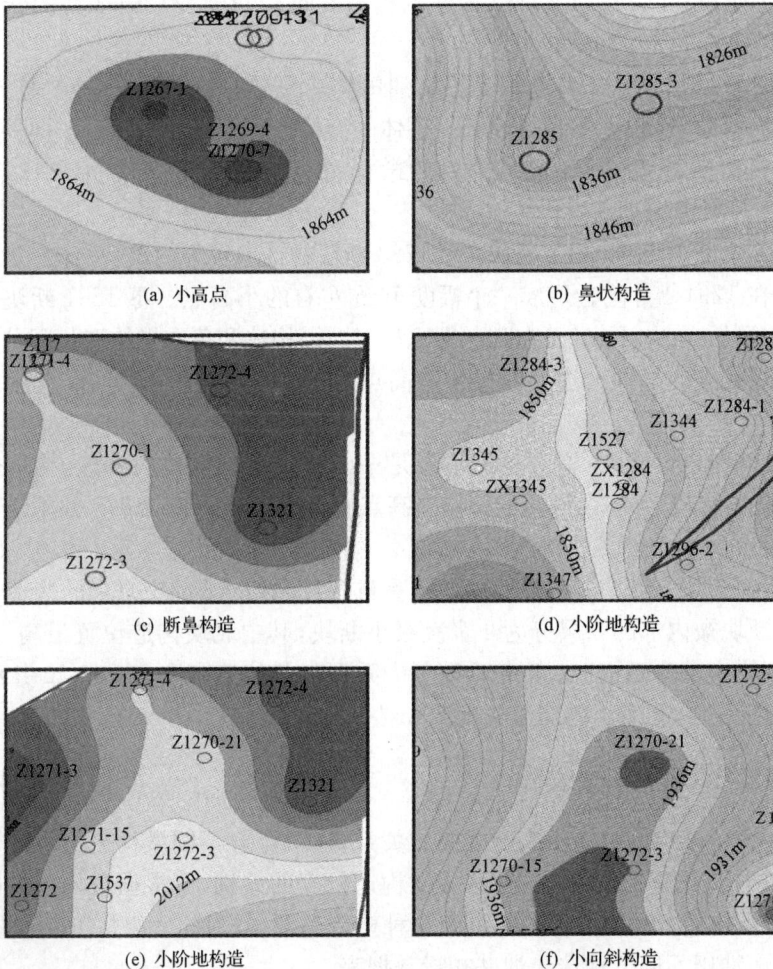

(a) 小高点　　　(b) 鼻状构造

(c) 断鼻构造　　　(d) 小阶地构造

(e) 小阶地构造　　　(f) 小向斜构造

图 7-16　枣南油田微构造类型

分析枣南油田中各个断块的微构造,发现不同断块的特征具有较大的差异。

枣43断块:枣43断块被断层分割成三个小的次一级断块即枣43南、枣43北和枣43西断块,由于枣43西断块中仅有Z1312井一个井点数据,其构造资料主要来源于地震解释,微构造的精度较低。枣43南块和枣43北块总体上是一个南北走向、倾向东的单斜构造,构造幅度30~50m。沿西侧断层形成断鼻构造和小阶地构造相间分布的微构造特征,微构造幅度6~12m。重要的微构造高点有Z151井和Z1320井附近的鼻状构造、Z1538井附近的小阶地构造。

枣2断块:枣2断块的构造与枣43断块的总体构造相似,为一倾向东的单斜构造,构造幅度35~50m,断块内有两条断距很小的断层。微构造的总体特征是断鼻构造和小阶地构造相间分布,并有几个小高点,微构造幅度4~14m。重点的微构造高点为Z1345、Z1284-2、Z1346井的构造高点、Z1342、Z1284-3井的断鼻构造和Z1349井的小阶地构造。

枣1270断块:枣1270断块是枣南油田构造最低的断块,总体构造较为平缓,各小层的总体构造幅度不超过30m。整体的微构造特征是小高点和小向斜构造相间分布,微构造幅度6~12m。主要的微构造高点有Z1270-19井、Z1267-1井、Z1270-17井附近的小高点构造。

枣1281断块和枣1288断块:枣1288断块的构造较为简单,总体上是一个背斜构造,在1294-4井附近形成一个幅度10m左右的小高点。枣1281断块南部微构造较为平缓,变化不大,而在其北部则呈正向微构造和负向微构造相间分布的特征,微构造幅度8~16m,主要的微构造高点是Z1280-5井和Z1274-4井附近的小高点。

枣1266-1286断块:总体构造形态是一个北高南低的单斜构造,构造幅度近100m。微构造较为单一,明显的微构造高点有Z1266-6井和Z1279井附近的小高点、Z1278-9井附近的鼻状构造。

枣111断块:枣111断块的构造经重新解释和组合后,较原来的构造有所简化,整个断块被内部的断层分为4个次级小断块,其中北块构造位置最高,南部的三个小断块由东自西构造位置依次降低。重要的微构造高点为F36-20井和F40-22井附近的鼻状构造。微构造幅度20m左右。

三、微构造与生产动态的关系

为了分析微构造与油田生产之间的关系,通常可对不同微构造位置的井的初投生产数据进行统计。为了有效区分微构造幅度的差别,可根据微构造的幅度将井点处的微构造分为高点、中等、低点三种构造类型,分别统计油井初投数据,如表7-2为枣南油田不同微构造与油井初投数据表。

表 7-2 枣南油田微构造与油井的初投数据表

微构造	井号	日期	产油/t	日均产油/t	含水率/%	微构造	井号	日期	产油/t	日均产油/t	含水率/%
高点	Z1266	1979-9	189	21.8	0.00	高点	Z1279-6	1998-3	188	13.95	10.05
高点	Z1287	1984-1	268	15.17	0.00	高点	Z1294-4	1999-1	364	15.26	65.27
高点	Z1276	1984-12	51	17	0.00	高点	Z1273-6	2000-3	448	20.82	17.50
高点	Z116	1986-12	194	16.33	0.00	中等	Z1270-31	2000-9	103	8.64	72.97
高点	Z1284-2	1987-7	57	7.13	0.00	中等	Z1278	1984-1	74	12.33	0.00
高点	Z1277-2	1987-7	368	46	0.00	中等	Z1280	1984-12	10	10	0.00
高点	Z111	1987-11	48	24	0.00	中等	Z1269	1985-6	278	12.78	0.00
高点	F37-21	1988-4	33	16.5	13.16	中等	Z1287-2	1985-11	24	41.38	0.00
高点	Z1270-35	2000-9	215	10.78	62.01	中等	Z1288-2	1985-12	394	41.47	0.00
高点	F31-23	1989-3	421	24.76	50.00	中等	Z1277	1985-12	64	4.32	0.00
高点	Z1308	1989-5	578	36.13	12.95	中等	Z117	1986-1	382	42.44	33.33
高点	Z1309	1989-5	234	14.63	43.07	中等	Z1313	1986-1	141	10.28	0.00
高点	Z1333	1989-6	594	25.01	15.02	中等	Z1332	1987-12	22	11	8.33
高点	Z1319	1989-7	78	39	48.00	中等	F45-19	1989-4	163	19.57	2.98
高点	Z1331	1989-7	213	42.6	40.00	中等	F43-19	1989-5	116	17.5	58.12
高点	Z1303	1989-8	1460	63.7	12.00	中等	F45-17	1989-5	65	9.29	74.00
高点	Z1320	1989-8	123	8.91	23.13	中等	F44-18	1989-6	11	11.46	68.57
高点	Z1316	1989-8	1597	61.83	32.01	中等	Z1335	1989-6	508	21.62	9.93
高点	Z1294-3	1990-4	642	34.7	10.46	中等	Z1317	1989-7	6	6	81.82
高点	Z1286-4	1990-5	986	71.45	0.00	中等	Z1318	1989-7	3	3	88.46
高点	F45-20	1990-6	752	62.67	2.97	中等	Z1279-3	1990-5	103	11.2	9.65
高点	F38-22	1990-7	437	27.48	3.74	中等	F45-18	1990-6	28	2.92	34.88
高点	Z1269-4	1990-7	33	11.83	15.38	中等	Z1341	1991-8	167	13.25	5.11
高点	Z1342	1991-8	88	29.33	10.20	中等	Z1344	1991-9	295	11.75	11.94
高点	Z1347	1991-9	425	14.66	14.14	中等	Z1283-3	1995-1	130	9.48	0.76
高点	Z1348	1991-9	66	9.17	9.59	中等	Z1309-2	1995-12	2	1	95.00
高点	Z1345	1991-9	321	18.55	8.02	中等	Z1263-2	1994-6	36	4.36	2.70
高点	Z1270-19	1993-8	218	54.5	2.68	中等	Z1270-10	1994-1	131	19.91	46.53
高点	Z1270-17	1993-12	204	9.3	3.77	中等	Z1270-21	1996-3	106	18.5	3.64
高点	Z1276-4	1995-6	403	29.27	10.04	中等	Z1296-2	1998-1	240	14.43	18.09
高点	Z1266-3	1997-8	381	16.57	27.98	中等	Z1285-3	1998-2	152	11.12	56.94

微构造	井号	日期	产油/t	日均产油/t	含水率/%	微构造	井号	日期	产油/t	日均产油/t	含水率/%
中等	Z1285-3	1998-3	72	9.34	20.88	低点	Z1312	1988-1	160	10.35	11.11
中等	Z1276-5	1998-4	281	16.11	35.99	低点	Z1275-1	1989-4	103	5.18	24.82
中等	Z1314K	1998-8	43	4.01	54.74	低点	F45-15	1989-6	67	8.46	75.90
中等	Z1277-3	1998-12	8	4	89.87	低点	Z1272	1989-7	26	28.26	72.34
中等	Z1340-1	1999-4	194	8.48	20.82	低点	Z1275-2	1989-7	159	5.93	70.00
中等	Z1280-5	1999-5	254	10.81	31.90	低点	Z1275-4	1989-7	33	2.48	94.03
中等	Z1340-5	1999-7	212	7.22	46.73	低点	Z1278-2	1990-t	68	3.06	26.09
中等	Z1274-4	2000-4	150	7.58	21.05	低点	Z1296-1	1990-7	158	10.53	71.17
低点	Z1290-1	1985-6	8	4.47	0.00	低点	Z1280-3	1995-9	26	15.95	45.83
低点	Z43	1985-11	65	7.22	0.00	低点	Z1291-3	1995-9	11	2.75	60.71
低点	Z1285-1	1986-4	186	8.13	0.00	低点	Z1270-25	1993-7	229	24.49	79.63
低点	Z1305	1986-11	371	16.05	0.00	低点	F37-23	1997-1	139	6.99	37.10
低点	Z1174	1987-4	424	20.36	0.00	低点	Z1274-5	2000-1	73	5.74	72.56
低点	Z1296	1987-11	15	7.5	85.98						

利用表 7-2 中的数据绘制不同微构造点油井的初投平均日产油和初投含水率的分布图(图 7-17)和所有油井的初投平均日产油和初投含水率的均值对比图(图 7-18)。为了对比注水前后的变化,特将 1992 年大规模注水前的油井和注水后的油井分开进行统计。

从图 7-17 中可以看出,在所统计的油井中,位于构造高点的油井初投产量明显高于位于中等构造部位和微构造低点的油井,几乎所有的初投平均日产油大于 60t 的高产井均处于微构造的高点,而处于中等幅度高点和构造低点的油井的初投平均日产油大多小于 30t。说明微构造对油井的生产有着明显的控制作用;在微构造高点的油井的初投平均日产油分布范围较宽,从 7.31t 到近 100t,说明微构造并不是影响油井生产的唯一因素,油井的生产还受其他因素的影响,如储层质量、井网完善程度、注采关系等。

从初投含水率上可以看出,在注水后,不同微构造部位含水率的变化有明显的差异,对比 1992 年前后投产新井的含水率可以明显看出,微构造低点含水率上升较快,平均达到 59% 的含水率,而微构造高点的油井依然保持较低的含水率(25%)。这说明虽然微构造的幅度不太大(一般小于 15m),但微构造却能在局部影响水驱油的效果。图 7-18 表明微构造低部位的油最先被驱到,其含水率上升较快,随着水驱的进一步加强,中等幅度微构造部位也逐渐被水驱到。

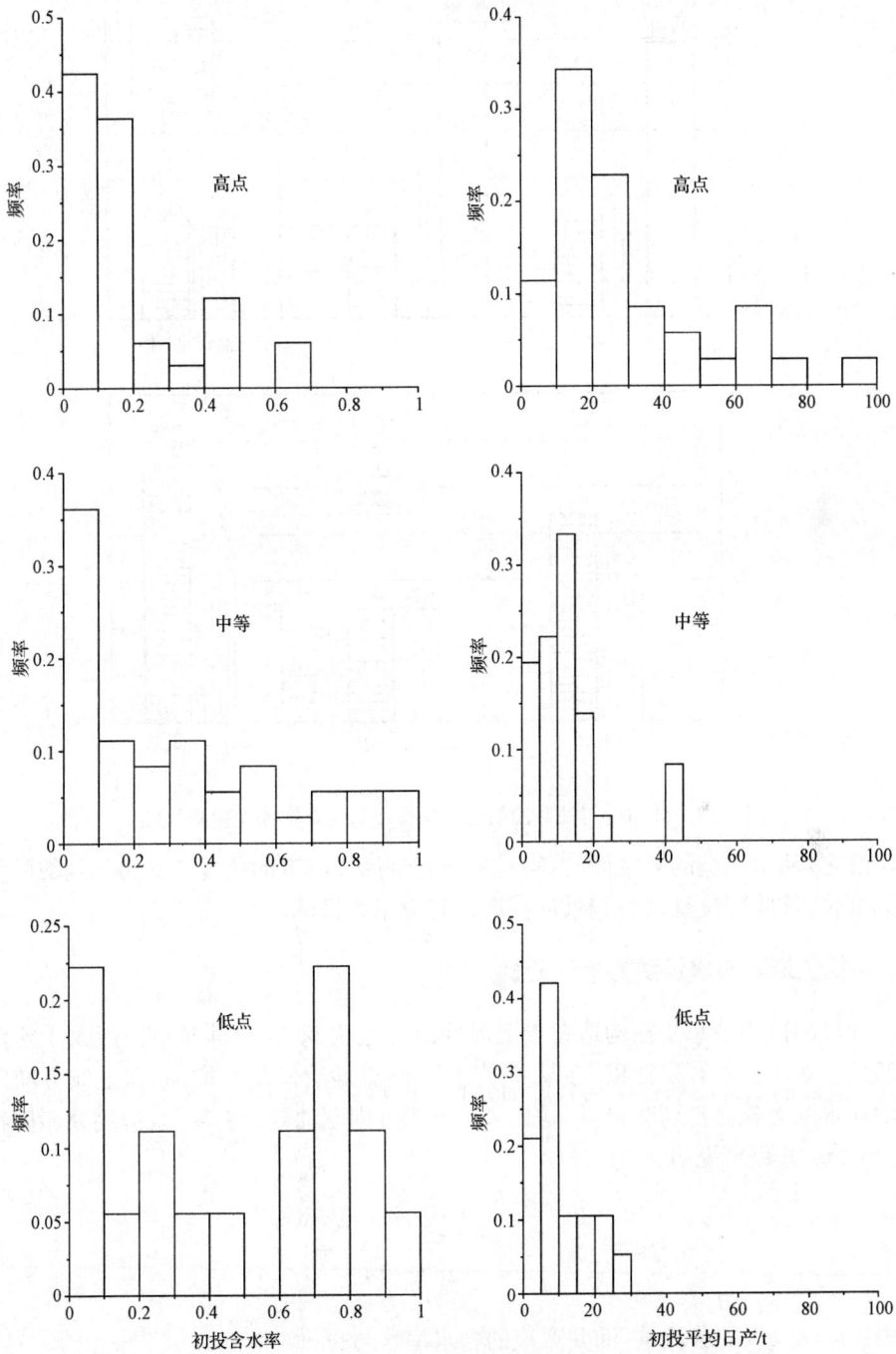

图 7-17　不同微构造处井点的初投产量与初投含水率分布图

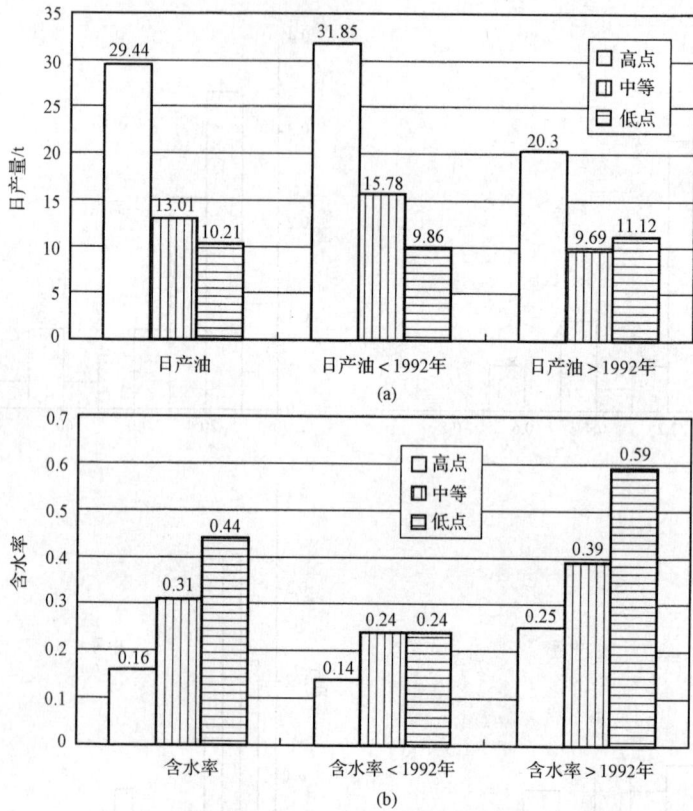

图 7-18　微构造与油井的初投平均日产量与含水率均值对比图

总之,从微构造的角度而言,容易形成剩余油富集带的位置是水驱不到的微构造高部位,这些部位是进行剩余油挖潜优先考虑的目标。

四、微构造影响油水运动的机理分析

油层的微构造总是在构造背景上局部出现起伏变化,故其倾角一般大于宏观的倾角。对于注水开发油田,在某一流速下,随着地层倾角的增加,向上倾方向驱油的注水动态就会得到改善,但是如果向下倾方向驱油效果将变差,应用莱弗里特(Leverett)方程来说明

$$f_w = \frac{1 + \dfrac{K}{v_1}\dfrac{K_{ro}}{\mu_0}\left(\dfrac{\partial p_c}{\partial l} - g\Delta\rho\sin\alpha_d\right)}{1 + \dfrac{\mu_w}{\mu_o}\dfrac{K_o}{K_w}}$$

式中:f_w——水的分流量(油井产液的含水率),%;

K——油层的渗透率,$10^{-3}\mu m^2$;

K_{ro}——油的相对渗透率,$10^{-3}\mu m^2$;

K_o——油的有效渗透率，$10^{-3} \mu m^2$；

K_w——水的有效渗透率，$10^{-3} \mu m^2$；

μ_0——油的黏度，$mPa \cdot s$；

μ_w——水的黏度，$mPa \cdot s$；

v_1——总流速 cm/s；

p_c——毛细管压力（$0.101MPa$），为油相压力（p_o）减去水相压力（p_w）；

g——重力加速度；

l——油层长度；

$\Delta \rho$——油水密度差；

α_d——油层的倾角，以水平线为零，向上为正，向下为负。

从上式可以看出，对 f_w 有影响的参数很多，如 μ_o、μ_w、K_o、K_{ro}、K_w、p_c、K 和 $\Delta \rho$ 等参数，但是在同一油层内，在含油饱和度相近的情况下，这些参数的变化较小，对 f_w 的影响不大，$\sin\alpha_d$ 不仅有数量的变化，而且还有正负的变化，所以对 f_w 的影响较大。

在注水开发过程中，采油井在平面上有四个驱油方向，垂向上有向上和向下两个驱油方向。前者只有数量上的变化，后者不仅在数量上随着前者变化，而且自身也有质的变化，这种变化取决于微构造的性质。

1）正向微构造

小高点：处于油层的局部高处，在四个方向上均为向上驱油[如图 7-19(a)]。

小鼻状构造：在闭合的三个方向上为向上驱油，开启的一方为向下驱油[如图 7-19(b)]。

小断鼻：因开启的一方受断层的切割无下驱，其余三个方向几均为向上驱油[如图 7-19(c)]。

2）负向微构造

小沟槽的中心部位相对于三个方向均处于低部位，相对于同一个方向处于高部位，故三个方向为向下驱油，一个方向向上驱油[图 7-19(d)]。

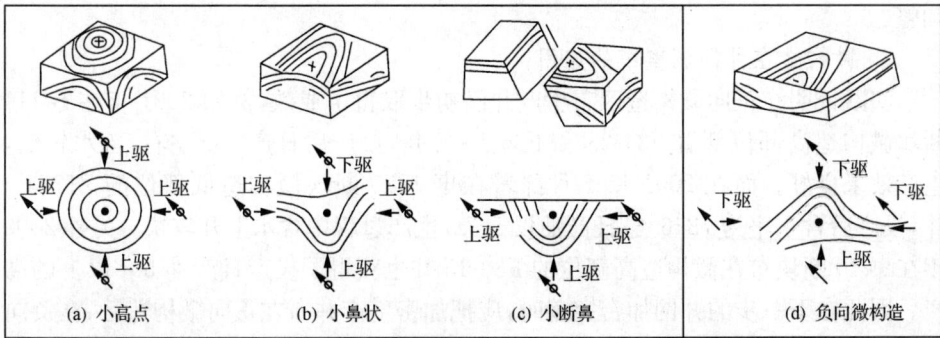

(a) 小高点　　　(b) 小鼻状　　　(c) 小断鼻　　　　(d) 负向微构造

正向微型构造水驱油方向示意图　　　　负向微型构造水驱油方向示意图

图 7-19　微构造与水驱油方向示意图

3）斜面微构造

两个方向水平驱油，一个方向为向上驱油，另一个方向为向下驱油。

从微构造的类型和驱油特征分析，剩余油的分布主要在以下几个微构造单元。

小高点：主要位于各断块中正向微构造的高部位，如小背斜的高部位，小断鼻构造的近断层一侧，某些局部高点部位。除这些正向微构造的高部位外，在某些负向微构造如小凹槽的高部位也是剩余油富集的有利地区，但其富集程度总体上要比正向微构造的高部位要低。

小鼻状构造的凸部位：小鼻状构造尽管其规模不大，但总有一定的延伸范围，在小鼻状构造的凸起部位也是剩余油富集的有利地区。

五、微构造在今后剩余油挖潜工作中的应用

油田经过较长时间的开发特别是注水开发以后，油层的原始油水界面将随着开发程度的提高不断改变，当开发进入一定程度后，原来一个同一圈闭内的油水界面将构造分割成不同的微型构造，这时控制原油分布的构造因素已不再是原来的常规构造所反映的构造形态，而是微构造形态，所以剩余油分布在正向微构造的高部位。在注水开发时，正向微构造是剩余油富集的低势区，该类微构造在油气田开发初期由于资料的缺乏，不能被认识发现，只有到油田开发中、后期有丰富的资料，如三维地震资料、钻井资料等情况下才能被发现，该类微构造不管是分布在老井网之内还是未受老井网控制，均是挖潜的有利地带。根据枣南油田微构造研究结果，微构造在枣南油田今后的挖潜工作中有以下几方面的应用。

1. 局部地区调整注采井别

枣南油田微构造研究是在井网一次、二次加密之后进行的，因此，原来的注采井网在局部地区与微构造研究结果不相吻合，多处出现高注低采的注采关系，注水井在微构造高部位，而在负向微构造区的油井生产状况较差，目前已处于高含水期，所以在保证注采井网的前提下，应遵循低注高采原则对局部地区注采井别进行调整。

2. 微构造在井网调整中的应用

实践证明在正向微构造区布生产井已初步取得了成效，例如 2001 年在枣 111 断块微构造高部位部署 F34-23 和 F36-19 等井，投产后日产 13t 左右，含水较低，生产效果良好。而在 2001 年 1 月部署在枣 1270 断块微构造低部位的 Z1274-5 井，投产后含水率为 72.6%，日产油仅 5.7t，生产过程中含水上升较快。另外 2000 年在枣 40 断块布在微构造高部位的 F38-15 井也获得了投产日产油 50t 以上的高产。因此在下一步的井网加密完善时，应把加密生产井布在正向微构造区，在负向微型构造区布注水井。特别是在油水边界处的负向微构造区不布生产井，在油水边界处的正向微构造区布生产井时，应作好油井转注准备。

3. 利用微构造优化射孔层段

微构造虽有一定继承性,但也受古地形、差异压实等作用影响。枣南油田 V 油组油层较厚,各小层的微构造有一定的差异性。在一口生产井中,不同的小层可能为不同类型的微构造,在射孔时应优先选择有利的正向微构造层段进行采油,而转注时则应考虑负向微构造层位,以提高油井的采油效率,减少水井的突进。

总之,在油层微型构造图上可以看出面起伏不平、呈小沟槽与小鼻状等微构造相间分布的状况。微型构造对油水运动有显著影响。由于地层倾角和重力作用,正向微构造区剩余油饱和度高,负向微型构造区剩余油饱和度低,剩余油富集区不仅局限于构造顶部,在低部位的正向微构造仍是剩余油富集区,在构造平缓地区应将作图等高线间距进一步缩小即可发现微构造,利用它们指导油田进一步的挖潜工作。在确定加密井位置时,尽可能把生产井钻在正向微型构造区,在负向微型构造应多考虑钻注水井,在老井改换生产层位时也应借鉴此思路。

第八章 储层表征及预测

第一节 地震储层横向预测

一、地震属性提取

用地震资料来进行储层预测，一直是地球物理界孜孜以求的目标。近些年来，发展了许多方法技术，其中如何利用地震属性来进行储层参数预测是非常重要的一类。主要依据是：储层的参数变化会改变储层的波阻抗特征，引起地震波的运动学和动力学特征(统称地震属性，包括振幅特征、相位特征、频率特征、相干性、相似性等)的变化；反过来，根据地震属性与储层参数的关系，可以进行储层参数的预测。

(一)地震属性的类型及物理意义

目前，从地震数据体中能够提取近十类地震特征参数，如振幅类、频率类、相位类、极性、阻抗(或速度)等几大类，每一类又包含许多种参数。

1. 振幅特征统计类

反射波振幅特征是地震资料岩性解释和储层预测常用的动力学参数，总的来说振幅特征是以下因素的综合：岩性变化；流体变化；岩性物性特征变化；不整合面；地层调谐效应；地层层序变化。在实际工作中经常使用如下一些定量参数。

1) 均方根振幅

在分析时窗内选择极大振幅，在其两侧追踪过零点的时间 t_1 和 t_2，计算 t_1 和 t_2 间隔内地震记录样点的均方根，称为均方根振幅

$$A_{\mathrm{rms}} = \sqrt{\frac{\Delta t}{t_2 - t_1} \sum_{t_1}^{t_2} A^2(t)} \tag{8-1}$$

式中：Δt——采样率；

t_1、t_2——时窗顶底 T_0 值；

A——瞬时振幅。

2) 平均绝对振幅

$$\overline{A} = \frac{\sum_{i=1}^{N} |A_i|}{N}, i = 1, 2, 3, \cdots, N \tag{8-2}$$

式中：N——时窗内采样点的个数；

$|A|$——瞬时振幅绝对值。

3) 振幅比

为了比较相邻时窗内记录振幅的变化,取两个时窗中的极大振幅或均方振幅,求它们之间比值。

4) 波峰波谷振幅差

地震记录中相邻的波峰和波谷振幅之差,是表征波形特点的一个参数。对薄层反射波,它将与薄层厚度有关。

5) 平均能量

在时间域内时窗中所有采样点的平均能量(振幅平方)。

6) 波峰振幅极大值

时窗内记录波峰振幅的极大值。

7) 波谷振幅最大值

时窗内记录波谷振幅的最大值。

8) 绝对振幅组合

时窗内记录波峰振幅和波谷振幅绝对值之和。该属性多半用来表征在有意义的区段上由于岩性和烃类聚集的变化引起的横向变化。

9) 区间顶底部振幅比

将时窗分为两部分,取其绝对值最大振幅比。在有意义的地段上估计地震波衰减。

10) 振幅斜度

时窗内记录振幅的平均变化率。记录能量总趋势的量度,用于在小区间确定趋势。

2. 复地震道属性

复地震道属性是指根据复地震道分析在地震波到达位置上拾取的瞬时地震属性,这类属性在过去 20 年间使用很广泛。一个复地震道可以表示为：

$$C(t) = S(t) + jh(t)$$

式中：$C(t)$——复地震道；

$S(t)$——地震道,$S(t) = A(t)\cos\phi(t)$；

$h(t)$——虚地震道,$h(t) = A(t)\sin\phi(t)$,是地震道的希尔伯特变换,$A(t) = [S^2(t) + h^2(t)]^{1/2}$ 为振幅包络,$\phi(t) = \tan^{-1}\dfrac{h(t)}{S(t)}$ 为瞬时相位,$\overline{\omega}(t) = d\phi(t)/dt$ 为瞬时频率。

这是三个基本属性,由此可以导出许多其他的瞬时地震属性,如瞬时实振幅、瞬时平方振幅、瞬时相位、瞬时相位的余弦、瞬时实振幅与瞬时相位余弦的乘积、瞬时频率、振幅加权瞬时频率、能量加权瞬时频率、瞬时频率的斜率、反射强度、以分贝表示的反射强度、反射强度的中值滤波能量、反射强度的变化率及视极性等。

1) 瞬时实振幅

在选定的采样点上时间域地震道振幅变化,为地震道数据的一般表示。传统上广泛用于构造和地层学解释。作为振幅属性的一个基本参数,用来圈定高或低振幅异常(亮点或暗点)。

2) 瞬时平方振幅

表示时间域振幅变化,其相位与瞬时实振幅比,延迟 90°。它的相位延迟特性对瞬时相位垂直变化的质量控制十分有用。因为它是在指定的相位上唯一能观测到的振幅属性,也可以用于确定薄储层 AVO 异常。

3) 瞬时相位

为在选定的采样点上以角度或弧度表示的相位。有助于加强储层内部的弱反射,但同时也加强了噪声。在彩色成果图上,要考虑它的周期性($\Phi-180=\Phi+180$)。因为烃类聚集常引起相位变化,这个属性可用作烃类直接指示之一应用。瞬时相位的余弦是由瞬时相位导出的属性,因为它有一个固定的边界值($-1\sim+1$),常用来改进瞬时相位的变异显示。

4) 瞬时频率

定义为瞬时相位对时间的导数 $\mathrm{d}\Phi(t)/\mathrm{d}t$,以度/毫秒或弧度/毫秒表示。用于估计地震衰减,油气储层常引起高频成分衰减,这个属性也有利于测量地层区间的周期性。存在干扰时显得不稳定。

5) 振幅加权瞬时频率

以振幅为权系数的加权瞬时频率。提供了一个可靠的平滑瞬时频率估计,以减少干扰的损害。

6) 能量加权瞬时频率

以瞬时能量 A 为权系数的加权瞬时频率。提供了一个可靠的平滑瞬时频率估计,但是,这样的平滑可能也压制了记录道中的异常信息。

7) 瞬时频率斜度

定义为瞬时频率的变化率。常用来表示衰减和吸收的速率。因为气、油和水饱和度会引起衰减,这个属性对高分辨率数据可以表示流体界面,在时延三维(4D)中很有用。

8) 反射强度

又称为振幅包络。用来确定亮点、平点、暗点。常用以确定储层中流体成分、岩性、地层学变异。作为复地震道振幅的绝对值,在某种程度上损失了垂直分辨率。

9）反射强度的中值滤波能量

定义为反射强度的时间域中值滤波能量。中值滤波能量属性可以加强反射强度峰值异常。

10）以分贝表示的反射强度能量

定义为时间域反射强度能量的分贝表示。与以分贝表示的反射强度一起，用来检验时间域分贝比例尺的能量异常。

11）反射强度斜度

反射强度随时间的变化率。在时延三维(4D)中，用来表征垂直地层层序和储层中流体成分的变化。

12）滤波反射强度与瞬时相位余弦的乘积

由反射强度中减去直流平均分量得到的滤波反射强度或图表。用来对加强振幅和连续反射制图，以分析振幅异常。

13）视极性

定义为反射强度的极性。用来检查沿反射层位极性横向变化，常与反射强度联合使用。

3. 功率谱特征属性

谱分析是描述地震记录特征的重要方法，它有两种形式，一是傅里叶谱分析，一是功率谱分析，前者用于确定函数，后者用于随机过程。当用于分析的地震数据是一个均值为零的随机过程，功率谱为它的一个统计特征，可以较好地表示反射波特征；当用于分析的地震数据是一个确定的时间函数，记录信噪比较高，分析时窗中有稳定的反射波脉冲出现，使用傅里叶谱分析描述反射波特征较为适宜。

功率谱是由地震记录自相关函数的傅里叶变换求得。为消除傅里叶变换输入函数在分析时窗边界上跳变的影响，在做变换前要使用时窗函数进行平滑。为减少偶然误差，算法中应考虑在选定时窗内对 $3\sim5$ 道相邻道功率谱分析结果进行平均，然后用于参数拾取。

1）加权功率谱平均频率

计算功率谱对频率的加权平均值，与全频带(Lf—Hf)内计算的功率谱加权平均值比较，为后者的 $A\%$ 时所得到高截频即为所求参数，通常 A 取 25、50、75、90 等。这个参数也是信号能量按频率分布的一个标志。

2）功率谱极大值频率

指功率谱曲线最大极值对应的频率，反映了信号成分中能量最大的简谐波频率。

3）优势功率谱

与优势频率对应的功率谱值。这个属性沿着有意义的区段发生横向变化，表示反射体由于岩性和流体饱和度变化而产生的不均质性。对时延三维(4D)使用很好。

4) 优势功率谱集中度

功率谱的另一个量度,它定量表示在优势频率周围的能量分布。这个属性沿着有意义的区段发生横向变化,表示反射体由于岩性和流体饱和度而产生的不均质。对时延三维(4D)使用很好。

5) 指定带宽能量

是指在低截频和由用户指定的特定频率边界间包含的能量。用来产生一个低频带宽能量,以检测天然气和裂隙,特别是对薄储层较好。

6) 衰减灵敏频率宽度

有时也称为烃类灵敏带宽,定义为有限频带宽度内的能量除以频谱优势频率。油气聚集经常引起高频衰减而产生这个频带宽度的变化,用于时延三维(4D)较好。

7) 以分贝表示的反射强度

以分贝表示的反射强度为反射强度的自然对数乘 $20,201nA(t)$。功率谱的频率域常表示为分贝比例尺,这个属性用来检验在分贝比例尺中的变化异常。该属性的分数分析,也就是以模型为基础的波形描述,可以产生某些分形指示,以表示地层层序和可能的烃类异常。

8) 功率谱的斜度

它描述谱的分布和频率成分的吸收。用于对有意义的层位和层位以下检测天然气阴影。

4. 傅里叶谱特征分析

傅里叶谱特征又称为谱属性。它是在一个长为几十到几百毫秒的时窗内测量的频谱,也是一种类型的体积属性。频谱中逐渐发生的瞬时变化,特别是高频成分的丢失,是波经过地下介质传播的结果。频谱中空间变化,或快速瞬时变化,可以作为一个体积属性使用。在一个有意义的层位以上,或者在层位以下的合适时窗内,提取频谱中的变化。这些变化,可能与岩性或岩石物性的变化有关。

由岩性横向变化引起的频谱变化有:引起子波干涉的薄层层段的调谐效应;由异常低速层段或是厚度变化引起的时间下弯现象;由阻抗的横向变化(如孔隙变化)引起的振幅改变;在不规则表面上的地震能量散射,这可能导致静态误差和高频成分损失。

与岩石中流体性质变化有关的固有衰减,是岩石物理变化的原因,但是要建立地震频衰减和岩石流体性质之间的关系是不容易的。

1) 振幅谱主频率

振幅谱主频率是指振幅谱极大值对应的频率,反映地震信号简谐成分中振幅最大的简谐分量频率,与信号的视频率参数相应。

2)振幅谱极大值

振幅谱极大值是指振幅谱主频 F。对应的幅值表示主频简谐分量的振幅大小。

3)平均中心频率

将振幅谱曲线包含的面积分成高频和低频面积相等的两部分,分界处的频率即是平均中心频率,这是一个表示地震信号简谐成分按频率分布特征的参数。

4)频带宽度

将在低截频上 Lf 和高截频片 Hf 之间振幅谱曲线所包含的面积,用一个高为振幅谱极大值 $A(Fm)$ 的矩形面积代替,该矩形面积的宽度以频率为量纲,即为所求的频带宽度 Fb。这个参数反映了波形特点,它与子波延续时间成反比。

5)频谱一阶矩和频谱二阶矩

频谱一阶矩 M_1 和频谱二阶矩 M_2 是表示振幅谱的分散度。以平均中心频率 Fav 为原点,在频率轴上计算频率差 $f-Fav$,并以它为加权值,计算振幅谱加权面积,得到参数 M_1 和 M_2。当地震信号频率集中于 Fav 附近,M_1 和 M_2 数值较小;当地震信号频率成分丰富,分散于高频和低频各部分,即具有宽频带信号特点,则 M_1 和 M_2 数值变大。频谱二阶矩 M_2 和频谱一阶矩 M_1 相比较,由于使用了更尖锐的权系数,对信号频率分布变化更敏感。

6)优势频带宽度

优势频带宽度 F_0 定义为振幅谱幅值 $A(f)$ 超过指定门槛值 T 的频率范围,作为另一种定义的频带宽度,反映着地震信号延续时间和分辨率特征。

7)优势频率

优势频率是在固定时窗内计算地震记录过零线次数或零点个数,它将反映着地震记录瞬时频率变化,与视频相应。

8)三个最大的极大值频率

用来表征频率域的振幅谱。使用频谱的三个峰值频率,检测由于气饱和及裂隙引起的异常而产生的频率吸收。

9)频带宽度估计

频带宽度估计是对时窗数据的频率范围的一个统计量度。这个量度包括着子波和反射率的效应。与不同的干扰相比,子波的优势频率较为稳定,因而这个属性将表示高/低多次波/低混回响存在区域。低交混回响区其频带变化小。

10)优势频率估计

优势频率估计是使用自相关的 FFT 和时窗平滑函数,以测量时窗内采样点的优势频率。为了获得稳定的频谱,对这个属性和其他谱特性属性计算,至少要取 $8 \sim 12$ 个采样点。因为子波频率在空间相当稳定,这个属性的变化主要是由于岩性和流体变化引起的。烃类异常引起高频成分的衰减。优势频率的降低,表示存在含气砂体。这个属性常用来表征有意义区段的横向变化。

5. 相关特征分析

地震记录的自相关函数是地震记录特征的反映与地震记录重复性的标志。地震记录自相关特征反映了记录的整个特点,是一组有代表性的定量属性。地震记录的互相关函数是不同地震记录道相似程度的反映,反映的是地震记录(地层)的连续性。

1)主极值振幅

$$ACF(0) = \frac{1}{M}\sum_{t_1}^{t_2} f^2(t) \tag{8-3}$$

表示记录段信号能量。

2)极小值振幅

$$ACF_{\min} = \frac{1}{M}\sum_{t_1}^{t_2} f(t)f(t+\tau_{\min}) \tag{8-4}$$

其中 $\tau_{\min}$ 为自相关函数第一个极小值所在的延迟时。极小值振幅大小表示地震子波波形特点及脉冲延续时间。若极小值振幅低,则表示子波为一相位个数少的短脉冲,而当极小值振幅高时,则表示为一个多相位、延续时间长的脉冲。

3)主极值面积

$$ACFS1 = 2\Delta\tau\sum_{0}^{\tau_1} ACF(\tau) \tag{8-5}$$

其中 τ_1 为自相关函数第一个零值点位置。主极值面积指的是自相关函数主极值半周期所包含的面积,它与地震脉冲能量分布有关。当地震脉冲相位个数少、延续时间短,能量集中于头部,则主极值面积大,包含的能量强;相反,当脉冲是多相位的,且延续时间长,能量分布较分散,则主极值面积小,包含的能量弱。

4)旁极值面积

$$ACFS234 = \Delta\tau\sum_{\tau_1}^{\tau_4} |ACF(\tau)| \tag{8-6}$$

其中 τ_4 为自相关函数第四个零值点位置。旁极值面积指的是与主极值相邻的三个正、负旁极值自相关曲线所包含的面积之和,不计自相关函数幅值符号。这个参数是地震记录分辨率的标志。在脉冲延续时间短、相位个数少的情况下,旁极值包含的面积小;相反,当脉冲延续时间长、相位个数多时,旁极值包含的面积大。

5)主极值半周期宽度

$\theta=2\tau_1$,指的是自相关函数第一个零值点延迟时 τ_1 的两倍,其数值决定于地震记录的视周期大小。在某一延迟时间范围内自相关函数包含的面积,即

$ACFPA = \Delta\tau\sum_{\tau_a}^{\tau_b}|ACF(\tau)|$,其中 τ_a 和 τ_b 为指定延迟时间范围上、下界。这个参

数用于测试地震记录的重复性。计算面积的延迟时间范围按预测的记录重复周期选定。当记录面貌具有重复性时,自相关函数面积参数 $ACFPA$ 具有高值异常。

6)自相关函数幅值下降速度或梯度

$ACFDV=ACF(\tau)/ACF(0)$,指在主极值半周期范围内某一延迟时 τ 处的自相关函数值与零延迟时的自相关幅值之比,其中 $0<\tau<\tau_1$。这个参数反映着记录中样点幅值变化率,与脉冲的视频率成正比。

7)自相关峰值振幅比

确定最大相关峰值振幅,并与其相邻峰值振幅比较。估计地震波衰减,一般使用于有意义的地段。

8)KLPC1 相关值

多道第一主元素分量及互相关矩阵时移量。KLPC 是主元素分析法,或称为导自 K 变换。适用于所有多道属性拾取的记录道模式,有八个点。用于在多道时窗内测量地震反射线性相关性的量度,标准值为 1。较少的数值表示间断性或不相关性的程度,如陡倾角的地质现象或随机干扰。用于检验地震间断性,如断层、不整合。

9)KLPC2 相关值

多道第二主元素分量及互相关矩阵时移量。当用 KLPC1 相关值表征地震数据主要特征时,KLPC2 相关值给出的是数据中剩余特征的第二指示。其图像特征类似于 KLPC1 相关值,但数值范围不同。

10)KLPC3 相关值

多道第三主元素分量及互相关矩阵时移量。给出的是数据中剩余特征的第三指示。

11)KLPC 相关值之比

主元素差值之比(PC1－PC3)/(PC1－PC2)。KLPC1、KLPC2、KLPC3 的一个概括,通常表示的数据特征接近于 KLPC1。

12)相关长度

相关值降到 0.5 时的平均长度,以记录道数表示。若记录道时窗边缘的相关值仍在 0.5 以上,则距离为时窗长度之半。横向连续性的指示,用来确定时窗内相(特别是泥质岩)的持续性。

13)平均相关值

记录道时窗内互相关平均值(不包括中心道自相关),用来检测地震道间断性。不同道模式可以表示间断性的各向异性。

14)集中相关值

在对互相关求和时,对邻近中心道的记录取较大的权系数,用来检测地震道间断性。它使接近中心道的记录对结果影响增大,这将改善使用三道以上作计算时的图像。

15）最小相关值

道时窗中最小的互相关值。用于检测地震间断性,表示每一道附近的优势地震间断性。

16）最大相关值

道时窗中最大的互相关值。通常与最小互相关值联合使用,它们之差有助于地震间断性的解释。

17）相似系数

用叠加成分平均能量作归一化的叠加能量,其标准值为 1。偏离标准值,表示道间差异的大小。可以用来表示地质和(或)地层学的间断性。

（二）主要地震特征参数组合可能反映的储层信息

目前研究人员尚无法找到地震属性(如均方根振幅)与地质目标(如储层孔隙度)间一一对应的成因联系。但是,通过大量油气勘探实践和经验的统计结果表明,油气储层性质与地震属性之间确实存在某种统计相关性(表 8-1)。

表 8-1　地震属性可能反映的储层性质

地震属性或指示特征	可能反映的地质现象或特征相关参数
振幅(瞬时＋能量)	古地貌、岩性差异、岩层连续性、总孔隙度
视极性(瞬时＋能量)	岩性、反射极性差异、含气性
频率(瞬时＋能量)	岩层厚度及流体性质
相位(瞬时＋能量)	岩层连续性、地层结构
振幅极小值与极大值数目比及位置	古地貌、岩相结构
层速度	岩性、孔隙度、压力
体反射谱分解的各阶分量	横向、垂向分辨率,孔隙度、流体及几何形态
AVO	岩层中流体性质
声阻抗	孔隙度及泥质含量
曲率、边界增强等现象	断层及裂缝分布特征
倾角、方位角及人工照明等处理成果	构造、断层及由地震资料处理得到的地质特征
烃指示属性	均方根、最小振幅、最大振幅、最大振幅绝对值、波峰平均值
岩性、物性指示属性	波谷平均值、平均能量、振幅和、振幅绝对值之和
频率-烃类指示属性	优势频率、平均瞬时频率
频率-岩性、物性指示属性	半幅能量、门槛值
流体指示属性	平均瞬时相位
岩相水平、垂向变化特征	零值个数、弧长、带宽

从表 8-1 所列的储层性质与地震属性之间的相关性分析中可以看出:某一种

地震属性在不同的地质条件下可能是多种地质属性的反映。同时,一种储层物性可能在多种地震属性中均有反映。

基于上述分析可知,如何准确地提取各种可能反映储层特征的地震属性,并找到与储层物性对应的多种地震属性的组合则是保证储层预测结果的关键。

(三)地震属性的优选

由于地震属性与所预测对象之间的关系复杂,不同工区和不同储层对所预测对象敏感的(或最有效的、最具代表性的)地震属性是不完全相同的。即使在同一工区、同一储层,预测对象不同对应的敏感地震属性也有差异。同时,地震反射毕竟是第二性资料,地质背景的复杂性反映到地震资料上就有地下地质情况的多解性。

地震属性是对地震数据中包含的几何学、运动学、动力学或统计学特征的具体度量,仅用叠后处理参数提取得到的地震属性可以分为五大类几十种,不同的属性对不同岩性的敏感程度不同,在描述不同的对象时所起的作用也不一样。在地震储层预测过程中,通常引入与储层预测有关的各种地震属性。但是,属性的无限增加对于储层预测也会带来不利的影响。因为:①有些地震属性可能与目的层本身无关,而反映了浅层干扰的变化,若对输入的属性不加鉴别,会引起混乱;②属性的增加会给计算带来困难,过多的数据要占用大量的存储空间和计算时间;③属性中肯定会包含着许多彼此相关的因素,从而造成信息的重复和浪费;④就模式识别而言,当样本数固定时,属性过多会造成分类效果的恶化。因此,针对具体问题,从全体地震属性集中挑选最好的地震属性集以降低多解性,提高储层预测可靠性,这就是地震属性优化(选)问题。

利用人的经验或数学方法,优选出对所求解问题最敏感的、属性个数最少的地震属性或地震属性组合,提高地震储层预测精度,改善与地震属性有关的处理及解释效果,这就是地震属性优选的核心内容。

1. 降维映射

地震属性降维映射较常用的方法是 K-L 变换,它是从大量原有地震属性出发,构造少数有效的新地震属性。

2. 属性选择

地震属性选择可优化地震属性。在做优化运算时,必须设计好目标函数。优化中的目标函数根据储层预测方法和地震属性选择灵活确定,不同的方法可有不同的目标函数。最简单的地震属性选择方法是根据专家的知识挑选那些对储层预测最有影响的属性。另一种可能则是用数学的方法进行筛选比较,找出带有最多储层信息的属性。

3. 聚类分析

聚类分析又称点群分析。它是按照客体在性质上或成因上的亲疏关系,对客体进行定量分类的一种多元统计分析方法。聚类分析又可分为聚合法聚类分析和分解法聚类分析等。聚类分析的基本原则:

(1)若选出的一个样品或变量在分好的群中从未出现过,则把它们形成一个独立的群。

(2)若选出的一对样品或变量,有一个已在分好的群中出现过,则把另一个样品或变量也归入该群中。

(3)若选出的一对样品或变量都分别出现在已分好的两群中,则把两群连结成一个新群。

(4)若选出的一对样品或变量都出现在同一群中,则这个样品就不再分群了。

二、地震反演

地震反射波法勘探的基础在于:地下不同地层存在波阻抗差异,当地震波传播到有波阻抗差异的地层分界面时,会发生反射从而形成地震反射波。地震反射波等于反射系数与地震子波的褶积,而某界面的垂直反射系数就等于该界面上下介质的波阻抗差与波阻抗和之比。也就是说如果已知地下地层的波阻抗分布就可以得到地震反射波的分布,即地震反射剖面,我们将由地层的波阻抗剖面得到地震反射波剖面的过程称为地震波阻抗正演,反过来,由地震反射剖面也可以想办法换算出地层的波阻抗,与地震波阻抗正演相对应,我们将由地震反射剖面得到地层波阻抗剖面的过程称为地震波阻抗反演。

(一)地震反演的主要类型

据地震反演所用的地震资料,地震反演可分为叠前反演和叠后反演;据反演所利用地震的信息,地震反演可分为地震波旅行时反演和地震波振幅反演;据反演的地质结果,可分为构造反演、波阻抗反演(声阻抗/弹性阻抗)、储层参数反演等。

叠前反演主要包括基于旅行时的 CT 成像技术和基于振幅的 AVO 分析技术,可以进行弹性阻抗的反演;叠后反演主要包括基于旅行时的构造分析和基于振幅信息的声阻抗反演。

近 20 年来,叠后地震反演取得了巨大进展,已形成了多种成熟地表反演方法和技术。通常"地震反演"往往是特指"叠后地震波阻抗反演","地震波阻抗"也往往是指"声阻抗"。本书讨论的"地震反演"也是指"叠后地震波阻抗反演"。

叠后地震波阻抗反演在具体实现过程中,由于对各种参数的估算方法不同、对反演结果的运算过程不同,派生出很多的反演方法。如按测井资料在其中所起作用大小,地震波阻抗反演可分成无井约束的地震直接反演、测井约束地震反演、测井-地震联合反演和地震控制下的测井内插外推。测井约束反演是目前生产上广泛采用的方法,通过与测井、地质模型等信息的结合将反演的波阻抗频率范围在地震频带的基础上分别向低频段和高频段进行了拓展。测井约束反演从确定一个初始模型开始,模型被参数化为反射系数和延迟时间,进而形成地震道估计,并与实际地震道比较产生剩余误差道,利用误差道来修正模型参数,直到满意为止。由模型本身和实际数据差提供的约束被用来控制反演过程的稳定性和分辨率。

根据反演计算时采用的计算方法不同、反演思路差异,地震反演方法的分类也很多,如地震岩性模拟(SLIM)、广义线性反演(GLI)、宽带约束反演(BCI)、稀疏脉冲反演、非线性反演(神经网络反演、混沌反演、遗传算法反演、模拟退火反演等)、单道反演、多道反演、多尺度反演等(这些反演的方法技术特点在后面章节将有所介绍)。

随着地震反演技术的发展,新的计算方法和新的反演思路不断涌现,地震反演的名称也会层出不穷,但归根结底,从地震反演的实现思路来看,众多的叠后地震波阻抗反演方法大致可以分为三大类:相对波阻抗反演(道积分)、递推反演和基于模型的反演。还有一类多参数地震换算,有人也将其称为多参数地震(储层)反演。

1. 道积分反演方法

道积分是利用叠后地震资料计算地层相对波阻抗(速度)的直接反演方法。因为它是在地层波阻抗随深度连续可微条件下推导出来的,因而又称连续反演。

道积分就是对经过高分辨处理的地震记录,从上到下作积分,并消除其直流成分,最后得到一个积分地震道。众所周知,反射系数

$$R = \frac{\rho_2 v_2 - \rho_1 v_1}{\rho_2 v_2 + \rho_1 v_1} \tag{8-7}$$

当波阻抗反差不大时,$\rho_2 v_2 - \rho_1 v_1 = \Delta \rho v$,且设 ρv 为 $\rho_2 v_2$ 与 $\rho_1 v_1$ 的平均值。则有

$$R \approx \frac{\Delta \rho v}{2 \rho v} \tag{8-8}$$

因此,对反射系数取道积分便近似有

$$\int R \mathrm{d}t \approx \frac{1}{2} \int \frac{\Delta \rho v}{\rho v} = \frac{1}{2} \ln \rho v \tag{8-9}$$

上述公式中,R 是反射系数,ρ 和 v 分别是岩石密度和岩石波速,所以反射系数的积分正比于波阻抗 ρv 的自然对数,这是一种简单的相对波阻抗概念。当然,有条件作绝对波阻抗更好,但相对来说,要花费更多的时间和精力。与绝对波阻抗反演相比,积分地震道的优点是:①递推时累计误差小;②计算简单,不需要反射系数的标定;③没有井的控制也能做。缺点是:①由于这种方法受地震固有频宽的限制,分辨率低,无法适应薄层解释的需要;②无法求得地层的绝对波阻抗和绝对速度,不能用于定量计算储层参数;③这种方法在处理过程中不能用地质或测井资料

对其进行约束控制，因而其结果比较粗略。如图 8-1 所示，在纵向上 2700～2800ms 内只有三个轴（包括波谷），与原始地震反射波剖面的分辨率相当。

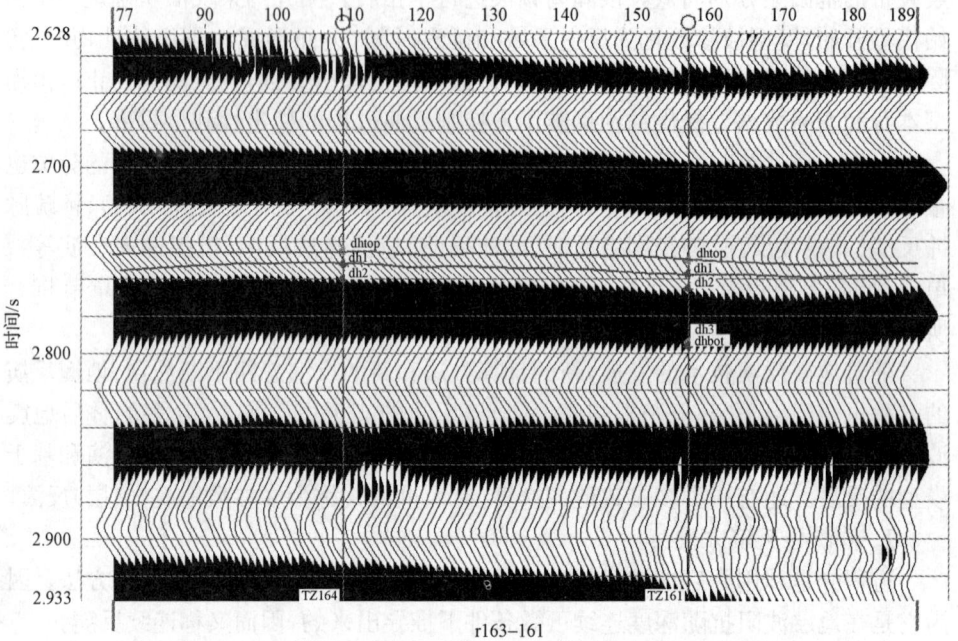

图 8-1　连井测线道积分剖面

2. 递推反演方法

根据波的传播理论，当平面弹性波垂直入射到两种介质的平面分界面上时（图 8-2），其反射系数由下式确定

$$\gamma = \frac{\rho_2 v_2 - \rho_1 v_1}{\rho_2 v_2 + \rho_1 v_1} = \frac{Z_2 - Z_1}{Z_2 + Z_1} \tag{8-10}$$

式中：ρ_1、ρ_2——界面两侧介质的密度；

　　　v_1、v_2——界面两侧介质的波速；

　　　Z——界面两侧介质的波阻抗，$Z = \rho v$；

　　　γ——界面反射系数。

当地面下的介质为层状介质，并存在着一系列互相平行的 N 个反射界面时（图 8-3），对于其中第 i 个界面，当波垂直入射时，其反射系数为

$$\gamma_i = \frac{Z_{i+1} - Z_i}{Z_{i+1} + Z_i} \quad (i = 1, 2, \cdots, N) \tag{8-11}$$

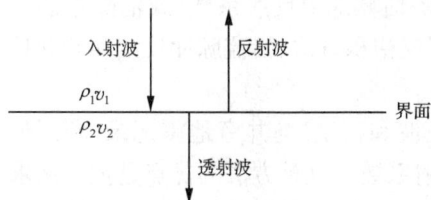

图 8-2　平面波垂直入射的反射示意图　　　　图 8-3　层状介质的反射示意图

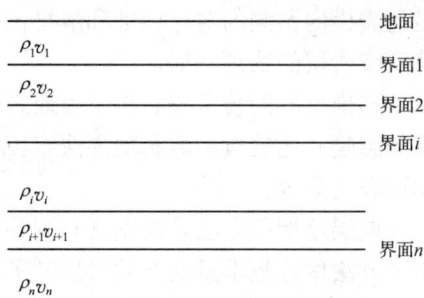

当 γ、Z_1 已知时,可以由上式导出求 Z_2 的公式

$$Z_2 = Z_1 \frac{1+\gamma}{1-\gamma} \tag{8-12}$$

当 γ、Z_2 已知时,则

$$Z_1 = Z_2 \frac{1-\gamma}{1+\gamma} \tag{8-13}$$

这样,当地下存在一系列互相平行的反射界面时,已知第 N 层界面以上 $N-1$ 层界面的反射系数 $\gamma_i (i=1,2,\cdots,N-1)$ 和第一层介质的波阻抗 Z_1,可导出任意第 n 层介质的波阻抗 Z_n,得到

$$
\begin{aligned}
Z_n &= Z_{n-1} \frac{1+\gamma_{n-1}}{1-\gamma_{n-1}} = Z_{n-2} \frac{1+\gamma_{n-2}}{1-\gamma_{n-2}} \cdot \frac{1+\gamma_{n-1}}{1-\gamma_{n-1}} \\
&= \cdots = Z_1 \frac{1+\gamma_1}{1-\gamma_1} \cdot \frac{1+\gamma_2}{1-\gamma_2} \cdots \frac{1+\gamma_{N-1}}{1-\gamma_{N-1}} \\
&= Z_1 \prod_{i=1}^{N-1} \cdot \frac{1+\gamma_i}{1-\gamma_i} \qquad (n \neq 1)
\end{aligned}
\tag{8-14}
$$

而已知第 n 层介质波阻抗 Z_n 时,可导出任意第 m 层 $(m<n)$ 介质的 Z_m,即

$$
\begin{aligned}
Z_m &= Z_{m+1} \frac{1-\gamma_m}{1+\gamma_m} = Z_{m+2} \frac{1-\gamma_{m+1}}{1+\gamma_{m+1}} \cdot \frac{1-\gamma_m}{1+\gamma_m} \\
&= \cdots = Z_n \frac{1-\gamma_{n-1}}{1+\gamma_{n-1}} \cdots \frac{1-\gamma_m}{1+\gamma_m} \\
&= Z_m \prod_{i=m}^{n-1} \frac{1-\gamma_i}{1+\gamma_i} \qquad (m<n)
\end{aligned}
\tag{8-15}
$$

这样就可以从声波时差曲线及密度曲线上(没有密度测井时可利用 Gardnar 公式,$\rho=0.31V^{0.25}$ 换算)选择标准层波阻抗作为基准波阻抗,将反褶积得到的反射系数转换为波阻抗。

递推反演是对地震资料的处理过程,其结果的分辨率、信噪比以及可靠程度主要依赖于地震资料本身的品质,因此用于反演的地震资料应具有较宽的频带、较低的噪声、相对振幅保持和准确成像。测井资料,尤其是声波测井和密度测井资料,是地震横向预测的对比标准和解释依据,在反演处理之前应仔细校正,使其能够正确反映岩层的物理特征。

递推反演的技术核心在于由地震资料正确估算地层反射系数(或消除地震子波的影响),比较典型的实现方法有:基于地层反褶积方法、稀疏脉冲反演和测井控制地震反演等。

地层反褶积方法是根据已有测井资料(声波和密度)与井旁地震记录,利用最小平方法估算数学意义上的“最佳”子波或反射系数。这种方法的优点是把子波求解的“欠定”问题变成了确定问题,在井点已有测井段范围内可获得与测井最吻合的反演结果。局限性主要有:①本方法完全忽略了测井误差和地震噪声,这些因素尤其是前者的客观存在使“子波”确定更加困难;②地层反褶积因子的估算是在计算时窗内数学意义上的最佳逼近,若实际处理范围与该时窗的不同已超出了该方法的适用范围,即便是在井点位置,得到的反演结果已不可能是“误差最小”。不难看出,影响基于地层反褶积递推反演效果的主要因素是测井资料的质量和地震资料的信噪比以及地震噪声的一致性。

稀疏脉冲反演是基于稀疏脉冲反褶积基础上的递推反演方法,主要包括最大似然反褶积,L1模反褶积和最小熵反褶积。这类方法针对地震记录的欠定问题,提出了地层反射系数由一系列叠加于高斯背景上的强轴组成的基本假设,在此条件下以不同方法估算地下“强”反射系数和地震子波。这种方法的优点是无需钻井资料,直接由地震记录计算反射系数,实现递推反演,其缺陷在于很难得到与测井曲线相吻合的最终结果。基于频域反褶积与相位校正的递推反演方法,从方法实现上回避了计算子波或反射系数的欠定问题,以井旁反演结果与实际测井曲线的吻合程度作为参数优选的基本判据,从而保证了反演资料的可信度,是递推反演的主导技术,其主要技术关键有:恢复地层反射系数振幅谱的频域反褶积、使井旁反演道与测井最佳吻合的相位校正以及反映地层波阻抗变化趋势的低频模型技术。

基于地震资料直接转换的递推反演方法比较完整地保留了地震反射的基本特征(断层、产状),不存在基于模型方法的多解性问题,能够明显地反映岩相、岩性的空间变化,在岩性相对稳定的条件下,能较好地反映储层的物性变化。

递推反演方法具有较宽的应用领域。在勘探初期只有很少钻井的条件下,通过反演资料进行岩相分析确定地层的沉积体系,根据钻井揭示的储层特征进行横向预测,确定评价井位。到开发前期,在储层较厚的条件下,递推反演资料可为地质建模提供较可靠的构造、厚度和物性信息,优化方案设计。在油藏监测阶段,通过时延地震反演速度差异分析,可帮助确定储层压力、物性的空间变化,进而推断油气前缘。由于受地震频带宽度的限制,递推反演资料的分辨率相对较低,不能满足薄储层研究的需要。图 8-4 为递推反演得到的速度剖面,与道积分剖面(图 8-1)相比分辨率有所提高,在 2700~2800ms 之间有五个层。

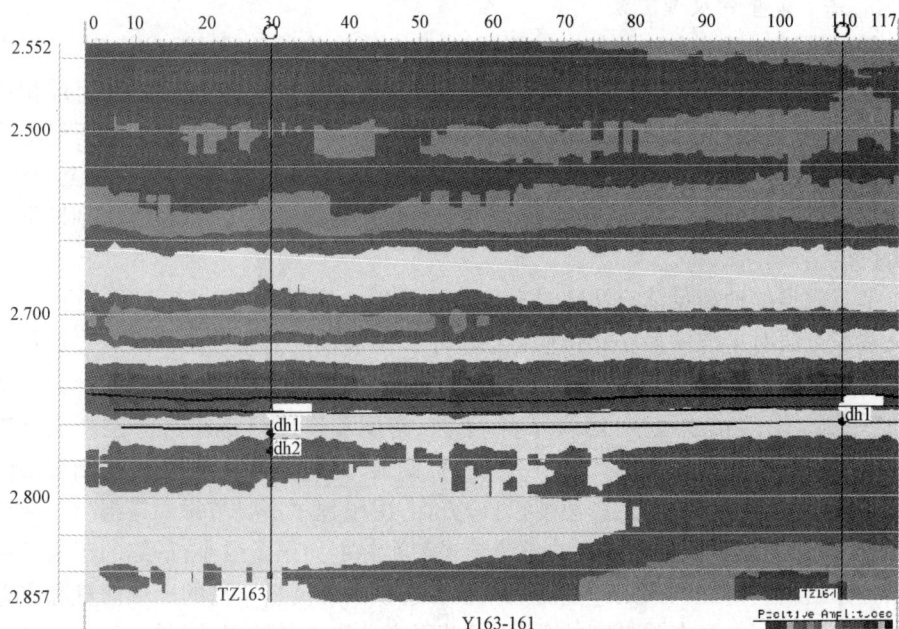

图 8-4 某连井测线递推反演剖面(见彩图 9)

该类方法的优点是可以得到地层的绝对波阻抗,分辨率也比道积分剖面高。缺点是算法相对复杂,而且在具体实现过程中存在着一些难点:①反射剖面的极性问题:地震反射波的极性是正还是负直接影响到反演波阻抗后速度变高还是变低,根据 SEG 标准规定反射剖面应为负极性的,但是,由于野外采集的因素、子波的混合相位因素、处理的因素等,会使反射剖面的极性发生变化。②标定问题:地震反演中对反射系数的标定,通常是根据井中反射系数来标定反褶积后的振幅值的。但是,求波阻抗是一个积分的过程,反褶积后的地震道振幅实际上还不是反射系数,而是相当于反射系数再褶积一个剩余子波,这个剩余子波一般在浅层主频高些,深层主频低些。频率低的波积分后数值偏大,会使深层产生偏大的波阻抗值。因此标定时,除了考虑时变的振幅因素外,还要考虑时变的主频变化。③低频分量的补偿问题:在有井的情况下,以井为控制,能够得到该点的低频分量,但是井与井之间低频分量的内插又是一个难题,简单的线性内插只有在地层等厚且产状平缓时才行,即使利用地层产状起伏来控制内插,还有高、低频带的衔接问题。因为低频成分一定要与子波的谱"互补"。在无井区,作波阻抗反演往往要从叠加速度谱中提取低频分量,又存在着速度谱的质量和分辨率问题,这些问题解决得好坏直接影响着地震反演结果的可靠性。

3. 基于模型的反演方法

基于模型的反演方法的基本思路是：先建立一个初始地层波阻抗模型，然后由此模型进行地震正演，求得合成地震记录，将合成地震记录与实际地震记录相比较，根据比较结果，修改地下波阻抗模型的速度、密度、深度值及子波，再正演求取合成地震记录，与实际地震记录比较后，继续修改波阻抗模型，如此多次反复，从而不断地通过迭代修改，直至合成地震记录与实际地震记录最接近，最终得到地下的波阻抗模型。

基于模型的地震反演方法还具有许多优于以上两种方法的特点：①避免了一般反褶积方法对子波的最小相位假设。②不需要假设反射系数是白噪。③这种方法还可以使随机干扰不参与反演。因为该方法要求工作人员在一条剖面上只选择少数"控制道"，迭代过程中，修改厚度、子波、密度和速度只是在这些控制道上进行。有了控制道参数以后，模型就在这些"控制道"之间作内插，再用内插结果去作正演。这样一方面加快了运算速度；另一方面，由于程序不要求每一道都与正演结果完全吻合，而只要求整个段上的正演结果与实际剖面误差最小，最终的正演结果减去叠偏剖面所得到的只是一些随机干扰。④以测井资料丰富的高频信息和完整的低频成分补充地震有限带宽的不足，可获得高分辨率的地层波阻抗资料，其结果的低、高频信息来源于测井资料，构造特征及中频段取决于地震数据，从而解决递推反演中难以解决的低频速度补偿问题。

目前常用的测井约束反演就是基于模型的地震反演，该技术把地震与测井有机地结合起来，突破了传统意义上的地震分辨率的限制，理论上可得到与测井资料相同的分辨率，是油田开发阶段精细描述的关键技术。

基于模型反演结果的精度依赖于研究目标的地质特征、钻井数量、井位分布以及地震资料的分辨率和信噪比，也取决于处理工作的精细程度。其主要技术环节有：①测井资料，尤其是声波和密度测井，为建立初始模型的基础资料和地质解释的基本依据。通常情况下，声波测井受到井孔环境（如井壁垮塌、钻井液浸泡等）的影响而产生误差，同一口井的不同层段，不同井的同一层段误差大小亦不相同。因此，用于制作初始波阻抗模型的测井资料必须经过环境校正。②提取子波是基于模型反演中的关键因素。子波与模型反射系数褶积产生合成地震数据，合成地震数据与实际地震资料的误差最小是终止迭代的约束条件。迭代后地震子波提取常用两种方法，其一是根据已有测井资料与井旁地震记录，用最小平方法求解，是一种确定性的方法，理论上可得到精确的结果，但这种方法受地震噪声和测井误差的双重影响，尤其是声波测井不准而引起的速度误差会导致子波振幅畸变和相位谱扭曲。同时，方法本身对地震噪声以及估算时窗长度的变化非常敏感，使子波估算结果的稳定性变差。其二是目前比较实用有效的方法——多道地震统计法，即用多道记录自相关统计的方法提取子波振幅谱信息，进而求取零相位、最小相位或常相位子波,用这种方法求取的子波,合成记录与实际记录频带一致,与实际地震记录波组关系对应良好。③建立初始波阻抗模型。建立尽可能接近地层实况的波阻抗模型,是减少其最终结果多解性的根本。测井资料在纵向上详细揭示了岩层的波阻抗变化细节,地震资料则连续记录了波阻抗界面的深度变化,二者的结合为精确地建立空间波阻抗模型提供了必要的条件。建立波阻抗模型的过程,实际上就是把地震界面信息与测井波阻抗正确结合起来的过程,对地震而言,即是正确解释起控制作用的波阻抗界面;对测井来说,即是为波阻抗界面间的地层赋于合适的波阻抗信息。初始模型的横向分辨率取决于地震层位解释的精细程度,纵向分辨率受地震采样率的限制,为了能较多地保留测井的高频信息,反映薄层的变化细节,通常要对地震数据进行加密采样。

多解性是基于模型地震反演的固有特性,即地震有效频带以外的信息不会影响合成地震资料的最终结果,减小基于模型方法多解性问题的关键在于正确建立初始模型。

地震资料在基于模型反演中主要起两方面的作用,其一是提供层位和断层信息来指导测井资料的内插外推建立初始模型,其二是约束地震有效频带的地质模型向正确的方向收敛。地震资料分辨率越高,层位解释就有可能越细,初始模型就越接近实际情况,同时,有效控制频带范围就越大,多解区域相应减少。因此提高地震资料自身分辨率是减小多解性的重要途径。在基于模型地震反演方法中,不适当的强调两个概念容易给人造成误解。其一是强调分辨率高,因为这种方法本身以模型为起点和终点,理论上与测井分辨率相同,问题的实质在于怎么更好地减少多解性。其二是强调实际测井与井旁反演结果最相似。建立初始模型过程中的第一步就是测井资料校正,使合成记录与井旁道最佳吻合,用校正后的测井资料制作模型,实际运算中对井附近模型不可能有大的修改,因此这种对比并无实际意义,很容易误导。

图 8-5 为基于模型反演得到的层速度反演剖面,很显然,与道积分和递推反演(图 8-4)的结果相比,该层速度剖面的分辨率大大提高(井点处 2700~2800ms 间有十个层),能够分辨出几毫秒的层,从井点处标定的层位可以看出,该区的主力含油层砂砾岩段(10~20m),在反演的剖面上能够被清楚地分辨出来。

4. 多参数地震换算

前述几种方法均是基于速度与密度资料进行的波阻抗反演或井约束下的波阻抗反演。这些反演方法在有些储层与非储层岩性速度差异大的地区具有较好的应用效果,而对储层与非储层岩性速度差异较小的地区则显得无能为力。

有人提出了一种利用地震道多参数与储层参数建立对应关系,利用此关系由地震参数换算储层参数的方法,并将此方法称为多参数反演原理。应该明确的是,这种方法严格来讲不是反演,是换算。

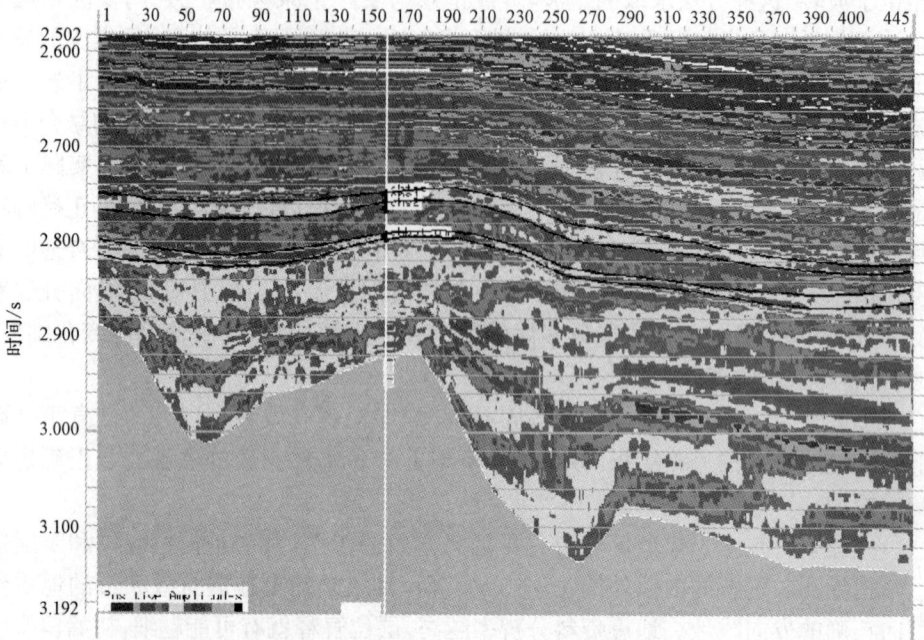

图 8-5　某连井测线基于模型反演速度剖面（见彩图 10）

用于储层研究比较多的常规测井信息有岩性测井信息（自然伽马、自然电位）、孔隙度测井信息（声波时差、密度、中子）、电阻率测井信息（RT、RXO），尽管这些探明地下介质特性方法的侧重点不同，但无论从理论上还是从实践中却发现，不同种类的测井信息之间都具有一定的相关性。不同的测井信息反映油气藏不同方面的特征。如岩性测井信息，对岩性反映敏感，利用自然电位或自然伽马可高精度地识别岩性，比较准确地确定储层厚度、砂泥岩百分比、储层内泥质含量、粒度中值等；利用孔隙度测井信息，可以精确地求取储层总孔隙度、有效孔隙度、渗透率等参数；利用电阻率信息，可进行油气水层识别与评价，计算储层内油气体积等。地震信息的形成应该是上述信息的综合效应。因此反映油藏的地震响应 Z' 与反映油藏特征的测井综合响应之间就可能存在着一定的相关性。由此建立测井响应值与地震响应 Z' 间的最佳转换模型，进而由地震参数换算出储层参数。

（二）叠后地震反演存在的问题

近 20 年来地震反演技术获得了长足的进展，新方法和新软件不断涌现。然而，波阻抗反演技术在实际应用中，往往难以获得人们所期望的精度和可靠性。主要是因为波阻抗反演中存在着许多问题，了解这些可能存在的问题及解决问题的思路，对做好储层横向预测工作具有重要的意义。

1. 存在噪声

在前面讨论的地震反演的理论基础——褶积模型公式中没有考虑噪声的影响。如果存在噪声,就会对后面的子波提取、反褶积及波阻抗递推产生影响。当然,剖面中信噪比越高,噪声的影响也就越小,反之亦然。因此,在地震反演前应检查地震资料的质量,尽可能地使用信噪比高的资料。

2. 假设条件与实际不符

反射系数递推公式是在平面波入射、反射界面水平、介质内部为各向同性和垂直入射条件下的反射系数表达式。在实际应用中,这些条件都难以满足。实际的地震波为球面波,地层界面常常倾斜,岩层或储层内均存在非均质性。实际的地震道为一定炮检距范围内共中心点道集的平均,并非垂直入射。这都与假设前提不符,因此会造成波阻抗反演的错误。在地层倾角较大的地区,应尽可能地做弹性反演。如果没有条件做弹性反演,只能做叠后反演,在对反演结果解释时应考虑到可能存在的陷阱。

3. 子波提取不精确

子波提取方法不同,会导致反演结果的不同。波阻抗反演中最常用的子波提取方法有两种:一是井旁道子波提取方法;二是多道统计方法。对于井旁道提取方法,存在井资料的环境校正、声波测井资料的深时转换、截断误差、地震道噪声等对子波的影响;对于多道统计方法,同样存在地震道噪声、子波相位确定不准等问题。同时,提取的子波不能兼顾地震道从浅到深频率和相位的变化。这些都会造成反射系数求取的错误,进一步导致波阻抗反演的错误和岩性反演与解释的错误。

4. 测井资料的深时转换不准

声波测井资料在从深度域转换到时间域时,由于采样间隔的限制或储层太薄,将会漏掉薄层信息。这种薄层信息漏掉后,会导致人工合成地震记录与实际地震道不匹配,井旁道提取的子波不准确,低频分量构建不准。

5. 低频分量求取不准

已知反射系数序列后,求取波阻抗时,只能获得相对波阻抗剖面。还需要加上低频分量,才能获得绝对波阻抗信息。而低频分量的求取,不容易准确把握。在整个剖面只有一口井时,低频分量可以从井点推向整个剖面。此时,距井点越近,低频分量越可靠,反演出的波阻抗也越准确。而距井点越远,低频分量也越不可靠。尤其在横向构造复杂或岩性变化较大时,低频分量的横向递推就更难以把握。如果剖面或工区有两口或多口井时,一方面利用一口井可以提取一个子波,子波提取不能统一;另一方面,低频分量横向的递推存在如何去利用多口井的信息,一口井应当控制多大范围,两口井低频分量的衔接处如何去拼接等问题。无井时低频分量怎样才能求得更加准确等。即使是采用广义线性反演方法求解褶积模型,低频分量的求取也是反演至关重要的因素。低频分量可以作为广义线性反演的初值,这个初值选择得好,迭代反演收敛得就快,反之迭代反演的速度就慢,甚至结果会发散。

6. 约束条件不准确

对于反问题的求解,目前已经发展了许多的方法。无论哪种方法,对于含噪声的褶积模式,若没有约束条件的限制,都会得到多个极值点,难以计算出正确的结果。而约束条件怎样建立和应用,同样存在很多问题。约束条件放得宽,反演的多解性就强,运算速度还慢。约束条件限制的范围小,反演结果又过分依赖约束条件。一般来说,距井点越近,约束条件构建得越可靠,反演结果也较准确;距井点越远,约束条件构建也越不准确,反演结果的可信度也越低。

7. 振幅、频率不保真

地震道反演的成败,主要依赖于地震资料处理过程中频率和振幅的保真程度。地震资料采集和处理的许多环节,都可能造成地震资料频率和振幅的损失。比如采集时的检波器耦合、组合检波,处理时的静校正、动校正、去噪、叠加、DMO、偏移等环节,目前还很难做到频率和振幅的保真处理。但是,保真处理是确保反演正确可靠的首要因素。此外,还有一些反演方法,不采用褶积模型,仅仅利用地震道的相似性从井点外推测井曲线,或采用地震属性信息、解释层位约束等地震信息控制,来进行测井曲线的内插外推。这些方法可以较常规地震反演获得更高的分辨率,但从某种意义上说,这是一种地质上的小层对比或油藏剖面的制作,是一种猜测、一种艺术创作,而不是具有可靠物理意义的地震反演。这种测井曲线的内插外推,在储层较厚和岩性横向变化不大时,与实际结果相符较好。而在储层为薄互层和复杂构造情况下,很难获得好的结果。这种测井曲线的内插外推,同样在远离井点处可靠性很差。在有多口井控制的情况下,每口井控制多大范围,两井控制范围的衔接处如何拼接等,都存在着多种不确定性因素。因此,这种内插外推的可靠性是难以预料的。从频率域来看,将地震道转换成为波阻抗的过程,是将有限频带的地震道信息拓宽的过程。因为只有单位脉冲函数具有无限的频宽,只有单位脉冲函数才具有最高的分辨率。在对地震信号拓宽的过程中,有限频带以外拓宽的低频和高频信息,都具有非唯一性,因此造成反演后波阻抗的多解性。当然,造成反演多解性的原因还包括:处理中没有去除干净的干扰或噪声;岩性本身的多解性。不同的地震反演方法可以得到不同的反演结果。同一地震反演方法或软件,不同的人员使用或处理时选择不同的参数,也会导致不同的反演结果。

这些问题会导致反演结果中的陷阱或假象,造成解释人员对波阻抗和岩性判断的错误。因此,要做好常规的波阻抗反演,需要在改进上述的影响因素中下工夫。这里一方面需要在采集和处理中,对振幅和频率信息尽可能保真。另一方面,还需要从子波提取、反褶积、低频分量求取、约束条件、井资料的校正和深时转换及反演的算法、计算速度等方面加以改进。

（三）做好叠后地震反演的技术关键

1. 三高地震资料处理

地震资料是地震反演的基础资料，地震资料处理质量的好坏直接影响到地震反演结果的可靠程度。一般要求用于反演的地震资料应是经过了高信噪比、高保真度和高分辨率处理的纯波保幅数据。

关于地震资料的处理，涉及面非常广，内容非常多，有许多专门的论著，在这里不做介绍。

2. 测井资料的预处理及与地震资料的尺度匹配

测井资料的准确与否是整个反演预测的基础，关系到反演工作的成败。对原始测井数据，一般应首先进行测井资料的预处理，主要包括环境校正和数据的标准化。

由于井场井眼条件的差异、测井系列、仪器刻度、测量时间及操作者不同等因素，对测井曲线质量均有很大的影响，在应用测井资料进行反演之前，为消除这些非地层因素对原始资料的影响，必须对其进行相应的环境校正及数据标准化等预处理。

3. 层位的精确标定

层位解释是一切工作的基础。高分辨率反演需要高精度的层位解释，层位解释应在准确的层位标定的基础上进行，层位解释的正确性一定要用模型来检验，确保工区内地质层位不串层，准确合理。

层位标定在反演处理中是至关重要的问题，直接决定着储层标定追踪的准确性及反演效果的好坏。要将储层在地震剖面上的准确位置标出来，实现储层的准确深-时转换，从而得到合理正确的波阻抗反演结果，合成地震记录过程中子波提取和极性判断是两个主要的决定性问题，特别是子波的相位谱较难求准。因此，需要不断调整子波使井资料得到的合成记录与实际井旁地震记录相匹配。

4. 层位的解释

完成地质标定后，在研究区三维地震数据体中对目的层段的顶、底界，层序界面以及反射标准层，从井的标定出发进行全区层位的追踪解释，为测井约束反演初始模型的建立和反演后资料的解释打下基础。层位的对比追踪是作好"基于模型反演"的关键工作，特别是在构造和沉积较为复杂的地区尤为重要。

5. 子波处理

目前的多井约束反演技术多采用测井波阻抗作为纵向控制，地震资料作为横向控制建立初始反演模型，并以此作为反演过程中主要约束条件控制反演过程。实践证明，该方法因其方法上的合理性、使用的适用性而被人们所接受，并在生产实践中得到了广泛应用。

近年来,人们的研究重点主要放在模型约束下反演过程中的最优化算法上,研究出了各种各样的反演理论及应用模块,如 Strata、Jason、Parm 等。在应用过程中人们发现,当反演地震道距井点较近时,这些商业软件一般能达到理想的反演效果,但随着地震道距井的距离逐步增加,反演效果变差。其中,子波求取不准是原因之一。

众所周知,反射波法地震勘探的理论核心是罗宾逊褶积模型,即在自激自收条件下,地震记录等于反射系数与地震子波的褶积。地震反演实质上就是根据已知的地震记录,求取反射系数并进而得到地质模型的过程。可以说,地震子波是联系地震记录与初始模型的桥梁,反演结果与地震记录、初始模型、地震子波密切相关。在地震记录为已知参数,初始模型不可能更精确的情况下,如何求取更合适的地震子波是反演成败的关键之一。因此,在这个意义上,地震子波的含义远远超出了它在常规地震资料处理中的含义。

在常规地震资料处理中,地震子波具有时变、空变性是一个客观事实,地震子波的求取通常要考虑其时空变性。同样反演过程中的地震子波也具有时变、空变性。

6. 低频信息构建

低频信息的求取过程实际上是以测井资料、地震资料精细解释成果按地质理论来推算低频剖面的过程。低频分量的构建必须以地质理论为依据,以地震层位解释为约束,才能得到准确的低频信息。在建立低频信息的过程中,就地质条件而言,应当考虑工区内界面产状的起伏变化,地层厚度的变化及砂层的尖灭、断层、不整合,砂泥岩互层中的精细旋回性及韵律变化,沉积相、沉积模式等地质现象的空间展布规律,还应当考虑具体制作的工艺。就内插、外推的数学方法而言,也不能一成不变,应当针对不同的构造与沉积模式,采用不同的数学方法。

7. 初始模型构建

地震反演中,合理地构建初始模型,使初始波阻抗模型尽可能地接近地层实况的波阻抗模型,是减少地震反演最终结果多解性的根本途径。

建立初始波阻抗模型的过程,实际就是把横向上连续变化的地震界面信息与垂向上高分辨率的测井波阻抗信息相结合的过程。

1) 井旁初始波阻抗

首先通过井旁地震道与合成记录的相关性对测井曲线进行纵向的拉伸和压缩,当相关系数达到一定的标准时,就可以获得井的初始波阻抗。

2) 构造框架模型的建立

利用地震解释的层位和断层(正、逆)或层序场控制模型的产状。首先根据地震标准反射层(一般选取不整合界面)的解释成果建立宏观模型,再在宏观模型的框架内建立微观模型,微观模型的建立有三种模式:平行顶层、平行地层、等距离内插。图 8-6 的左边为建立的宏观模型,右边为微观模型,微观模型的第一层是按平行顶层,第二层是按等距离内插,第三层是按平行地层建立的。

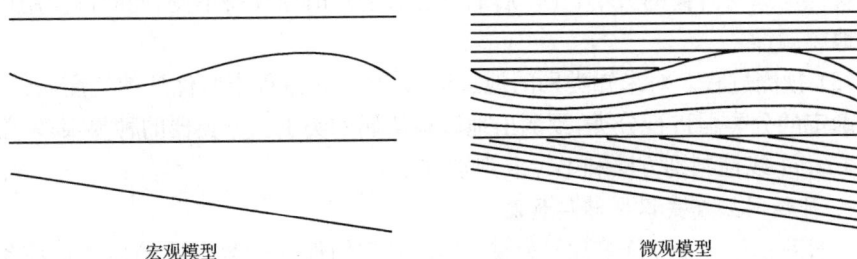

宏观模型　　　　　　　　　　　　　　　微观模型

图 8-6　构造框架模型的建立

在地震层位解释时,反演层段内的不整合面应该尽可能地解释出来的。如果勘探初期做反演,反演的层段较厚,没能解释出所有的不整合面,可以由地震资料按 inline 和 crossline 的方向计算每一个样点倾角,进而得到倾角体;通过倾角体求取层序场可单独使用层序场或结合地质解释层位制作低频模型。

3) 构建初始的波阻抗模型

在构造框架模型和层序场的控制下,对井点处波阻抗进行内插外推,建立初始波阻抗模型。插值方法有:反距离开方、反距离平方、克里金、三角内插及用户定义等方式。

三、地震储层预测

(一)利用地震属性进行储层预测

1. 统计模式识别储层预测

统计模式识别是一种根据含油气与不含油气储层的地震波运动学和动力学特征(如波形、振幅、频率、相位等)的差异,从地震资料中提取多种地震属性,采用多元统计的方法,预测含油气储层的位置与范围的一种技术。由于用常规地震解释方法研究储层时,往往遇到不少困难而不易见效,常见的困难是储层较薄、无法分辨,另一困难是有些储层特征的变化在地震记录上的反映很微弱,肉眼不易觉察。模式识别技术采用了多种地震属性对储层的变化进行判断,因而有较高的综合分辨能力。其实现过程可分为如下两步。

(1) 学习过程。首先确定希望预测的油气藏类别,在地震剖面上选择与各种油气藏类别对应的一定数量的地震道,这些已知类别的地震道一般称为学习道;然后从学习道中提取多种地震属性,设计进行预测的分类器与属性优选,确定属性优选与分类器设计是否合理的标准是预测的学习道类别与已知的其所属类别是否相同。实践经验表明,时窗对模式识别的结果影响很大,因此在实际工作中常常也把时窗大小作为一个可变的因素参与分类器的设计。一旦分类器设计完成就同时完成了属性优选与时窗的大小,在以后的预测过程中时窗保持不变,同时仅使用优选后的地震属性。

(2)预测过程。对未知类别的地震道,计算学习过程中所优选的地震属性,用最终确定的分类器进行分类,预测出地震道所属的类别。分类器的种类很多,常见的有 Fisher 线性判别方法和 Bayes 判别方法。

2. 神经网络模式识别储层预测

尽管我们已有 AVO 等油气检测方法,但它们仅在少数合适的地震地质条件下才有效。绝大多数油田和深层气田的地震响应异常是很微弱的。众所周知,地震信号除受孔隙流体(油、气或水)影响外,同时还决定于岩性、孔隙度、储层深度等埋藏条件,甚至岩石骨架结构、孔隙形状以及薄层调谐、各向异性等众多地质因素,并受到各类噪声的影响。上述因素中任何一项的变化都会不同程度地使孔隙流体变化的地震响应畸变,甚至被掩盖。然而,其中每一个因素,特别是孔隙流体的变化会在地震信号的波形、能量、频谱等各方面有所响应。因此人们逐渐认识到应该用地震信号的多个特征,而不是单一特征来检测油气。

20 世纪 80 年代以来产生了许多利用地震信息预测油气的方法,但由于储层的非均质性和各区块之间的差异越来越大,因此需要有一种适应非线性问题的好的方法来预测油气,而神经网络法多参数预测是一种较理想的方法。

基于神经网络模式识别的储层预测主要包括四大部分:①储层识别和追踪;②沿储层的多参数提取;③特征压缩;④储层预测。

储层识别和追踪部分主要是依据预测区域内的钻井和地质资料,在地震剖面上进行储层识别,再对储层进行横向追踪。然后截取储层段的地震数据,为多参数提取作好数据准备。

由于多参数提取部分所得到的参数较多,参数太多就意味着预测时特征的维数过大,这将增加预测的计算量和难度。况且有些参数之间相关性很大,存在信息冗余度。特征压缩就是用来减少参数个数的一种方法。采用这种方法可降低特征空间的维数。特征压缩的方法有很多,如采用特征选择法和 K-L 变换法来进行特征压缩。

从理论上讲,储层预测属于聚类、分类问题,几乎所有的模式识别方法都能用于储层预测。但实际上,真正有效的烃类检测方法却很少,神经网络虽然考虑了预测样本的种种特殊性,但它对样本类型单一的地区效果较差。

因此,神经网络研究要减少多解性,达到好的预测效果,就要积累样本,样本越多,则多解性减少。因此在应用 ANN 预测油气时,应利用预测结果指导钻井,再将新井补充到样本集中,再进行学习、训练、预测钻井。这样不断补充新的样本,样本类型越丰富,对地震属性的标定就越准确,判别结果就越接近实际。同时对属性不能进行优化问题,发展产生了各种属性优化技术,并与神经网络技术相结合,提高了储层预测的精度。

3. 其他模式识别方法

(1)模糊模式识别油气预测方法可以充分利用已知井中有无油气的信息,使油气预测更切合实际。本方法存在的问题是标准模式难以选取,隶属函数的确定带有较大的人为因素。

(2)分形油气预测方法属无监督类预测方法,它为油气预测提供了一种新的手段。但对预测结果进行解释时带有一定的人为因素。

(3)灰色油气预测方法是以样本为聚类中心,以属性变化的规律进行预测,考虑了井分布的区域性。但它本质上属线性分类器,具有强行分类的欠缺,应用在少井区将受到限制,它是一种正在走向成熟的方法。

(二)利用地震波阻抗进行储层预测

1. 对波阻抗剖面调色进行定性岩性解释

地震波阻抗剖面(体)的显示一般用变密度方式,不同颜色对应着不同的波阻抗数值范围。根据井点处的岩性标定井旁道目的层对应的波阻抗值,通过调整显示颜色,突出目的层,通过对该颜色追踪对比来进行岩性预测。

该方法应注意的是,相同的颜色不一定代表相同的岩性(波阻抗与深度等许多因素有关),必须经过井点标定后再进行追踪对比解释。

2. 根据波阻抗-深度-岩性量板进行定量岩性解释

将波阻抗(或速度)数据标在 vZ 坐标中,绘出各岩性的波阻抗(速度)变化曲线,将波阻抗与岩性的对应关系制成量板,根据量板进行岩性解释。

这种方法虽然简便易行,但含人为因素较多,定量预测的误差较大。

3. 根据物理关系进行储层泥质含量、孔隙度等的定量预测

经验公式法求取泥质含量常用的是时间平均方程:

$$\frac{1}{v} = \frac{v_{sh}}{v_m} + \frac{1 - v_{sh}}{v_s} \tag{8-16}$$

式中: v——地层波速;

v_{sh}——泥质含量;

v_m——纯泥岩波速;

v_s——砂岩波速。

求取孔隙度的时间平均方程为

$$\frac{1}{v} = \frac{c\phi}{v_f} + \frac{1-c\phi}{v_r} \tag{8-17}$$

式中：v——地层波速；

　　　　v_f——孔隙中流体的波速；

　　　　v_r——岩石基质的波速；

　　　　c——压差调整系数；

　　　　ϕ——孔隙度。

利用上面公式，由 v、v_m、v_s 可以求出泥质含量；由 v、v_f、v_r 及 c 可求出孔隙度。这些经验公式是在实验室中得出的，要求岩石波速的精度较高，而实际上用地震资料求取的层速度，往往存在一定的误差，这将导致泥质含量和孔隙度估算的较大误差。

4. 数理统计法

目前较为流行，一般是利用已知泥质含量或孔隙度与层速度（或波阻抗）进行统计分析得出某一关系式，然后用此关系式将地震求取的层速度（或波阻抗）转化为泥质含量或孔隙度，达到参数预测的目的。

例如，根据研究区的声波测井资料，设计一速度-岩性间的函数关系

$$v = \alpha \times Z^n \tag{8-18}$$

式中：α——岩性指数；

　　　　n——比例指数。

然后统计钻井资料的速度、深度、岩性组成以及年代、孔隙度等参数，对它们进行统计分析解出 α 和 n 就可通过 α 的取值判断岩性分布的区间。

然而，由于地质条件的复杂性，不同岩性的速度分布范围往往都比较宽，用一个函数式拟合很难具代表性，用其预测的泥质含量也只能反映参数的分布趋势，还需要用井点资料进行校正，这无疑又会产生人为因素造成的误差。而且，在储层横向变化较大地区，利用井点拟合出的关系式来预测远离井区域的储层参数，也必然会产生误差。

5. 地质统计学方法

这是目前较为先进、在国内外非常热门的方法，该方法在储层参数预测时，确保预测结果在井点处准确无误，在井点以外则根据测井资料、地震资料、测井地震资料的空间变化规律、参数的分布概率等进行储层参数的预测。

由于传统的统计学方法在进行点间估值时不能反映地质规律所造成的储层参数在空间上的相关性，而地质统计学方法在进行横向预测时，可以应用考虑储层参数空间变化规律的变差函数进行井间插值。因此，与上述预测方法相比，地质统计学方法以其用地质规律为约束的先进插值算法和等概率多实现的方式，在对空间

分布变量的分析预测中显得独具优势。在地质统计学中,主要涉及三种主要的数学工具:变差函数、克里金法和模拟。

(三)某区的泥质含量预测

1. 普通克里金法

利用测井得到的泥质含量数据以及地震泥质含量反演剖面上得到的井旁道数据,根据上面求出的井与井之间的变差函数模型,利用普通克里金方法可得到由井点出发的反映变化趋势分布图(图8-7)。图中方框内的颜色反映井点等硬资料的泥质含量,从图中可见,在井点处与井资料几乎完全吻合;在井附近,反映井间的变化趋势;在远离井的区域,超出变差函数的变化区间,泥质含量则没有变化。

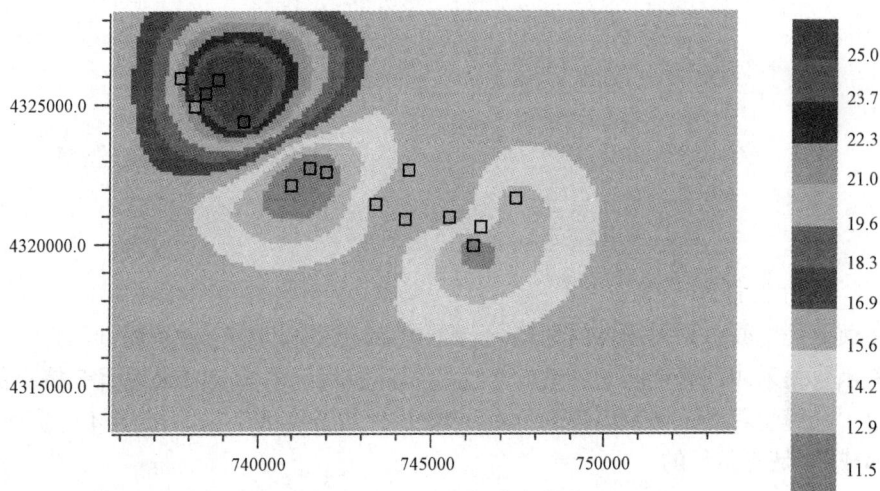

图8-7 普通克里金法预测泥质含量(%)分布(见彩图11)

2. 协克里金法

利用测井得到的泥质含量数据以及地震泥质含量反演剖面上得到的井旁道数据,以及地震得到的层速度资料,根据上面求出的井与井之间的变差函数模型,井与地震层速度之间的变差函数模型,采用协克里金方法,进行泥质含量的平面预测。预测结果在井点处完全忠实于硬数据;在井附近利用地震资料根据变差函数模型预测;在远离井点区,则完全由地震资料用井点泥质含量与层速度的近似函数关系预测泥质含量(图8-8)。与图8-7相比,该图反映了更多的细节。应该说,在确定性参数预测中,协克里金法是一种较为先进合理的方法。

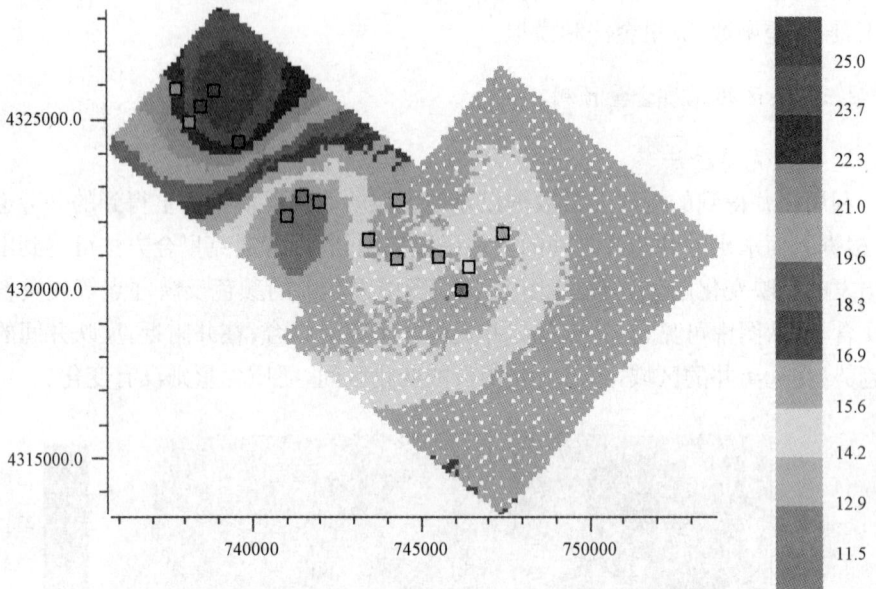

图 8-8　协克里金法预测泥质含量(%)分布(见彩图 12)

3. 条件模拟法

模拟是生成一系列图件的处理,所有的图都严格地忠实于井资料,同时又依据变差函数关系体现着空间的连续性。这些图件相对于已知信息来说是等概率的,但由于它们受着变差函数模型的约束,依赖于地震资料的变化,因此又不是完全随机形成的,是有条件的。

利用上述的已知井点处泥质含量资料、井旁泥质含量反演资料、地震反演的层速度资料及它们之间的变差函数模型,用序贯高斯模拟方法进行模拟,产生了十个等概率分布的泥质含量平面分布图。图 8-9 为其中的六个,图中颜色代表着不同的泥质含量,绿色区泥质含量较低,紫色区代表泥质含量的高值区。

储层泥质含量是岩性预测的主要成果,其规律性受储层的沉积环境控制,因此是储层参数预测的一个重要依据。通过条件模拟方法对东河砂岩砂砾岩段泥质含量的预测结果来看,泥质含量的低值区,基本上呈北东—南西的条带分布;图 8-10 是条件模拟方法预测泥质含量多个等概率实现叠合平均的结果,条带分布的趋势更加明显;图 8-11 为泥质含量在 0~16% 之间的实现概率分布图,图中颜色表示概率的大小,粉红色、蓝色表示泥质含量在 0~16% 的可能性较大,而绿色表示泥质含量在 0～16％的可能性较小。从图中可明显看出，泥质含量沿北东—南西方向存在两个粉红、蓝色条带，说明从整区的泥质含量分布来看，此条带泥质含量为 0～16％的可能性较大，而从此条带上的泥质含量分布看，则南西部泥质含量为 0～16％的可能性比北东部的可能性要大，平面上反映了三角洲沉积的岩性变化特征。

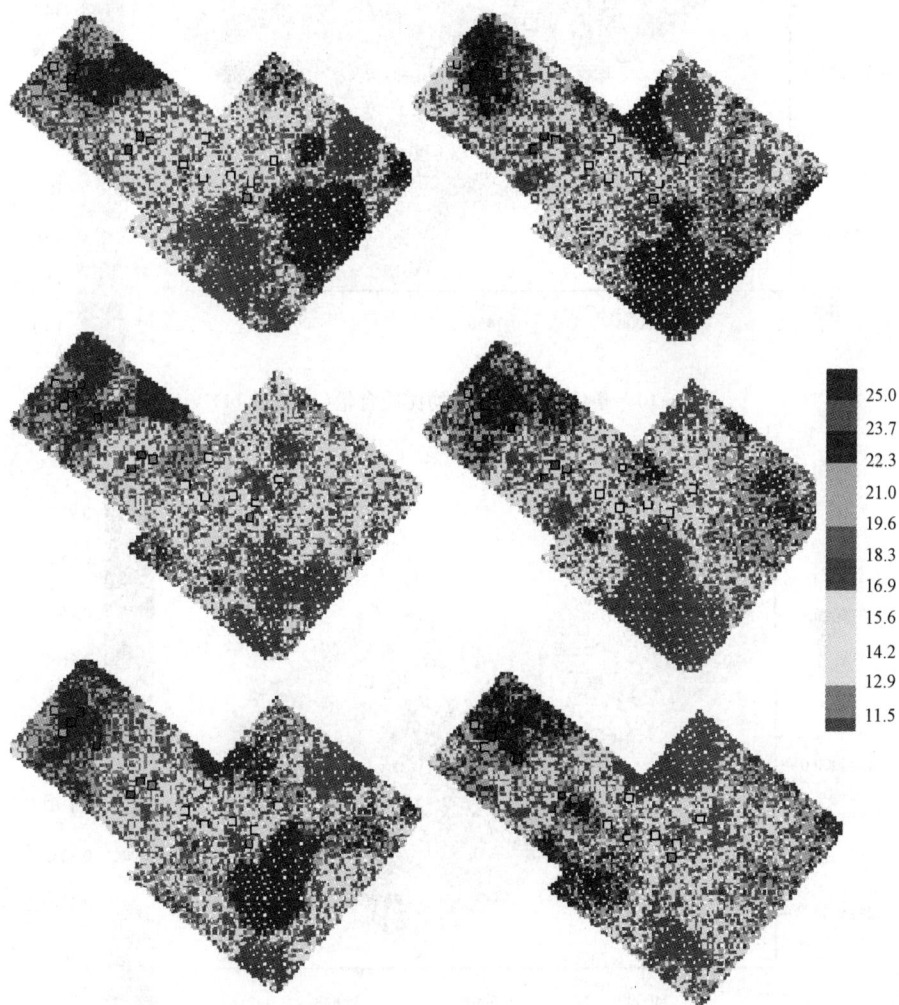

图 8-9 条件模拟预测泥质含量(％)图(见彩图 13)

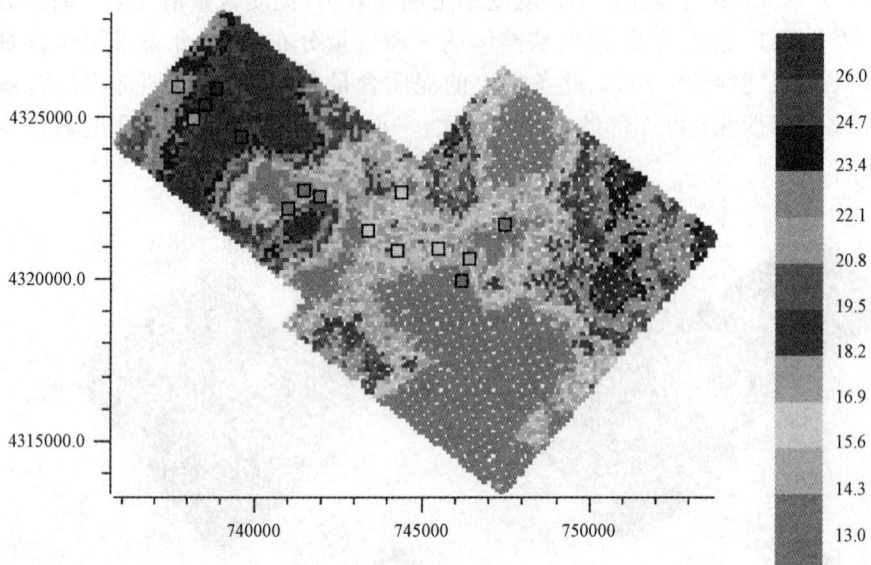

图 8-10　条件模拟预测平均泥质含量(见彩图 14)

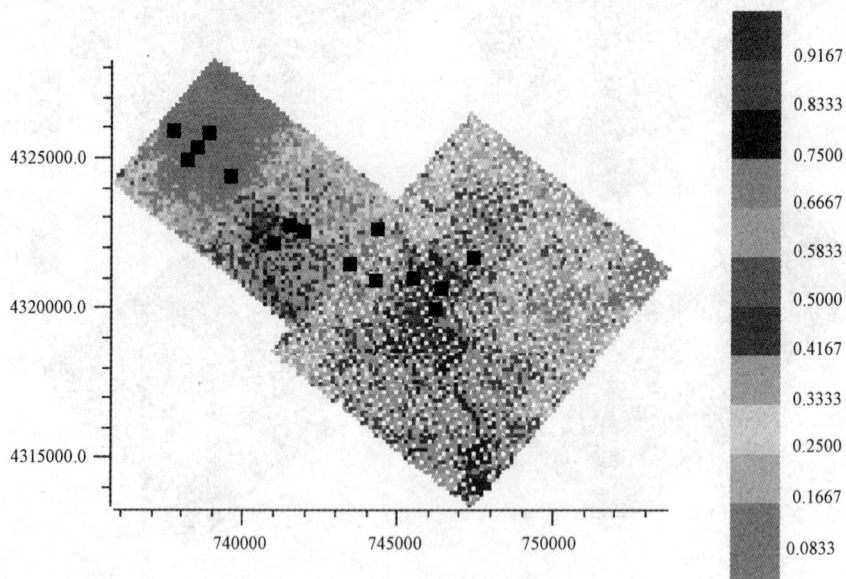

图 8-11　条件模拟预测泥质含量(0~16%)的实现概率(见彩图 15)

第二节 储层沉积微相研究

充分利用测井信息进行砂体微相研究一直是测井分析家、油田地质学家所努力的目标。长期以来,测井分析家通常通过各种测井信息进行岩性识别,并将其称为岩石相。地质学家则利用各类测井曲线的形态、幅度,特别是自然电位曲线形态、幅度定性识别砂体微相。然而前者注重的是测井信息的定量数据特征——动力学特征,后者偏重的是其定性的形态特征——几何学特征。专业过细的屏障,导致人们将动力学特征与几何学特征分析互相分离。随着计算机技术在油藏研究中应用的普及和油藏研究数字化技术的深入发展,国内外一些学者在这个方向上做了许多有益的研究。我们在系统总结国内外研究现状的基础上,充分利用研究区测井信息及区域地质信息,建立目的层段砂体微相地质、测井信息知识(样本)库,优选能够进行测井信息动力学特征与几何学特征联合识别评价的方法,进行了单井砂体微相、剖面砂体微相及多井砂体微相软技术研究。最终实现单井、剖面、多井砂体微相的自动识别与评价。研究中,主要进行了单井相自动识别、划分方法研究,主要包括反映沉积微相的测井特征参数提取、分层方法(层内差异法、聚类分析、最优分割)、相分析方法(包括多元统计分析、对应分析方法、模糊聚类方法、先验概率方法);进行了剖面相展布方法研究,主要包括计算机储层层拉平井间模拟技术,该技术主要采用约束建模思想,利用改进克里金算法实现;储层参数井间随机模拟技术,包括序贯高斯模拟和井间分形模拟;进行了平面相自动划分方法研究;完成了时间单元沉积微相和单砂体微相研究。在时间单元沉积微相中,主要包括研究区层位显示、各井相类型和测井曲线标注、平面相带的克里金或快速克里金插值、平面相带的随机模拟、平面相显示、平面相的编辑、成图与输出。在砂体微相中,主要包括研究区层位图显示、测井曲线标注、砂体形态拾取和砂体号标注、砂体相展布、砂体相成图与输出。

一、单井相自动识别方法

单井砂体微相自动识别与划分,主要包括反映沉积微相的测井特征参数提取及相划分、识别方法研究。

(一) 砂体微相测井特征参数的提取

测井曲线形态与沉积微相具有良好的对应关系,不同砂体微相,测井响应特征不同。为此在前人研究的基础上,用数学的方法进行综合、归纳和定量化,构造出了五个既能反映砂体几何学特征又能反映其沉积动力学特征的参数。它们分别是幅度均值、相对质心位置、相对锯齿数、方差、自相关函数以及单砂体泥质含量、砂层厚度等。

1. 幅度均值

即层段内测井值的平均值,该指标大致反映层段内的平均粒度大小,也即反映砂体沉积时的水动力强度。幅度均值计算公式为

$$\overline{X} = \sum_{i=1}^{N} \frac{x(i)}{N} \tag{8-19}$$

式中：$\overline{X}$——层段内测井值的平均值；

$x(i)$——测井值；

N——测点数。

2. 相对质心位置

为了反映沉积粒序特征的不同,借用物理学质心的概念,但由于每个井段长短不一,不好比较,故取相对质心以便比较。正粒序的质心偏下方,反粒序的质心偏上方,对称旋回的质心居中。这一指标可以区分不同的沉积旋律结构,可反映沉积过程变化及砂体几何形态特征。相对质心位置计算公式为

$$RM = \frac{\sum_{i=1}^{N} i \cdot x(i)}{N \sum_{i=1}^{N} x(i)} \tag{8-20}$$

式中：RM——层段内曲线的相对质心值；

$x(i)$——测井值；

N——测点数。

3. 相对锯齿数(相对绝对差大于 2 的差分序列的变号个数)

$$RC = L/(N-2) \tag{8-21}$$

式中：L——差分序列 $X_2-X_1, X_3-X_2, \cdots, X_N-X_{N-1}$ 中相邻差分值变号,且相邻差绝对值大于 2 的次数；

$N-2$——序列中最大可能出现的变号次数；

RC——反映了曲线的齿化程度。

4. 方差

方差的大小反映数据整体波动的大小,其计算公式为

$$S = \frac{1}{N-1} \sum_{i=1}^{N} (x_i - \overline{x})^2 \tag{8-22}$$

5. 自相关函数

用来度量曲线的局部波动性以及沉积的韵律结构,计算公式为

$$r(h) = \frac{1}{2N(h)} \sum_{i=1}^{N(h)} [x(i) - x(i+h)]^2 \tag{8-23}$$

式中：$N(h)$——间隔为 h 的数据对 $[x(i), x(i+h)]$ 的数目，$h=1,2,\cdots$。

(二)单井相划分、识别方法研究

单井相划分是剖面相研究、平面相研究的基础，它的准确性直接影响着对剖面相和平面相的认识、分析和研究，所以单井相识别方法的研究是砂体微相研究中的关键。主要分析方法有对应分析法、模糊聚类法及先验概率法。

1. 对应分析法

对应分析是在因子分析基础上发展起来的一种多元统计分析。它把 R 型与 Q 型因子分析结合起来，对变量和样品一起进行分类、作图和成因解释。

对应分析克服了 Q 型分析由于样品数目多所带来的内存容量不够用的问题。对应分析用相同的因子轴表示变量与样品，这样得到的图解非常有助于地质解释与推断。其实现流程见图 8-12。

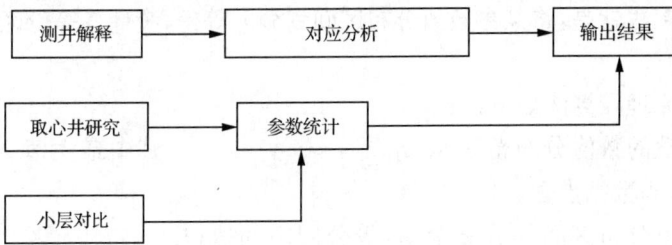

图 8-12　对应分析法流程图

2. 模糊聚类法

利用储层多参数信息进行规则搜索，找出特征相近点作为一类。这种方法的最大优点是对多参数的综合，算法和操作也都很简单，与经典统计学聚类方法有较大改进。但这种方法因为过于强调层的平均而忽视了储层垂向上变化，如砂体厚度分布、砂泥比值的分布、泥质含量的分布等，其流程见图 8-13。

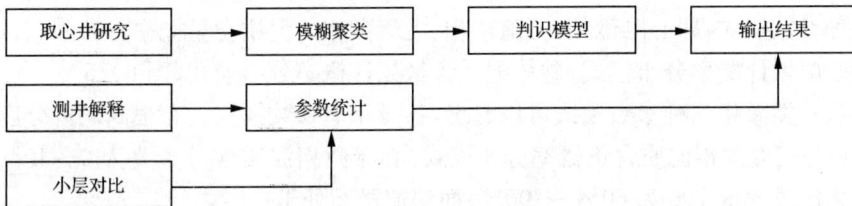

图 8-13　模糊聚类法流程图

3. 先验概率法

以取心井砂体微相划分结果为出发点，统计出各种沉积微相的特征参数的分布概率,以此为基础对未取心井进行沉积相的识别,其核心算法是贝叶斯判别,其工作流程见图 8-14。

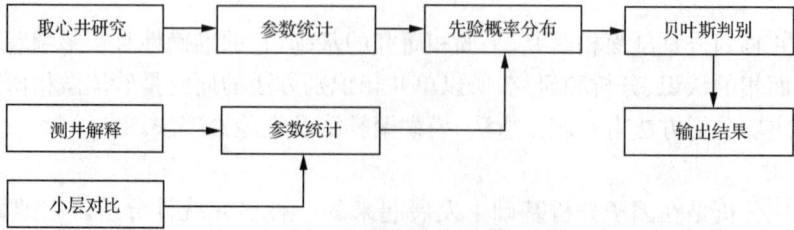

图 8-14　先验概率法流程图

这种方法的最大优点是对先验认识信息的结合,对垂向信息如来自测井解释的泥质含量等参数有较为精确的刻画。

先验概率法就是:将某参数值分布区间划分 n 等份,统计各等份区间的数值点分布概率。

其基本原理和算法如下:

设某参数的数值分布范围从 $x_1, x_2, \cdots x_i, \cdots, x_m$。其中最大值 $X_{\max}$,最小值 $X_{\min}$,其中 m 为数据点数。

将该数值分布区间划分 n 等份,等分间距的值(R)为:$R = (X_{\max} - X_{\min})/n$;($m \gg n$)。等分区间分别为:$B_1, B_2, \cdots, B_i, \cdots, B_n$。其中:$B_1 = X_{\min} + R$;$B_2 = X_{\min} + 2R$;$\cdots$;$B_i = X_{\min} + iR$;$\cdots$;$B_n = X_{\min} + nR$,对应的区间记号分别为:Mark1,Mark2,$\cdots$,Mark$i$,$\cdots$,Mark$n$。

逐点统计某数值分布范围从 $x_1, x_2, \cdots, x_i, \cdots, x_m$,读取 x_1,判断 x_1 落于区间,如果落于 B_i 区间,那么对应区间记号 Mark$i$+1;如此循环读取数据,判断数据落于区间,实现区间记号自动记录。判断该参数数值分布模式,建立相应模式库。

在枣南断块孔一段研究中,通过等区间概率分布统计分析,建立三类沉积微相的三种参数模式,即心滩微相、河道微相、漫流微相的泥质含量概率分布模式,砂体平均厚度累计概率分布模式,砂体泥质含量累计概率分布模式(图 8-15)。

从三类微相三种参数模式可以看出,各微相上参数模式具有很高的区分度。

(1)三类微相泥质含量概率分布模式:心滩微相泥质含量主要为 0~40%;漫流微相泥质含量主要为 60%~100%;而河道微相处于二者之间。

(2)三类微相单砂体厚度累计概率分布模式:心滩单砂体厚度主要为 6~12 m;漫流微相单砂体厚度主要在 0~3m 之间;河道微相处于二者之间,主要在 3~8m 之间。

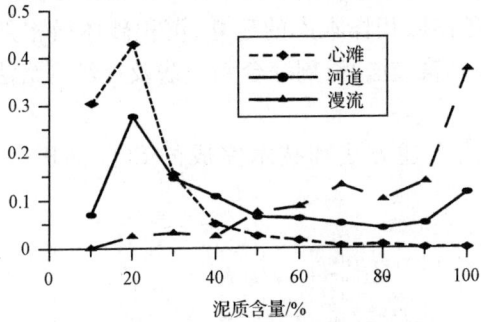

(a) 泥质含量概率分布模式图

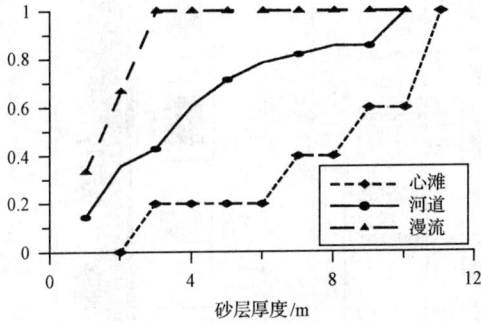

(b) 单砂层厚度累计概率分布模式图

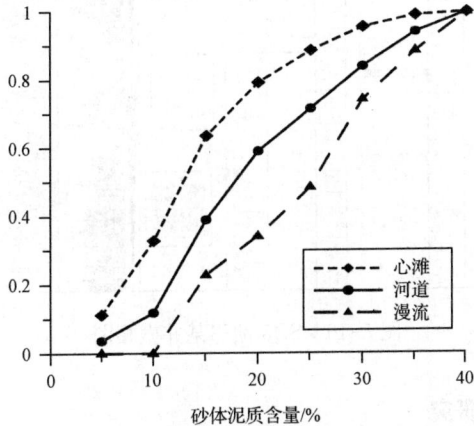

(c) 砂体泥质含量累计概率分布模式图

图 8-15　三种微相三参数概率分布模式图

（3）三类微相砂体泥质含量累计概率分布模式：心滩砂体泥质含量多为在 5%～20%；漫流微相砂体泥质含量多在 20%～40%；河道微相处于二者之间。

此外,也可通过神经网络分析法进行单井砂体微相分析。

总之,通过沉积砂体微相样本库的建立、沉积砂体微相判识模型的统计与学习、贝叶斯判别法、模糊聚类法、模糊综合判识法及神经网络法即可进行单井砂体微相的自动识别。

如图 8-16 为利用上述方法和技术完成的 SQ5 油田一口井的单井沉积微相图。

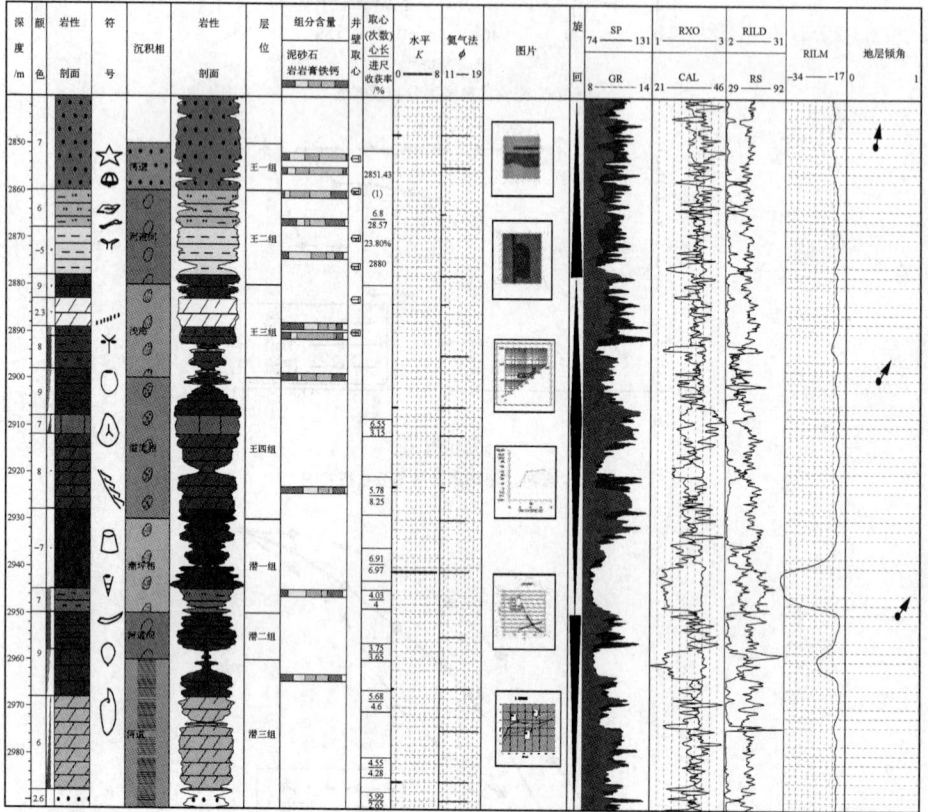

图 8-16　SQ5 油田某井微相图

二、剖面相展布方法研究

测井信息提供了连续的垂向信息,但仅是一孔之见、无横向信息,如何体现研究层段井与井之间的横向信息呢? 地质统计学的引入为我们提供了方法。

横向预测基本方法是多井随机模拟,而随机模拟的方法有很多种,根据相剖面特点,我们对以下两种方法进行了研究。

1. 储层层拉平井间模拟技术

采用层约束建模思想,利用改进克里金算法实现(同前)。

2. 储层参数井间随机模拟技术

主要包括序贯高斯模拟、井间分形模拟。

井间分形克里金方法的理论基础是分数布朗运动和地质统计学方法。其基本理论如下。

设线性估计 $Z^*(x)$ 是几个已知点的线性组合,克里金方程为

$$\begin{cases} Z^* = \sum_{i=1}^{n} \lambda_i Z(x_j) \\ \sum_{i=1}^{n} \lambda_i = 1 \end{cases} \tag{8-24}$$

满足上述条件的克里金方程组可写为

$$\begin{cases} \sum_{i=1}^{n} \lambda_i \gamma(x_i, x_j) + \mu = \gamma(x_i, x) \qquad i = 1, \cdots, n \\ \sum_{i=1}^{n} \lambda_i = 1 \end{cases} \tag{8-25}$$

式中：μ——拉格朗日常数;

λ_i——权系数。

在只有两口相距为 h 的垂直井条件下,上述方程可写为

$$\begin{cases} \lambda_2 \gamma(0, h) + \mu = \gamma(0, x) \\ \lambda_1 \gamma(h, 0) + \mu = \gamma(h, x) \\ \lambda_1 + \lambda_2 = 1 \end{cases} \tag{8-26}$$

将 $\gamma(x_i, x_j) = \dfrac{1}{2} V_H h^{2H}$ 代入式(8-24)中可得

$$Z^*(x) = (1 - \omega) Z(0) + (1 + \omega) Z(h) \tag{8-27}$$

其中 $\omega = \left(\dfrac{x}{h}\right)^{2H} - \left(1 - \dfrac{x}{h}\right)^{2H}$,$Z(0)$ 为第一口井的参数值,$Z(h)$ 为第二口井的参数值,这就可求出井间任何点所对应的参数值。

依据上述方法,在单井相划分的基础之上,根据曲线模式、旋回特征及井间模拟剖面即可进行微相剖面分析。

图 8-17 为大港枣园油田孔一段砂体微相剖面图,由图中可以看出不同微相剖面特征。

三、平面相带自动划分方法研究

在油田开发阶段,为了综合评价储层,改善注采关系,合理布置井网,需要给现场工作人员明确指出开发小层或单砂体平面上沉积微相分布的具体形态和位置。依据单井相、剖面相研究结果,可把某一小层或单砂体延展到平面上。

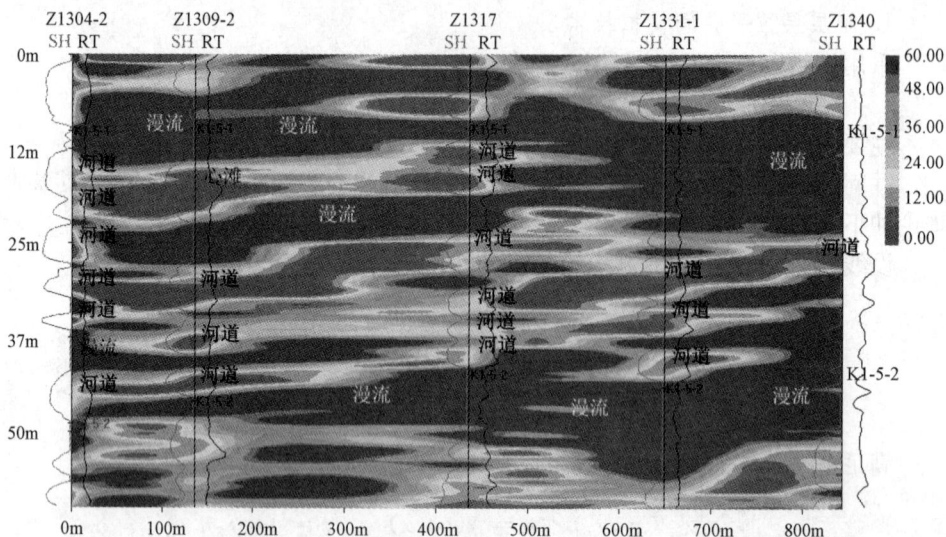

图 8-17　枣园孔一段砂体微相剖面图(见彩图 16)

　　如图 8-18 为某油田小层平面微相图。左图为自动识别平面相图,右图为地质学家手工绘制的平面相图,从图中看出,该小层主要为水下分流河道沉积。对于具体小层来说,一个小层可能有多个沉积旋回构成,而不同旋回又是不同的沉积环境沉积形成。因此,以小层为单元的平面沉积微相应该是多个旋回的叠加,不能真实地反映某一单河道的结构形态。为此可通过以单砂体为目标的储层构形分析方法研究砂体沉积微相。

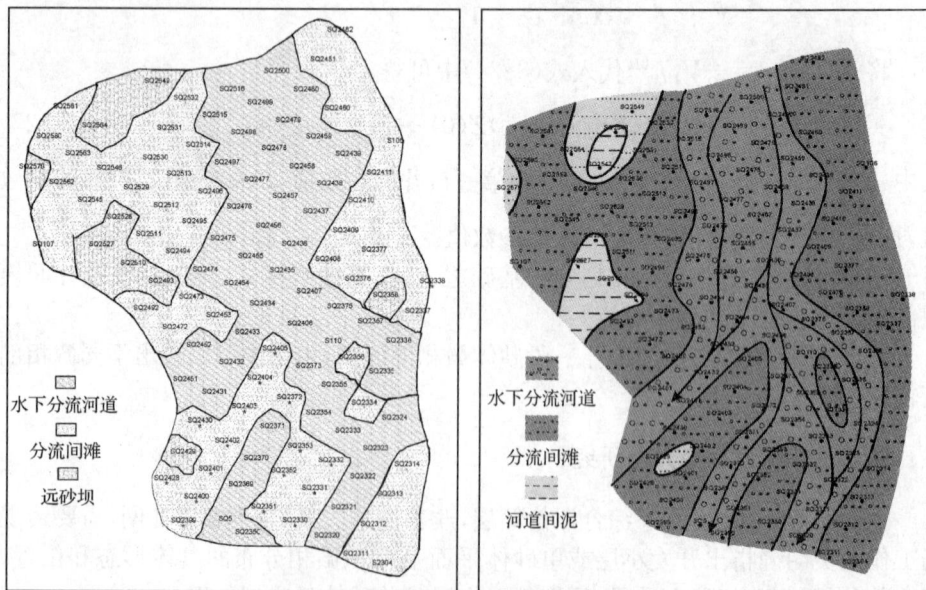

图 8-18　某油田小层平面微相图

四、相概率研究技术

在油田开发中,纵向上一般是以开发层系为单元,一套开发层系必须具有一定的厚度,因此,往往是由数个单砂体、多个小层、几个砂层组或油组构成。而油田沉积相及沉积微相研究,不同阶段研究程度不同。在勘探阶段,往往以油层组为单元,划分沉积相为目的;在开发早期阶段,则以砂层组为单元,划分亚相为主;在开发调整时期,则以小层为单元,进行小层沉积微相研究;在开发后期,则以单(复合)砂体为单元,进行单砂体沉积微相研究。理论上,以单砂体为单元进行砂体微相研究,基本上能够反映沉积现象。然而实际上同一个单砂体通常是由多个韵律层构成的。这些韵律层在地质历史时期,并不都沉积于相同的沉积微环境。也即有的韵律层沉积时是河道主体,水动力强;有的韵律层沉积时,处于河道消亡期,水动力弱,相当于河道侧缘或河道间。由此导致在传统的油田沉积相研究中,沉积相、沉积亚相、小层沉积微相及砂体沉积微相平面分布图,只是给出了某种相带的可能分布,并不能表明相带的唯一性。因此,在油田勘探与开发的实践中,尽管进行了比较系统的沉积相研究,但很难将其研究成果应用于探井、评价井甚至开发井的部署。为此,我们提出了相概率的概念。

所谓相概率特指在某一地层单元内,某种沉积微相厚度占该地层单元厚度的百分比。

(一)相概率研究意义

依据相概率的基本理念,其研究意义在于:

(1)可以使沉积微相研究实现量化。因为通过相概率的分析,可以很清楚地指出某一沉积类型在地层中所占的百分比,同时也可以指明某一地层单元内某种沉积微相发育的厚度。

(2)通过相概率的研究,可进行沉积演化史分析,可以识别流体流动方向及高能带、大孔喉发育带。

依据沉积微相基本类型,可以把相概率进行相应的分类,如水下分流河道相概率、河道侧缘相概率、河口坝相概率等等。

(二)相概率的分级

依据储层划分对比单元,可将相概率进行进一步的分级。

就油藏而言,可将相概率分为:层序或油层组规模储层相概率、准层序或砂组规模储层相概率、小层规模储层相概率、单砂体规模储层相概率。

1. 层序规模或油层组规模相概率

即某一层序或油层组内某种沉积微相（河道微相、河道侧缘或河道间微相）厚度占层序或油层组厚度的百分比。若层序总厚度为 H，某期河道砂体厚度为 H_i，依据相概率定义，该层序规模河道相概率即为该层序内河道砂总厚度与该层序厚度的比。其数学表达式为

$$F = \sum H_i / H$$

式中：F——该层序的河道相概率；

　　　H_i——某一河道砂沉积厚度；

　　　H——该层序厚度。

2. 准层序（砂层组）规模相概率

即某一准层序或砂层组内某种沉积微相厚度占准层序或砂层组厚度的百分比。若准层序总厚度为 H，某期河道砂体厚度为 H_i，依据相概率定义，该层序规模河道相概率即为该层序内河道砂总厚度与该层序厚度的比。其数学表达式为

$$F = \sum H_i / H$$

式中：F——该准层序的河道相概率；

　　　H_i——某一河道砂沉积厚度；

　　　H——该准层序厚度。

3. 小层规模相概率

即某一小层（或时间单元）内某种沉积微相（河道主体或河道侧缘或河道间）厚度占小层（或时间单元）厚度的百分比。若时间单元总厚度为 H，某期河道砂体厚度为 H_i，依据相概率定义，该时间单元储层相概率即为该单元内河道砂总厚度与该层序厚度的比。其数学表达式为

$$F = \sum H_i / H$$

式中：F——该小层的储层相概率；

　　　H_i——某一河道砂沉积厚度；

　　　H——该准层序厚度。

4. 单砂体规模相概率

即某一单砂体内某种沉积微相（河道主体或河道侧缘或河道间）厚度占小层（或时间单元）砂层组厚度的百分比。若砂体内发育多期韵律层，其中某期河道砂韵律厚度为 H_i，依据相概率定义，该砂体河道主体相概率即为该单元内河道砂韵律总厚度与该砂体厚度的比。其数学表达式为

$$F = \sum H_i / H$$

式中：F——该砂体的河道相概率；

　　　H_i——某一韵律层河道砂沉积厚度；

　　　H——该砂体厚度。

由上看出，不同规模储层相概率，其数学表达式相同，其共同之处在于真实地逼近客观实际，真正地反映不同规模储层沉积的非均质性。

五、沉积微相演化过程分析

(一)沉积微相演化过程分析原理

在沉积微相研究中，单井相研究划分刻画了沉积微相纵向上的演化过程，但它只是某一点的演化过程分析；剖面相研究刻画了某一条线的沉积演化过程；而平面相研究是小层沉积微相的综合信息在平面上的反映，是某一时间沉积状态的描述，完全为指导油田开发服务。为了真实再现沉积演化过程，利用基于层拉平的顺层切片技术来剖析小层沉积历史，顺层切片反映小层某一时刻的沉积状态，对小层进行逐点顺层切片，刻画了小层沉积演化的全过程。

(二)沉积微相演化过程分析方法

运用基于层拉平技术的三维克里金插值方法，在三维方向上进行插值，利用顺层切片逐步解剖小层。层拉平技术和三维克里金插值方法在储层细分和对比中已经详细阐述。

切片分析的方法是地震解释中常用的手段，如等高程切片、等时切片、顺层切片等。这些切片以不同的基准面为参照，分析储层性质在平面上的变化，是基于储层目前状态进行分析的。如果对这些切片分析加上等时的概念，则会使这种分析技术同地质分析有效结合起来，使其发挥更大的作用。顺层切片是等时的，所以更有利于地质分析。它可提供在储层任何发育时间段的砂体分布形态，这对沉积相分析、储层形成史分析和层序地层学分析都是比较灵活、有效的手段。

运用上述方法和技术，对小层进行逐点顺层切片分析，研究小层沉积演化过程。以枣南油田五油组1、3、5小层为例，分别切取小层深度10％、25％、50％、75％、90％的位置泥质含量切片进行分析。

五油组1小层的河道在该小层沉积过程中发育变化不十分明显，只是河道迁移摆动过程中，沉积砂体位置的变化，但在层的顶部开始出现大片泥岩，即该层沉积末期，河道开始萎缩，以片流沉积为主。2小层的河道在该小层沉积过程中发育变化不十分明显，只是河道迁移摆动过程中，沉积砂体位置的变化，同时也可看出在该层形成过程中河道发育程度的微小变化，由不发育→发育→不发育的过程。

以 3 小层为例分析沉积演化史,该小层深度 90% 的位置上,即该层底部,河道十分
发育,沉积砂体展布好,泥岩零星分布,在 3 小层 50% 和 25% 的位置上,即该层中
上部,河道开始萎缩,砂体沉积缓慢,泥岩开始发育;在该层上部(10% 的位置),河
道几乎消失,大片发育片流沉积的泥岩,即漫流微相发育。4 小层的河道在该小层
沉积过程中发育变化不十分明显,只是河道迁移摆动过程中,沉积砂体位置的变
化,同时也可看出在该层形成过程中河道发育程度的微小变化,由发育→不发育的
过程。5 小层沉积过程中,经历了两次大的河道发育和消亡的过程,即在该小层沉
积初期,河道十分发育,中期河道消亡,后期又发育,末期又消亡的过程。图 8-19
至图 8-21 分别为 5 小层 25%、50%、75% 位置的泥质含量瞬时切片,由切片可清
楚地反映沉积的细微演化。

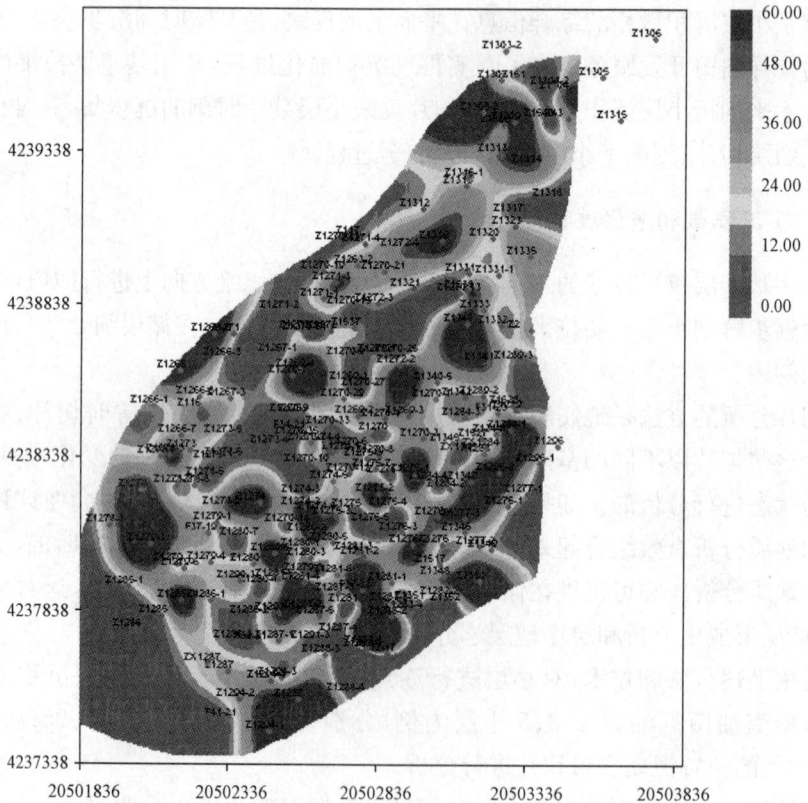

图 8-19　枣南孔一段五油组 5 小层 25% 处泥质含量切片(见彩图 17)

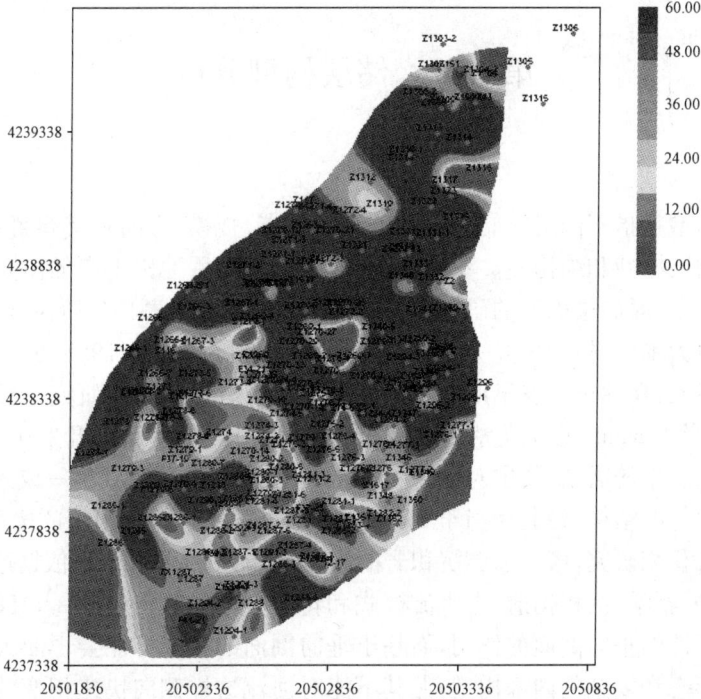

图 8-20　枣南孔一段五油组 5 小层 50％处泥质含量切片（见彩图 18）

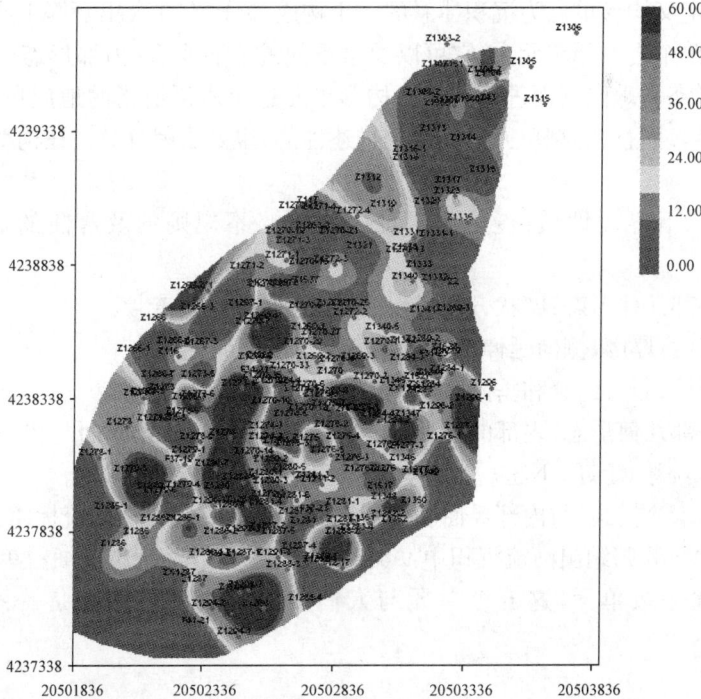

图 8-21　枣南孔一段五油组 5 小层 75％处泥质含量切片（见彩图 19）

第三节　储层构型分析

一、概述

储层构型是指不同级次储层构成单元的形态、规模、方向及其叠置关系,其核心是储层的层次性和结构性。不同勘探开发阶段,随着油田生产的需要及地质资料的不断丰富,对储层构型的研究也是逐步深入的。在油藏评价阶段,研究层段以油组或砂组为单元,构型研究一般为亚相级别,相当于 Miall(1988)的 6 级界面限定的构型单元;在油田开发早期,研究层段以小层为单元,构型研究一般为复合微相级别,相当于 Miall 的 5 级界面限定的构型单元;而到了油田开发中后期,为了满足提高采收率的需求,要求对储层构型研究更为深入,要达到单一成因砂体甚至成因砂体内部的结构级别,相当于 Miall 的 4 级和 3 级界面所限定的构型单元。

传统沉积相研究,第一强调沉积岩的组合,相的判别和区分是依据这些沉积岩的几何学、岩石学、沉积构造、古水流模式和化石方面的特征(Selley,1985)。它主要强调特征性的垂向剖面的作用,而基于垂向剖面的解释可能会歪曲大尺度沉积体的几何形态和复杂的内部构型,尤其不能对河流这样侧向快速相变的沉积体做三维分析。

Miall 定义构形单元为沉积体系的一个构成部分,它在大小上等于或小于河道充填,但比单个岩石相单元大,它可以通过不同的岩石组合、内部形态、几何形态、外部几何形态和垂向剖面进行划分。构形单元这个术语所指的地层单元以 3~5 级界面为界。而且,构型单元分类既是描述性的,也是成因分类。在构型单元划分中强调:

(1) 上、下界面性质:侵蚀或递变、板状的、不规则的及弯曲的(向上凸或向下凹)。

(2) 外部几何形态:席状、透镜状、楔状、勺状及 U 形充填。

(3) 尺度:厚度、侧向延伸平行或垂直于水流方向。

(4) 岩性:岩石组合和垂向序列。

(5) 内部几何形态:内部的性质和位移、层理和 1~2 级界面与更高级界面的关系(平行、削截、上超、下超)。

(6) 古水流模式:与内部界面和构形单元外部形式相关的水流标志方向。

据此,Miall 归纳出河流沉积中 9 类基本构型单元,又把越岸细粒单元(FF)分解为五个次一级单元,这五个单元与人们传统上划分的微相是一致的,详见表 8-2、表 8-3。

表8-2 河流沉积的构型单元（据 Miall,1996）

代码	单元	符号	几何学和相关性
1	河道	CH	指状、透镜状或席状,上凹的侵蚀基底;规模、形状变化大,内部上凹的3级侵蚀面常见
2	砾石坝和底形	GB	透镜状、平伏状,通常是板状体,常具有 SB 的夹层
3	砂底形	SB	透镜状、席状、平伏状、楔状,河道充填、决口扇、小型沙坝出现
4	向下加积底沙坝	DA	发育于平和河道底上的透镜状,具有上凸的3级内部侵蚀面和向上的4级界面
5	侧向加积的沙坝	LA	楔状、席状、舌状,以及内部侧向加积3级界面特征
6	冲蚀凹地	HO	匙形凹地,具有不对称的充填
7	沉积重力流	SG	舌状体、席状,典型的 GB 夹层
8	层状沙席	LS	席状、带状
9	越岸细粒	FF	薄的到厚的带状,通常具 SB 夹层,可以充填废弃的河道

表8-3 越岸环境碎屑构形单元（据 Miall,1996）

构型单元	符号	相组合	几何学	解释
天然堤	LV	F1	楔状,10m厚,宽3km	越岸溢流
决口河道	CR	St,Sr,Ss	带状,几百米宽,5m深,10km长	主干河道边缘的裂缝
决口扇	CS	St,Sr,F1	透镜状,10km×10km宽,2～6m厚	从决口河道进入洪泛平原,类似于三角洲的加积
洪泛平原细粒	FF	Fsm,F1,Fm,Fr	席状,侧向数十到数百千米,厚几十米	越岸席状流沉积物,洪泛平原池塘和沼泽
废弃河道	CH(FF)	Fsm,F1,Fm,Fr	带状,规模上可相当于流水河槽	流槽或牛轭湖产物

与传统的微相研究相比,构型单元可以更精细地刻画沉积体单元,如根据砂体的形态,它可以把河道砂分成席状砂（CHS）和带状砂（CHR）;它所划分的沉积单元持续的时间比层序地层学所划分的沉积单元持续的时间要短;由于构型单元是力图从三维角度去划分沉积地质体,因此比主要从剖面构型划分单元的沉积相分析更能反映沉积体的本来特征;Miall 的构型单元有一些是构成微相的砂体,而另一些就是由沉积微相构成,所以应用起来比较方便;构型单元按照一系列界面级别将地层划分成不同等级的构型单元,恢复保存地层的沉积史,比沉积相研究具有更好的系统性和完整性。

二、储层构型分析思路

已有的储层构型分析研究成果大多是在露头和现代沉积中取得的,地下储层构型分析与露头分析有很大的差别,后者直观可视,而前者需要进行井间预测。针对油田开发阶段地下储层构型井间预测的特点,本文提出了层次约束、模式拟合与多维互动的基本研究思路。

(一) 层次约束

构型分析的核心是恢复不同层次构型单元的分布。由于小级别构型单元的分布受控于大级别构型单元,因此层次划分、分级控制的研究思路便十分必要。如针对曲流河的河道储层,可按以下层次进行划分(图 8-22):

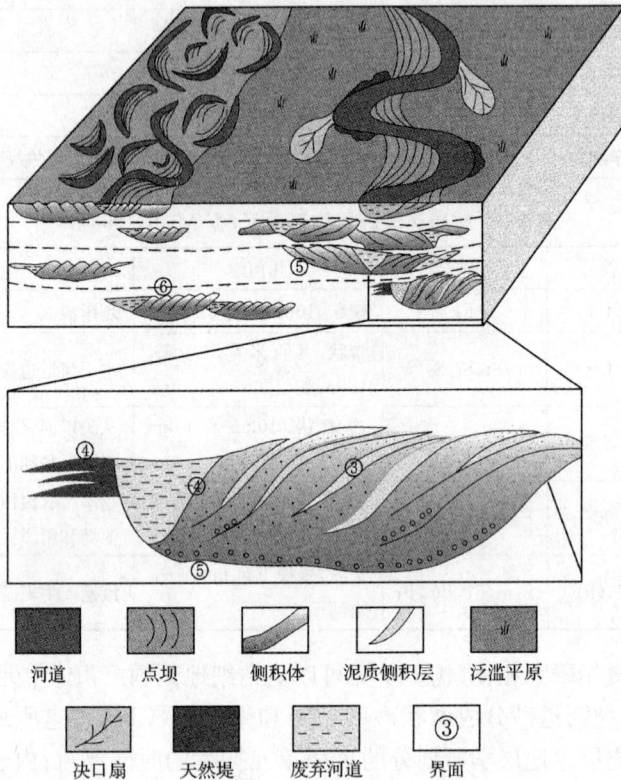

河道	点坝	侧积体	泥质侧积层	泛滥平原
决口扇	天然堤	废弃河道	③ 界面	

图 8-22　曲流河储层构型层次划分(见彩图 20)

第一层次为河道砂体层次,即曲流河道侧向加积形成的带状砂体,其界面相当于 Miall(1985,1996)的 5 级界面。

第二层次为点坝层次,为曲流带内的单一点坝砂体与废弃河道沉积,其界面相当于 Miall(1985,1996)的 4 级界面。

第三层次为侧积体层次,为点坝内部的侧积体和泥质侧积层,其界面相当于 Miall(1985,1996)的 3 级界面。

在构型分析过程中,首先确定曲流带(复合或单一)河道砂体的分布,然后在河道砂体内部识别点坝,最后在点坝内部解剖侧积体和侧积层。

（二）模式拟合

构型分析的核心是井间预测,而预测的基本前提是预知对象的分布规律或模式。显然,地下构型的空间分布不能用线性或非线性方程来表达,因而难于通过井间插值来预测构型单元的分布。构型分布的规律主要表现为模式,为此,笔者提出模式拟合的构型分析思路,即通过将不同级次的定量构型模式与地下井资料(包括动态监测资料)进行拟合,建立地下储层构型的三维模型。

模式拟合的关键是模式认知和模式与井的拟合。

1. 模式认知

针对不同级次的构型单元,建立相应的定量构型模式,特别是不同构型单元的定量规模。如对于曲流河储层构型分析,十分关键的是点坝规模及其内的侧积体和侧积层的规模。

2. 模式与井的拟合

按照各构型单元的规模范围将井点处的构型单元进行联结,构建初始构型模型,然后按照构型模式中各构型单元之间的几何配置关系,对已联结的初始模型进行优化,使最终模型既与井点吻合,又符合地质模式。

（三）多维互动

所谓多维,是指一维井眼、二维剖面、二维平面和三维空间;互动则是指在分析过程中,不是单纯的从一维到二维再到三维,而是各维之间相互印证。构型建模的目标是建立构型单元的三维模型,但这一过程不宜直接从一维井眼到三维模型(目前国内外通行的三维建模方法)。由于井资料主要是测井资料,而应用测井资料对构型单元的解释具有一定的多解性,若将多个单井解释结果放到剖面、平面和三维空间去分析则可大大降低这种多解性(因为构型的空间分布存在规律性)(图 8-23),因此,虽然在构型建模过程中首先要进行井眼构型解释,但只是预解释,不是最终结果;对于多井剖面分析,其为经典的地质分析方法,但也有片面性和多解性,因为剖面毕竟是尚未知而需要预测的三维地质体的一个切片,因此,多井剖面也需要放到三维空间去分析以降低多解性;同样,对于平面分析亦如此。故此,单井分析、剖面分析、平面分析和三维模型分析都不是一步到位的,需要相互验证,最终得到一个既符合井资料和油田开发动态响应,又符合构型地质模式的逼近地质实际的三维构型模型。这是符合地质分析思维的方法。

然而,这种互动研究很难在纸质介质或矢量绘图软件上完成。为此,笔者主持开发了一套数字化油藏表征系统软件,即 Direct 系统。该软件基于数据库系统,

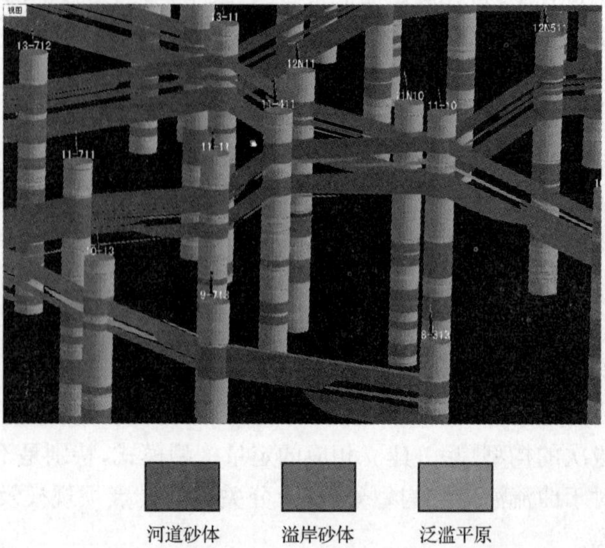

河道砂体　　　溢岸砂体　　　泛滥平原

图 8-23　三维视窗下的剖面相分析(见彩图 21)

以地理信息系统的基本功能(数据存储、管理、分析、查询、显示)为基础,各维模型(单井、剖面、平面、三维)均为数值模型,且数据与图形互动(这有别于常规的矢量成图)。特别是各维功能模块(单井、剖面、平面、三维)数据共享、功能互动,因此,研究者可通过多维相互验证、反复拟合,以逼近地质真实,这充分体现了实际地质研究的思维过程。

三、储层构型分析方法

遵循上述研究思路,以济阳拗陷孤岛油田馆陶组曲流河储层为例,进一步阐述储层层次构型分析方法。该油田已进入高含水开发阶段,井距 100m 左右。根据曲流河储层层次结构的划分,分复合微相、点坝、侧积体三个层次进行分析。

(一) 5 级界面限定的构型单元分析

在该储层构型层次中,将曲流河沉积分为河道、溢岸和泛滥平原三个较大的构型要素。这一层次的构型分析实际上相当于常规的沉积微相研究。研究方法与常规的沉积微相分析方法基本相同,主要是通过岩心相分析、测井相分析、砂体厚度分析等,在沉积模式的指导下,通过剖面相分析和平面相分析,研究微相的展布规律,建立微相砂体的分布模型。

岩心分析表明,研究区河道岩性以砂岩为主,底部一般为冲刷面,并发育滞留砂砾岩层,厚度 0.2～0.92m,呈断续透镜状分布。垂向上具有粒度向上变细、沉积规模向上变小的典型正韵律特征,顶部为粉砂岩至纯泥岩(溢岸和泛滥平原沉积),表现为明显的二元结构。单砂体厚度一般为 4～10m,最大叠置厚度可达 20m。砂体内发育平行层理、槽状交错层理、爬升层理、波纹层理。砂体内部具有泥质夹层(为泥质侧积层),厚度一般为 0.2～0.8m。垂向上,河道砂体与溢岸砂体和泛滥平原泥岩不等厚互层(图 8-24)。这三类构型要素在测井曲线(自然电位、自然伽马、电阻率等)上具有较好的测井响应,因此在非取心井内较易识别和解释。

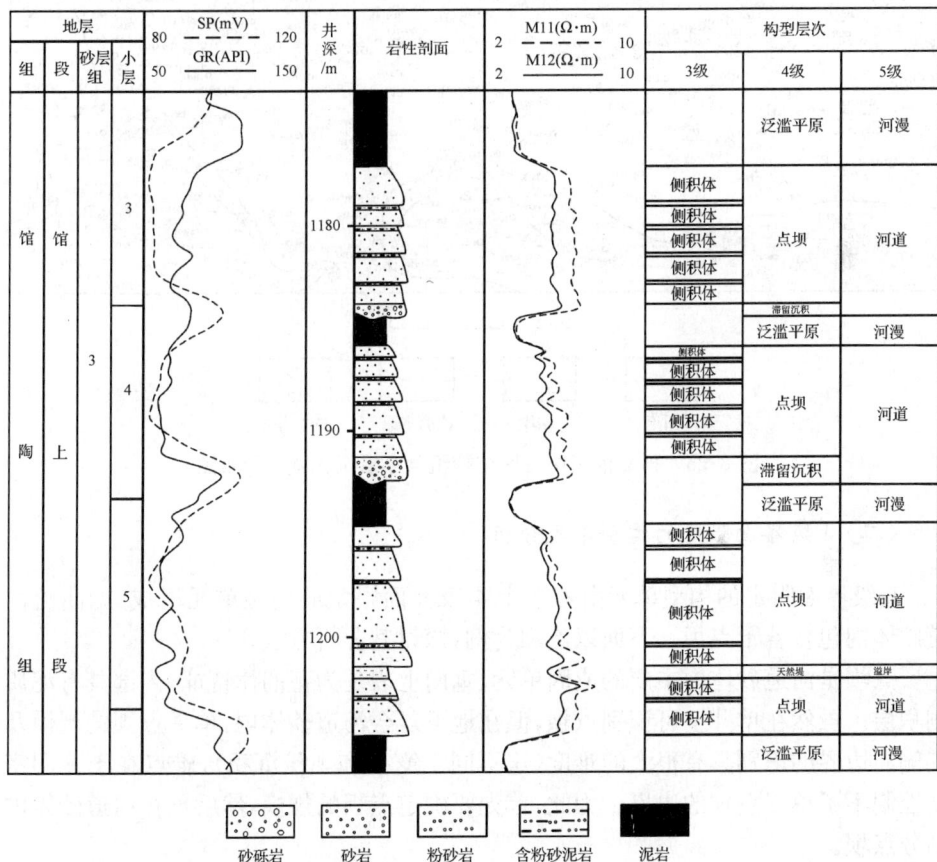

地层				SP(mV) 80—120 / GR(API) 50—150	井深/m	岩性剖面	M11(Ω·m) 2—10 / M12(Ω·m) 2—10	构型层次		
组	段	砂层组	小层					3级	4级	5级
馆陶组	馆上段	3	3		1180			泛滥平原		河漫
								侧积体	点坝	河道
								侧积体		
								侧积体		
								侧积体		
								侧积体		
								滞留沉积		
			4		1190			泛滥平原		河漫
								侧积体	点坝	河道
								侧积体		
								侧积体		
								侧积体		
								滞留沉积		
								泛滥平原		河漫
			5		1200			侧积体	点坝	河道
								侧积体		
								侧积体		
								侧积体		
								天然堤		溢岸
								侧积体	点坝	河道
								侧积体		
								泛滥平原		河漫

图例:砂砾岩　砂岩　粉砂岩　含粉砂泥岩　泥岩

图 8-24　孤岛油田 12-J411 井馆上段储层构型分析图

在油田开发井网条件下,河道砂体的平面分布分析相对较容易,因为河道砂体的规模一般比井距大得多。图 8-25 为研究区一个小层的沉积微相分布图,从中可以看出,研究区发育一个大型的宽带状河道砂体,其宽度大体为 800～1500m,为曲流河迁移形成的以点坝为主的复合砂体。

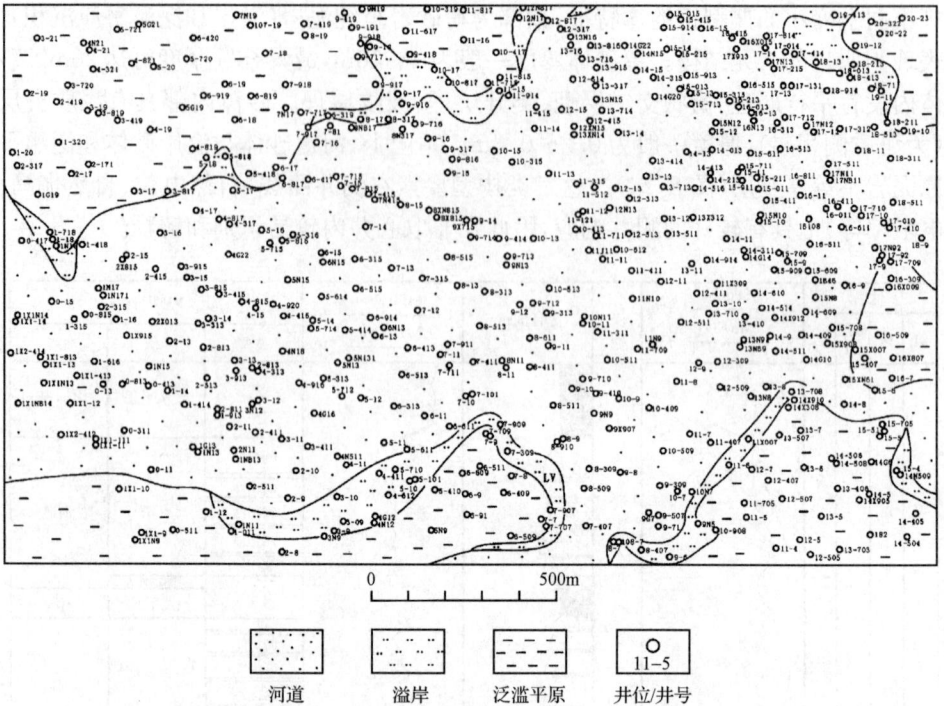

图 8-25　孤岛油田中一区馆陶组某小层沉积微相分布图

（二）4 级界面限定的构型单元分析

5 级界面限定的构型单元由若干个 4 级界面限定的构型单元组成，如曲流河道砂体内包含若干点坝。下面以点坝为例，探讨其分析方法。

点坝是河道砂体内主要的成因单元，垂向上表现为正韵律特征，内部具有泥质侧积层。虽然在单井上可识别点坝，但在地下复合河道砂体内，单一点坝的规模及其侧向边界的识别具有很大的难度（这不同于露头和现代沉积），难点在于井网密度控制不了单一点坝的边界。为此，首先要确定点坝的规模，然后再在河道砂体内划分点坝。

1. 点坝规模的确定

前人对点坝的定性分布模式作过很多的研究，但对其定量规模研究甚少。对于高弯度曲流河，点坝规模与活动河道的宽度具有一定的关系。已发表的研究成果显示，曾有学者（Leeder，1973）提出点坝内部单一侧积体宽度与河流满岸宽度具有正相关关系，但点坝长度（河弯之间的长度）与河流满岸宽度之间关系未见报道。笔者通过全球卫星照片，重点选取嫩江月亮泡曲流河段为研究对象，对曲流河（曲率＞1.7）的点坝长度与河流满岸宽度的关系进行了定量统计和计算，

$$得\ l = 0.8531\ln w + 2.4531 \tag{8-28}$$

式中：l——点坝长度，m；

　　w——河流满岸宽度，m。

两者相关性较好（图8-26）。

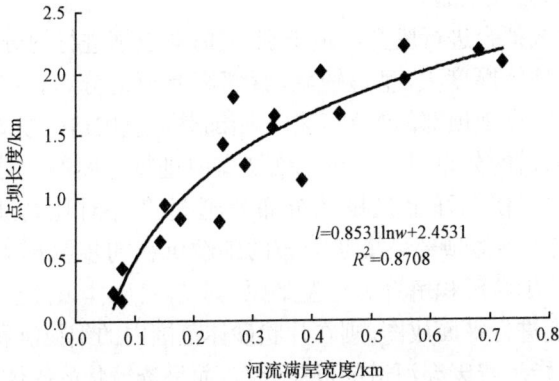

图8-26　河流满岸宽度与点坝长度关系曲线

为此，若已知沉积条件下单一河道的宽度，便可预测点坝的规模。对于河道宽度的预测，本书主要应用Leeder(1973)的经验公式

$$\log w = 1.54\log h = 0.83 \tag{8-29}$$

式中：w——河流满岸宽度，m；

　　h——河流满岸深度，m。

以中一区11—J11井区 Ng_3^3 点坝为例。首先应用公式(8-29)估算河流满岸宽度，然后应用公式(8-28)估算点坝长度。统计所得河流满岸深度（研究中以保存完整的一个点坝自旋回厚度代替）平均为8.0m，应用公式(8-29)计算可知河流满岸宽度约为160m，将其代入公式(8-28)，计算可知点坝长度约为980m。当然，这一数据不应是地下点坝的精确长度（因为计算公式毕竟是经验公式），但其数量级没有问题，其在地下点坝划分中具有重要的参考价值。

2. 地下点坝识别

在点坝规模确定的基础上，充分应用井资料，在复合砂体内通过模式拟合和多维互动，对地下单一点坝进行识别和划分。首先在井内进行点坝解释，然后进行井间预测。

点坝的井内解释相对较易。点坝在垂向上具有粒度正韵律，自然电位和自然伽马测井曲线以钟形为主。因此，通过测井资料可对未取心井进行点坝砂体的解释。

然而，点坝体的边界划分则难度较大。在复合点坝砂体内指示点坝边界最有效的标志是废弃河道,因为废弃河道代表一个点坝的结束。然而,废弃河道边界的划分本身又具有很大的难度,其一,由于废弃河道内主要充填细粒沉积(泥岩、粉砂质泥岩、泥质粉砂岩等),在单井上应用测井曲线难于将其与河道砂体内残存的泛滥平原细粒沉积甚至溢岸砂体相区分;其二,废弃河道宽度规模一般不大,因此并非所有废弃河道都会被钻遇。

为此,通过模式拟合进行废弃河道识别,同时对点坝进行划分。从构型模式可知,点坝主体部位砂体厚度大,呈透镜状,紧邻废弃河道分布;在废弃河道发育部位,沿侧向加积方向点坝顶部的细粒沉积不断加厚。应用这一模式,从以下两个方面初步识别废弃河道的分布:其一,在三维视窗内进行井间剖面分析,依据废弃河道的横向分布特点(在剖面上呈楔状分布),通过多井对比初步识别废弃河道(图 8-27),即将点坝砂体顶部呈楔状分布的细粒沉积初步解释为废弃河道,而将呈连续带状分布的细粒沉积解释为泛滥平原;其二,将砂体顶部至时间单元顶面之间的细粒沉积厚度进行平面成图,则在片状砂体范围内的细粒沉积大厚度带(特别是新月形厚度带)指示着废弃河道的可能分布,而呈透镜状的砂体大厚度区则指示

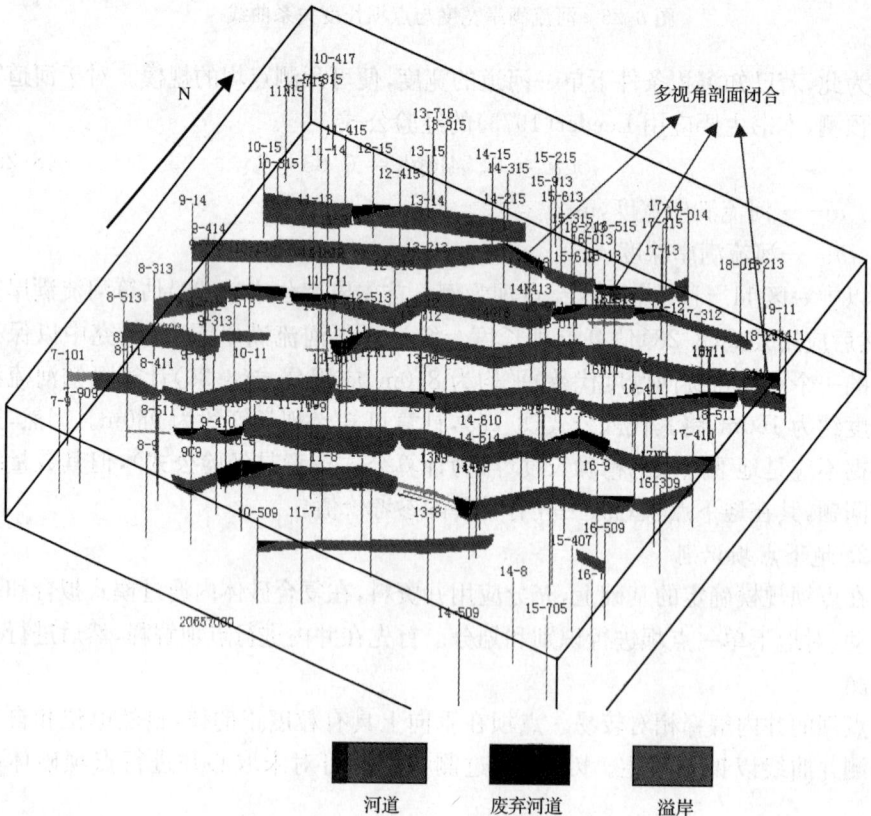

图 8-27　三维视窗内废弃河道的剖面分析(见彩图 22)

点坝的分布;其三,参考河道与点坝定量规模范围,不断修改上述第一、二步解释的废弃河道的边界,使最终的点坝和废弃河道分布既与井点解释吻合,又与定量模式吻合,还与井间动态响应吻合。这是一种在模式指导下"逐步逼近"地质实际的方法。实际操作主要应用前述的 Direct 软件,通过多维互动进行研究。图 8-28 为研究区复合河道砂体内部的点坝与废弃河道分布。

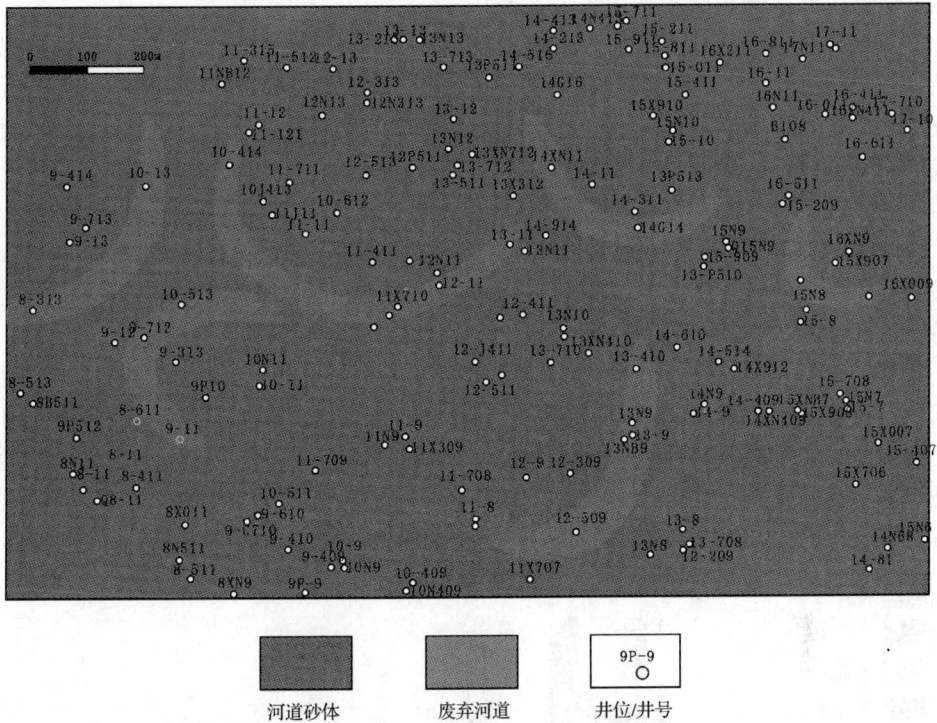

图 8-28　点坝分布的平面显示(见彩图 23)

(三) 3 级界面限定的构型单元分析

点坝砂体最重要的特征是其内部发育侧积体。垂向上一个点坝由若干侧积体组成,侧积体之间发育斜交层面的泥质夹层(侧积层),其为曲流河点坝侧向加积的结果。但由于侧积体规模更小,横向规模只有数十米宽,比井距小得多。为此,采用模式拟合的思路对点坝内部构型进行解剖,主要是通过侧积层的井内识别和井间预测来划分侧积体。

1. 侧积层井内识别

泥质侧积层一般发育在点坝中上部,厚度为 0.2~0.8m。在研究区点坝内,一般在井眼垂向上可识别出 3~4 个泥质侧积层。根据岩电标定结果,泥质侧积层微电极曲线回返明显,自然伽马与自然电位测井曲线上亦有不同程度回返。因此,根据测井曲线,特别是微电极曲线,可将厚度大于 0.2m 的泥质侧积层识别出来。

2. 侧积层井间预测

侧积层井间预测的关键是确定其倾向、倾角、横向间距。

在确定废弃河道的前提下,侧积层倾向便可确定,即指向废弃河道方向。侧积层倾角可根据 Leeder(1973)经验公式计算。根据上述计算的满岸河流深度和宽度,估算研究区侧积层的倾角约为 5°～10°。

对于侧积层横向间距,前人研究较少。本文主要应用水平井资料来获得侧积层横向间距信息。研究区有 15 口水平井,其水平位移一般为 300～500m。在分析过程中,主要选择横切(顺侧积方向)或斜切点坝的水平井。在选择的水平井上,通过测井资料解释识别泥质侧积层(井内的自然伽马高值带)。分析表明,水平井上侧积层的水平宽度为 6～12m,两个侧积层的横向间距为 21～35m。

实际上,这一数据仅代表了测井曲线所能识别的侧积层的横向间距。一般来说,测井曲线的分辨率为 0.2～0.5m,因此,应用测井曲线研究的侧积层主要是大洪水形成的较大的侧积层。

在上述关键参数确定的情况下,应用井资料及井内解释的侧积体和侧积层,通过模式拟合进行井间预测。预测的基本原则为:①井间侧积层沿倾向(指向废弃河道的方向)连线;②保持两个侧积层的横向间隔。图 8-29 为研究区一个点坝的侧积层井间预测的栅状图,在该图中,泥质侧积层的分布既与井点吻合,又与定量模式相符。检查井动态资料也证实了拟合结果的可靠性。

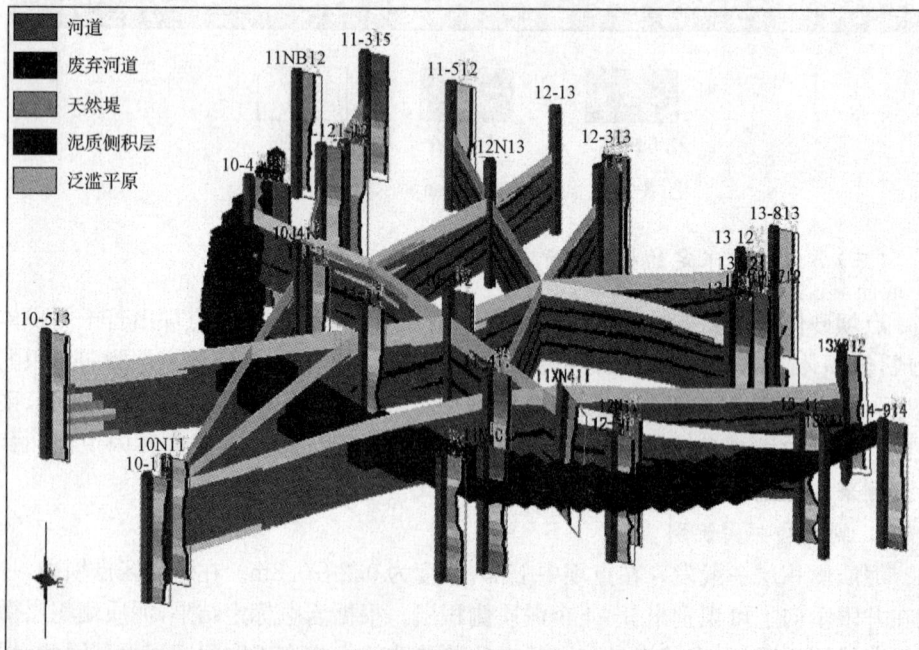

图 8-29　点坝内部的侧积体栅状分布图(见彩图 24)

第四节　储层流动单元研究

一、储层流动单元概述

（一）流动单元的概念

储层流动单元是 20 世纪 80 年代中后期发展起来的储层表征新技术，是目前国际上储层地质学及油藏描述研究的前沿领域。储层流动单元是指影响流体流动的岩性和岩石物理性质在内部相似的、垂向上和横向上连续的储集带。按照这一概念，一个储集体可划分为若干个岩性、岩石物理性质各异的流动单元块体。在块体内部，影响流体流动的地质参数相似，块体间则表现了岩性和岩石物理性质的差异性。

储层流动单元属于储层宏观非均质性的范畴。这一规模的非均质性研究对指导油田注水开发和油气成藏研究均有十分重要的意义。然而，在以往的油气藏表征及油藏描述中，对这一规模的非均质研究不够，多以层组为单元进行非均质研究，"平均化"现象严重，这对正确掌握地下油水运动规律及剩余油分布规律有很大影响。

流动单元的概念首次由 C. L. Hearn 等（1984）提出，认为流动单元是一个垂向上和横向上连续的储集带。在该单元内，各部位岩性特点相似，影响流体流动的岩石物性参数也相似。

1986 年，C. L. Hearn 和 M. L. Fowler 又提出流动单元就是成因单元内流体流动横向上和纵向上连续的空间。它与成因单元的分布有关，但并不一定与相界面一致。

W. J. Ebanks（1987）也给流动单元下了一个定义，认为流动单元是根据影响流体在岩石中流动的地质和物性参数进一步细分出来的岩体。这一概念的提出，使地质学家在研究储层时，不仅要考虑其静态特征，而且也要注意储层内流体流动的动态性能。

J. O. Amaefule 等（1993）认为，水力单元也是流动单元，并可与流动单元概念互用。水力单元是指水力系统相似的层段，单元内影响流体流动的地质特征内部连续，而与周围岩石不同。水力单元影响流体流动的参数主要是孔-喉几何分布，而这种孔-喉分布主要受岩石结构（大小、形态、分选、堆积方式）和矿物特征（类型、丰度、位置）的控制，同时，其分布也与沉积相有关，但它的边界同样可以与沉积相边界不一致。

综上所述，不同学者对流动单元理解不同。我们认为储层流动单元就是指影响流体流动的岩性和岩石物理性质在内部相似的、垂向上和横向上连续的储集带。

相当于砂体规模储层岩石物理相与断层屏障的集合体。储层流动单元的研究必须建立在沉积微相和成岩作用分析的基础上,它的分布与沉积相有关,但它的边界可以与沉积相边界一致,也可以与沉积相边界不一致。

（二）流动单元的研究方法

20世纪80年代,国内外许多学者开展了对流动单元的研究工作,如S. R. Jackson 等（1989）,M. A. Chapin 等（1989）,R. P. Major 等（1990）,A. C. MacDonald 等(1992),H. S. Hamlin 等(1995)。流动单元的划分,即是应用相关参数将储集体进行合理的进一步的划分,一般在储层结构研究的基础上进行。用来划分流动单元的参数涉及沉积、成岩、构造及岩石物性等多个方面,包括渗透率、孔隙度、渗透率与有效厚度的乘积(KH)、孔隙大小及分布、KV/KH、非均质系数、毛细管压力、沉积构造、岩性等。这些参数一般都能较好地反映岩石和流体流动的特征,但是在不同地区针对不同目的研究时,还应考虑划分参数是否与我们研究对象有较好的相关性来选择参数(J. A. Canas 等,1994)。

流动单元的研究方法包括定性和定量方法。

定性的方法是首先建立岩石物性参数与沉积微相和岩石相的关系,然后根据不同的沉积微相和岩石相来确定流动单元;定量的方法则是对各井进行系统的参数解释,然后应用数理统计方法如聚类分析、因子分析、判别分析进行流动单元的划分。目前,人们采用最多的是定性的方法。如K. Davies 等(1996)对西得克萨斯Robertson北部的浅海陆棚碳酸盐岩储层进行的研究。他们首先对该区进行沉积、成岩作用研究,并通过孔隙几何形态研究确定岩石类型,发现渗透率、孔隙度与沉积环境之间没有规律,但不同环境却有类似的渗透率和孔隙度分布。其原因主要是由于碳酸盐岩受到成岩作用的影响较大。该研究同时还发现该区的渗透率、孔隙度与岩石类型有着很好的相关性,渗透率是孔隙度和岩石类型的函数。因此,他们利用岩石-测井模型进行非取心井的岩石类型、岩石物性(特别是渗透率,含流体饱和度)分析,最后通过进行井间对比来划分流动单元。

研究发现,流动单元大的界线往往与构造断层位置、岩性岩相带以及成岩胶结带的分布相对应(S. R. Jackson 等,1989),其他界线则通过参数值来界定。如上所述,由于研究条件不同,研究目的不同,以及不同学者根据自己对这一概念的理解并结合各自研究工区的地质特点,提出不同的流动单元研究方法。归纳起来主要有以下几种。

1. 露头沉积界面分析法

焦养泉等提出,在野外露头储层研究中,正确识别隔挡层,并据此划分储层流动单元是一项重要的基础性工作。它是深入探讨储层非均质性,总结规律并进行储层模拟的基础。在对鄂尔多斯盆地赵石窑砂体研究中,他们发现储层流动单元的隔挡层主要与 3、4 级界面有关,所以,一个储层流动单元的规模可能相当于一个点坝侧积体。这样,储层流动单元最基本的物质构成单位同样也是岩性相。通过横向追踪和填图,赵石窑砂体曲流河道砂体共由 15 个孤立的或半连通的储层流动单元构成。

2. 根据岩相及宏观岩石物理参数进行流动单元研究

这一研究思路最早是由 Hearn (1984) 提出的,后来许多学者基于这一基本思路进一步开展了流动单元研究(Rodriguez,1988;Jackson 等, 1989;Hamlin 等, 1996)。其基本方法是,首先通过沉积学研究在垂向上划分若干个成因单元,然后,主要根据孔渗参数对成因单元(或相)进行进一步的细分,划分出若干个纵向上和横向上岩石性质和孔渗性质在内部相似的储集单元,即流动单元。

H. S. Hamlin 等(1996)对南澳大利亚 Tirrawarra 油田的辫状河三角洲砂岩进行了研究,划分出 6 个流动单元,其分布和特征见表 8-4。并通过毛细管压力数据得到的储层孔隙大小、分布特征分析证明了该流动单元划分的合理性。

表 8-4　流动单元的岩石物性

单元	平均值孔隙度/%	流动单元	平均渗透率/$10^{-3} \mu m^2$	样品个数
4	9.3	2.7	1.02	203
3U	10.9	1.9	0.88	598
3L	11.6	2.4	2.19	621
2U	8.1	1.6	0.22	37
2L	8.5	2.5	0.51	99
1U	10.2	1.5	0.65	11

3. 应用孔隙几何学进行流动单元研究

许多学者着重于孔隙几何学对流体渗流的影响,对流动单元进行划分和研究,如 Ahr(1991)和 Amare(1993)将具有同一孔隙组合类型的岩类归属于同一类流动单元。Amaefule 等(1993)和 Abbaszaden 等(1996)应用流动带指标(FZI)来划分水力流动单元。

FZI 划分法是目前水力单元划分的主要方法。其基本原理如下。

FZI 方法的理论基础是平均水力半径的概念及 Kozeng-Carman 孔渗关系。
Kozeng-Carman 孔渗关系式为

$$k = \frac{\phi_e^3}{HC(1-\phi_e)^2}$$

$$HC = F_s \tau^2 S_{gv} \qquad (8\text{-}30)$$

FZI 则通过如下公式来定义

$$FZI = \frac{1}{S_{gv}\tau \sqrt{F_S}} = \frac{\sqrt{\frac{K}{\phi_e}}}{\frac{\phi_e}{1-\phi_e}} \tag{8-31}$$

令

$$RQI = \sqrt{\frac{K}{\phi_e}}\phi_z = \frac{\phi_e}{1-\phi_e}$$

则

$$FZI = \frac{RQI}{\varphi_z}, logRQI = log\varphi_z + logFZI$$

式中：FZI——流动带指数(flow zone index)；

RQI——储层质量指数(reservoir quality index)；

K——渗透率；

F_s——孔喉形状系数；

τ——孔喉迂曲度；

S_{gv}——比表面；

ϕ_e——有效孔隙度。

参数 ϕ_z 和 RQI 可应用孔隙度(ϕ_e)和渗透率(K)求得，因此 FZI 可以通过岩心和测井解释的 ϕ_e 和 K 求取。

FZI 实际上反映了岩石孔隙结构特征。具有相似 FZI 的岩石被认为具有相似平均水力半径，因而属于同一水力流动单元。通过对众多样品的 FZI 值进行聚类分析，则可对水力流动单元进行分类。

4. 应用传导系数、储存系数等参数进行流动单元研究

G. M. Ti 和 D. O. Ogbe 等(1995)利用岩心和测井资料，提出了应用传导系数(Kh/μ)、储存系数、净砂岩含量等参数划分流动单元的方法。首先，根据岩心描述，将沉积层段分成若干个层，并根据岩石特征和物性特征将这些层进一步分为若干个亚层，然后，通过岩心、测井信息计算出各井各亚层的传导系数、储存系数和净砂岩含量，并应用聚类分析，将这些亚层归属于不同的流动单元。划分流动单元的步骤如下：

1) 地层对比

在对 Endicott 油田的地质情况重新认识和测井曲线(特别是伽马、电阻率和孔隙度测井曲线)对比的基础上，确定出选择的 11 口井的井间地层关系，然后利用取心井的岩心描述资料对地层关系加以检验。地层对比的目的是了解储层分布，并且为确定流动单元的分布做参考。

2) 划相分层

在 Endicott 油田的 11 口井所在的区域，根据取心井的岩心描述识别出四种地下相。

在取心井,先把沉积层段划分为代表不同相的主层,每个主层代表一种沉积环境,再利用三个参数(K、ϕ和V_{sh})把主层分为小层。

3）用聚类分析确定取心井流动单元

流动单元表现为具有相似的影响流体流动特征的沉积岩体,因此可以把一个流动单元视为一个小层组,这些小层具有相似的传导系数、储存系数和有效厚度与总厚度之比。采用聚类分析法可把小层分为不同的流动单元。划分出的四种流动单元为:流动单元 E,储存和流动特性极好;流动单元 G,储存和流动特征好;流动单元 F,储存和流动特性一般;流动单元 P,储存和流动特性差。

4）确定油田范围的流动单元

由于一个油田的取心井是有限的,所以用非取心井确定流动单元是十分重要的。具体做法是:在取心井上建立岩心分析资料和测井解释资料之间的统计关系,以此为基础,把流动单元的概念扩展到非取心井。

5. 应用生产动态资料进行流动单元研究

Canas 等(1994)根据油田生产过程中井间流体流动速度及流动能力资料对哥伦比亚 LaCira 油田一个曲流带砂岩储层进行了流动单元研究,主要应用井间流动能力指数($IFCI$,interwell flow capacity index)来描述流动单元。

$IFCI$ 是表征井间流动能力的指数,定义为:

$$IFCI = \frac{井间实际的流体速度}{井间最高的流体速度} \tag{8-32}$$

对于渗透率、厚度不同的地层

$$IFCI = \frac{(Kh)_1}{(Kh)_2} \tag{8-33}$$

式中:$(Kh)_1$——低渗透层的流动能力;

$(Kh)_2$——高渗透层的流动能力。

它的另一种形式为

$$IFCI = \frac{Q_1}{Q_2}(Q_2 > Q_1) \tag{8-34}$$

式中:Q_1——低渗层的流动速度;

Q_2——高渗层的流动速度。

6. 利用电缆式地层测试和核磁共振测井资料划分流动单元

电缆式地层测试能够很准确地提供近井地带流体类型、密度和位置以及地层渗透率的直接测量。虽然电缆式地层测试测量的渗透率太稀少,不能产生连续的剖面,但是这些渗透率是目前在地下测量的最可靠的渗透率,而且这些渗透率是以有可能识别局部非均质性足够小的规模获得的,完全能表征储层的非均质性。

核磁共振是对孔隙空间中流体的反映,并且给出有效孔隙度、孔隙大小分布、束缚和可动流体饱和度以及渗透率。核磁共振测井技术确实提供了垂向连续的孔隙大小分布,但没有直接测量渗透率。核磁共振测井渗透率是从核磁共振测井提供给岩石物理学家的 T_2（弛豫时间）分布资料中推导出来的。对于这一渗透率必须进行校正，因此要把电缆式地层测试渗透率与核磁共振推导的渗透率相结合，才能获得用于划分流动单元的渗透率剖面，其步骤如下。

用电揽式地层测试渗透率校正核磁共振测井渗透率获得流动单元剖面的两个关键是准确的渗透率和有效孔隙度剖面。核磁共振测井能够提供垂向连续的孔隙大小分布。用 Kenyon 等建立的渗透率与平均 T_2 的关系式计算渗透率。但是对于不同的储层和地层可能需要调整常数 C（地层比常数）。

核磁共振资料的准确解释需要校正处理参数。尽管缺乏岩心资料，但借助电缆式地层测试资料校正 Coates 方程中的系数使得有可能把核磁共振测井响应解释成准确的渗透率剖面。

7. 确定 RQI（储层性质指数）

根据来自 1 口井或 1 个层段的核磁共振渗透率和孔隙度资料，确定 RQI。

8. 绘制 RQI 与标准化孔隙度曲线

在对数空间中绘制 RQI 与标准化孔隙度曲线时，数据落在具有 45°斜率的直线上。在这条直线与 Y 轴相交的地方，截距等于对数值。这一截距叫作 FZI（流动带指数）。具有相似孔隙空间属性的样品呈现出相似的 Y 轴截距。这些样品仍然在围绕着 45°直线的包络线内。孔隙空间属性控制着固有流动性质；具有相似 Y 轴截距的样品属于同一个流动单元。与这一直线的任何偏离都表明存在一个 K_z（Kozeny-Carman 常数）、S_{gv}（比表面积）、孔隙度和渗透率之间的相互关系不同的独立流动单元。

9. 用聚类分析确定流动单元

为了准确划分流动单元的数量，使用了聚类分析。该分析是以每个数据云（data cloud）选定最佳中心并且用聚类识别标记隔离那组数据为基础的。用于电缆式地层测试校正的核磁共振成像测井数据的聚类算法，加大了聚类间的距离并且减小了聚类内的变化。

10. 岩石岩性、物性分析方法

这种方法是采用多项参数及地质特征描述来划分流动单元，用来划分流动单元的参数包括渗透率、孔隙度、渗透率与厚度的乘积（Kh）、用压汞和空气/盐水的毛细管压力资料确定的孔隙大小分布、Kv/Kh、含油饱和度、沉积构造、岩性、颜色、粒度和生物扰动的数量等。如英国的 Balmoral 油田，应用孔隙度、渗透率、粒度、孔喉直径、盐水饱和度以及岩性描述的一般地质特征划分流动单元（表 8-5）。

实际划分时，以 1~2 种参数或特征为主要依据，其他参数只作为参考。划分的五种流动单元中，流动单元 E 的流体流动性很好，可作为油气储集；流动单元 Pi 和 Pc 分别是钙质胶结层和薄层砂泥岩互层，起阻挡流体垂向流动作用；而 Pm 流动单元主要为泥岩沉积，为不渗透遮挡层。

表 8-5　流动单元划分依据

流动单元	渗透率/10⁻³μm²	孔隙度/%	平均粒径/mm	平均孔喉直径/mm	盐水饱和度(200psi)/%	岩性特征
E	71000	23~24	0.182~0.304	0.010~0.013	6~12	块状砂岩河道相
G	100~1000	20~34	0.083~0.242	0.007	11~24	块状砂岩河道朵叶相
Pc	0.0	4~28	0.113~0.245	0.002	30~37	块状砂岩钙质胶结带河道朵叶相
Pi	0.1~1000	7~32	0.100~0.230	0.002	31	砂泥岩互层河道朵叶相
Pm	不渗透层,无孔隙					泥岩

注:psi 为压力单位,1psi=6.89476×10³Pa。

(三)流动单元的影响因素

流动单元的影响因素包括地质及开发工程等诸多方面。影响砂体内部流动单元的地质因素包括:

(1)砂体内部建筑结构;

(2)不连续薄夹层的分布;

(3)各级界面现象;

(4)纹层。

影响流动单元的工程因素包括开发措施、开采强度、层系划分、井网密度及开发方式等。

(四)流动单元研究新思路

综上所述,不同学者从多个方面提出了多种流动单元研究方法。这些方法在流动单元研究中均具有一定的实用价值,并为后人研究流动单元提供了十分重要的参考。然而,上述研究方法尚存在一些不足之处。

首先,上述方法强调成因单元(或沉积相带)内影响流体渗流的地质参数的差异性,并应用多种参数进行流动单元划分,取得了很好的应用效果,但是对成因单元本身的分布及单元间渗流屏障(沉积屏障、成岩屏障和断层屏障)的分布重视不够,即对各种地质界面现象研究不够,而地质界面的复杂性正是陆相储层的重要特色。

其次,一些学者在流动单元研究时,过分地强调了流动单元在垂向上的分层性,将流动单元看作为更细级次的"地层单元"(只不过这种地层单元在垂向上反映了单元内储层质量相似而单元间储层质量相异的特点),而忽视了平面上渗流差异的特征。我们认为,同一流动单元内部岩性和物性的相似性不仅要体现在垂向上,而且也应体现在平面上,这样才能达到流动单元的研究目的。

　　我们认为,流动单元研究应分为两个层次,第一层次确定连通砂体与渗流屏障的分布,第二层次确定连通体内部导致渗流差异的储层质量差异。

　　1. 连通体及渗流屏障的确定

　　对于陆相储层来说,储层纵横向相变快,砂体时空分布及地质界面现象复杂。因此,陆相流动单元研究的核心内容之一是确定连通体及渗流屏障的分布。连通体即为连通的储集砂体,其为渗流屏障所分隔。一般地,渗流屏障包括三种类型,即泥岩屏障、胶结带屏障和封闭性断层屏障。

　　砂体及泥岩渗流屏障的时空分布研究是流动单元研究的第一步,这一研究即为高分辨率层序地层学及储层结构分析。储层结构控制着地下流体大规模的流动,它主要受控于沉积相,不同的沉积相形成不同的储层结构类型,其分布亦决定了储层结构的特征。在分析过程中,首先通过高分辨率层序地层学研究确定油藏范围内多级次垂向屏障的时空分布,并为砂体时空分布研究提供高分辨率等时地层框架。陆相地层纵横向相变快,常规的小层对比方法(如旋回对比、韵律层对比、等厚切片对比等)往往不能客观地反映出地层的等时关系,因而对砂体及渗流屏障的时空分布研究造成很大的影响。高分辨率层序地层学研究是建立等时地层格架及渗流屏障的主要方法。在高分辨率等时地层格架内,通过精细的沉积微相分析,确定砂体及砂体间泥岩渗流屏障的分布,即建立砂体结构模型。

　　研究过程中,我们在高分辨率地震资料处理解释的基础上,以骨干剖面测井约束反演为宏观控制,以测井信息数值模拟作参考,首先从地层精细划分与对比入手,以沉积微相模式指导对比及储层结构分析。在砂体结构确定之后,开展成岩作用和成岩储集相研究,并分析断层封闭性及其对井间渗流的影响,以确定砂体内部的胶结屏障及封闭性断层屏障。通过上述方法,最终确定目的层段连通体及渗流屏障的分布。

　　2. 连通体内储层质量差异分析

　　连通体内储层质量差异反映了连通体内的流体渗流差异。具有同一储层质量的砂体即为同一类流动单元。因此,应用反映岩性、流体渗流能力和储集能力的参数,对各连通体及连通体内部进行储层质量分类及分区评价,即可在连通砂体内进行流动单元划分,并在连通体分布研究的基础上,确定流动单元的时空分布。为了很好地把连通体储层的类型表征出来,我们采用模糊聚类技术,通过小层连通体的储集性能、连通体内影响流体运动的泥质和钙质因素及小层中隔挡连通体的夹层的频率来综合小层中连通体间及内部的物性和影响流体流动的不利因素的作用程度。

　　在实际操作时,过去人们对流动单元的研究多是集中在对小层级别的研究,由于小层内部往往又可以划分出若干个单砂体。因此,这样的研究只是对单砂体的平均效应的响应,即对小层的评价。另外,过去对剖面的流动单元的展示往往也不够充分,导致油田管理者对生产井具体层位流动单元的认识不直观。为了改进上述在流动单元研究中的缺点,利用模糊聚类方法按单砂体规模的相关参数进行了聚类分析,在此基础上,作了单砂体的储层流动单元展布图,并利用单砂体离散和井间分形克里金法对单砂体的流动单元进行了连井剖面的展布。研究认为,对流动单元连井剖面的绘制,可以提高流动单元的研究精度。

二、储层流动单元研究

(一)单井流动单元划分

1. 取心井单砂体流动单元划分

流动单元研究首先以取心井为基础采用三种方法进行了流动单元的划分。方法如下。

一是流动系数法(以单点计算为基础)

$$LDXS = \phi_e \log K / Sh \tag{8-35}$$

二是 FZI 法(以单点计算为基础)

$$FZI = \frac{1}{S_{gv}\tau \sqrt{F_S}} = \frac{\sqrt{\dfrac{K}{\phi_e}}}{\dfrac{\phi_e}{1-\phi_e}} \tag{8-36}$$

三是聚类分析法(以单砂体计算为基础),将储层划分为四类流动单元。三种方法划分的流动单元特征如图 8-30 所示。图中共加入了计算机处理的 10 条曲线:Sh、成因单砂体微相类型、AC、RT、K、S_o、FZI、聚类的单砂体流动单元、流动系数 ϕ_e。

从图中可以看出,FZI 方法和流动系数方法所划分的流动单元基本保持了相同的变化趋势。其中流动系数法划分的流动单元与孔渗的关系更为相关,而 FZI 法在局部(如小砂体和砂体的顶底部位)存在不足。用流动系数来描述砂体内部的渗流特征是可行的,它与砂体内部的孔渗变化趋势相符;同时也反映了内部韵律性的特点并表达了砂体内部微地质界面的信息。而单砂体流动单元的划分既保证了储层流动特性的总体趋势又结合了油田开发操作的实际情况。因此,为了与生产实践相结合,有利于流动单元研究的推广和应用,本次研究主要采用聚类方法,以单砂体为基础进行了流动单元的研究。

2. 单砂体流动单元划分标准及特征

在取心井单砂体流动单元划分的基础上,采用模糊聚类分析的方法选取反映储层岩性、物性、成岩特征及单砂体厚度状况的综合参数对全区单砂体流动单元进行了划分。由于孔二段单砂体中存在泥岩较多,因此将泥岩单独分出一类以利于成图。划分参数及标准如表 8-6 至表 8-8 所示。

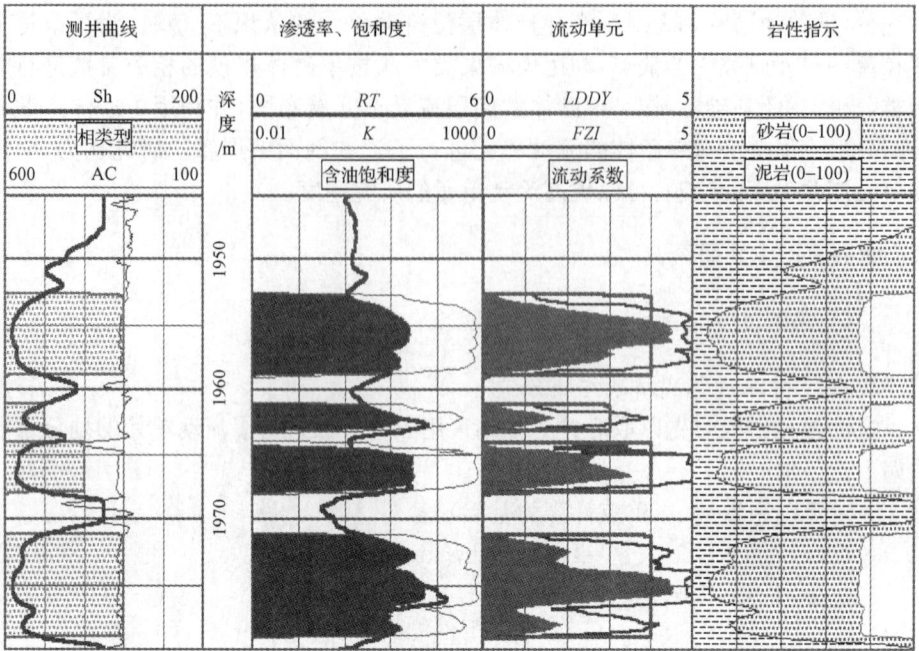

(a) Z1272-1井

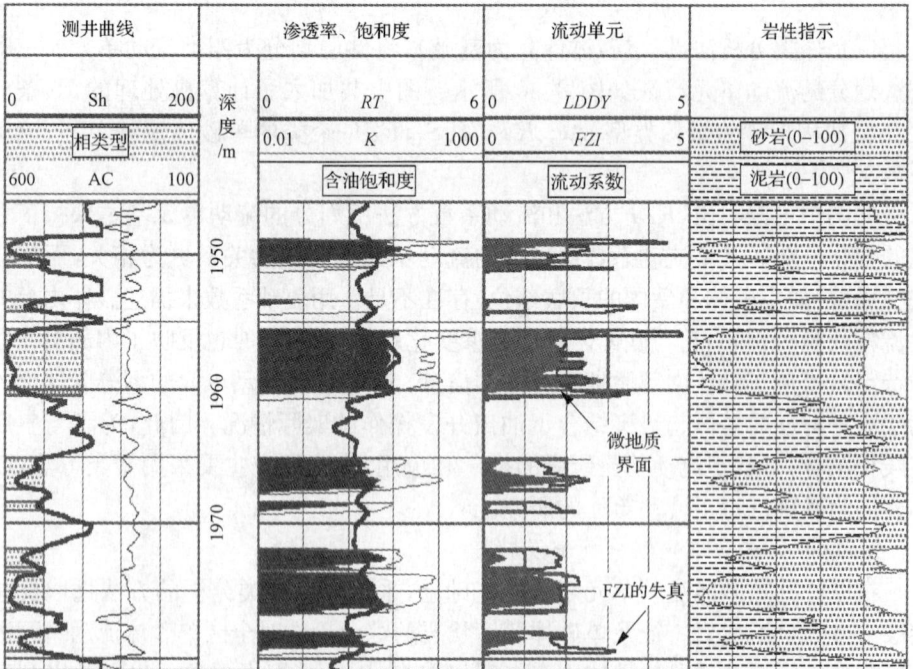

(b) Z1286井

图 8-30　取心井段流动单元特征图

表 8-6　孔一段 V 油组单砂体流动单元划分参数及标准

单元类型	特征值	泥质含量 /%	孔隙度 /%	渗透率 /$10^{-3}\mu m^2$	填隙物 /%	单砂体厚度 /m	粒度中值 /mm	成岩系数
一类	均值	14.4	24.1	338.5	10.4	5.7	0.12	0.880
	方差	2.1	0.4	32.6	1.4	1.7	0.01	0.100
二类	均值	19.3	22.2	144.8	10.4	4.8	0.09	0.740
	方差	2.7	0.3	29.5	1.4	1.3	0.01	0.080
三类	均值	30.5	19.6	25.3	12.1	2.3	0.07	0.620
	方差	2.2	0.4	31.9	1.7	1.6	0.02	0.06
四类	均值	33.7	10.1	8.0	16.3	1.7	0.07	0.180
	方差	2.1	0.7	1.5	1.8	1.5	0.01	0.020

表 8-7　孔二段 II 油组单砂体流动单元划分参数及标准

单元类型	特征值	泥质含量 /%	孔隙度 /%	渗透率 /$10^{-3}\mu m^2$	填隙物 /%	单砂体厚度/m	粒度中值 /mm	成岩系数
一类	均值	19.9	24.1	163.6	6.6	7.3	0.094	0.68
	方差	5.6	2.4	39.1	1.3	5.7	0.018	0.05
二类	均值	20.9	19.9	21.4	5.9	7.5	0.081	0.45
	方差	5.2	4.9	24.8	0.8	4.3	0.020	0.04
三类	均值	39.1	16.6	40.7	11.9	3.5	0.055	0.21
	方差	7.9	5.3	35.5	3.3	3.0	0.005	0.02

表 8-8　孔二段 IV 油组单砂体流动单元划分参数及标准

单元类型	特征值	泥质含量 /%	孔隙度 /%	渗透率 /$10^{-3}\mu m^2$	填隙物 /%	单砂体厚度/m	粒度中值 /mm	成岩系数
一类	均值	15.18	22.16	49.80	5.11	5.99	0.100	0.55
	方差	3.23	5.16	36.59	2.44	2.78	0.013	0.09
二类	均值	27.21	20.42	30.23	6.93	4.86	0.069	0.51
	方差	4.78	3.63	21.91	1.60	2.58	0.008	0.1
三类	均值	45.11	14.52	14.87	15.09	2.51	0.051	0.28
	方差	9.23	7.72	13.32	5.25	1.95	0.005	0.04

可以看出,各类流动单元的特征明显。一、二类流动单元砂岩厚度大、物性好、泥质含量低;三、四类流动单元砂岩厚度小、物性差,泥质含量高。但从方差看,砂岩厚度波动范围较大,主要是薄层高渗流单元和厚层低渗流单元造成的。表中的泥质含量代表了阻碍流体流动的因素,孔隙度和渗透率代表了储层的物性,其中孔

隙度也代表了成岩作用的结果,砂岩厚度代表了成因砂体的规模。

　(二)剖面流动单元研究及应用

　1. 单砂体流动单元的离散化

　单砂体的流动单元研究是小层内部连通砂体渗流特征的表征。小层内部质量的差异通常表现在同一小层内部单砂体的流动特性不同,即流动单元的差异性。由于单砂体是有夹层隔挡的、具有一定延展性的砂岩组成的基本储集单元,因此对它的研究及连井剖面的展布,使流动单元的研究从精度和实用性上向前迈进了一步。

　我们首先利用测井曲线数据对每一小层的单砂体进行了划分,其次对单砂体进行了参数解释,然后对影响流体在连通体内流动的参数进行聚类,最后将单砂体聚类结果在响应井段离散化,并借助井间分形克里金方法将其展布到连井剖面上。

　2. 单砂体流动单元的顶拉平连井剖面展布

　单砂体流动单元的连井剖面展布是在准确的聚类数据确定后进行的,它包括顶拉平的连井剖面和层控井间插值两种确定性建模方式。研究表明这种剖面展布适合于层状地层,小层厚度相对均一。对于枣南油田,由于小层厚度变化大,缺失严重,因而不适合。经过程序的调整,我们用层控的插值方法,很好地表现了构造变动、地层缺失、小层厚度变化大时的单砂体流动单元对应关系。

　3. 单砂体流动单元的层控插值连井剖面展布

　在约束小层对应关系的同时,我们把不等长的小层通过拉伸和压缩双向可逆变换的处理,使小层中的单砂体流动单元值可以在很好的视等时的基础上进行分形克里金插值。双向可逆变换可以使流动单元的对应关系遵循视等时的原则,同时又可以恢复到储层现今的构造和小层的形态关系。分析发现,储层单砂体的流动单元分布与测井曲线对应得很好,结合其聚类特征,基本上反映了砂体的流体渗流能力在单砂体级别的具体位置剖面分布状况。

　4. 砂体流动单元连井剖面的应用

　由于单砂体的流动单元反映了单砂体对流体的流动性评价,因此,我们可以把油田开发井(注水井、采油井)的信息标注在生产井段,从而对井的层位注采对应关系有一个很直观的认识,如图 8-31 所示。

　(1)确定单砂体的连通关系:由于小层拉伸后的井间克里金插值综合了周围井点的流动单元信息,因此压缩后井间模拟的颜色级别分布的连续性代表了单砂体形态的连续性。图 8-31 中表明 Z1347、Z1296-1、Z1296-2 井为河道发育的主体部位,单砂体厚度大,连续性好。Z1275-1、Z1284-2、Z1284-4 主要处于冲积扇河道的侧缘,单砂体厚度小,流动级别低,连续性差。

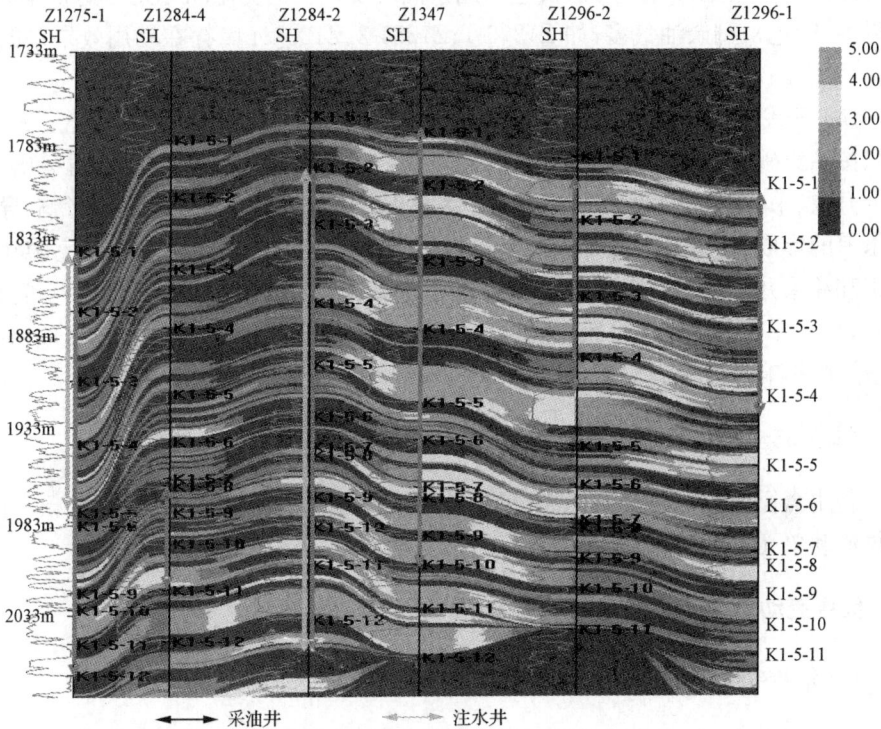

图 8-31　Z2 块 V 油组单砂体流动单元层控连井剖面图(见彩图 25)

(2)分析注采对应关系:枣园油田采取合注合采的注水开发方式,油井转注、水井转采频繁。Z1275-1 井在断层边部,断失 5~7 小层。1985 年投产,1~11 小层均射开,每米有效厚度日均产油 0.156t。1993~1999 年 1~4 小层注水,Z1284-2 井采油时未见效;Z1284-4 井是 2000 年投产的新井,射开 8~10 小层,每米有效厚度日均产油 0.26t,主产层是 10 小层;Z1284-2 井 1987 年投产,射开井段 2~12 层,每米有效厚度日均产油 0.2t,2001 年转注,Z1347 井受益见效快;Z1347 井 1991 年投产,射开 1~9 小层,高产,每米有效厚度日均产油 0.54t,累计产油 $7×$ 10^4t;Z1296-2 井 1998 年投产,射开 1~4 小层,产油效果好,每米有效厚度日均产油 0.3t;Z1296-1 井 1990 年投产,射开 1~4 小层,产油效果好,每米有效厚度日均产油 0.32t。由上述分析可知,动态生产状况与层控插值剖面反映的信息基本吻合,说明单砂体流动单元对储层评价是可靠的。Z1284-4 井表现生产效果较好的主要原因是:它的生产时间较短,油井初期生产往往高产;另外,其生产井段短,层间干扰不明显;其处于局部微构造高点,对油气生产有利。

(3)分析剩余油富集区域:由于开发过程中,对于射开井段,一、二类流动单元储集砂体开采效果好(图中红、黄色),剩余油气少,三、四类流动单元储集砂体开采效果差(绿色),剩余油气多,如 Z1275-1、Z1284-2、Z1284-4 尚存在动用效果差的区域。另外,Z1347、Z1296-1、Z1296-2 井未射开井段,尚存在很大的潜力。

(4)开发调整措施:针对以上分析认为,一是需要改变合注合采的开发方式,可以按储集砂体流动单元的级别进行层系重组。这样可以避免层间矛盾突出、含水上升快、采收率低的状况。如 Z1347 井 8、9 小层易受 Z1284-2 井注水影响,导致大水道的形成,降低开发效果。二是可以射开未射开的潜力井段。三是完善注采井组和注采井段的对应关系。枣园油田套变井、停产井多,造成注采井组不完善。另外,注采井段的对应关系很差,如 Z1275-1 井注水,Z1284-4 井不会见效,这对开发效果的影响也较大。

(三)流动单元的平面展布

利用克里金最优无偏估计法,把聚类结果进行了条件模拟的确定性建模,即单砂体流动单元平面展布,各流动单元展布一目了然。

三、储层流动单元构成及生产状况分析

(一)单砂体流动单元与沉积微相的关系

统计表明,孔一段V油组储集砂体中一类流动单元的砂岩厚度均值为 5.7m,二类为 4.8m,三类为 2.3m,四类为 1.7m。因此可以推断,一、二类流动单元的成因砂体多位于河道主体部位,三、四类砂体基本位于河道边缘部位。在研究中还发现,一类单元中,有 20%的砂体属于河道边缘沉积,二类单元有 30%的砂体属于河道边缘沉积,三类单元中有 77%的砂体属于河道边缘沉积,四类单元中河道沉积砂体占 16%(图 8-32)。这说明流动单元与沉积微相之间存在不完全对应关系,因此,按流动单元类型不同采取不同的流动单元开发方式对提高油田采收率具有重要意义。

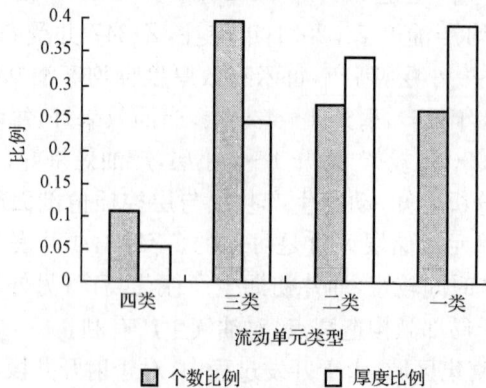

图 8-32　储层流动单元比例分配图

（二）储层中流动单元构成比例

通过编制测井解释程序，对工区 210 口井的砂体进行统计：单井分析的砂体中，四类流动单元累计砂岩厚度为 1527m，三类流动单元累计砂岩厚度为 7651m，二类流动单元累计砂岩厚度为 10844m，一类流动单元累计砂岩厚度为 12537m。个数及厚度比例如图 8-32。其中一、二、三类流动单元的砂岩占砂岩储层厚度的95％以上，同时它们也是主要的油气生产单元。

（三）流动单元动用状况分析

不同的流动单元其流体渗流特征存在明显差异，在油田生产中的产液特征和吸水特征也必然存在差异。为此，统计了流动单元在产吸剖面井段的产液和吸水规律。由于产吸剖面资料有限，而且以孔一段的产吸资料为主；另外，孔二段的井点存在整体压裂，特征不明显，所以这里只以孔一段的数据分析为主。

1. 产液状况分析

1）数据准备

根据产液剖面数据，测试层段的产液状况分为五级，包括未产层、微产层、吞吐层、产液层和主产层。目的层产液剖面数据包括 60 口井的测试资料，由于同一口井的同一解释序号在不同时间多次测量，所以在数据整理时主要以产液级别最高的测试结果为准。

2）数据处理结果

结合测井解释资料，统计不同流动单元不同产液级别的有效厚度数据，处理结果见表 8-9。

表 8-9　各类流动单元中不同产液级别层的有效厚度(m)及有效厚度比例

流动单元	未产	微产	产液	主产	吞吐	合计
四类	35.400	15.600	0.000	0.000	0.000	51.000
三类	193.550	35.500	57.500	11.600	44.800	342.950
二类	234.500	47.800	97.600	36.400	122.700	539.000
一类	249.000	49.700	133.900	41.200	163.400	637.200
流动单元	未产比例	微产比例	产液比例	主产比例	吞吐比例	合计
四类	0.694	0.306	0.000	0.000	0.000	1.000
三类	0.564	0.104	0.168	0.034	0.131	1.000
二类	0.435	0.089	0.181	0.068	0.228	1.000
一类	0.391	0.078	0.210	0.065	0.256	1.000

3) 数据处理结果分析

从表 8-9 可以清楚地看到,前三类流动单元占总有效厚度的 96% 以上。四类流动单元基本为非产液层,在储层中的比例也非常小,不具有开采价值。

从四类流动单元到一类流动单元,未产层、微产层的有效厚度比例均在逐渐减小,主产层、产液层和吞吐层比例在逐渐增高。目前油田的开发效果不够理想,前三类流动单元中仍有 40%～60% 的有效厚度未产液。主要原因有两方面:一方面在于本区储层非均质性强烈(层间、层内、单砂体内部),这使得油水井的注采对应差、注水波及面积和体积小,使单层突进和指进易于激发,储层动用程度低。另一方面,本区油藏采用合注合采,使得储层各种层次的非均质及各种界面现象在注水开采中的矛盾更加突出。

2. 吸水状况分析

1) 数据准备

根据吸水剖面数据,测试层段的吸水状况分为四级,包括不吸水层、弱吸水层、中等吸水层和强吸水层。目的层吸水剖面数据包括 81 口井的测试资料,由于同一口井的同一解释序号在不同时间多次测量,在数据整理时主要以吸水级别最高的测试结果为准。

2) 数据处理结果

结合测井解释资料,统计不同流动单元不同吸水级别的有效厚度数据,处理结果见表 8-10。

表 8-10　各类流动单元中不同吸水级别层的有效厚度(m)及有效厚度比例

流动单元	不吸	弱吸	中等	强	合计
四类	15.000	12.700	2.800	2.000	32.500
三类	173.800	165.100	48.600	77.000	464.500
二类	159.600	395.400	88.900	119.100	763.000
一类	128.200	419.100	139.550	158.800	845.650
流动单元	不吸比例	弱吸比例	中等比例	强吸比例	合计
四类	0.462	0.391	0.086	0.062	1.000
三类	0.374	0.355	0.105	0.166	1.000
二类	0.209	0.518	0.117	0.156	1.000
一类	0.152	0.496	0.165	0.188	1.000

3) 数据处理结果分析

从表 8-10 可以清楚地看到,前三类流动单元占总有效厚度的 97% 以上。四类流动单元基本为非吸水层,在储层中的比例也非常小,不具有注水价值。

　　从四类流动单元到一类流动单元,不吸水层的有效厚度比例均在逐渐减小,弱吸水层、中等吸水层、强吸水层比例在逐渐增高。

　　目前油田的注水效果不够理想,前三类流动单元中仍有 15%～40% 的有效厚度未吸水;同时差吸水的比例也非常高。这里的原因较为复杂,主要是由于注水的高压和储层的强烈非均质结合造成单层突进状况更加严重所致。另一方面,本区油藏采用合注合采,使注水开采中的矛盾更加突出。

第五节　储层裂缝识别与预测

一、储层裂缝的地质识别与描述

(一)相似露头区的裂缝分析

　　相似露头区是研究裂缝分布规律最直观的手段之一,普遍被石油地质工作者和油藏工程师们认同。通过对地表露头的裂缝调查,可以研究在不同地质条件下裂缝的成因机理、分布特征及其发育规律,建立地表裂缝分布模型,从而根据地质条件的相似性类比,指导地下裂缝的分析和判别。

　　所谓相似露头区是指在地层时代、岩性、构造部位及构造成因上都与所研究的油藏具有可比性,它们应该具备有相距不太远、地层层位相同或在同一构造层、构造类型与构造成因一致、沉积环境相似以及裂缝形成时期所处的环境相近等条件。如位于准噶尔盆地东部的帐北地区与其西邻的火烧山低渗透砂岩油藏满足此条件,其地表裂缝对火烧山油藏上二叠统平地泉组低渗透砂岩储层裂缝分布规律的认识起了重要的指导作用(曾联波,1998)。根据地表露头区大量实测数据所统计的构造裂缝分布规律及其参数之间关系,可以有效地推断油藏储层地下裂缝的分布。

　　对地表露头区的裂缝观测,应根据构造变化情况按一定的密度进行布点,系统地观察和测量裂缝的相关资料,包括层位、构造部位、岩性、地层厚度、地层产状以及裂缝产状(走向、倾向、倾角)、裂缝的力学性质、裂缝密度、裂缝充填性、裂缝开度、裂缝高度与穿层性、裂缝延伸长度、裂缝面特征等内容。对于多组系裂缝,应该按不同组系的裂缝进行观察、测量和统计分析。为了分析裂缝的主要形成时期及其规律,除了对目的层进行观测外,往往还要对其上下的地层裂缝进行系统地观测。值得注意的是,有些裂缝形成在地层倾斜以前,有些裂缝形成在地层倾斜以后,地层倾斜之前形成的裂缝通常与地层层面垂直。因此,对野外测量数据作整理分析时,对于地层倾角大于 20° 的地层,还应该利用赤平投影的方法求取在岩层产状恢复水平时的裂缝产状。

（二）岩心裂缝分析

岩心是研究单井储层裂缝最直接的手段，也是裂缝测井和地震研究的基础，并可以对测井和地震的裂缝解释结果进行检验。

在进行岩心裂缝研究时，首先应区分是天然裂缝还是人工裂缝。天然裂缝是指由于构造作用或物理成岩作用形成的破裂面，人工裂缝是指由于钻井等人为因素而形成的破裂面。按地质成因，天然裂缝可分为构造裂缝、成岩裂缝、收缩裂缝、溶蚀裂缝、风化裂缝等类型。风化裂缝主要发育在潜山油藏的风化壳部位；溶蚀裂缝主要分布在碳酸盐岩油藏中；收缩裂缝主要发育在变质岩、火成岩和泥岩储层；成岩裂缝主要发育在沉积岩储层；构造裂缝可以分布在各种岩性储层中，是低渗透储层的主要裂缝类型。

天然裂缝常具有以下分布特征：①裂缝分布比较规则，常成组出现，方向性明显，在大面积范围内，同一构造层的裂缝组系不变，而不同组系裂缝的走向可以随构造线的变化而改变；②裂缝的延伸长，切穿深度较大，有的可穿数层；③裂缝中经常可以见到方解石、石英、白云石、沥青、泥质等充填现象；④裂缝面上具擦痕、阶步、羽饰等现象。而在取心过程中，由于钻头对岩心的撞击和扭转，以及取心以后的卸载或劈样等形成的人工裂缝往往具有以下特征：①裂缝分布不规则，方向性差；②裂缝延伸短，往往分布在岩心的边缘或岩心头；③裂缝面新鲜；④裂缝面呈贝壳状、量杯状、螺旋状等不规则形态，或与层面一致。

岩心裂缝观察与描述的内容包括裂缝发育的层位、岩性、裂缝的产状及其与地层层面的关系、裂缝的力学性质、裂缝面特征、裂缝的含油性或充填性、裂缝的开度及其变化规律、裂缝的穿层性以及裂缝的发育程度及其与岩性、深度等之间的关系。当岩心钻遇裂缝发育带时，往往造成岩心破碎，此时应该收集破碎带岩块的尺度等资料。在这些资料基础上，可以通过地质分析和地质统计方法等手段，研究裂缝的形成时期、形成机理及其与应力场之间的关系，并对各组裂缝的方位及其开度、高度、长度、孔隙度、渗透率等定量和物性参数进行描述，从而对裂缝所起的作用进行评价。

（三）裂缝的实验室分析与评价

1. 微观裂缝分析

早在 20 世纪 20 年代，许多地质学家就开始了裂缝形成与分布的实验研究，并提出了岩石发生张性破坏和剪切破坏的准则。20 世纪 70 年代以来，Johnson（1972）、Hallbau（1973）、Olsson（1974）、Lockner 和 Byerlee（1977）等通过岩石的实验研究，发现了岩石从微观破裂到宏观破坏的阶段、过程及其与外加应力之间的关系。Paterson（1978）提出了岩石发生宏观剪切破裂的几个阶段：①原始裂隙或孔

隙的闭合阶段,这种现象在单轴压缩或低围压时最显著;②岩石的弹性变化阶段;
③扩容阶段,大致在载荷超过极限强度的一半时,岩石的主压应力方向的张性微裂
隙;④剪切破裂阶段,当载荷超过岩石的极限强度时,由于微裂隙密度的增大,出现
与最大主压应力方向斜交的明显的剪切应变带,造成宏观剪切破裂。因此,从裂缝
的形成演化角度看,微观裂缝是宏观裂缝形成的雏形,微观裂缝研究对深入认识宏
观裂缝的形成机理及其发育规律具有十分重要的意义。

微观裂缝观察的内容包括岩性、矿物组成成分、微观裂缝的方向、力学性质、分
布特征、含油性、充填性、开度、延伸长度等,最后通过修正和地质统计,对微观裂缝
的形成机理、微观裂缝面密度及其与岩性、深度等之间的关系进行分析,并对微观
裂缝的孔隙度、渗透率及其所起作用进行计算和评价。如在火烧山油田对 183 块
特制的微观薄片进行了观察与分析,其结果表明:①火烧山油田微裂缝不太发育,
含微缝的薄片占总薄片数量的 21.3%;②泥岩、白云质泥岩、砂质泥岩的含微缝比
例明显高,且以成岩裂缝为主,而砂岩含微缝比例明显低,而且主要为构造裂缝;
③微观裂缝以剪切裂缝为主,张性裂缝相对较少;④微裂缝的开度一般小于
$50\mu m$,其中主要为 $10\sim30\mu m$,占 80% 以上;⑤大多数微裂缝被原油充填,少数微
裂缝被方解石、石英和泥质局部充填,说明大多数裂缝为有效裂缝;⑥微裂缝面密
度具有随深度增加而增加的趋势;⑦从显微裂缝与宏观裂缝的关系看,有继承关系
和派生关系,在宏观裂缝发育部位,微观裂缝同样发育,而在宏观缝不发育的部位,
其薄片中也见不到微裂缝。

2. 岩心裂缝的古地磁定向

岩石中含有铁磁矿物,它们具有记录地质历史时期地磁场的能力。因此,根据
岩心记录的古地磁,即可以进行岩心裂缝的定向。描述地磁场一般用磁偏角 D、磁
倾角 I、总强度 F、垂直强度 Z、水平强度 H、北向分量 X 和东向分量 Y 等 7 个参
数,它们之间具有以下关系

$$F = \sqrt{H^2 + Z^2} = \sqrt{X^2 + Y^2 + Z^2}$$
$$Z = F_{\sin} I = H \cdot \tan I$$
$$D = \tan^{-1}\frac{Y}{X} = \sin^{-1}\frac{Y}{H}\cos^{-1}\frac{X}{H} \tag{8-37}$$
$$I = \tan^{-1}\frac{Z}{H} = \sin^{-1}\frac{Z}{F} = \cos^{-1}\frac{H}{F}$$

在地磁实验室里,首先按照岩心的上下顺序划分标志线,并建立岩心的相对坐
标系。然后,利用退磁的方法得到在岩心相对坐标系下的古地磁信息。对于相邻
地表露头同一地层中的岩石,由于当时的古地磁场一致,因而露头岩石的地磁偏角
应该与岩心一致。因此,在相邻地表露头区的相同层位进行定向取样,获得在地理
坐标系中的古地磁信息以后,二者进行对比,即岩心相对坐标系下的磁偏角与相邻

地表露头区样品在地理坐标系中的磁偏角一致,通过坐标转换,可以得到岩心在地理坐标系中的方位,从而对其裂缝进行定向。例如,假设相邻地表露头区样品在地理坐标系中的磁偏角为 D_0,岩心在相对坐标系下的磁偏角为 D',则 $D'-D_0$ 为岩心标志线相对于现代地理北的方位,然后根据岩心裂缝与标志线之间的夹角,确定裂缝的方位。

3. 岩心的地应力测量

现今地应力资料是低渗透油藏开发井网部署与压裂改造的重要依据。盆地深部地应力测量的常见方法包括水压致裂法、井径崩落法、震源机制解以及岩心地应力测试等。这里主要介绍在实验室里,利用古地磁定向以后的钻井岩心波速各向异性方法测量岩心水平方向的最大与最小主应力方向,然后利用岩石的声发射测试确定不同方向的地应力大小。

由于地层岩石长期处在三向地应力状态下,因此,当钻井取心脱离地下三向应力状态时,岩石在应力释放过程中会产生许多微小的裂隙。这些小裂隙一般垂直于最大水平主应力方向分布,裂缝被空气所充填。由于岩石和空气波阻值相差很大,因而声波在岩石中传播速度远远大于在空气中传播的速度。由于岩心微小裂隙的存在使声波在岩心的不同方向上传播的速度不同,有明显的各向异性特征,因此,在对岩心进行古地磁定向以后,根据岩石的波速各向异性,可以确定地应力的主应力方位,即岩石在原地层中所受最大应力方向上声波传播速度相对慢,而在最小应力方向上声波传播速度相对快。

岩石受力以后产生许多微裂隙,它们在加载过程中出现明显的声发射数量急剧增大的现象,称之为"凯塞效应"。大量实验研究表明,岩石声发射活动的频度和幅度与其所受到的应力存在较好的对应关系,在单纯的增加应力作用之下,当应力达到或超过岩石过去已经承受过的最大应力值时,岩石的声发射频度与幅度将会大量的增加。由于这些微裂隙的产生是不可逆的,只有重复加载超过岩石所承受的最大应力值时,微破裂才会继续产生。因此,利用岩石的这一特性就可以测得岩石样品在地层中所承受过的最大应力值。

二、储层裂缝的测井识别与评价方法

(一)常规测井的储层裂缝识别与评价方法

1. 常规测井的裂缝响应特征

1) 微侧向测井

微侧向测井采用贴井壁测量。由于其电极系尺寸小,测量范围小,所以,微侧向测井的测量结果主要反映了井壁附近的地层情况。微侧向测井对地层中裂缝十分敏感,当地层被钻开后,钻井液就会沿着裂缝侵入。在裂缝发育段,电阻率出现低阻异常,往往表现为以深侧向为背景的针刺状低阻突跳。因此,可以根据微侧向低阻异常来识别裂缝发育部位。

2) 双侧向测井

双侧向的探测深度、探测范围都比微侧向大得多,使得较大体积范围内地层的电性特征平均化。从宏观上看,深、浅侧向,尤其是深侧向能反映出井眼周围较大范围内地层总的电性变化,致密段比裂缝发育段的电阻率高,油气层段大体上比水层段的电阻率高。由于深、浅侧向探测深度有较大差别,往往出现深、浅侧向值的大小不同,表现为电阻率的"差异"。差异又分为正差异(深侧向电阻率大于浅侧向)和负差异(深侧向电阻率小于浅侧向)。影响双侧向差异的性质及大小的因素较多,但主要是裂缝发育程度、裂缝角度、流体性质等因素的影响。在裂缝越发育的部位,双侧向的正差异一般也越大。高角度缝、垂直缝的双侧向为正差异。斜交缝的双侧向不明显,低角度缝和水平缝的双侧向为低阻尖峰。

在淡水钻井液作用下,当地层中的流体为油气时,侵入带的电阻率低于原状地层的电阻率,使双侧向出现正差异。如果地层中裂缝发育,钻井液滤液沿着较大的裂缝侵入较深,但微裂缝中的油气却很少被驱替;离井筒越远,地层中的油气被驱替越少,从而一般仍出现双侧向的正差异。当地层中的流体为水时,双侧向差异减小。在现今地应力集中段,岩石变致密,地层电阻率急剧上升,高达上万欧姆米,大大超过一般致密层的电阻率。在钻井过程中,地应力通过井眼释放,造成该井段井壁沿最小主应力方向定向坍塌,使浅侧向值显著降低,也可出现深、浅侧向的正差异。

3) 地层倾角测井

地层倾角测井仪器在四个相互垂直的极板上都装有微电极,极板紧贴井壁。地层倾角测井仪微电极的探测深度和探测范围与微侧向相差不大。每个极板测得的电导曲线都可以反映缝的发育情况。裂缝的电导异常主要有两个形式:①针刺状,主要是低角度缝、水平缝、斜交缝和网状缝的测井响应;②高角度缝和垂直缝的对称极板(1,3或2,4)出现较长井段的低电阻异常。因此,根据电导率异常检测,可以识别裂缝及其产状。值得注意的是,有两种非裂缝电导异常的针刺状形态:一种是角砾岩带,但可利用高自然伽马(去铀)这一特点与裂缝段相区别;二是地层层面,可利用这些异常具有良好的相关关系加以排除。

由于裂缝发育往往引起井壁岩块的崩落,形成椭圆井眼。因此,可利用地层倾角仪两对相互垂直的极板所测的双井径椭圆来识别裂缝,一般它不会长井段出现。无裂缝段一般井壁光滑,在测量过程中地层倾角仪因受电缆钢丝的扭力均匀转动。但在裂缝发育段,井壁沿裂缝方向的崩落,或者较大的裂缝使仪器转动减慢、不转、甚至反转,出现"键槽效应"。因为是上提测量,正常转动方向是方位角递减(0~90°~180°~270°~360°),因此,还可以利用仪器转动差异来识别裂缝。

4) 补偿密度测井

为了消除泥饼和井壁不平对密度测量的影响,采用补偿密度测井方法。当岩层中发育裂缝时,极大地降低了地层的体积密度,在钻井过程中又饱含泥浆滤液,使密度曲线表现为低值,对地层发育网状裂缝时尤其如此。密度测井是贴近井壁测量的,对低角度裂缝及网状裂缝会出现减小,对高角度裂缝的识别取决于极板与裂缝的相对位置关系。

5) 长源距声波测井

声波在地层的传播过程中,由于地层的吸收,总要发生能量衰减。与致密无裂缝段相比,裂缝发育段声波能量的衰减要严重得多。纵波、横波都是体波,其能量衰减程度是对地层吸收声波能力大小的反映。实验表明,纵、横波相对于致密层段的衰减与裂缝倾角有关。如塔里木盆地的测井资料表明,裂缝倾角为 $35°\sim85°$ 时,纵波幅度衰减较明显;在 $0°\sim35°$ 及 $75°\sim90°$ 时,横波衰减十分明显。纵、横波幅度衰减的这种互补关系,有助于综合分析裂缝发育程度,并可识别裂缝类型。

斯通利波的衰减机理与纵、横波不同。它是一种在井眼内沿井壁传播的界面波(或称管波)。在传播过程中,与裂缝中的流体发生能量交换,从而导致幅度的衰减。井壁上形成泥饼时,斯通利波并不衰减,与致密层无异。因此在没有泥饼形成的前提下,斯通利波幅度衰减可很好地指示裂缝段的存在及其发育程度。由斯通利波衰减算得的渗透率,渗透率大的地方斯通利波幅衰减也严重。

波形扰动也是裂缝的一般响应特征。这里所指的波形是指变密度图上黑白相间的条纹,它是将全波波形的正半周依幅度大小涂成不同的灰度,负半周为白色。在致密无缝段,各深度的全波列在相位上具有很好的相关性,在变密度图上表现为笔直的黑白条纹。但在裂缝段,裂缝切割井眼,形成上下两个棱角。无论是发射探头还是接收探头,只要经过裂缝,都会因棱角的绕射作用、裂缝对声能的吸收作用等,使全波波形发生扰动。这样,波形扰动就成为很有用的识别裂缝的信息。在溶洞洞顶和洞底,也都具备形成波形扰动的条件,应参考井径曲线作综合判断。值得注意的是,地层界面、被泥质充填的砾岩段和泥质薄层等也会引起波形扰动,应结合(去轴)自然伽马加以识别。

2. 常规测井的裂缝评价方法

1) 利用常规测井评价裂缝的理论依据

根据模型实验研究发现,裂缝对双侧向测井电阻率的响应不仅与裂缝孔隙度大小、孔隙及裂缝中充填的流体电阻率有密切关系,而且与裂缝的产状(倾角与方位)有关。对于相对于井轴倾角为 $60°\sim70°$ 以下的水平裂缝和低角度的斜交裂缝,深、浅双侧向曲线重合(读数相等)或呈负幅度差($R_{LLS}>R_{LLD}$),对于倾角(相对于井轴)为 $75°\sim83°$ 以上的高角度斜交裂缝,深、浅双侧向曲线呈正幅度差($R_{LLD}>R_{LLS}$)。双侧向测井电阻率在裂缝倾角为 $45°$ 时呈最大的负差异,$90°$ 时呈最大的正差异。在探测范围内垂直裂缝对浅双侧向的有效导电截面比深双侧向要大。因此,当$R_{MF} > R_W$时,在双侧向测井曲线上,垂直裂缝一般呈正差异($R_{LLD} > R_{LLS}$)。大量事实证明,在有钻井泥浆侵入的情况下,裂缝性油层双侧向测井视电阻率为减阻侵入,出现电阻率正差异,裂缝性水层双侧向测井视电阻率为增阻侵入,出现电阻率负差异,为应用双侧向测井视电阻率评价裂缝性油层与水层奠定了基础。

　　2）双侧向测井视电阻率覆盖法评价裂缝

　　目前普遍使用双侧向测井视电阻率覆盖法评价裂缝性油气层与水层。在淡水泥浆侵入条件下,裂缝性油气层是减阻侵入性质,深侧向测井视电阻率与浅侧向测井视电阻率覆盖出现电阻率正差异;裂缝性水层是增阻侵入性质,深侧向测井视电阻率与浅侧向测井视电阻率覆盖出现电阻率负差异。双侧向测井主电流沿水平裂缝、垂直裂缝和网状裂缝方向流动时,获得的侧向测井电阻率响应方程基本一样。

　　（1）裂缝性油气层

　　泥浆侵入裂缝性油气层以后,在双侧向测井探测范围内,深侧向测井视电阻率为

$$R_{LLD} = \frac{aR_{WLLD}}{\phi^m S_{WLLD}^n} \tag{8-38}$$

式中：R_{WLLD}——在深侧向测井探测范围内地层水电阻率;

　　　　S_{WLLD}——在深侧向测井探测范围内地层含水饱和度。

　　浅侧向测井视电阻率为

$$R_{LLS} = \frac{aR_{WLLS}}{\phi^m S_{WLLS}^n} \tag{8-39}$$

式中：R_{WLLS}——在浅侧向测井探测范围内地层水电阻率;

　　　　S_{WLLS}——在浅侧向测井探测范围内地层含水饱和度。

　　假设在双侧向测井范围内的地层水（包括泥浆滤液）电阻率和总孔隙度保持不变,则深、浅双侧向测井视电阻率覆盖仅仅与双侧向测井探测范围内的地层含水（包括泥浆滤液）饱和度有关。深、浅双侧向测井视电阻率之比为

$$\frac{R_{LLS}}{R_{LLS}} = \left(\frac{S_{WLLS}}{S_{WLLD}}\right)^n \tag{8-40}$$

　　由式（8-40）可知,深侧向测井探测深度深,受侵入带残余油气饱和度影响大;而浅侧向测井探测深度浅,受侵入带残余油气饱和度影响小。这样,就会出现深侧向测井探测范围内的地层含水饱和度低于浅侧向测井探测范围内的地层含水饱和度（$S_{WLLD} < S_{WLLS}$）。因此,在裂缝性油气层中,尽管有钻井泥浆侵入,双侧向测井视电阻率仍能出现减阻侵入性质的电阻率正差异。

　　（2）裂缝性水层

　　淡水泥浆侵入裂缝性水层以后,深侧向测井视电阻率小于浅侧向测井视电阻

率,为增阻侵入,双侧向测井视电阻率出现电阻率负差异。深侧向测井视电阻率为

$$R_{\text{LLD}} = \frac{aR_{\text{WLLD}}}{\phi^m} \qquad (8\text{-}41)$$

浅侧向测井视电阻率为

$$R_{\text{LLS}} = \frac{aR_{\text{WLLS}}}{\phi^m} \qquad (8\text{-}42)$$

式(8-41)与式(8-42)取比值得

$$\frac{R_{\text{LLD}}}{R_{\text{LLS}}} = \frac{R_{\text{WLLD}}}{R_{\text{WLLS}}} \qquad (8\text{-}43)$$

在裂缝性水层侵入带,深侧向测井探测范围内的地层水(包括泥浆滤液)电阻率小于浅侧向测井探测范围内的地层水(包括泥浆滤液)电阻率,因此,裂缝性水层双侧向测井视电阻率出现增阻侵入,显示为电阻率负差异。

由于在裂缝性油气层中,裂缝孔隙与岩石基块孔隙只存在束缚水,泥浆侵入驱替的是可动油气,束缚水基本上保持不变;而在裂缝性水层中,裂缝孔隙-基块孔隙中除了有束缚水外,还有可动水,随着泥浆侵入深度的不同,剩余可动水是变化的,在浅侧向测井探测范围内剩余可动水少,而在深侧向测井探测范围内剩余可动水多。因此,在裂缝性油气层侵入带内地层水电阻率恒定,而在裂缝性水层侵入带内地层水电阻率发生变化。裂缝水层深侧向测井视电阻率与浅侧向测井视电阻率的比值,取决于深侧向测井探测范围内地层水电阻率与浅侧向测井探测范围内电阻率比值的大小。

3) 电导率差值法评价裂缝

电导率差值法就是将深、浅双侧向测井测量的地层视电阻率转换成地层视电导率,然后再由视电导率差值评价裂缝性油气层与水层。在钻开裂缝性地层时,渗透率高的大裂缝中原始流体容易被泥浆滤液代替,渗透率低的小裂缝中原始流体有一部分被泥浆滤液代替,岩石基块的渗透率很低,基本上没有被泥浆滤液侵入。因此,电导率差值法可以抵偿泥浆侵入大裂缝的影响和没有泥浆侵入的岩石基块(包括岩性变化)的影响,突出小裂缝(或微裂缝)中流体性质变化的贡献。

(1) 裂缝性油气层

在以垂直裂缝或网状裂缝为主的裂缝性油气层,电流沿水平方向流动,双侧向测井中的深侧向测井视电导率为

$$C_{\text{LLD}} = \phi_m^{mf} S_{\text{WLLD}}^{nf} C_{\text{WLLD}} + C_{\text{tm}} \qquad (8\text{-}44)$$

式中:C_{LLD}——深侧向测井视电导率,S/m;

　　　　ϕ_m——大裂缝泥浆侵入孔隙度;

　　　　S_{WLLD}——在深侧向测井探测范围内小裂缝含水饱和度;

　　　　C_{WLLD}——在深侧向测井探测范围内小裂缝中地层水(包括泥浆滤液)电导率;

C_{tm}——没有泥浆滤液侵入的岩石基块电导率。

浅侧向测井视电导率为

$$C_{LLS} = \phi_m^{mf} C_m + \phi_m^{mf} S_{WLLS}^{nf} C_{WLLD} + C_{tm} \qquad (8\text{-}45)$$

式中：C_{LLS}——浅侧向测井视电导率；

S_{WLLS}——在浅侧向测井探测范围内小裂缝含水饱和度；

C_m——泥浆滤液电导率。

式(8-44)减式(8-45)得

$$\Delta C_{LL} = C_{LLD} - C_{LLS} = \phi_m^{mf} (S_{WLLD}^{nf} C_{WLLD} - S_{WLLS}^{nf} C_{WLLS}) \qquad (8\text{-}46)$$

式中：ΔC_{LL}——电导率差值，S/m。

在裂缝性油气层中，深、浅双侧向测井视电导率差值为负值，负值的大小不仅与深、浅双侧向测井探测范围内小裂缝含水饱和度以及地层水电导率有关，而且还与小裂缝孔隙度有关。假设在深、浅双侧向测井探测范围内小裂缝中地层水电导率基本相等，并且保持不变，则在裂缝性油气层中深、浅双侧向测井视电导率差值的大小只与含水饱和度和小裂缝孔隙度有关，即

$$\Delta C_{LL} = \phi_m^{mf} C_{WWL} (S_{WLLD}^{nf} - S_{WLLS}^{nf}) \qquad (8\text{-}47)$$

（2）裂缝性水层

同样，电流沿水平方向流动，对于垂直裂缝或网状裂缝为主的裂缝性水层，双侧向测井的深侧向测井视电导率为

$$C_{LLD} = \phi_m^{mf} C_m + \phi_m^{mf} C_{WLLD} + C_{tm} \qquad (8\text{-}48)$$

浅侧向测井视电导率为

$$C_{LLS} = \phi_m^{mf} C_m + \phi_m^{mf} C_{WLLS} + C_{tm} \qquad (8\text{-}49)$$

式(8-48)减式(8-49)得

$$\Delta C_{LL} = \phi_m^{mf} (C_{WWLD} - C_{WLLS}) \qquad (8\text{-}50)$$

4）电阻率差比法评价裂缝

用双侧向测井视电阻率差比法评价裂缝性油（气）、水层，能够抵偿裂缝孔隙度分布非均匀性的影响。电阻率差比值的大小主要取决于深、浅双侧向测井探测范围内裂缝性油气层含水饱和度的变化。在裂缝性油气层中，双侧向测井视电阻率差比值为正值；在裂缝性水层中，双侧向测井视电阻率差比值为负值。

（1）裂缝性油气层

双侧向测井视电阻率差比法是根据传统的阿尔奇公式建立的。双侧向测井测量的裂缝性油气层视电阻率是总孔隙度、总含水饱和度以及双侧向测井探测范围内地层水（包括泥浆滤液）电阻率的函数，即

$$R_{LLH} = \frac{abR_{WLL}}{\phi^m S_{WLL}^n} \qquad (8\text{-}51)$$

式中：R_{LLH}——裂缝性油气层侧向测井视电阻率；

S_{WLL}——在侧向测井探测范围内裂缝性油气层含水饱和度。

侧向测井视电阻率对含水饱和度微分，可得

$$\frac{dR_{WLL}}{dS_{WLL}} = -\frac{abR_{WLL}}{\phi^m S_{WLL}^n}\frac{n}{S_{WLL}}$$

$$dR_{LLH} = -R_{LLH} \cdot n\frac{dS_{WLL}}{S_{WLL}} \tag{8-52}$$

对式(8-52)进行积分，可得

$$\int_{R_{LLSH}}^{R_{LLDH}}\frac{dR_{LLH}}{R_{LLH}} = -n\int_{S_{WLLSH}}^{S_{WLLDH}}\frac{dS_{WLL}}{S_{WLL}}$$

$$\ln\frac{R_{LLDH}}{R_{LLSH}} = -n\ln\frac{S_{WLLD}}{S_{WLLS}} \tag{8-53}$$

$$\frac{R_{LLDH}}{R_{LLSH}} = \frac{S_{WLLS}^n}{S_{WLLD}^n}$$

$$\frac{R_{LLDH}}{R_{LLSH}} - 1 = \frac{S_{WLLS}^n}{S_{WLLD}^n} - 1$$

$$\frac{R_{LLDH} - R_{LLSH}}{R_{LLSH}} = \frac{S_{WLLS}^n - S_{WLLD}^n}{S_{WLLD}^n}$$

式中：R_{LLDH}——裂缝性油气层深侧向测井视电阻率；

R_{LLSH}——裂缝性油气层浅侧向测井视电阻率；

S_{WLLD}——深侧向测井探测的油气层含水饱和度；

S_{WLLS}——浅侧向测井探测的油气层含水饱和度。

因此，根据上述裂缝性油气层中建立的双侧向测井视电阻率差比法响应方程，可以评价裂缝性油气层。

裂缝性油气层双侧向测井电阻率差比值用符号DR_{LLH}表示，则有

$$DR_{LLH} = \frac{R_{LLDH} - R_{LLSH}}{R_{LLSH}} \tag{8-54}$$

$$DR_{LLH} = \frac{S_{WLLS}^n - S_{WLLD}^n}{S_{WLLD}^n} \tag{8-55}$$

该式指出，用双侧向测井视电阻率差比值评价裂缝性油气层，消除了裂缝性油气层孔隙度分布非均匀性的影响。双侧向测井电阻率差比值的大小取决于深、浅双侧向测井探测范围内裂缝性油气层含水饱和度的变化。在裂缝油气层中，双侧向测井电阻率差比值为正值。

（2）裂缝性水层

根据阿尔奇公式，双侧向测井测量的裂缝性水层电阻率是总孔隙度和双侧向测井探测范围内地层水电阻率的函数，可表示为

$$R_{\text{LLW}} = \frac{abR_{\text{WLL}}}{\phi^m} \tag{8-56}$$

式中：R_{LLW}——裂缝性水层双侧向测井视电阻率。

双侧向测井视电阻率对地层水电阻率微分，可得

$$\frac{\mathrm{d}R_{\text{WLL}}}{\mathrm{d}R_{\text{WLL}}} = \frac{a}{\phi^m}$$

$$\mathrm{d}R_{\text{LLW}} = R_{\text{LLW}} \cdot \frac{\mathrm{d}R_{\text{WLL}}}{R_{\text{WLL}}} \tag{8-57}$$

对式(8-57)进行积分，可得

$$\int_{R_{\text{LLSH}}}^{R_{\text{LLDW}}} \frac{\mathrm{d}R_{\text{LLW}}}{R_{\text{LLW}}} = \int_{R_{\text{LLSH}}}^{R_{\text{LLDW}}} \frac{\mathrm{d}R_{\text{WLL}}}{R_{\text{WLL}}}$$

$$\ln \frac{R_{\text{LLDW}}}{R_{\text{LLSW}}} = \ln \frac{R_{\text{WLLD}}}{R_{\text{WLLS}}}$$

$$\frac{R_{\text{LLDW}}}{R_{\text{LLSW}}} - 1 = \frac{R_{\text{WLLD}}}{R_{\text{WLLS}}} - 1$$

$$\frac{R_{\text{LLDW}} - R_{\text{LLSW}}}{R_{\text{LLSW}}} = \frac{R_{\text{WLLD}} - R_{\text{WLLS}}}{R_{\text{WLLS}}} \tag{8-58}$$

根据在裂缝水层中建立的双侧向测井视电阻率差比法响应方程，可以评价裂缝性水层。

裂缝性水层双侧向测井视电阻率差比值用符号 DR_{LLW} 表示，则有

$$DR_{\text{LLW}} = \frac{R_{\text{LLDW}} - R_{\text{LLSW}}}{R_{\text{LLSW}}} \tag{8-59}$$

$$DR_{\text{LLH}} = \frac{R_{\text{WLLD}} - R_{\text{WLLS}}}{R_{\text{WLLS}}} \tag{8-60}$$

用双侧向测井电阻率差比法评价裂缝性水层，同样也能够抵偿裂缝性水层孔隙度分布非均匀性的影响。双侧向测井视电阻率差比值的大小主要取决于深、浅双侧向测井探测范围内裂缝性水层中地层水电阻率的变化。在裂缝性水层中，双侧向测井电阻率差比值为负值或接近于零。

5）视储集空间构成与裂缝系统定量评价

（1）裂缝识别参数计算

深浅电阻率差异、扩径从一定程度上反映了裂缝的发育程度，因而可以用 I_{RTC1}、I_{RTC2}、I_{RIC1}、I_{RIC2}、D_{CAL} 等参数来描述裂缝的发育情况

$$I_{\text{RTC1}} = \frac{R_{\text{LLD}}}{R_{\text{LLS}}}$$

$$I_{\text{RTC2}} = \frac{R_{\text{LLD}}}{R_{\text{XO}}}$$

$$I_{\text{RIC1}} = \frac{R_{\text{LLD}} - R_{\text{LLS}}}{R_{\text{LLS}}} \tag{8-61}$$

$$I_{RIC2} = \frac{R_{LLD} - R_{XO}}{R_{XO}}$$

$$D_{CAL} = CAL - Bits$$

式中：R_{LLD}——深侧向电阻率；

R_{LLS}——浅侧向电阻率；

R_{XO}——冲洗带电阻率；

CAL——井径；

Bits——钻头直径。

通过利用取心井、FMI、FMS 严格刻度表明，在 I_{RTC1}、I_{RTC2}、I_{RIC1}、I_{RIC2}、D_{CAL} 诸项参数中，以 I_{RTC1}、I_{RTC2} 最能反映裂缝发育程度。为此，以 I_{RTC1}、I_{RTC2} 为主要指标进行裂缝定量评价。裂缝发育层段，I_{RTC2} 一般大于 1，然而由于不同井，往往由不同测井队在不同时间进行测量，同一口井不同电阻率曲线之间，不同井同一电阻率曲线之间存在系统刻度误差及由于物性带来的误差，因此，I_{RTC2} 大于 1 并不都表示裂缝发育，为了屏蔽由于刻度带来的系统误差，在进行定量指标求取时，进行了必要的刻度校正

$$I_{RTC2N} = I_{RTC2} - I_{RTC2C} \tag{8-62}$$

式中：I_{RTC2N}——刻度的 R_t/R_{xo}；

I_{RTC2}——原始 R_t/R_{xo}；

I_{RTC2C}——校正量。

通过选择合理的 I_{RTC2C}，即可达到对 I_{RTC2} 刻度之目的，同时，也可计算出裂缝发育段及反映裂缝发育程度的指标。当 $I_{RTC2} > I_{RTC2C}$ 时，即为裂缝发育段；当 $I_{RTC2} \leqslant I_{RTC2C}$ 时为裂缝不发育段。

考虑到反映裂缝发育的指标尚有 D_{CAL}、I_{RTC1}、I_{RIC1}、I_{RIC2} 等。因此，在划分裂缝发育段时，也可利用上述指标刻度值来控制。通过计算机处理，可得到裂缝视切深系数（f_h），表示裂缝发育段厚度；裂缝发育相对丰度系数（f_2），表示裂缝发育段数；裂缝视延伸系数（f_1），表示某裂缝发育段 $\Delta I_{RTC2} = (I_{RTC2} - I_{RTC2C})$ 最大值；裂缝平均发育程度系数（f_{ave}）以及裂缝发育程度系数（f_t）

$$f_{ave} = \sum_{i=1}^{m} (\Delta I_{RTC2}(i) + \Delta I_{RTC2}(i+1)) \cdot \frac{H(i)}{2} / \sum_{i=1}^{m} H(i) \tag{8-63}$$

$$f_t = \sum_{i=1}^{m} \Delta I_{RTC2}(i) + \Delta I_{RTC2}(i+1) \cdot \frac{H(i)}{2} \tag{8-64}$$

对某一小层来讲，$f_h = \sum_{i=1}^{m} f_h(i)$ 表示该小层裂缝发育系数，$f_2 = m$ 表示该小层裂缝发育段数，$\overline{f}_L = \sum_{i=1}^{n} f_L(i)/m$ 表示该小层裂缝视延伸平均值，$\overline{f}_{ave} =$

$\sum\limits_{i=1}^{n} f_{\mathrm{ave}}(i) * f_{\mathrm{h}}(i) / \sum\limits_{i=1}^{n} f_{\mathrm{h}}(i)$ 表示该小层裂缝发育程度平均值，$f_{\mathrm{t}} = \sum f_{\mathrm{t}}(i)$ 表示该小层裂缝发育程度累积值。

（2）裂缝孔隙度和开度计算

在没有 FMI 测井信息时，可用双侧向测井信息的深、浅侧向测井差异来估算裂缝的孔隙度和开度。由于双侧向测井信息受影响因素较多，其估算结果没有 FMI 测井信息计算的准确。四川油田在 20 世纪 80 年代开展了双侧向测井在裂缝性灰岩与裂缝模型（水槽模型）中的应用研究，证实了垂直裂缝双侧向测井为正差异，水平裂缝为负差异（文华川，1988）。针对四川垂直裂缝为主的碳酸盐岩储层，提出了利用双侧向测井计算裂缝孔隙度的公式

$$\phi_{\mathrm{f}} = [a \cdot R_{\mathrm{mf}}(R_{\mathrm{LLD}} - R_{\mathrm{LLS}}) / R_{\mathrm{LLD}} \cdot R_{\mathrm{LLS}}]^{1/m} \tag{8-65}$$

A. M. Sibbit 等（1985）对单条裂缝（水平或垂直）用二维有限元进行了数值计算，得出双侧向测井解释方法：

垂直裂缝

$$\varepsilon = (C_{\mathrm{LLS}} - C_{\mathrm{LLD}}) \times 10^4 / 4 C_{\mathrm{m}} \tag{8-66}$$

水平裂缝

$$\varepsilon = (C_{\mathrm{LLD}} - C_{\mathrm{b}}) \times 10^4 / 1.2 C_{\mathrm{m}} \tag{8-67}$$

P. A. Pezard（1990）提出了电导率张量矩阵，分析了不同角度裂缝的响应，认为临界值为 54.7°（即深、浅侧向相等的角度），并得出计算裂缝孔隙度的模型：

垂直裂缝

$$\phi_{\mathrm{f}} = 2 \cdot (C_{\mathrm{LLS2}} - C_{\mathrm{LLD2}}) / C_{\mathrm{LLD}} \cdot C_{\mathrm{m}}$$

水平裂缝

$$\phi_{\mathrm{f}} = (C_{\mathrm{LLD2}} - C_{\mathrm{LLS2}}) / C_{\mathrm{LLD}} \cdot C_{\mathrm{m}}$$

式中：C——电导率；

下角 LLD、LLS 分别为深、浅侧向测井，m、b 分别代表钻井液与基质。

如在火烧山油田，利用 FMI 测井信息标定了常规双侧向测井信息来定量评价储层的裂缝孔隙度。裂缝孔隙度的大小取决于深、浅侧向的差异和冲洗带电阻率。在视储集空间参数中 I_{RTC2N} 最能反映裂缝，同时也是深、浅电阻率的差异和冲洗带电阻率的函数，因此可利用 I_{RTC2N} 和 FMI 裂缝孔隙度建立相关关系，来定量求取裂缝孔隙度（图 8-33）。由于 FMI 测井分辨率比双侧向测井高，在对 FMI 裂缝孔隙度测井进行了滤波后和 I_{RTC2N} 建立相关关系（图 8-34）为

$$\phi_{\mathrm{f}} = 0.0064 \times \ln I_{\mathrm{RTC2N}} + 0.0122 \tag{8-68}$$

上式相关系数 $R = 0.8$。

由于火烧山油田主要是高角度裂缝，式（8-68）主要是计算高角度裂缝。在计算裂缝孔隙度之前，利用双侧向测井估算裂缝角度

$$r = (R_{\mathrm{LLD}} - R_{\mathrm{LLS}}) / (R_{\mathrm{LLS}} \cdot R_{\mathrm{LLD}})^2 \tag{8-69}$$

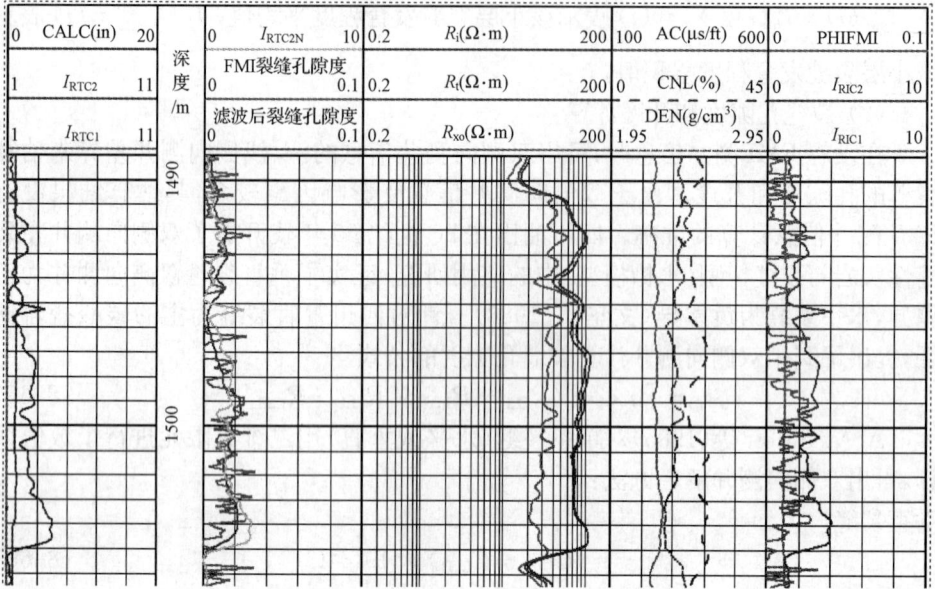

图 8-33　裂缝孔隙度和 I_{RTC2N} 曲线对比图

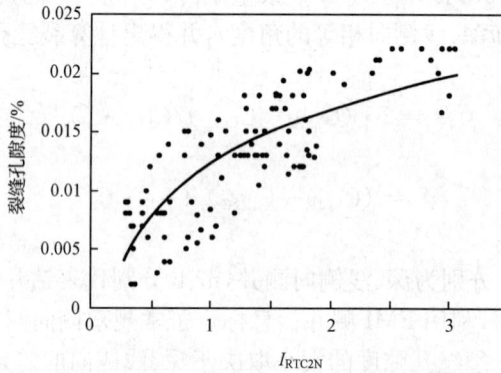

图 8-34　FMI 裂缝孔隙度和 I_{RTC2N} 关系图

　　$r>0.1$ 裂缝产状为高角度(大于 $70°$)，$r<0$ 为低角度(小于 $40°$)，$r=0\sim0.1$ 为倾斜裂缝。在得出 r 之后，可利用下式估算裂缝的张开度

高角度裂缝

$$W = R_m \cdot (C_{LLS} - C_{LLD})/4 \times 10^4 \tag{8-70}$$

低角度裂缝

$$W = R_m \cdot (C_{LLD} - C_b)/1.2 \times 10^3 \tag{8-71}$$

（二）成像测井的裂缝识别与评价方法

1. 成像测井的裂缝识别

1）裂缝的基本图像特征

裂缝是岩石受力发生的破裂,当井筒穿过（斜交）裂缝,裂缝与井壁的交线为一椭圆（图 8-35）。将井壁 FMI（CBIL）图像沿着正北方向展开,裂缝在 FMI（CBIL）图像上表现为一个正弦波。最低点的方位指示裂缝的倾斜方位,倾角等于正弦波振幅除以井孔直径（d）的反正弦。因此,裂缝在成像图上为线状或线状组合。

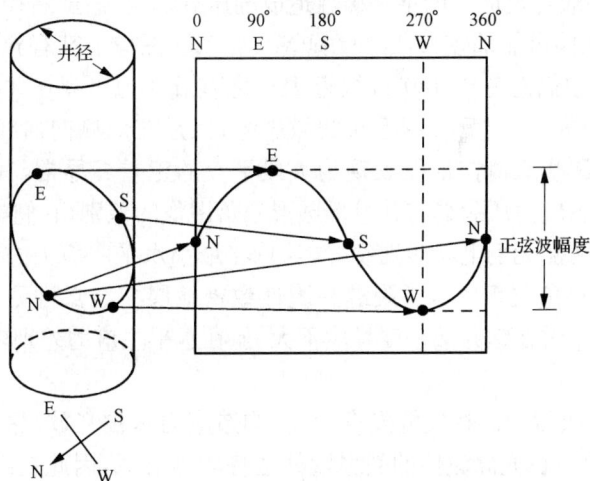

图 8-35　井眼图像特征展开示意图

当裂缝中充填高导物质（低密度）时,如泥质等,图像特征为暗色的正弦线;当充填高阻物质（高密度）时,如方解石、石英等,图像特征往往表现为亮色的正弦线。由于地质条件的复杂性,加上钻井施工过程产生的诱导缝干扰成像测井仪器本身造成的异常,使成像图上出现形形色色的图像,真伪共存,给正确的解释造成很大的不便和困难。因此在进行裂缝解释时,必须首先在岩心资料上确定各种主要裂缝特征及其区别于其他的特征,然后在响应的成像测井图上区分出真正的裂缝,并在裂缝中鉴别出天然裂缝和人工诱导缝。

2）裂缝与其他层面的识别

在成像测井解释时,真、假裂缝的识别很重要,包括地层层面、缝合线、断层、泥质条带与裂缝的区别。层理面常常是一组互相平行的或接近平行的高电导异常,且异常宽度窄而均匀,而裂缝的高电导异常一般既不平行又不规则。由于缝合线是压溶作用的结果,因而一般平行于层理面,但两侧有近垂直的细微高电导异常,通常它们都不具有渗透性,而天然裂缝则不具这些特征。断层面处总是有地层的错动,与裂缝之间很容易鉴别。泥质条带的高电导异常一般平行于层面且较规则,仅当构造运动强烈而发生揉皱变形才出现剧烈弯曲,且宽窄变化仍不会很大;而裂缝则不然,其中常有溶蚀孔洞在一起,使电导率异常宽窄变化很大。

3) 人工诱导裂缝与天然裂缝的识别

在岩心取心过程中,经常在井下形成以下三种人工诱导裂缝:

(1) 钻井过程中由于钻具的振动形成的裂缝,它们十分微小且径向延伸很短,虽然在 FMI 图像上有高电导的异常,但在 ARI 图像上却没有异常,因而很容易识别它们。

(2) 重钻井液与地应力的不平衡性造成的压裂缝,它们虽然径向延伸不远,但张开度和纵向延伸可能都较大,因而在 FMI 和 ARI 图像上都有异常,但它们具有以下特征:一是它们总是以 180°或接近 180°之差成对地出现在井壁上;二是以一条高角度裂缝为主,在两侧有羽毛状的微裂缝;三是在双侧向曲线上出现特有的"双轨"现象,即深浅双侧向曲线表现为大段平直的正差异异常,其电阻率数值较高。此外,应注意应力压裂缝与井壁椭圆形崩落图像的差别,它们都具有垂直裂缝的特征,但后者两侧无羽毛状微细裂缝,且总在最小水平主应力方向上,因而与压裂缝近似呈 90°夹角关系。这类裂缝在脆性致密地层中经常可见,不仅在重钻井液井段中出现,有时在钻井液密度虽然不大,但在水平主应力差别较大时也能看到诱导压裂缝。

(3) 应力释放裂缝。在裂缝发育段,古构造应力多被释放,保存的应力很小,而且现代构造应力在充满流体的裂缝段处也将剧烈衰减,因此在裂缝段处的应力是很小的,其应力的非平衡性也必然微弱;但在致密碳酸盐岩层段的古构造应力却未得到释放,加之现代构造应力在致密岩石中不易衰减,因而其间存在着巨大的地应力,一旦这种地层被钻开,为其间地应力的释放提供了条件,将产生一种与之相关的裂缝,这些裂缝既可在岩心上出现,也可在井壁上出现。这种应力释放裂缝在井壁上的特征可清楚地反映在 FMI 图像上,它们是一组接近平行的高角度缝,且裂缝面十分规则。在常规测井解释中,容易被误认为是低孔高角度裂缝型储层,实际上是无效裂缝。这种应力释放裂缝出现在岩心上时,很容易给岩心描述带来错觉,必须予以识别,其方法是看裂缝中有无泥浆侵入的痕迹,无侵入者为应力释放裂缝。

诱导裂缝与天然裂缝在形态上有以下三方面的主要区别:一是诱导裂缝是地应力作用下即时产生的裂缝,因此只与地应力有密切关系,故排列整齐,规律性强;而天然裂缝常为多期构造运动形成,遭遇地下水的溶蚀与沉淀作用的改造,因而分布极不规则。二是天然裂缝因常遭受溶蚀和褶皱的作用,故裂缝面总不太规则,且裂缝有较大的变化;而诱导裂缝的缝面形状较规则且缝宽变化很小。三是诱导裂缝的径向延伸都不大,故深侧向测井电阻率下降不很明显。

4) FMS 的裂缝识别方法

FMS 和 SHDT(地层学地层倾角仪)很相似,在 3 号和 4 号臂上各装一个由 27 个纽扣电极按阵列式排列的极板,测井时极板推靠井壁。纽扣电极向井壁发射电流,随着仪器沿井轴方向向上移动,阵列式电极对井壁进行扫描,每个极板扫描宽度为 7cm,一次测井两个极板对井壁的扫描宽度为 14cm。

在计算机上对 27×2 条微电阻率曲线进行灰色刻度后,得到两幅宽度各为 7cm 的 FMS 图像,这种电图像相像于黑白岩心照片。图像中黑色区代表高电导率岩性,白色区代表高电阻率岩性,灰色区代表过渡性岩性。被泥浆(高电导)侵入的裂缝、溶孔或孔隙地层也导致图像颜色变暗,甚至成为黑色。FMS 图像带有方位信息,可以判断裂缝或沉积层理的视产状。FMS 仪器还具有 SHDT 的全部功能,因而可以综合应用二者的信息来研究裂缝。

当致密地层中存在裂缝时,钻开后高电导率的泥浆或滤液就会流或渗入到裂缝中。FMS 仪器描到此处时,就记录下裂缝的高电导信息。在相应的 FMS 图像上显示为深灰或黑色,而没有裂缝的地方,岩石为高电阻率,对应于 FMS 图像为浅灰或白色。FMS 记录的裂缝信息的清晰程度取决于以下几个因素:①裂缝的张开程度。如果裂缝张开度大,泥浆进入的就多而深,裂缝处的 FMS 图像就暗,否则就浅。如果是完全闭合的,FMS 可能扫描不出来。②泥浆性质,主要是泥浆电导率。泥浆电导率越大,对应于裂缝的 FMS 图像就越暗。③泥浆的侵入程度。泥浆取代地层中的烃越多,对应的 FMS 图像越暗。

5) FMI 的裂缝识别方法

在 FMI 井壁微电阻率成像测井仪的 8 个极板上共装有 192 个微电极,每个电极直径为 0.2in(1in=2.54cm),电极间距 0.1in。测量时极板被推靠在井壁岩石上,由地面仪器车控制向地层中发射电流。每个电极所发射的电流强度随其贴靠的井壁岩石及井壁条件的不同而变化。因此记录到的每个电极的电流强度及所施加的电压便反映了井壁四周的微电阻率变化。井壁每 0.1in 采一次样便获得了全井段细微的电阻率变化。这些密集的采样数据经过一系列校正处理,如深度校正、速度校正、平衡等处理后,就可以容易地形成电阻率图像——即用一种渐变的色板或灰度代表电阻率的刻度,将每个电极的每个采样点变成一个色元。常用的色板为黑—棕—黄—白,代表着电阻率由低变高,因此色彩的细微变化代表着岩性和物性的变化。该图像的纵向和横向(绕井壁方向)分辨率均为 0.2in(5mm),这足以辨别细砾岩的粒度和形状。值得注意的是,FMI 可以反映井壁上细微的岩性、物性(如孔隙度)及井壁结构(如裂缝、井壁破损、井壁取心孔等),但它的颜色与实际岩石的颜色不相干。另外,同一个油田每口井的微电阻率值变化范围由于井之间的差异而有所不同,因而一口井的 FMI 的某个颜色与另一口的同一颜色可能对应着不同的电阻率值。

FMI 通常提供三种图像:①一般静态平衡的图像;②标定至浅侧向测井(LLS)的静态图像;③动态加强的图像。第一种图像采用全井段统一配色,每一种颜色都代表着固定的电阻率范围,因此反映了整个测量井段的相对微电阻率变化;第二种图像是为了裂缝宽度等定量计算设计的,因为 FMI 仪器为微聚焦系统,其测量值反映相对电阻率。标定后的静态图像不仅反映了全井段的微电阻率变化,而且其值可与浅侧向测量值对应,这两种都可用于岩相分析以及地层划分。第三种图像是为了解决有限的颜色刻度与全井段大范围的电阻率变化之间的矛盾,由静态图像的全井段统一配色改为每 0.5m 井段配一次色,从而较充分地体现了 FMI 的高分辨率。这种图像可用于识别岩层中各种尺度的结构、构造,如裂缝、层理、结核、砾石颗粒、断层等。但由于是分段配色,因此某种颜色在不同井段可能对应着不同的岩性。

FMI 图像解释与岩心描述有很多相似之处,其内容包括沉积构造、成岩作用现象、岩相、构造及裂缝分析等。不同的是 FMI 为井壁描述,井壁上的诱导缝及破损反映了地应力的影响,而层理及裂缝的定向数据也是岩心上很难得到的。岩心是地下岩层的直接采样,是最为准确的资料,将两者进行一些标定后,将使储层描述更为准确。

2. 成像测井的裂缝评价方法

1) 利用 FMS 评价裂缝

利用 FMS 成像测井可以确定裂缝发育的井段、裂缝的视产状以及估计裂缝的宽度等。假定裂缝在井眼周围近似于平面,当裂缝与井眼相交时,可以看作沿正北方向剪开,展开后是一个周期的正弦曲线。曲线最大值为 $Z_o = R \times \tan\theta$,其中,$\theta$ 为地层(或裂缝)的视倾角,R 为井眼半径。正弦曲线上各点的值为 $Z = Z_o \times \sin\omega$,其中,$\omega$ 为圆周角。根据这种假定,可以制作一个正弦曲线族图版。使用时将这种透明图版套在 FMS 图像上,保持其 Y 轴与 FMS 图像左边线平行。上下左右移动图版,使裂缝与某一正弦曲线重叠,则该正弦曲线表示的 θ 角就是该裂缝的视倾角,正弦曲线最低部位所对着的方位刻度即为裂缝的视倾向,裂缝视走向与此方向垂直。

裂缝宽度的估计在比例尺为 1:5 的 FMS 图像是一种很直观的方法。在近似于正弦曲线的裂缝上找到相当于正弦曲线半个周期的位置(正弦曲线与 X 轴相交的位置),用 1:5 的比例尺直接量出 X 方向上的宽度,即为裂缝宽度。由于边界效应,用这种方法求得的裂缝宽度可能比实际的值偏大。

如果裂缝是完全闭合的,或者是由类似于方解石之类的高电阻率矿物完全充填的,那么裂缝将和岩石骨架一样呈现为高电阻率特征,在 FMS 图像上显示为与骨架相同的灰度。这种裂缝由于后期改造充填已不具备储集空间的意义。如果裂缝是张开的,又可分为两种情况:一种情况是完全张开,钻开裂缝后,泥浆就会流入裂缝取代裂缝中的原始地层流体。对于含水裂缝,泥浆取代后无疑呈高电导率特征,在 FMS 图像上为暗灰或黑色。对于含烃地层,泥浆进入裂缝后也导致为高电导率特征,在 FMS 图像上和含水裂缝无明显差别。另一种情况是半张开,或者是部分张开裂缝。这种裂缝被钻开后,泥浆流入张开的空间,而闭合的部分没有泥浆流入,其结果导致为不均匀的电阻率特征,在 FMS 图像上呈现为不连续的"裂缝轨迹"显示。通过对裂缝张开程度的判别,可以进一步评价裂缝的相对孔、渗特征。

例如,在火烧山油田对 8 口井进行了 FMS 测井裂缝评价。其解释结果表明,90% 以上的裂缝视倾角大于 70°,裂缝走向多为南北向和北西向,裂缝切割深度大多数小于 0.5m,占 69% 以上,裂缝切割深度为 0.5～1.0m 者占 18%,最大可达2.5m 以上。裂缝开度主峰值分布于 0.3～0.03mm 之间,占 74%(表 8-11)。上述FMS 裂缝解释结果与岩心裂缝描述结果基本一致。

表 8-11　火烧山油田裂缝开度统计

开度/mm	1.0	1.0～1.3	0.3～0.1	0.1～0.03	0.03～0.01
条数	12	103	239	230	47
频率/%	2	16	38	36	7

2) 利用 FMI 测井评价裂缝

FMI 不仅能识别裂缝发育层位,而且还能够区分裂缝的类型、产状以及宽度等参数,在此基础上对裂缝的孔隙度和渗透率进行评价。图 8-36 反映了三种裂缝类型:①张开裂缝,主要为斜交缝和垂直缝。斜交缝在 FMI 展开图上表现为完整的正弦高导异常,它们切割全井眼,这些缝的倾向以北东东为主,少量南西西,走向北北西—南南东;垂直缝则表现在井壁的任意方位。②钻井诱导裂缝,表现为雁状排列的高导异常。它们出现在井壁的南东和北西两个对称的方向上,而倾向则与张开裂缝一致,为地层中的潜在缝被钻井泥浆沿最大水平地应力方向压开形成的,具有半自然的性质。但也有很多张开天然裂缝在现今地应力场的最大主应力方向上被泥浆压开而加大。③充填缝,多以共轭形式出现。由于充填物质的电阻率大于地层基质电阻率,因此图像上表现为高阻(白色)异常。充填裂缝的倾向以北东和南西为主,与张开裂缝倾向仅有很小的夹角。

对于未充填的张开裂缝,可以裂缝的张开度进行定量计算。张开裂缝张开度的定量计算公式是

$$W = a \times A \times R_{xo} \times b \times R_{m} \times (1-b) \tag{8-72}$$

式中:W——裂缝张开度;

A——由裂缝造成的电导异常的面积;

R_{xo}——地层电阻率(一般情况下是侵入带电阻率);

R_{m}——泥浆电阻率;

a、b——与仪器有关的常数,其中 b 接近为零。

其中,A、R_{xo} 是基于标定到浅侧向电阻 LLS 后的图像计算的。

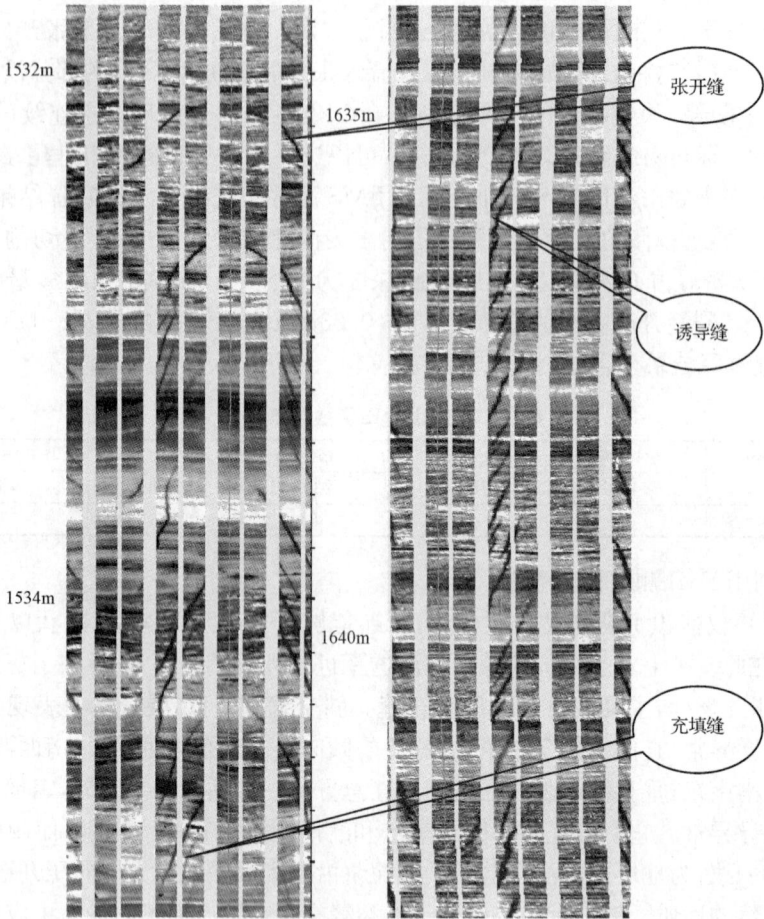

图 8-36 火烧山油田 H266 井 FMI 图像(见彩图 26)

三、储层裂缝的其他识别方法

(一)钻井工程识别方法

1. 钻井液漏失分析

当储层中发育裂缝时,通常造成钻井过程的钻井液漏失现象。如火烧山油田在钻井过程中尽管降低了钻井液密度,但由于地层压力系数低以及裂缝对钻井液的吸收作用,出现钻井液漏失现象。钻井液漏失最大达 $2463m^3$,一般在 $100m^3$ 左右。从不同井的钻井液漏失量分布看,在油田中部的井钻井液漏失量普遍较大,反映这些井区储层裂缝的发育程度高。

2. 固井质量评价

由于储层中裂缝对泥浆的吸收作用,因此,在裂缝发育的地区,其固井质量普遍较差,声幅测井曲线显示隔层处固井质量均很差,有的井出现大段的无水泥段。因此,根据固井质量可以间接地评价裂缝的发育程度。如果某层段固井质量好,则往往是地层中开启性裂缝不发育,以闭合缝和微裂缝为主;而当地层中开启性裂缝发育时,固井质量往往较差。

(二)油藏工程识别方法

1. 油井初期产能分析

裂缝的发育程度影响油井初期产能,在裂缝发育部位,初期产能大,但产量下降快。如火烧山油田自 1988 年投入开发以来,由于油层压力系数低,钻井过程中普遍发生钻井液漏失现象,绝大部分油井采用了压裂破堵,对注水井采用挤油破堵。因此,投产初期产能普遍较低,产能低于 5t/d 的低产井占 23.4%,大于 15t/d 的高产井占 33.7%,最高可达 50t/d 以上。初期产能大于 20t/d 的油井主要沿条带状分布,它们与砂体及其有效厚度的分布规律明显不同,分析认为它们主要与裂缝发育程度有关,高产自喷井是裂缝较发育的部位。

2. 注水压力分析

由于地层中裂缝发育,往往使得注水井的吸水能力强。如火烧山油田为典型的低渗透砂岩储层,储层物性差,渗流能力弱,但注水井的注入压力低,且以单层吸水为主,分析认为主要是由于储层中发育的裂缝造成的。因此,注水井注入压力偏低,是低渗透储层裂缝存在的标志之一。

3. 含水分析

裂缝是低渗透储层的主要渗流通道。当储层中发育裂缝时,通常造成油井见水早以及见水后含水上升快,并沿裂缝容易造成方向性明显的水淹水窜,使油层的驱油效果变差。

4. 压力分析

低渗透油田油井压力变化同样与裂缝有关。油井压力受水井方向的影响,由于储层基质的渗透性差,当储层中裂缝不发育时,注入水的传递速度慢,使得油井压力低;储层中裂缝发育时,注入水容易沿裂缝快速传递到油井,使油井压力高,甚至出现与水井压力相当的情况。因此,根据油井的压力变化,可以分析油、水井之间的裂缝连通情况,从而判断裂缝的存在及其大致方向。

5. 产吸剖面分析

由于裂缝发育的不均匀,经常造成产液剖面和吸水剖面的纵向差异大。如火烧山油田 H_3 层为河流三角洲沉积,沉积韵律以正韵律为主,但由于储层经历了较强的成岩作用,造成储层物性差,孔隙度一般小于 10%,渗透率主要小于 1×10^{-3}

μm^2,储层本身的产液和吸水能力很弱。但大量油、水井在纵向上出现产液和吸水能力变化很大的现象,有的部位产液量和吸水量很高,分析主要是由于裂缝造成是。因此,根据各油、水井产液或吸水剖面的纵向变化情况,可以判断裂缝相对发育的井段。

6. 试井分析

试井能够较好地反映地层的结构特点和渗流介质类型,从而判断地层中裂缝的发育程度。单一裂缝介质储层反映裂缝发育,且以张开裂缝为主;双重介质储层反映裂缝发育程度相对变弱,而孔隙介质储层则反映裂缝不发育的特点。脉冲试井还可以通过验证激动井和反应井之间的连通性来判断储层是否存在裂缝以及裂缝的大致分布方向。

7. 示踪剂分析

示踪剂能够通过记录流体的渗流路径、速度和方向来判断裂缝的方向、类型及其渗流能力。如在火烧山油田多个井组利用硫氰酸铵作为示踪剂进行了试验,检测结果反映峰值浓度最大的都在投放源的正南北方向的采油井,其次是北偏西方向上的井,示踪剂的推进速度为 289.68~6.79m/d,说明该油田以南北向裂缝为主,其次是北偏西方向、北东方向和东西向的裂缝,以微裂缝和闭合缝为主。

四、储层裂缝的数值模拟方法

大量研究表明,低渗透储层以构造裂缝为主,裂缝的形成与分布受裂缝形成时期的构造应力场以及岩性、层厚、构造等因素的控制。因此,在构造应力场定量分析的基础上,通过实际地质模型的建立,可以用数值模拟的方法来定量预测裂缝的分布规律。

(一)构造应力场的数值模拟

在该方法的裂缝预测中,首先应对裂缝形成时期的古构造应力场进行数值模拟。构造应力场数值模拟取决于古地质模型、力学模型和数学模型的建立。其中,地质模型是应力场数值模拟的基础,它决定了数值模拟结果的好坏。地质模型是在构造演化的平衡剖面分析基础上,通过断层形成时期的确定和裂缝形成时期的古构造恢复来建立的,它包括地质隔离体的选取、边界条件以及反演标准的确定等内容。

力学模型是应力场数值模拟的关键,它包括在三轴高温高压岩石力学的基础上,对地质体的力学特性和不同单元的物理参数确定、断层的处理等内容。如在火烧山油田 H_3 油层的二维构造应力场数值模拟中,采用壳体模型的有限元方法进行模拟计算,将地质体作为脆弹性体,断层按断裂带处理。不同单元的材料参数主要包括岩石的杨氏模量(E)、剪切模量(G)、泊松比(μ)、黏聚力(C)、内摩擦角(ϕ)

和密度(ρ)等。材料参数选取的合理与否，直接影响到应力场模拟结果的精度。由于地质模型的不均一性，各单元的材料参数的选取比较困难，通常可以通过砂泥岩比的分布，用加权平均方法进行计算。

数学模型是根据地质模型和力学模型确定的，它包括单元的选取，地质隔离体的离散化等，编制相关程序等，通过大量的正反演计算，得到符合反演标准的结果。

（二）构造裂缝的计算

1. 岩石破裂准则

判断岩石在力的作用下是否发生剪破裂通常应用库仑-莫尔准则。库仑-莫尔准则认为岩石剪破裂的发生不仅与破裂面上的剪应力有关，还决定于其上的正应力。库仑-莫尔剪切破裂准则可表示为

$$[\tau] = C + \sigma_n \tan\phi \tag{8-73}$$

式中：C——岩石的黏聚力；

σ_n——剪破裂面上的正应力；

ϕ——内摩擦角；

$\tan\phi$——内摩擦系数；

$[\tau]$——极限剪应力。

库仑-莫尔剪切破裂准则认为，某个面上产生剪破裂时，该面上的正应力与剪应力关系不是线性关系，而是函数关系：$[\tau] = f(\sigma)$。根据岩石力学实验，这种函数关系由破裂极限应力圆的包络线确定。对于大多数岩石而言，可用抛物线来近似地拟合，而库仑-莫尔准则为直线包络线。剪裂面与最大主压应力的夹角为：$\theta = 45° \pm \phi/2$。

2. 裂缝的计算

构造应力场的计算给出了各单元的应力状态。为了判断在应力作用下任一单元是否可以破裂以及破裂的发育程度，可以用破裂值(I)来表示

$$I = \tau_n / [\tau] \tag{8-74}$$

式中：τ_n——某一面上的剪应力；

$[\tau]$——抗剪切强度。

若 $I < 1$，则岩石尚未达到破裂状态；若 $I \geqslant 1$，则岩石已经达到破裂状态，I 值越大，裂缝的发育程度越高。

岩石破裂的发育程度与岩石内的弹性应变能有密切关系。应变能可以表示为

$$W = (\sigma_1^2 \sigma_2^2 - \mu\sigma_1\sigma_2)/2E \tag{8-75}$$

式中：W——弹性应变能；

E——杨氏模量；

μ——泊松比；

σ_1、σ_2——分别为最大和最小主应力。

根据破裂实验研究,岩石随着破裂的产生和扩展不断地产生新的表面能和热能,其中表面能的大小和裂缝的表面积成正比,弹性应变能较高的岩石比同样厚度应变能较低的岩石的裂缝密度高。因此,弹性应变能在一定程度上同样可以反映裂缝的发育程度。

对于构造裂缝的密度,通过可以根据破裂值与应变能和单井裂缝密度的拟合进行计算,即 $M=N\times I+(1-N)W$,式中 M 是裂缝密度,N 为拟合权数。如在火烧山油田 H_3 油层的模拟计算中,当拟合权数 N 取 0.37 时,与实际资料的吻合最好。

五、储层裂缝的分形预测

自然界中,许多复杂的现象无法用传统的欧几里德几何学来描述。Mandel-brot 在系统地研究了这些复杂现象后发现,它们具有局部包含整体结构的自相似性特征,并称之为"分形",并提出用分形维数 D 值来定量描述其复杂程度。近年来,通过岩石破裂的大量研究,发现岩石破裂过程同样具有自相似性特征。因此,"分形几何方法"表征岩石的破裂程度已成为其定量分析的一种新方法。

(一)井间分形克里金的基本原理

井间分形克里金的理论基础是分数布朗运动和地质统计学方法。分数布朗运动(fBm),可以定义为一维的随机过程 $x(t)$,它具有时间参数 t,其统计量可描述为

初始值 $x(0)=0$

增量 $\Delta x(t,s)=X(t)-x(0)$ 为均值 $E\{\Delta x(t,s)^2\}=|t-s|^{2H}$ 的高斯过程,指数 H 满足 $0<H<1$,其中 E 表示期望。

从定义看 fBm 本身是一个均值为 0,方差 $E\{X(t)^2\}=|t|^{2H}$ 的一个高斯过程。其中 H 值在 0~1 之间分布,当 $H=0.5$ 时,为普通的布朗运动。分数布朗运动的一个显著特点是 $X(t)$ 的增量是具有参数为 H 的统计自相似。H 称为赫斯特指数(Hurst coefficient),它与分形维数 D 的关系为 $D=d+1-H$,d 为拓扑维数。很容易把分数布朗运动从时间域扩展到空间域中,设储层空间有相距为 R 的两点参数值(如 AC、GR 等)分别为 $Z(x)$ 和 $Z(x+h)$。如参数具有分形特征,且满足分数布朗运动,则

$$E\{[z(x+h)-z(x)]^2 e\}=V_H h^H$$

该公式与地质统计学中的变异函数极为相似,即

$$2r(h)=E\{[z(x+h)-z(x)]^2 e\}=V_H h^H$$

对一维曲线来说，$D=2-H$。从形式上讲，分形布朗运动是地质统计中的一种特殊的变异函数模型，它们都是描述参数在空间的变化规律。但是它的理论基础不同，应用的条件也不尽一样，在应用之前，首先要判断参数的分布是否具有分形特征。

判断参数的分布是否具有分形特征，只能是通过用各种方法求所研究参数的分形统计特征——分形维数 D。

事实上，研究中所能遇到的参数的曲线是那些测井资料，由于测井资料是垂向的，因而怎样利用测井资料进行分形几何的横向预测是一个难题。哈笛（Hardy）通过岩心磨光后，扫描形成一定灰度的图像，然后对图像的灰度值在不同方向进行采样，再作分形分析，发现垂向的分数维与横向的分数维几乎相等。克拉里（Crane）利用水平井的信息来分析垂向的分形特征与横向的分形特征，发现在较均质的地质环境中，垂向的分数维与横向的分数维相同，而在复杂的环境中，垂向的孔隙度的 H 值比横向的要小，垂向 H 和横向 H 的差别取决于沉积和成岩作用。因而可以认为在小层，储层参数的分形特征差别不大。

井间克里金方法如下。设线性估计 $Z^*(X)$ 是几个已知点的线性组合

$$\begin{cases} Z^* = \sum_{i=1}^{n} \lambda_i Z(x_j) \\ \sum_{i=1}^{n} \lambda_i = 1 \end{cases} \tag{8-76}$$

满足上述条件的克里金方程式可写为

$$\begin{cases} \sum_{j=1}^{n} \lambda_i r(x_i, x_j) + \mu(x_i, x) \qquad x = 1, \cdots, n \\ \sum_{i=1}^{n} \lambda_i = 1 \end{cases} \tag{8-77}$$

式中：μ——拉格朗日常数；

λ_i——权系数。

在只有两口相距为 h 的垂直井条件下，上述方程可写为

$$\begin{cases} \lambda_2 \gamma(0,h) + \mu = \gamma(0,x) \\ \lambda_1 \gamma(h,0) + \mu = \gamma(h,x) \\ \lambda_1 + \lambda_2 = 1 \end{cases} \tag{8-78}$$

将 $\gamma(x_i, x_j) = \frac{1}{2} V_H h^{2H}$ 代入上式可得

$$Z^*(x) = (1-w)Z(0) + (1+w)Z(h) \tag{8-79}$$

其中

$$\omega = \left(\frac{x}{h}\right)^{2H} - \left(1 - \frac{x}{h}\right)^{2H}$$

$Z(0)$ 为第一口井的参数值，$Z(h)$ 为第二口井的参数，这就可以求出井间任何点所对应的参数值。

在任何参数的预测中都存在着误差

$$Z(x) = \sum_{i=1}^{n} \lambda_i Z(x_i) + \sigma$$

这种误差是预先不知的，一般它服从某一参数的正态分布。因此对这种 σ 可以进行模拟不同随机数的选择，获得多个这样的模型。

该方法在插值时要求两口井的数据点的个数必须相同。这一点在实际应用中是行不通的，因为在小层或一个微相中的砂体与微相带本身在两口井中一般是不等的。因此，需要对这些方法加以改进。改进有很多种，其中一种就是等比例的压缩或伸展曲线，即将某一口井的测井曲线压缩或拉伸到与另一口井相同的水平。为了保证采样后曲线的形态和信息不丢失，一般对曲线用三次采样进行加密插值，然后再用分形预测。

插值时还应考虑储层的构造。由于两口井所处的构造位置不同，这一点也应该在形成的数据体中或图形中体现。一种方法是在插值之前就考虑构造，这一方法必须先给定构造的轮廓，一般当构造平缓，或构造变形程度较低时或两口井相距很近，那么就可以用线性插值的方法求出每个网格节点处的构造位置。如果形态比较复杂，则可以给出构造等高线，从等高线上求取层面构造点的位置坐标，然后用三次采样法或用分形几何方法求出沿两口井之间构造线的变化。然后再求出两个网格节点处的坐标。另一种做法是先不考虑构造，然后再进行坐标变换。

正演井间分形克里金的具体步骤包括对测井曲线细分层系并进行小层对比和划分，然后对要插值井的测井曲线进行分形特征分析，如果两口井略有差别可以取其平均值，在井间分别求出测井参数或裂缝发育程度系数的分布场。

（二）分形维数计算

应用分形来描述裂缝分布，就必须求出井间的分形维数。首先假定垂向分维数与横向分维数相同，因而可通过对垂向测井曲线作分形维数分析，来确定横向分维数。在分形特征分析时，需要确定分形的无标度区（scaling range）范围，即事物相似性存在的尺度范围。一般认为可以把同一条件下形成的地质体划归为同一个无标度区，同类而不同期的地质体具有一定的相似性，应分别进行计算。对不同类型的地质体，不能划在同一个无标度区内，否则所求的分维数不能真正反映地质体的分形特征。同一事物可能存在不止一个无标度区，越复杂的事物，无标度区越多，能求出多个维数的分形体。

　　在对储层进行研究中,可以按不同的沉积单元(如亚相、小层、微相)来划分无标度区,即将储层中有比较明显差异的部分划分为不同的标度区,分别求它们的维数。无标度区的划分原则:

　　(1) 具有明显的物理界面。

　　(2) 没有明显的物理界面时,需要用数据分析来确定。将实测函数绘在对数坐标系统中,找出其中线性关系最明显的线段,此线段范围为该地质分形体的无标度区,线段的斜率即为所研究的无标度区内储层分形体的维数(D)。这种方法只适应于简单的分形体。

　　(3) 对于无标度区很多又没有明显的物理界面的复杂分形体,则必须用多重分形方法来确定无标度区的分形维数(D)。

　　自然界的许多地质体都属多重分形。在地质现象中平衡与非平衡、线性与非线性共存,因此在描述地质现象时,应该是线性与非线性结合、整数与分数维结合、单一的自相似与多重分形结合。因此,在研究储层时,把单一的分形与多重的分形相结合的同时,应把多重分形看作是储层研究的主体。

　　分数维的求取方法很多,归纳起来可分为线性和非线性方法。线性分形特征一般是指具有自相似的简单分形;而非线性分形特征是指自放射分形。前者的分形维数要比后者简单。下面介绍几种常用的分形维数计算方法。

　　1. R/S 分形方法

　　R/S 分形方法是 1965 年由赫斯特(H. H. Hurst)提出的一种时间序列分析方法,也是目前储层非均质分形描述中所有要用的分析维数的方法。设时间序列的实现对于 $1\sim N$ 中任何 n 和 $0\sim N-n$ 中任何 m,则

$$w(m,n,i) = z(i) - \frac{1}{n}\sum_{k=m+1}^{m+N} z(k)$$

$$v(m,n,i) = \sum_{i=m+1}^{m+l} w(m,n,i)m + l \leqslant N$$

则

$$R(m,n) = \max_{1\leqslant l\leqslant n} v(m,n,l) - \min_{1\leqslant l\leqslant n} v(m,n,l)$$

$$S(m,n,i) = \left\{ \frac{1}{n}\sum_{k=m+1}^{m+n} \left[w(m,n,i) \right]^2 \right\}^{\frac{1}{2}}$$

又设 $m_1 < m_2 < \cdots < m_m, M$ 为 $0\sim N-n$ 中 m 个数,则

$$p(n) = \frac{1}{M}\sum_{k=1}^{M} \frac{R(m_k,n)}{S(m_k,n)}$$

当 n 足够大时,下式渐近成立

$$\ln[p(n)] = \ln(c) + H\ln(n)$$

如果 $y(n) = \ln[p(n)], x(n) = \ln(n)$,则

$$\overline{X} = \frac{1}{L}\sum_{n=l+1}^{1+L} x(n) \qquad \overline{Y} = \frac{1}{L}\sum_{n=l+1}^{1+L} y(n)$$

$$H = \sum_{n=l+1}^{1+L}\left[y(n)-\overline{Y}\right]^2 \Big/ \sum_{n=l+1}^{1+L}\left[y(n)-\overline{Y}\right]\cdot\left[x(n)-\bar{x}\right]$$

H 则称为 Hurst 指数，它与分数维 D 的关系为：$D=2-H$。R/S 方法的计算量较大，而且计算的 $\lg(R/S)$ 分布范围较大。

2. 盒计维数方法（box counting）

盒计维数法也称之为网格计数法，常用于确定很多不同现象的分形，它适合于点、线、面和体，是分形维数计算中常用的一种方法。盒计维数法实现的最基本方法：①用一个网格覆盖整体；②把网格分为四等分，计算被曲线所占据的网格数；③再把每一等分进一步划分 4 个次一级等分，直到小的网格大于数据分辨率为止，记录每一次被占网格点和网格总数。在被占网格点数与网格总数的对数交会图上，其直线段的斜率即为分维数 D 值。

设测井曲线的采样间隔为

$$\mu = x_n - x_{n-1}, n = 1,2,\cdots,N, N = 2^m$$
$$y_n = f(x_0 - n\mu), n = 1,\cdots,N$$

记 $\quad y_0 = \min_{1\leqslant n\leqslant N}\{y_n\}, \mu \dfrac{\max\limits_{1\leqslant n\leqslant N}\{y_n\} - y_0}{N}$

则 $\quad \max(x_n) = N\mu + y_0$

设 $\quad \Delta x_1 = N\mu, \Delta y_1 = N\mu$

则 $\quad \Delta x_k = \Delta x_1/2^{k-1}, \Delta y_k = \Delta y_1/2^{k-1}, k = 2,3,\cdots,m+1, \gamma_k = \Delta x_k/\Delta x_1 = 2^{-k+1}$ 则

$$\log\left(\frac{1}{r_k}\right) = (k-1)\log 2$$

记 $\quad \lambda_i = (x_0 + (i-1)\Delta x_k, x_0 + i\Delta x_k),$

$\quad \mu_j = (y_0 + (j-1)\Delta y_k, y_0 + j\Delta y_k)$

第 K 步的网格为 $\lambda_i \times \mu_j, = 1,2,\cdots,2k-1$，总共有 $22(k-1)$ 个格子。又设落入区间 λ_i 的 $f(x)$ 采样点有 P_i 个，由于 $Dx_i/2^{k-1}=2^{m-k+1}m$，所以 $P=2^{m-k+1}$，这些采样点分别是 $x_n, n_i = (i-1)2^{m-k+1}+1, i\cdot2^{m-k+1}$。

$$y_{\min} = \min_{(i-1)2^{m-k+1}\leqslant ni2^{m-k+1}}\{y_{n'}\}$$
$$y_{\max} = \max_{(i-1)2^{m-k+1}\leqslant ni2^{m-k+1}}\{y_{n'}\}$$

$$l_{y_{\min}} = \left[\frac{y_{\min}-y_0}{\Delta y_k}\right]$$

$$l_{y_{\max}} = \begin{cases} \left[\dfrac{y_{\max}-y_0}{\Delta y_k}\right] & \text{整除} \\[3ex] \left[\dfrac{y_{\max}-y_0}{\Delta y_k}\right]+1 & \text{不整除} \end{cases}$$

$$\Delta y_k = 2^{m-k+1} \{ \max_{1 \leqslant n \leqslant N} \{y_n\} - \min_{1 \leqslant n \leqslant N} \{y_n\} \}/n$$

$$l(i) = l_{y_{\max}} - l_{y_{\min}}$$

$$N_{(k)} = \sum_{i=1}^{2^{k-1}} l(i)$$

$$\gamma_k^D \cdot N(k) = 1$$

$$D = \frac{\log N(k)}{\log \dfrac{1}{r_k}} \qquad k = 2, 3, \cdots, m+1$$

应用最小二乘法得

$$D = \sum_{k=l+1}^{ll+1} \{\log[N(k)]\}^2 / \sum_{k=l+1}^{ll+1} \{\log[N(k)]\} \cdot \log 2^{k-1}$$

在盒计维数法的应用过程中,需要大量的数据点。确定网格的最大和最小值时,也应注意头两个网格计数不应该用于斜率的确定,当网格的大小接近于数据的分辨率时也不用。网格的大小随 2 的指数函数变化,以便在对数空间形成偶数。

3. 频谱方法(spectral method)

频谱方法仅用于自仿射曲线,它要求严格,计算量大,但在储层非均质中常用。

设在欧氏空间中有 D_0 维的物理变量 X,以度量尺度为 γ 的度量 γ^{D_0}(超立方体),度量 A 得到的刻度量值为 $N(\gamma)$,斜数为 $f(\gamma)$,则

$$\frac{X}{\gamma^{D_0}} = N(\gamma) + f(\gamma)$$

$$N(\gamma) \propto \gamma^{-D_0}$$

在波数域中,功率谱 $s(f) = |x(f)|^2$,对于分数布朗运动具有类似上述公式的关系式

$$s(f) \propto f^{-\beta}$$

$$\beta = 5 - 2D_0$$

从波谱的观点来看,所谓改变观察的粗视化程度就是改变截止频率 f(即含去更细的振幅成分的界限频率)。如果某过程是分数维,变换截止频率也不会改变波谱的形态。

在实际计算时,取 $x(t)$ 的一个 x_n,$n = 0, 1, \cdots, N-1$,当 Δt 未知时设为 1,则

$$\Delta f = \frac{1}{N}$$

$$s(n) = s(n\Delta f) \propto (n\Delta f)^{-\beta} = (\Delta f)^{-\beta} \cdot n^{-\beta}$$

设比例常数为 $c = (\Delta f)^{\beta}$,则上式可变为

$$s(n) = c N^{-\beta}$$

$$\ln[s(n)] = \ln c + \beta \ln n$$

$$y_n = \ln s(n), x_n = \ln n$$

$$\overline{Y} = \frac{1}{L}\sum_{n=l+1}^{L+I} y_n, \overline{X} = \frac{1}{L}\sum_{n=l+1}^{L+I} x_n$$

$$\overline{Y} = \ln c - \beta \overline{X}$$

$$\beta = -\sum_{n=l+1}^{L+I}(y_n - \overline{Y}) / \sum_{n=l+1}^{L+I}(y_n - \overline{Y})(x_n - \overline{X})$$

$$D = \frac{5-\beta}{2}$$

用频谱方法在计算分数维时,用 FFT 算法常常会导致在对数交会图中高频部分被相对低频部分过分代替;另外,由于在对数交会图上的点难以成直线,不易求准功率谱图的斜率,用最小二乘法所求的结果不稳定。

4. 变异函数方法

变异函数方法也是储层非均质研究中确定分形维数的常用方法,比频谱方法应用更广。变异函数方法大多用于分析自仿射剖面,通过采集大量不同间距的样品,计算出它们的差别,再用对数交会图求取直线段的斜率,即 Hurst 指数。

设样品序列 $y(x_i)$,$i=1,2,\cdots,n$,x_i 为沿某一方向坐标或时间,如果它服从统计自相似,则有

$$E\{[y(x_i) - y(x_j)]^2\} \propto |x_i - x_j|^{2H}$$

设 $h_{ij} = x_i - x_j$,则

$$E\{[y(x_i) - y(x_j)]^2\} \propto |x_i - x_j|^{2H}$$

在地质统计学中,考虑半变异函数

$$\gamma(h_{ij}) = \frac{1}{2}E\{[y(x_i) - y(x_j)]^2\}$$

则

$$\gamma(h_{ij}) \propto |h_{ij}|^{2H}$$

作 $\lg r(h_{ij})$ 与 $\lg(h_{ij})$ 交会图,其斜率为 $2H$,则分数维 $D=2-H$。

在用变异函数求分数维时,两点之间最大距离通常取最短距离的 $1/2$,如最大距离的 $1/4$;而最短的点对距离取决于数据的分辨率。为了获取统计上差异的有效平均,样品对距离通常放在一些确定的界限上,在求对数交会图斜率时,距离界限应该选择保证它们在对数空间中具偶数分布。数据点的分散,可能会导致回归参数的不稳定性。

5. 多重分形的计算方法

计算多重分形谱的方法与盒计维数法类似。其基本思路是用边长为 L 的网格覆盖多重分形曲线,如果落在网格中的曲线长度为 μ_i,再将网格分为四分之一,

设落在某一网格中的长度为 μ_j，可构造一个标准化的测度

$$P_i = \frac{\mu_i}{\mu_j}$$

显然 $\sum P_i = 1$，这样可继续分割下去。P_i 的大小与网格的大小呈指数关系

$$P_i \sim \left(\frac{\lambda}{L}\right)^{a_i}$$

其中，a_i 为拥挤指数。在一般的情况下，P_i 随网格大小而变化，则可得到一系列的指数 a_i。具有相同的 a 值的网格组成维数为 $f(a)$ 分形集。分形集中的网格数可用下式描述

$$N(a) \sim (\lambda/L)^{-f(a)}$$

$$M_q(\lambda, L) = \sum_i [P_i]^q \sim (\lambda/L)^{\tau(q)}$$

式中求和是对所有网格进行的，且 $-\infty < q < \infty$。指数 $\tau(Q)$ 是从不同的 (λ/L) 通过计算 $\log(Mq)$ 与 $\log(\lambda/L)$ 交会图的斜率得到。网格大小超过一定的范围，斜率就接近幂函数分布的特点。就可以定义一分形维数的结合

$$D_q = \tau(q)/(q-1)$$

$$(q-1)Dq = qa(q) - f(a(q))$$

$$a(q) = \frac{\mathrm{d}\tau(q)}{\mathrm{d}q}$$

对每一个给定的 q 值算出 $f(q)$ 和 $a(q)$，曲线 $f(a)-a$ 就是该多重分形的分形谱。分形谱反映了有多少网格（用 $f(q)$ 表示）含有给定长度的曲线（用 $a(q)$ 表示）。

六、储层裂缝综合评价

裂缝综合评价是一个利用裂缝密度、裂缝开度、裂缝延伸长度、裂缝切穿深度、裂缝发育程度、裂缝孔隙度等各种参数和地质、测井、试井等各种信息进行的评价。可以在储层裂缝参数定量描述的基础上，通过裂缝参数的归一化（0～1 化）处理，采用模糊综合评判方法来进行评价。如在火烧山油田岩心裂缝描述以后，通过成像测井、倾角测井和常规测井相结合的裂缝解释，对裂缝的相对发育程度、裂缝视切穿深度、裂缝视延伸长度、裂缝开度、裂缝孔隙度、裂缝渗透率、裂缝累积发育程度、裂缝平均发育程度等参数进行了定量计算，并采用模糊综合评判方法进行了裂缝综合评价，其综合评价系数标准为：F_P 大于 0.65 为一类裂缝发育区，F_P 为 0.65～0.55 为二类裂缝发育区，F_P 小于 0.55 为三类裂缝发育区。裂缝属性参数见表8-12。

表 8-12　各类裂缝属性参数表

裂缝分类	裂缝孔隙度/%	裂缝渗透率/$10^{-3}\mu m^2$	发育段数（段）	视延伸系数	平均发育程度	累积发育程度	日产油/t
三类区	0.0296413	59.736945	4.82278	31.232293	1.425896511	47.8004936	13.5
二类区	0.0399211	111.99292	4.76795	57.092997	1.689902329	115.879567	15.8
一类区	0.0542819	204.76859	4.20446	83.824943	1.821256489	145.042238	17

第六节　碳酸盐岩古岩溶储层地震预测

碳酸盐岩储层研究无论是从地质还是从地震方面，均比碎屑岩复杂得多。针对碳酸盐岩油藏储集体的预测、特别是裂缝发育带及储集空间的量化及预测难度大这一特点，提出了建立精细的构造地质模型，恢复古岩溶地貌，进行"视储集空间构成"的研究方法和技术。研究中，以地质为主体，进行了多学科一体化综合研究，亦即在统一的地质思路指导下，充分利用地质、地震、测井、测试、分析化验等资料，紧紧围绕碳酸盐岩油藏储层预测特别是储集空间预测难度大这条主线，强调碳酸盐岩储集空间发育带预测及量化，进行储层质量评价，利用模糊综合评判及模拟退火方法，实现了视储集空间构成的定量化，利用储层岩石物理相的新观点，对储层进行了质量评价。

研究区位于塔里木盆地轮南西斜坡带，勘探面积约 $225km^2$。目的层为下奥陶统碳酸盐岩古岩溶缝洞型储层。该区部署的第一轮钻探井及评价井 7 口，有 6 口井均获得工业油流；第二轮共钻井 5 口，均相继失利。失利的原因主要是对奥陶系风化壳储层分布规律认识不清，因此有必要开展储层地质建模与储层地震预测研究，为进一步的勘探部署提供依据。研究的资料基础包括 12 口井的钻探成果以及 150 多平方公里的三维地震资料。

一、研究区地质概况

（一）构造及断裂特征

轮南低凸起开始形成于晚加里东—早海西期，定型于印支—燕山期。晚加里东期，区域构造抬升，使轮南地区形成一个大型南倾斜坡。早海西期，由于区域上北西—南东方向上的挤压运动，在早期大斜坡的背景上形成了一个北东—南西走向的大型背斜，即轮南低凸起的雏形。轮古西奥陶系潜山东部以轮西断裂为界，位于轮南奥陶系潜山西部，总体表现为一北西倾斜坡（图 8-37）。从潜山顶面（T_g5'）等 T_0 图上可以明显看出，轮古 40—轮古 9—轮古 41 井区以东，构造位置较高，轮古 40 井东北部为一凹槽,轮古 421、轮古 42、轮古 52 井区次之,轮古 15 井区构造位置较低。

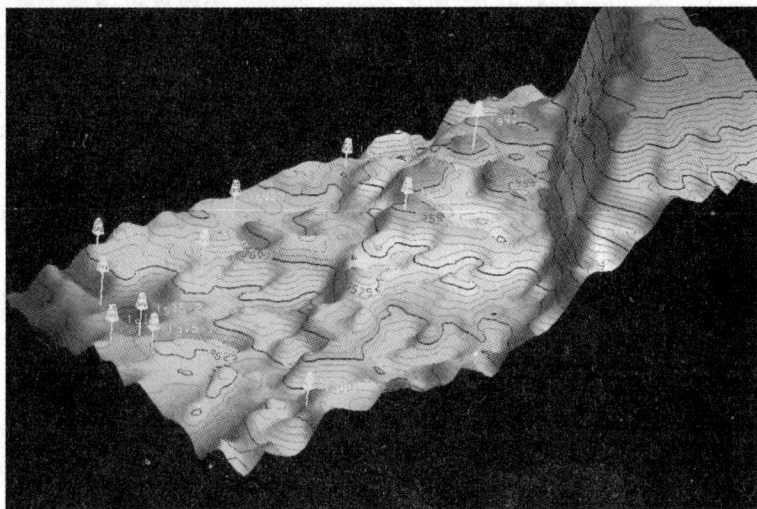

图 8-37　轮古西地区奥陶系潜山顶面等 T_0 图(见彩图 27)

　　轮西奥陶系古潜山的边界断裂为轮西断裂,走向北东,在研究区内延伸约 15km,断距 100～300m;从上到下穿越中生界、古生界各层系,是轮古西与轮南断垒带的分界断裂。另一条主要二级断裂为轮古 9 断裂,延伸方向与轮古西断裂大致平行。另外,从图 8-38 可以看出,在轮古 15 井、轮古 42 井之间有一条近于东西向断层,延伸到轮古 41 井附近与轮古 9 断裂相交。这三条断裂构成了轮古西地区主要的断裂系统。

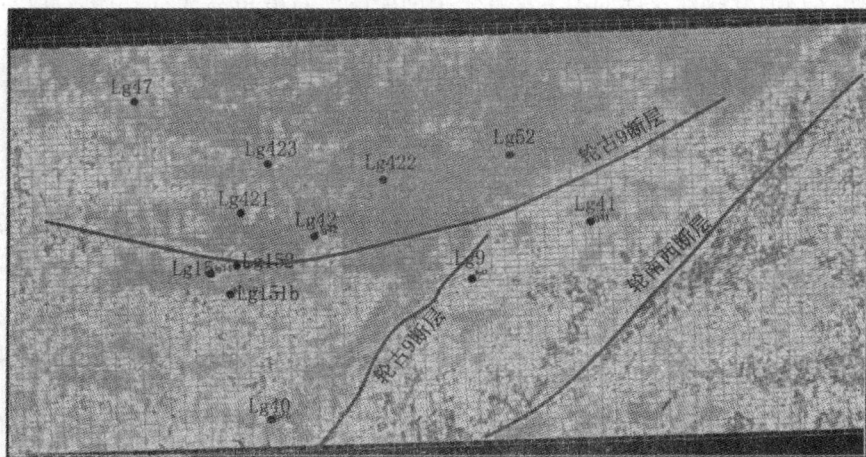

图 8-38　轮古西地区主要断裂分布(据塔里木油田分公司,2002)

（二）地层及沉积特征

轮南地区主体部位钻遇的最老地层是古生界下奥陶统秋里塔格上亚群,缺失志留系、泥盆系、二叠系。奥陶系在塔北地区广泛分布,与下伏寒武系整合接触,奥陶系是轮西地区古岩溶发育的主要层位。奥陶系潜山与上覆石炭系角砾岩段及下泥岩段成不整合接触,下泥岩段之上为石炭系双峰灰岩,其厚度分布稳定,一般在20m左右,是研究区重要的地震反射标志层。

轮南地区的奥陶系纵向上可分为上、中、下三个统,根据岩性、电性特征,可进一步细划,上统可分为桑塔木组(O_3s)、秋里塔格组(O_3l)及吐木休克组(O_3t),中统一间房组(O_2y)和鹰山组($O_{1-2}y$)跨中统和下统,蓬莱坝组(O_1p)位于下奥陶统。鹰山组是本次研究的主要目的层,根据纵向上岩性特征的差别,可以分为"褐灰色砂屑灰岩段($O_{1-2}y_1$)"和"含云质砂屑灰岩段($O_{1-2}y_2$)"两个岩性段。

褐灰色砂屑灰岩段($O_{1-2}y_1$)由于顶部遭受剥蚀,保存不全,残余厚度为63~101.5m,主要为一套亮晶砂屑灰岩、泥晶球粒灰岩、颗粒泥晶灰岩,含燧石结核。含云质砂屑灰岩段($O_{1-2}y_2$)仅有轮古9、轮古42、轮古15-2井钻穿了该地层,厚度在83~114.5m之间。岩性主要为含云质亮晶砂屑灰岩、亮晶砂屑灰岩、亮晶颗粒灰岩、细晶颗粒云质(化)灰岩、泥晶灰岩、泥晶颗粒灰岩。

从地层岩性与化石组合分析,鹰山组属于开阔台地相碳酸盐岩沉积。

（三）古岩溶特征概述

在轮西地区存在长期的沉积间断,奥陶系与石炭系之间为明显的角度不整合接触,期间缺失了志留系、泥盆系,石炭系自西向东超覆沉积(图8-39)。在研究区西部几乎所有井均在侵蚀面之上发育了不同厚度的岩溶角砾灰岩(角砾岩段),古侵蚀面上普遍发育铝土质泥岩、铝土岩、黄铁矿或褐铁矿层等风化残积物。钻井还

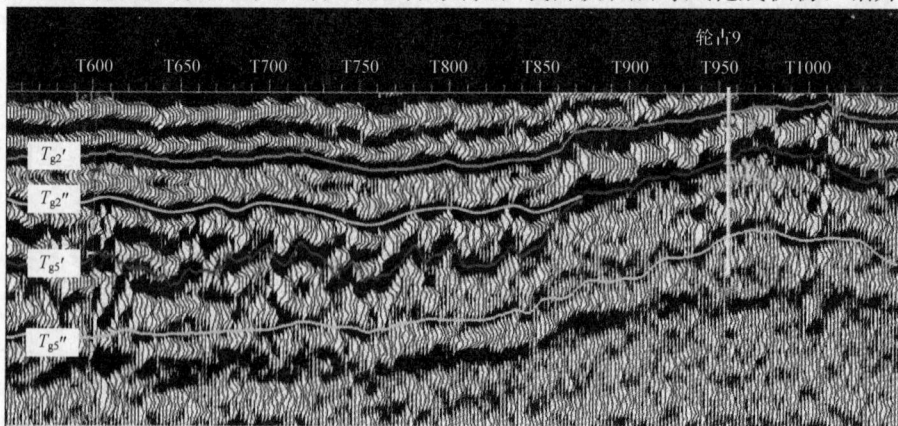

图 8-39　过轮古 9 井东西向地震剖面

直接钻达了被机械沉积物充填的大型洞穴和地下暗河,暗河沉积物中具有明显的层理和沉积韵律,而且还发现了早石炭世的孢粉化石(据塔里木油田分公司,2002)。研究认为,塔里木盆地轮西地区奥陶系古岩溶形成于地表、近地表氧化大气淡水环境。根据轮南西部地层间接触关系、缝洞充填物间的关系,可以推断,岩溶主要形成于早海西期。

二、主要研究内容及技术思路

(一)主要研究内容

针对研究区碳酸盐岩古岩溶储层的地质特点,制定了如下的研究内容:

(1)通过对塔里木盆地轮南地区奥陶系早海西期古岩溶作用形成基本条件的分析,选择与之相似的广西桂林露头区,开展潮湿温暖气候环境下岩溶作用野外地质调查,建立岩溶作用地质原模型,重点研究不同类型地貌区与岩溶储层关系密切的岩溶洼地、岩溶洞穴、地下暗河的基本特征与分布规律。

(2)通过地震、测井、地质综合分析,开展轮南西部地区奥陶系岩溶古地貌恢复、古水系分布预测、岩溶相带划分、洞穴发育规律研究、储层测井识别、储层特征描述,建立古岩溶储层地质模型。

(3)以地质模型为基础,采用正演模拟手段,开展轮古西地区不同类型储层地震响应特征研究,确定了反映缝洞型储层的地震响应敏感性参数,建立地震地质解释模式,为地震储层预测提供依据。

(4)以岩溶相带为基本框架,以测井约束反演、地震多属性分析为手段,多角度、全方面预测不同岩溶相带内储层的空间分布。

(5)以地震反演及属性分析数据体为依托,采用模糊综合评价、神经网络等数学方法,开展储层地震岩石物理相分析,对储层分布与储层质量进行综合预测与评价。

(二)技术路线

具体研究思路如图 8-40。

三、采用的关键技术

(一)古岩溶地质原模型的建立技术

塔里木盆地轮古地区奥陶系碳酸盐岩古岩溶主要形成于泥盆—石炭纪,前人经古地磁及古气候研究表明,塔里木盆地位于北纬 $15°\sim20°$,属热带地区。该期的古气候演化经历了潮湿—干旱—再潮湿—再干旱的循环过程,古岩溶发育期气候湿热,与广西桂林地区岩溶形成具有相似的气候条件(图 8-41)。因此,通过广西桂

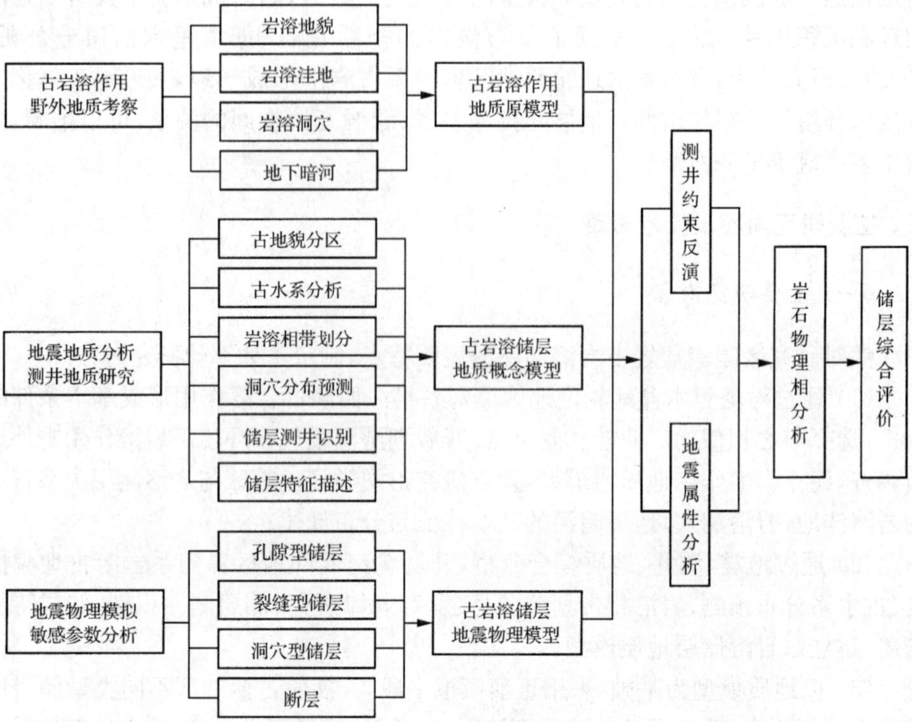
古岩溶作用
野外地质考察
岩溶地貌
岩溶洼地
岩溶洞穴
地下暗河
古岩溶作用
地质原模型
地震地质分析
测井地质研究
古地貌分区
古水系分析
岩溶相带划分
洞穴分布预测
储层测井识别
储层特征描述
古岩溶储层
地质概念模型
地震物理模拟
敏感参数分析
孔隙型储层
裂缝型储层
洞穴型储层
断层
古岩溶储层
地震物理模型
测井约束反演
地震属性分析
岩石物理相分析
储层综合评价

图 8-40　古岩溶储层地质建模与地震储层预测研究流程

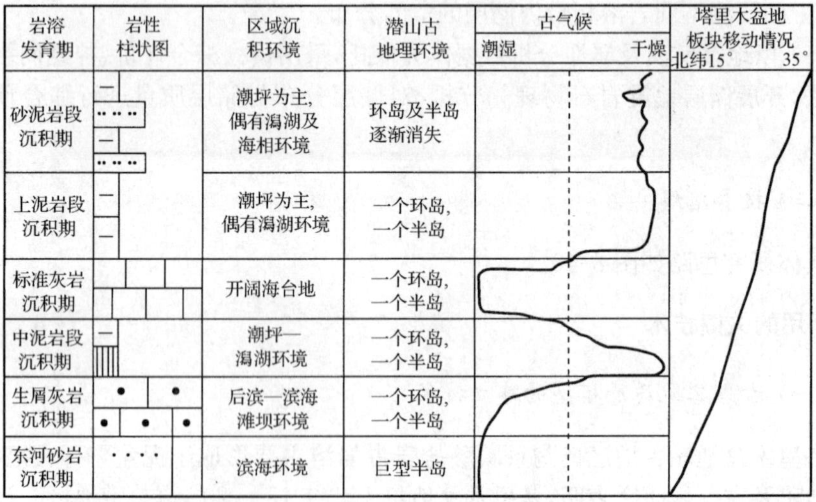
岩溶发育期
岩性柱状图
区域沉积环境
潜山古地理环境
古气候
潮湿
干燥
塔里木盆地板块移动情况
北纬15°
35°
砂泥岩段沉积期
潮坪为主,偶有潟湖及海相环境
环岛及半岛逐渐消失
上泥岩段沉积期
潮坪为主,偶有潟湖环境
一个环岛,一个半岛
标准灰岩沉积期
开阔海台地
一个环岛,一个半岛
中泥岩段沉积期
潮坪—潟湖环境
一个环岛,一个半岛
生屑灰岩沉积期
后滨—滨海滩坝环境
一个环岛,一个半岛
东河砂岩沉积期
滨海环境
巨型半岛

图 8-41　塔北隆起古气候与古纬度演化(据塔里木油田分公司,2000)

林及都安地区现代岩溶发育特征的考察和资料调研,为轮古西地区古岩溶储层研究提供了地质原模型。

(二)古岩溶作用地质模型的建立技术

1. 岩溶地貌与古水系恢复

1)岩溶地貌

根据上覆石炭系双峰灰岩(C_4)厚度在 20m 左右(20.5～21.5m),十分稳定的沉积特点,采用 $T_{g2'}$(双峰灰岩顶面)与 $T_{g5'}$(奥陶系潜山顶面)之间地震旅行时作图可以恢复轮古西地区奥陶系顶面岩溶地貌轮廓。据此在轮古西地区划分出三个岩溶地貌区(图 8-42)。钻探结果显示,位于峰丛洼地地貌区高部位的轮古 9、轮古 41 井大型洞穴不发育,而位于峰林谷地、峰林平原的轮古 15－2、轮古 42 井普遍发育大型洞穴,这与岩溶系统的供水区和汇水区岩溶发育规律相吻合。

图 8-42 轮古西地区奥陶系岩溶地貌分区(见彩图 28)

2)古水系恢复

从地貌图上(图 8-42)可以分析,轮古西地区早海西岩溶期奥陶系风化壳地表河流主要分布在峰林谷地区,河流的流向与地势坡降方向一致,总体上为自东向西。位于北部的峰林谷地区的主河流,流向为北偏西方向,流经轮古 41、轮古 422 井,南北各有一条支流汇入,北部支流流经轮古 52 井附近,南部的一支发源于轮古 9 井西侧。位于南部峰林谷地的一条主河流,发源于轮古 40 井北部,总体为西南流向,河流切割深度比前者大。另外,在峰林谷地中部明显见三条河流汇流于轮古 15－2 井东部地区。

2. 岩溶相带划分与对比

1）岩溶相带划分与岩溶旋回的识别

根据岩溶水的流动状态特征，结合测井响应特征，在垂向上划分出四种岩溶作用带，即表层岩溶带、上垂直渗流带、季节变动带、下垂直渗流带、水平潜流带，说明本区存在两个岩溶旋回。

2）岩溶相带划分与对比

根据岩溶相带的发育规律，结合测井电性特征、成像测井资料，对研究区 12 口井进行了岩溶带的纵向划分，识别出两个主要的岩溶旋回（图 8-43）。

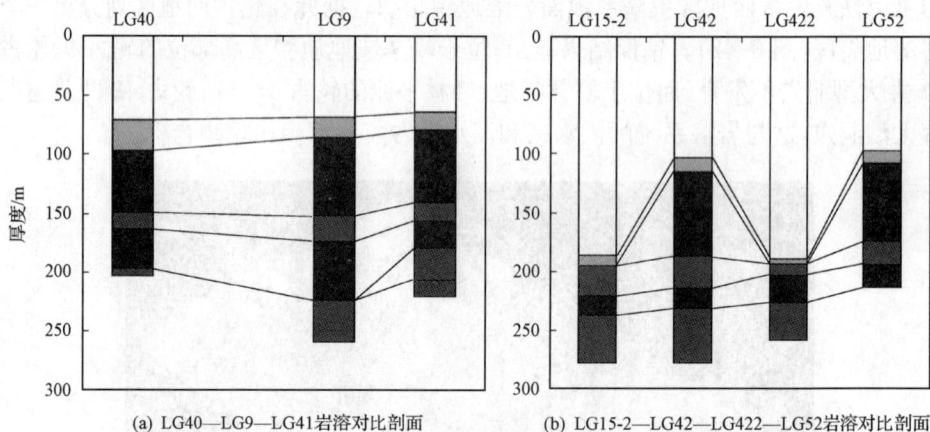

(a) LG40—LG9—LG41岩溶对比剖面　　(b) LG15-2—LG42—LG422—LG52岩溶对比剖面

图 8-43　古地貌背景下岩溶分带对比剖面

从研究区 12 口井单井岩溶划分和对比结果可以看出，该区奥陶系风化壳发育最大厚度在 190m 左右，各岩溶相带厚度的平面差异性主要受岩溶地貌的控制。在轮古 9、轮古 40、轮古 41 峰丛区，地势较高，渗流岩溶发育，而在轮古 15、轮古 47 井等地势相对低洼的峰林平原区，渗流岩溶不发育。由于下部岩溶保存最为完整，因此通过该期岩溶的对比分析，可以总结岩溶作用的基本规律（表8-13）。

表 8-13　轮南西部奥陶系岩溶厚度分布模式

岩溶相带	不同地貌区岩溶分带厚度/m		
	峰丛洼地	峰林谷地	峰林平原
表层岩溶带	0～30	0～30	0～30
垂直渗流带	50～150	20～120	0～100
季节变动带	0～30	0～20	0～15
水平潜流带	10～35	25～50	30～60

总体上,轮南西部奥陶系古岩溶的发育深度基本上限定在鹰山组内部,可能与地层岩性属于质纯的石灰岩有关。鹰山组主要为亮晶砂屑灰岩、泥晶灰岩、颗粒泥晶灰岩,含燧石团块,仅底部含一定云质,石灰岩岩性较纯,方解石含量为85%~98%。其下的蓬莱坝组岩性则主要为泥晶云质灰岩、细晶砂屑云质灰岩、灰质云岩,因此洞穴不发育。

3. 岩溶洞穴发育特征

1) 洞穴发育程度

洞穴是指洞径在1.0m以上的巨型溶洞,与洞穴有关的溶洞、溶孔、裂缝是古岩溶储层的主要储集空间类型。从轮古西12口井钻探结果来看,钻遇到三套洞穴的井1口;钻遇到两套洞穴的井6口;钻遇到一套洞穴的井2口,基本上井井钻遇洞穴(表8-14)。

表8-14 不同岩溶相带大型洞穴钻遇及充填情况统计表

地貌分区	井号	表层带	上渗流带	上潜流带	下渗流带	下季节变动带	下潜流带
峰丛洼地	LG41	—	—	◎	—	—	×
	LG9	○	—	—	—	—	—
	LG40	◎	—	—	—	—	×
峰林谷地	LG52	—	◎	—	×	—	×
	LG42	—	—	—	—	×	◎●
	LG421	—	×	●	—	×	●
	LG422	—	×	●	—	×	●
	LG423	◎	—	—	—	—	●
峰林平原	LG15	○	×	×	×	×	×
	LG15—1	●○	×	×	×	×	×
	LG15—2	●	×	○	—	×	●
	LG47	●	×	○	—	×	—

注:○未充填;◎半充填;●全充填;×被剥蚀、缺失或未钻穿该带。

从不同岩溶相带洞穴钻遇结果看,在钻遇表层岩溶带的12口井中,有7口井在该带钻遇洞穴;在钻遇上渗流带的6口井中,有1口井在该带钻遇洞穴;在钻遇上潜流带的10口井中,有5口井在该带钻遇洞穴;在下渗流带和季节变动带中,没有井钻遇洞穴;在钻遇下潜流带的7口井中,有5口井在该带钻遇洞穴。可以看出洞穴发育主要集中在三个岩溶相带中,即表层岩溶带、上部潜流带、下部潜流带,其洞穴钻遇率分别为50%、50%、71%。

从不同地貌区的比较可看出:在峰丛洼地区洞穴不发育,三口井中仅有1口井在表层岩溶带、1口井在上潜流带钻遇洞穴;在林谷地区,表层岩溶带洞穴也不太发育,主要洞穴集中在潜流带,尤其是在下潜流带中,洞穴发育,洞穴钻遇率达80%;在轮古15—轮古47峰林平原区,表层岩溶带和潜流带内洞穴均较发育,基本上井井见洞,部分井钻遇2~3套洞穴。

2)洞穴充填状况

从上述12口井洞穴发育情况的统计发现,不同岩溶地貌区、不同岩溶旋回形成的洞穴,其充填程度存在比较大的差别,其总体规律是:

(1)从岩溶地貌分布与洞穴充填程度关系可以看出,充填程度与洞穴规模有关,洞穴规模越小,充填程度越低。

(2)从两个岩溶旋回对比可以看出,充填程度与岩溶化程度有关,岩溶化程度越高,充填程度越高。

(3)充填程度与距离风化壳顶面远近有关,距风化壳顶面越近,充填程度也越高。

总体上,上潜流带洞穴较发育、充填程度也较低,是与洞穴有关的储层发育的有利部位。

(三)古岩溶储层地震物理模拟技术

根据研究区地层岩性及地震层速度特征,设计并制作了洞穴型储层的模型,经过模拟野外地震数据采集、资料叠加偏移处理、地震资料解释与敏感性参数分析,开展了系统的碳酸盐岩储层地震物理正演模拟研究,既为了解裂缝-洞穴型储层的地震反射特征提供了直观的证据,又为优选地震敏感性参数奠定了基础。

为了解断层及相关的岩溶洞穴的地震响应特征,首先在一个二维剖面上共设计了18条近似垂直的断层和1条倾角较大的断层。断层间距和切深不等,并在模型设计上考虑了两种情况:在一条测线经过的路径内只有缝,以模拟裂缝型储层;另一条测线上紧邻缝隙设置了大小不等的孔洞,孔洞内有填充物,速度在3600m/s左右,以模拟裂缝-孔洞型储层。模拟结果表明:在断裂发育部位,会出现较多的强反射,而在两条断裂的交点处则出现了"串珠状"强反射。这与轮南地区奥陶系实际地震剖面很相似。在断层和洞穴均发育的情况下,紧邻断层的洞穴对地震剖面中反射点的贡献不明显,可能是由于洞的反射被缝隙的绕射掩盖了;而远离断层的孔洞在地震剖面上有一定的反映,表现为上凸的较短强反射。断层破碎带在地震剖面上表现为不规则的杂乱反射,断层密度越大,在地震剖面上的显示越清晰(图8-44)。

为充分考虑轮西地区奥陶系古岩溶地貌特征、地层特征、主要断层分布特征,模拟实际地质条件下断层和溶洞的地震响应,又进一步以实际地震剖面为基础,设计了具有四条断层以及成层状分布的多个溶洞的实际剖面模型,地层设计自下而上分别为奥陶系碳酸盐岩、石炭系巴楚组角砾岩段、卡拉沙依组砂泥岩段、双峰灰岩段、上泥岩段等[图8-45(a)、(b)]。

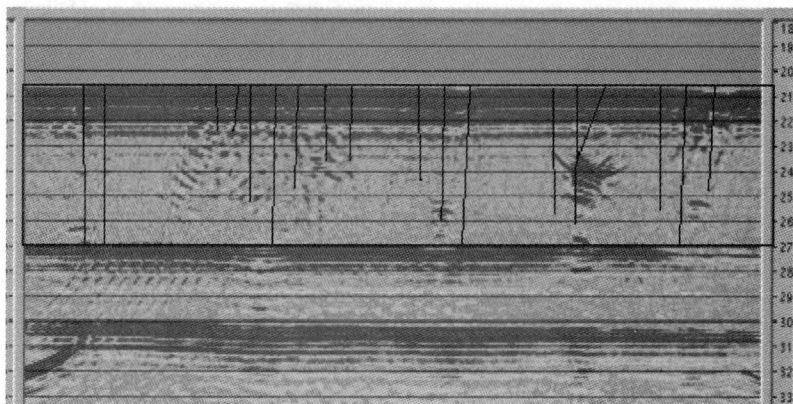

(a) 只有断层而无洞穴发育的二维偏移记录剖面（彩色显示）

(b) 既有断层又有洞穴发育的二维偏移记录剖面（彩色显示）

图 8-44　洞穴型储层地震物理模拟结果(见彩图 29)

　　模拟结果（图 8-45c）表明：溶洞在叠加剖面上表现为短轴状"串珠状"强反射特征，当靠近溶洞的上覆地层界面形态比较复杂时，这种强振幅可能被掩盖；垂直断层在地震剖面上基本上难于识别。这一实验结果与轮西地区的钻探结果是一致的。轮古 15 井在进入奥陶系潜山表层岩溶带钻遇未充填洞穴，在钻进过程中于 5732～5736m 井段放空 2.09m；轮古 41 井在 5621～5636m 取心见 1.66m 充填洞以及宽 5mm、长 65cm 垂直张开缝，且井筒内不断有稠油返出。过这两口井的地震剖面上均表现出串珠状强反射特征。

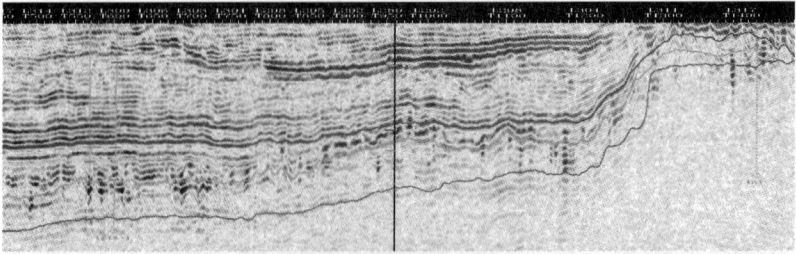

(a) 过轮古9井地震剖面

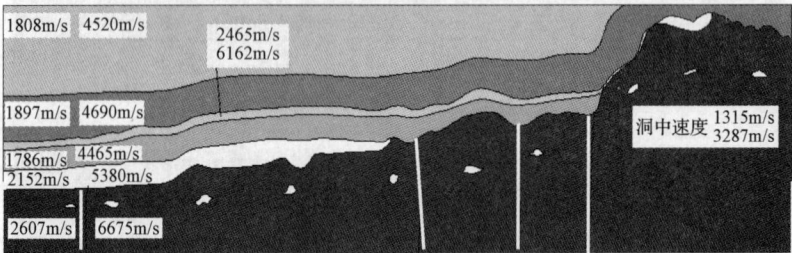

(b) 二维物理模型设计剖面图及相关参数

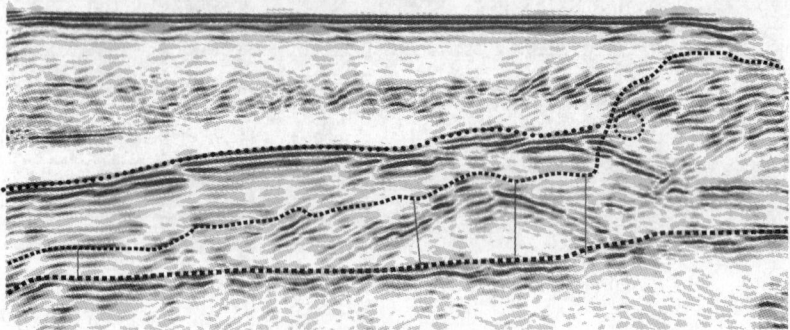

(c) 二维物理模型地震模拟结果

图 8-45　古潜山洞穴型储层地震物理模型设计与模拟结果

（四）基于物理模拟的地震敏感性参数分析技术

在古岩溶裂缝-洞穴型物理模拟的基础上，通过分时窗提取地震属性的方法，对模拟地震剖面进行了裂缝、溶洞的敏感性地震参数分析。

1. 断层（裂缝）敏感性地震参数分析

以模型（图 8-44a）顶面反射层以下 300ms 为界分两个时窗进行地震属性分析，0～250ms 内裂缝发育密度大，剖面上共有 18 条断层经过，250～500ms 时窗内裂缝密度小，只有 13 条裂缝经过。从图 8-46 可以发现，对裂缝储层最敏感的地震参数是能量半衰时斜率,其次为平均反射强度、均方根振幅、平均能量,这几种参数对交叉断层的反应极为敏感,而频率属性随机性强。

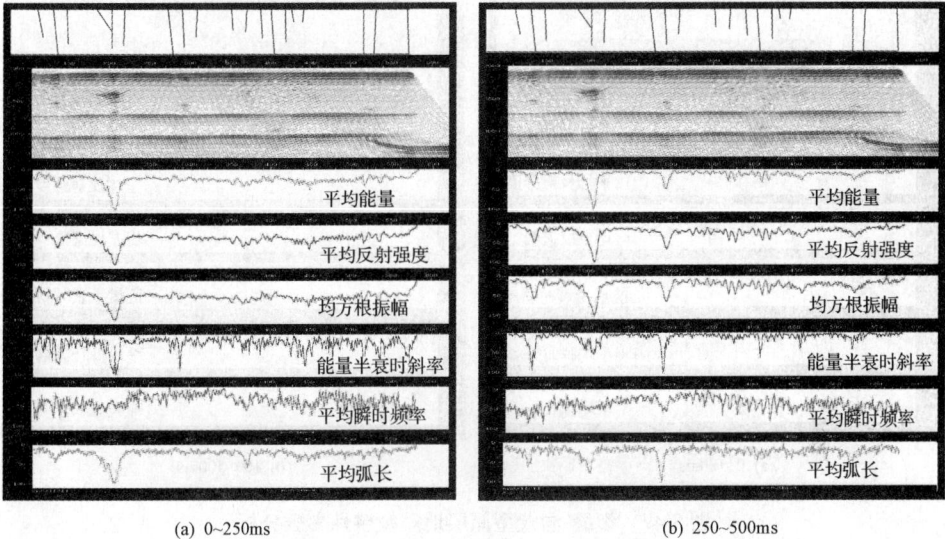

(a) 0~250ms   (b) 250~500ms

图 8-46　裂缝型储层地震敏感性参数分析

2. 溶洞敏感性地震参数分析

以模型(图 8-44b)顶面以下 100ms 为界线划分两个时窗,上部时窗以裂缝为主,溶洞不发育,只有一个孤立的溶洞,而下部时窗沿缝发育多个溶洞。

通过上述基于地球物理正演模型的地震属性分析表明(图 8-47),反映裂缝的敏感性参数包括能量半衰时斜率、平均反射强度、均方根振幅、平均能量,反映溶洞的敏感性参数主要为平均反射强度、均方根振幅、平均能量。地震频率属性虽然也有一定的显示,但由于受多种因素的影响,随机性比较强。这一结论的得出,为储层预测进行地震属性参数的优选提供了充分的依据。

(五)基于古岩溶地质模型的岩石物理相分析技术

碳酸盐岩古岩溶缝洞型储层具有隐蔽性强,非均质性强的特点,与砂岩孔隙型储层差别很大。为从机理上探讨古岩溶洞穴型储层的地震响应特征,在对研究区进行地震资料精细保幅处理、测井资料数据标准化的基础上,采用测井约束反演、地震相干分析、倾角分析、分频分析、波形分类、地震多属性综合分析等多种方法分别进行了研究,结果表明地震多属性综合分析方法效果明显,而前几种方法效果均不理想。

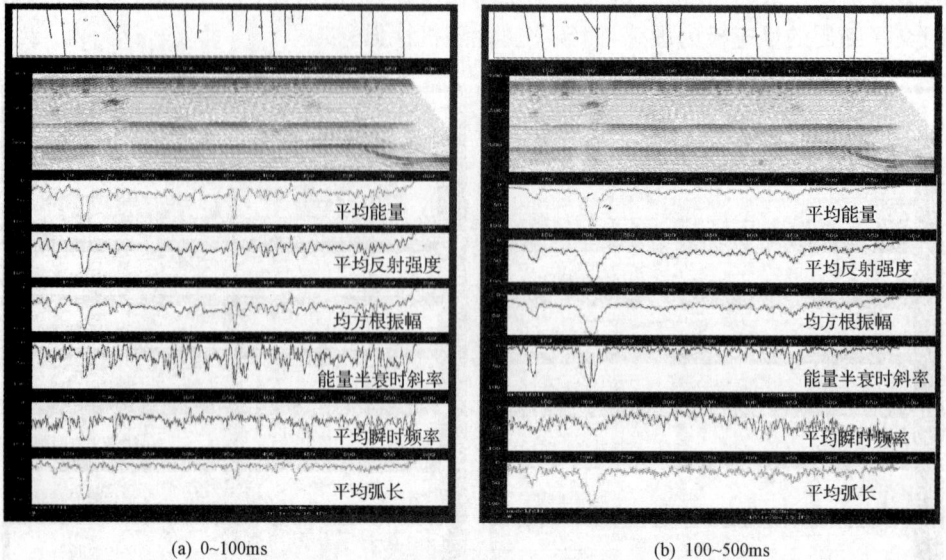

(a) 0~100ms　　　　　　　　　　　　(b) 100~500ms

图 8-47　裂缝-洞穴型储层地震敏感性参数分析

　　为此,提出了以古岩溶相带划分为基础,通过合理选取地震时窗,并以物理模拟敏感性分析为依据,采用模糊综合评价、神经网络分析技术为手段,开展古岩溶储层地震尺度下的岩石物理相研究的技术思路和方法,最终达到储层分布预测和储层质量评价的目的。

　　1. 地震时窗的选取

　　根据前面的研究可以发现,轮西地区奥陶系岩溶作用垂向分带明显,该区主要发育三套与洞穴有关的储层。第一套储层位于表层岩溶带,以裂缝和小型溶蚀孔洞为主要储集空间;第二套为上潜流带洞穴型储层,充填程度相对比较低;第三套储层位于下潜流带,在轮古 15－轮古 42 井区,主要是与大型溶洞和地下暗河有关的储层,其中大型洞穴和暗河充填程度高,但在溶洞顶部、溶洞边缘溶蚀破碎带内还存在一些未充填的小规模洞穴和裂缝(对应于塔里木油田分公司所指的花斑状灰岩溶蚀带)。

　　通过岩溶相带划分与地震反射时间对应关系的研究,上述三套储层基本对应于地震上的三个时窗:表层岩溶带($T_{g5}^1 \sim T_{g5}^1+10\mathrm{ms}$)、上渗流岩溶带-下渗流岩溶带($T_{g5}^1+10\mathrm{ms} \sim T_{g5}^2-25\mathrm{ms}$)、季节变动带-下潜流岩溶带($T_{g5}^2-25\mathrm{ms} \sim T_{g5}^2$)。地震属性分析就是建立在这三个时窗划分的基础上来预测三套储层的分布,进行储层质量综合评价。

　　2. 储层岩石物理相分析

　　本次储层岩石物理相的研究思路就是在地震物理模拟敏感性分析的基础上,

以对碳酸盐岩缝洞储层反应比较敏感的地球物理参数为依据,采用自组织模糊神经网络分析方法划分岩石物理相,开展储层综合预测与评价。

自组织模糊神经网络的基本步骤是:

(1)通过测井地质分析确定不同岩溶相带内岩石物理相类型:PF1 相以洞穴型、孔洞型储层为主;PF2 相以裂缝-孔洞型储层为主;PF3 相以裂缝型储层为主。

(2)在此基础上,分别提取井旁 50m 范围内对应各岩溶相带地震时窗内各种地震属性参数,进行统计分析,采用灰色关联分析技术,确定地震属性参数与岩石物理相类型之间的关联程度,作为该地震属性的初始权重。

(3)将井旁地震属性参数、初始权重、岩石物理相类别输入到神经网络模拟器中,通过自组织神经网络自学习和误差控制,得到最终的权重文件(表 8-15)。

表 8-15　地震属性与岩石物理相关联分析与初始权重

变量	关联度	输出权重
平均能量	0.501183	0.1871
平均反射强度	0.705934	0.2635
相干属性	0.452765	0.1690
均方根振幅	0.611546	0.2283
能量半衰时斜率	0.407553	0.1521

(4)将得到的权重文件和整个研究区的地震属性作为输入,通过自组织神经网络模拟,得到各点上的输出值,并经归一化处理。

(5)根据神经网络输出值进行平面成图,即得到不同岩溶相带储层岩石物理相平面分布图(图 8-48 至图 8-51)。

四、古岩溶储层地震预测结果

图 8-48 至图 8-51 分别是轮西地区奥陶系表层岩溶带、上渗流带-下渗流带、季节变动带-下水平潜流带、蓬莱坝组上部四个地震时窗的储层岩石物理相平面图。图中蓝色代表 PF3 相,灰色—绿色代表 PF2 相,棕色—红色代表 PF1 相。

表层岩溶带 PF1 相在全区分布比较广泛,其中以轮古 15—轮古 422 井区最为发育。轮古 40—轮古 9—轮古 41—线以及轮古 41 井东南部有 PF1 相的分布。PF2 相在整个轮西地区的地势相对低洼区呈大面积分布,表明表层岩溶带内孔洞型、裂缝-孔洞型储层在研究区普遍比较发育。

奥陶系内幕上部(包括上渗流、上潜流、下渗流岩溶带)PF1 相主要分布在轮古 15 至轮古 52 井一线,成北东向带状分布,PF2 相主要分布在轮古 9 断裂破碎带,另外在轮古 41 井东南部成零星分布。总体上以 PF3 相占较大的比例。

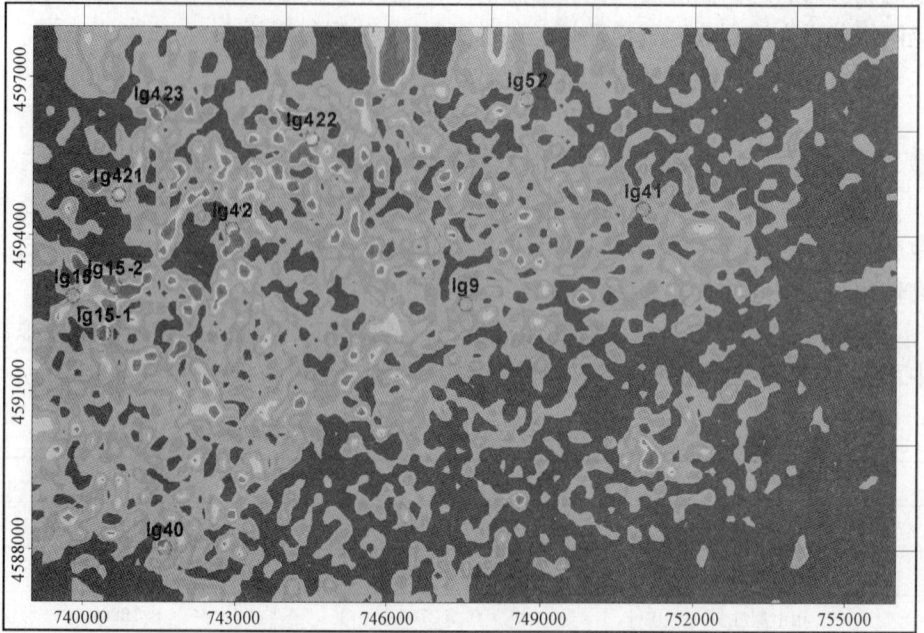

图 8-48　表层岩溶带地震储层岩石物理相分布图(见彩图 30)

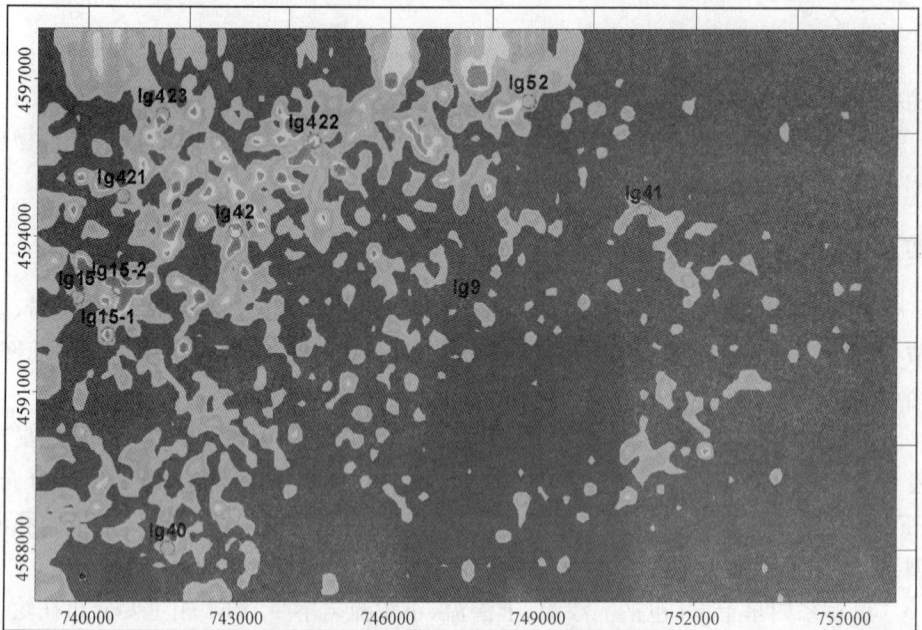

图 8-49　上渗流-下渗流带地震储层岩石物理相分布图(见彩图 31)

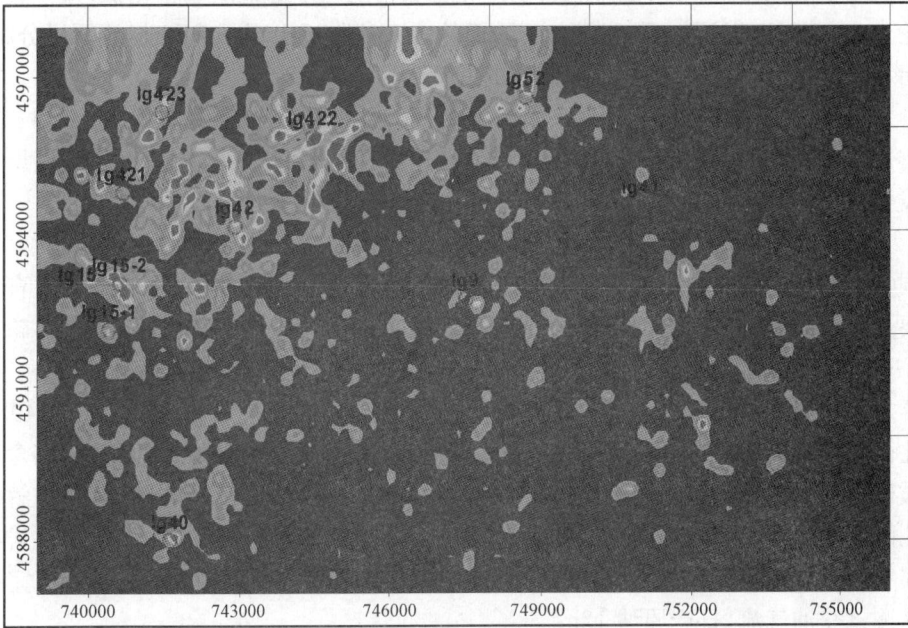

图 8-50　季节变动带-下水平潜流带地震储层岩石物理相分布图(见彩图 32)

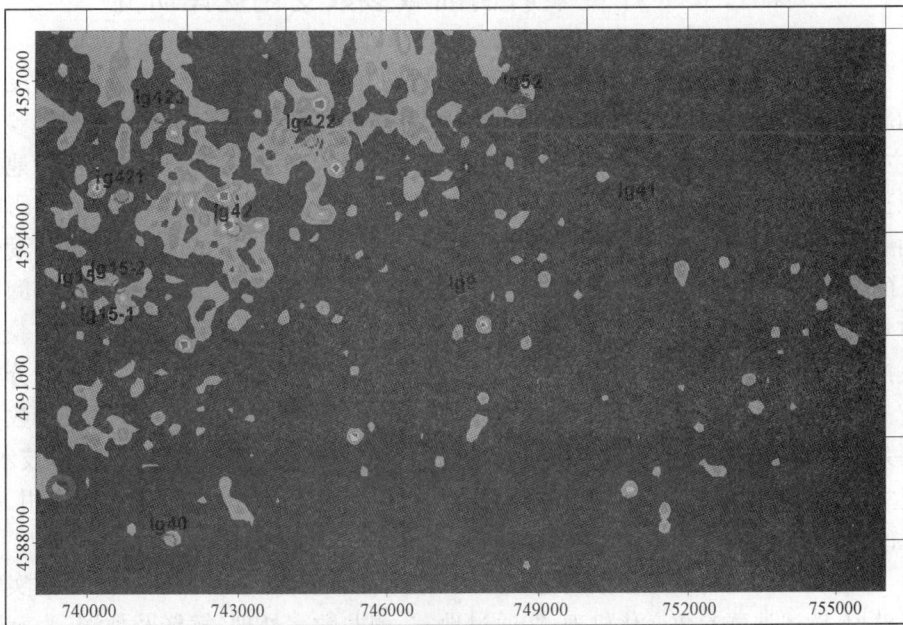

图 8-51　蓬莱坝组上部地震储层岩石物理相分布图(见彩图 33)

　　季节变动带-水平潜流带岩石物理相分布格局与上部地层基本相似,差别在于轮古 41 井附近岩石物理相类型变差,而轮古 9 井附近出现了 PF2 相的零星分布,指示该井区有一定裂缝-孔洞型储层的发育。

　　蓬莱坝组上部总体上储层不发育,以 PF3 相占绝对优势,只在轮古 42 井—轮古 422 井一线存在小范围的缝洞型储层,轮古 40—轮古 9—轮古 41 井区储层不发育。

　　从垂向上各时窗储层地震岩石物理相的分布情况来看,轮西地区储层,尤其是洞穴型储层的分布自上而下都具有一定的重叠性,说明该区洞穴型储层的发育主要受断裂的控制。自上而下储层分布范围具有逐渐减少的趋势。相比而言,轮古 9—轮古 41 井区储层发育较差,轮古 15—轮古 42 井区三套储层都较发育。

　　上述研究成果目前已经得到钻探的进一步证实,位于轮古 15 井南、轮古 40 井北西方向的 154 井(即图 8-15 井灰色—绿色部分的 PF2 相区)在鹰山组下段(含云质砂岩灰岩段)底部(下潜流带)5864~5869.09m 井段钻遇良好的储层,测井解释孔隙度为 2%~3%,裂缝孔隙度为 0.1%~0.4%,比垂直渗流带明显增加。岩心实物观察发现荧光 3.97m,油斑 0.64m。整筒岩心溶洞密度约为 50 个/m。完钻后测试获油气流,日产原油 12m³。

第七节　开发中后期油藏参数变化规律研究

　　中国东部许多老油田相继进入高含水后期开采阶段,由于陆相储层的高度非均质性及地下流体性质的不断变化,导致水驱推进过程不均匀,造成油藏属性参数(主要包括储层物性参数、孔隙结构参数、渗流参数等)发生变化。因此,正确地认识这些参数的变化规律及现阶段油藏参数的特点,从理论与实践两方面弄清影响油藏属性参数变化的因素,对油田进一步挖潜、三次采油方案的制订、注水开发效果的改善,乃至对油气藏的形成均具有十分重要的现实意义。本章在系统查阅国内外文献的基础上,阐述了进行油藏参数研究的技术、流程,明确提出了在实验室模拟基础上,充分利用研究区开发中后期油田的动、静态信息,利用多元统计分析技术、神经网络模拟及预测技术、地质统计学分析技术,建立岩心分析油藏参数与测井信息间的最佳转换关系或模拟模式,利用井间分形预测技术、随机模拟技术,建立反映当今油藏特征参数的三维模式,从机理上阐述储层流体间的相互作用、相互改造,揭示开发过程中油藏属性参数变化机理。

　　目前,国内外对油藏参数变化规律的研究大致可归结为三个方面:①通过实验室模拟,阐述油藏参数变化机理;②通过地震、测井数字处理、解释及预测,为阐明油藏参数变化规律提供基础数据体;③通过各种克里金分析、随机模拟及分形预测,阐明油藏参数在空间的变化规律,从而建立油藏参数三维模式,为油气、剩余油气预测奠定基础。

一、开发中后期油藏参数变化规律研究内容、技术及流程

（一）开发中后期油藏参数变化规律研究内容

1. 注水前后储层孔隙结构参数实验室模拟及其变化规律研究

（1）实验室内长、短岩心长期水冲刷室内模拟。短岩心长期水冲刷室内模拟实验即将平行样洗油、风干、烘干，对其中之一岩样测孔隙度、空气渗透率、孔隙结构参数，对另一岩样饱和地层水，用注入水进行长期水冲刷实验，水驱速度在速敏的临界流速范围内，水冲刷倍数为 100～2500PV，样品再烘干测渗透率、孔隙度、孔隙结构等参数。长岩心长期水冲刷室内模拟实验主要通过实验模拟油藏原始状态（束缚水、润湿性）、油藏流体性质、油藏温度压力、矿场水驱速度等。利用铸体薄片分析、图像分析技术获得反映油藏水驱前后不同部位的储层属性参数。

（2）同一岩样长期注水前后储层物性变化规律。

（3）同一岩样长期注水前后储层孔隙结构参数（毛细管压力曲线、孔喉大小参数、孔喉分布参数）变化规律。

2. 注水前后关键井储层孔隙结构参数变化规律研究

1）相似结构分析

采用精细描述方法，对研究区目的层按同一单元储层岩性、相带类型相似的原则进行未（弱）水淹层与强水淹层储层孔隙结构参数变化规律研究。

2）对子井分析

重点选取新老对子井，以老井代表未（弱）淹油层，新井代表强淹油层，对比同一流动单元的储层孔隙结构参数。

3）取心井分析

根据近几年取心井及水淹样品分布情况，进行同层系同岩类水洗程度对比分析，并进一步进行储层孔隙结构参数分析。

4）油、水井分析

水井附近由于受到水的长期冲刷，往往表现出较强的冲刷溶蚀痕迹。也即溶蚀作用强，溶孔（包括特大溶孔）发育，颗粒边缘呈港湾状和锯齿状，粒间孔内干净且三维连通性增强，因而物性变好；油区附近受水冲刷程度弱，局部地区胶结致密，差异溶解作用较强，三维连通较差。对比两井同层位、同相带、同岩性单元体，可反映储层孔隙结构参数变化规律。

5）资料分析

主要通过产吸剖面分析研究不同孔隙结构储层产液与吸水情况，进而研究储层孔隙结构参数变化特点。

3. 储层孔隙结构参数测井评价

主要利用神经网络模拟技术进行储层孔隙结构参数的测井模拟,实现储层孔隙结构参数研究由离散到连续、由点到面的延拓。

4. 井间储层孔隙结构参数分析

主要在进行对子井全井段储层孔隙结构参数处理解释基础上,利用分形预测技术进行井间储层孔隙结构参数变化规律分析。

5. 重点区块、重点层位储层孔隙结构参数多井评价

主要利用多井数字处理结果,进行储层孔隙结构参数平面分布规律分析,目的在于揭示注水前后储层孔隙结构参数在平面上的变化规律。

(二)开发中后期油藏参数变化规律研究技术及流程

老油田通常钻井密度大,取心井、密闭取心井多,有许多老-老、新-老对子井,并取得了大量的生产测试、动态监测、实验室分析化验等资料,为此进行开发中后期油藏参数变化规律研究,需要采用以下关键技术。

1. 储层实验室模拟及表征技术

储层实验室模拟及表征主要包括室内静态描述、动态模拟、水-岩相互作用分析三方面。目前,静态描述通常运用图像分析、电镜扫描、CT扫描等先进技术,确定储层属性参数,用以研究沉积成岩过程中乃至开发过程中储层参数的变化。本书主要采用的技术包括:长短岩心长期水冲刷室内模拟技术、密闭取心井分析技术。

2. 神经网络模拟及预测技术

人工神经网络因其分布式的知识表示和较完善的自适应性与学习功能引起测井解释分析家的瞩目。它通过从例子中学习来获取知识;通过分布式的知识表示与存储可以表达实际观测数据空间中存在的任意复杂性,同时又避免了知识库建立、维护及更新方面的一系列难题;通过比较完备的动力学模型系统表达实际地层中的复杂动力学特性,显示出强大的优势。

神经网络模型通常由输入层、输出层和连接两者之间的隐层组成,其中隐层的数目可以多于一层。同一层之间的节点可以不连接,相邻两层的节点两两连接起来,隐层的节点数可以任意规定,考虑到算法的稳定性,容错能力以及有效率,隐层的层数和每一隐层的节点数选择要合适,不能过多或过少,输出层节点数要等于期望输出的个数,输入层节点数要等于输入样本各分量的个数。

3. 关键井研究及多井评价技术

在详细分析研究区资料的基础上,进行以下几方面的工作:

(1)测井曲线的深度校正,岩心资料的数字化与深度的匹配,保证同一口井的所有测井和地质资料都有准确的深度和深度对应关系。

（2）测井资料的环境校正及数据规一化。

（3）弄清研究区目的层孔隙结构及电性的基本特征。

（4）分析研究区储层宏微观属性参数与电性参数间的内在联系，弄清影响储层属性参数的各种地质因素。

（5）确定适合于开发后期全油田的测井解释模型、解释方法及解释参数。

（6）建立测井参数与储层孔隙结构参数间的转换关系。

4. 井间分形预测技术

分形技术是一种研究储层参数的新方法。在研究储层时，把单一的分形与多重的分形相结合的同时，应把多重分形看作是储层研究的主体。

分形分析的关键在于求取分数维，分数维的求取方法很多，目前文献中所查到的求取分数维的方法不下十几种，但归纳起来可分为线性和非线性方法。线性分形特征一般是指具有自相似的简单分形；而非线性分形特征是指自放射分形。前者的分形维数要比后者的简单。工作中，我们采用：①R/S分形方法；②盒计维数方法；③频谱方法；④变异函数方法；⑤多重分形的计算方法。通过分析认为用变异函数、频谱方法和多重分形所算出的分形维数比较符合客观实际，因此，本书主要利用变异函数、频谱方法计算分数维。

5. 随机模拟技术

主要利用随机模拟技术进行目前油藏参数井间及井点以外地区的预测。具体研究流程如图8-52所示。

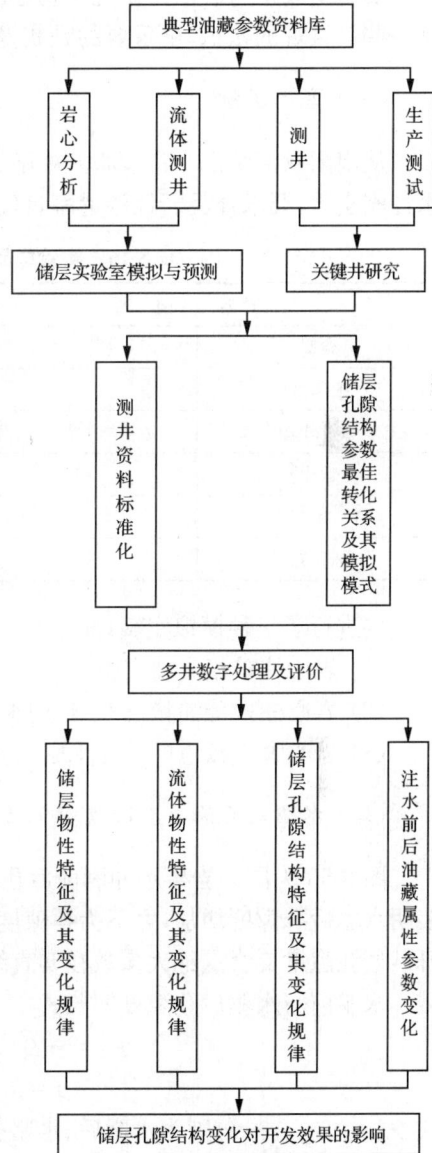

典型油藏参数资料库

岩心分析 ｜ 流体测井 ｜ 测井 ｜ 生产测试

储层实验室模拟与预测 ｜ 关键井研究

测井资料标准化 ｜ 储层孔隙结构参数最佳转化关系及其模拟模式

多井数字处理及评价

储层物性特征及其变化规律 ｜ 流体物性特征及其变化规律 ｜ 储层孔隙结构特征及其变化规律 ｜ 注水前后油藏属性参数变化

储层孔隙结构变化对开发效果的影响

图 8-52 技术流程图

二、油藏参数实验室模拟及其变化规律研究

实验室模拟与表征是研究一切地质问题的基础,通过实验室模拟,不仅可以得到一些最直观的认识,更重要的是获得可靠的数据。

(一)室内实验

从南阳双河油田 9 口取心井中筛选出来水淹或弱水淹共 35 块样品进行长期水冲刷实验,要求样品岩性渗透率具代表性(表 8-16)。

表 8-16　实验样品岩性与渗透率级别统计

岩　　性		渗透率/μm^2	
类型	样品(块)	级别	样品(块)
细砾岩	1	>2.0	5
砾状砂岩	8	1.0~2.0	8
含砾砂岩	13	0.5~1.0	10
中、粗砂岩	3	0.1~0.5	8
细砂岩	10	<0.1	4

共进行了三种模拟实验:
(1)岩心柱单相流动实验。
(2)岩心柱残余油状态下,长期水冲刷实验。
(3)岩心大直径地层条件水驱实验。

(二)水驱前后油层孔隙度变化特征

图 8-53 为同一岩样水冲刷前后孔隙度变化的交会图,实直线(交会线)之上点表明水驱后孔隙度增加,之下为孔隙度误差范围,可以看出,水冲刷后,细砂岩、含砾砂岩孔隙度交会点绝大多数在实直线(交会线)之上,砾状砂岩、中粗砂岩有增有减。水驱前与水驱后孔隙度回归式

$$\phi_{后} = -0.5629 + 1.0266\phi_{前}$$
$$(n = 34, r = 0.96)$$

式中:$\phi_{后}$、$\phi_{前}$——分别为水驱后、水驱前孔隙度,百分数。

所有实验样品中水驱后孔隙度稍增加样品数占 50%,稍降低样品数占 41.8%,不变样品数占 8.82%。孔隙度增加样品,ϕ 增加 0.56%;孔隙度降低样品,ϕ 降低 0.63%。综合来看,油层孔隙度在实验误差范围内小幅度变化。

（三）水驱前后渗透率变化特征

1. 小岩心柱注入水长期冲刷后储层渗透率变化特征

从图 8-54 看出，同一样水冲刷前后渗透率交会点大都位于交会线之上，说明水冲刷后渗透率增加，35 块样中有 77.14％的渗透率增加。

对于双河油田 32 块样，水冲刷前 K_g 平均值为 $0.5289\mu m^2$，水驱后为 $0.5515\mu m^2$，水驱后 K_g 增加了 4.27％，统计相关式为

$$\lg K_{g后} = 0.0096 + 0.9690 \lg K_{g前} \quad (n=32, r=0.996)$$

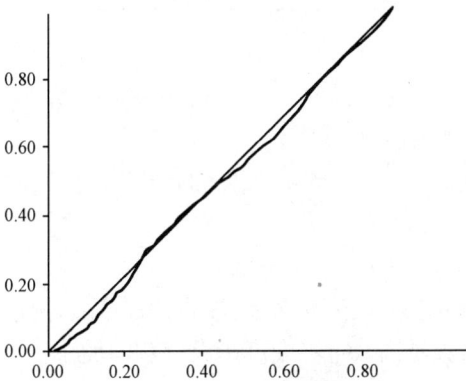

图 8-53　水驱前后储层孔隙度 p-p 图　　　　图 8-54　水驱前后储层渗透率 p-p 图

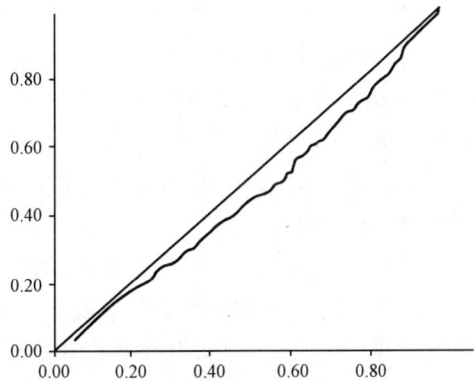

统计表明，经注入水长期冲刷后，细砂岩、含砾砂岩增幅明显，砾状砂岩和细砾岩增降幅较小。对 35 块样品分岩性统计出水冲刷后渗透率变化特征为，细砂岩 10 块样，水驱前 $K_g=0.1108\mu m^2$，水驱后 $K_g=0.1205\mu m^2$，K_g 增加 8.76％；含砾砂岩 13 块样水驱前 $K_g=1.1023\mu m^2$，水驱后 $K_g=1.15717\mu m^2$，K_g 增加 4.48％；砾状砂岩 8 块样由水驱前 $K_g=1.4653\mu m^2$ 降为水驱后 $K_g=1.455\mu m^2$，增加了 -0.71％；细砾岩、中粗砂岩样品较少，水驱后增降幅分别为 $+1.06$％和 -0.79％。不同渗透率级别样品，水冲刷后 K_g 增幅明显不同。从表 8-17 看，由低渗、中低渗、中高渗至高渗油层，水冲刷后 K_g 增加幅度降低。K_g 小于 $0.1\mu m^2$ 的低渗油层，水驱后 K_g 增加 16.71％，K_g 在 $0.1 \sim 0.5\mu m^2$ 的中低渗油层，水驱后 K_g 增加 9.24％；K_g 为 $0.5 \sim 1.0\mu m^2$ 的中高渗油层，水驱后 K_g 增加 4.53％；K_g 大于 $1.0\mu m^2$ 高渗油层，水驱后 K_g 变化幅度最小。对于砂岩及低渗油层与部分中低渗油层水驱后渗透率增幅较大，是与中高渗及高渗油层样同等水驱速度及冲刷程度下获得的。如考虑到矿场水驱条件，低渗层与部分中低渗层根本未水淹或弱水淹，那就无 K_g 变化可言了。

表 8-17　不同渗透率级别油层相近冲刷程度下 K_g 变化统计

K_g 级别(μm^2)	样品(块)	K_g 前/μm^2	K_g 后/μm^2	增幅/%
0~0.1	4	0.0437	0.0510	+16.71
0.1~0.5	8	0.2176	0.2377	+9.24
0.5~1.0	10	0.7337	0.7669	+4.53
1.0~2.0	8	1.4776	1.4622	−1.04
>2.0	5	2.5931	2.6552	+2.40

水冲刷后 K_g 增加油层，K_g 从水驱前的 $0.4221\mu m^2$ 增至水驱后的 $0.4624\mu m^2$，增加了 9.55%；水冲刷后 K_g 降低油层，K_g 从 $0.9878\mu m^2$ 降至 $0.9080\mu m^2$，降低幅度为 8.79%。对于 K_g 增加油层

$$\lg K_{g后} = 0.0293 + 0.9723\lg K_{g前} \quad (n = 26, r = 0.999)$$

对于 K_g 降低油层

$$\lg K_{g后} = 0.0293 + 0.9723\lg K_{g前} \quad (n = 9, r = 0.997)$$

研究认为气体渗透率变化幅度与水冲刷倍数关系为：有足够的冲刷倍数才能使气体渗透率发生变化；但并不是水冲刷倍数越高，K_g 降幅度越大（表 8-18）。

表 8-18　K_g 增降幅度与注入倍数关系

油田	井号	样号	层系	$K_{g前}$/μm^2	阶段 1			阶段 2			阶段 3		
					PV	$K_{g后}$/μm^2	增幅/%	PV	$K_{g后}$/μm^2	增幅/%	PV	$K_{g后}$/μm^2	增幅/%
双河	H401	11 $\frac{23}{30}$	Ⅳ	0.1406	388.5	0.1710	+21.62	714.5	0.1716	+22.05	1060.3	0.1694	+20.48
双河	H401	14 $\frac{4}{37}$	Ⅳ	0.6847	281.8	0.7137	+4.09	541.7	0.7542	+10.15	1426.9	0.7513	+9.73
双河	F7-16	4 $\frac{54}{58}$	Ⅵ	2.2312	790.07	2.4653	+10.49	2015.9	2.3994	+7.54			
双河	F7-16	4 $\frac{4}{58}$	Ⅵ	2.758	228.65	3.0721	+11.39						
双河	5-131	25 $\frac{16}{17}$	Ⅴ	1.533	4270.5	1.2307	−19.72						
下二门	T5-241	15 $\frac{12}{80}$	112Ⅴ	0.8989	450.86	0.9182	+2.15	1434.03	0.9965	+10.86			

2. 长岩心大直径模型地层条件水驱后气体渗透率变化特征

长岩心大直径模型地层条件下水驱实验近似模拟了高注低采油、水井之间的含砾岩砂体水驱油全过程,水驱后气体渗透率变化特征如下。

(1)注入端附近水驱后 K_g 降低,采出端附近水驱后 K_g 增加。表 8-19 为水驱前后 K_g 变化数据表,从注入端至采出端,K_g 从降低变为增加。进口端岩心柱水驱后 K_g 降低 22.6%,中间 1 段 K_g 降低 16.58%,中间 2 段 K_g 增加 5.30%,中间 3 段 K_g 增加了 9.87%,出口端岩心柱增加了 20.6%。

表 8-19　长模型(大直径)地层条件水驱前后 K_g 变化数据(H401 井 1692.9~1693.7m)

位置	岩心排序	长度/cm	$K_{g前}$/μm²	$K_{g后}$/μm²	变化率/% 岩心柱	变化率/% 分段平均	黏土矿物相对含量/% I/S	I	K	C	备注
井口	1	10.38	0.97	0.751	−22.6	−22.6					
中间 1	2	10.39	0.858	0.395	−54.0	−16.58	14	25	18	43	
	3	10.21	0.758	0.732	−3.4						
	4	10.12	0.688	0.670	−2.6						
	5	10.31	0.649	0.608	−6.3						
中间 2	6	10.15	0.612	0.626	+2.3	+5.30	19	55	17	9	水驱速度 1.49m/d,注入倍数 9.49PV
	7	10.01	0.583	0.604	+3.6						
	8	10.33	0.575	0.633	+10.1						
中间 3	9	10.33	0.467	碎		+9.87	14	51	27	8	
	10	10.11	0.329	0.356	+8.2						
	11	10.01	0.282	0.313	+11.0						
	12	9.99	0.270	0.298	+10.4						
出口	13	9.95	0.238	0.287	+20.6	+20.6					
平均		10.25	0.560	0.523	−6.6						
实测			0.5260	0.446	−15.2						

(2)水驱后大部分岩心 K_g 增加。落实到 13 个岩心柱,有 61.14% 的岩心水驱后 K_g 增加,38.86% 的岩心 K_g 降低,水驱后 K_g 增加幅度为 2.3%~20.6%,平均增幅 9.45%,与小岩心柱水冲刷后结果 9.55% 相吻合。

(四)水驱前后油层孔隙结构变化特征

1. 水驱后油层毛细管压力变化特征

利用离心法测定了双河油田北块 II 4−6、IV 1−4 层系 30 块样品水驱前后油水或气水毛细管压力曲线,计算得出 30 块样水驱前后孔隙结构特征参数,如排驱压力、中值压力大小等,基本上反映了毛细管压力变化特征,在此仅对水驱前后排驱压力、中值压力变化特征进行统计。

(1)由于地层水与注入水的矿化度不同,界(表)面张力值小于注入水与模拟油(或气)之间的界面张力值(表8-20)。椐基本公式 $P_c = 20\cos\theta/r$,计算出双河油田北块 II 4—6、IV 1—4 层系 30 块样品界(表)面张力的增加将使毛细管压力平均增加 31.19%。

表 8-20　界(表)面张力变化对毛细管压力影响计算

流体类型	测试温度/℃	北 II 4—6 层系		北 IV 1—4 层系	平均	备注
		$\sigma_{\text{o-w}}$ /(mN/m)	$\sigma_{\text{g-w}}$ /(mN/m)	$\sigma_{\text{g-w}}$ /(mN/m)		
地层水	23	18.6	47.1	35.9		$\sigma_{\text{o-w}}$ 为油水界面张力;
注入水	23	23.7	52.4	52.4		$\sigma_{\text{g-w}}$ 为气水界面张力
毛细管压力增幅/%		+27.42 10 个样	+11.25 7 个样	+45.96 12 个样	+31.19	

(2)水驱后油层排驱压力、中值压力降低。不考虑界面张力的影响,水驱后排驱压力、中值压力是增加的。统计表明,排驱压力由水驱前的 0.0043MPa 增至水驱后的 0.0049MPa,增加了 12.24%;中值压力由水驱前的 0.0226MPa,增至水驱后的 0.0276MPa 增加了 18.14%。回归方程式为

$$\lg p_{\text{d后}} = -0.02276 + 0.8798\lg p_{\text{d前}} \quad (n = 30, r = 0.95)$$

$$\lg p_{\text{50后}} = -0.2522 + 0.8032\lg p_{\text{50前}} \quad (n = 30, r = 0.94)$$

式中：$p_{\text{d前}}$、$p_{\text{d后}}$——分别为水驱前后排驱压力,MPa;

　　　　$p_{\text{50前}}$、$p_{\text{50后}}$——分别为水驱前后中值压力,MPa。

经界面张力影响值校正后,也即归一化处理后,排驱压力由水驱前的 0.0043MPa 降至水驱后的 0.0035MPa,降低 18.95%;中值压力由水驱前的 0.0026MPa 降至水驱后的 0.0197MPa,降低 13.05%。

2.水驱后油层孔喉大小参数变化特征

(1)水驱后油层最大喉道半径(R_d)增加。对比双河北块 II 4—6、IV 1—4 层系水驱前后喉道最大半径变化,说明水驱后最大喉道半径增加。双河北块 II 4—6 层系 17 块样水驱前 R_d 为 14.46μm,水驱后为 16.86μm,增加了 16.6%;北块 IV 1—4 层系 12 块样水驱前 R_d 为 13.55μm,水驱后为 15.36μm,增加了 13.36%(表 8-21)。统计结果表明,相关系数高,规律性明显。

表 8-21　双河油田北块水驱前后油层孔隙结构特征参数变化统计结果

层系		北Ⅱ4-6			北Ⅳ1-4			北块						统计公式[1]或[2]
样品数 (块)		17			13			30			式[1]log $Y=a·b$lg X 或式[2]$Y=a-bX$			
特征参数		水驱前	水驱后	增值/%	水驱前	水驱后	增值/%	水驱前	水驱后	增值/%	a	b	R	
毛细管压力	p_d							0.0043	0.0049	+12.24	-0.2776	0.8798	0.95	式[1]
	p_{50}							0.0226	0.0267	+18.14	-0.2522	0.8032	0.94	式[1]
孔喉大小	$R_d/\mu m$	14.46	16.85	+16.60	13.55	15.36	+13.36	14.07	16.23	+15.35	0.26	0.83	0.93	式[1]
	$R/\mu m$	4.93	5.45	+10.55	4.18	4.49	+7.42	4.59	5.01	+9.15	0.09	0.93	0.94	式[1]
	$R_z/\mu m$	7.36	8.48	+15.22	7.85	3.18	+4.20	7.57	8.35	+10.30	0.19	0.84	0.91	式[1]
	$R_{50}/\mu m$	3.11	2.89	-7.07	2.09	2.97	+42.11	2.64	2.92	+10.61	0.15	0.76	0.89	式[1]
孔喉分布		R增值时(19块样)			R降低时(11块样)				综合(30块样)0.86					
	S_p/ϕ	2.57	2.69	+4.67	3.06	2.99	-2.39	2.75	2.80	+1.81	0.43	0.76	0.86	式[2]
	S_{kp}	0.66	0.68	+3.03	0.42	0.41	-2.38	0.57	0.58	+1.75	0.14	0.68	0.72	式[2]
	K_p	1.97	2.09	+6.09	1.75	1.65	-5.71	1.29	1.93	+2.12	0.64	0.58	0.69	式[2]
	$\Delta S_{0.1}/\%$	23.40	21.17	-7.22	27.28	30.74	+12.68	24.42	23.68	-3.03	3.17	0.82	0.76	式[2]

$$\lg R_{d后} = 0.26 + 0.83\lg R_{d前} (n = 29, r = 0.93)$$

（2）水驱后油层全孔喉平均半径（R）增加。双河北块水驱前油层全孔喉平均半径为 $4.59\mu m$，水驱后增至 $5.01\mu m$，增加了 9.15%，相关统计式为

$$\lg R_{后} = 0.09 + 0.931\lg R_{前} (n = 30, r = 0.94)$$

（3）水驱后油层主要流动孔喉平均半径（R_z）增加。双河北块水驱前 R_z 为 $7.57\mu m$，水驱后增至 $8.35\mu m$，增加了 10.30%，相关统计式为

$$\lg R_{z后} = 0.19 + 0.84\lg R_{z前} (n = 30, r = 0.91)$$

（4）水驱后油层中值半径（R_{50}）增加。双河北块水驱前 R_{50} 为 $2.64\mu m$，水驱后 R_{50} 为 $2.92\mu m$，增加了 10.16%，回归关系式为

$$\lg R_{50后} = 0.15 + 0.76\lg R_{50前} (n = 29, r = 0.89)$$

（5）不同渗透率级别油层在相同水驱速度前提下，水驱后孔喉大小变化规律为：渗透率 K_g 大于 $0.5\mu m^2$ 的中高渗及高渗油层，水驱后喉道半径增加，增幅大（表 8-22）。

表 8-22　不同渗透率级别油层水驱后孔喉大小参数变化

K_g 区间 /μm^2	样品 数/块	喉道半径增加		喉道半径降低		$R_d/\mu m$			$R/\mu m$			$R_z/\mu m$		
		/块	/%	/块	/%									
<0.1	8	7	87.5	1	12.5	4.48	5.54	+23.66	1.31	1.54	+17.56	2.01	2.45	+21.89
0.1~0.5	14	6	42.86	8	57.14	20.07	20.45	+1.89	5.90	5.36	−9.15	11.19	11.46	+2.47
>0.5	8	7	87.5	1	12.5	26.80	33.06	+23.32	9.49	11.92	+25.61	14.09	15.70	+11.43

渗透率 K_g 在 0.1~0.5μm^2 区间的中低渗油层,水驱后喉道半径稍降低,变化幅度较小。

渗透率 K_g 小于 0.1μm^2 的低渗油层水驱后喉道半径增加,增幅大,在矿场水驱过程中,低渗油层段为非水淹油层,孔隙结构不会发生变化。

3. 驱后油层孔喉分布特征参数变化特征

表征孔喉分布的特征参数有分选系数(S_p)、歪度(S_{kp})、峰值(K_p)、主要流动孔喉体积($\Delta S_{主}$)、小于 0.1μm 微喉孔隙体积($\Delta S_{0.1}$)等参数,统计结果表明见表 8-21。

(1) 水驱后 S_p 增加,孔喉分选性变差;水驱后孔喉半径 R 增加油层,孔喉分选性明显变差;水驱后 R 降低油层,孔喉分选性反而变好。

对于 R 增加样,水驱前 S_p 为 2.57ϕ,水驱后 S_p 为 2.69ϕ,增加了 4.67%,孔喉分选性变差;对于 R 降低样,水驱前 S_p 为 3.06ϕ,水驱后 S_p 为 2.99ϕ,降低了 2.39%,孔喉分选性变好;综合平均水驱前 S_p 为 2.75ϕ,水驱后为 2.80ϕ,增加了 1.81%,统计关系式为

$$S_{p后} = 0.43 + 0.86 S_{p前} (n = 30, r = 0.86)$$

其中 R 增加油层

$$S_{p后} = 0.25 + 0.95 S_{p前} (n = 19, r = 0.86)$$

(2) 水驱后歪度变粗,孔隙结构变好;对于水驱后 R 增加油层,歪度向粗喉孔方向变化;水驱后 R 降低油层,歪度向细喉孔方向变化。

$$S_{kp后} = 0.14 + 0.76 S_{kp前} (n = 30, r = 0.72)$$

对于 R 增大油层

$$S_{kp后} = 0.32 + 0.54 S_{kp前} (n = 19, r = 0.59)$$

(3) 水驱后油层 K_p 增加,孔隙结构变好;对于水驱后 R 增加样,峰值增幅大;对于水驱后 R 降低样,K_p 降低。对所有油层样

$$K_{p后} = 0.64 + 0.68 K_{p前} (n = 30, r = 0.69)$$

对于 R 增大油层

$$K_{p后} = 0.62 + 0.75 K_{p前} (n = 19, r = 0.63)$$

(4) 水驱后油层小于 0.1μm 微喉所占孔隙体积 $\Delta S_{0.1}$ 降低;对于水驱后 R 增

加样,水驱后 $\Delta S_{0.1}$ 降幅较大;对于水驱后 R 降低样,水驱后 $\Delta S_{0.1}$ 则增加。

对所有油层

$$\Delta S_{0.1后} = 3.71 + 0.28\Delta S_{0.1前}(n = 19, r = 0.76)$$

统计表明,分选系数较高、歪度与峰值较低、微喉孔较高的孔隙结构较差油层水驱后孔隙结构会变得更差,反之孔隙结构较好的油层水驱后孔隙结构会变得更好。

综上所述,长期水冲刷实验结果表明:

(1) 水驱后油层孔隙度变化幅度很小,水驱前孔隙度为 18.92%,水驱后为 18.86%。

(2) 水驱后油层 K_g 增加。在相近驱替条件下,水驱后细砂岩 K_g 增幅最大(增加 8.76%),含砾砂岩次之(增加 4.48%),中粗砂岩、砾状砂岩及细砾岩增幅较小;在相近驱替条件下,$0 \sim 0.1\mu m^2$ 的低渗油层水驱后 K_g 增幅最大(增加16.71%),$0.1 \sim 0.5\mu m^2$ 的中低渗油层 K_g 增幅较明显,大于 $1\mu m^2$ 的高渗油层水驱后 K_g 增幅较小。双河油田Ⅳ油组长岩心大直径含砾砂岩模型地层条件水驱后,注入端附近 K_g 降低,采出端附近 K_g 增加;有 61.14% 岩心段 K_g 增加,增加幅度为 9.45%,38.86% 的岩心段水驱后 K_g 降低,降低幅度为 17.78%。

(3) 双河油田Ⅱ、Ⅳ油组同一样水驱前后离心法测定结果,水驱后:中值压力降低 13.05%、排驱压力降低 18.95%;最大半径 R_d 增加 15.35%,全孔喉平均半径 R 增加 9.15%,主要流动孔喉半径 R_z 增加 10.30%,中值半径增加 10.61%;分选性变差,分选系数增加 1.81%,歪度增加 1.75%,峰值增加 2.12%,小于 $0.1\mu m$ 微喉孔降低 3.03%;$K_g \geqslant 0.5\mu m^2$ 的中高渗及高渗油层,水驱后喉道半径增幅大,R_d 增加 23.32%、R 增加 25.61%、R_z 增加 11.43%;K_g 在 $0.1 \sim 0.5\mu m^2$ 的中低渗油层,水驱后喉道半径稍降低,R_d 增加 1.89%、R 降低 9.15%、R_z 增加 2.41%;孔隙结构愈好油层,水驱后孔隙结构更好,水驱后 R 增加油层,分选性明显变差、喉道变粗、峰值增加,孔隙结构总体变好,水驱后 R 降低油层,分选性变好、喉道变窄、峰值降低、微喉孔显著增加,孔隙结构变差。

三、水驱前后关键井储层参数对比分析研究

(一)关键对子井选择

开发后期,关键对子井研究目的在于确定适合于全油田目前的测井解释模型、解释方法与解释参数,建立全油田目前统一的刻度标准和油田转换关系,力图达到最佳逼近真实地层信息。储层参数解释模型的建立,不仅需要科学的研究方法,还需要合理而准确地选择并采集第一手资料。为此,需要选择关键对子井作为参数研究分析的窗口,以关键对子井的岩心测试数据对测井资料进行分析刻度,目的在

于创造测井数据对地下地质特征的直接求解能力。关键对子井一般应具备如下特征：

（1）同时位于构造的重要部位，且近于垂直的井，两井钻遇相同砂体。

（2）均是取心井（最好是密闭取心井），有系统的岩心分析和录井资料，地质情况清楚。

（3）井眼好，泥浆好，具有最有利的测井条件和测井深度。

（4）有项目齐全的裸眼井测井资料，包括最新测井方法的资料。

（5）有生产测试、生产测井和重复式地层测试资料，有齐全准确的油、气、水产量、压力和产吸剖面等资料。

（二）关键对子井油藏参数研究

1. 关键对子井油藏参数相关关系研究

研究表明，不同层位，由于水岩相互作用程度不同，水驱前后油藏参数变化规律不同。如表 8-23 所示，S5-131 与 F5-131 井为两口对子井。S5-131 井为未水淹前各层段储层参数。F5-131 井为水淹后各层段储层参数，两井相距不足 50m，除个别层外，层与层间具有良好的可比性。分析表明，同一单层，水驱后，储层参数变好。其变化幅度随储层渗透率的增加而变小。

表 8-23　单井模型数据体

井号	顶深/m	底深/m	厚度/m	$R_d/\mu m$	$R_{ave}/\mu m$	$R_{min}/\mu m$	S_{kp}	$\phi/\%$	$K/10^{-3}$ μm^2	泥质含量/%
	1705.50	1714.50	9.00	34.17	14.89	5.36	−0.75	18.95	1160.40	8.79
	1716.38	1724.75	8.38	35.71	15.67	5.61	−0.70	19.27	1044.52	5.21
	1726.75	1732.50	5.75	16.18	8.67	2.63	−0.93	16.21	132.94	12.61
	1735.50	1741.63	6.13	20.01	10.01	3.21	−0.90	16.96	277.69	11.95
	1745.13	1749.63	4.50	16.18	8.80	2.72	−0.94	16.95	194.17	16.18
	1756.75	1760.13	3.38	5.93	4.08	1.01	−1.22	10.82	12.50	23.04
	1763.38	1768.25	4.88	18.29	9.36	2.95	−0.92	18.13	229.25	17.00
S5-131	1777.13	1777.50	0.38	7.19	4.78	1.21	−1.14	13.58	15.62	31.60
	1782.00	1787.50	5.50	15.04	8.01	2.44	−0.99	15.82	156.48	14.30
	1789.88	1794.75	4.88	10.09	5.97	1.67	−1.10	13.01	60.54	16.69
	1802.63	1808.25	5.63	19.89	10.16	3.21	−0.87	16.91	212.79	8.17
	1813.75	1819.25	5.50	18.18	8.99	2.91	−0.98	14.63	339.44	12.78
	1821.38	1829.13	7.75	15.14	8.16	2.46	−0.97	14.84	133.76	11.15
	1832.25	1835.63	3.38	18.03	9.18	2.90	−0.95	15.44	232.55	12.93
	1840.13	1852.38	12.3	32.92	14.66	5.18	−0.74	18.37	868.47	5.30
	1705.13	1714.63	9.50	34.47	13.02	4.57	0.93	19.24	657.92	8.54

井号	顶深/m	底深/m	厚度/m	$R_d/\mu m$	$R_{ave}/\mu m$	R_{min} /μm	S_{kp}	ϕ/%	$K/10^{-3}$ μm^2	泥质含量/%
	1716.75	1724.63	7.88	41.96	15.13	5.32	1.01	21.18	979.65	4.80
	1727.88	1732.50	4.63	31.23	12.01	4.31	0.89	18.95	511.55	8.27
	1735.75	1741.88	6.13	34.24	12.78	4.52	0.89	19.37	682.50	8.46
	1744.38	1748.75	4.38	28.80	11.04	4.11	0.81	18.40	483.79	10.67
	1749.75	1750.50	0.75	4.51	1.65	0.05	−0.05	9.80	12.54	30.92
	1755.00	1757.25	2.25	16.43	6.98	1.36	0.44	11.98	85.33	17.27
	1757.75	1771.13	13.38	39.95	14.82	5.03	0.97	20.11	1018.38	7.31
	1773.63	1774.00	0.38	1.46	0.31	0.04	−1.43	7.46	2.62	36.76
	1777.00	1778.25	1.25	8.77	4.25	0.26	0.33	11.04	32.81	31.06
F5-131	1782.50	1787.75	5.25	32.32	12.52	4.67	0.92	19.27	561.20	8.23
	1790.13	1795.75	5.63	36.29	13.66	5.00	0.96	19.97	771.33	7.06
	1796.13	1796.63	0.50	3.19	1.08	0.04	−0.14	9.58	7.60	37.38
	1799.75	1800.13	0.38	2.37	0.51	0.04	−0.76	8.46	5.43	30.12
	1802.63	1811.00	8.38	30.41	12.07	4.25	0.92	18.33	464.45	9.22
	1813.63	1819.75	6.13	32.09	12.55	4.16	0.78	17.35	648.44	11.78
	1821.00	1829.25	8.25	37.17	13.76	4.36	0.83	18.47	943.59	9.01
	1832.88	1836.75	3.88	34.35	12.61	4.25	0.81	18.90	776.17	9.66
	1837.25	1838.13	0.88	6.54	2.50	0.05	−0.08	9.85	21.02	25.49
	1840.13	1852.50	12.38	41.74	15.41	5.41	0.99	20.41	1017.61	5.66

　　表 8-24 为 F7-16、S7-16 井相应层位、电性对比表,可以看出,F7-16 井储层声波时差明显高于 S7-16 井,其间绝对误差通常分布于 −6.56～28.0$\mu s/m$ 之间。

表 8-24　F7-16、S7-16 井声波时差对比

井号	顶深/m	底深/m	声波时差/($\mu s/m$)	时差变化量/($\mu s/m$)
S7-16	1716.625	1724.250	262.178	10.645
F7-16	1716.875	1723.875	272.832	
S7-16	1727.625	1734.875	251.273	20.406
F7-16	1727.625	1734.750	271.679	
S7-16	1739.750	1742.625	267.081	−6.56
F7-16	1740.125	1743.125	260.516	
S7-16	1746.375	1747.375	238.393	15.575
F7-16	1746.625	1747.375	253.968	

井号	顶深/m	底深/m	声波时差/(μs/m)	时差变化量/(μs/m)
S7-16	1748.625	1749.375	251.587	9.524
F7-16	1748.500	1749.625	261.111	
S7-16	1786.250	1790.875	256.499	14.991
F7-16	1786.125	1791.000	271.490	
S7-16	1794.625	1800.250	263.439	11.981
F7-16	1795.500	1795.750	275.420	
S7-16	1809.000	1811.625	246.258	27.353
S7-16	1809.250	1810.750	273.611	
F7-16	1817.000	1818.375	242.857	27.977
S7-16	1816.500	1818.000	270.834	
F7-16	1823.125	1833.000	250.362	18.210
S7-16	1823.625	1828.000	268.572	

上述结果表明,水驱之后,储层岩性、物性、电性参数均发生了明显变化。

为探讨水驱前后储层参数间相关关系,对储层参数进行了单值回归,以确定水驱前后储层孔、渗与主要流动喉道半径、半径均值、最小能流动半径、孔喉分选系数、孔喉歪度间最佳相关关系。

(1) 主要流动喉道半径:

水驱前　$\lg R_z = 0.077 + 0.066\phi$ $(r = 0.584)$

　　　　$\lg R_z = 0.388 + 0.413\lg K$ $(r = 0.835)$

水驱后　$\lg R_z = 0.029 + 0.063\phi$ $(r = 0.616)$

　　　　$\lg R_z = 0.298 + 0.369\lg K$ $(r = 0.765)$

(2) 孔喉半径均值:

水驱前　$\lg R_{ave} = -0.509 + 0.079\phi$ $(r = 0.653)$

　　　　$\lg R_{ave} = -0.068 + 0.462\lg K$ $(r = 0.878)$

水驱后　$\lg R_{ave} = -0.38 + 0.066\phi$ $(r = 0.638)$

　　　　$\lg R_{ave} = -0.043 + 0.366\lg K$ $(r = 0.75)$

(3) 最小能流动喉道半径:

水驱前　$\lg R_{min} = -1.344 + 0.099\phi$ $(r = 0.666)$

　　　　$\lg R_{min} = -0.75 + 0.505\lg K$ $(r = 0.875)$

水驱后　$\lg R_{min} = -1.239 + 0.086\phi$ $(r = 0.64)$

　　　　$\lg R_{min} = -0.778 + 0.465\lg K$ $(r = 0.735)$

（4）孔喉分选系数：

水驱前 $\quad \lg S_p = 0.122 + 0.016\phi \ (r = 0.565)$

$\qquad\qquad \lg S_p = 0.224 + 0.092\lg K \ (r = 0.725)$

水驱后 $\quad \lg S_p = 0.168 + 0.013\phi \ (r = 0.503)$

$\qquad\qquad \lg S_p = 0.237 + 0.067\lg K \ (r = 0.571)$

（5）孔喉歪度：

水驱前 $\quad S_{kp} = -1.08 + 0.084\phi \ (r = 0.654)$

$\qquad\qquad S_{kp} = -0.473 + 0.441\lg K \ (r = 0.782)$

水驱后 $\quad S_{kp} = -0.03 + 0.03\phi \ (r = 0.334)$

$\qquad\qquad S_{kp} = -0.03 + 0.03\lg K \ (r = 0.334)$

为了更确切描述其变化规律,采用多元逐步回归分析法,对其进行了规律性总结(表 8-25)。储层孔隙结构与物性参数之间复相关系数均在 0.7 以上,最高可达 0.97。表中尚可看出,储层渗透率与孔隙度、粒度中值相关密切,水驱前其相关系数达 0.97;水驱后,其相关系数为 0.95。

表 8-25 孔隙结构参数与物性参数相关分析表

储 层 参 数			关 系 式	相关系数	绝对误差平均值	相对误差平均值
$K/10^{-3}$ μm^2	<0.2mm	old	$\lg K = 0.5297 + 0.1073\phi + 5.8523 m_d$	0.97	61.02	35.8%
		new	$\lg K = -2.2435 + 0.2272\phi + 1.7968 m_d$	0.95	49.8	35.4%
	>0.2mm	old	$\lg K = -2.24151 + 4.489\phi - 0.0464 V_{sh}$	0.82	366.55	30.6%
		new	$\lg K = 1.1990 + 0.9918\lg\phi + 1.7968 m_d$	0.8	202.2	24.8%
粒度中值/mm		old	$\lg m_d = 0.1391 - 0.9694\lg V_{sh}$	0.84	0.056	27.4%
		new	$\lg m_d = -0.2670 - 0.8547\lg V_{sh}$	0.90	0.04	16.2%
$R_a/\mu m$		old	$\lg R_a = 1.6335 + 0.4232\lg K$	0.883	8.235	29.8%
		new	$\lg R_a = 1.1501 + 0.0122\phi + 0.3344\lg K$	0.878	4.511	23.2%
$R_{min}/\mu m$		old	$\lg R_{min} = 0.7334 + 0.0093\phi + 0.5308\lg K$	0.87	1.739	44.3%
		new	$\lg R_{min} = 0.9315 - 0.0152\phi + 0.3616\lg K$	0.822	0.761	20.9%
S_p		old	$\lg S_p = 0.4333 + 0.0298\phi + 0.0813\lg K$	0.724	0.215	8.1%
		new	$\lg S_p = 0.3561 + 0.0041\phi + 0.0616\lg K$	0.716	0.191	7.9%

2. 水驱前后储层参数神经网络模拟及预测

1）参数选择

（1）注水前

表 8-26 为注水前储层微观孔隙结构参数与孔、渗相关性矩阵表(样品点: 265)。由此表可以看出,注水前,影响孔隙度变化的主要微观因素,按相关性从大

到小依次有:孔喉半径中值(R_{50})、最小能流动半径(R_{min})、孔喉半径均值(R_{ave})、孔喉歪度(S_{kp})、主要孔喉半径(R_a)及孔喉分选系数(S_p),其相关系数均大于 0.5,其余参数对孔隙度变化的贡献较小,相关系数均小于 0.35。

表 8-26　注水前储层微观孔隙结构参数与孔、渗相关性矩阵表

储层参数	φ	lg$K$	lgR_z	lgR_{50}	lgW_e	lgS_p	S_{kp}	lgK_p	R_{ave}
φ	1								
lg$K$	0.71	1							
lgR_z	0.58	0.83	1						
lgR_{50}	0.68	0.87	0.86	1					
lgW_e	0.33	0.35	0.26	0.32	1				
lgS_p	0.56	0.72	0.74	0.75	0.18	1			
S_{kp}	0.65	0.78	0.65	0.88	0.26	0.60	1		
lgK_p	0.19	0.21	0.31	0.28	0.16	−0.09	0.26	1	
lgR_{ave}	0.65	0.88	0.93	0.92	0.29	0.82	0.74	0.17	1
lgR_{min}	0.67	0.87	0.88	0.90	0.26	0.78	0.75	0.13	0.97

而注水前影响渗透性能的主要微观因素,按相关性从大到小依次有:孔喉半径均值、孔喉半径中值、最小能流动半径、主要喉道半径、孔喉歪度、孔喉分选系数,其相关系数均大于 0.70,其余参数对渗透性的贡献较小,相关系数均小于 0.35。由此可见,对孔隙度和渗透率的变化起决定作用的微观孔隙结构参数是相同的。

反映孔喉大小的参数:孔喉半径中值、最小能流动半径、孔喉半径均值、主要喉道半径。

反映孔喉结构的参数:孔喉歪度、孔喉分选系数。

不同之处在于:同一微观孔隙结构参数对孔隙度和绝对渗透率的影响大小不同;以上主要微观孔隙结构参数与渗透率的相关性较与孔隙度的相关性好。

(2) 注水后

表 8-27 为注水后储层微观孔隙结构参数与孔、渗相关性矩性表(样品点数:194)。由此表可以看出,注水后,影响孔隙度变化的主要微观因素,按相关性从大到小依次有:孔喉半径中值、最小能流动半径、孔喉半径均值、主要喉道半径、孔喉分选系数,其相关系数均大于 0.5,其余参数对孔隙度变化的贡献较小,相关系数均小于 0.35。

表 8-27　注水后储层微观孔隙结构参数与孔、渗相关性矩性表

储层参数	ϕ	$\lg K$	$\lg R_z$	$\lg R_{50}$	$\lg W_e$	$\lg S_p$	S_{kp}	$\lg K_p$	R_{ave}
ϕ	1								
$\lg K$	0.63	1							
$\lg R_z$	0.62	0.77	1						
$\lg R_{50}$	0.69	0.66	0.78	1					
$\lg W_e$	−0.35	−0.43	−0.40	−0.48	1				
$\lg S_p$	0.50	0.57	0.71	0.63	−0.21	1			
S_{kp}	0.33	0.41	0.29	0.58	−0.42	0.14	1		
$\lg K_p$	0.11	0.14	0.19	0.27	−0.16	−0.01	0.45	1	
$\lg R_{ave}$	0.64	0.75	0.94	0.81	−0.42	0.70	0.35	0.16	1
$\lg R_{min}$	0.64	0.74	0.82	0.80	−0.40	0.69	0.45	0.09	0.87

　　而注水后影响渗透性能的主要微观因素，按相关性从大到小依次有：主要喉道半径、孔喉半径均值、最小能流动半径、孔喉半径中值、孔喉分选系数，其相关性均大于 0.50，其余参数对渗透性能的贡献较小，相关系数均小于 0.45。

　　因此，注水后对孔隙度和渗透率的变化起决定作用的微观因素可以归纳为：

　　① 反映孔喉大小的参数：孔喉半径中值、主要喉道半径、孔喉半径、最小能流动半径。

　　② 反映孔喉结构的参数：孔喉分选系数。

　　同时可以看出：

　　① 同一微观孔隙结构参数对孔隙度与渗透率的影响大小不同。

　　② 以上主要微观孔隙结构与渗透率的相关性较与孔隙度的相关性好。

　　注水前后对比分析，可以得到以下认识：

　　① 表 8-28、表 8-29 为注水前后孔隙结构参数对孔、渗贡献的对比。

表 8-28　注水前后微观孔隙度结构参数与孔隙度相关性对比表

储层参数		R_{50}	R_{min}	R_{ave}	S_{kp}	R_a	S_p	W_e	K_p
注水前	相关系数	0.68	0.67	0.65	0.65	0.58	0.56	0.33	0.19
	排序	1	2	3	3	4	5	6	7
注水后	相关系数	0.69	0.64	0.64	0.33	0.62	0.50	0.35	0.11
	排序	1	2	2	2	3	4	5	6

表 8-29　注水前后微观孔隙结构参数与渗透率相关性对比表

储层参数		R_{ave}	R_{50}	R_{min}	S_{kp}	R_a	S_p	W_e	K_p
注水前	相关系数	0.88	0.87	0.87	0.78	0.83	0.72	0.35	0.21
	排序	1	2	2	4	3	5	6	7
注水后	相关系数	0.75	0.66	0.74	0.41	0.77	0.57	0.43	0.14
	排序	2	4	3	7	1	5	6	9

注水后,主要喉道半径 R_a 对孔隙度的影响增大,而孔喉半径中值 R_{50}、最小能流动孔喉半径 R_{min}、孔喉半径均值 R_{ave} 对孔隙度的影响基本不变,孔喉歪度 S_{kp} 对孔隙度的影响显著降低,相关系数由 0.65 减小到 0.33。

注水后,主要喉道半径 R_a 变为影响渗透性能的主要因素,孔喉歪度对渗透率的影响显著降低,相关系数由 0.78 减小到 0.41。其余参数的影响基本不变。

孔喉歪度对孔、渗影响显著变低,说明长期注水以后储层孔喉相对变好。

② 注水前后,主要影响孔、渗的微观孔隙结构参数基本不变,注水后仅减少了一项孔喉结构参数:孔喉歪度 S_{kp}。

因此,考虑到本区微观孔隙度结构参数对孔、渗的影响不同,同时为了进行注水前后储层宏、微观参数测井处理成果对比,选取了以下储层宏、微观参数建立测井解释模型。

储层宏观参数:孔隙度、渗透率。

储层微观参数:包括反映孔喉大小及孔喉结构的参数。反映孔喉大小的参数为主要喉道半径、孔喉半径均值(孔喉半径中值与此参数基本相同)、最小能流动半径;反映孔喉结构的参数为孔喉分选系数、孔喉歪度。

2) 储层物性、微观孔隙结构参数神经网络模拟及模拟精度分析

(1) 孔隙度模拟

表 8-30 为水驱前 Ⅴ 油组储层孔隙度神经网络模拟及预测卡片,其结构形式为两个输入层(视泥质含量、声波时差),一个隐含层,每个隐含层有五个神经元,一个输出层(孔隙度),训练因子值为 0.01,最大误差限为 0.09%,通过神经网络模拟及预测,储层孔隙度自检,平均绝对误差为 ±0.85%。

表 8-30　水驱前储层孔隙度网络训练参数文件(PORO. PAR)

输入层个数	2
每个隐层的神经元数目	5
隐层的层数	1
输出层个数	1
训练因子 α	0.01
β	0.001
最大误差限	0.001
训练次数	30000
是否用旧的权系数	0(否)
参加训练的样本个数	121
训练样本文件	5YZPORO. DAT
权系数文件	5YZPORO. WEI
误差分析文件	5YZPORO. ERR
提供数据范围和方式	1(人工)

输入输出数据的最小值与最大值为:

输入层	最小值	最大值
泥质含量(SH)/%	0.0	40.0
声波时差(AC)	200	300
输出层	最小值	最大值
ϕ	5	27

表 8-31 为水驱后 V 油组储层孔隙度神经网络模拟及预测卡片,其结构形式为两个输入层(视泥质含量、声波时差),一个隐含层,每个隐含层有五个神经元,一个输出层(孔隙度),训练因子值为 0.01,最大误差限为 0.09%,通过神经网络模拟及预测,储层孔隙度自检,平均绝对误差为±0.76%。

表 8-31　水驱后储层孔隙度网络训练参数文件(PORN. PAR)

输入层个数	2
每个隐层的神经元数目	5
隐层的层数	1
输出层个数	1
训练因子 α	0.01
β	0.001
最大误差限	0.001
训练次数	3000
是否用旧的权系数	0(否)
参加训练的样本个数	116
训练样本文件	5YZPORN. DAT
权系数文件	5YZPORN. WEI
误差分析文件	5YZPORN. ERR
提供数据范围和方式	1(人工)

输入输出数据的最小值与最大值为：

输入层	最小值	最大值
泥质含量(SH)/%	0.0	40.0
声波时差(AC)	200	300
输出层	最小值	最大值
ϕ	5	27

（2）渗透率神经网络模拟

表 8-32 为水驱前 V 油组储层渗透率神经网络模拟及预测卡片，其结构形式为三个输入层（孔隙度、视泥质含量、粒度中值），一个隐含层，每个隐含层有五个神经元，一个输出层（渗透率的对数），训练因子值为 0.01，最大误差限为 0.09%，通过神经网络模拟及预测，储层渗透率自检，平均相对误差为±30.3%。

表 8-32　水驱前储层渗透率网络训练参数文件(PERMO. PAR)

输入层个数	3
每个隐层的神经元数目	5
隐层的层数	1
输出层个数	1
训练因子 α	0.01
β	0.001
最大误差限	0.001
训练次数	30000
是否用旧的权系数	0(否)
参加训练的样本个数	100
训练样本文件	5YZPERMO. DAT
权系数文件	5YZPERMO. WEI
误差分析文件	5YZPERMO. ERR
提供数据范围和方式	1(人工)

输入输出数据的最小值与最大值为：

输入层	最小值	最大值
泥质含量(SH)/%	0.0	40.0
粒度中值 MD/m	0.06	0.4
孔隙度 POR/%	5	27
输出层	最小值	最大值
$\lg K$	0	4

　　表 8-33 为水驱后 V 油组储层渗透率神经网络模拟及预测卡片,其结构形式为两个输入层(孔隙度、视泥质含量),一个隐含层,每个隐含层有五个神经元,一个输出层(渗透率的对数),训练因子值为 0.01,最大误差限为 ±0.09%,通过神经网络模拟及预测,储层渗透率自检,平均相对误差为 ±34.8%。

表 8-33　水驱后储层渗透率网络训练参数文件(PERMN. PAR)

输入层个数	2
每个隐层的神经元数目	5
隐层的层数	1
输出层个数	1
训练因子 α	0.01
β	0.001
最大误差限	0.001
训练次数	30000
是否用旧的权系数	0(否)
参加训练的样本个数	100
训练样本文件	5YZPERMN. DAT
权系数文件	5YZPERMN. WEI
误差分析文件	5YZPERMN. ERR
提供数据范围和方式	1(人工)

输入输出数据的最小值与最大值为:

输入层	最小值	最大值
泥质含量 SH/%	0.0	20.0
孔隙度 POR/%	5	27
输出层	最小值	最大值
$\lg K$	0	4

(3) 储层微观孔隙结构参数神经网络模拟

　　水驱前后 V 油组储层微观孔隙结构参数神经网络模拟及预测卡片,其结构形式均为两个输入层(孔隙度、渗透率对数),一个隐含层,每个隐含层有五个神经元,一个输出层(孔隙结构参数),训练因子值为 0.01,最大误差限为 0.09%。

　　通过神经网络模拟及预测,各微观参数自检精度如下:

　　水驱前主要喉道半径平均相对误差为 ±19.1%,水驱后主要喉道半径平均相对误差为 ±17.1%。

　　水驱前孔喉半径均值平均相对误差为 ±24.8%,水驱后孔喉半径均值平均相对误差为±12.5%。

水驱前最小能流动半径平均相对误差为±26.3%,水驱后平均相对误差为±18.8%。

水驱前孔喉歪度平均相对误差为±25.5%,水驱后平均相对误差为±26.2%。

水驱前孔喉分选系数平均相对误差为±4.0%,水驱后平均相对误差为±3.6%。

此外,我们还模拟了双河油田北块Ⅳ油组水淹前后储层参数,结果表明,水淹前双河油田北块Ⅳ油组储层孔隙度神经网络模拟及预测卡片,其结构形式为两个输入层(视泥质含量、声波时差),一个隐含层,每个隐含层有五个神经元,一个输出层(孔隙度),训练因子值为0.01,最大误差限为0.09%,通过神经网络模拟及预测,储层孔隙度自检,平均绝对误差为±0.95%。

水淹后Ⅳ油组储层孔隙度神经网络模拟及预测卡片,其结构形式为两个输入层(视泥质含量、声波时差),一个隐含层,每个隐含层有五个神经元,一个输出层(孔隙度),训练因子值为0.01,最大误差限为0.09%,通过神经网络模拟及预测,储层孔隙度自检,平均绝对误差为±1.06%。水淹前Ⅳ油组储层渗透率神经网络模拟及预测卡片,其结构形式为两个输入层(孔隙度、视泥质含量),两个隐含层,每个隐含层有五个神经元,一个输出层(渗透率的对数),训练因子值为0.01,最大误差限为0.09%,通过神经网络模拟及预测,储层渗透率自检,平均相对误差为±14.67%。水淹后Ⅳ油组储层渗透率神经网络模拟及预测卡片,其结构形式为两个输入层(孔隙度、视泥质含量),两个隐含层,每个隐含层有五个神经元,一个输出层(渗透率的对数),训练因子值为0.01,最大误差限为±0.09%,通过神经网络模拟及预测,储层渗透率自检,平均相对误差为±14.37%。

水淹前后Ⅳ油组储层微观孔隙结构参数神经网络模拟及预测卡片,其结构形式均为两个输入层(孔隙度、渗透率对数),一个隐含层,每个隐含层有五个神经元,一个输出层(孔隙结构参数),训练因子值为0.01,最大误差限为0.09%。

通过神经网络模拟及预测,各微观参数自检精度如下:

水淹前最大喉道半径平均相对误差为±8.63%,水淹后平均相对误差为±9.51%。水淹前孔喉平均半径平均相对误差为±12.43%,水淹后平均相对误差为±8.86%。水淹前孔喉中值半径平均相对误差为±11.20%,水淹后平均相对误差为±10.86%。水淹前孔喉分选系数平均相对误差为±6.60%,水淹后平均相对误差为±7.54%。由精度分析可知,微观渗流参数自检精度较高。

四、储层参数变化规律研究

仅依据几口关键井,反映不了整个油藏储层参数的变化,只有建筑在水驱前后所有取心井、对子井、多井数字处理基础上,才会对油藏内开发过程中的储层参数变化有个整体的认识。以双河油田为例,研究中,可进行相似结构分析、对子井对比分析、密闭取心井分析、油水井对比分析、动态资料分析等。

（一）相似结构分析

采用精细描述方法,对双河北块、江河地区按储层岩性、相带类型相似的原则进行未(弱)水淹层与强水淹层储层参数变化规律研究。

1. 双河北块地区

河道砂体:砾状砂水冲刷后,孔隙度基本不变,渗透率由水驱前的 $0.9625\mu m^2$ 增加为 $0.9874\mu m^2$,增加了 2.5%;中、细砂岩类物性变差,渗透率由水驱前的 $0.429\mu m^2$ 减小为 $0.2258\mu m^2$,减小了 47.4%。R_d 由 $24.42\mu m$ 减小到 $19.84\mu m$,减小了 $4.58\mu m$,减小幅度为 18.76%。

前缘砂体:含砾砂岩物性变差,细砂岩中渗中孔中喉类储层物性和孔隙结构趋于变好,但低渗中孔细喉细砂岩,物性和孔隙结构变差。

席状砂体:砾状砂中渗中孔中喉类物性孔隙结构均变好,细砂岩中渗中孔中喉类物性增大。

2. 江河地区

前缘砂体:砾状砂物性变好,渗透率由初期的 $0.3087\mu m^2$ 增大了 $0.1965\mu m^2$,增幅 63.65%;喉道综合增大 $2.81\mu m$,增幅 15.30%,大于 $16\mu m$ 孔隙百分数增大 7.75%,渗透率贡献值百分数增大 27.19%。而细砂物性变差,K 下降 $0.0273\mu m^2$,减幅 80%,细小喉道增加 24.87%,可见前缘砂粗粒均匀型储层趋于物性和孔隙结构单调变好。而细粉砂岩孔道略有增大,但小孔喉增多,渗透率贡献值大于 $16\mu m$ 孔喉降低到 7.32%。

席状砂体特征:以粗砂为例,后期样品物性变差,渗透率下降 $0.6702\mu m^2$,减幅 94.31%,喉道综合增大 $3.39\mu m$,增幅 69.61%(其中 R_z 减小 $9.84\mu m$,减幅 35.65%,R_{50} 增大 $5.85\mu m$,增幅 165.72%);而细砂物性变差,K 下降 $0.2444\mu m^2$,减幅 52.80%,喉道综合增大 $1.10\mu m$,增幅 14.16%(其中 R_a 增大 $0.59\mu m$,增幅 3.32%,R_{50} 增大 $0.74\mu m$,增幅 14.34%),孔隙减小,渗透率贡献值百分数增大 5.56%。

（二）对子井对比分析

为研究未(弱)-强淹油层物性和孔隙结构变化特征,共选用 2 组对比井(其中 S5-131 与 F5-131 重点研究 V 油组,S11-16 与 F11-16 重点研究 VI 油组),以老井代表未(弱)淹油层,新井代表强淹油层,其特征如下。

（1）前缘砂:粗砂物性及孔隙结构变好,渗透率由大孔道提供。细砂层虽物性变好,但孔隙和喉道的异向变化增大了孔喉比,流体运移受阻,且小孔喉增多,渗透率贡献值主要由小于 $10\mu m$ 孔道提供。

(2)席状砂:粗砂层虽物性好但只是细喉道增大,造成大于 $16\mu m$ 孔提供渗透率贡献值减幅 26.66%,而由较初期小的孔喉提供渗透率;细粉砂趋于孔隙结构变好(水井附近),提供渗透率的大孔道增多,由初期大一级别的孔喉分布区间的孔喉提供渗透率。

(3)相同层位老井粒间孔内杂基较多,新井粒间孔内干净,溶孔发育。

(三)密闭取心井分析

根据近几年双河油田密闭取心井及水淹样品分布情况,挑选出检 5、F5-12、检 6、H401 井进行同层系同岩类水洗程度对比分析,结果表明,水淹后,除 H401 细砂为物性变好,孔隙喉道变差外,其余各类无论粗粒或细粒砂孔隙结构强淹层较未(弱)淹层有较大的变化,趋于物性和孔隙结构变好,流动孔喉增大。

(四)油水井对比分析

检 5 井和 F5-12 井均为江河地区高含水后期密闭取心井,检 5 井为油井,而 F5-12 为注水井。研究表明,水井附近由于受到水的长期冲刷,表现出较强的冲刷溶蚀痕迹。F5-12 井(包括 F5-131 和 F7-16 井)溶蚀作用强,溶孔(包括特大溶孔)发育,颗粒边缘港湾状和锯齿状,粒间孔内干净且三维连通性增强,因而物性变好;检 5 井处(H401 井)油区附近,受水冲刷程度弱,局部地区胶结致密,差异溶解作用较强,三维连通较差。对比两井同层位、同相带、同岩性单元体,表明水井附近油层平均渗透率比油井处增大 7 倍,喉道平均增大 2.38 倍,孔隙平均增大 1.7 倍,但孔喉分选(微孔增多)和均匀程度差,导致孔喉两极分化严重。

(五)动态资料分析

由吸水剖面进一步研究结果表明:双河细粉砂岩变好的占 54.03%,变差的占 29.83%,两类合占储层的 83.86%;中粗以上砂岩油层变好的占 61.47%,变差的占 28.40%,两类合占总储层的 89.87%。由静态特征和动态测试资料研究可知,主力层系各岩类比非主力层系物性及孔隙结构参数变化幅度大,而主力层系间变化幅度也有差异,由江河吸水剖面变化对比图和单井评价图综合可知,江河 V 油组,渗透率大于 $1\mu m^2$ 的高渗层目前吸水能力仍然好,岩性按吸水强度从高到低依次为:中粗砂岩—含砾砂岩—细砂岩(前缘砂也遵循此岩性变化规律);细砂岩 V6、V8 吸水能力较 V1、V7 好,V7 层系细砂岩吸水能力最差;含砾砂岩吸水能力中等,中粗以上砂岩吸水能力最好,因此不同的岩性在主力层系之间吸水强度变化幅度大。Ⅶ2 层系细砂和含砾砂岩吸水能力较Ⅶ3 好,整个江河地区目前仍是高渗中粗砂岩类吸水能力最好,中低渗和其他岩类变化交错无明显差别。由吸水剖面变化对比图还可知下二门地区也是中粗砂岩目前吸水能力最好,吸水能力呈直线上升趋势,变化幅度很大,由此可见高渗层和中粗砂岩层系是大孔道分布较多的地带,且下二门中粗砂岩大孔道分布较双河更广泛,水驱中舌进、窜流更加明显,非均质性更强。

由 19 口连续 3～5 年压力测试资料研究可知,双河 12 口油井,K 增大的 5 口井占 41.67%(J8-135、J2113、J6-147、5-8071、J459 井),变差的 5 口井占 41.67%(T10-158、8-177、9-15、观 21、观 13 等井),变化不明显或无规律占 18.66%,Ⅶ、Ⅷ油组油井变差的幅度大。下二门 7 口压力测试油井,其中渗透率大的为 6 口井,占 85.71%,变差的 1 口井占 14.29%,变好的油层主要是 H₂Ⅲ、H₃Ⅰ 等主力油层,同种测试结果表明下二门油井渗透率比双河油井渗透率大得多且变化幅度均下降,出现一个急剧峰值,可能与油层水窜严重以及出砂等堵喉现象越来越严重有关,调剖难度很大。

不同分析方法表明,注水开发前后储层物性和孔隙结构都发生了巨大的变化,有变好和变差两种趋势,其中好的比值占 60% 左右,变差的比值小于 30%,变好的是变差储层的 2 倍,说明经过注水开发,大多数(特别是粗粒极)储层孔隙结构朝好的方向发展。

五、井间分形预测

通过分析认为用变异函数、频谱方法和多重分形所算出的分形维数比较符合客观实际。因此,研究中主要利用变异函数、频谱方法计算分数维。首先对要插值的井的测井曲线进行分形特征分析,如果两口井略有差别可以取其平均值;其次分别求出测井参数或油藏属性参数的分布场。

在对储层进行研究中,按不同的沉积单元(如亚相、小层、单砂体)来划分无标度区,即将储层中有比较明显差异的部分划分为不同的标度区,分别求它们的维数。

研究中,把单层作为分形的无标度区。在同一个单层中,其油藏参数分布具有一定的相似性。因此,在分形分析和井间预测中,分形所研究的最小单元是单层。

根据单井储层参数分布特征,应用分形几何技术可以有效地进行井间储层参数预测。由 T459 井和 B24 井Ⅳ¹ 单层储层渗流参数的井间模型可以看出,由 B24 井向 T459 井方向,高孔、高渗发育段减少,泥质含量变化不大,而最大孔喉半径、均值半径和中值半径发育段均减少,表明由 B24 井向 T459 井方向,储层孔渗性变差,微观孔喉变小。由于 B24 井为一老井,T459 井为一新井,从而又可说明,由 B24 井向 T459 井储层孔渗性变差与 T459 井水淹有关。

分析 J6 井和 H411 井 IV_4^{1-1} 单层储层渗流参数的井间模型可以看出，由 J6 井向 H411 井方向，高孔、高渗发育段具有减少的趋势，最大孔喉半径、均值半径、中值半径发育段具有减少的趋势，表明由 J6 井向 H411 井方向，储层孔渗性稍微变差，微观孔喉稍微变小。

上述结果表明，利用井间分形技术，可有效地预测井间储层参数水驱前后的变化规律。

六、储层参数平面变化规律研究

要想研究开发过程中油藏参数的变化，就必须作出注水前及目前油藏参数平面分布图，且需保持工区面积、网格结点数一致。

分析双河北块 $\text{IV}1$ 小层利用克里金分析技术作出的水淹前后油藏参数确定性模型，可以看出，水淹前，孔隙度基本沿 S401—S4105—S416—B24 一线及 S3-16—B37 一线呈高值分布；水淹后，原孔隙度高值区仍是高值区，但在扇外缘及内缘高孔隙度分布区，水淹后，孔隙度略有增加，增加幅度为 1%～1.5%左右。

水淹后，除在 H429—H413—T455 井区渗透率、孔喉半径略有增大外，大部分地区均呈递减趋势。储层最大连通喉道半径呈减小的趋势，只是在 H429 井区附近具有明显增加的趋势。中值半径、平均孔喉半径也具有以上类似的变化规律。

从表 8-34 中可以看出，与扇外缘和扇内缘相比，扇前缘砂粒度细，颗粒分选好，其孔渗性好，但孔喉半径小。

表 8-34　不同微相水淹前后储层参数变化对比表

沉积微相		$\phi/\%$	$K/10^{-3}\mu m^2$	$R_d/\mu m$	$R_z/\mu m$	$R_{50}/\mu m$
扇前缘	水淹前	19.45	830	24.2	9.9	5.6
	水淹后	20.16	352	19.0	8.3	4.9
扇外缘	水淹前	18.23	682	26.0	11.2	5.5
	水淹后	18.79	475	23.2	10.1	5.2
扇内缘	水淹前	16.94	560	26.6	11.6	5.1
	水淹后	17.70	390	21.3	9.1	4.5

扇前缘砂体水淹后，孔隙度略有增加，渗透率减小，减小幅度在 50%左右。最大孔喉半径减小 21.4%，平均孔喉半径减小 16.2%，中值半径减小 12.1%。

扇外缘砂体以粗砂岩、含砾粗砂岩为主，分选中等。水淹后，孔隙度平均增大 0.56%，渗透率减小 30.3%，最大连通孔喉半径减小 10.76%，平均喉道半径减小 39.8%，中值半径减小 6%。

扇内缘砂体以砾状砂岩为主，粒度粗，分选差。水淹后，孔隙度平均增大 0.76%，渗透率减小 30.5%，最大连通孔喉半径减小 20%，平均喉道半径减小

21.2%,中值半径减小11.8%。

而靠近砂岩尖灭线处即扇端处,水淹前后储层参数基本不变。

研究认为,无论扇外缘,还是扇内缘,水淹后,储层参数在垂直流向上的变化梯度小于顺流向的变化梯度。扇外缘,垂直流向上,水淹后,孔隙度增加0.45%,渗透率减小22.6%;而在顺流向上,孔隙度增加约2.5%,渗透率减小48.6%。扇内缘,垂直流向上,水淹后,孔隙度增加1.05%,渗透率减小10.1%;而在顺流向上,孔隙度增加约1.6%,渗透率减小52.9%。

此外,通过对大港、胜利等老油田储层研究认为,开发中后期储层由于受到长期水冲刷或水淹作用,导致储层参数发生了很大变化。弄清储层参数变化,将有助于进行研究区储层剩余油分布预测。

第九章 油气水层识别及其预测

油气水层识别及其预测是油气藏地质研究最为关注的问题之一。解决此类问题通常可通过地震信息、测井信息、录井信息、生产动态信息进行。油藏评价阶段主要通过地震、测井信息进行油气水层识别,开发阶段则主要通过测井及生产测试资料及井间地震、四维地震信息进行研究。油气水层识别及其分布预测,通常主要包括三方面的含义,一是确定储层所产流体性质,二是评价油气层的质量,三是预测不同规模储层油气在平面乃至空间的分布。

如何判断储层内所含流体的性质,显然是测、录井分析首先面临的问题;评价油气层的质量可通过岩心、测井、录井等信息来确定。长期以来,储层内含油气饱和度的大小,常被认为是识别和判断油气层质量和丰度的主要尺度,甚至是唯一的标准。这种认识的产生,来自于日常生活中人们对宏观流动的观察,是由于用一般流动替代地下油气渗流而产生的错误概念。实际上,油气的质量即产流体的能力主要取决于油气水在地层孔隙内部的相对流动能力,因此,对油气层的质量评价取决于对产层的物性分析及含油气丰度——饱和度的分析。由此,利用岩心、测井、录井、测试等资料识别评价油气层的基本方法和途径主要为不同性质油气水层的识别,储层含水饱和度研究及其与束缚水饱和度关系分析,利用测井资料计算产层的相对渗透率与产水率,定量表征储层的产液性质及产液能力。

关于油气层分布预测,则主要利用多井测井解释成果、地震信息预测成果,结合成藏特点与规律,将井点信息延展到平面乃至三维空间。

在此主要阐述如何利用常规录井信息、测井信息识别、评价油气水层,利用地震信息通过波形差异分析进行含气层、高产气层预测。

第一节 录井信息识别评价不同性质油气层

在油气评价的过程中,对于不同的地区甚至同一地区不同层位,由于油源、油质的不同,以及录井环境的差异,油气显示的特征也会有所差异,因此,在进行油气水综合解释时,需要利用对各种方法和手段进行综合分析、判断,而不是仅仅局限于某一种方法。

目前国内外使用的录井方法很多,每一种方法都有其不同的侧重点,也有其局限性。因此,使用哪几种方法,需要结合所使用的地区的地质、钻井情况和要解决的主要问题来选择。目前,用于油气层识别评价的录井方法大致如下:

（1）常规录井（钻时、岩屑、岩芯、荧光、钻井液）评价技术：所获取的是最基础、最直观的第一手资料，通过这些资料，可以初步了解地层的含油气情况以及进行简单的储层岩性、物性判断。

（2）钻井液录井：对出口钻井液参数（密度、电导、温度等）的变化进行连续录取。储层中不同的流体对钻井液的影响不同，通常情况下，钻遇水层时，会导致钻井液密度下降、电导率上升，而钻遇油气层时，会导致钻井液密度下降、电导率下降。据此可以判断油层和水层。

（3）荧光定量分析评价技术（QFT）：利用一种不发荧光的溶剂把原油从岩样中提取出来，这种过滤后的抽提物（即石油）的荧光强度可使用装有滤波器的荧光检测仪来定量测定。可以排除矿物发光并能检测到轻质油，实现了荧光录井的定量化，是判别油层的一种可靠且准确的手段。

（4）气测录井评价技术：利用气相色谱仪直接测定出口钻井液中烃类气体含量，并根据烃类气体含量的不同变化来确定地下流体性质的一种测量方法。

气测解释方法就是通过统计学及相关分析等方法对轻重烃的某种比值关系进行分析，寻找出特定的烃比值之间某些规律性的变化特征。目前常用的解释方法有皮克斯勒（Pixler）烃比值法、三角形图版法、双对数法、气体评价法、轻烃比率法等。根据录井显示和试油资料，建立相应的图版，从而判别、评价储层流体性质。这些方法各有偏重和局限，其评价特点如表 9-1。

表 9-1　各种气测解释方法解释特点

评价方法	评价内容	评价特点
皮克斯勒烃比值法	C_1/C_2、C_1/C_3、C_1/C_4 和 C_1/C_5	快速、简单判别油气层，对水、干层没有判断
三角形图版法	$C_2/\sum C$、$C_3/\sum C$、$C_4/\sum C$	判断油气相对含量，取点不连续，解释片面
双对数法	$\log C_1/\log(C_2+C_3+C_4+C_5)$ $\log C_1/\log C_2$	判断油、水层，对气层没区别
气体评价法	C_2/C_1 与 C_3/C_1	定性、半定性判断油气性质，易受钻井液影响
轻烃比率法	烃湿度（WH）、烃平衡（BH）和烃特征（CH）	对油质轻重、气体干湿的渐变过程给出了较为明确、直观的描述，取点连续，但对水层没有判断

（5）储层热解分析录井评价技术：利用程序升温热蒸馏的原理，对岩石样品进行高温热裂解，从而分析出岩石中含烃量（S_0、S_1、S_2 和 S_4）的一种地球化学录井方法。经过多年的研究、应用，建立了一套成熟的、适合大区域储层地球化学录井评价方法，建立了分区、分层及分组的解释图版，划分出了有效的油水层解释区间（表 9-2、表 9-3）。

表 9-2　　XX 地地球化学解释原则及解释区间

序号	图版名称	坐标	油层	油水同层	水层	干层
1	轻/重比 $(S_0+S_1)/S_2$，	Y	＞0.56	0.56～0.27	0.27～0.14	＜0.14
	轻/总比 $(S_0+S_1)/S_t$	X	＞1.25	1.25～0.38	0.38～0.16	＜0.16
2	轻/重组分比 S_1/S_2，	Y	＞0.6	0.6～0.18	0.18～0.06	＜0.06
	油产率 OPI(%)	X	＞38	38～16.6	16.6～5	＜5

表 9-3　　XX 地腹部 S_2/S_1—$S_2×100/S_t$ 图版解释原则及解释区间

参数名	油层、油水同层、含油层	气层、水层、干层
S_2/S_1	0.1～1.7	＞1.7 或＜0.1
$S_2×100/S_t$	12～60	＞60 或＜12

注：S_0—分析样品中轻烃含量；S_1—分析样品中重烃含量；S_2—分析样品中热解烃含量。

（6）罐顶气分析评价技术：利用随钻采集的钻井液样品，将反映地下储层性质的钻井液脱离气经特殊处理后导入色谱仪进行详细的轻组分分析（图 9-1），主要根据地层中油气水层显示在烃组分含量上的差异对储层流体性质做出定性的判别。

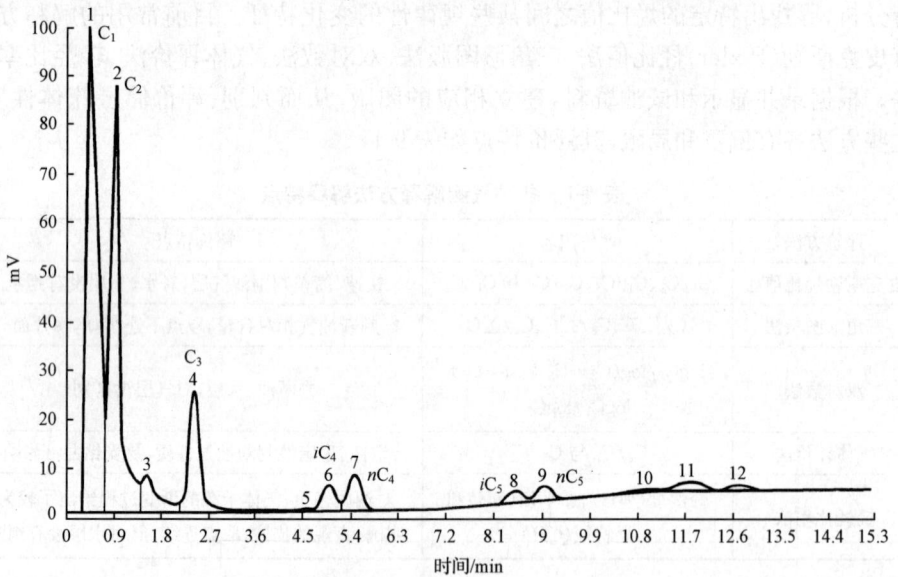

图 9-1　罐顶气原图

利用罐顶气分析评价技术可有效划分储层中异常显示段，并对异常显示层的流体性质进行定性评价。

一、不同性质油气层气测录井识别评价

由于气测所受影响因素太多，既有地质的因素，也有非地质的因素，以致气测解释精度很难提高,而且,由于气测信息的多变,使气测解释缺乏统一的标准,为解决此问题,可从实验室分析资料出发,以实验室的气分析资料为刻度标准,建立气测解释理论图版。

传统上,工程人员总希望全盆地有统一的解释图版,实际上,不同的地区,不同构造背景,不同油气来源,油气中轻烃的组成及组分含量并不相同,若将其硬性地放在一起讨论研究,势必掩盖了其间的非均质性。我们以塔里木盆地为例,分别作出了包括油层、水层、含水油层、含气水层、低产油层、低产气层、气层、油气层、凝析气层等的包括 CO_2、N_2、C_1、C_2、C_3、iC_4、nC_4、iC_5、nC_5 及其派生指标28项的频率直方图近 300 种,结果表明,不同地区、不同性质油气层,各项指标分布特征不同(表 9-4)。

表 9-4　塔里木盆地不同地区不同类型储层气分析组分比例分布统计表

组分比例	地区	储层类型	最小值	25%分位数	中值	75%分位数	最大值
C_1/C_2			6.3	9.8	20.7	28	64
C_1/C_3		油层	4.5	12.6	27.6	39	59
C_1/C_4			5.8	11.4	25.8	37	145
C_1/C_5			9.6	24.6	49.8	94	199
C_1/C_2			10.1	13.6	47.1	50	55
C_1/C_3		油气层	15.0	24.0	124.0	178	234
C_1/C_4			20.0	27.7	246.7	263	382
C_1/C_5			30.0	64.7	295.0	350	850
C_1/C_2			11.1	13.5	19.4	27	59
C_1/C_3		凝析气层	23.5	28.0	45.0	100	162
C_1/C_4			32.0	40.0	94.0	178	214
C_1/C_5	塔中		47.0	73.0	250.0	375	611
C_1/C_2			4.3	16.6	23.8	52	80
C_1/C_3		气层	6.7	21.9	33.0	118	228
C_1/C_4			7.7	27.4	41.5	198	456
C_1/C_5			20.0	60.0	146.0	534	2167
C_1/C_2			6.0	13.0	19.0	38	57
C_1/C_3		油水同层	4.2	10.2	22.3	85	183
C_1/C_4			5.0	8.0	11.7	36	96
C_1/C_5			8.0	12.0	15.0	41	105
C_1/C_2			0.1	9.7	30.7	36	200
C_1/C_3		水层	0.1	13.1	57.6	131	728
C_1/C_4			0.1	17.2	183.0	310	1233
C_1/C_5			0.1	150.0	236.0	800	5000

组分比例	地区	储层类型	最小值	25%分位数	中值	75%分位数	最大值
C_1/C_2			8.8	13.3	17.9	22	42
C_1/C_3		油层	10.3	17.7	23.0	45	94
C_1/C_4			16.3	23.1	31.2	68	196
C_1/C_5			36.6	57.6	75.6	177	872
C_1/C_2			17.2	27.3	42.0	52	194
C_1/C_3		油气层	23.7	57.2	77.0	101	332
C_1/C_4			38.1	100.0	162.6	190	395
C_1/C_5			180.0	253.0	491.0	721	1100
C_1/C_2			6.4	15.0	35.7	64	107
C_1/C_3		凝析气层	11.9	29.1	80.1	187	270
C_1/C_4			38.4	83.0	230.0	536	839
C_1/C_5	轮南		70.0	360.0	872.0	2351	5931
C_1/C_2			6.6	20.7	117.7	174	255
C_1/C_3		气层	7.1	30.7	267.0	340	461
C_1/C_4			7.0	80.0	414.0	605	820
C_1/C_5			14.0	162.0	680.0	1166	2353
C_1/C_2			9.7	13.6	26.6	30	41
C_1/C_3		油水同层	10.4	21.7	41.1	58	75
C_1/C_4			11.8	28.3	61.3	90	120
C_1/C_5			21.5	58.6	142.3	26	350
C_1/C_2			0.01	0.03	0.1	0.23	2
C_1/C_3		水层	2.30	7.0	25.17	77	300
C_1/C_4			2.00	7.5	34.5	120	460
C_1/C_5			3.00	8.5	39.0	160	580
C_1/C_2			3.3	5.3	10.8	16	32
C_1/C_3		油层	3.4	7.7	18.3	67	115
C_1/C_4			4.1	14.3	34.4	173	309
C_1/C_5	英买		12.0	61.9	440.0	830	1260
C_1/C_2			4.8	10.6	14.8	17	28
C_1/C_3		凝析气层	14.7	40.4	64.3	79	131
C_1/C_4			33.2	86.3	143.8	790	361
C_1/C_5			74.3	187.0	421.1	726	1120

续表

组分比例	地区	储层类型	最小值	25%分位数	中值	75%分位数	最大值
C_1/C_2			1.7	10.1	12.2	15	80
C_1/C_3		油层	1.3	20.5	40.5	54	166
C_1/C_4			2.0	32.2	84.8	111	200
C_1/C_5			10.0	37.8	217.8	294	611
C_1/C_2			3.5	4.8	9.3	12	16
C_1/C_3		油气层	5.2	16.5	31.7	38	59
C_1/C_4			10.1	43.7	80.8	112	253
C_1/C_5			36.5	166.0	370.0	477	800
C_1/C_2	牙哈		8.0	10.3	12.8	14	19
C_1/C_3		油水同层	16.0	23.5	30.3	37	79
C_1/C_4			36.0	44.7	53.0	77	214
C_1/C_5			40.8	76.8	137.0	226	758
C_1/C_2			2.3	5.9	10.9	12	22
C_1/C_3		凝析气层	15.0	23.0	35.3	41	65
C_1/C_4			41.0	63.4	87.4	119	172
C_1/C_5			80.0	147.0	250.0	433	771
C_1/C_2			2.2	6.6	11.8	21	35
C_1/C_3		水层	7.2	21.4	44.6	107	200
C_1/C_4			20.0	87.0	161.0	670	1200
C_1/C_5			6.7	29.0	57.7	288	646

可以看出,不同地区、不同油气类型,其气体组分相对含量不尽相同,因此,在全盆地范围内建立统一的气测解释图版是不可能的,只有分区,甚至分层系建立气测解释图版,才能从根本上揭示不同性质油气层的本质区别及内在的联系。以塔中地区为例,我们采用了交会图法,Pixler烃比值法,三角图版法,烃湿度比、均衡比与品质比解释法,数学地质方法(包括主因子分析法、多元判别分析法、神经网络判识法等)。

(一)交会图法

通过主因子分析,认为甲烷、重烃、非烃、C_1/C_2、C_1/C_3、C_1/C_4、WH、BH、CH等参数最能反映塔中地区的油层、油水层、水层。

(二)Pixler烃比值法

表9-5为塔中地区不同性质油气层 C_1/C_2、C_1/C_3、C_1/C_4、C_1/C_5 频率分布特征,这是通过地质统计分析获得的其最小值,概率为 25%、50%、75% 所对应数值

及最大值,依据这些数据,可做出油层、油气层、气层、凝析气层、油水层、水层的Pixler烃比值图版。整个图版可划分为非产区、产气区、油、气共产区、产油区。产油区还可进一步细分为纯气区(产气层概率为90%以上)、主要产气区(产气层概率为75%以上)、纯油区(产油层概率90%以上)、主要产油区(产油层概率为75%以上)。研究还发现,在塔中地区,利用Pixler法解释图版,不能将水层、干层与油、气层截然分开。

表 9-5　塔中地区不同产液类型储层气测组分比例分布统计

储层类型	参数	最小值	25%分位数	中值	75%分位数	最大值
油层	C_1/C_2	0.2	5.6	7.3	9.0	13.0
	C_1/C_3	1.5	6.3	10.4	15.0	30.0
	C_1/C_4	1.9	6.5	11.8	16.6	30.6
	C_1/C_5	2.4	12.11	33.5	48.0	97.2
低产油层	C_1/C_2	11.8	19.5	21.5	23.8	28.1
	C_1/C_3	68.6	34.1	47.4	62.7	70.0
	C_1/C_4	57.9	70.7	12.0	166.8	227.0
	C_1/C_5	63.1	20.0	51.5	64.8	69.0
油气层	C_1/C_2	38.6	52.6	64.8	71.5	89.5
	C_1/C_3	68.9	142.0	190.6	254.1	447.4
	C_1/C_4	59.7	90.6	120.0	151.2	275.0
	C_1/C_5	63.1	100.0	228.9	383.1	610.0
油水同层	C_1/C_2	2.4	8.3	12.0	12.9	30.0
	C_1/C_3	4.4	11.9	20.2	22.1	56.7
	C_1/C_4	4.1	10.2	18.8	29.3	80.0
	C_1/C_5	—	—	—	—	—

（三）三角图版比值法

气测解释根据内三角形的正与倒、大和小及内三角形中点的位置作出。用几何学的方法不难证明,内三角形的边长等于外三角形的边长减去($C_2/\sum C+C_3/\sum C+C_4/\sum C$)之和。当这个差值为正时,内三角形顶点朝上,即为正三角形;当这个值为负值时,内三角形为倒三角形,负值的绝对值为内三角形的边长,如果该负数的绝对值超过了外三角形的边长可称其为超大三角形。

目前,进行三角图制作时,国内外普遍使用边长刻度为17%或20%。假定边长刻度为17%,$M=(C_2+C_3+C_4)/\sum C$,沿用三角图版传统的解释观念,内三角形

边长小于外三角形边长 1/4 时,称内三角形为小三角形,当内三角形边长大于外三
角形边长的 3/4 且小于外三角形边长时称内三角形为大三角形,介于大小三角形之
间为中三角形,大于大三角形的称超大倒三角形,其中 M 值与内三角形的关系
如下:

$M>60\%$	超大三角形
$M=60\%\sim34\%$	大倒三角形
$M=34\%\sim29.75\%$	中倒三角形
$M=29.75\%\sim21.75\%$	小倒三角形
$M=17\%\sim12.75\%$	小正三角形
$M=12.75\%$	中正三角形
$M=0\sim4.25\%$	大正三角形

分析油水层系列 C_1-M 交会可以看出,在该系列中,当 M 为 0~7.0% 或 M
大于 35% 时,也即当内三角形为大正三角形或大倒、超大三角形时,水层、含油水
层所占概率可达 80% 以上,当 M 介于 7%~35% 之间时,也即内三角为小正三角
形至大倒三角形时,其油层所占概率为 70%,水层占 19%,油水同层占 11%。

（四）神经网络判识法

通过交会分析及主因子分析,表明塔中地区与油气层性质相关的气测数据主
要包括 C_1、M、C_2-C_3、WH、BH、CH、重烃、非烃、C_1/C_2、C_1/C_3、C_1/C_4 等参数。
其中任何一个参数都从某一方面反映了油气水层性质,为了高精度地识别油气水
层,我们依据这些参数及塔中地区试油资料,组成了用于塔中地区油气水层神经网
络模拟及识别的学习样本。统计表明,通过充分考虑多参数影响,油气水层综合正
判率可达 89%,这是其他任何方法(包括 Pixler 烃比值法、交会图法、三角图版法
等)所不能比拟的。

二、不同性质油气层定量荧光录井识别与评价

荧光录井技术是现场发现油气层、评价油气性质的一种重要技术手段,它是在
常规肉眼观察荧光的基础上逐步发展起来的。常规肉眼观察荧光录井技术由伯因
斯和斯特奥贝尔(1893)首先提出,但一直到 20 世纪 80 年代中期才由美国德士古
公司(Texaco)与著名的分析仪器厂家特纳公司联合,通过便携式荧光仪来检测岩
屑及岩心内的石油含量,解决了荧光定量检测问题,从而形成了有别于以往所用的
肉眼观察荧光的方法——定量荧光技术(quantitative fluorescence technique)。

20 世纪 80 年代中叶,美国 Texas 农工大学海洋系 Brooks 教授等在同步荧光
基础上,发展了三维全扫描荧光技术(three dimensional full scanning fluorescence
technology),并通过对海水、海洋沉积物及海洋生物中的石油芳香烃进行测定后

认为,原油的成熟度不同,来源不同,生油途径不同,或生油岩含有不同的劳香烃组分和不同的含量,则显示出不同特征的荧光指纹,这些光谱指纹,可作为油-油、油-生油岩对比、预测原油类型和追索油源的依据,并提出利用评价指标 R 来评价和预测探区的油气潜力和开发远景以及大致的油气类型。其中

$$R = \frac{荧光强度\left(E_m/E_x = 365/274\mathrm{nm}\right)}{荧光强度\left(E_m/E_x = 320/274\mathrm{nm}\right)} \tag{9-1}$$

国内朱桂海在 20 世纪 80 年代中期即随 Brooks 教授研究三维全扫描荧光技术,金奎励(1991)、雍克威(1992)也进行了类似的研究。

辽宁大学、浙江大学、厦门大学均进行了不同程度的研究,特别是李耀群等(1993)采用微机控制的多功能荧光光度计对港口淤泥和海水油污进行了恒能量差同步荧光扫描,结果表明重油的常规激发和发射光谱,发生于长波长区,光谱有重叠现象,彼此不易辨认,油品的恒能量差同步光谱形状差别较大,显示不同的特征,比常规光谱易于辨认。

目前,荧光光谱研究的前沿技术主要有三维光谱、同步光谱、导数光谱及时间分辨光谱等。

(一) 不同性质油气层二维荧光光谱模式

1. 二维荧光光谱的主要形式

二维荧光光谱有多种形式,本部分研究形式为激发光谱、发射光谱和同步扫描光谱。

1) 荧光激发光谱(exciting spectrum)

荧光激发光谱(简称激发光谱),是通过测量荧光体的发光通量随激发光波长变化,而获得的光谱,它反映了不同波长激发光引起荧光的相对效率。激发光谱的具体测绘办法是,通过扫描激发单色器以使不同波长的入射光激发荧光体,然后让所产生的荧光通过固定波长的发射单色器而照射到检测器上,由检测器检测相应的荧光强度,得到的荧光强度对激发光波长的关系曲线即为激发光谱。激发光谱可用来鉴别荧光物质,在进行荧光测定时供选择适宜的激发波长。

由于荧光测量仪器的特性,如光源的能量分布、单色器的透射和检测器的响应等特性都随波长而改变,所以在一般情况下所测绘的激发光谱是“表观”的激发光谱,同一份荧光化合物的溶液,在不同的荧光测量仪器上,所得到的“表观”激发光谱往往有所差异。

从理论上说,化合物的荧光激发光谱的形状应当与其吸收光谱的形状相同,但事实并非如此。由于仪器因素,使绝大多数情况下“表观”激发光谱与吸收光谱两者的形式是有所差别的,只有对上述仪器因素进行校正后获得的激发光谱,即通常

所说的"校正的激发光谱"或"真实的激发光谱"才与吸收光谱非常近似。假若荧光化合物溶液的浓度足够小,以致对不同小波长的激发光的吸收正比于该化合物的吸光系数,而且荧光的量子产率与激发光波长无关,在这种情况下,校正的激发光谱在形状上与吸收光谱相同。

2) 荧光发射光谱(emission spectrum)

荧光发射光谱也称发射光谱,它是在激发光波长和强度保持不变的情况下,让荧光物质所产生的荧光通过发射单色器后照射于检测器上,扫描发射单色器并检测各种波长下相应的荧光强度,得到的荧光强度对发射波长的关系曲线称为发射光谱,以表示在所发射的荧光中各种波长组分的相对强度。荧光光谱可供鉴别荧光物质,并作为在荧光测定时选择适当的测定波长或单色器的依据。

和激发光谱的情况类似,在一般的荧光测定仪器上所测绘的荧光光谱,只有对光源、单色器的检测器等元件的光谱特性加以校正之后,才能获得"校正"(或称"真实")的荧光光谱。

3) 同步扫描荧光光谱(synchronous scanning spectrum)

在一般的荧光分析中,所获得的两种基本类型的光谱是激发光谱和发射光谱,但1971年Lloyd首先提出的同步扫描技术与此方法不同,它是在同时扫描两个单色器波长的情况下测绘出光谱,由测得的荧光强度信号与对应的激发波长(或发射波长)构成光谱图,称为同步扫描荧光光谱。

同步扫描荧光测定有三种方式,第一种是固定波长差同步扫描荧光测定,就是在扫描过程中使激发波长 λ_{ex} 和发射波长 λ_{em} 彼此保持固定的波长间隔,即 $\lambda_{em}-\lambda_{ex}$ 恒定;第二种是固定能量差同步扫描法,它是在扫描两个单色器的过程中,使激发波长和发射波长之间保持固定的能量差,第三种是可变角(或可变波长)同步扫描法,它是在测绘同步光谱时,使激发和发射两个单色器以不同的速率同时进行扫描。

同步扫描荧光测定的优点是:①简化光谱;②减小光谱的重叠现象;③减小散射光的影响。

由于同步荧光信号同时是激发波长和发射波长的函数,因而只要激发光谱或发射光谱在所需的波长范围内有结构特征,则所获得的同步荧光光谱在该光谱内便显现结构特征。从中受到启发,我们在油品的荧光分析中,可免除其他次要光谱所带来的干扰,对某些特定的油品组分的分析有利。

由于同步扫描技术产生不仅含少数峰的光谱,这些光谱的峰值对每个试样提供了特殊的"指纹",于是产生了"光谱指纹技术"。Lloyd把它用来研究不同来源的轮胎成分,John用固定波长差法来研究鉴别不同产地的原油,李耀群用固定能量差法分析原油,同时也有不少研究用于海洋环境中鉴别油漏的诊断工具等。

2. 不同性质油气层激发光谱特征

为探讨不同性质油层荧光识别模式,选择了塔里木盆地四种类型的原油及沥青砂,即凝析油、轻质油、中质油、重质油、志留系沥青砂,对于不同的样品,选择了不同的发射波长 λ_{em},主要有 320nm、400nm 和 450nm,激发波长扫描范围为 220~900nm,扫描速度为 5500nm/min。

分析四种油品及沥青砂激发光谱,结果表明:

(1) 就同一样品而言,在不同的发射波长 λ_{em} 下,激发光谱形状基本相同,但强度不同。不同的样品,激发光谱明显不同,说明它们的荧光效率和成分存在差异。

(2) 激发光谱的共同点是,对于同一样品,随着发射波长从 320~450nm 增加,荧光峰值增大。说明样品受激发后的光谱能量主要分布于 400~450nm 左右,因此使用接近范围的发射波长检测时,荧光峰值就大,但是,这里只限于定性描述,所做激发谱的数量较少,不足以找出荧光效率最大处的发射波长。

(3) 激发光谱反映样品在不同激发波长和特定发射波长下的荧光效率。

(4) 激发光谱有两个"山包"(峰),第一个"山包"的截止位置就是所用的发射波长,如中质油激发光谱,EM320、EM400、EM450 三条谱线的第 1 个"山包"截止位置,分别位于激发波长轴上的 320nm、400nm 和 450nm 处;但第 2 个"山包"均起始于 500nm。

(5) 各个样品的荧光效率差别很大。

(6) 轻质油、中质油、重质油三种岩心的激发光谱均可看出随着发射波长的增大,激发光谱"山包"的峰值位置向长波方向移动,即产生"红移"现象。

(7) 激发光谱的两个"山包"的形状,有"镜像"对称关系,但以往的文献所给的激发光谱都只有第一个"山包"。四种油品的峰值不同,但外形相似:凝析油、轻质油和中质油的每个"山包"上只有一个峰值,而且峰值位置偏向于短波方向,即"山峰"向左倾斜;而重质油的第一个"山包"上有多个峰,说明重质油成分比较复杂。

3. 不同性质油层发射光谱特征

选择激发波长(λ_{ex})为 254~564nm,步长 10nm,扫描发射波长(λ_{em})为 260~900nm,对四种油品及沥青砂进行分析。

结果表明:随着激发波长增大,从凝析油到重质油,发射光谱的特征峰向长波方向移动,EX254nm 和 EX274nm 发射光谱的特征峰位置相同,第一个特征峰突出,第二个峰次要,当激发波长增大到 294nm 时,第二个峰逐渐突出,第一个峰逐渐变成一个次要的"肩峰",当激发波长大于 314nm 后,第二个峰完全突出,第一个峰逐渐消失。这说明短波激发光激发了油品中的轻组分。

凝析油的荧光发射特征峰位于紫外区 360~370nm 之间;轻质油、中质油、重质油的发射光谱,在 λ_{ex} 小于 274nm 时,主峰位于紫外区 376~378nm 处,在 λ_{ex} 等于 294nm 后,主峰后移至可见光的蓝光区 446nm 附近。

把四种油品在 264nm 激发波长下的发射光谱叠加,其光谱曲线的形状完全相似,只是特征峰的位置有区别。经扫描得到的准确位置是:凝析油 360nm;轻质油 378nm;中质油 376nm;重质油 378nm。由此可见,随着油品重组分的增加,荧光峰向长波方向移动(红移现象)。

4. 不同性质油气层固定波长差同步扫描光谱特征

由四种油品及沥青砂同步扫描光谱看出:

(1) 凝析油在 $\Delta\lambda$ 为 26nm 时,主峰全部分布于紫外区,且主峰强度占绝对优势。

(2) 轻质油在 $\Delta\lambda$ 为 30nm、40nm 时,谱图曲线外形相似,但荧光强度有差别,以双峰为光谱特征,主峰位于左边的紫外区,次峰分布于蓝光区。

(3) 中质油在 $\Delta\lambda$ 为 10nm、16nm 时,谱图曲线外形相似,但荧光强度有差别,以并列的三峰为光谱特征,中峰位于蓝光区,强度稍高些,但其外形仍为轻质油的变形。

(4) 重质油同步光谱与凝析油相似,但主峰位于近紫外区。

把四种油品的同步光谱叠加在一起,其光谱曲线的形状基本相似,均以主峰偏于左方为特征;只是特征峰的位置有区别,经扫描得到的准确位置是:凝析油 328nm;轻质油 370nm;中质油 476nm;重质油 390nm。

同步光谱反映了样品的特征,其峰值反映发射光谱的特征峰。但是,如果从同步光谱与三维光谱之间的关系来看这个问题,则会发现同步光谱只是三维光谱的一个截面而已,因此,真正能反映样品特征的应是三维光谱。

(二) 不同性质原油的三维荧光光谱识别模式

三维荧光光谱技术是 20 世纪 70 年代发展起来的一种新的荧光分析技术,由于获得光谱所采用的手段和讨论问题的角度不同,这项技术在文献中使用的名称不一,常见名词有三维荧光光谱(three-dimensional fluorescence spectrum)、总发光光谱(total luminescence spectra)、激发发射矩阵(excitation-emission matrix,EBM)和等高线光谱(contour spectra)。此技术区别于普通荧光分析的主要特点在于,它能获得激发波长与发射波长同时变化的荧光强度信息。

普通荧光分析所测得的光谱是二维谱图,包括固定激发波长与扫描发射(即荧光测定)波长所获得的发射光谱,以及固定发射波长与扫描激发波长所获得的激发光谱,但是,实际上荧光强度应是激发波长和发射波长的函数,描述荧光强度同时随激发波长和发射波长变化的关系图谱,即是三维荧光光谱技术。

1. 三维荧光光谱表示形式

1) 图像表示形式

三维荧光光谱有两种表示形式,等角三维投影图(isometric three-dimensional

projection)和等值线光谱图(contour spectra)。前者是一种直观的三维立体投影图,空间坐标 X、Y 和 Z 轴分别表示发射波长、激发波长和荧光强度。等值线光谱图的表示方式,则以平面坐标的横轴表示发射波长,纵轴表示激发波长;平面上的点表示有两个波长所决定的样品的荧光强度,将荧光相等的点连起来便在 λ_{em}-λ_{ex} 构成的平面上显示了一系列等强度线组成的等值线光谱。

用三维投影方式表示比较直观,容易观察到获光峰的位置和高度以及荧光谱的某些特性,但不易提供任一激发波长-发射波长所对应的荧光强度信息。用等高线光谱方式表示时,虽然步骤较为麻烦,但能获得较多的信息,容易体现与普通的激发光谱、发射光谱和同步光谱之间的关系。分析认为,轻质油、中指油和重质油的三维荧光光谱比较相似,而与凝析油和沥青砂的三维荧光光谱区别较大。

但是,对于光谱外形相似的样品,难于进行精细的分辨,这时必须借助等值线光谱,使三维光谱转变成类似于“指纹”的形式,进行精细分辨。其原理是将已经形成的三维图按照一定的步长进行水平切割,得到一系列的等值线数据文件,然后利用这些数据文件绘图。

2) 数字表示形式

复杂体系的总荧光需要由激发波长、发射波长及荧光强度三个参数来表示,早在 1961 年 Weber 就首先提出 EEM 在完全表示一个复杂荧光体系方面的重要价值,用矩阵方式表示时,矩阵的行序表示发射波长,矩阵的列序表示激发波长,而矩阵元则表示荧光强度。单一组分体系的 EEM 表示形式为

$$M = \alpha \times \boldsymbol{X} \times \boldsymbol{Y}$$

这里假定 EEM(M)是三种因子的乘积,其中 α 是与波长无关而与浓度有关的系数,矢量 $\boldsymbol{X}$ 与 $\boldsymbol{Y}$ 分别代表荧光发射光谱与激发光谱。单一组分的 EEM 之所以能用这种形式表示,是基于发射光谱的相对形状与激发波长无关,以及激发光谱的相对形状与发射(即测定)波长无关的事实。

对于含有 n 种组分的荧光体系,其 EEM 形式表示如下

$$M = \sum \alpha_i \times \boldsymbol{X}_i \times \boldsymbol{Y}_i \tag{9-2}$$

这种形式意味着,只要吸光度足够低,且组分间不发生能量转移,所观测到的体系荧光是单个组分荧光的线性和。

由于三维荧光光谱反映了荧光强度同时随激发波长和发射波长变化的情况,因而能提供比常规荧光光谱和同步荧光更为完整的光谱信息,可作为一种很有价值的光谱指纹技术,在环境监测和法庭判证方面,常用于不同油种和油品来源的鉴别,在临床医学方面也有应用。

在多组混合物的定性及定量分析方面,主要使用光谱对照及图样识别技术,用来解释多组分的化学依据。Rossi 应用基于傅里叶变换的相关分析方法,作为 EEM 识别的一种手段,把未知的 EEM 谱图与标准光谱库加以比较,以评估光谱

的对照情况。

用 EEM 模式表示数据时,最有价值的是可以应用某些数学方法,诸如特征矢量分析、线性最小二乘法和秩消元等方法,以分辨重叠光谱,进行定量分析。但是,目前三维荧光光谱技术用于定量分析的研究工作还不多。

三维光谱是 λ_{ex} 与 λ_{em} 的函数

$$EEM = f(\lambda_{ex}, \lambda_{em}) \qquad (9\text{-}3)$$

因此,对于每个激发波长的给定量值 $\lambda_{ex,i}$

$$\Delta\lambda_{ex,i} = \lambda_{ex,i+1} - \lambda_{ex,i} = 10nm$$

其中,$i=1,2,\cdots,30$;且 $\lambda_{ex,1}=254nm$。

测绘激发波长为 $\lambda_{ex,i}$ 时的发射光谱,然后把一系列的发射光谱进行后台合成,就得到了由发射光谱合成的三维光谱图。

同理,也可固定 EM 的值,对于每一个激发波长的给定值 $\lambda_{em,i+1}$

$$\Delta\lambda_{em,i} = \lambda_{em,i+1} - \lambda_{em,i} = 10nm$$

其中,$i=1,2,\cdots,30$;且 $\lambda_{em,1}=254nm$。

测绘发射波长为 $\lambda_{em,i}$ 时的激发光谱,然后把一系列的激发光谱进行后台合成,得到由激发光谱合成的三维光谱图。

2. 不同性质油气层荧光光谱分辨模式

1) 三维荧光光谱指纹分辨模式图

为了建立光谱指纹的分辨模式,我们以激发波长为纵坐标,以发射波长为横坐标,可以确定出如下的特征线和特征区域。

(1) Stokes 位移临界线(等波长线)

由于有效光谱区均位于 45 平分线下方,45 平分线是激发波长等于发射波长且 $\lambda_{ex}=\lambda_{em}$ 的那条直线,该线有特殊的光学物理意义,它是由于 Stokes 现象引起的,如前所述,荧光发射波长均要长于激发波长,荧光发射波长相对于激发波长要向长波方向移动一个 $\Delta\lambda$,因此光谱指纹图中 $\lambda_{ex}=\lambda_{em}$ 的 45 平分线实际上是 Stokes 位移临界线,它是荧光光谱指纹图左上部的边界,所以该线理所应当成为光谱指纹图的特征线之一。

(2) $\lambda_{em}=300nm$ 特征线

光谱指纹图均以 $\lambda_{em}=300nm$ 线为左部边界,或者说光谱指纹图的主要部分 $\lambda_{em}=300nm$ 位于线的右边,造成这一现象的原因仍然与 Stokes 位移有关。鉴于氮气的光谱能量分布特点,波长小于 250nm 后,能量急剧下降,故在光谱测试时,选用的起始激发波长为 254nm。于是,由 Stokes 现象可知,荧光主峰位于 300nm 以后,因此把 $\lambda_{em}=300nm$ 也作为光谱指纹图的特征线之一。

(3) λ_{em} 轴

λ_{em} 轴起封闭光谱指纹图的作用。

（4）λ_{em}＝400nm 特征线

λ_{em}＝400nm 是可见光和紫外光的分界线，荧光主峰位于该线的左侧或右侧，能反映荧光物质成分中芳香烃成分轻重，因此，把 λ_{em}＝400nm 选为特征线。

（5）λ_{em}＝450nm 特征线

λ_{em}＝450nm 线是紫光和蓝光的分界线，而且在 λ_{em}＝400nm 和 λ_{em}＝450nm 处，常有荧光主峰或次峰存在，故选 λ_{em}＝450nm 为特征线之一。

（6）λ_{em}＝550nm 特征线

它是光谱指纹图有效区域的右边界，也选为特征线之一。

（7）λ_{ex}＝350nm 特征线和 λ_{em}＝λ_{ex}＝350nm 特征点

综上所述，由以上特征线和特征点围成了楔状体，它构成了光谱指纹图的有效区域。楔状体内部的水平线和垂直线又把楔状体分成具有特定物理意义的区域：λ_{em}＝400nm 和 λ_{em}＝450nm 两条特征垂直线，把楔状体分成三个柱状区域，从左到右分别对应于紫外区、紫光区和蓝光区。λ_{ex}＝350nm 特征线在水平方向把楔状体分成上、下两部分。不同的样品，其主峰位置分布于不同的区域内，从而达到区分原油性质的目的。

2）不同性质油气层的三维荧光指纹识别模式

采用日本 1999 年产 RF5301PC 荧光分光光度计，共对塔里木盆地 27 个油样进行了三维定量荧光分析，得到三维荧光光谱图共 54 张，为研究提供了详实的资料。在此基础上，首次从多个侧面提取了反映塔里木盆地主要油气层类型的光谱特征，并建立了具有物理意义的光谱辨别模式。

分析表明，不同性质油气层的光谱指纹特征具有明显的差别：凝析油气层以单峰为主，少数具有双峰（如台 2 井和克拉 201 井，可能与油源有关），其主峰位置 λ_{ex} 为300～320nm，λ_{em} 为 320～350nm，位于紫外区的下半部。这正是利用肉眼进行荧光观察往往容易造成凝析油气层遗漏的原因。轻质油和中质油差别不大，具有多峰特征，其主峰位于蓝光区上部，其中轻质油 λ_{ex} 为 440～480nm，λ_{em} 为 470～530nm；中质油为 λ_{ex} 为 420～460nm，λ_{em} 为 460～510nm；重稠油以单峰为主，主峰位置 λ_{ex} 为 380～400nm，位于紫光区 λ_{em} 为 420～450nm；沥青砂与前四种油品差别较大，λ_{ex} 为 310～340nm，λ_{em} 为 440～480nm，位于紫光区和蓝光区边界的下部区域。

三、不同性质油气层地球化学录井识别评价技术

岩石热解地球化学录井是 20 世纪 70 年代末发展起来的录井技术，用于现场快速评价生油岩生烃潜力和储层含油性特征。目前已经广泛用于油气资源早期评价和现场发现油气显示，判别原油性质。1988 年我国自行研制的 DH-910 地球化学录井仪通过技术鉴定，使岩石热解地球化学录井在我国得到很快推广。1989 年

"储集岩油气组分的定量分析方法"由北京石油勘探开发研究院研制成功,并申请了中国发明专利,1990 年利用此方法对法国进口的 ROCK-EVAL 岩石热解仪进行改造,1992 年海城石油仪器厂"YQ-Ⅲ型油气显示评价仪"研制成功,进一步提高了利用岩石热解资料定量评价储层的精度,扩大了储层评价的内容。目前,热解地球化学录井已经广泛应用到生油岩评价、资源量预测、储层油气显示评价、油气性质评价、储能和产能评价等多方面。

（一）评价原理与评价思路

1. 储集岩热解参数及其意义

储集岩热解与生油岩热解的过程是基本相似的,所获得的参数主要包括 S_0、S_1、S_2（称为三峰热解资料）。

S_0 称为气态烃含量,主要代表了储集岩中 $C_1 \sim C_7$ 轻烃含量,mg/g(烃/岩石)。S_1 称为游离烃含量,主要代表了储集岩中 $C_8 \sim C_{33}$ 烃类含量,mg/g(烃/岩石)。S_2 称为热解烃含量,主要代表了储集岩中 C_{33+} 重烃含量,mg/g(烃/岩石)。

根据原始热解参数 S_0、S_1、S_2,还可以获得一些派生评价参数,如:

总烃含量: $PG = S_0 + S_1 + S_2$

气产率指数: $GPI = S_0/(S_0 + S_1 + S_2)$

油产率指数: $OPI = S_1/(S_0 + S_1 + S_2)$

总产率指数: $TPI = GPI + OPI$

轻重组分比: $R = S_1/S_2$

不同性质的储层,由于所含流体的差别,其热解参数相差较大。一般储层含油性越好,PG 值就越大。因此,根据这些原始和派生参数,通过交会图技术、数理统计分析、模式识别技术可以开展储层性质、原油性质和含油饱和度等的评价。

2. 评价思路及技术流程

开展储层产液性质、原油性质、含油饱和度及油层产能评价工作的主要研究思路可以概括为:系统收集储层岩石热解资料、完井试油资料、地层测试资料,通过单参数的统计分析、双参数交会分析、多元回归分析、多参数模式识别技术,研究不同类型储层、不同性质油气层的地球化学录井特征,同时结合测井资料解释成果,开展储层含油饱和度的研究。为了解决新型热解仪得到的五峰热解资料与原来的三峰热解资料的不匹配问题,则通过合理的变换方式,达到能够适应统一解释图版和解释模式的目的。

（二）原油物性评价

原油是一种成分复杂的混合物,主要由饱和烃、芳香烃、胶质和沥青质构成,其中胶质和沥青质是原油组成中分子量最大的成分。原油的族组成决定了原油物性的差别,通常,分子量大的成分所占的比例越小,油质越轻,原油的密度就越小;相反,油质越重,原油的密度就越大。

用以描述原油物性特征的地质参数包括原油的密度、黏度、含蜡量、含胶量、凝固点等,而密度和黏度则是最常用的两种参数。

塔里木盆地目前已经发现的油气藏类型很多,包括正常黑油(中质油)、挥发油和轻质油、稠油、天然气、凝析气等。为便于研究,根据中国石油天然气集团公司对原油性质的划分标准,结合塔里木盆地的实际统计资料,可以将原油按照其密度划分为四种类型,即凝析油气、轻质油、中质油、重质油和稠油。

各种类型原油的主要特点如下。

凝析油:根据塔里木盆地的统计资料,凝析气主要产于塔北西部和北部的英买、牙哈、羊塔克、提尔根构造带的古近系和白垩系,吉拉克和吉南的三叠系、塔中石炭系,密度为 $0.75 \sim 0.82 \text{g/cm}^3$,集中分布于 $0.76 \sim 0.800 \text{g/cm}^3$ 之间。

轻质油:一般以油气层的形式产出,其原油密度一般小于 0.84g/cm^3。

中质油:是目前塔里木盆地发现的主要原油类型,习惯上称之为黑油。主要分布于满加尔拗陷周围,如塔中、东河塘、哈德逊、轮南的石炭系、奥陶系,牙哈、英买力构造带的白垩—古近系和库车拗陷的大宛齐构造带。其密度在 $0.84 \sim 0.91 \text{g/cm}^3$ 之间,平均值为 0.87g/cm^3。

重质油和稠油:重质油和稠油在塔里木盆地目前发现的工业性油藏还不多,密度大于 0.91g/cm^3,在塔北隆起和塔中低隆的部分探井奥陶系、志留系、部分侏罗系(如 LN1、YM1、TZ50、TZ15、X3、TZ30、TZ11)获得了的少量稠油,特别是在南喀—玉尔滚构造带的玉东 2 井奥陶系发现了密度超过 1.0g/cm^3 的稠油。

从前面的分析已经了解到,在岩石热解升温的过程中,得到的不同烃类峰值基本上代表了原油的组成,S_0 代表 $C_1 \sim C_7$ 的烃类含量,S_1 代表 $C_8 \sim C_{33}$ 的烃类含量,而 S_2 主要代表 C_{35+} 的烃类和部分非烃组分的含量,S_4 代表了部分非烃和胶质、沥青质的含量,这些为我们利用 S_0、S_1、S_2、PG、PG·S_1/S_2 的相互关系评价原油性质提供了可能。

1. 原油密度预测

分析原油密度与 OPI 相关关系表明,它们之间呈较好的线性负相关,随着原油密度的增加,OPI 值大致呈线性递减,但是凝析油、轻质油、中质油的密度随 OPI 的减小增加幅度较大,而重质油和超重稠油的增加速率较小。

通过线性回归分析可以确定原油密度的预测公式

$$当 \ \text{OPI} > 0.62 \ 时 \quad D_{20} = 1.056 - 0.235 \times \text{OPI}$$
$$当 \ \text{OPI} < 0.62 \ 时 \quad D_{20} = 1.300 - 0.633 \times \text{OPI} \qquad (9\text{-}4)$$

式中:D_{20}——地表温度为 20℃时测定的原油密度;

OPI——产油率。

2. 原油黏度预测

原油黏度是影响产能的一个重要参数，而影响原油黏度的因素非常复杂，包括原油的化学组成、温度、压力等。一般地，环烷烃和芳香烃等高分子量的烃类化合物含量较高的原油，黏度较大；随温度的增加和压力的降低，原油黏度会逐渐减小。

从塔里木盆地统计资料看，原油黏度和密度之间有很好的对应关系，凝析油、轻质油随密度的增加，黏度上升幅度较快；而中质油、重质油和超重油随密度上升的幅度相对较慢。

原油黏度与热解参数 OPI 之间大致呈线性负相关关系

$$\lg d_{o(50°)} = 4.94 - 5.88 OPI \tag{9-5}$$

3. 原油性质判别

根据原油密度的预测模型，我们可以得到如下的划分标准（表 9-6）。由于这一模型是建立在一种纯统计意义上的预测模型，所以其判别效果在实际中偏差较大，因为不同性质的原油其热解参数值的分布具有很大的重叠性。

表 9-6 原油类型的热解评价标准

原油性质	凝析油	轻质油	中质油	重质油和稠油	沥青
$d_{o(20°)}/(g/cm^3)$	<0.80	$0.80 \sim 0.84$	$0.84 \sim 0.91$	>0.91	>0.96
OPI 法/(mg/g)	>0.79	$0.79 \sim 0.72$	$0.72 \sim 0.62$	<0.62	<0.40

为克服这一判别方法的不足，这里通过 $PG \cdot S_1/S_2$ 和 OPI 的交会来区分不同类型的原油，取得了很好的效果。河南录井公司在评价焉耆盆地油气显示过程中，利用总烃含量 PG 与轻重组分比 S_1/S_2 曲线来确定油气显示类型，提出了所谓的"亮点技术"，这里可以称 $BSI = PG \cdot S_1/S_2$ 为"亮点指数"。

通过亮点指数与产油率交会，得出凝析油（$d_{o(20°)} < 0.82 g/cm^3$）、轻质油（$d_{o(20°)} = 0.80 \sim 0.84 g/cm^3$）、中质油（$d_{o(20°)} = 0.84 \sim 0.91 g/cm^3$）、重稠油（$d_{o(20°)} > 0.91 g/cm^3$）、沥青（砂）的非常有规律的分布，可以比较有效地区分开，其判别方程为

(1) 重稠油/沥青：$OPI_1 = 0.1645 + 0.235 \times \lg(BSI)$

(2) 中质油/重稠油：$OPI_2 = 0.2529 + 0.235 \times \lg(BSI)$

(3) 轻质油/中质油：$OPI_3 = 0.4000 + 0.235 \times \lg(BSI)$

(4) 凝析油/轻质油：$OPI_4 = 0.5650 + 0.235 \times \lg(BSI)$

（三）产液类型的评价

以塔里木盆地为例，统计寒武系到第四系共计 14 个层系中获得的工业油气藏和含油气构造，不同探区、不同层系储层类型和物性相差较大，油气来源也不一致。根据中国石油天然气集团公司规定的油气水层划分标准，结合塔里木的实际情况，可将储层按产液性质划分为八种类型。

（1）油层：产油，不含水或者含水低于 10%。

（2）油气层：既产油又产气。日产油一般在 50m³ 以上，日产气一般大于 5000m³。

（3）油水同层：油水同出，含水在 10%～90% 之间，产油量不稳定。

（4）含油水层：产水大于 90%，日产油一般低于 1m³，或试油时见油花。

（5）水层：完全产水。

（6）干层：日产液量小于 1m³。

（7）凝析气层：地下条件呈气态，在地表常温常压下呈液态。以产气为主，日产气量一般在 $10 \times 10^4 m^3$ 以上，产油量变化较大。

（8）气层：只产气，不含水或者含水率低于 10%。由于气层烃类组成上以轻烃为主，在取样过程中易于挥发，利用热解往往难于检测，所以在储层热解评价中对气层不加讨论。

对储层产液类型评价的主要思路是以岩石热解参数为基础，以完井试油和中途测试成果为依据，以单参数统计、双参数交会、多元数理统计为方法，综合多方面的信息，建立油气水层的判别图版或者判别方程。

1. 单参数统计分析

统计表明，塔里木盆地不同产液类型的储层岩石热解参数具有如下的变化规律。

（1）油层、油气层的平均总烃含量较高，在 10mg/g（烃/岩石）以上；其次为油水同层和含油水层，PG 值在 3.0～10.0mg/g 之间，再次为水层、干层和凝析气层，在 3.0mg/g 以下。

（2）产油率指数以凝析气层和油气层为最高，平均为 0.75 左右，其对应的轻重组分比在 3.0 以上；油层、油水同层、含油水层次之，OPI 平均值在 0.65～0.75 之间，S_1/S_2 介于 2.0～2.3 之间；水层和干层最低，一般均小于 0.60，S_1/S_2 一般小于 2.0；而沥青砂的特征是 S_1/S_2 小于 0.5。

从各类储层热解单参数的统计结果来看，油水同层和含油水层的热解特征相差不大，但是与非产层（水层和干层）的界限比较明显。另外，凝析气层虽然总烃含量较低，但是具有高的 OPI 值，是它区别于非产层的重要标志。沥青砂岩储层总烃含量与水层、油水层、油层相差不大，但其最大的特征是轻质组分比例小，一般 S_1/S_2 小于 0.5，OPI 值小于 0.40。

塔里木盆地碎屑岩储层主要分布在塔北隆起的 C、T、K、E 和塔中地区的石炭系，其油源主要来自满加尔拗陷和北部的库车拗陷，为进一步分析热解参数的影响因素，根据不同区块不同性质储层分别作了统计，结果见表 9-7、表 9-8。

表 9-7 不同产液类型储层岩石热解参数统计表

储层类型	S_1/(mg/g)	S_2/(mg/g)	PG/(mg/g)	OPI	S_1/S_2
油 层	5.0~15.0 / 10.61	3.0~9.0 / 5.93	10.0~25.0 / 16.54	0.60~0.75 / 0.651	1.50~2.50 / 1.98
油 气 层	2.0~10.0 / 4.21	1.0~3.5 / 1.52	3.0~13.5 / 5.73	0.7~0.8 / 0.711	2.5~4.0 / 2.45
油水同层	4.0~8.0 / 6.10	1.0~4.0 / 3.45	5.0~13.0 / 9.55	0.60~0.75 / 0.674	1.5~3.0 / 2.33
含油水层	4.0~6.0 / 5.74	2.0~3.0 / 2.50	6.0~9.0 / 8.24	0.65~0.75 / 0.695	2.0~2.7 / 2.31
水 层	2.0~6.0 / 3.75	2.0~4.0 / 2.56	4.0~10.0 / 6.31	0.40~0.70 / 0.567	0.5~2.5 / 1.57
干 层	0.0~2.0 / 1.27	0.0~2.0 / 0.83	0.0~4.0 / 2.10	0.00~0.70 / 0.425	0.0~2.5 / 1.13
凝析气层	0.2~2.0 / 0.72	0.10~1.0 / 0.18	0.30~3.0 / 0.90	0.50~0.90 / 0.706	2.0~8.0 / 4.00
沥青砂岩	1.0~9.0 / 4.50	5.0~15.0 / 10.00	10.0~25.0 / 14.50	0.35~0.50 / 0.469	0.25~0.35 / 0.31

表 9-8 不同探区储层岩石热解参数分布统计表

储层类型	探区	S_1 /(mg/g)	S_2 /(mg/g)	PG /(mg/g)	OPI	S_1/S_2
油 层	塔中(C) (10)	5.0~12.0 / 8.89	2.0~7.0 / 4.45	7.0~19.0 / 13.34	0.60~0.72 / 0.673	1.5~2.5 / 2.13
	轮南(T) (13)	5.0~15.0 / 11.81	3.0~12.0 / 6.74	10.0~25.0 / 18.55	0.50~0.75 / 0.650	1.0~3.0 / 2.00
	东河(C) (5)	6.0~12.0 / 9.53	4.0~9.0 / 6.31	10.0~20.0 / 15.84	0.50~0.70 / 0.611	1.0~2.5 / 1.71
	解放(T) (5)	6.0~16.0 / 12.18	4.0~8.0 / 6.20	12.0~23.0 / 18.38	0.6~0.7 / 0.664	1.5~2.5 / 2.00
	英买(E) (1)	9.79	6.88	16.67	0.587	1.42
油水同层	轮南(T) (7)	4.0~10.0 / 6.77	2.0~8.0 / 4.54	6.0~18.0 / 11.31	0.4~0.8 / 0.643	1.5~3.5 / 2.15
	塔中(C) (4)	2.0~5.0 / 4.21	1.0~3.0 / 1.62	3.0~8.0 / 5.83	0.65~0.75 / 0.732	2.0~3.5 / 2.81
含油水层与水层	塔中(C) (4)	4.0~7.0 / 5.55	2.0~3.0 / 2.55	6.0~10.0 / 8.00	0.5~0.7 / 0.660	1.0~2.5 / 2.24
	轮南(T) (8)	3.0~8.0 / 6.76	2.0~4.0 / 4.74	6.0~12.0 / 8.86	0.50~0.75 / 0.644	1.0~3.0 / 2.00
	东河(C) (2)	3.16	4.59	7.75	0.42	0.73
	英买(E) (2)	2.95	1.96	4.91	0.610	1.61

从该统计结果可以发现,塔中地区和轮南地区同种产液类型的储层,其热解参数相差较大,如轮南地区油层的 PG 平均值为 18.55,而塔中地区仅为 13.34;又如轮南地区油水同层的 PG 值为 11.31,塔中地区仅为 5.83,相差近 1 倍。根据目前的认识,这两个地区的油源同样都来自满加尔拗陷寒武—奥陶系烃源岩,造成这种差别的原因主要是由储层物性的差别造成的,轮南地区三叠系储层物性普遍好于塔中石炭系东河砂岩。这一点,也可以从同样位于塔北隆起上的东河塘地区石炭系与轮南地区三叠系热解参数的比较中得到证明。因此,在油气水层评价过程中,一定要考虑储层岩石物性的差别。

2. 双参数交会分析

1) 烃类组分含量交会分析

烃类组分含量的大小是储层含油饱和度的直接标志,特别是总烃含量的大小在其他地质条件相同的情况下,是含油饱和度的直接反映。因此,利用烃类各组分的含量进行交会分析可以定性和半定量地确定储层的产液类型。

通过 S_1-S_2 和 S_1-PG、S_2-PG 交会分析,明显看出,油层:S_1 大于 7.0mg/g,S_2 大于 3.0mg/g,PG 大于 10.0mg/g;油水同层、含油水层、水层:S_1 为 2.0～7.0mg/g,S_2 为 1.0～3.0mg/g,PG 为 3.0～10.0mg/g;干层和凝析气层:S_1 小于 2.0mg/g,S_2 小于 1.0mg/g,PG 小于 3.0mg/g,油水同层和含油水层与水层的主要区别在于前者轻重组分比值较高。干层和凝析气层也具有同样的分布规律,即凝析气层的 S_1/S_2 要高于干层。

上述单参数统计与双参数交会的分析结果告诉我们,就目前的资料而言,在塔里木盆地利用岩石热解地球化学录井资料还很难将油水同层和含油水层区分开,其原因可能是塔里木盆地经历了漫长的成藏演化历史,油气的聚集和破坏作用频繁所致。

2) 总烃(PG)与轻重组分比(S_1/S_2)及产油率(OPI)交会分析

从上面的交会分析结果已经发现,油水同层与含油水层和水层之间,凝析气层和干层之间在总烃含量上相差不大,但是其 S_1/S_2 的相对比例具有一定的差别,这提醒我们可以利用轻重组分比值或者产油率来对储层的类型做进一步的评价。

产油率与轻重组分比之间的关系是一种非线性的正相关关系,由其计算公式不难推导出

$$OPI = (S_1/S_2)/(1 + S_1/S_2)$$

或者说有

$$S_1/S_2 = OPI/(1.0 - OPI)$$

通过 PG-S_1/S_2 和 PG-OPI 交会可以得到如下规律性的认识：油层、油水层、水层与凝析气层和沥青砂岩之间有一个明显的界限。

凝析气层 PG 大于 0.3mg/g，沥青砂的 OPI 小于 0.50。

水层、油水层、油层分带明显。分布规律遵循：

油层/油水层判别界限：$\lg(S_1/S_2)+\lg(PG)>\lg 18$，$PG>10.0mg/g$；

油水层/水层判别界限：$\lg(S_1/S_2)+\lg(PG)>\lg 9$，$PG>3.0mg/g$。

因此，可以直接利用 PG 与 S_1/S_2 乘积（即亮点指数 BSI）来区分油层、油水层和水层。

3) 亮点指数 BSI 与 S_1/S_2、OPI、PG 交会

通过 BSI-S_1/S_2 或 OPI 交会分析，可以看出如下规律：

沥青砂 $S_1/S_2<0.5$；油层 $PG>10mg/g$，$BSI>18$；

稠油层 $PG>10mg/g$，BSI 比正常黑油低，一般小于 18；

油水层和油气层具有 BSI 较高的特点（9~18），它们之间的差别是油气层的总烃含量一般要低于油水同层，其中油水层 PG 为 6~10mg/g，油气层 PG 为 1~6mg/g，而且油气层一般有 $S_1/S_2>1.5$；

当 $PG<1.0mg/g$ 或者 $BSI<0.5$ 时，可以解释为非产层（水层或者干层）；

比较特别的情况是凝析气层，它位于非产层的分布区内，区分较难，一般地，凝析气层的 S_1/S_2 高于非产层，其大致判别方法是：$S_1/S_2>1.0$，$BSI>0.5$。

4) PG 与 ϕ 交会分析

从前面分析已经知道，储层物性的好坏直接影响到岩石热解参数的分布，为了建立更加适合研究区的油气水层识别的热解地球化学评价模型，通过系统收集探井测井解释成果，可建立总烃含量（PG）-储层孔隙度（ϕ）油气水层解释图版。

以总烃含量为横轴，孔隙度为纵轴，可以看出油层、油水层、水层自右而左有规律地分布，油层 $PG/\phi>0.70$；油水层 $PG/\phi>0.35$；干层集中分布于图的左下角，其孔隙度一般低于 10%，PG 小于 2.5mg/g；凝析气层和部分轻质油气层分布与图的左上角，表现出 PG 值较低的特点。

对于具有同样热解异常的储层，由于储层物性不同，其产液性质会有较大的差别。如 PG 同为 10mg/g，如果为低孔储层（$\phi<15\%$），可以解释为油层；如果为中-高孔储层（孔隙度在 15%~25%），可解释为油水层；如果为特高孔储层（$\phi>25\%$），只能解释为水层。

5) 储层产液类型的判别方法

综合上面的研究成果，可以得到不同产液类型储层的评价标准（表 9-9）。

表9-9　不同产液类型储层热解参数评价标准

S_1/S_2	PG/(mg/g)	BSI	储层类型
<0.5	>3.0	1.5~18.0	沥青砂
	<3.0	<1.5	非产层
>0.5	<0.3		非产层
	0.3~3.0		凝析气层
	3~10	<9	水层
	3~10	>9	油气层
	3~10	>9	油水层
	>10	9~18	稠油层
	>10	>18	油层

3. 对应分析识别储层类型

因子分析(R 型和 Q 型因子分析)是综合分析地质数据、揭示变量之间与样品之间在成因上与空间上的有机联系的有力工具,特别是对应分析,兼有综合 R 型因子分析和 Q 型因子分析的特点和优势,将地质变量和样品放到同一个因子平面上加以研究,便于地质解释,揭示变量和样品之间的双重关系。

为分析不同类型储层岩石热解参数同产液类型之间的关系,选择 S_1、S_2、PG、OPI、S_1/S_2、BSI 六个参数进行了对应分析。计算结果表明:前两个主因子的方差贡献值分别为 68.1% 和 29.5%,二者贡献累计达 97.60%。从两个主因子组成的因子平面上看,六个变量的分布特征是:

(1) 所有样品点均分布在由 S_2、S_1/S_1 以及 BSI 三个变量点构成的三角形中,而且油层的点最靠近 BSI 端元,凝析气层最靠近 S_1/S_2 端元,而沥青砂层最靠近 S_2 端元。

(2) S_1、PG、S_2 位于平面的右下角,其相互位置比较近,都是烃类含量的反映。

(3) 亮点指数 BSI 的 F_1、F_2 因子载荷均较小,位于平面的左下角。

(4) 根据不同类型储层在因子平面上的分布可以知道,从三个端元组分向对应三角形边的方向,其相应的值依次减少,与砂岩成分三角图具有很大的相似性。各变量的因子载荷值见表 9-10。

表 9-10　储层岩石热解参数对应分析因子载荷

热解参数	第一因子载荷（F_1）	第二因子载荷（F_2）
S_1	0.0024	−0.043
S_2	0.2266	0.0809
PG	0.1498	0.0202
OPI	−0.0571	0.0731
S_1/S_2	−0.1842	0.1834
BSI	−0.1586	−0.1052

不同类型储层因子平面的分布特征是：

（1）凝析气层和其他储层相比，表现第二主因子载荷值 F_2 普遍大于 0.035，靠近 S_1/S_2 端元，说明其 S_1/S_2、OPI 较大，其热解烃类组成中，轻质成分占的比重较大，这与前面的统计分析结果是一致的，其他类型的储层 F_2 均低于 0.035。

（2）沥青砂储层 F_1 大于 0.045，分布于因子平面的右半部分，表现为 S_2 值比较高，而 S_1/S_2 较低，与其他储层存在明显的区别。

（3）在因子平面的下半部分，非产层、油水层、油层自上而下有规律地分布，其中水层和干层等非产层 F_2 在 0.008 与 0.035 之间，油水层 F_2 为 −0.03~0.08，油层的 F_2 值最小，小于 0。

另外，对应分析结果还使我们认识到，选择因子载荷平面上相距越远的少量地质变量进行交会分析，可以达到快速、有效分析的效果，这就是利用 BSI-S_1/S_2 交会比利用 BSI-S_1 来制作判别图版效果更好的原因。

4. 主成分分析识别储层类型

主成分分析方法是因子分析方法的一种，其原理是通过数据的线性变换得到与变量个数相等的组合函数（主成分），根据累计方差贡献值标准（一般取大于85%），可以选出几个主要成分，达到压缩数据、综合数据、提高工作效率的目的。

利用该方法对塔里木盆地储层热解资料进行了分析，得到了三个主成分，分别是：

第一主成分　$PF_1 = 0.986 \times S_2 - 0.162 \times S_1/S_2 - 0.043 \lg(BSI)$

第二主成分　$PF_2 = 0.162 \times S_2 + 0.970 \times S_1/S_2 - 0.174 \lg(BSI)$

第三主成分　$PF_3 = 0.014 \times S_2 + 0.179 \times S_1/S_2 - 0.984 \lg(BSI)$

三个主成分的方差贡献分别为 93.75%、5.62%、0.63%，其中前两个主成分的累计贡献为 99.37%，因此采用 PF_1 与 PF_2 交会的方法来进行储层类型判别。从交会结果看，主成分分析可以比较好地划分储层类型。

（四）含油饱和度的评价

1. 饱和度计算的基本原理

岩石热解录井不能直接测定储层的含油饱和度，但是可以根据测得的总烃含量（PG），结合原油密度和储层孔隙度来计算储层含油饱和度。

计算含油饱和度的基本原理是：在孔隙度一定的情况下，单位质量储层岩石中的总烃含量的变化反映了原油饱和度的变化，因此可以利用 PG 值来计算单位体积岩石中的油所占据的体积百分数。

因为有

$$PG = W_油 / W_岩 = V_油 d_油 / (V_岩 d_岩)$$

含油饱和度

$$S_o = V_油 / (\phi V_岩) \times 100\%$$

而

$$V_油 = W_油 / d_油$$
$$V_岩 = W_岩 / d_岩$$

故有

$$S_o = (W_油 d_岩) / (W_岩 d_油 \phi) \times 100\%$$

令 $W_岩$ 为 1g，考虑量纲的差别，则有

$$S_o = 10 \times PG \times d_岩 / (d_油 \phi)$$

式中：$W_油$、$W_岩$——原油和岩石的质量，g；

　　　$V_油$、$V_岩$——原油和岩石的体积，g；

　　　$d_油$、$d_岩$——原油和岩石的密度，g/cm³；

　　　ϕ——岩石的有效孔隙度，%；

　　　S_o——储层含油饱和度，%；

　　　PG——总烃含量，mg/g。

2. 利用总烃含量、原油密度、孔隙度求含油饱和度

从上面的分析可以看出，在岩石密度一定的情况下，S_o 是总烃含量（PG）、原油密度（$d_油$）、储层有效孔隙度（ϕ）的函数。因此，以测井解释的含油饱和度成果为依据，对含油饱和度 S_o 与综合参数 $P = PG/(\phi D_{20})$ 的关系经回归分析得到二者的相关关系式

$$S_o = 25.7 + 35.7 \times P \qquad (n = 62, r = 0.72)$$

对于塔里木盆地正常黑油，如果取原油密度的平均值为 0.87g/cm³，则有

$$S_o = 25.7 + 31.06 \times PG/\phi$$

3. 利用亮点指数和孔隙度求含油饱和度

由于岩石热解参数中轻重组分质量比在一定程度上可以反映油的密度，因此，

可以考虑直接利用热解参数和孔隙度求取含油饱和度,而且该方法对资料的要求更加灵活。另一方面,该方法也为我们定量判别储层性质提供了又一个有利工具。

亮点指数 BSI 与含油饱和度(S_o)呈良好的正线性相关关系,回归得到计算含油饱和度的又一个公式

$$S_o = 22.00 + 22.22 \times BSI/\phi$$

需要特别指出的是,上面两种计算含油饱和度的方法主要适合于油层、油水层同层、含油水层、水层,对于凝析油气层则不适合。

从上面分析知道,BSI 在孔隙度一定的情况下是含油饱和度的直接反映,因此,完全可以根据二者的交会来划分油水层,这与在测井中利用含油饱和度和孔隙度来划分油水干层的原理是一致的。

实际结果也表明,利用 BSI 和 ϕ 划分油水层效果十分有效,不同类型的储层特征分别是:

油层	BSI>18.0,	ϕ>15.0%
油水层	BSI=9.0~18.0,	ϕ=10.0%~15.0%
水层和干层	BSI<9.0,	ϕ<10.0%。

(五)五峰热解资料的应用

1.五峰热解参数的意义与分析条件

1998 年,江汉地球化学实验站开始将"油气评价工作站系统"引入塔里木盆地地球化学录井领域,进行岩石热解分析,获得了"五峰"热解参数(S_0、S_1、S_{21}、S_{22}、S_{23}),其分析条件见表 9-11。河南地质录井公司依托本专题,使用"YQ-Ⅲ型油气显示评价仪"对哈德 4 井、依南 4、依深 4、克孜 1 等井开展现场地球化学录井工作。但是,到目前为止,获得的资料比较少,而具有对应试油的资料就更少。

表 9-11　油气评价工作站系统分析参数与分析条件

分析参数	分析温度/℃		恒温时间 /min	升温速率 /(℃/min)
	起始温度	终止温度		
S_0	90	90	2	—
S_1	200	200	1	—
S_{21}	200	350	1(350℃)	50
S_{22}	350	450	1(450℃)	50
S_{23}	450	600	1(600℃)	50
RC	600	600	7	—

五峰热解各参数的意义是:

S_0 峰:代表天然气含量。在 90℃检测到的单位质量储层岩石中天然气的烃

含量,mg/g。

S_1 峰:代表汽油含量。是指在 200℃ 检测到的单位质量储层岩石中的烃含量,mg/g。

S_{21} 峰:代表煤油、柴油含量。代表在 200～350℃ 检测出的单位质量储层岩石中的烃含量,mg/g。

S_{22} 峰:代表重油含量。代表在 350～450℃ 检测出的单位质量储层岩石中的烃含量,mg/g。

S_{23} 峰:代表胶质沥青质热解烃量。在 450～600℃ 检测到的单位质量储层岩石中的烃含量,mg/g。

RC:残余有机碳量,岩石热解后残余油有机碳占储层岩石质量的百分数,%。

2. 五峰热解资料在储层评价中的应用

郝立言等在大量实际分析资料的基础上总结出了利用五峰资料确定原油性质的基本方法。其原理主要是通过得到的原始参数计算出一些派生参数,这些派生参数包括:

(1) 岩石含油气总量 S_T

$$S_T = S_0 + S_1 + S_{21} + S_{22} + S_{23} + (10 \times RC/0.9)$$

(2) 凝析油指数 P_1

$$P_1 = (S_0 + S_1)/(S_0 + S_1 + S_{21} + S_{22})$$

(3) 轻质油指数 P_2

$$P_2 = (S_1 + S_{21})/(S_0 + S_1 + S_{21} + S_{22})$$

(4) 中质油指数 P_3

$$P_3 = (S_{21} + S_{22})/(S_0 + S_1 + S_{21} + S_{22})$$

(5) 重质油指数 P_4

$$P_4 = (S_{22} + S_{23})/(S_0 + S_1 + S_{21} + S_{22} + S_{23})$$

利用这些派生参数可以划分油气水层和判别原油性质。其中原油性质的判别方法是:当 P_1 大于 0.9 时为凝析油;P_2 为 0.8～0.9 时为轻质油;P_3 为 0.6～0.8 时为中质油;P_4 为 0.5～0.8 时为重质原油。

由于塔里木盆地五峰热解仪的使用才刚刚开始,这方面的资料很少,而具有相应试油成果的就更少。为充分利用上述基于三峰资料的研究成果,为利用五峰热解资料创造条件,首先对五峰热解资料与三峰热解资料的关系进行了研究。

通过对塔里木盆地主要储层类型(稠油层、沥青砂层除外)S_1 与 S_2 峰的交会分析可以发现,几乎所有点分布在 $S_1 = 2.0 \times S_2$ 直线的附近,换言之,S_1 峰和 S_2 峰具有比较好的线性关系,S_1 的值近似于 S_2 的两倍。

而从五峰热解参数的分析条件可以知道,煤油、柴油峰(S_{21})的分析温度介于三峰热解参数中的游离烃(S_1)和热解烃(S_2)之间。因此,我们可以通过利用有限的五峰热解参数,通过"试凑"的办法,不断调整对 S_{21} 的分配系数,得到二者之间的转换关系。

根据哈德 4 井资料的研究结果,可以建立如下的转换关系

$$S'_1 = S_0 + S_1 + S_{21} \times 0.82$$
$$S'_2 = S_{21} \times 0.18 + S_{22} + S_{23}$$

S'_1、S'_2 是由五峰资料转换后得到的三峰热解参数。有了这两个参数,就可以按照前面的研究成果来评价储层产液类型、储层、储层含油饱和度等。

在利用岩石热解资料进行储层评价过程中必须注意及时取样、及时分析,否则就必须进行烃类组分的挥发校正。

(六) 几点认识

(1) 储层岩石热解录井是发现油气显示、评价储层含油性和原油性质的有效手段,值得大力推广。特别是通过新一代"油气显示评价仪"的推广应用,进一步获取更多五峰热解资料,为今后直接利用五峰资料建立图版进行地球化学录井解释提供更加可靠的依据。

(2) 亮点指数作为划分油气水层、识别原油物性的一项重要参数,在划分油气水层方面和计算含油饱和度等方面,具有方法简单易行的特点,特别适合于进行单井剖面的系统评价;在确定原油性质方面,与常规产油指数(OPI)相比,精度大大提高,特别是对凝析气层、重稠油、沥青的判别更加有效。

(3) 采用多参数模式识别技术判断油气水层与单参数统计和双参数交会技术相比,具有明显的优势,因此综合利用多种参数,充分利用现代数学工具进行录井地质解释应成为录井地质学的发展方向。

(4) 烃类挥发性试验表明,干样与湿样相比,总烃损失可达 50％左右,而且不同组分挥发性也不一致。其中天然气挥发最快,而且在短时间内全部挥发;汽油在放置 4h 以后挥发达 80％;煤油和柴油、蜡和重油可损失 28％左右;胶质和沥青质的热解烃约损失 20％。因此,现场地球化学信息的及时快速分析,对于发现天然气和轻质油具有重要意义。

第二节　常规测井信息识别油气水层

测井的油气评价是一个复杂、带有强烈的实践性与经验性的技术分析过程,它是对来自于测井与非测井两大系统的信息及其数据处理成果的综合与推理(曾文冲,1991)。充分利用常规测井信息进行油气储层评价通常包括以下几方面的内容:

（1）分析地层的储集特性，进行储层有效性评价。

（2）通过关键井研究，把测井信息转化为地质信息。评价储层储渗性能、含油性及可动油量。

（3）计算产层束缚水含量，揭示油气层的特性及含油饱和度变化。

（4）弄清储层油水分布特征。

（5）评价油气层的丰度和可能的生产能力，预测产层的含水率。

测井油气层识别评价大致可分为定性与定量两大类，前者通常通过测井信息两两交会或三维交会结合油气测试信息，定性地确定油气层识别标准。后者通常通过进行测井资料精细处理与解释，定量表征储层储集性及含油性，特别是进行原始含油饱和度的精确解释，定量表征储层的含油气性。

一、油气层定性识别评价方法

（一）双差值法识别油气层

双差值法识别油气层的原理为：中子测井主要反映岩层的含氢指数。在一般地层压力下，地层中天然气的含氢指数低于油和水的含氢指数，所以，当地层孔隙中存在天然气时，引起中子测井孔隙度减小。天然气的密度和声波传播速度远小于油和水，所以当地层孔隙中存在天然气时，引起密度测井和声波测井孔隙度增大。

因此，当我们把中子测井孔隙度同密度测井孔隙度在水层段重合时，在气层段两孔隙度将有明显的差值，在油层段有较小的幅度差；而当我们把这两孔隙度以油层段为基准进行重叠时，密度孔隙度同中子孔隙度的正差值将只在气层出现，将其正差值记为 ϕ_{g1}。同样，当我们把声波测井孔隙度同中子测井孔隙度在水层段重叠时，在气层段两孔隙度也将出现正差值，将其记为 ϕ_{g2}。地层的含气饱和度越高，含气量越大，正差值将越大。地层含气饱和度越低，含气量越小，正差值将越小。所以，正差值 ϕ_{g1} 和 ϕ_{g2} 指示地层含气，我们称之为双差值。从莫北油气田莫北 2 井区 6 口井的双差值法图（图 9-2）中可以看出，将 ϕ_{g1} 和 ϕ_{g2} 叠加处理，对气层指示清楚，说明双差值指示气层效果较好，但对油层和水层的指示效果不理想。

（二）孔隙度和电阻率比值法识别油气水层

天然气使密度测井数值降低，中子孔隙度测井读数减小，电阻率测井值升高。根据天然气对孔隙度测井和电阻率测井的不同测井响应特征，设计了体积密度与电阻率测井值和中子孔隙度与电阻率测井值的比值法（即 DEN/RT 和 CNL/RT 两条曲线），以进一步加大天然气对测井曲线的影响。由于储层的体积密度测井值的范围在 2～3 之间，而中子孔隙度测井值（以百分数表示）在 10 以上，故 DEN/

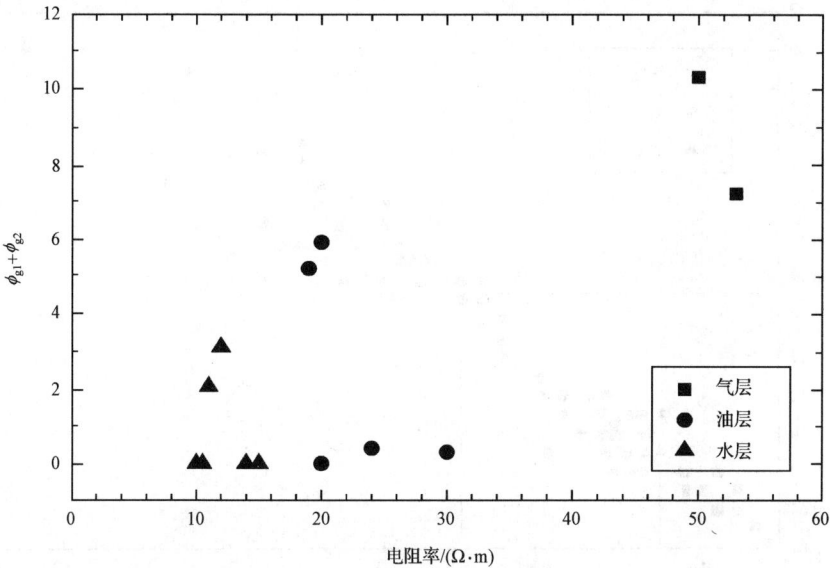

图 9-2　莫北油气田侏罗系三工河组 $J_1 s_2^2$ 砂层组双差值法解释图版

RT 和 CNL/RT 之间有将近一个数量级的差别,为此将 DEN/RT 和 CNL/RT 经加权后得到了 FI 加权曲线。根据莫北油气田 25 口井的计算分析比较,DEN/RT、CNL/RT 和 FI 曲线在气层处显示为低值,在水层段显示为高值,油层段的数值在气层和水层之间(图 9-3)。认为利用现有常规测井资料,孔隙度和电阻率比值法可很好地识别气、油、水,判断油气界面和油水界面(图 9-4)。

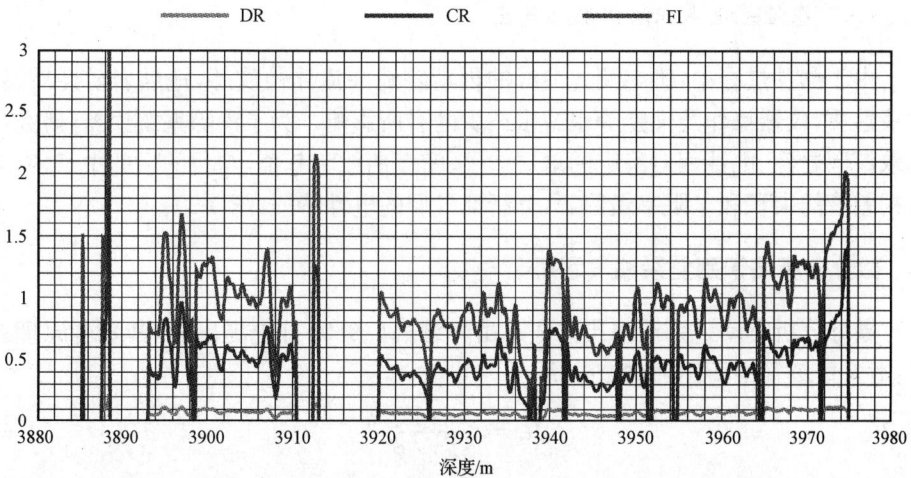

图 9-3　莫 003 井孔隙度与电阻率比值法综合图

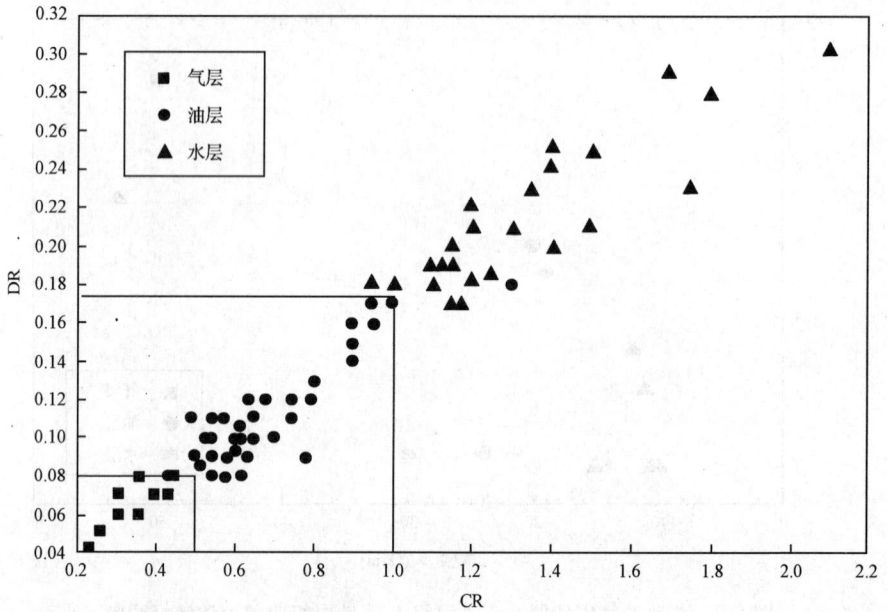

图 9-4　$J_1s_2^2$ 砂层组孔隙度与电阻率比值法解释图版

对于莫北油气田孔隙度与电阻率比值法的解释规律为：

气层：DEN/RT<0.09，CNL/RT<0.5，FI<0.85。

油层：0.09<DEN/RT<0.175，0.5<CNL/RT<1，0.85<FI<1.85。

水层：DEN/RT>0.175，CNL/RT>1，FI>1.85。

（三）基值差值乘积法识别油气层

由于测井过程中，影响测井曲线的因素除地层流体性质外，地层岩矿性质、钻井液性质、仪器操作及性能等也或多或少的有所影响。为了消除系统误差，研究中选取该区岩性、电性相对稳定的地层中子、密度曲线为基值，与目的层的中子、密度值的差值的乘积和电阻率做图版，分析油气层的电性特征（图 9-5）。

二、微分分析法识别复杂油气水层

微分分析自动识别油水层方法是由赖维民（1989）首先提出的，其基本原理在于：对常规解释中所用阿尔奇公式

$$R_t = \frac{a \cdot R_w}{S_w^{\,n} \cdot \phi^m} \tag{9-6}$$

表示 R_t 是 ϕ、S_w、a、n、m 变量或参数的函数，为使 ϕ 及 S_w 对 R_t 的贡献相对于 m、n、R_w、a 更大些，而使岩石的岩性、颗粒粗细、分选、胶结物性质及含量处于更次要位

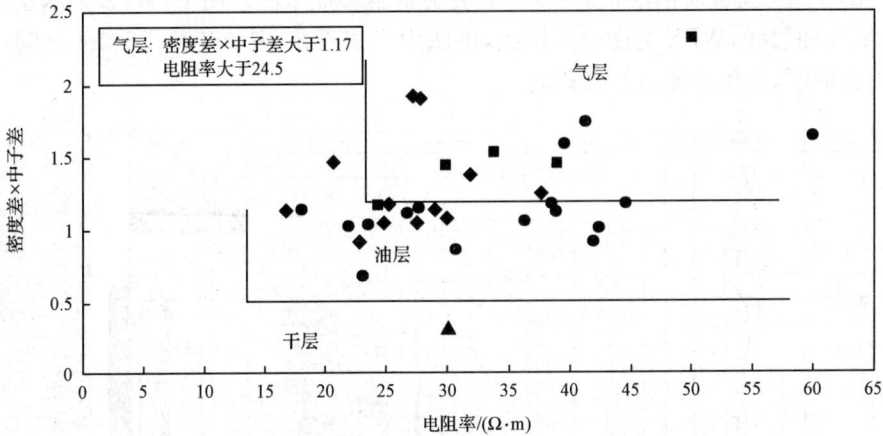

图 9-5　莫北 2 井区 $J_1s_2^2$ 砂层组油气层识别图版

置,对式(9-6)进行全微分

$$dR_t = \frac{a \cdot R_w}{S_w^n \cdot \phi^m}\left(\frac{dR_w}{R_w} - n\frac{dS_w}{S_w} - m\frac{d\phi}{\phi}\right) + \ln\left(\frac{1}{S_w}\right)dn + \ln(1/\phi)dm + da/a$$

(9-7)

考虑到在实际解释过程中,m、n、a、R_w 可视为常数,简化式(9-7)得

$$dR_t/d\phi = -(a \cdot R_w)/(S_w^n \cdot \phi^{m+1})$$

(9-8)

$$\frac{dR_t}{dS_w} = -\frac{a \cdot R_w}{S_w^{n+1} \cdot \phi^m}$$

(9-9)

对于油层,$S_w = S_{wB}$,由式(9-8)可得出纯油层线

$$\left(\frac{dR_t}{d\phi}\right)_o = -\frac{a \cdot R_w \cdot m}{S_w B^n \cdot \phi^{m+1}}$$

(9-10)

对于水线,$S_w = 100\%$,由式(9-8)可得出纯水线

$$\left(\frac{dR_t}{d\phi}\right)_w = -\frac{a \cdot R_w \cdot m}{\phi^{m+1}}$$

(9-11)

同样由式(9-9)中也可得出针对 dR_t/dS_w 曲线在其相应理论线之间的变化情况,确定解释结论,一般认为:若 dR_t/dS_w 与其相应的水线重合或低于水线时,判断为水层。当 $R_t/d\phi$ 或 dR_t/dS_w 与其相应的油线重合或高于油线时,认为是油气层。而 $R_t/d\phi$ 或 dR_t/dS_w 在油、水线之间时,解释为油水同层。当然,由于 S_{wB} 选取往往很难,还应根据各地区的情况而定。

为了消除岩性影响,突出研究岩层孔隙中的流体和含水饱和度的问题,提出分相带确定用 n、m 值,利用相同深度点的深、浅电阻率之差,进行适当处理,得出反映地层原始状态含水饱和度和公侵入带含水饱和度各自 n 次方的倒数之差(即 RDLA 值)。

图 9-6 为新疆彩南油田彩 43 井微分分析解释成果图。图中,WPZ 为水层线,WPY 为油层线,WPX 为微分分析线,由图中可以看出,从 2670～2700m 之间,均识别为油层,与生产测试结果相同。

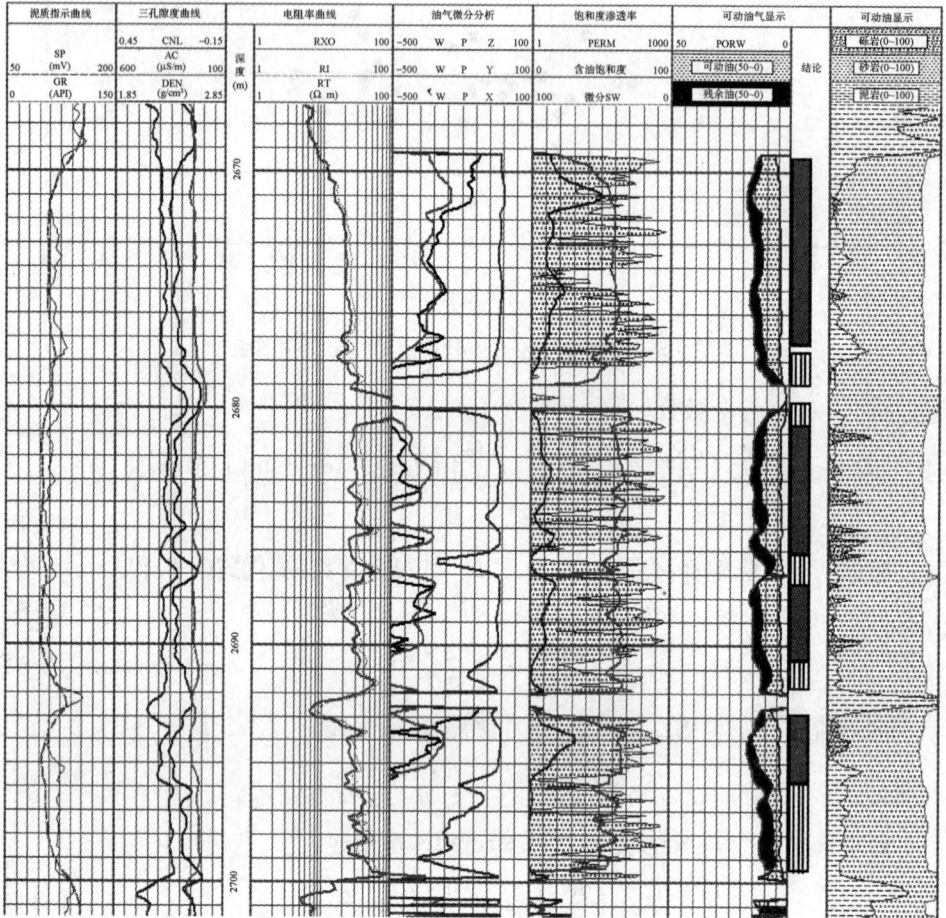

图 9-6　彩 43 井 s21 层测井综合解释成果

此外,利用神经网络模拟及预测方法、多元统计方法、模糊识别方法均可进行油水层识别评价。

第三节　测试、测井新技术联合识别油气层

一、组件式地层重复测试(MDT)

目前能够直接取得流体性质的、技术领先的电缆测试方法,当属组件式地层重

复测试(MDT),该技术可以测得地层剖面压力梯度,以此来推测流体性质及不同流体的界面,同时还可以进行地层流体取样,并在井下即时对流体进行光谱分析得到流体的光谱特征,准确判断流体性质。

二、核磁共振测井新技术

20世纪80年代末到90年代初发展起来的核磁共振测井技术,是探测储层物性及流体性质的最先进的测井技术。其中,国内使用较多的是斯伦贝谢公司的CMR核磁共振测井技术及哈里伯顿公司的MRIL-P核磁共振测井技术。

MRIL-P采用在井中利用永久磁体产生磁场代替地磁场,探测地层中流体氢核的含量,它利用的是梯度磁场,采用多频探测方式(9个频率),以自旋回波技术为基础,提高了信噪比,探测的深度较深(从井中心约22.8cm),而且受井眼等条件影响小;它的缺点是测井分辨率相对较低,尤其对薄层的效果较差。解决的地质问题:地层有效孔隙度,地层可动流体及束缚流体饱和度,地层渗透率,储层孔隙结构及油气层识别。

MRIL-P核磁测井的油气识别:储层流体的核磁特性是随着各种因素在变化的,不同流体信号分布在 T_2 谱上的位置不同,根据它的位置往往可以预测和识别流体的性质。在油气识别方面,MRIL-P核磁资料探测的深度较深,受外在条件影响小;结合深电阻率可以检测原状地层的油气。最常用的油气识别方法有两种:谱位移法(DSM)和谱差分法(TDA)。谱位移法应用于识别稠油;而谱差分法应用于识别气和轻质油。

TDA(时域分析法)谱差分法即根据不同流体具有不同的极化速率,不同的纵向弛豫时间等性质来判别油气的一种方法。它是差谱的结果,采用双等待时间的核磁测量模式资料。在短等待时间里,让水的质子完全极化,而气和油仅仅是部分极化;在长等待时间里,水中的质子完全极化,这种回波串差异可以转换成 T_2 谱,用这种方法可以用来判别油气。TDA完全是利用核磁资料来提供冲洗带或侵入带的流体类型,提供经过含氢指数和未完全极化校正的气和轻质油的孔隙度。

MRIAN处理:利用MRIL-P核磁测井资料可以提供孔隙度、渗透率等参数。由于核磁共振测井探测的深度较浅,它仅仅探测的是地层冲洗带或侵入带中的流体氢核,而常规电阻率测井探测的深度较深,可以探测到原状地层,所以,将常规测井资料和核磁资料结合起来,利用双水模型可以对原状地层进行烃的检测,而利用核磁资料做TDA分析、DIFAN处理,则可以对冲洗带和侵入带内的烃做定量分析。实际上用于MRAIN处理最重要的参数是地层深电阻率、总孔隙度和泥质束缚水的饱和度,MRIL为双水模型提供两个最重要的参数,泥质束缚水孔隙度(MCBW)和有效孔隙度(MPHI)。

CMR测井同样可以利用谱的特性检测油气,但它的探测深度仅仅才2.5cm,

一般而言,冲洗带中的油气显示非常弱,而 MRIL-P 探测相对要深得多,所以对油气的检测更灵敏。

经过对这两种仪器的测井原理、测井条件及测井目的的侧重点的研究对比,结合莫北油田的储层及油藏的特点,选择了 MRIL-P 核磁测井仪进行了两口井的测井工作;并在三口井中进行了组件式地层重复测试(MDT)取样分析工作。

三、测试、测井新技术联合识别油气层

以新疆莫北油田 MB2005 等井的核磁处理解释及(MDT)取样分析为例,从 TDA 和 MRIAN 的分析结果来看,在 3917.5m 以上的储层内,TDA 分析有油和气,根据核磁资料综合解释为油气层;在 3917.5～3957m 之间,TDA 有油,未见到气(3932～3934m 见少量气),靠近底部,MRIAN 处理结果上可见可动水含量略有增加,根据核磁资料综合解释为油层。侏罗系三工河组油气层和油层的分界面为 3917.5m,海拔深度为-3511.95m(图 9-7、图 9-8)。

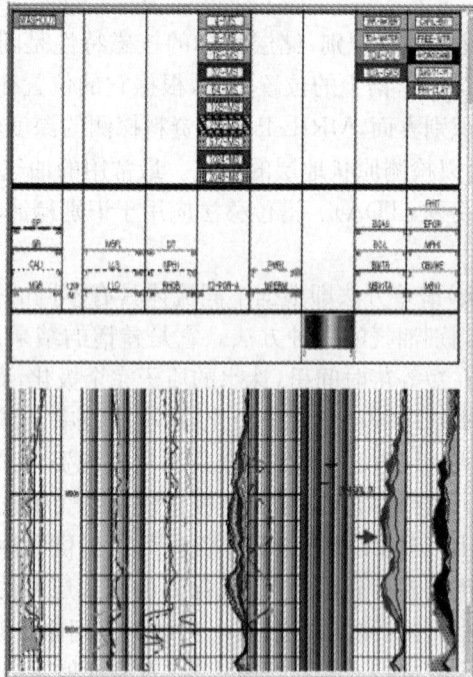

图 9-7 MB2005 井核磁处理成果图

MDT 取样分析:在 S21 砂层的 3893.2m 和 S22 砂层组的 3913m,取样分析为气含油(图 9-9、图 9-10)。在 S22 砂层组的 3918.5m,取样分析为油,未见气(图 9-11)。

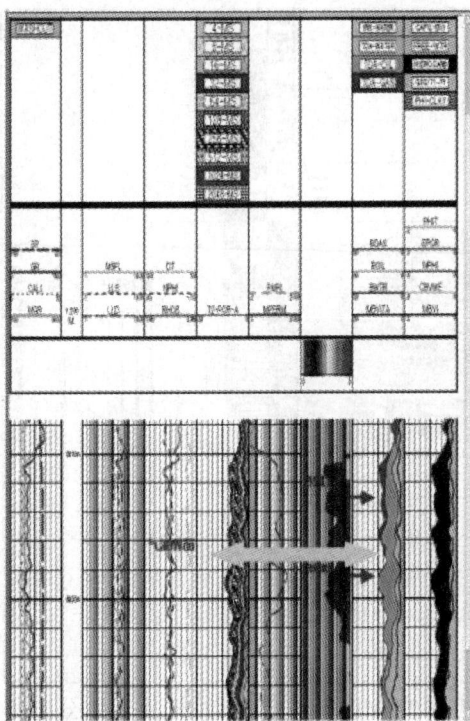

图 9-8 MB2005 井核磁处理成果图

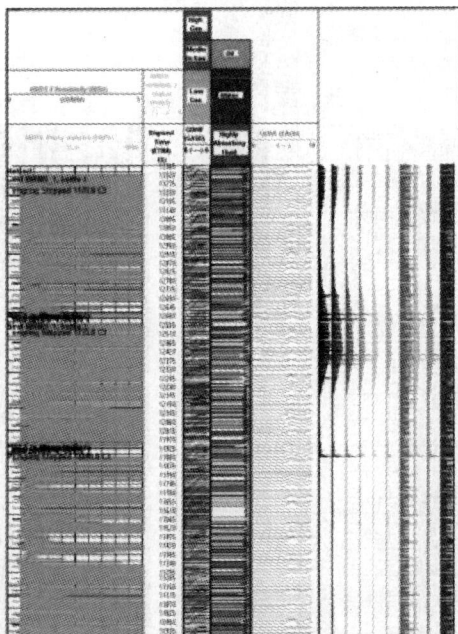

图 9-9 MB2005 井 MDT 取样及 OFA 分析图
流体主要为气含油

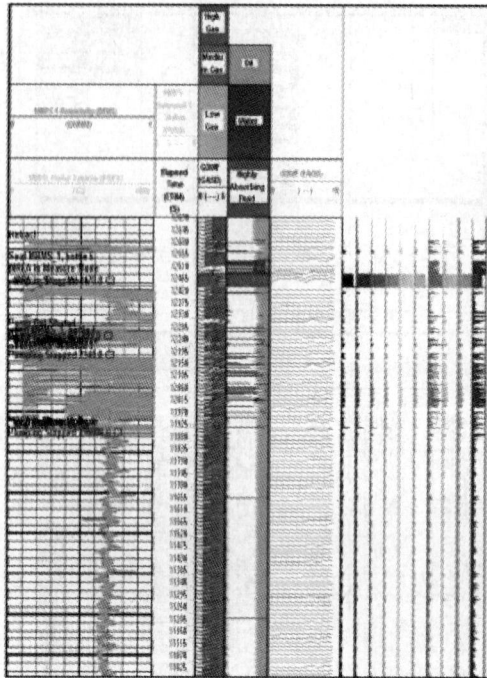

图 9-10　MB2005 井 MDT 取样及 OFA 分析图

3893.2m 流体主要为气、含少量油 3913m

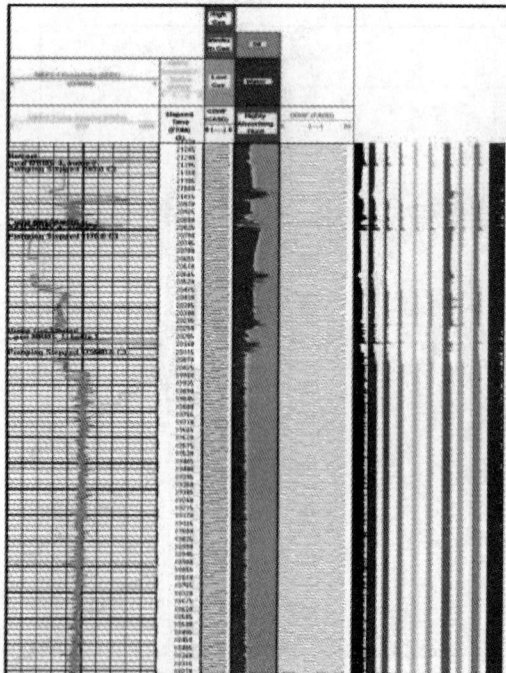

图 9-11　MB2005 井 MDT 取样及 OFA 分析图

图 9-12 是 MB2005 井 S22 砂层组底部的核磁图。在 3955.5m 以下的储层内，TDA 有少量油和少量气的信息，在 MRIAN 中含烃饱和度仅为 24%，可动水的含量明显增大，综合分析认为是含油水层。核磁资料提供了一个明显的油水界面是 3955.5m，海拔深度为－3549.95m。

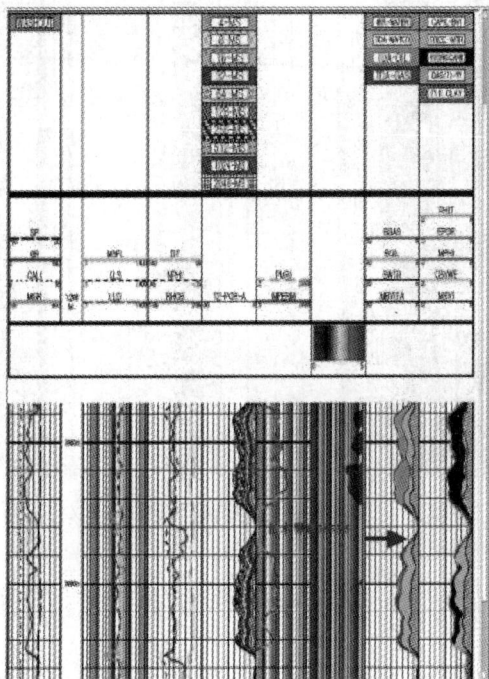

图 9-12　MB2005 井核磁处理成果图
3918.5m 流体为油

继 MB2005 井之后，在 MB2030 井又实施了 MRIL-P 核磁测井及 MDT 取样分析。其结果显示，该井三工河组储层物性较差，在 S21-1 发育了一套砂层组，解释为气层含油；S21-2 砂层组解释为油气层；S22 砂层组顶部的储层内，TDA 分析有油和气，中下部的储层内，TDA 分析有油及少量的气；综合分析确定 MB2030 井的油气界面为 3935.22m（－3511.85m）；油水界面为 3979m，海拔深度为－3555.63m（图 9-13）。

MB2009 井 MDT 测压和取样分析结果：在三工河组储层内测压 17 个点，由于该层有效渗透率偏低，测压分析无法得出流体密度结论。取样 8 个点，有 6 个点取样正常，泵出了地层流体；从所取样品及 OFA 分析结果来看，3951.1m（海拔－3511.6m）以下为油层，3987.4m 为纯水。结合电测曲线及解释图版，认为该井的油气界面在海拔－3511.0m，油水界面在海拔－3546.6m。

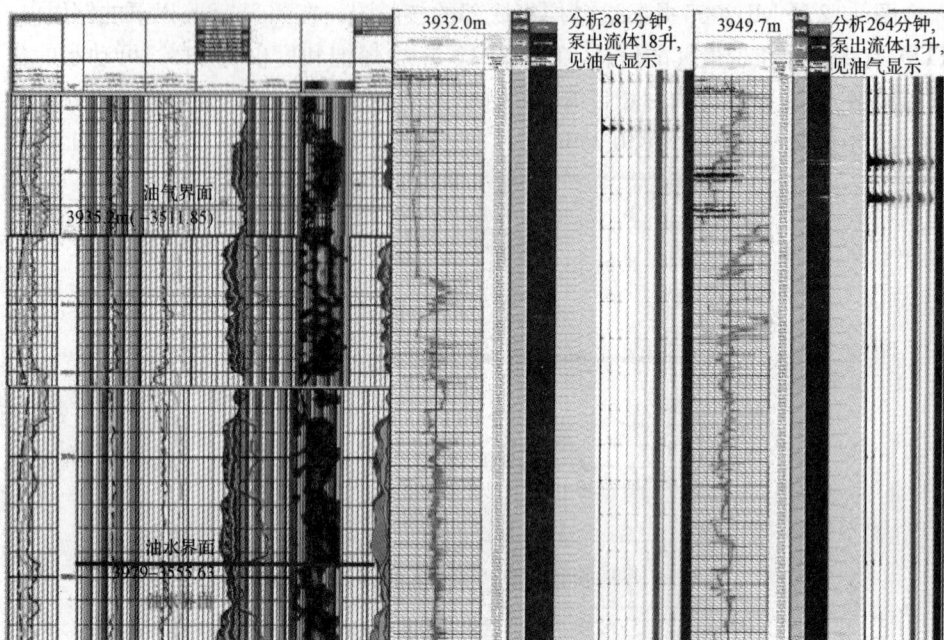

图 9-13　MB2030 井的核磁处理成果及(MDT)取样分析结果

第四节　波形差异分析及高产气层预测

　　众所周知,不同时期或同期不同水动力条件形成的砂体,其厚度、质量差异性明显。具体则表现为地质、地震、测井响应具有明显差异,含气丰度具有明显差异,产能也显示出极大的差异性。

　　我们以鄂尔多斯盆地大牛地气田为例,从储层、高产气层成因机理出发,利用储层、高产气层地震、地质、测井、测试信息的差异性,通过进行储层、高产层敏感信息重构,进行波形差异分析、反演、综合识别、评价及预测,取得了良好效果。

一、波形差异分析基本原理

　　大牛地气田含气层主要分布在下二叠系下石盒子组 H3、H2、H1 段及山西组山 1 段储层中。储层具有如下特点(关达等,2005):①多期河道砂体纵向叠置,横向变化大,不连续,非均质性严重;②砂体普遍具有低孔低渗的特征;③单砂体厚度薄,一般为几米至几十米,气层厚度更薄;④下石盒子组为薄砂泥互层结构,山西组、太原组为夹煤层、石灰岩层的砂泥互层结构;⑤储层波阻抗特征不突出,与泥岩间差异不明显;⑥H1、H2 段砂体地震速度一般高于泥岩,波阻抗也高于泥岩,但含气引起速度降低,声波时差一般可增大 $50\mu s/m$,与泥岩速度一致;⑦砂体相对泥岩具有低自然伽马、低中子、高密度、低声波时差特征,含气砂体一般具有较高电阻率特征。

　　由于工区特殊的地质地震条件影响了地震资料的品质,表现在频带窄(50～60Hz)、分辨率低(目的层段视主频为 20～25Hz)、信噪比低,识别储层困难,识别有效储层更难。砂泥岩之间的波阻抗差异小,特别是山西组、太原组煤层产生强反射,导致储层的地震响应特征不突出。许多专业地球物理公司及科研院所,采用了多种方法和技术(统计、交会分析技术;岩石物理分析技术拟合、模型正演技术;多属性聚类分析技术;地层及砂体精细标定技术;真三维空间域自动追踪技术;地震属性提取、优化组合技术;波形分类技术、相干分析技术;三维可视化技术;叠后资料分频技术、地震测井联合反演技术;信息融合技术;综合评价技术),试图对研究区产气层进行预测,总感觉不尽如人意。因为,在地震分辨率不能满足直接识别砂体的情况下,薄层调谐作用是预测储层的重要途径,在砂体厚度小于 1/4 波长范围内,砂体厚度增大引起反射波振幅的增强,振幅属性主要反映了砂体的厚度变化。因此,依据地震属性分析的预测结果难以识别出砂体的质量。

　　图 9-14 至图 9-19 分别为不同产层测井、地震响应特征,由图中可以看出,不同产层,总体波形特征类似,但由于不同地震分辨率低,地震波形是整个层段如 H3 段的整体反映,因此,利用地震信息特别是振幅或频率等常规属性并不能反映

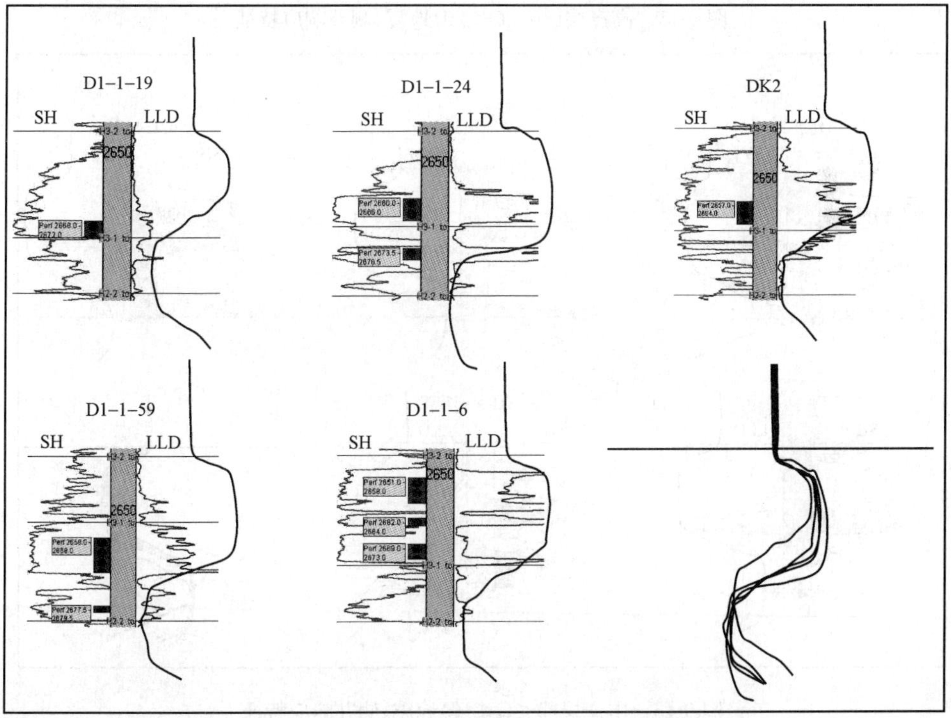

图 9-14　特高产层($Q > 20 \times 10^4 \mathrm{m}^3/\mathrm{d}$)地震、测井响应特征

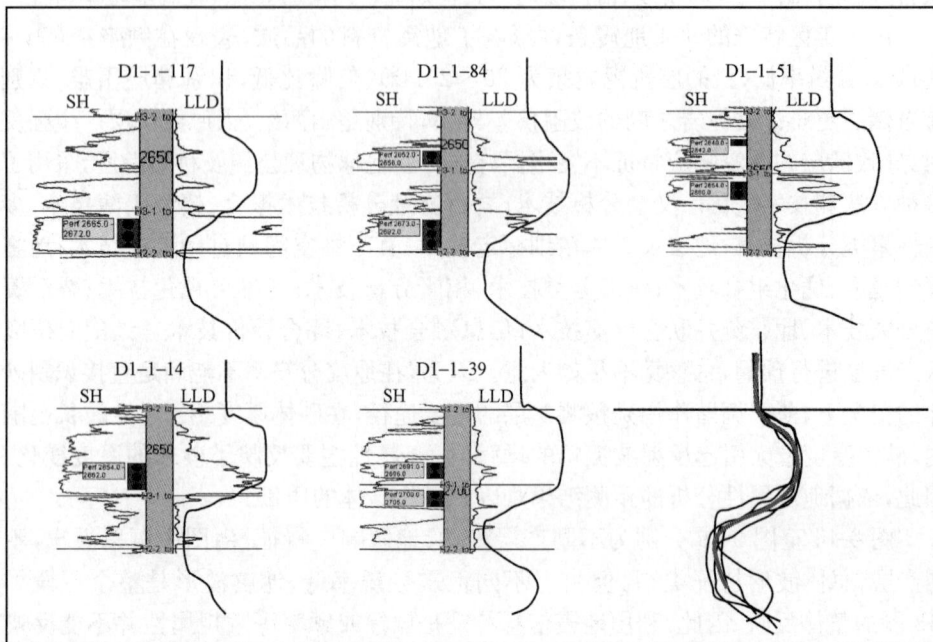

图 9-15　高产层(10＜Q＜20)地震、测井响应特征

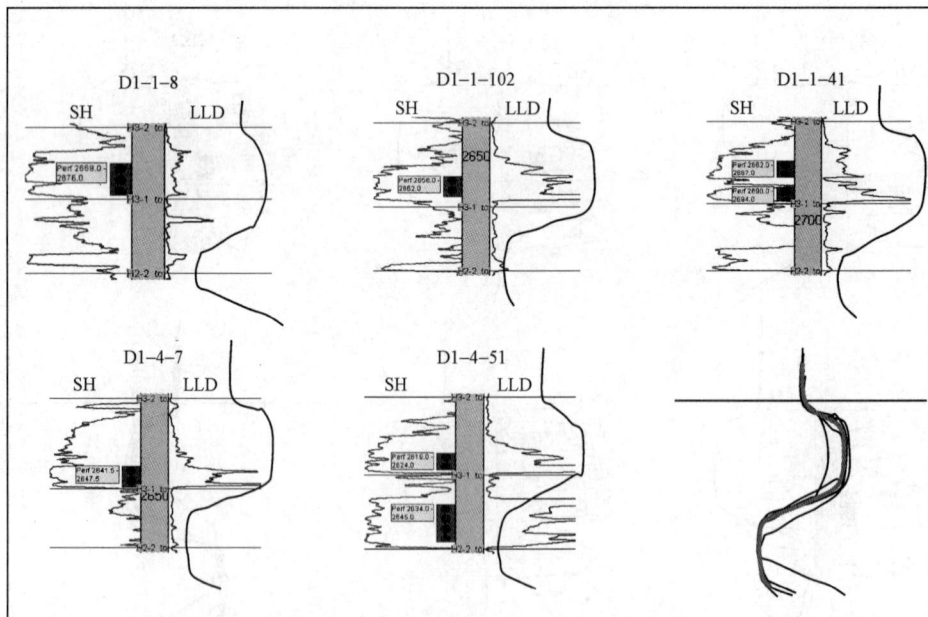

图 9-16　中产层(5＜Q＜10)地震、测井响应特征

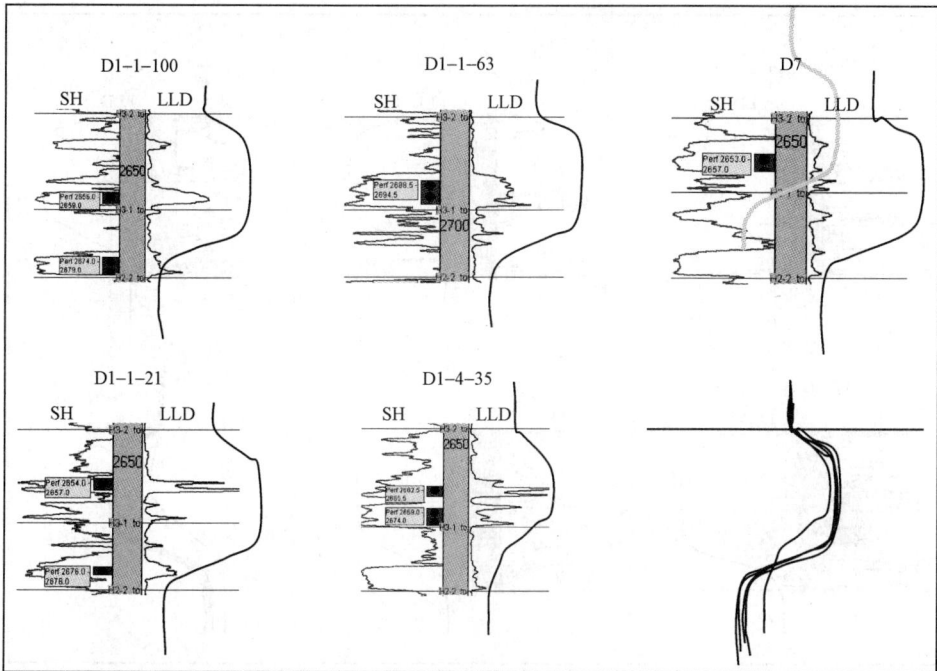

图 9-17　低产层($1 < Q < 5$)地震、测井响应特征

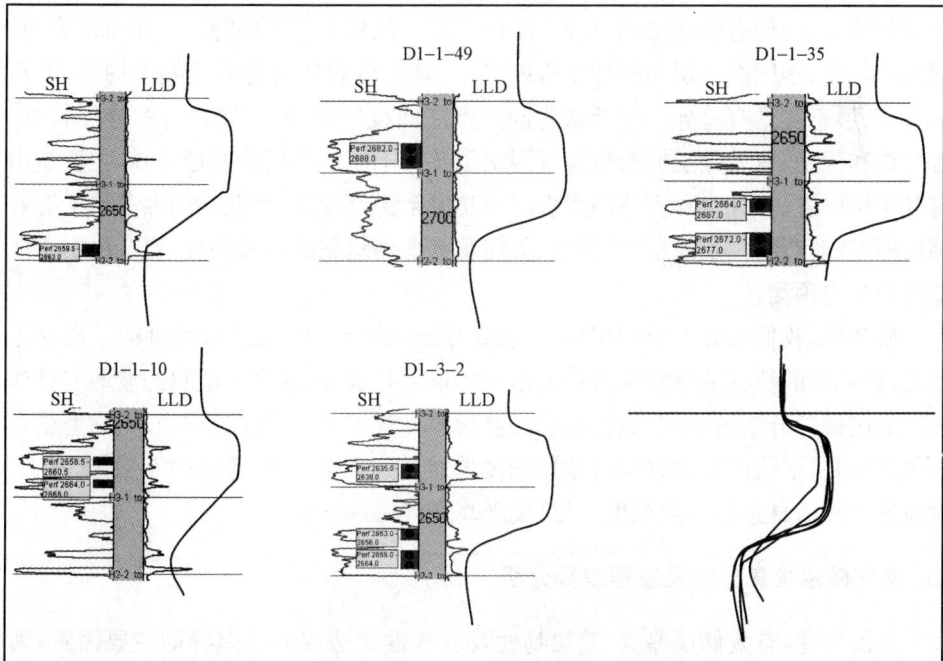

图 9-18　特低产层($0.1 < Q < 1$)地震、测井响应特征

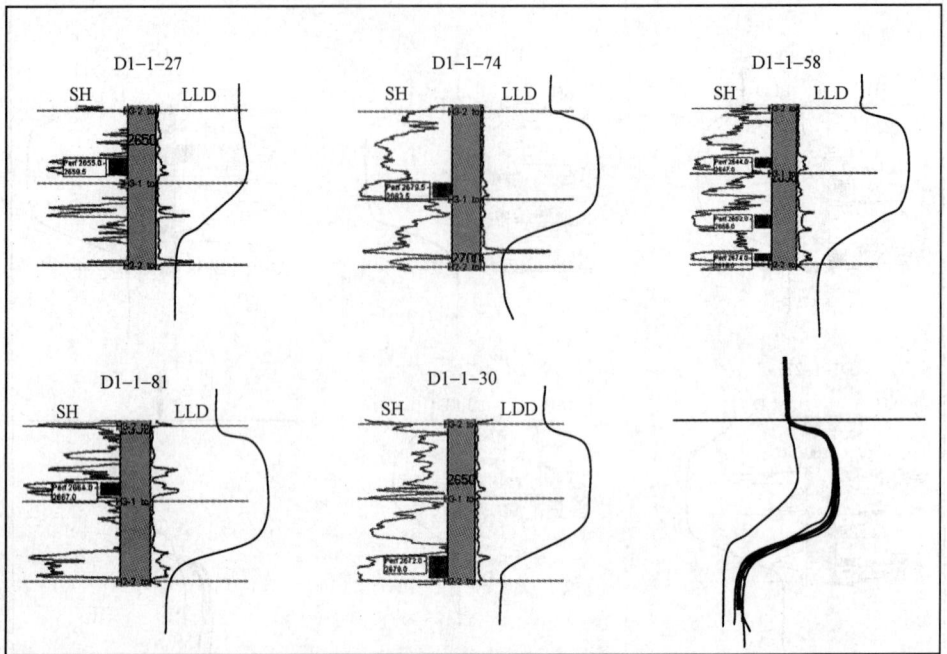

图 9-19　微产层（$Q<0.1$）地震、测井响应特征

产层的特点,即使有效储层的厚度也不能反映。但从单一波形特征对比可以表明,
同类产层间、不同类产层间波形是有差异的,具体可表现为波形的幅度均值、波形
的宽窄、形态等具有差异。分析认为同类产层间波形差异,主要由有效储层物性、
含气饱和程度、有效储层分布位置等因素引起。不同类产层的波形差异,主要是由
有效储层厚度、含气饱和度等因素引起。总的来说,引起波形差异的因素包括有效
储层厚度、储层物性及储层含气性。如何精细准确地刻画波形差异,直接决定着产
能的分布与预测。

　　研究中,我们首先充分利用测井、测试信息,进行含气敏感参数重构。在此基
础上,将同样的数据处理技术进行波形差异信息处理,求取含气敏感的波形差异参
数。通过概率分析及反演,获得沿层的波形差异数据体。研究过程中,始终遵循岩
心刻度测井、不同产层测井信息差异刻度地震波形差异,最终利用生产测试信息,
对波形差异信息进行二次刻度,最终实现高产气区的反演。

二、含气敏感信息分析及波形差异分析

　　如前所述,有效储层厚度、储层物性及含气性是造成波形差异的主要因素,因
此,含气敏感信息也只能紧紧围绕上述参数进行重构。众所周知,有效储层厚度往

往影响波形幅度,储层物性及含气性往往与波形形态关系密切。为了充分反映波形特征,我们主要利用质心、均值、方差、变方差等参数来刻画波形的差异。

（一）含气敏感信息分析

含气储层往往具有独特的属性,不同的含气性,其特征不同。分析认为,含气敏感信息可通过质心、振幅均值、方差、变方差来体现。

1. 质心

质心可用来反映同一时窗内各采样点的振幅在时间平面上同一时窗内的几何关系。计算公式为

$$RM = \frac{\sum_{i=1}^{N} i x(i)}{N \sum_{i=1}^{N} x(i)}$$

式中：$x(i)$ ——对应于点 i 的振幅值；

N ——时窗内的采样点个数；

RM ——质心。

质心对地震子波在地层中的传播有一定的意义。如图 9-20 为大牛地气田 H3 层六类产层的质心分布。可以看出,不同产层,其分布不同,但重叠很多。

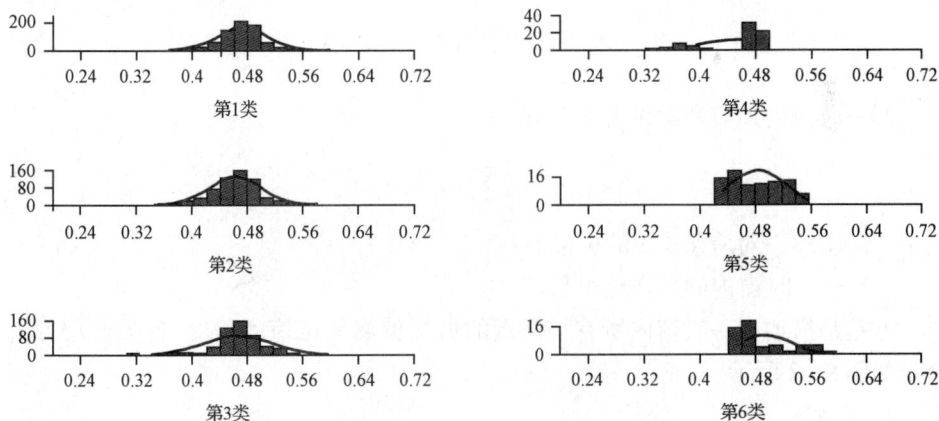

图 9-20　大牛地气田地震资料井旁道 H3 层六类产层质心对比图

2. 均值

均值为同一时窗内各个采样点的地震振幅平均值,该指标大致刻画同一时窗内的平均振幅大小。计算公式为

$$\overline{X} = \sum_{i=1}^{N} \frac{x(i)}{N}$$

式中：$x(i)$ ——对应于点 i 的振幅值；

　　　N ——时窗内的采样点个数；

　　　$\overline{X}$ ——均值。

　　均值反映某地层单元对地震信号的吸收衰减强度,可以反映砂岩的含气饱和度。图 9-21 为井旁道 H3 层六类产层均值对比图。

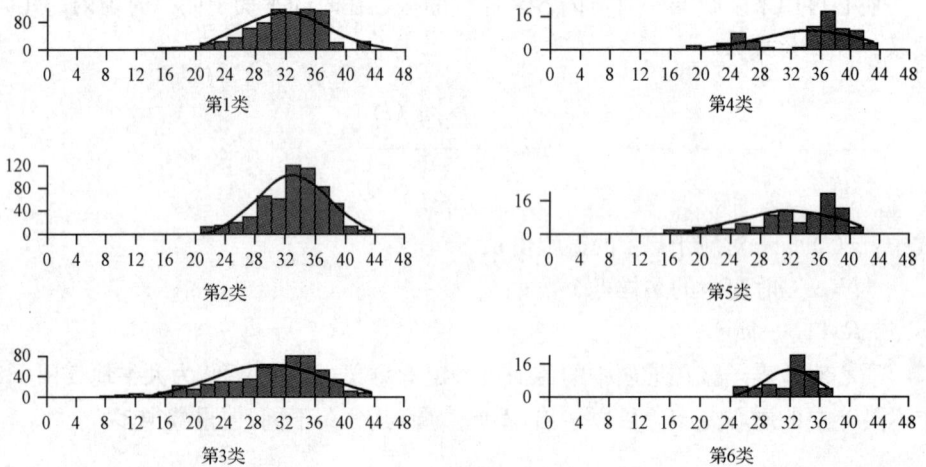

图 9-21　大牛地气田地震资料井旁道 H3 层六类产层均值对比图

3. 方差

同一时窗内地震数据的方差公式

$$S = \frac{1}{N-1} \sum_{i=1}^{N} \left[x(i) - \bar{x} \right]^2$$

式中：$x(i)$ ——对应于点 i 的振幅值；

　　　N ——时窗内的采样点个数。

　　方差是描述同一时窗内所有采样点的振幅偏离其均值的程度,各类产层方差分布如图 9-22 所示。

4. 变方差

同一时窗内间隔为 h 的两个采样点振幅差的平方和的均值公式为

$$r(h) = \frac{1}{N(h)} \sum_{i=1}^{N(h)} \left[x(i) - x(i+h) \right]^2$$

式中：$x(i)$ ——对应于点 i 的振幅值；

　　　$N(h)$ ——时窗内间隔为 $h-1$ 的采样点个数。

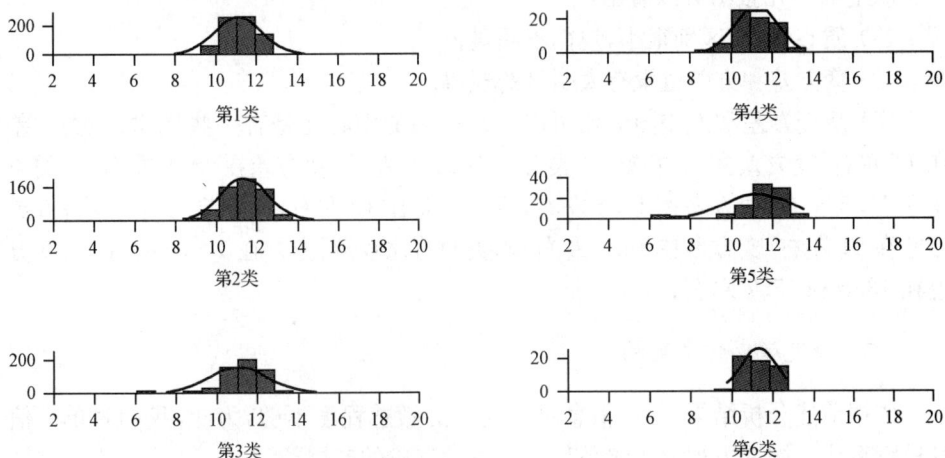

图 9-22 大牛地气田地震资料井旁道 H3 层六类产层方差对比图

新构造的变量——变方差公式为

$$SY = \sqrt{\frac{r(1) + r(2)}{2} - S}$$

变方差的物理含义是：同一时窗内所有采用点的振幅同它前一个、前面隔一个采样点振幅差的平方和的均值和的一半和其数据在同一时窗内所有采样点方差之差开方，是用来刻画同一时窗内相邻采样点，及其前一个采样点之间的振幅同该时窗内各采样点的方差之间的关系，也就是一个描述振幅变化的量值，其单位是米级。图 9-23 为各类产层变方差对比图。

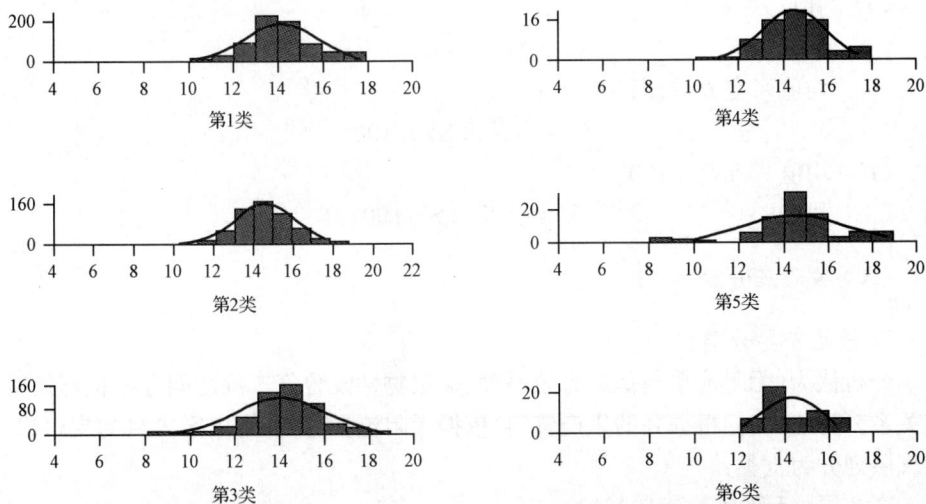

图 9-23 大牛地气田地震资料井旁道 H3 层六类产层变方差对比图

从上面的几张图可以看出：

(1) 质心、均值区别很小，规律不明显；

(2) 变方差和方差也没有太明显的规律；

(3) 从变方差和方差图对比可以发现二者的中心还是有一些规律；一类方差在 11 左右，变方差在 13 左右；二类方差在 12.5 左右，变方差在 14.5 左右；三类方差在 11.5 左右，变方差在 14.5 左右；四类方差在 12 左右，变方差在 15 左右；五类方差在 11 左右，变方差在 14.5 左右；六类两值比较散，方差在 10.5、12 左右，变方差在 13.8 和 15.7 左右。

(二) 含气敏感信息重构

依据前述分析结果，单一信息对含气性的敏感程度不够，为此，我们对单一信息进行重构。构造下列七个参数用于大牛地气田的产层预测。

(1) 变方差/方差

$$A_1 = \frac{SY}{\sqrt{S}}$$

(2) 变方差－方差

$$A_2 = SY - \sqrt{S}$$

(3) (变方差/方差)×(变方差－方差)

$$A_3 = A_1 \times A_2$$

(4) 均值/变方差

$$A_4 = \overline{X}/SY$$

(5) 均值/方差

$$A_5 = \overline{X}/S$$

(6) (均值×变方差)/100

$$A_6 = (\overline{X} \times SY)/100$$

(7) (均值×方差)/100

$$A_7 = (\overline{X} \times S)/100$$

(三) 波形差异分析

1. 波形差异分类

分析认为，无阻流量与储层有效厚度、储层物性及含气丰度之间存在良好的对应关系。为此，我们根据井的生产资料，依据无阻流量高低，将工区内目的层（H3）含气层划分为六类：

高产层：无阻流量$>10 \times 10^4 \mathrm{m}^3 \mathrm{d}$；

中产层：$10×m^4m^3/d>$无阻流量$>5×10^4m^3/d$；

低产层：$5×10^4m^3/d>$无阻流量$>1×10^4m^3/d$；

特低产层 1：$1×10^4m^3/d>$无阻流量$>0.5×10^4m^3/d$；

特低产层 2：$0.5×10^4m^3/d>$无阻流量$>0.1×10^4m^3/d$；

微产层：无阻流量$<0.1×10^4m^3/d$。

2. 波形差异敏感参数提取

提取以上七个参数，对所要研究的层进行波形差异研究；

（1）提取井旁 100m 所有地震道数据对应层的振幅值，计算每一道对应的七个参数值。

（2）统计每一类中对应的七个参数的分布范围，将其分布范围取一个适当的间隔，统计当前类中的七个参数在当前间隔中所占的百分比，相当于对每个地震道求取了关于每个类的七个相关系数。

（3）构建六个类的相关系数表，每个相关系数表对应一个类，每个相关系数表由以下几个部分构成：一个相关系数表由七行组成，每行代表一个参数的相关系数列；每一个参数的相关系数列是由统计井旁道数据中的信息组成的。

3. 波形差异分析

（1）分别对 300km² 工区的 H3、H2、H1 和 S1 段四层，对时窗内的所有采样点进行计算，得出七个参数。

（2）针对一个地震道形成的七个参数值，利用以上形成的类相关系数表进行分类。

（3）分类方法是：将这个地震道所产生的七个参数，同六个相关系数表进行比较，针对每一类，提取这七个值对应于相关系数表中的数值区间，这个值所在地区间所对应的相关系数即记为当前参数的相关系数，将这七个参数所对应的相关系数（共七个值）累加，形成所要判断的地震道针对这个类的相关系数和。六个类共得到六个相关系数和。

（4）比较所得到的六个类所对应的六个相关系数和，其中相关系数和最大的那一个所对应的类即认为所要判断的地震道所对应的类。

利用地震数据信息，采用波形差异分析方法，对大牛地气田 300km² 工区的 H3、H2、H1 和山 1 段进行产能分析与预测。

三、基于波形差异分析的高产层反演

（一）下石盒子组高产层反演

如图 9-24 所示，为利用波形差异分析方法得到的大牛地气田 H3 段波形差异图，由图中看出，H3 段高产层主要分布在沿 D1-1-69、D1-1-56、DK19、D1-1-35、

DK12、DK13 一线,呈北西向展布。在工区南部,自西向东依次呈 7 个条带近南北向分布,其中沿 D1-4-15、D1-4-17、D1-4-63 一线为最西部条带,依次往东分布,D1-4-121-4-18 条带,D1-1-36、D1-4-53、D1-4-21 条带,D1-4-33、D1-4-35、D1-4-8 条带,D1-4-44、D1-4-52 条带,D1-4-62 条带,D1-4-60 条带。图 9-25、图 9-26 分别为 H2、H1 产能预测图。其高产区分布规律明显。

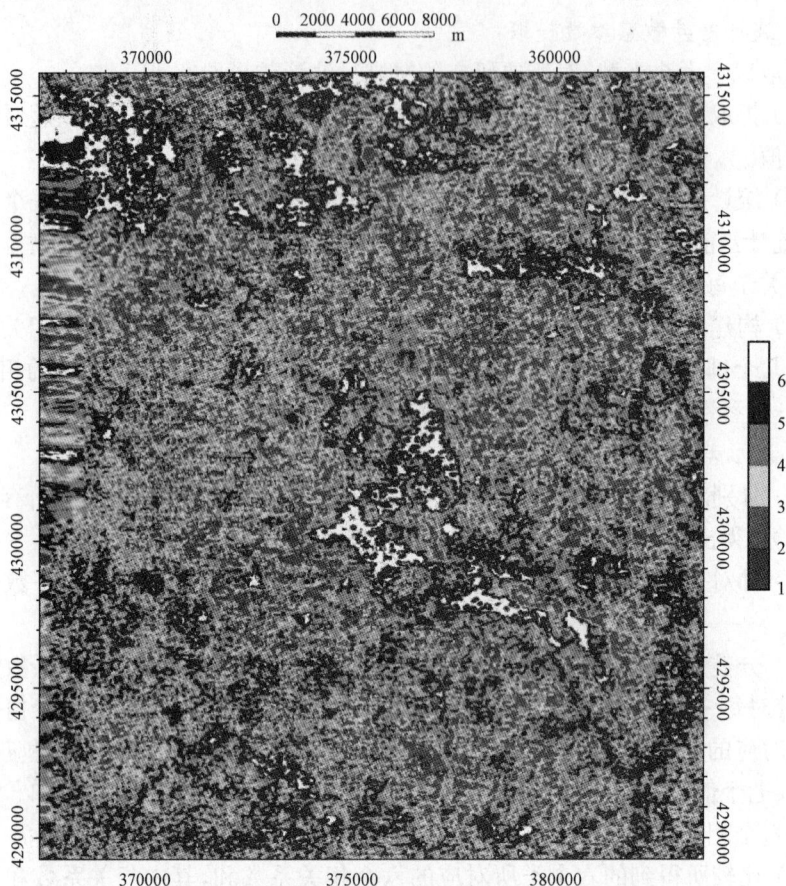

图 9-24　大牛地气田 H3 段波形差异图(见彩图 34)

(二) 山 1 段波形差异分析及反演

因山 1 段中含有一定的煤层,因此在对山 1 段进行产能预测时,必须通过一定的方法尽量减少煤层的影响,在做了剔除煤层的影响后对山 1 段进行研究。利用波形差异分析方法得到的大牛地气田山 1 段波形差异图如图 9-27 所示。

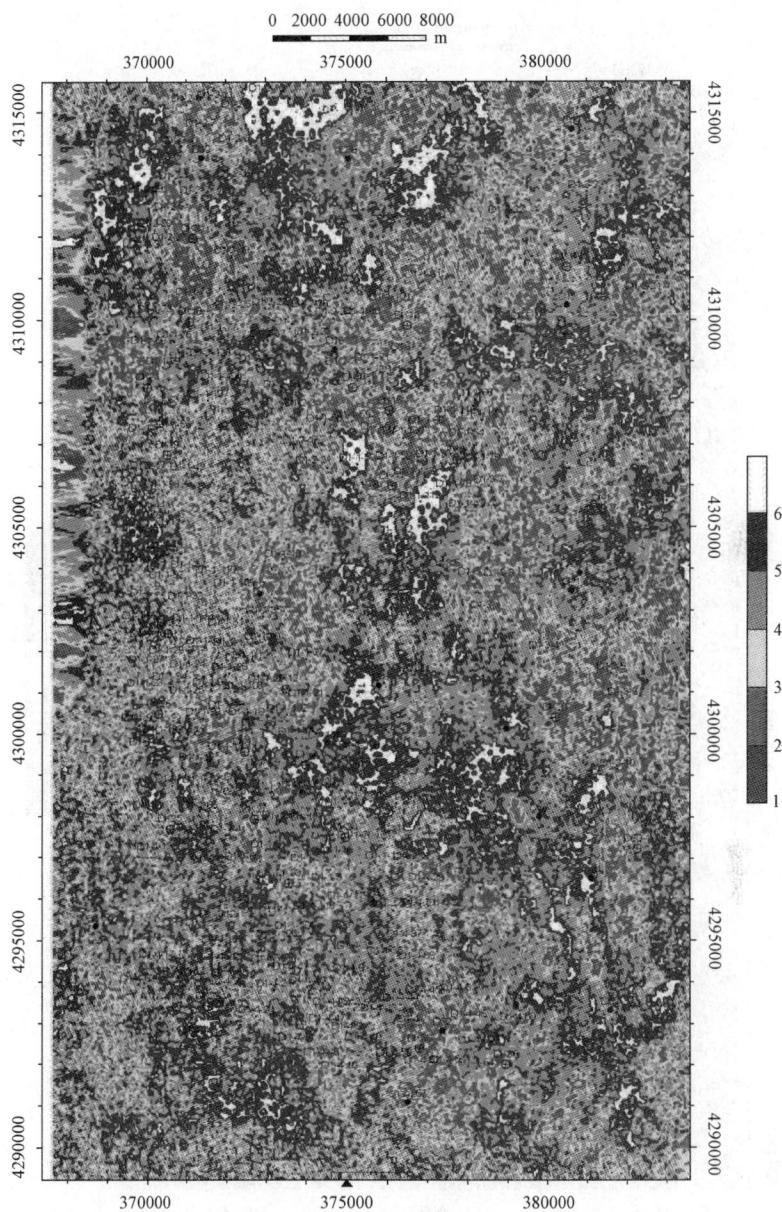

图 9-25   大牛地气田 H2 段波形差异图(见彩图 35)

四、高产气区预测

利用波形差异分析预测产能,无疑提供了综合利用地质、地震、测井信息预测油气的新思路。如果不与生产实际资料相结合,实际上,仍是某种地球物理信息。

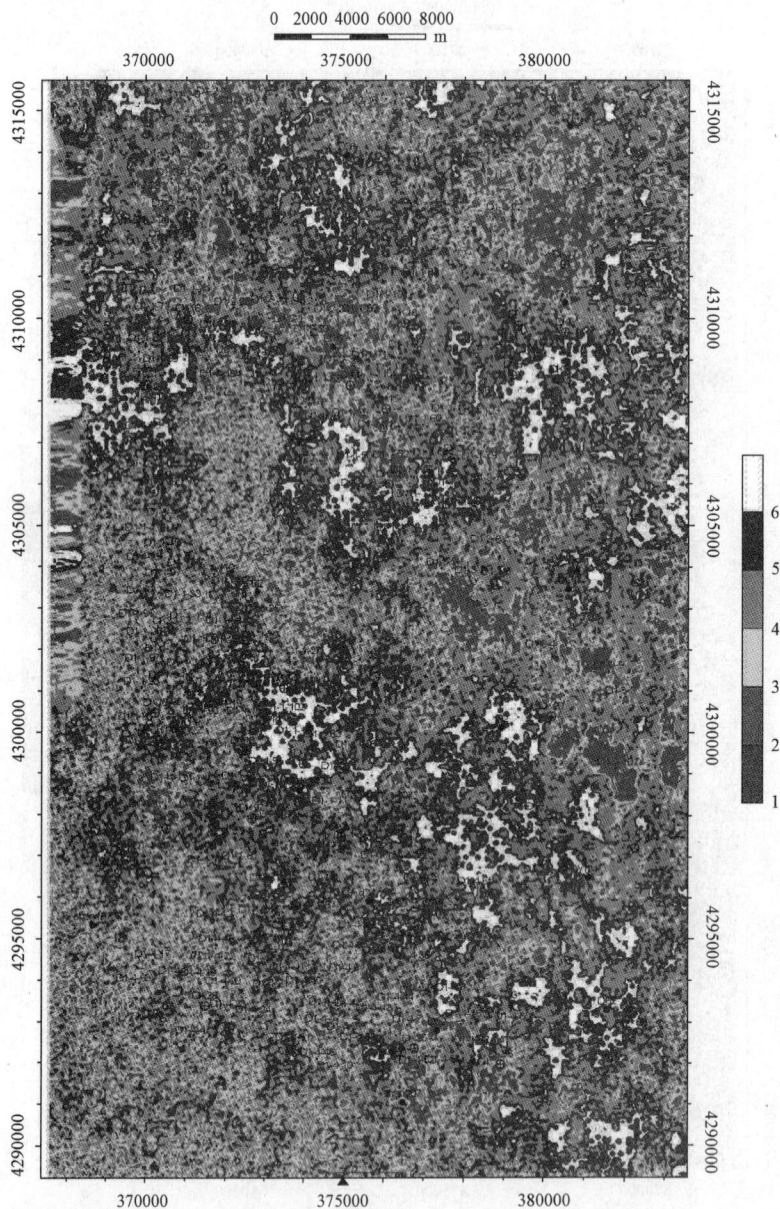

图 9-26　大牛地气田 H1 段波形差异图(见彩图 36)

为了更加符合生产实际,必须充分利用研究区生产测试资料,对波形差异分析结果进行刻度,才会获得理想的成果。

如图 9-24 为 H3 段波形差异分析图。图中红色部分为高产区域,黄色代表中产区域,绿色代表低产区域,青色代表特低产区域,白色代表微产区,即日产小于

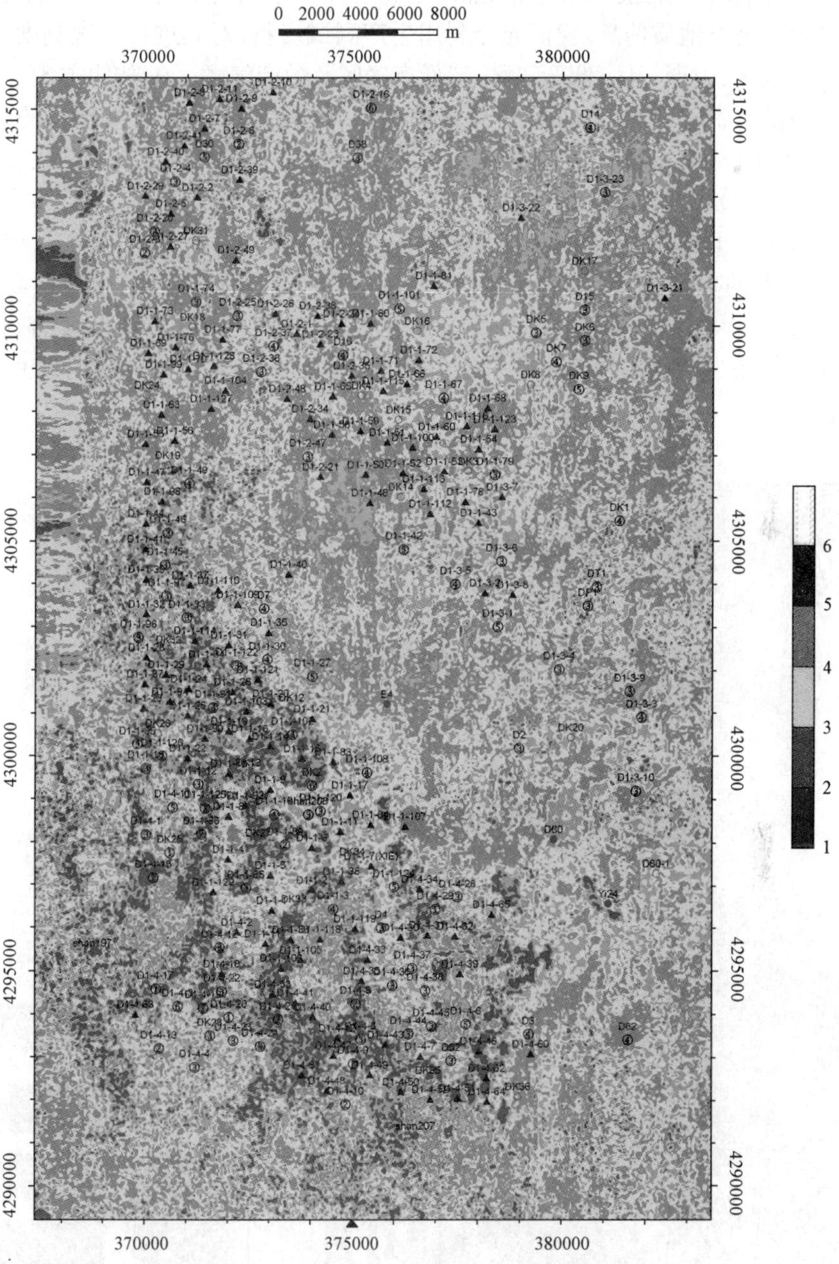

图 9-27 大牛地气田山 1 段波形差异图(见彩图 37)

$0.1 \times 10^4 \, \mathrm{m^3}$ 的区域。

此图实际上只是一地球物理属性的转换,很难将其与地质理念融为一体。尽管在进行分析时,已经把不确定性、非线性、随机性以及概率性考虑其中,但为更加真实地反映地下地质信息,我们充分利用生产测试资料,对其进行二次刻度,将其分为高产气区、中产气区、低产气区、特低产气区及微产气区。在刻度时,充分考虑研究区目的层高产井点与波形差异间的关系、沉积背景与波形差异间的关系。图 9-28 为剔除波列差异背景后得到的 H3 段产能分布预测图。由图中看出在工区北部,特别是 D1-1-74 井与 DK34 井之间,有一高产能分布区。在工区西部,沿 D1-1-69—DK24—D1-1-55—D1-1-47—D1-1-44 井以西,有一东西宽约 1000m、南北长约 6000m 宽的高产条带。而在 D1-1-49 井东侧,也明显发育一近南北向高产条带。北起 D1-1-104 井,南到 D1-1-110 井,在 D1-2-34 井与 D7 井之间发育状如 S型的中高产条带。在 D1-1-27 井东侧北延到 D1-1-40 井东侧同样发育一中高产条带。

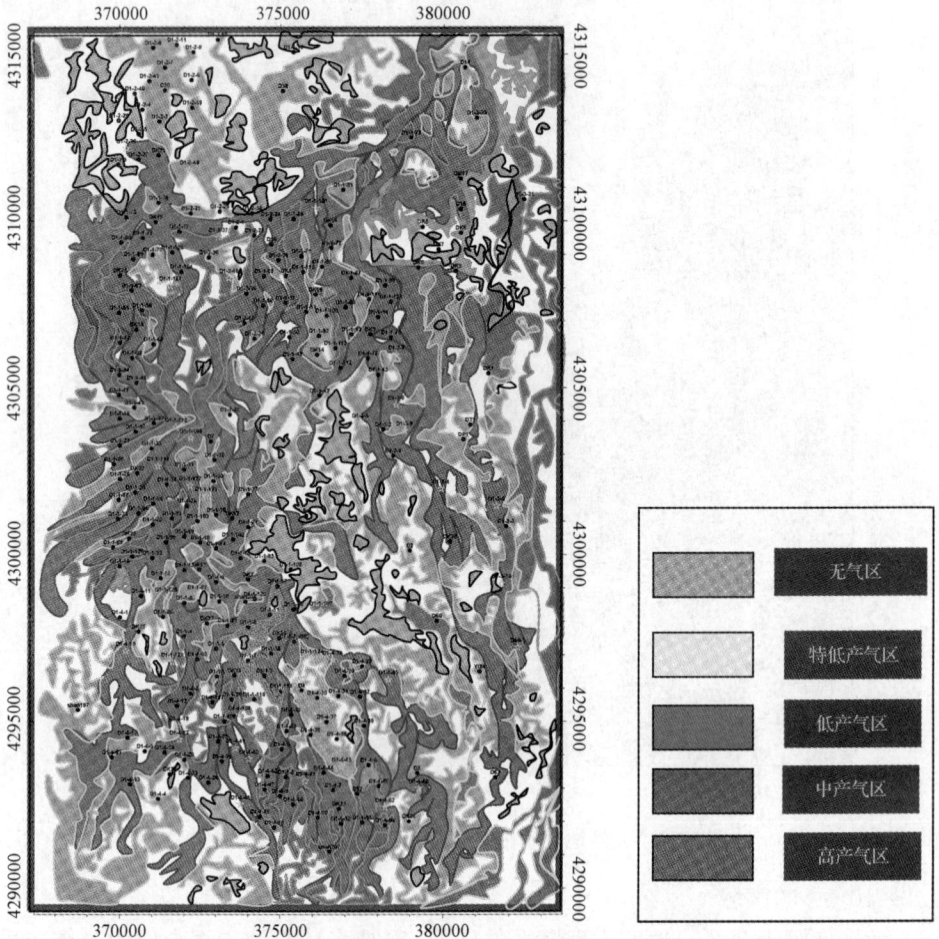

图 9-28　H3 段产能分布预测图(见彩图 38)

　　工区东南部,沿 D1-4-65—D1-4-60—DK36 井条带状展布特征极为明显,很有可能是一中高产条带。在工区东部同样也分布 2～3 条近南北向展布的中高产条带,但由于该区到目前为止,除 D15 井获得高产外,其余井生产状况一般,有待于进一步证实。在工区北部,特别是 D15 井以北条带状中高产分布明显,是一有利富气区。

　　依据所预测的高产、中产、低产、特低产、微产区,与已有生产井进行对比分析。结果表明,在所研究的一类区域内,共 66 口井,预测为一类的占 76%,预测为二类的占 15%,预测为三类的占 6%,预测为四类的占 3%。在所研究的二类区域内,共 44 口井,预测为二类的占 80%,预测为一类的占 2%,预测为三类的占 18%。在所研究的三类区域内,共 45 口井,预测为三类的占 82%,预测为一类的占 5%,预测为四类的占 13%。在所研究的四类区域内,共有 5 口井,均预测为四类。

　　综合分析认为,依据所划出的预测图进行统计,一二类即中高产(单井日产大于 $5 \times 10^4 \mathrm{m}^3$ 气)符合率为 86.5%,三类即低产(单井日产介于 $1 \times 10^4 \sim 5 \times 10^4 \mathrm{m}^3$ 气)符合率 86%,四五类即特低产、微产区符合率为 100%。利用已钻未知的 18 口井进行预测,总预测符合率可达 86%。上述结果表明,由于受到资料精度及拥有程度的限制,任何预测只是对地下地质实际的一种逼近。分析认为,以波形差异分析为基础、以生产测试成果进行刻度后所得到的预测图,精度是高的,并且实现了常规预测不可能实现的精度。

　　总起来说,通过精细波形差异分析及生产测试刻度预测,基本将研究区目的层中高产区、低产区、微产区(无效区)预测出来,且预测符合率高于 85%。为实现"多打高产井,少打低产井,不打无效井"的总体战略奠定了基础。

第十章　油藏动态分析

第一节　油藏动态监测

油藏动态监测是油藏开发的基础工作,是分析油藏开发效果、制定调整措施的依据。在油藏开发和管理过程中,为了及时、准确、系统地录取开发动态资料,便于进行油藏动态分析,开展油藏开发动态监测十分重要。

一、油藏动态监测的原则和主要内容

(一)油藏动态监测的原则

(1)根据油藏地质特点和开发要求,确定油藏动态监测内容、井数比例和录取资料密度。

(2)监测井点按开发区块和层系均匀布置,必须有代表性,保证监测资料能够反映油藏的真实情况。

(3)要采取一般区块同重点区块典型解剖相结合的办法,重点区块内要进行加密测法定期监测、系统观察。

(4)监测井点的部署,在构造位置、岩性、开采特点上应具有代表性,在时间阶段上要有连续性、可对比性,应针对不同类型的油藏确定监测井数。

(5)采用固定与非固定的方法,新区、新块、新层系投入开发,要相应增加监测井点。

(6)监测系统中各种测试方法、测试手段要综合部署,合理安排。

(7)选定的监测井,其井口设备和井下技术状况要符合测试技术要求,井点一经确定不宜随意更换。

(二)油藏动态监测的主要内容

1. 采油井压力与温度监测

采油井地层压力与温度每年测试两次,时间间隔 5～6 个月。应针对不同类型的油藏确定监测井数,一般规定如下:

(1)整装大油藏(稀油)及 50 口井以上的简单断块油藏,选采油井井数的 30%以上;

(2)50 口井以上的复杂断块油藏,选开井数的 15%以上;

（3）低渗透油藏（渗透率 $50 \times 10^{-3} \mu m^2$ 以下），选开井数的 $10\%\sim15\%$；

（4）出砂严重及常规开采的稠油油藏，选开井数的 $10\%\sim20\%$；

（5）50 口井以下的简单断块油藏，选开井数的 $10\%\sim20\%$；

（6）20 口井以下的复杂断块油藏，每个断块选 $1\sim5$ 口井；

（7）气顶、底水油田在气顶区、含油带、底水区各选 $1\sim5$ 口井。

50 口井以上的断块油藏、整装大油藏选 $1\sim10$ 口油井测地层分层压力，每年测 1 次，时间间隔不少于 8 个月。复杂断块区的评价井（资料井）和部分开发准备井要进行探边测试、井间干扰试井，确定连通关系。开发试验区监测井数比例按方案要求要作特殊安排。

2. 注水井地层压力与温度监测

注水井地层压力、温度每年测试两次，时间间隔 $5\sim6$ 个月。应针对不同类型油藏确定，一般规定如下：

（1）整装大油藏与 50 口井以上的断块油藏及常规开采的稠油油藏，选开井数 50% 以上的注水井测地层压力与温度，固定 5% 的注水井测压降曲线，选 $1\sim5$ 口注水井测地层分层压力。

（2）低渗透率油藏及 50 口井以下的断块油藏和复杂断块油藏，选开井数 $10\%\sim15\%$ 的注水井测地层压力与温度，固定 2% 的注水井测压降曲线。

（3）注水开发的气顶、底水油藏，选 30% 以上的注水井测地层压力与温度，固定 3% 的注水井测压降曲线。

（4）开发试验区注水井地层压力与温度监测井数比例的确定按要求另行安排。

3. 注水井吸水剖面监测

注水井吸水剖面监测是指对注水井射开注水的各注水油层的吸水状况进行监测。

（1）整装大油藏及 50 口井以上的断块油藏选注水井开井数 50% 以上的井作为测吸水剖面井。

（2）出砂严重和常规开采的稠油油藏，井口压力在 35MPa 以上的低渗透率油藏，选 30% 的注水井作为测吸水剖面井。每年监测一次，时间间隔不少于 8 个月。其余的注水井，凡管柱正常的，在 $2\sim3$ 年内都要测一次吸水剖面。

（3）新投注的注水井，试配前要测吸水剖面。

（4）开发试验区的注水井，吸水剖面监测按方案的要求安排。

4. 产液剖面监测

产液剖面监测是指对采油井射开生产的各油层分层产液状况进行监测。

（1）自喷井开采为主的，选采油井开井数 30% 以上的井测产液剖面。每年测一次，时间间隔不少于 8 个月。

（2）以机械开采为主的，选采油井开井数 $10\%\sim15\%$ 的井测产液剖面。每年测一次,时间间隔不少于 8 个月。

　　(3)低渗透油藏,选采油井开井数 5%的井测产液剖面;复杂断块油藏,每个断块区选 1～2 口井测产液剖面。每年测一次,时间间隔不少于 8 个月。

　　(4)开发试验区的产液剖面监测按方案的特别要求安排。

　　5. 流体性质监测

　　流体性质监测是指对油井产出液(包括原油、地层水、天然气)、注水井注入水以及油层状况下油、气、水的化学性质、流体性质、组分等进行监测。

　　1)采油井流体性质监测

　　选采油井开井数 10%的井作为固定监测井。在井口取样,进行油、气、水性质全面分析。每年取样一次,时间间隔不少于 8 个月。新投产油井半年后进行一次油、气、水性质全面分析。

　　试验区油、气、水性质分析按试验方案的特别要求安排。

　　2)注入水性质监测

　　选注水井开井数 5%的井作为水质监测井。建立从供水源、注水站、污水站、配水间和注水井井口的水质监测系统,每月分析一次含铁、杂质、污水含油,其余项目每年分析一次,时间间隔不少于 8 个月。

　　3)高压物性监测

　　新油藏投产初期,选采油井开井数 10%～20%的井进行高压物性取样。在不同开发阶段,根据油田动态情况,选择一定数量的采油井进行高压物性取样。

　　6. 井下技术状况监测

　　建立油田套管防护监测系统,进行时间推移测井,监测套管井径及质量变化情况。按油藏综合调整方案的要求进行油水井固井质量、井下工具下深、套管外窜、外漏、射孔质量、水井封隔器验封等工程质量监测。

　　7. 储层物性和产层参数监测

　　在加密调整中部署 1～5 口取心井,监测油层水淹、水洗及剩余油分布情况。固定 1～5 口油井,进行碳氧比能谱测井,监测含油饱和度变化情况。

　　8. 油水、油气界面监测

　　气顶、底水油藏选 1～5 口井监测油气、油水界面移动情况。每年两次,时间间隔 5～6 个月。同时要有 10%左右的井每年测压力恢复,分析油层参数变化。重点区块要进行碳氧比测井,研究剩余油的分布情况,做 PVT 测试,了解流体性质的变化。中高含水的油藏,要钻密闭取心井,研究分层水淹、水洗情况以及孔隙结构、物性参数的变化。

　　从油藏动态监测技术的发展方向来看,主要有中子寿命测井监测油层剩余油技术、中子寿命时间推移测井技术、抽油井过环空测井技术、同位素井间示踪剂新技术、井间地震技术、四维地震技术等方面。

二、注入剖面与产液剖面监测

(一) 注入剖面测井

注水开发的油田需要测定注水井中各小层的吸水量,掌握各小层的吸水能力,制订相应的配注方案,封堵高渗透突进层。注入剖面的测井方法主要有放射性同位素载体法和涡轮流量计法。生产中一般选用半衰期短的同位素^{131}Ba作为示踪元素,用一定粒径的载体吸附上示踪元素,这些吸附着示踪元素的载体叫活化载体。将这些活化载体溶于水中,配制成均匀活化悬浮液。在正常的注水条件下,当悬浮液向地层侵入时,水和活性载体分离,水进入地层,而活化载体滤积在地层表面形成一活化层,地层的吸水量与放射性载体在地层表面的滤积量成正比,与活化层造成的曲线异常面积增量成正比。

施工前后各测一条伽马曲线,然后将这两条曲线重叠进行比较,泥岩段和不吸水的井段曲线重合,而滤积了活化载体的那些井段中曲线异常要大得多(图10-1),根据两条曲线包围的放射性强度异常面积的大小计算各小层的相对吸水量,以表示各小层的吸水能力。相对吸水量用下式计算

$$DQ_i = \frac{S_i}{\sum\limits_{i=1}^{n} S_i} \times 100\% \tag{10-1}$$

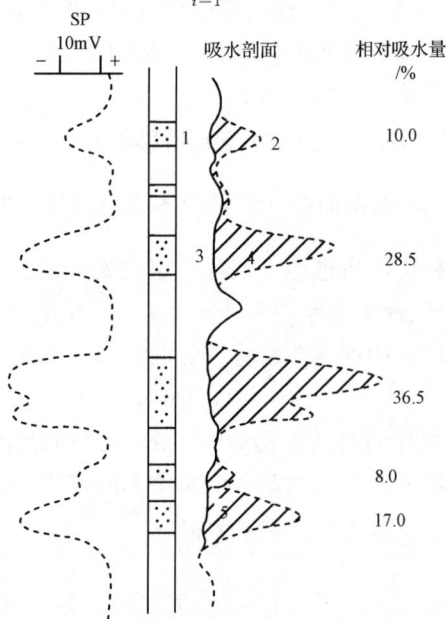

图 10-1 注水剖面示意图

1—吸水层,2—示踪曲线,3—基准曲线,4—吸水面积,5—分层线

式中：DQ_i——第i层相对吸水量。

(二) 产液剖面测井

为了及时了解油层的动用状况及开发效果，通常要在生产中进行产液剖面测井，产液剖面测井仪器主要有流量计、持率计，压力计和温度计。

1. 流量计

流量计包括集流式流量计、连续流量计和示踪流量计。集流式流量计包括伞式、皮球式流量计，主要是通过集流器(伞、皮球等)使井内流体全部通过计量器，从而测量井内流体的流量。连续流量计是通过涡轮在井内连续测量，测一条连续的涡轮转速曲线，通过速度校正和井径尺寸可计算出井内各层位的流量。示踪流量计的测量原理是在井内流体中注入一放射性段塞，测量这段放射性段塞通过某一已知长度的两个放射性探测器的时间，确定井内流体的流动速度，从而确定各层的产量。

2. 流体识别测井

生产井中通常同时存在着混合流动的油、气、水多相流体。持率是指某一相持率。常用的流体识别测井仪器有放射性密度计、压差密度计、电容式持率计等。

放射性密度计通过测量通过一段流体的伽马射线的强度衰减来确定流体的密度，然后用密度的大小来确定各相的持率。压差密度计利用一段流体的压力差别来确定流体的密度，然后确定各相的持率。

电容式持率计是通过测量油、气、水混相液体的介电常数来确定各相的持率。

(三) 应用注入与产出剖面测井资料评价各类油层的开采状况

应用注水剖面资料，可以清楚地了解各小层的吸水情况，根据小层吸水强度的大小，划分出主要吸水层、次要吸水层和不吸水层，这样就可以为注水井的调剖提供依据，也可以对同一口井中调剖前后分别测取的吸水剖面资料进行对比分析，判断调剖结果。

同样，可以利用生产井的产液剖面资料(图 10-2)清楚地看出哪些层产液大，哪些层含水多，并可根据不同时间的测井资料来判断哪些层含水上升快，哪些层含水变化稳定，从而为堵水决策提供准确的判断。

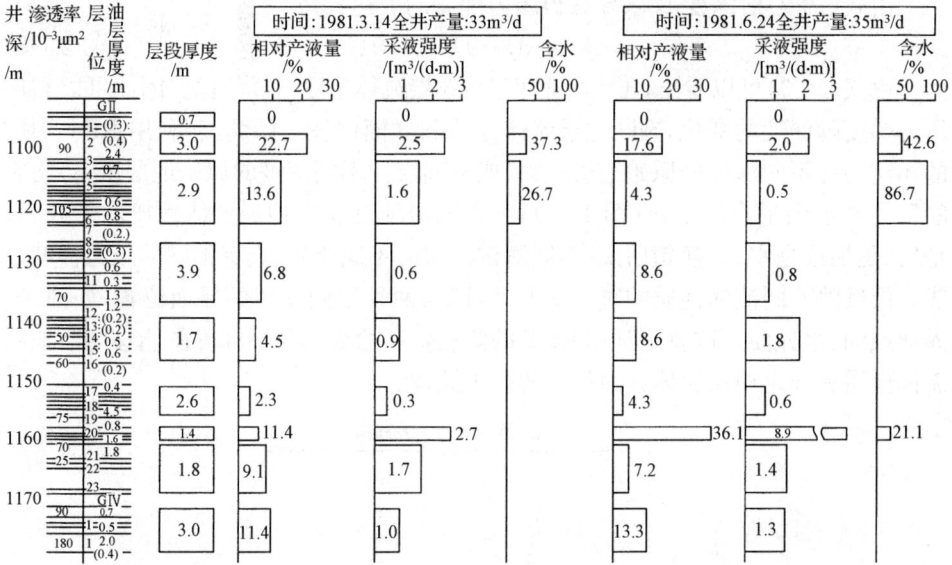

图 10-2 产液剖面示意图

三、流体界面监测

(一) RFT 测试装置简介

RFT(repeat formation tester)测试装置称重复地层测试器,是一种中途测试的装置。在钻井过程中或下套管完井之前,利用地面测井车的电缆,将 RFT 装置下到不同深度的油气水层位,由电磁阀控制的运作程序连续地完成压力测试和高压物性(PVT)取样工作。在 RFT 装置内,有两个体积(V)为 $10cm^3$ 的预测试室(pretest chamber)和两个容积分别为 3.785L 和 10.4L 的取样室(sample chamber),前者用于流量和压力不稳定测试;后者用于地层流体的 PVT 取样。

(二) 基本原理

RFT 测试的压降曲线和压力恢复曲线的数据,由电缆传至地面连续地记录下来。通过 RFT 取样室采集的地层流体样品分析,可以得到测试层位油、气、水的物理性质参数。利用 RFT 测试的压力、压力梯度和压力恢复曲线资料,可确定地层流体界面位置。

根据牛顿第二定律,对于被不同流体密度性质饱和的油气层,地层压力与深度的关系式为

$$p = 0.01\rho D \qquad (10-2)$$

由式(10-2)对深度 D 求导数得压力梯度的表达式为

$$G_D = \mathrm{d}p/\mathrm{d}D = 0.01\rho \tag{10-3}$$

由式(10-3)可以看出,压力梯度 G_D 与地层流体密度 ρ 成正比。因此可以利用压力梯度随深度的变化,判断地层流体性质和界面位置。因此,若利用 RFT 测试的相同层位不同深度的原始地层压力(或不同层位不同深度的原始地层压力)绘制的压力梯度图呈直线变化(图 10-3),可以明显地反映出地层流体性质的差异(如是气、是油或是水)。换句话说,不同测试产层的不同流体,具有不同的压力梯度直线。而反映不同流体性质的直线交汇处,即为两种不同流体的界面位置,如油、气界面或油、水界面。这就是利用 RFT 的测压资料绘成的压力梯度图能够判断地层流体性质和确定地层流体界面位置的基本原理。

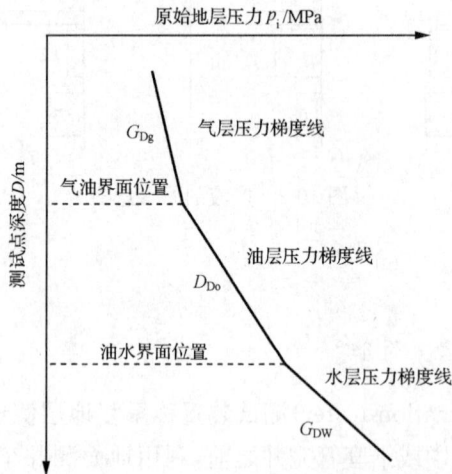

图 10-3　压力梯度与地层流体性质关系图

(三) 流体界面监测

利用 RFT 实测的压力梯度图,还可以作出针对具有不同水动力学系统的多层油藏的压力梯度与流体性质关系图,根据直线交汇点,可清楚判断油水界面。

在油田开发过程中,钻加密井、调整井、检查井下套管之前,都可以应用 RFT 测得不同开发阶段油水界面的位置,从而可分析油水界面的推进速度和范围,为下步开发调整决策提供依据,以制定相应的技术措施,改善油田开发效果。

四、试井监测

试井是了解油藏动态的重要手段,其目的就是通过油气井的测试资料来评价油井或油藏的生产动态,获得下列地层参数:①推算地层的原始压力或平均地层压力；②确定地下流体在地层中的流动能力，即地层流动系数 kh/μ，地层系数 kh 及地层的渗透率等；③油井进行增产措施后，判断其增产效果，即酸化和压裂的效果；④认识油藏的形状，目的是为了评价油藏能量作用范围，即评价边界性质，如断层、油水边界、尖灭等；⑤估算油藏地质储量和油藏（单井）的可采储量。

（一）试井的分类

根据所评价地层特性可选择不同的试井方法，一般分为两大类。

1. 评价本井控制地层特性的试井方法

（1）压力降落试井：油井以定产量进行生产，油井井底压力不断降低，记录压力随时间的变化（适于新开发井或油井关井时间长到已达到周围地层压力稳定后）。

（2）压力恢复试井：油井生产一段时间之后，突然关井测取关井后井底压力随时间的变化关系。

（3）中途测试：在完井之前利用钻柱携带测压仪器，开井生产短时间后关井，并同时分别记录开井和关井的压力历史。

2. 确定两井之间连通性的试井方法

（1）干扰试井：主要目的是确定井间的连通性。A 井（激动井）施加一信号，记录 B 井（观察井）的井底压力变化，分析判断 A、B 井是否处于同一水动力系统。

（2）脉冲试井：A 井产量以多脉冲的形式改变，记录 B 井的井底压力随时间的变化信息。

（二）均质油藏试井分析方法

1. 压力降落试井分析方法

压降试井是指油井以定产量生产时，连续记录井底压力随时间的变化历史，对这一压力历史进行分析，求取地层参数的方法。

压力降落试井大多在下列两种情况下进行：

（1）新井一开始投产，在一定时间内产量保持恒定；

（2）油井关井已有相当长的时间，地层和井内压力趋于稳定之后，油井再次开始生产，并保持产量稳定。

在恒定产量进行生产时，通常情况下地层中会出现下列流动阶段：

（1）早期阶段：指油井开始生产时井筒储存效应影响井底压力变化的时期，即续流阶段。

（2）不稳定流动阶段：地下流体径向地流向油井，反映井周围地层的平均性质。

若油藏具有封闭边界，则还存在下列两个流动阶段：

（1）过渡阶段：即由径向流动阶段到完全由边界影响的拟稳态流动阶段的过

渡时期。

（2）拟稳态流动阶段：是指由于封闭边界的影响，任一时刻地层内任意点的压力下降速度都相同，这一阶段的压力变化反映了边界的性质和形状。

通过压力降落试井资料分析，可求得下列参数：地层流动系数、地层系数、地层渗透率和表皮系数。

2. 压力恢复试井分析方法

压力恢复试井是油田上最常用的一种试井方法。油井以恒定产量生产一段时间后关井，测取关井后的井底恢复压力，并对这一压力历史进行分析，求取地层参数（图 10-4）。

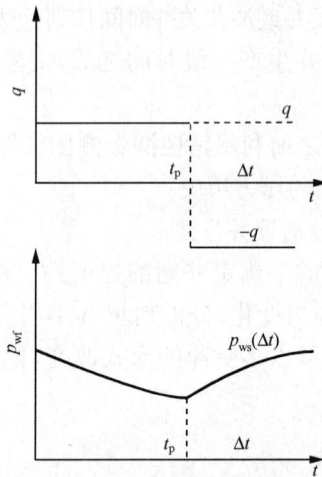

图 10-4　压力恢复试井的产量和井底压力关系图

分析油井关井的井底压力变化可采用叠加原理，将关井 Δt 时间后的井底压力变化看成是油井以产量 q 连续生产 $t_p + \Delta t$ 时间的井底压力降和从 t_p 时刻开始在该井所处位置又有一口注入井以产量 q 生产 Δt 时间后的井底压力降之叠加，由此可推得压力恢复分析公式

$$p_{\text{ws}}(\Delta t) = p_i - \frac{2.121 \times 10^{-3} q\mu B}{hk} \lg\left(\frac{t_p + \Delta t}{\Delta t}\right) \qquad (10\text{-}4)$$

式中：$p_{\text{ws}}(\Delta t)$ ——关井 Δt 时间的井底恢复压力，MPa；

t_p ——油井生产时间，h。

由式（10-4）得

$$p_{\text{ws}}(\Delta t = 0) = p_{\text{wf}}(t_p)$$

$$= p_i - \frac{2.121 \times 10^{-3} q\mu B}{hk}\left(\lg\frac{kt_p}{\phi\mu C_t r_w^2} + 0.9077 + 0.8686s\right) \qquad (10\text{-}5)$$

式（10-4）减去式（10-5），且当 $\Delta t \ll t_p$ 时有

$$p_{ws}(\Delta t) = p_{ws}(\Delta t = 0) + \frac{2.121 \times 10^{-3} q \mu B}{hk}$$

$$\times \left(\lg \Delta t + \lg \frac{k}{\phi \mu C_t r_w^2} + 0.9077 + 0.8686 s \right) \quad (10\text{-}6)$$

式(10-6)成立的条件是：$t_p \gg \Delta t$，即生产时间 t_p 远远大于关井时间 Δt，此时有：$(t_p + \Delta t)/t_p \approx 1$。形式与压降公式非常相似，称之为 MDH 公式。当最大关井时间 $\Delta t_{max} \ll t_p$ 时，可求得表皮系数 s。

由上面的分析知：$p_{ws}(\Delta t)$ 与 $\lg \left(\dfrac{t_p + \Delta t}{\Delta t} \right)$ 或 $\lg \Delta t (t_p \gg \Delta t_{max}$ 时$)$ 呈一直线关系，前者称为 Horner 曲线，后者称为 MDH 曲线。

如图 10-5 所示，直线的斜率为

$$|m| = \frac{2.121 \times 10^{-3} q \mu B}{kh} \quad (10\text{-}7)$$

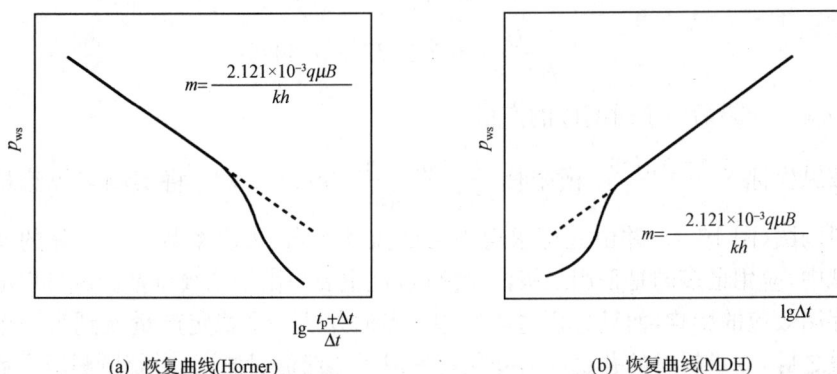

(a) 恢复曲线(Horner)　　　　(b) 恢复曲线(MDH)

图 10-5　压力恢复时的 Horner 曲线和 MDH 曲线示意图

由此可计算流动系数

$$\frac{kh}{\mu} = \frac{2.121 \times 10^{-3} q B}{|m|} \quad (10\text{-}8)$$

表皮系数 s 可由下列公式计算

$$s = 1.151 \left[\frac{p_{ws}(\Delta t = 1) - p_{ws}(\Delta t = 0)}{|m|} - \lg \frac{k}{\phi \mu C_t r_w^2} - 0.9077 \right] \quad (10\text{-}9)$$

另外，由 $p_{ws}(\Delta t)$ 与 $\lg \dfrac{t_p + \Delta t}{\Delta t}$ 曲线（Horner 曲线）外推直线段到 $\dfrac{t_p + \Delta t}{\Delta t} = 1$ 所对应的压力即为原始地层压力或目前地层的平均压力 p_i。

多数情况下，关井前产量一直保持不变是不可能的，只能做到关井前的一段时间内产量稳定。生产时间 t_p 可用折算时间，它等于相邻两次稳产期的累积产量除以关井前的稳定产量，即

$$t_{\mathrm{p}} = \frac{\sum q}{q}$$

实践表明,这样做并不影响试井结果的精度。

3. 变产量试井分析方法

在实际生产中,常常难以保证产量为常量,特别是对于新开采的高产井,保持定产量生产是不可能的,也是不实际的。因此,对于这类油井就需要采用改换油嘴大小实现多级产量(或叫变产量)的测试及分析方法。

实际上,产量变化往往是连续的,将连续变化产量的过程划分成多个时间段,在每个小段内的产量即可认为是常量。分段越多,越接近于实际,分析精度也越高。

油井变产量情况下的井底压力变化规律可由叠加原理得到

$$\frac{p_i - p_{\mathrm{wf}}(t)}{q_N} = \frac{2.121 \times 10^{-3} \mu B}{kh}\left\{\sum_{i=1}^{N}\left[\frac{q_i - q_{i-1}}{q_N}\lg(t - t_{i-1})\right]\right.$$
$$\left. + \frac{k}{\phi \mu C_{\mathrm{t}} r_{\mathrm{w}}^2} + 0.9077 + 0.8686 s\right\} \tag{10-10}$$

式中:q_N——最后一个时间段的产量。

按纵坐标 $\frac{p_i - p_{\mathrm{wf}}(t)}{q_N}$、横坐标 $\sum_{i=1}^{N}\left[\frac{q_i - q_{i-1}}{q_N}\lg(t - t_{i-1})\right]$ 将实测多级流量试井资料画图(图 10-6),并由此可求得地层的流动系数、表皮系数。在实际的变流量测试中,应用最多的是采用二级流量测试,这主要是由于二级流量测试可以减少井筒存储效应的影响,而且分析过程简单。当油井从一个稳定产量变到另一个稳定产量之后,测量瞬时的井底压力变化就完成了二级流量测试,对其所测压力数据进行分析同样可确定 kh、s 和 p_i 等地层参数。

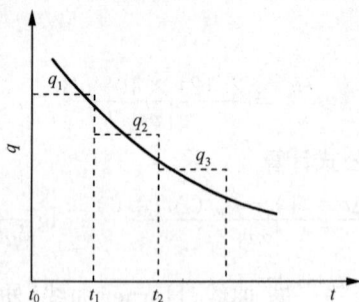

图 10-6　多级流量测试示意图

(三)有界地层的不稳态试井分析方法

实际应用中,不存在真正的无限大地层,所有地层都有边界。将地层处理成无限大是由于压力波还未扩散到地层边界,边界的特征还没有反映出来。当测试时间较长时,无论是压降试井还是压力恢复试井,在后期都将出现偏离不稳态渗流的特征,表现出过渡段和拟稳态压力的特征(图 10-7)。

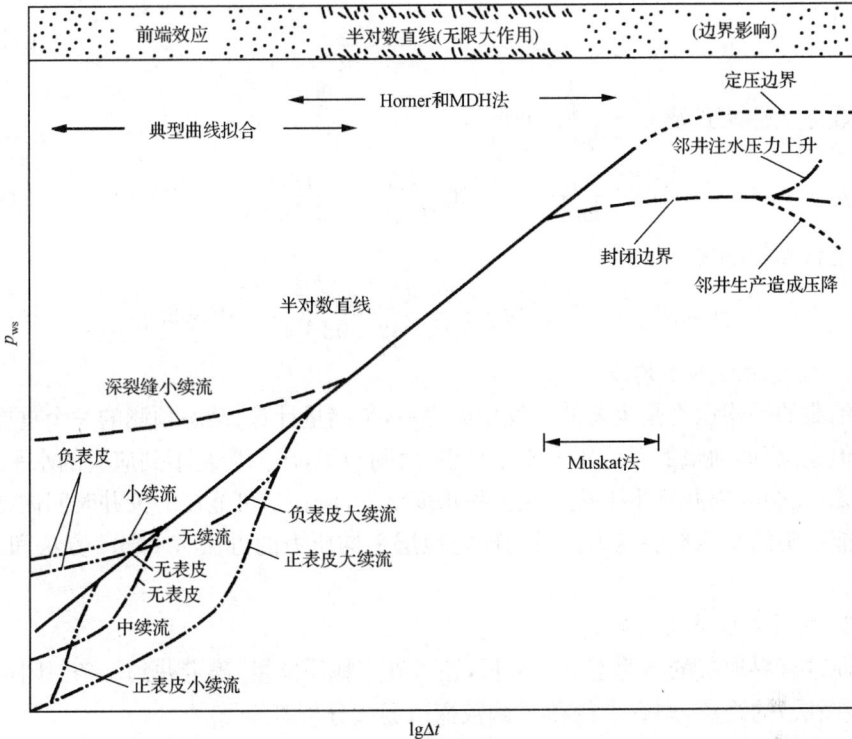

图 10-7　典型的压力恢复曲线图

油藏边界可分为没有流体通过的边界和有流体通过的边界。没有流体通过的边界一般认为是断层边界、封闭边界和尖灭边界等,而油水边界常作为有流体通过的恒压边界。另外,如果油藏面积很大,但又不止一口生产井,则其他井对测试井的影响将使测试井处在一个有限的供油范围内,对测试井来说,可以作为有限地层来分析。

1. 任意油藏边界条件下拟稳态阶段的压力

由渗流力学知,对于圆形油藏中心一口井的情况。在拟稳态流动阶段油藏平均压力与井底压力的关系如下

$$\bar{p} - p_{\mathrm{wf}}(t) = \frac{2.121 \times 10^{-3} q\mu B}{kh}\left(\lg\frac{4\pi r_{\mathrm{e}}^2}{4\pi \mathrm{e}^{3/2} r_{\mathrm{w}}^2} + 0.868s\right) \tag{10-11}$$

令供油面积 $A = \pi r_{\mathrm{e}}^2$,而 $4\pi \mathrm{e}^{3/2} = 56.31857 = 31.6206\gamma$,式中 $\gamma = 1.1781$,一般情况下,油藏供油面积不是圆形的,此时可用形状因子 C_{A} 代替 31.6206。代入

式(10-11)，即考虑边界形状的影响，则式(10-11)变为

$$\bar{p} - p_{wf}(t) = \frac{2.121 \times 10^{-3} q\mu B}{kh}\left(\lg\frac{4A}{\gamma C_A r_w^2} + 0.8686s\right) \tag{10-12}$$

由物质平衡原理 $qtB = 24\pi r_e^2 \phi h(p_i - \bar{p})C_t$ 得

$$\bar{p} = p_i - \frac{qtB}{24\pi r_e^2 \phi h C_t} \tag{10-13}$$

联立上述两式及 $\eta = \dfrac{k}{\phi\mu C_t}$ 可得

$$p_i - p_{wf}(t) = \frac{2.121 \times 10^{-3} q\mu B}{kh}\left(\lg\frac{4A}{\gamma C_A r_w^2} + \frac{14.4\pi nt}{2.303A} + 0.868s\right) \tag{10-14}$$

进行无量纲化

$$p_D(t_D) = 1.151\left(\lg\frac{4A}{\gamma C_A r_w^2} + \frac{4\pi}{2.303A}t_{DA} + 0.868s\right) \tag{10-15}$$

2. 确定地层的平均压力

油藏的平均压力是重要的开发指标之一，是储量计算、动态预测的一个重要参数。但是，测准油藏的平均压力不是易事：时间短了，压力恢复不到应有的水平；时间过长，又会与邻井发生干扰。从工程角度出发，应在尽可能短的关井时间内得到尽可能准确的平均地层压力。目前确定地层平均压力的方法有 MBH 方法和 Dietz 法。

3. 求得其他地层参数

通过有界地层的不稳态试井分析，还可确定地质储量、确定井到一条封闭边界（直线断层）的距离、调查半径和 Y 函数探边测试分析等。

值得注意的是，若油藏在时间 t 内已有边界反映，或是发现压力波已与邻井供油区相遇，则不再适用。对于开采两层或多层互不连通的地层，所计算的调查半径要比真实的调查半径大得多。若地层为非圆形，而油井在地层中处于中心位置（或对称位置），则尽管此时无法计算调查半径，但可以计算调查面积（或供油面积）。

（四）双重介质油藏的常规试井分析

1. 双重介质油藏的特征

双重介质油藏即存在天然裂缝的油藏。在实际分析中，这种油藏常被视为由两种孔隙介质组成，即基质岩块介质和裂缝介质，且两种介质均匀分布，油藏中任何一个体积单元都存在着这两种介质。

由于两种孔隙介质具有不同的储油性和渗透性，因此当油井生产时压力波的扩散和地下流体渗流规律将与均质油藏完全不同。在双重介质中的任何一点应同时引进两个压力（即裂缝中的压力 p_f 和基质岩块中的压力 p_m）参数，同时也将存在两个渗流场。另外，由于两种孔隙介质中的压力分布不同，在基岩和裂缝介质之

间将产生流体的交换,这种现象称为介质间的窜流。

由于裂缝系统的渗透率 k_f 比基岩系统的渗透率 k_m 大得多,因此可以认为原地下流体由基质岩块到裂缝系统,然后由裂缝系统流到井筒,忽略由基质岩块系统直接流入井筒(图 10-8)的流体,即:基岩系统→裂缝系统→井筒。

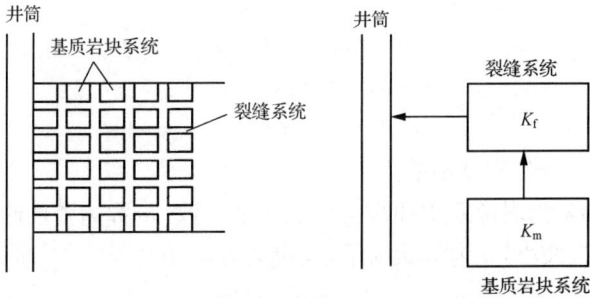

图 10-8　双重孔隙介质油藏模型示意图

双重介质油藏中,流体渗流时的压力动态变化存在三个阶段:抽井一开始生产,裂缝系统中的原油将首先流入油井,而基质岩块系统仍保持原来的静止状态,此时的井底压力只反映裂缝系统的特征,这是裂缝系统的流动阶段,称之为第一阶段。当油井生产一段时间后,由于裂缝系统中流体减少,裂缝压力 p_f 下降,致使基质岩块和裂缝系统之间形成了压差,基岩内流体开始流向裂缝,进入第二阶段,这一阶段的压力特征将反映基岩和裂缝之间的窜流性质,这一阶段的流动称之为过渡段。随着基质岩块系统中的流体不断流入裂缝,基质岩块的压力 p_m 将不断降低,此时既有流体从基质岩块系统流到裂缝系统,又有流体从裂缝系统流入井筒,两者同时进行,达到一个动平衡,即所谓的第三阶段,此时井底压力反映的是整个系统的特征,这一特征与单孔隙介质的特征相同。

2. 双重介质油藏常规试井分析方法

设水平等厚无限大双孔介质地层中心一口井,以定产量 q 生产,由于裂缝渗透率远大于基质渗透率,故可假设 $k_m = 0$,基质和裂缝之间的窜流为拟稳态,窜流量 q_x 由下式确定

$$q_x = \frac{\alpha \rho_0}{\mu}(p_m - p_f)$$

式中:ρ_0 ——流体的密度;

　　μ ——流体的黏度;

　　α ——形状因子。

井底压力的近似解析解为

$$p_{wf}(t) = p_i - \frac{q\mu B}{345.6\pi k_f h}\left[\lg\frac{\eta t}{r_w^2} + E_i(-\alpha t) - E_i(-\alpha\omega t) + 0.809\right] \quad (10\text{-}16)$$

其中

$$\omega = \phi_f C_f / (\phi_f C_f + \phi_m C_m)$$
$$\eta = k_f / [\mu(\beta_f + \beta_m)]$$
$$\beta_f = \phi_f C_f$$
$$\beta_m = \phi_f C_m$$
$$\alpha = \lambda\theta / [\omega(1 - \omega)]$$
$$\lambda = \alpha r_w^2 k_m / k_f$$
$$\theta = \eta / r_w^2$$

式中：$E_i(-x)$——幂积分函数。

这里的 ω 和 λ 为表征双重油藏特征的两个参数，ω 称为弹性储容比，λ 称为窜流系数，表示窜流大小，α 为形状因子，其定义为

$$\alpha = \frac{4n(n+2)}{l^2}$$

式中：l——基质岩块的特征长度；

　　　n——裂缝面的维数。

当基质岩块呈层状、正方体或球形时，井底压力恢复公式会有相应的变化，反映了不同的裂缝介质系统的均质特性。

（五）垂直裂缝井的常规试井分析

水力压裂是目前大多数低渗透油田采用的重要增产措施之一，在实际分析中，常将垂直裂缝分成两种裂缝模型，即无限导流能力模型和有限导流能力模型。

1. 无限导流垂直裂缝的常规试井分析

1）无限导流能力模型

作如下假设：

（1）均质地层被压开一条裂缝，不考虑地层厚度，裂缝与井筒对称，半翼缝长为 x_r。

（2）整条裂缝中压力相同，即沿着裂缝没有压力降产生，也没有渗流，此时裂缝的渗透率 k_f 为无限大。

（3）不计裂缝宽度，即裂缝穿透整个地层。

（4）若油井位于方形地层的中央，裂缝方向与油藏的一条不渗透边界相平行。

（5）由于 k_f 为无限大，所以流体一旦从地层流入裂缝，即瞬时流入井筒。

2）无限导流垂直裂缝的流动形态

由于裂缝具有无限导流能力，裂缝中的流动瞬间即可完成，因此对于无限导流垂直裂缝的油藏，缝中的流动不存在。当油井开始生产时，主要表现为流体流向垂直裂缝的地层线性流，这一线性流能持续一定时间。当压力波传播到较远的地层

时,受裂缝两端部流动的影响,地层中出现一种径向流动,这种流动称为拟径向流。这两种流动形态如图 10-9 所示。若存在封闭外边界,则径向流之后会呈现拟稳态流动阶段。

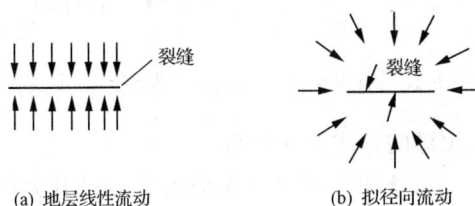

(a) 地层线性流动　　　　　　　　(b) 拟径向流动

图 10-9　无限导流能力模型的流动形态示意图

3) 无限导流垂直裂缝的常规试井分析

这里主要讨论地层线性流的分析方法。由裂缝的压力解可得,在地层线性流动阶段,压力差与时间的关系为

$$\Delta p = 6.1946 \times 10^{-3} \frac{qB}{hx_f} \sqrt{\frac{\mu}{\phi k C_t}} \sqrt{t} \qquad (10\text{-}17)$$

式中: q ——产量,m^3/d;

B ——原油的体积系数;

h ——地层厚度,m;

x_f ——裂缝的半长,m;

μ ——原油的黏度,$mPa \cdot s$;

φ ——地层的孔隙度,%;

k ——地层的渗透率,μm^2;

c_t ——综合压缩系数,mPa^{-1}。

通过分析可求得裂缝的有关参数和地层特征参数。

2. 有限导流垂直裂缝的常规试井分析

1) 有限导流全直裂缝的模型

作如下假设:

(1) 均质地层被压开一条裂缝,不考虑地层厚度,裂缝与井筒对称,半翼缝长为 x_f。

(2) 裂缝具有一定的渗透率,即沿着裂缝存在压力降,缝中有流体流动。

(3) 裂缝宽度 $w_f \neq 0$,裂缝同样穿透地层。

(4) 一般情况下,裂缝渗透率远大于地层渗透率。

2) 有限导流垂直裂缝的流动形态

这种裂缝的流动形态要比无限导流垂直裂缝模型复杂得多。不同之处是开始生产后,存在一个裂缝线性流和地层双线性流(图 10-10)。

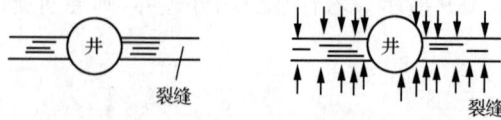

图 10-10　有限导流能力模型早期线性流示意图

3) 有限导流垂直裂缝的常规试井分析

对于其他流动形态,同无限导流垂直裂缝的常规试井分析。这里只对双线性流动形态的分析作一介绍。

在双线性流动阶段,压力关系为

$$\Delta p = \frac{6.2164 \times 10^{-3} q \mu B \sqrt[4]{t}}{h \sqrt{k_f w_f} \sqrt[4]{\phi \mu C_t k}} \tag{10-18}$$

式中:k_f——裂缝的渗透率,μm^2;

w_f——裂缝的宽度,m。

通过分析也可求得裂缝的有关参数和地层特征参数。

(六) 水平井的常规试井分析方法

水平井的渗流问题要比垂直井的渗流问题复杂得多,主要原因是水平井渗流受长度、外边界,尤其是上、下边界的影响大,不能像垂直井那样简化成一个二维的渗流问题。因此,水平井的流动形态比较复杂。对于水平井常规试井分析来说,正确诊断水平井的流动形态是十分重要的。

1. 均质油藏水平井系统的物理模型和数学模型

1) 物理模型

为不失一般性,考虑盒状砂岩油藏中一口水平井生产时的情况,物理模型的基本假设如下:

(1) 盒状油藏在 x、y、z 三个方向上的长度分别为 x_e、y_e、z_e,所有的六个边界均为封闭边界。

(2) 水平井长为 L,且平行于 x 轴;半径为 r_w,其中心坐标为 (x_w, y_w, z_w)。

(3) 油藏均质各向异性,渗透率分别为 K_x、K_y、K_z,孔隙度为 ϕ,原始压力 p_i 均匀分布,压缩系数为 c。

(4) 水平井以定产量 q 进行生产。

2) 数学模型

由上面的假设可得下列扩散方程

$$K_x \frac{\partial^2 p}{\partial x^2} + K_y \frac{\partial^2 p}{\partial y^2} + K_z \frac{\partial^2 p}{\partial z^2} = (\phi \mu c) \frac{\partial p}{\partial t} \tag{10-19}$$

初始条件

$$p(x,y,z,t)\big|_{t=0} = 0$$

外边界条件

$$
\begin{cases}
\dfrac{\partial p}{\partial x}\big|_{x=0} = \dfrac{\partial p}{\partial x}\big|_{x=x_e} = 0 \\[2mm]
\dfrac{\partial p}{\partial y}\big|_{y=0} = \dfrac{\partial p}{\partial y}\big|_{y=y_e} = 0 \\[2mm]
\dfrac{\partial p}{\partial z}\big|_{z=0} = \dfrac{\partial p}{\partial z}\big|_{z=z_e} = 0
\end{cases}
$$

对于内边界条件可分为下列两类。

（1）流量均匀分布：沿整个水平井轴流量均匀分布，但压力并不是均匀分布的。

（2）无限导流能力：沿水平井井轴压力降处处相等（均匀分布），但此时的流量分布并不均匀。实际上，无限导流能力的假设更符合实际情况。上述水平井的渗流模型可采用 Green 函数方法或积分变换方法（二次余弦变换、一次拉氏变换）进行求解。

2. 均质油藏水平井的流动形态

1）早期径向流动阶段

水平井刚开始生产，井筒内的压力突然降低，井筒周围的流体率先流向井内，此时在平面上形成一种径向流，称之为早期径向流。它类似于射开长度为水平井长度的垂直井的径向流，所不同的是垂直井的径向流发生在水平面内，而水平井的径向流发生在垂向平面内（图 10-11）。其井底压力表达式为

$$p_{wf} = p_i - \frac{2.121 \times 10^{-3} q\mu B}{\sqrt{K_x K_z} \times L}\left(\lg \frac{\sqrt{K_x K_z} \times t}{\phi\mu C_t r_w^2} + 0.8909 + 0.87 s_A \right) \tag{10-20}$$

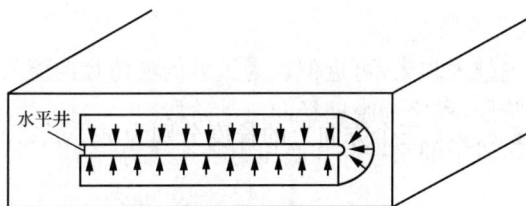

图 10-11　早期径向流示意图

早期径向流消失的主要原因为：

（1）压力波传播到上边界或下边界；

（2）水平井两端径向流动。

结束时间可由下式确定

$$t_{end} = \min\left\{ \frac{1800 d_z^2 \phi\mu C_t}{K_z}, \frac{125 L^2 \phi\mu C_t}{K_y} \right\}$$

其中

$$d_z = \min\{h - z_w, z_w\}$$

2）早期线性流动阶段

随着时间的不断延续，压力波达到上、下边界，径向流动阶段消失，这时垂向上的流动已达到拟稳态流动，水平面上的流动起主要作用。此时地层中出现一种线性流，称之为早期线性流，如图 10-12 所示。

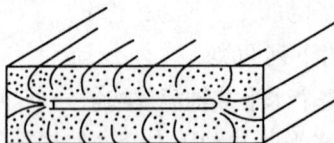

图 10-12　早期线性流示意图

此阶段水平井井底压力与时间的关系为

$$p_{wf} = p_i - \frac{1.79q\mu B}{Lh}\left[\sqrt{\frac{t}{\phi\mu C_t K_x}} + \frac{0.046h}{\sqrt{K_x K_z}}\left(\ln\frac{h}{r_w} + 0.25\ln\frac{K_x}{K_z} - \ln\sin\frac{\pi z_w}{h} - 1.838 + S_A\right)\right]$$

(10-21)

起始和结束时间分别为

$$t_{start} = \frac{1800D_z^2\phi\mu C_t}{K_z}$$

$$t_{end} = \frac{160L^2\phi\mu C_t}{K_y}$$

其中

$$D_z = \max\{h - z_w, z_w\}$$

3）晚期径向流动阶段

由于流动的范围越来越大，可近似认为远处的流体径向流入水平井，地层中又一次出现径向流动阶段，称之为晚期径向流动阶段。

晚期径向流动阶段中的水平井井底压力表达式为

$$p_{wf} = p_i - \frac{4.242\times10^{-3}q\mu B}{h\sqrt{K_x K_z}}$$

$$\left[\lg\frac{K_y\times t}{\phi\mu C_t L^2} - 0.607 + 0.87\sqrt{\frac{K_y}{K_z}}\frac{h}{L}\left(\ln\frac{h}{r_w} + 0.25\ln\frac{K_x}{K_z} - \ln\sin\frac{\pi z_w}{h} - 1.838 + S_A\right)\right]$$

(10-22)

起始和结束时间分别为

$$t_{start} = \frac{1480L^2\phi\mu C_t}{K_y}$$

(10-23)

$$t_{\text{end}} = \min\left\{\frac{2000\phi\mu C_t\left(d_y + \dfrac{L}{4}\right)^2}{K_y}, \frac{1650\phi\mu C_t d_x^2}{K_x}\right\} \tag{10-24}$$

其中

$$d_y = \min\{y_e - y_w, y_w\}$$

$$d_x = \min\{x_e - x_w, x_w\}$$

4）拟稳态流动阶段

当所有方向上的压力波传播到各边界，此时地层中出现一种拟稳态流动阶段，其压力特征与垂直井的压力特征一样。

（七）均质油藏钻杆测试（DST）

所谓钻杆测试是指在完钻之后、固井之前利用钻杆将测试仪器下到目的层所进行的油气层测试。一般是在不知地层储能的新区探井中进行。

钻杆测试从简单的地层取样器发展到取得地层动态资料，成为地层评价的有力手段，在石油勘探和开发，特别是海上石油资源的开发中具有十分重要的地位。通过测试资料的分析，可对测试层段作出重要的经济可行性评价，判断测试层的工业开采价值，确定是否进行永久性完井。一旦确定具有工业开采价值，便可通过测试资料设计下入套管或确定射孔段的合理位置，选择最合适的完井方法；在理想的条件下从测试资料可判断测试井附近是否有断层存在，计算离边界的距离，还可求出测试井的最小边界范围，以及通过测试资料的比较认识测试油藏的性质。另外，通过测试资料的常规分析，还可取得原始地层压力、地层有效渗透率、实际和理论的产能。特别是通过计算的井壁阻力系数和污染比，作出钻井对地层损害的评价。有时，地层测试也在生产井中进行，如根据新生产层或作业后的作业层段测试，可计算出作业工艺后（如酸化、压裂等）的污染清除效果或有效井径扩大的程度。

1. 钻杆测试工具和操作

钻杆测试的测试管柱是由一个或几个封隔器、特殊阀件和取样器，以及若干支温度计、压力记录仪表和其他部件组成。图 10-13 说明钻杆控制流动阀开关的工作状态，图上的测试管柱不带井下作业工具，在裸眼井中进行测试。这是一个支撑式单封隔器和取样器的地层测试器。图 10-13（a）表示地层测试管柱刚下入测试层段，泥浆液通过底部筛管、封隔器和裸眼旁通流出，此时的测试阀处于关闭状态。一旦地面装置完成管柱底部与井底接触，下部管柱便停止运动。此时钻铤质量使旁通关闭、封隔器膨胀，形成坐封，造成临时完井。延时 1～5min 管柱加压处于压缩状态，经过自由下落 2～3cm，指示测试阀打开，如图 10-13（b），地层有流体向井筒流动。当控制流动时，需要提起管柱，旁通仍关闭，封隔器保持坐封，管柱处于张力状态，测试阀关闭，如图 10-13（c）。此时，地层流动停止，压力计记录关井恢复压

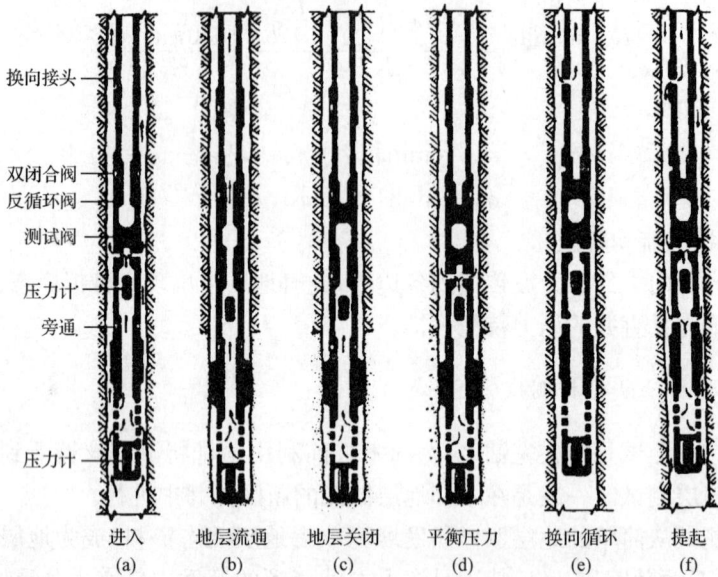

换向接头

双闭合阀
反循环阀
测试阀

压力计

旁通

压力计

进入	地层流通	地层关闭	平衡压力	换向循环	提起
(a)	(b)	(c)	(d)	(e)	(f)

图 10-13　裸眼油层测试工具状态图

力(下部压力计始终处于动态工作,记录液柱流动压力和恢复压力)。但是,长时间
处于拉力状态下的管柱将造成旁通打开,所以必须下放管柱使工具承受重量(主要
由封隔器受载),测试阀仍处于关闭。如果需再打开阀,则再提管柱,重复上述过
程。如此反复,直至完成测试设计。当在最后流动期结束时,稍提起管柱,阀关闭,
流体样品被捕集在测试室。关井恢复结束,上提管柱,直至旁通打开,压力平衡,如
图 10-13(d)。安全密封解除工作,封隔释放。接着反循环阀打开,管柱上提时的
地层液体由环空流出,如图 10-13(f),直至全部管柱拉出地面,此时井筒中液体流
动方向与下放管柱时相反。图 10-13(e)表示为了计量管柱中的地层流体体积,打
开换向循环阀把环空中的泥浆泵入管柱内空间,将地层液驱替出地面计量。这种
功能阀在 DST 管柱中有内压式反循环阀和投杆式反循环阀两种,以便一个失效时
另一个仍能有效地工作,保证反循环功能。

2. DST 测试典型卡片解释

图 10-14 为一典型的两次开关钻杆测试卡片。与普通试井压力卡片一样,为
一展开图,纵坐标表示压力 p,横坐标表示时间 t。图上各点或线的意义如下。

AQ:在地面所画的基线,即零压力线。

A 点:压力计钟表开始工作。

AB:测试管柱已在地面组装完毕,待下。

B 点:测试管柱已移入井口,准备下入井内。

BC:测试管柱逐渐下入井内,卡片上记录的压力随下井深度而增大,即泥浆

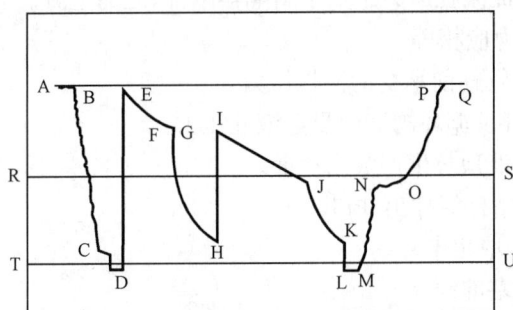

图 10-14　典型钻杆测试卡片

柱的静压力线。

C 点：测试工具已下到预定测试层位的探度，C 点的压力为测试探度的泥浆柱压力。

CD：封隔器坐封，环形空间泥浆柱与测试层位隔离泥浆柱受一定的压缩，压力升高。

D 点：封隔器坐封后的压力，液力弹簧阀打开，第一次流动期待开始。

DE：液力弹簧阀打开的时间，瞬时降压线。

E 点：初流动期开始点的压力。

EF：测试层的流体流入测试管柱，进入钻铤。

F 点：测试层流体累积到达钻铤的端部。

FG：测试层生产的流体进入大内径的钻杆。

EG：由于钻杆臂柱内生产液的流量累积，压力计记录的压力逐渐升高，这是一段较为短促的时间。

G：第一次流动期最后的压力，即第一次关井期的流压参数，此时，钻杆上提测试阀到闭合位置。

GH：第一次恢复期的压力特性。

H：第一次关井期的最后恢复压力，在理想情况下 H 点的压力应恢复到原始地层压力，此时，钻杆轻轻地下放，测试阀到第二次开启位置。

HI：开阀时间，压力骤落至第一次流动期流量所具有的液柱静压力。

I 点：第二次流动的开始压力，流体处于欲动状态。

IJ：第二次流动期的压力特性，随着生产液的继续流入，记录压力不断升高，这一时期表示地层的准特性阶段。

JK：第二次关井期的压力特性。

K 点：第二次关井期的最后恢复压力，在理想条件下 K 与 H 点应记录同一压力，此时，钻杆上提，关闭液力弹簧阀，并打开旁通，封隔器起封。

KL：环空中的泥浆柱压力施加于封隔器下部,压力上升。

L与D点的压力应相等。

LM：取出钻杆管柱前承受的液柱压力。

N点：投杆打开反循环阀套筒受静液柱压力。

NO：泵送泥浆液顶替生产液出地面。

OP：继续上提钻杆管柱出井口。

PQ：卸下工具,取出卡片。

RS：10.0 压力基准线。

TU：20.0 压力基准线。

图 10-14 为典型测试卡片,现场实际测试卡片是连续几圈记录着压力曲线,目的是为了提高压力读数准确性。当这些压力曲线规范化后,常出现不同于图10-14的典型形状,此时应根据这个十分有效的信息,从异常形状解释地层特性或测试是否失误。

观察卡片时,特别应注意 8 个特殊的压力值,如 D、E、G、H、I、J、K 和 L 点;还要注意开关过程的 4 个线段的形状,如 EG、GH、IJ 和 JK。它们对即时分析、判断测试层的特性以及现场计算地层参数都有重要作用,尤其对认识产层伤害具有重要意义。

在概念上应清楚地认识到,卡片上的线段及其形态表示地层压力和时间的变化关系,反映了产层中的流动特性。如流动期的 EG、IJ 线段愈陡,表示地层产能愈大;恢复期的 GH、JK 曲线愈陡、平稳时间愈短,表示产层渗透率愈好。从流动期与恢复期曲线形状对比,可认识产层是否伤害及伤害的严重程度。当产层伤害不大时,流动期与恢复期曲线特征基本一致;如果产层伤害较大,可以设想伤害区为渗透率很低的渗透带,开井流动必然造成较大压差。上述这种条件使测试的压力曲线呈现异常特征;流动期的斜率小,表现为低产率;恢复期的斜率大,表现为高产率。这是因为低渗带消耗附加的压力不能为高产量提供足够能量,限制了产层的潜在生产率;而在关井期,由于自然的地层渗透率和能量很高,压力恢复速率很大,因此,表现为陡的曲线。

卡片上的异常特征尚可解释地层很多宝贵资料,如井壁区地层的超压、渗透率异常、多层和储能的大小等。但是对测试卡片的准确解释,不仅要细致观察压力曲线形状的异常之处,还必须具有一定的地质知识、水动力学理论和经验,负责解释DST 卡片资料的人员,应认真积累多种类型测试曲线形状,会同有关地质师和专家鉴定作为解释样板。

（八）气井试井分析方法

1. 气体渗流理论础基础

1）不稳定渗流基本方程

假设如下条件：①等温过程；②地层均质（k、ϕ为常数），地层参数不随压力发生变化；③压力梯度较小，服从达西定律。

在上述假设条件下可建立不稳定渗流基本方程。

（1）运动方程

由达西定律得

$$v = -\frac{K}{\mu}\operatorname{grad} p$$

（2）状态方程

真实气体

$$\gamma = \frac{p}{RTZ}$$

等温压缩系数

$$C(p) = -\frac{1}{V}\frac{\partial V}{\partial p}\bigg|_T = \frac{1}{\gamma}\frac{\partial \gamma}{\partial p}\bigg|_T = \frac{Z}{p}\frac{\partial}{\partial p}\left(\frac{p}{Z}\right) \tag{10-25}$$

对于理想气体

$$C(p) = \frac{1}{p}$$

2）气体不稳定渗流为微分方程的典型解

气体不稳定渗流微分方程虽然在形式上非常类似于单相微可压缩流体的基本渗流方程，但它不是线性的，而是二阶非线性的偏微分方程。这一类非线性方程的精确解用解析方法求解一般较困难，只能用数值解。对上述类型的方程而言，近似解法有很多种，其中最常用的就是采用线性化方法，即首先将方程变成线性方程，然后分别求线性方程解。

2. 气井压力恢复试井分析

气井的压力恢复测试是以一个常产量或以多个不同产量生产一段时间以后关井，使地层压力得到恢复，同时记录关井后井底压力随时间变化的数据（曲线）。通过对这些数据（曲线）及其他资料的分析，获取气藏和井的许多重要特征参数，在钻杆测试（DST）中，压力恢复测试是普遍采用的一种不稳定试井方法。

1）气井压力恢复测试资料的压力分析方法

当气藏压力在21MPa以上时，可以采取与油井完全相同的处理及分析方法，即直接使用关井压力（p_{ws}），而不必转换为拟压力（Ψ）进行分析。以压力法进行分析时，对各流动阶段的鉴别与前述的方法完全一样，也是通过绘制压力恢复数据的直角坐标曲线、双对数坐标曲线和半对数坐标曲线进行分析,且各流动阶段的表现特征也同前述的完全一样。

2)气井压力恢复测试资料的压力平方分析法

当气藏压力低于 14MPa 时,可以采用压力平方(p^2)来代替拟压力进行一系列的作图分析和参数计算。

以 p^2 进行分析时,对各流动阶段的鉴别与前述的方法一样,也是通过绘制压力恢复数据的直角坐标曲线、双对数坐标曲线和半对数坐标曲线,各流动阶段的曲线形态特征也同前述一样。

五、油藏井间示踪剂动态分析方法

认清油藏非均质性的分布状况对注水开发及三次采油的设计和实施意义重大。在注入流体的过程中,高渗透条带将进入大量的注入流体,其过早在生产井的突破导致生产井井底流压增高,使得注入流体很难进入低渗层段,甚至可能导致能量自耗,这种注入流体不成比例的分布,减小了注入流体的体积波及系数,使开发效果变差。因而对注水开发和三次采油来讲,探测油藏中的高渗层段和大孔道有助于改善注入方案的效率,达到最终提高采收率的目的。

在油藏工程动态分析方法中,追踪流体运移的手段是直接决定油藏非均质性的一个重要工具,放射性和化学示踪剂提供了获得此信息的能力。井间示踪剂测试是把(放射性)示踪剂注入到注入井内,随后在周围生产井中监测取样,确定示踪剂的产出情况。对示踪剂产出情况的分析,可以解决注水开发中出现的下述问题:

(1)评价油藏非均质性。包括井间连通性、平面及纵向非均质性,方向渗透性及大孔道等。

(2)确定指标。井网的体积波及系数、水淹层的厚度及渗透率的大小、平均孔道半径、流体饱和度、井网注采指标和油藏岩石的润湿性。

(3)核实断层及封闭性。

(4)根据相邻层系井的示踪剂产出情况,判断射孔和层系间隔层性质,为层系细分调整提供依据。

(5)分析开发调整措施的有效程度。

(一)示踪剂流动的混合理论

示踪剂是指那些易溶,在极低浓度下仍可被检测,用以指示溶解它的流体在多孔介质中的存在、流动方向和渗流速度的物质。一种好的示踪剂应该具有以下特点:在地层中背景浓度低;在地层中滞留量小;化学性质稳定,生物性质稳定,与地层流体配伍;分析操作简单,灵敏度高;来源广,成本低等。目前常用的有硫氰酸铵、硝酸铵、氯化钠、氚水等。

孔隙介质中,溶于水中的示踪剂与水形成混相液,并受对流和扩散的影响。对流是由注入和产出而引起的流体整体的运动。扩散是由单个示踪剂微粒运动(这种微粒在孔隙介质的弯曲孔隙通道中以可变化的速度运动)引起的。由于这种无规则的运动,在混相液中就形成一个过渡带(或混相区),过渡带的大小是由孔隙介质的扩散特征所决定的。一般情况下,水动力扩散方向有两个——沿平均流动方向(纵向扩散)或与平均流动方向垂直(横向扩散)。

水动力扩散并不是产生混合的唯一根源,在每个空隙中发生的沿每条流线或横穿每条流线的分子扩散也是原因之一。然而,如果驱替是以非常高的速度进行,则分子扩散的影响可以忽略不计,因此纵向水动力学扩散是确定孔隙介质中混流相之间的混合带的主要因素。

(二) 均质井网的示踪剂突破曲线

当一个示踪剂段塞被注入油藏,随后通过同样流度的驱替液将其向生产井推进时,生产井中示踪剂浓度的连续测量就组成了一条示踪剂突破曲线。例如在交错行列井网、交错行列注水井网、均质注入井网等不同的井网条件下,可以作出不同的示踪剂突破曲线,图 10-15 所示为 $a/\alpha = 500$ 时的三种不同井网的突破曲线。

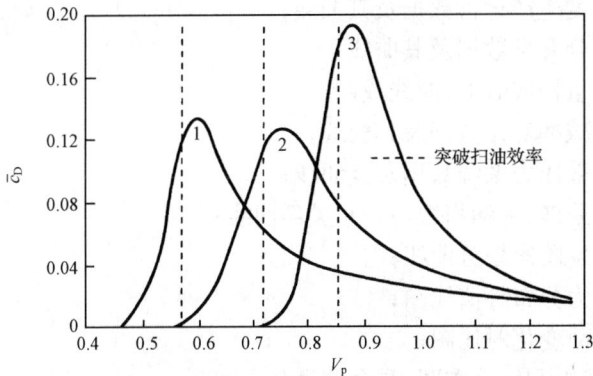

图 10-15　不同井网 $a/\alpha = 500$ 时的示踪剂突破曲线示意图

a ——同类井之间的距离,m; α ——混合或扩散系数,m; $\overline{c_D}$ ——无因次浓度;

V_p ——注入均质井网的孔隙体积,无量纲

1——正对排状井网 $d/a=1$;2——五点井网;3——交错排状井网 $d/a=1.5$

(三) 多层油藏系统的示踪剂突破曲线

在多层油藏系统中,完整的示踪剂产出曲线是各层响应的综合反映。单层响应可以用前面讨论的分析方法准确预测。但示踪剂到达生产井的时间和来自各层的示踪剂对浓度的影响是孔隙度、渗透率和层厚的函数。如果是多层的示踪剂产

出曲线,可将多层系统的实际示踪剂开采曲线分解成单层响应即可得到单层参数。

第二节　油藏动态分析方法

一、油藏动态分析的基础资料和有关图件

（一）油藏动态分析需要的油藏研究资料

（1）油藏开发地质综合图；

（2）油层栅状图；

（3）油砂体有效厚度等值线图、油砂体有效渗透率等值线图、沉积相带图；

（4）油、水(气)相对渗透率曲线；

（5）孔隙度分布与毛细管压力关系曲线；

（6）渗透率分布曲线；

（7）原油物性特征曲线。

（二）油藏动态分析需要的开发动态数据及图件

（1）油藏年度生产运行数据及其曲线；

（2）油藏综合开发数据及其曲线；

（3）油藏产量构成数据、曲线或图；

（4）油藏递减率对比数据及其曲线；

（5）油藏注采压力系统数据及其曲线；

（6）无因次采液、采油指数与含水关系曲线；

（7）油藏开发阶段划分曲线；

（8）油层压力分布等值线图；

（9）注采剖面变化对比图；

（10）剩余油饱和度分布图、剩余储量分布图；

（11）油藏开采现状图。

所需油藏开发效果评价资料如下：

（1）驱替特征曲线；

（2）含水与采出程度关系曲线、水驱指数与采出程度关系曲线、存水率与采出程度关系曲线；

（3）产量衰减曲线。

（三）综合开采曲线

综合开采曲线是将油田开采过程中的注水、产量、含水、压力等数据,按照一定

时间序列绘制出的一种曲线图。综合开采曲线一般由采油井开井数、注水井开井数、地层压力、流动压力、日(年)注水量、日(年)产液(水)量、日(年)产油量、综合含水、日(年)注采比、采油速度、采出程度等曲线组成。在颜色的使用上,一般将横坐标轴、坐标值、名称绘成黑色,与产油有关的曲线绘成红色,与产水、含水有关的曲线绘成绿色,与注水有关的用蓝色,产液量用棕色,压力用粉红色,纵坐标轴随曲线用同种颜色。

(四) 产量构成曲线

产量构成曲线是反映一个油藏(或区块)未采取措施老井、当年投产井及已投产井采取不同措施的增油量在总产量中的构成情况,亦即反映老井产量递减状况的一组曲线,是在同一产量-时间坐标系中以叠加的方式绘制而成的。它可以直观地反映各种增产措施在油藏稳产中所起到的作用,能够描述出未采取措施老井的产量变化、自然递减和综合递减的变化,预测近期油藏动态变化,及时制定相应的措施,控制产量的递减。

(五) 水驱特征曲线

对于注水开发的油藏来说,当油藏投入全面注水开发后,随着注入量的不断增加,油井产出量中逐渐出现产水量,当含水达至一定数值后,累积产水量与累积产油量在半对数坐标系中出现近似直线的关系,由此作出的关系曲线称之为水驱特征曲线,简称水驱曲线。一般在油藏综合含水 25％以上,采出程度 10％以上时才可能出现有代表性的直线段。它常被用来求取油藏水驱地质储量、含水上升速度、最终采收率等。

(六) 水淹平面图

水淹平面图是一种反映地下油、水饱和度在某一时刻分布状况的图件。可以帮助人们分析油藏开发到某一时刻时剩余油的多少及其分布规律,评价油藏开发效率,分析油藏开发中存在的主要问题,确定挖潜的对象、方式和方法。除了用于动态分析以外,还常用在开发调整方案的编制之前,其中水淹状况一般分为高、中、低水淹和未水淹四级。

(七) 油层连通图

油层连通可以用栅状图来表示其连通关系,它是将油层垂向上的发育状况和平面上的分布情况结合起来,反映油层在空间上变化的一种图件。它可以清楚地反映出井与井之间油层的连通状况,帮助人们分析注水井的吸水层位、吸水状况,并确定分层注水层段、注水量等情况,分析油井出油、产水层位和来水方向等动态变化,还可以帮助动态研究人员制定油层改造、堵水地质方案,是油藏动态分析中一种常用的重要图件。

(八) 综合含水与采出程度关系曲线

综合含水与采收程度关系曲线是以采出程度为横坐标,以综合含水为纵坐标绘制出的一种关系曲线。这种曲线图常常是将不同区块的一组关系曲线绘制在一起,或是将一个区块的理论曲线与实际曲线绘制在一起,用来比较各开发区开发效果的差别或评价一个区块开发效果的好坏,也可以从曲线中找出含水上升速度的变化规律,以便用来预测油藏开发的变化趋势。

(九) 油藏压力分布图和等值图

压力分布图又称等压图,是反映某一时期油藏的压力在平面上分布状况的一种图幅,用等值图表示。应用这套绘制方法相应地可以绘制出油藏的含水分级图、油层厚度分布图、渗透率分布图等各种等值图。

(十) 开采形势图

开采形势图又称开采现状图,是反映某一油藏某一时间油水井生产现状的一种动态图幅,具有直观、明了的优点。常见的图幅形式有饼状和柱状两种形式相结合,也有表现为立体柱状图的。

(十一) 油藏采液(油)指数变化曲线

这是一组反映油藏采液指数和采油指数(即油井生产能力)随含水变化而变化的规律曲线。揭示这种变化特点,对于进行油藏产量及各项主要开发指标的预测,制定比较科学的开发调整方案,取得较好的开发效果是非常重要的。

(十二) 措施效果分析图

它是把反映同一措施的调整依据、方案设计思想、措施实施时间、措施后油井动态反映的一组地质图幅(包括井位关系、小层剖面、措施层位、采油曲线等)组合在一起,只需简单讲述有关情况,即可从这组图中看出措施的有效性,而且直观、明了、印象深刻。

二、油藏动态分析的内容和方式

(一) 简单生产动态分析内容

1. 注水状况分析

分析注水量、吸水能力变化及其对油藏生产形势的影响,提出改善注水状况的有效措施,分析分层配水的合理性,不断提高分层注水合格率。搞清见水层位、来水方向、注水见效情况,不断改善注水效果。

2. 油层压力状况分析

分析油层压力、流动压力、总压降变化趋势及其对生产的影响。分析油层压力与注水注采比的关系,不断调整注水量,使油层压力维持在较高的水平上。搞清各类油层的压力水平,减小层间压力差异,使各类油层充分发挥作用。

3. 含水率变化分析

分析综合含水、产水量变化趋势及变化原因,提出控制含水上升的有效措施。分析含水率与注采比、采油速度,总压降等的关系,确定其合理界限。分析注水单层突进、平面舌边水指进、底水锥进对含水上升的影响,提出解决办法。

4. 气油比变化分析

分析气油比变化及其对生产的影响,提出解决办法。分析气油比与地饱压差、流饱压差的关系,确定其合理界限。分析气顶气、夹层气气窜对气油比上升的影响,提出措施意见。

5. 油藏生产能力变化分析

分析采油指数、采液指数变化及其变化原因。油井利用率、生产时率变化、自然递减变化、油藏增产措施效果变化、新投产区块及调整区块效果变化及其对油藏生产能力的影响。

(二)油藏动态分析内容

1. 油藏地质特点再认识

重点从四个方面进行再认识:利用油藏开发后钻井、测井、油藏动态、开发地震等资料,对构造、断层、断裂分布特征和油藏类型进行再认识;应用开发井及检查井的钻井、测井、岩心分析、室内水驱油实验等资料,对储层的性质及分布规律进行再认识;应用油藏动态、不稳定试井、井间干扰试井等资料,对油藏水动力系统进行再认识;应用钻井取心和电测资料对地质储量参数进行再认识,并重新核算地质储量。

2. 层系、井网、注水方式适应性分析

利用油层对比、细分沉积相等新资料分析各开发层系划分与组合的合理性。统计不同井网密度条件下各类油层的水驱控制程度、油砂体钻遇率等数据,分析井网的适应性。依据油层水驱控制程度、油层动用程度、注入水纵向和平面波及系数等资料,分析井网密度与最终采收率的关系。应用注水能力、扫油面积系数、水驱控制程度等资料,分析注水方式的适应性。

3. 油藏稳产趋势分析

应用分年度油藏综合开发数据及其相应曲线,分析产液量、产油量、注水量、采油速度、综合含水,注采比、油层压力、存水率、水驱指数、储采比等主要指标的变化趋势。对照五年计划执行期间油藏产液量、产水量、注水量构成数据表及其相应曲线,分析各类产量和各类增产措施对油藏稳产及控制递减的影响,对产量构成中不合理部分提出调整意见。产量构成曲线包括以下三类:

(1) 五年计划时间内老井和新井产量构成;

(2) 各类不同升举方式采油井的产量构成;

(3) 各类不同油品的产量构成。

根据油藏递减阶段产量随时间变化的开发数据,应用曲线位移法、试差法、典型曲线拟合法、水驱曲线法或二元回归法等分析方法,分析油藏递减规律和递减类型,预测油藏产量变化。

4. 油层能量保持与利用状况分析

分析边(底)水水侵速度与压力、压降以及水侵系数、水侵量大小的关系;对弹性驱、溶解气驱、气顶驱开发的油藏,分析相应驱动能量大小及可利用程度。对于注水开发的油藏,分析注采比变化与油层压力水平的关系和油藏目前所处开发阶段合理的压力剖面、注水压差和采油压差(或动液面及泵合理沉没度)。根据油藏稳产期限、采油速度、预期采收率及不同开采条件和不同开采阶段的要求,确定油层压力保持的合理界限;分析地层能量利用是否合理,提出改善措施。

5. 储量动用及剩余油分布状况分析

分析调整和重大措施(压裂、复射孔、改变开采方式、整体调剖、堵水等)前后油藏储量动用状况变化。应用不同井网密度油层连通状况的分类统计资料,分析井网控制程度对储量的动用和剩余油分布的影响。应用油、水井的油层连通资料,分析不同密度的注采井网或不同注水方式下水驱控制程度及其变化。应用注入、产出剖面、C/O测试、井间剩余油饱和度监测、检查井密闭取心、新钻井的水淹层解释、分层测试、数值模拟等资料,综合分析注水纵向及平面的波及和水洗状况,评价储量动用程度和剩余油分布。应用常规测井资料,建立岩性、物性、含油性、电性关系图版及公式,确定油层原始、剩余、残余油饱和度的数值。利用原始、剩余、残余油饱和度(或单储系数)曲线重叠法确定剩余油分布。对于水驱油藏,应用水驱曲线分析水驱动用储量及其变化。

6. 驱油效率分析

应用常规取心和密闭取心岩心含油分析、天然岩心驱油试验等资料,分析不同类型油藏的驱油效率。对于水驱油藏,应用驱替曲线及其公式系列对驱油效率进行预测。应用油藏工程法计算水驱波及体积、水驱指数、存水率等数据,分析水驱油效率。

7. 油层性质、流体性质变化及其对油藏开发效果影响的分析

应用检查井密闭取心岩心润湿性测定或油层岩心室内冲刷润湿性定时测定等成果,分析岩石润湿性在油藏开发过程中的变化情况,以及对两相渗透率曲线和最

终采收率的影响。用检查井密闭取心岩心退出效率测试或室内水驱油实验岩样测试的渗透率、孔隙度、滞后毛细管压力曲线、电镜扫描和矿物成分等资料,分析油藏开发过程中储层孔隙度、孔隙结构、渗透率、黏土矿物成分的变化,以及对开发效果的影响。分析油藏开发过程中油、气、水性质变化及其对开发效果的影响。

8. 油藏可采储量及采收率分析

油藏技术可采储量及经济可采储量,要根据驱动类型分阶段定期标定。分析下列因素对油藏可采储量及采收率的影响。

(1) 油藏物性:渗透率、孔隙度、含油饱和度、油藏面积及形态、储层层间结构、油层多层及非均质性;

(2) 流体性质:原油黏度、体积系数、油层温度等;

(3) 岩石与流体相关的特性:油水过渡带大小、驱动类型、润湿性、孔隙结构特征;

(4) 开采方法及其工艺技术:开采方式、驱动能量、井网密度、压力系统、驱油效率;

(5) 经济因素:地理条件、气候条件、原材料及原油价格变化。

分析油藏调整及大型措施前后可采储量的变化,并提出增加可采储量和提高采收率的措施意见。

9. 油藏开发经济效益分析

分析单位产能建设投资、投资效果、投资回收期、投资收益率、成本利润率等指标变化。不同开发阶段采油成本、措施成本变化及措施成本占采油成本的比例,并根据油藏剩余可采储量、产能建设投资、采油操作费、原油价格、投资回收期等指标,分析不同开发阶段井网密度极限和合理的井网密度。依据采液指数、生产压差、井网密度、工艺技术水平、地面管网设施、经济界限等因素,确定油藏最大产液量、合理的极限含水率。根据高含水油井产值及能量消耗,确定高含水井关井界限。依据油藏驱动类型、采油方式、油水井技术状况、经济条件等因素,分析油藏废弃产量及废弃压力的合理界限。

(三) 油藏动态分析方式

矿场常采用的动态分析一般分月(季)度油藏生产动态分析、年度油藏动态分析、阶段油藏动态分析三种形式。

1. 月(季)度油藏生产动态分析

主要是通过开发动态数据、油藏产量变化进行分析,目前油藏压力、含水或油气比变化对生产形势的影响,以及保持高产、稳产和改善生产形势所要采取的基本措施。分析的主要内容如下。

(1) 月(季)产油量、产液量、注水量、综合含水、油层压力等主要指标的变化,与上一个月(季)或预测的生产曲线进行对比,分析变化原因,提出下一步的调整措施。

(2)产量构成、老井的自然递减和综合递减与上一个月(季)或预测曲线的相应值进行对比,分析产量构成和递减的变化趋势及原因,提出措施意见。

(3)注水状况分析,分析月(季)注水量、注采比、分层注水合格率等变化情况及对生产形势的影响,提出改善注水状况的措施意见。

(4)分析综合含水和产水量的变化及原因,提出控制油田含水上升速度的措施意见。

(5)分析主要增产措施的效果,尽可能延长有效期。

半年除了分析以上几项内容外,还要全面分析、总结近年来油藏地下形势和突出的变化,提出下半年的调整意见。

2. 年度油藏动态分析

全面系统地进行年度油藏动态分析,搞清油藏动态变化,是编制好下一年配产、配注方案和调整部署的可靠依据。因此,加强年度油藏动态分析工作,提高油藏动态分析的水平,是不断改善油藏开发效果的保证。重点分析内容如下。

(1)注采平衡和能量保持利用状况的分析评价:分析注采比的变化和压力水平的关系,压力系统和注采井数比的合理性。要确定合理的油层压力水平并与目前的地层压力进行对比,分析能量水平保持是否合理,提出调整配产、配注方案和改善注水开发效果的措施。要分析研究不同开发阶段合理的压力剖面、注水压差和采油压差,并与目前的实际资料对比。

(2)注水效果的分析评价:重点要搞清单井或区块的注水见效情况、见效方向、增产效果、分层注水状况等,并提出改善注水状况的措施。分析注水量完成情况,吸水能力的变化及原因。分析年度和累计含水上升率、存水率、水驱指数、水油比等,与上一年的相应值或理论值进行对比,分析注水的驱油效率和变化趋势。

(3)分析储量利用程度和油水分布状况:应用动态监测系统中吸水剖面、产液剖面资料、密闭取心分析资料、分层试油资料和单层生产资料等,分析研究注入水纵向波及状况、水淹水洗状况、储量动用状况;应用油藏工程方法及现场测试资料(包括多参数测井解释资料等),综合分析不同时期注入水平面波及范围及水驱油效率,搞清主力层系平面油水分布状况;利用不同开发阶段的驱替特征曲线,分析储量动用状况及变化趋势。

(4)分析含水上升率与产液量增长情况:应用实际含水与采出程度关系曲线和理论计算曲线,分析产液量的增长,并与规划预测指标对比,分析含水上升速度、当年含水上升率的变化趋势及原因,提出控制含水上升的措施,实现油藏的稳产和减缓产量递减。

(5)分析新投产区块和整体综合调整区块的效果:要严格按照新区开发方案

各项指标(特别是采油速度、生产压差、注采比等),分析检查当年投产新区块的开发效果。对井网、层系、注采系统综合调整的区块,按开发调整方案规定的指标,分项对比其效果,要用经验公式、水驱特征曲线等,分析调整前后可采储量和采收率的增加幅度,还要按调整井(新井)和老井分别统计分析调控效果。

(6) 分析主要增产措施的效果:对当年进行的油水井主要措施(如压裂、酸化、放大压差、卡堵水、补孔、增注等),要分析产液量、产油量、产水量、注水量等变化的有效期,分析对油藏稳产和控制递减的影响。

(7) 分析一年来油田开发上突出的重要变化:油藏产量的大幅度递减、暴性水淹、套管成片损坏等,还要分析开发效果好的、差的典型区块。

(8) 编写开发一年来的评价意见:用一年来的实际生产资料、理论曲线资料和预测曲线等,进行分析对比,对一年来的开发形势、油藏调整、各种措施效果进行分析评价。在此基础上,要用油藏工程方法和计算机专用程序,对下一年或若干年的开发总趋势进行预测分析,并编制第二年的配产、配注意见和生产曲线,同时,要根据油藏的开采现状,为完成一年的各项生产任务提出主要的措施意见(包括重要的调整及主要工作量安排)。

3. 阶段开发分析

要根据油藏开发过程中所反映出来的问题,进行油藏专题分析研究,为制定不同开发阶段的技术政策界限,进行综合调整、编制开发规划提供依据。一般情况下,对下面三个时期都要进行阶段分析。

(1) 五年计划的末期;

(2) 油藏进行大的调整前(包括开采方式的转变);

(3) 油藏稳产阶段结束,开始进入递减阶段。

阶段开发动态分析,要在年度开发动态分析的基础上,着重分析以下内容。

(1) 分析油藏注采系统的适应性:油藏在注水开发过程中,从低含水期向高含水期发展,从自喷开采向抽油开采转化,对原注采系统的有效性及适应程度要分析研究,并不断进行调整。

(2) 对储量动用状况及潜力进行分析研究:分析和研究各类油层及其不同部位的动用状况(包括吸水和出油状况)和剩余油的分布,找出平面上和纵向上的潜力。分析现有驱动方式及驱替剂的适应性,研究进一步提高可采储量和采收率的措施。

(3) 对阶段的重大调整和增产措施效果的分析:对开发阶段内所进行的重要调整,如层系井网、注采系统的调整,开采方式的调整,配产配注的调整以及所采取的主要增产措施如压裂、酸化、卡(堵)水、放大压差等进行总结,分析其对增加产量、提高储量动用程度、改善开发效果的作用。

(4) 对现有工艺技术适应程度的分析评价:为了提高各类油层的动用程度,提高注水的波及体积及驱油效率,不断增加可采储量,提高采收率,对现有的注采工艺技术的适应性要进行分析,并要不断开展新的注采工艺技术的试验研究,积极推广新工艺、新技术,以适应油藏开发的需要。

(5)分析开发经济效益:在阶段开发分析的基础上,要对开发效果进行经济效益分析,从阶段内累计产油量、总投资额、采油成本、投资收益率、投资效果、投资回收期等经济指标,对比评价油藏开发效果和经济效益。

(6)对油藏总的潜力进行评价:根据不同地区油藏的开采现况和潜力分布,首先对现井网、工艺条件下所能达到的可采储量和最终采收率同理论计算与经验公式计算所确定的可采储量及最终采收率对比,分析增加可采储量、提高采收率的潜力。其次要对油藏储量未动用或动用差的状况(包括平面上和纵向上的)进行分析评价,还要在研究不同含水期的油藏最大合理产液量界限的基础上,确定提高产液量的潜力及相应的挖潜措施。

(7)应用油藏数值模拟预测开发指标:每个阶段必须用数值模拟的方法进行开发历史拟合,预测今后的动态变化趋势,并对主要开发指标绘制出预测曲线。

以上分析内容主要适合砂岩油藏,其他类型的油藏可参照以上分析内容,结合不同类型油藏的特点进行动态分析。

三、油藏动态分析的常用方法

(一)相对渗透率曲线分析法

相对渗透率是岩石有效渗透率与绝对渗透率的比值,用百分数表示。当有两相或三相流体同时在多孔介质中流动时,相对渗透率是对每一流动相通过岩石能力的量度。油水两相的相对渗透率可表示为

$$K_{ro} = K_o/K \times 100\% ; K_{rw} = K_w/K \times 100\% \qquad (10\text{-}26)$$

式中:K_{ro}——油的相对渗透率,%;

$\quad\quad K_{rw}$——水的相对渗透率,%;

$\quad\quad K_o$——油的有效渗透率,μm^2;

$\quad\quad K_w$——水的有效渗透率,μm^2;

$\quad\quad K$——岩石绝对渗透率,μm^2。

相对渗透率是饱和度的函数,它还与孔隙结构、润湿性、流体类型、饱和过程有关,是流体、孔隙介质及它们之间相互作用的综合参数,在油藏开发中具有重要的作用。通常在动态分析中应用该曲线:

(1)确定流体在储层中的分布;

(2)预测含水上升率;

(3)预测油藏的最终采收率;

（4）鉴定储油层岩石的润湿性。

（二）水驱特征曲线分析法

水驱曲线（也叫驱替特征曲线）是水驱开发油藏采出液中产油量和产水量的关系曲线。注水开发油藏利用水驱曲线计算和确定油藏可采储量，评价开发效果，还可以预测油藏开发的未来动态，在国外应用比较广泛。童宪章应用统计分析方法归纳了水驱曲线的甲型、乙型、丙型三种不同的形式，称为童氏曲线。陈元千根据水驱开发油田实践，对水驱曲线直线段进行了校正，提高了水驱曲线的实用性。详细的情况可参考有关的文献资料，本节只对三种类型的水驱曲线做一简单介绍。

1. 甲型水驱曲线

甲型水驱曲线是累积产水量与累积产油量的关系曲线，在半对数坐标纸上，水驱开发油藏可以形成一条明显的近似直线段。在开发初期应有一段曲线，当采出程度达到一定数据值，油田含水达到 60% 左右时，才会出现具有代表性的直线段，其数学表达式为

$$\lg W_p = \frac{N_p}{B} + A \tag{10-27}$$

式中：W_p ——累积产水量，$10^4 \mathrm{m}^3$；

N_p ——累积产油量，$10^4 \mathrm{t}$；

B ——直线段斜率（实际为斜率的倒数），$10^4 \mathrm{t}$；

A ——截距。

2. 乙型水驱曲线

乙型水驱曲线是生产水油比与累积产油量的关系曲线，在半对数坐标纸上，同样也可以得到一条平行于甲型曲线的直线。对式（10-27）进行微分处理，可以得出水油比和累积产油量的关系式

$$\lg R_{wo} = \frac{N_p}{B} - n \tag{10-28}$$

式中：R_{wo} ——生产油水比，无因次量。

$$n = \lg \frac{B}{2.3} - A$$

乙型曲线的代表式为

$$\lg R_{wo} = \frac{N}{B} \cdot R - n \tag{10-29}$$

式中：N ——原始地质储量，$10^4 \mathrm{t}$；

R ——采出程度。

通常可以把甲、乙型曲线同时绘制在同一张半对数坐标纸上，方法是：首先绘

出甲型曲线并确定直线段,算出 B 值,在直线段上定出的一点 C,由此点向上或向下引垂线,遇任何一个对数周期起点 D 即以此点纵坐标定为 $R_{wo} = 1$,通过这一点作甲型曲线直线段的平行线,就得到乙型曲线。

3. 丙型水驱曲线

如果甲型曲线已出现有代表性的直线段,也就是说已确定出 B 值,这时 $W_{PD} = W_P/B$,$N_{PD} = N_P/B$,分别称为无量纲累积产水量和无量纲累积产油量,其数学关系式为

$$\lg \frac{W_P}{B} = \frac{N_P}{B} - (7.5E_R - \lg \frac{49}{2.3}) \tag{10-30}$$

或

$$\lg W_{pD} = N_{PD} - C; C = N - \lg 2.3 \tag{10-31}$$

式中:E_R——采收率,%;

　　n——采收率常数。

当含水率为98%时,$R_{ow} = 49$。将无量纲累积产水量和无量纲累积产油量绘制在半对数坐标纸上,也可以得到一个直线段,其斜率为1,此曲线为丙型水驱曲线。丙型曲线坐标是无量纲化,所以它基本上是一种样板曲线,绘出的是采收率为模数的一组直线。在理想状况下,任何水驱油藏的代表曲线,总是与图中的样板线平行的。如果符合这一规律,可以用内插法定出油藏的采收率值,还可以利用图上所标明的复式坐标读出曲线上任一点的采出程度、采水率和含水上升率。

通常在动态分析中应用水驱特征曲线:

(1) 分析综合含水和采出程度关系;

(2) 预测不同含水期的含水上升率;

(3) 预测油藏的可采储量和采收率。

(三) 物质平衡分析法

一个油藏一般来说具有一定的容积,在开发过程中即使人工注水、注气,假定仍不能保持地层能量平衡时,随着地层流体(油、气、水)从油藏中采出,地层压力将逐步下降,并由此必将引起气顶气的膨胀、地层原油的膨胀,以及地层内岩石和束缚水的弹性膨胀,与此同时,部分溶解气体也将释放,并随压降而膨胀,边底水也会随之侵入油藏内。这些就是促使地层流体向生产井流动的诸种主要驱动力量。由于驱动力不同,形成了不同类型的油藏,但无论是哪种驱动类型的油藏必然都遵守物质平衡的原则。从 20 世纪 30 年代起,人们就开始把物质平衡的原则应用于油田动态分析。

油藏物质平衡方法有三种推导的方法:①把油藏看成为体积不变的容器,开发前油藏中流体的总体积应等于开发之后任一时刻的采出体积与地下剩余体积之和;

②在原始状况下,油藏所含物质的体积之和,等于开发过程中任意时刻油藏中所含物质体积之总和;③油藏在开发任意时刻,油、气、水三者体积变化的代数和应等于零。

应用物质平衡的原理,可以预测油藏生产过程中的产量压力、地质储量,计算天然水侵量,分析瞬时及一次开采的采收率,判断各种驱动能量的大小,以及对地层和流体的其他参数进行计算,从而研究开发过程中的动态变化。

在建立物质平衡方程时,通常要做如下假定:①储层物性是均质的,包括储层厚度、孔隙度、渗透率、含油饱和度等,各向同性;②油气藏的流体物性是相同的,包括地层原油密度、黏度、体积系数、饱和压力、溶解油气比;③气在水中的溶解度可不考虑;④油气藏的原始地层压力和目前地层压力在各点的分布是一致的;⑤油、气、水三相之间在任一压力下均能瞬间达到平衡;⑥油藏开发过程中保持热动力学平衡,即是恒温的,故油藏动态仅与压力有关;⑦不考虑油藏内毛细管力和重力的影响;⑧油藏各部位采出量保持均衡,且不考虑可能发生的储层压实作用。

物质平衡方法主要依靠开发过程中的生产动态资料和高压物性分析资料,对不同驱动类型的油藏进行动态计算,尤其对于一些复杂的油藏,如裂缝油藏、断块油藏、岩性油藏。当其地层厚度、含油面积、孔隙度等地质参数难于确定时应用物质平衡方法却能避免这些复杂地质因素给储量计算及动态分析带来的困难,而能得到较满意的结果。当前,物质平衡方法已成为开发计算和动态分析的主要方法之一,是开发地质工作者研究油藏的基本手段,在国内外油田开发分析中得到普遍应用。

1. 油藏物质平衡的通式

1) 方程的推导

若一个油藏具有多种驱动类型,包括气顶驱、天然水驱和人工水驱、溶解气驱等混合驱动,在开发过程中,随着油藏压力的降低,就要引起边水浸入、气顶膨胀、溶解气的分离和膨胀。如图 10-16 所示,根据开发过程中任一时刻油藏内所含物

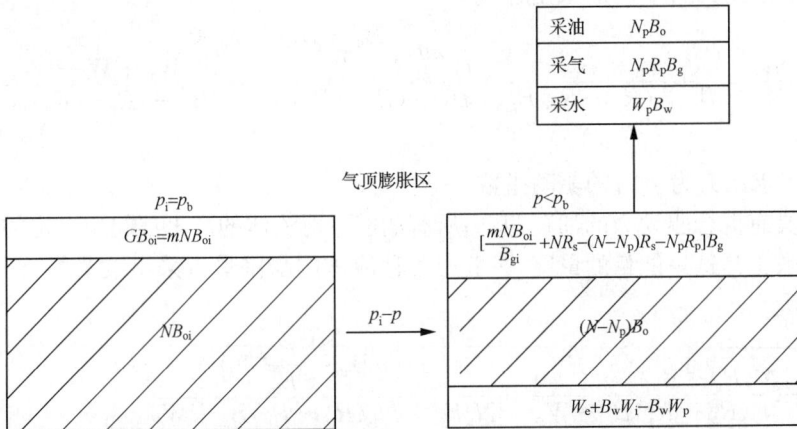

图 10-16　气顶—溶解气—边底水—注入水混合驱动物质平衡示意图

质体积之总和等于原始状况下油藏内所含物质体积之总和可写出油藏物质平衡方程的通式。

在混合驱动条件下,地层油的原始体积与原始气顶自由气体体积之和等于开发过程中任一时刻剩余油体积与气顶气体积和水的侵入体积之和,即

$$NB_{oi} + mNB_{oi} = (N - N_p)B_o + \left[\frac{mNB_{oi}}{B_{gi}} + NR_{si} - (N - N_p)R_s - N_pR_p\right]B_g$$
$$+ (W_e + W_i - W_p) \tag{10-32}$$

整理式(10-32)得

$$N = \frac{N_p[B_o + (R_p - R_s)B_g] - (W_e + W_i - W_p)}{B_o - B_{oi} + (R_{si} - R_s)B_g + mB_{oi}\left(\frac{B_g - B_{gi}}{B_{gi}}\right)} \tag{10-33}$$

用两相体积系数代入式(10-33)得

$$N = \frac{N_p[B_o + (R_p - R_s)B_g] - (W_e + W_i - W_p)}{B_t - B_{ti} + mB_{oi}\left(\frac{B_g - B_{gi}}{B_{gi}}\right)} \tag{10-34}$$

2) 方程的应用

(1) 求压力为 p 时的累积产油量

$$N_p[B_o + (R_p - R_s)B_g] = N\left[B_t - B_{ti} + mB_{oi}\frac{B_g - B_{gi}}{B_{gi}}\right] + W_e + W_i - W_p \tag{10-35}$$

则

$$N_p = \frac{B_t - B_{ti}}{B_o + (R_p - R_s)B_g}N + \frac{mB_{oi}\dfrac{B_g - B_{gi}}{B_{gi}}}{B_o + (R_p - R_s)B_g}N + \frac{W_e + W_i - W_p}{B_o + (R_p - R_s)B_g} \tag{10-36}$$

(2) 求压力为 p 时的采出程度

$$\eta = \frac{N_P}{N} = \frac{B_t - B_{oi}}{B_o + (R_p - R_s)B_g} + \frac{mB_{oi}\dfrac{B_g - B_{gi}}{B_{gi}}}{B_o + (R_p - R_s)B_g} + \frac{W_e + W_i - W_p}{[B_o + (R_p - R_s)B_g]N} \tag{10-37}$$

(3) 求压力为 p 时的驱动指数

在具有混合驱动力的油藏,其中所有的能量对流体的产出都起到一定的作用。驱动指数正是这一能量的量度,一般用各种液体的膨胀量占采出液量的百分比来表示其大小。

$$\frac{N(B_t - B_{ti})}{N_pB_o + N_p(R_p - R_s)B_g + W_p} + \frac{N\left(mB_{ti}\dfrac{B_g - B_{gi}}{B_{gi}}\right)}{N_pB_o + N_p(R_p - R_s)B_g + W_P}$$
$$+ \frac{W_e}{N_pB_o + N_p(R_p - R_s)B_g + W_P} + \frac{W_i}{N_pB_o + N_p(R_p - R_s)B_g + W_P} = 1 \tag{10-38}$$

分析式(10-38)，令采出油、气、水的体积为 E，则 $E=N_pB_o+N_p(R_p-R_s)B_g+W_p$

公式第一项 $\dfrac{N(B_t-B)_{ti}}{E}$ ——溶解气驱动指数；

公式第二项 $\dfrac{N\left(mB_{ti}\dfrac{B_g-B_{gi}}{B_{gi}}\right)}{E}$ ——气顶驱动指数；

公式第三项 $\dfrac{W_e}{E}$ ——边水（或底水）驱驱动指数；

公式第四项 $\dfrac{W_i}{E}$ ——人工注水驱驱动指数。

物质平衡方程式中所使用的符号物理含义见表 10-1。

表 10-1　物质平衡方程式中所使用的符号

项目 状态　　　　符号	油气水的地面体积				体积系数			
	油	溶解气	自由气	水	油	气	水	油+气
原始状态时	N	NR_{si}	G	O	B_{oi}	B_{gi}		$B_{ti}=B_{oi}$
压力为 p 时累积采出	N_p	N_pR_p		W_p	B_o	B_g	1 或 B_w	B_t
压力为 p 时剩余在地层中	$N-N_p$	$(N-N_p)R_s$	G_t	W_e,W_i	B_o	B_g	1 或 B_w	B_t

注：$B_t=B_o+(R_{si}-R_s)B_g$；$B_{oi},B_o,B_{gi},B_g,B_{ti},B_t,R_{si},R_s$，均为实验数据，$N_p,W_p$ 是生产数据，其单位为 m^3。W_e ——水侵体积，W_i ——注入水体积。

2. 封闭弹性驱油藏的物质平衡方程

1）封闭弹性驱油藏基本特征

封闭弹性驱油藏为无边水、无底水（$W_e=0$）、无注水（$W_i=0$），也无气顶的驱动（$m=0$），为未饱和油藏（$p_i>p_b$），且地层中任一点的地层压力大于饱和压力（$p>p_b$）。

2）方程的推导

弹性驱油藏物质平衡方程的推导是基于油藏中采出油的能量来源是岩石和流体的弹性能。其采出油的地下体积等于原油的膨胀体积＋地层水的膨胀体积＋孔隙体积的缩小。

$$N_pB_o=C_oNB_{oi}\Delta p+C_w\frac{S_w}{S_o}NB_{oi}\Delta p+C_p\frac{1}{S_o}NB_{oi}\Delta p \qquad (10-39)$$

$$N=\frac{N_pB_o}{C_eB_{oi}\Delta p}$$

式中：C_o ——地层原油压缩系数，MPa^{-1}；

C_w ——地层水压缩系数，MPa^{-1}；

C_p ——岩石孔隙体积压缩系数，MPa^{-1}；

C_e ——缩合压缩系数，MPa^{-1}；

S_o ——原始含油饱和度，%

S_w ——原始含水饱和度，%

Δp ——压力降，MPa^{-1}。

此外，根据其驱动能量 $W_e=0$，$W_i=0$，$W_p=0$，$m=0$，由物质平衡的通式很容易得到封闭弹性驱油藏的物质平衡方程

$$N = \frac{N_p B_o}{B_t - B_{ti}} \tag{10-40}$$

$\because p_i > p_b$ $\therefore B_o = B_t，B_{oi} = B_{ti}$

$$\therefore N = \frac{N_p B_o}{B_o - B_{oi}}$$

在油田投产初期，若主要考虑原油的体积系数时

$$N = \frac{N_p B_o}{C_e B_{oi} \Delta p} \tag{10-41}$$

3）方程的应用

（1）求弹性产率。将方程（10-41）改写为如下形式

$$K_1 = \frac{N_p}{\Delta p} = \frac{C_e B_{oi} N}{B_o} \tag{10-42}$$

式中：K_1 ——弹性产率，它所表示的物理意义是当压力降低 1MPa 时从地层中采出的石油体积。

弹性产率不随开发方式而改变，对一个具体油田，它是一个常数，K_1 越大，说明靠弹性驱采出的油量越多。一般绘制累积产油量和压降的关系图（$N_p - \Delta p$），可以得到一条很好的直线，直线的斜率即为弹性产率（K_1），假若直线发生了弯曲，说明驱动方式发生了变化。

（2）确定弹性采油量。当求出弹性产率 K_1，只要求出压差（$p_i - p_b$）就可以求得弹性采油量

$$N_{Pb} = K_1 \Delta p = K_1 (p_i - p_b) \tag{10-43}$$

或由

$$B_o / N_{pb} = N B_{oi} (p_i - p_b) C_e$$

得

$$N_{pb} = N B_{oi} (p_i - p_o) C_e / B_o \tag{10-44}$$

式中：N_{pb} ——弹性采油量，m^3。

（3）求弹性采收率

$$\eta_{pb} = \frac{N_{pb}}{N} = \frac{B_{oi}}{B_o} (p_i - p_b) C_e \tag{10-45}$$

或

$$\eta_{pb} = \frac{N_{pb}}{\dfrac{N_{pb}B_b}{B_o - B_{oi}}} = \frac{B_o - B_{oi}}{B_b} = 1 - \frac{B_{oi}}{B_b} \tag{10-46}$$

由于 $\dfrac{B_{oi}}{B_b}$ 非常接近于 1，故 $1 - \dfrac{B_{oi}}{B_b}$ 是一个很小的数，这说明一般弹性采收率很低。

（4）预测动态。在弹性开采阶段，累积产量与压降成正比关系，故可以外推压力降至某一时刻时的累积产油量，反过来，也可以根据累积产油量预测压降。

3. 弹性-水压驱动油藏的物质平衡方程

1）弹性-水压驱动油藏的基本特征

弹性-水压驱动油藏为有边水（底水）（$W_e \neq 0$）或注水（$W_i \neq 0$）无气顶（$m = 0$）的未饱和油藏（$p_i > p_b$），采出液量大于水侵量，即采液速度大于水侵速度时将释放出弹性能量，地层中任一点的目前地层压力（p）大于饱和压力（$p > p_b$），当压力为 p 时，其溶解油气比等于地层中剩余油的溶解油气比，即 $R_s = R_p$。

2）方程的推导

根据物质平衡的原则，有

采出油的地下体积＋采出水的体积－（注入水体积＋边水侵入体积）＝弹性采油体积

即

$$N_p B_o + W_p - (W_i + W_e) = C_e N B_{oi} \Delta p$$

$$N = \frac{N_p B_o + W_p - (W_i + W_e)}{C_e B_{oi} \Delta p} \tag{10-47}$$

该公式的物理意义是：如果油藏边水或注入水的推进速度跟不上采油速度时，则随着液体的采出，将造成地下亏空，这时油层将释放弹性能量。

此外，由于 $W_e \neq 0, W_i \neq 0, m = 0, p > p_b, R_s = R_p$，可直接求得

$$N = \frac{N_p B_o - (W_e + W_i - W_p)}{B_o - B_{oi}} = \frac{N_p B_o + W_p - (W_e + W_i)}{C_e B_{oi} \Delta p} \tag{10-48}$$

3）方程的应用

（1）判别驱动能量的大小。由

$$N_p B_o + W_p = C_e B_{oi} \Delta p N + W_e + W_i$$

得

$$\frac{C_e B_{oi} N \Delta p}{N_p B_o + W_p} + \frac{W_e}{N_p B_o + W_p} + \frac{W_i}{N_p B_o + W_p} = 1 \tag{10-49}$$

其中　W_e 为边水侵入体积，为未知数。

利用方程式（10-49）可判别各种驱动方式下的驱动能量的多少。

公式的第一项：为弹性驱占总采出液量的百分比，即弹性驱动指数。

公式的第二项：为边水驱占总采出液量的百分比，即天然水驱驱动指数。

公式的第三项：为人工注水驱占总采出液量的百分比，为人工注水驱驱动指数。

（2）计算弹性产率 K_1

在方程 $N_p B_o + W_p - (W_e + W_i) = C_e N B_{oi} \Delta p$ 中，假设 $W_e = 0$，则

$$K_1 = \frac{N_p B_o + W_p - W_i}{\Delta p} \qquad (10\text{-}50)$$

由式（10-50）可见，分子为油藏亏空体积，绘制实际压力降 ΔP-亏空体积曲线，由坐标原点引出的压降亏空曲线的切线斜率，即为弹性产率 K_1。

（3）计算边水水侵量

若油藏有边水（底水）存在，并能弥补一定的地下亏空时，压降-亏空关系就不是一条直线，而是一条曲线。由于边水的入侵，使压降速度变小了。

可以得到计算水侵量的公式

$$W_e = N_p B_o + W_p B_w - W_i - K_1 \Delta p \qquad (10\text{-}51)$$

若地质储量为已知，则可用下式计算

$$W_e = N_p B_o + W_p B_w - N(B_o - B_{oi}) \qquad (10\text{-}52)$$

该式只考虑了油的弹性膨胀。

（4）油藏水侵为稳定态时的预测动态

若油藏有充足的边水供给，油区压降稳定。当采液速度一定时，若采用注水保持地层压力，求用多大的注采比压力可以恢复，多大的注采比时，压力要下降。

设 W_L 为累积采出液量

$$W_L = N_p B_o + W_p \qquad (10\text{-}53)$$

得

$$W_e = W_L - W_i - K_1 \Delta p \qquad (10\text{-}54)$$

对时间微分（因为注采比的变化是时间的函数）得

$$\frac{dW_e}{dt} = \frac{dW_L}{dt} - \frac{dW_i}{dt} - K_1 \frac{d\Delta p}{dt} \qquad (10\text{-}55)$$

该式所表示的物理意义为

水侵速度＝采液速度－注水速度－弹性产度×压力变化速度

所以

$$\frac{dW_e}{dt} = K_2 \Delta p \qquad (10\text{-}56)$$

$$K_2 \Delta p = \frac{dW_L}{dt} - \frac{dW_i}{dt} - K_1 \frac{d\Delta p}{dt}$$

$$K_2 \Delta p = \frac{\mathrm{d}W_\mathrm{L}}{\mathrm{d}t}\left(1 - \frac{\mathrm{d}W_\mathrm{i}}{\mathrm{d}W_\mathrm{L}}\right) - K_1 \frac{\mathrm{d}\Delta p}{\mathrm{d}t}$$

K_2 为水侵系数。

设 q_L 为采液速度，$q_\mathrm{L} = \dfrac{\mathrm{d}W_\mathrm{L}}{\mathrm{d}t}$，当采液速度一定时，则

$$K_2 \Delta p = q_\mathrm{L}(1 - B_\mathrm{i}) - K_1 \frac{\mathrm{d}\Delta p}{\mathrm{d}t} \tag{10-57}$$

将式(10-57)写成如下形式

$$\frac{\mathrm{d}\Delta p}{\mathrm{d}t} + \frac{K_2}{K_1}\left(\Delta p - \frac{1 - B_\mathrm{i}}{K_2}q_\mathrm{L}\right) = 0 \tag{10-58}$$

当初始条件 $t = 0, \Delta p = \Delta p_\mathrm{i}$，将式(10-58)积分应得到如下的解

$$\Delta p = \frac{1 - B_\mathrm{i}}{K_2}q_\mathrm{L} + \left[\Delta p_\mathrm{i} - \frac{1 - B_\mathrm{i}}{K_2}q_\mathrm{L}\right]e^{\frac{K_2}{K_1}t}$$

式中：Δp_i ——开始预测时的总压降，MPa。

水侵系数 K_1、K_2 对一个油田来说是一个常数，Δp_i 是已知的，进一步分析可得出以下认识：

① 压力恢复速度与 K_2/K_1 有关。K_2/K_1 表示边水能量与油层本身弹性能量的比值，K_2/K_1 越大，压力恢复越快，说明边水能量较快地供给地层以弥补亏空，即压降 Δp 小，反之 K_2/K_1 小，压力恢复就慢。

② 当 $t \rightarrow \infty$ 时，则有

$$\left[\Delta p_\mathrm{i} - \frac{1 - B_\mathrm{i}}{K_2}q_\mathrm{L}\right]e^{\frac{K_2}{K_1}t} \rightarrow 0$$

则

$$\Delta p_\mathrm{st} = \frac{1 - B_\mathrm{i}}{K_2}q_\mathrm{L}$$

Δp_st 为在某一采液速度开始时，所对应的注采比下的稳定压降(MPa)，其大小取决于注采比，因为 K_2 一定，q_L 也是稳定的。即总压降是一个不变值，称做稳定压降，其大小取决于 B_i、K_2、q_L 值。当采液速度一定时，对一定的注采比 Δp 是常数。

③ 在定态水侵情况下，注采比越小，稳定压降越大。如果注采平衡，稳定压降为零，即最终地层压力可以恢复到原始地层压力。如果注采比大于1，则稳定压降可为负值，这表示地层压力最终恢复并超过原始地层压力。

④ 当采液速度一定时，要保持某个总压降，则有一个对应的注采比，我们称它为稳定注采比

$$B_\mathrm{i} = 1 - \frac{K_2 \Delta p}{q_\mathrm{L}} \tag{10-59}$$

4. 溶解气驱油藏的物质平衡方程

1) 溶解气驱油藏的基本特征

溶解气驱油藏是指油藏无边水、底水($W_e = 0$)、注入水($W_i = 0$)、无气顶($m = 0$)。地层压力等于或小于饱和压力($p \leqslant p_b$),主要靠溶解气的分离膨胀所产生的驱动作用进行油田开发。

2) 溶解气驱油藏的生产特征

(1) 压力急剧下降:由于没有足够的边水、底水供给,又不采取人工注水等保持地层压力的措施,在投产以后,地层压力可能很快降到饱和压力以下,并随着累积产油量的增加,压力急剧下降。

(2) 油气比急剧上升:随着累积采油量的增加,油气比不断上升,初期缓慢,这是因为地层刚刚开始脱气,含气饱和度还不高,气相流动性差,但随着地层能量的消耗,气体大量分离出来,一旦大于平衡饱和度,则气相饱和度(S_g)增加、气相渗透率(K_g)增加,而油相渗透率下降,油气比则达到高峰,产量迅速下降。

(3) 采收率低:油藏中由于气体大大减少,油气比很快下降到最低点,这个最低点的采出程度即溶解气驱采收率,一般为 $10\% \sim 20\%$。

3) 溶解气驱油藏物质平衡方程的推导

根据在原始状况下,油藏内部所含原始储量体积之和等于开发过程中地层压力为 p 时,油藏内所含物质的体积之和。用文字表示的溶解气驱油藏的物质平衡方程式为:

原始储量体积=压力为 p 时油藏中剩余储量+压力为 p 时气量的增量

即

$$NB_{oi} = (N - N_p)B_o + [R_{si}N - R_pN_p - R_s(N - N_p)]B_g \tag{10-60}$$

$$N = \frac{N_p[B_o + (R_p - R_s)B_g]}{B_o - B_{oi} + [R_{si} - R_s]B_g} \tag{10-61}$$

式中 $B_o + (R_{si} - R_s)B_g = B_t$,在原始状态下 $B_{oi} = B_{ti}$,则

$$N = \frac{N_p[B_o + (R_p - R_s)B_g]}{B_t - B_{ti}} \tag{10-62}$$

此法求出的地质储量比容积法高,原因是 N_p 包括弹性采油量,而我们在推导方程时,假设孔隙体积不变,所以计算储量时,应从累积产量中扣掉弹性驱采出的油。

此外,根据油气藏物质平衡的通式,当油藏为溶解气驱时,$W_e = 0$,$W_i = 0$,$W_p = 0$,$m = 0$,则

$$N = \frac{N_p[B_o + (R_p - R_s)B_g]}{B_t - B_{ti}} \tag{10-63}$$

4) 方程的应用

求采出程度 η。将式(10-63)改写为以下形式

$$\eta = \frac{N_p}{N} = \frac{B_o + (R_{si} - R_s)B_g - B_{oi}}{B_o + B_g(R_p - R_s)} \tag{10-64}$$

5. 溶解气-边水混合驱动的物质平衡方程

1) 溶解气-边水混合驱油藏的驱动能量

当同时具溶解气、边水两种驱动能量时,油藏存在边水、底水($W_e \neq 0$),或注入水($W_i \neq 0$),没有弹性能即 $p_i = p_b$,且地层中任一点的地层压力小于饱和压力($p < p_b$)。

2) 方程的推导

根据物质平衡原则,在原始状态下,油藏内所含原油地下体积等于开发过程中任一压力 $p(p < p_b)$ 时,油藏开采剩余油体积、游离气体积与侵入水体积之和。

写成物质平衡方程

$$NB_{oi} = (N - N_p)B_o + [R_{si}N - R_pN_p - R_s(N - N_p)]B_g + (W_e + W_i - W_p) \tag{10-65}$$

$$N = \frac{N_p[B_o + (R_p - R_s)B_g] - (W_e + W_i - W_p)}{B_o - B_{oi} + (R_{si} - R_s)B_g} \tag{10-66}$$

或

$$N = \frac{N_p[B_o + (R_p - R_s)B_g] - (W_e + W_i - W_p)}{B_t - B_{ti}} \tag{10-67}$$

此外,应用物质平衡方程的通式,设 $W_e \neq 0, W_i \neq 0, m = 0, p_i = p_b, p < p_b$ 可直接得到

$$N = \frac{N_p[B_o + (R_p - R_s)B_g - (W_e + W_i - W_p)]}{B_t - B_{ti}} \tag{10-68}$$

3) 方程的应用

(1) 式(10-68)中水侵量 W_e 是未知数,求地质储量 N。

设 N_p' 为由于溶解气—边水驱而得的累积采油量,η_{sg} 为溶解气驱的采出程度,N_{pb} 为弹性累积采油量,N_{pg} 为溶解气驱累积采油量,则

$$N_p' = N_p - N_{pb}$$

$$\frac{N_p'}{\eta_{sg}} = \frac{N_p'}{\frac{N_p}{N}g} = \frac{N_p'}{N_{pg}}N$$

即

$$\frac{N_p'}{\eta_{sg}} = \frac{N_p'}{N_{pg}}N$$

当无边水时,$N_p' = N_p$,故

$$\frac{N_p'}{\eta_{sg}} = N$$

以 N'_P 为横坐标,以 $\dfrac{N'_P}{\eta_{sg}}$ 为纵坐标作曲线,得到一条上翘的曲线,这条曲线按其变化趋势向纵横延伸,与纵轴相交的交点,即为所求得的地质储量。

(2) 计算水浸量

$$\frac{B_o + (R_{si} - R_s)B_g - B_{oi}}{N_p[B_o + (R_{si} - R_s)B_g]}N + \frac{W_e + W_i - W_p}{N_p[B_o + (R_{si} - R_s)B_g]} = 1 \qquad (10\text{-}69)$$

分析式(10-69)可以看出,第一项为溶解气驱的采出程度,第二项为水驱的累积采油量占总采出油量的百分数。

6. 天然水侵量的计算方法

油藏开发的实践表明,很多油藏都与外部的天然水域相连通,而且,外部的天然水域既可能是具有外缘供给的敞开水域,也可能是封闭性的有限边底水。因此,某些油藏的外部天然水域可能很大,具有充分的能量,会对油藏的开发动态产生显著影响,因而必须加以考虑。

在油藏开发过程中,随着原油和天然气的采出,油藏内部的地层压力下降,必将逐步向外部天然水域以弹性方式传播,并引起天然水域内的地层水和储层岩石的弹性膨胀作用。在天然水域与油藏部分的地层压差作用下,即会造成天然水域对油藏的水侵。随着油藏的开发,地层压降波及的范围会不断扩大,直至达到天然水域定压边界(或相当于无限大天然水域)的稳态供水条件,或有限封闭水域的拟稳态供水条件。因此,对于那些外部天然水域很大的油藏,随着油藏的开发和地层压力的下降,天然水侵的补给量也将不断增加,油藏的地层压力下降率也将随之不断减小。油藏天然水侵的强弱,主要取决于天然水域的大小、几何形状、地层岩石物性和流体物性的好坏、天然水域与油藏部分的地层压差以及天发时间的长短等因素。

在具有边水或底水驱的油藏中,用物质平衡方程进行储量计算和动态分析时,需要了解开发过程中水侵量的变化,具体地说,需计算油田开发到任一时刻,在任一压力下水侵量的大小,目前采用计算水侵量的表达式分稳定流法和非稳定流法两类。就其天然水侵的几何形态而言,又可分为直线流、平面径向流和半球形流三种方式(图 10-17)。

1) 稳定态水侵公式

稳定态水侵是指油田有充足的边水供给,边界压力保持不变,且油区的压降稳定。

1936 年薛尔绍斯(Schilthuis)基于达西稳定流定律,提出了计算进入到油藏中的水侵量的稳定态方程

$$W_e = K_2 \int_0^t (p_i - p)\,\mathrm{d}t \qquad (10\text{-}70)$$

(a) 直线流系统

(b) 平面径向流系统

(c) 半球形流系统

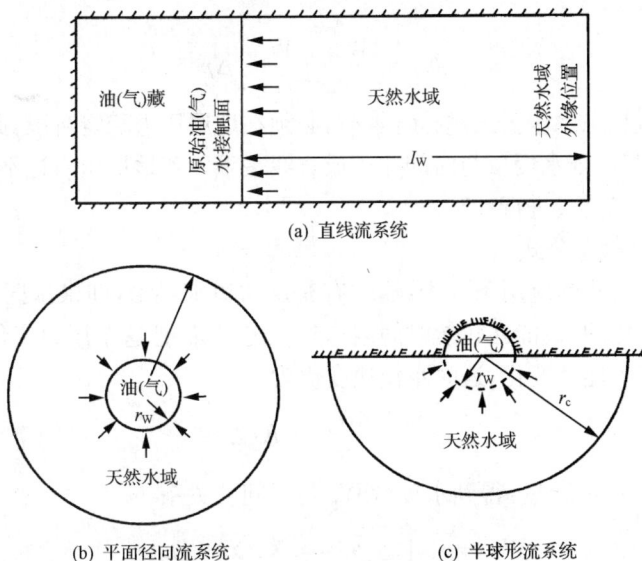

图 10-17　天然水侵的不同方式图

$$q_e = \frac{dW_e}{dt} = K_2(p_i - p) \qquad (10\text{-}71)$$

式中：p_i——原始边界压力，MPa；

p——某时间 t 时的油水边界处压力（一般用油藏平均地层压力来代替），MPa；

K_2——水侵系数，$\mathrm{m^3/(mon \cdot MPa)}$；

q_e——水侵速度，$\mathrm{m^3/mon}$；

t——时间，mon。

分析式(10-71)可看出，在一个特定的时间间隔内，水的侵入速度与压降成正比，即压降越大，水侵速度越大；而压降越小，水侵速度越小。当地层压力等于原始地层压力时，压降为零，水侵速度也就为零。

稳定状态公式适用于当油藏有着充足的边水连续补给，或者因采油速度不高而油层压降能相对稳定时，此时水侵速度与采出速度相等。

研究边水的活动规律，主要求出水侵系数，因为水侵系数的大小表示了边水的活跃程度。下面介绍求水侵系数 K_2 的方法。首先根据式(10-71)，在地层压力相对稳定时，水侵量 W_e 的表达式为

$$W_e = W_i + C_e B_{oi} \Delta p N = N_p B_o + W_P$$

式中除 $C_e B_{oi}$ 和 B_o 以外的所有参数均为生产数据，所以可以计算出不同时刻的水侵量。绘制 W_e-t 关系曲线，曲线的斜率即为 $K_2 \Delta p$，已知压降则可求得水侵

系数

$$K_2 = \frac{W_{e2} - W_{e1}}{t_2 - t_1} / \Delta p$$

　　使用稳定状态水侵公式进行计算时,必须在地层压力稳定阶段,此时水侵速度与采出速度相等,则水侵量与时间才可成直线关系。若地层压力达不到稳定时,则使用准稳定状态公式进行计算。

　　2) 准稳定状态公式

　　准稳定态公式的应用条件为:油藏有充足的边水供给,即供水区的压力稳定,油区压力是变化的,但能在较短时间内达到稳定,我们把这个压力变化阶段看作是无数稳定状态的连续变化,这时水侵速度仍为

$$q_e = \frac{dW_e}{dt} = K_2 \Delta p \tag{10-72}$$

将式(10-72)积分后,得到水侵量 W_e 与时间的关系

$$W_e = K_2 \int_0^t \Delta \overline{p} dt = K_2 \sum (\Delta p \Delta t) \tag{10-73}$$

以 W_e 为纵坐标,以 $\sum(\Delta p \Delta t)$ 为横坐标作图,便可得到一条累积水侵量变化曲线,该直线的斜率就是水侵系数 K_2

$$K_2 = \frac{W_{e2} - W_{e1}}{\sum (\overline{\Delta p_2} \Delta t_2 - \sum \overline{\Delta p_1} \Delta t_1)} \tag{10-74}$$

$$\overline{\Delta p_1} = \frac{\Delta p_0 + \Delta p_1}{2}$$

$$\overline{\Delta p_2} = \frac{\Delta p_1 + \Delta p_2}{2}$$

$$\Delta t_1 = t_1 - t_0$$

$$\Delta t_2 = t_2 - t_1$$

　　3) 修正稳定状态公式

　　赫斯特(Hurst)提出了一个修正后的定态方程。它的使用条件是:与含油区相比,供水区很大;油层产生的压力降不断向外传播,使流动阻力增大,因而边水侵入速度减小,也就是水侵系数变小。另外,这一规律一般用于油田生产一段时间以后,压力处于平稳下降的阶段。这种水侵方式的数学表达式为

$$W_e = K_2 \int_0^t \frac{p_i - p}{\lg at} dt \tag{10-75}$$

$$\frac{dW_e}{dt} = K_2 \frac{p_i - p}{\lg at} \tag{10-76}$$

式中: K_2 ——水侵系数,$m^3/(d \cdot MPa)$;

　　a ——时间换算系数,它取决于所选用的时间 t 的单位。

　　上述两式的区别在于:在积分符号内引入了一个时间的对数函数(lgat),反映在压降地区不断扩大的情况下,油藏水侵不稳定性和水侵量逐渐减少,因而水侵系数要变小,即式中 $K_2/\mathrm{lg}at$ 项随开发时间的增加而变小。

　　4) 非稳定状态公式

　　当油藏边水是不活跃的,水侵量主要是由于含水区岩石和流体的弹性膨胀作用所引起,水侵速度小于油藏亏空速度,压降区不断扩大,水侵速度愈来愈小,则水侵为非定态的。赫斯特和范·爱弗丁琴曾导出了计算水侵量的方法。连续性方程是推导该方法的基础。

　　(1) 适用于供水区呈径向系统的非稳定状态公式

　　对于径向流系统的热传导方程为

$$\frac{\partial^2 p}{\partial r^2} + \frac{1}{r}\frac{\partial p}{\partial r} = \frac{\partial p}{\partial t} \times \frac{1}{\partial e} \tag{10-77}$$

　　为使方程(10-77)得到更一般的解,可用无因次时间 t_D 代替方程中的真实时间 t,这时方程变为

$$\frac{\partial^2 p}{\partial^2 r} + \frac{1}{r}\frac{\partial p}{\partial r} = \frac{\partial p}{\partial t_D} \tag{10-78}$$

　　式(10-77)中, $\partial e = \dfrac{K}{\mu_w \phi C_e}$,则

$$t_D = 8.64 \times 10^{-2} \frac{Kt}{\phi \mu_w C_e r_o^2} \tag{10-79}$$

式中: C_e ——含水区水和岩石的综合压缩系数,MPa^{-1};即 $C_e = C_t + C_w$;

　　　　ϕ ——水区岩石孔隙度,%;

　　　　μ_w ——水的黏度,mPa·s;

　　　　r_o ——含油区半径,m;

　　　　K ——供水区岩石渗透率,$10^{-3}\mu m^2$;

　　　　t ——开发时间,d。

　　范·爱弗丁琴和赫斯特应用拉普拉斯变换得出方程的解:

$$W_e = B\sum \Delta p_D Q(t_D) \tag{10-80}$$

式中: B ——水侵系数,每降低 1MPa 时,靠水驱弹性能驱入油藏中水的体积,m^3/MPa。

　　(2) 适用于供水区呈线性系统的非定态方程(Nabor 和 Barham 法)

　　对于直线流系统的天然累积水侵量表示为

$$W_e = bhL_w \phi C_e \sum_0^t \Delta p_e Q(t_D) \tag{10-81}$$

若令

$$B_L = bhL_w \phi C_e$$

则得

$$W_e = B_L \sum_0^t \Delta p_e Q(t_D)$$

式中：W_e——天然累积水侵量，m^3；

B_L——直线流系统的水侵系数，m^3/MPa；

b——天然水域的宽度，m；

h——天然水域的有效厚度，m；

ϕ——天然水域的有效孔隙度，f；

L_w——油水接触面到天然水域外缘的长度，m。

（3）适用于底水油藏开发的半球形流系统的非定态方程（Chatas 法）

$$W_e = 2\pi r_{ws}^3 \phi C_e \sum_0^t \Delta p_e Q(t_D) \qquad (10-82)$$

若令

$$B_S = 2\pi r_{ws}^3 \phi C_e$$

则得

$$W_e = B_S \sum_0^t \Delta p_e Q(t_D)$$

式中：W_e——天然累积水侵量，m^3；

B_S——半球形流的水侵系数，m^3/MPa；

r_{ws}——半球形流的等效油水接触球面的半径，m。

（四）产量递减分析

1. 油田产量变化的一般规律

油气田开发的实践表明，无论何种油藏类型、驱动类型和开发方式的油气田，就它们开发的全过程而言，都可划分为产量上升阶段、产量稳定阶段和产量递减阶段，概括成六种油气田开发阶段的模式（图 10-18），图 10-18（a）投产即进入递减；图 10-18（b）投产后经过一段稳产进入递减；图 10-18（c）投产后产量随时间增长，当达到最大值后进入递减；图 10-18（d）投产后产量随时间增加，在经过一个稳产阶段后进入递减；图 10-18（e）和图 10-18（f）是初期产量较高条件下模式图 10-18（d）、（c）的变异情况。油气田开发何时进入产量递减阶段要取决于油气藏的储集类型、驱动类型、开发设计的优选，开发调整增产措施效果和采油工艺的技术水平等。根据统计资料，大约采出可采储量的 60% 左右就有可能进入产量递减阶段，研究产量递减规律使我们能及时采取措施，控制递减，预测今后产量变化。

2. 产量递减率的定义

1）递减率

绘制产量随时间变化的关系曲线，可以看出，产量是随时间而下降的，所谓递减

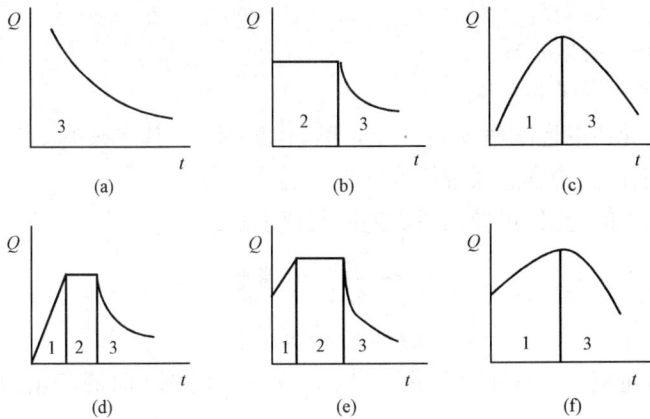

图 10-18　油气田开发模式图（据陈元千，2004）

1——产量增长阶段；2——产量稳产阶段；3——产量递减阶段；Q——产量；t——时间

率就是单位时间内产量变化率，它是表示油田产量下降快慢的指标，其表达式如下

$$a = \frac{\Delta Q}{Q \cdot \Delta t} = \frac{Q_i - Q}{Q_1 \Delta t} \tag{10-83}$$

写成微分形式

$$a = -\frac{\mathrm{d}Q}{Q\mathrm{d}t} \tag{10-84}$$

式中：a——产量递减率；

$\mathrm{d}Q$——（$Q_k - Q_{k-1}$）阶段初到阶段末产量的递减值；

$\mathrm{d}t$——阶段初到阶段末的时间间隔。

可以看出，递减率表示的是产量下降的速度，是一个小于 1 的数，单位是时间的倒数，这里所用的时间单位应与产量所用时间单位一致。例如，若 Q 的单位用吨/月，则 $\mathrm{d}t$ 也用月为单位。

2）递减百分数（也叫递减余率）

递减百分数是指下降后产量与初始下降时的产量之比，其表达式为

$$d = \frac{Q_2}{Q_1} \tag{10-85}$$

式中：Q_2——下降阶段后的产量；

Q_1——初始产量。

可看出，递减率与递减余率为互补关系，即：$d = 1 - a$ 或 $a = 1 - d$。不同的油田，其递减规律是不同的，即使同一油田，在不同开发阶段的递减规律也不相同，常见和应用广泛的递减规律有指数递减规律、双曲递减规律、调和递减规律、产量衰

减规律等等。

3. 指数递减规律分析

1) 指数递减规律的表达式

指数递减规律的递减率 a 是一个常数,也就是说,其递减率 a 不随时间而变化,国外文献也称其为常递减规律或常百分递减规律。

利用递减率的定义,可导出指数递减规律表达式

$$a = -\frac{\mathrm{d}Q}{Q\mathrm{d}t} = 常数$$

$$a \cdot \mathrm{d}t = -\mathrm{d}Q/Q \tag{10-86}$$

若在开始递减($t=0$)时的产量为 Q_i,而在任一时刻 t 时的产量为 Q_t,则积分式(10-86)得

$$\int_0^t a\mathrm{d}t = \int_{Q_i}^{Q_t} \frac{\mathrm{d}Q}{Q}$$

$$Q_t = Q_i \mathrm{e}^{-at}$$

将两边取对数得

$$\ln Q_t = \ln Q_i - at\ln\mathrm{e}$$

$$\ln Q_t = \ln Q_i - at$$

将上式换成以 10 为底的对数

$$\lg Q_t = \lg Q_i - at/2.303$$

$$\lg Q_t = A - Bt \tag{10-87}$$

若油田产量服从指数递减规律,在半对数坐标中,实际产量的对数与时间为一直线关系,其截距 $A = \lg Q$,斜率 $B = a/2.303$,由直线的斜率可求得产量递减率为 $a = 2.303\tan\alpha$。

2) 指数递减规律的应用

若油田产量服从指数递减规律,当已知油田产量的递减率时,可计算出今后某一时刻的产量,也可以预测产量递减到某一极限值时,所需的开发时间及预测累积产油量等。

(1) 预测产量

$$Q_t = Q_i \mathrm{e}^{-at}$$

(2) 计算达到某产量时的开发时间

$$\lg Q_t = \lg Q_i - at/2.303$$

$$t = \frac{2.303}{a}\lg\frac{Q_i}{Q_t}$$

(3) 预测累积采油量。某一时间的累积产量等于按指数递减规律预测的累积产油量加上递减以前的累积产油量。即

$$N_p = \int_o^t Q_t \mathrm{d}_t + NP_i \qquad (10\text{-}88)$$

式中：N_p——任意时刻的累积产油量；

NP_i——递减初期的累积产油量；

Q_t——按常递减规律变化的产油量。

因为

$$Q_t = Q_i \mathrm{e}^{-at}$$

所以

$$\int_0^t Q_t \mathrm{d}t = \int_0^t Q_t \mathrm{e}^{-at} \mathrm{d}t = -\frac{Q_t}{a} \int_0^t \mathrm{e}^{-at} \mathrm{d}(at) = \frac{Q_t}{a}(1 - \mathrm{e}^{-at})$$

则

$$N_p = \frac{Q_t}{a}(1 - \mathrm{e}^{-at}) + NP_i \qquad (10\text{-}89)$$

式中当 $t \to \infty$、$N_p \to N_{pmax}$，最大累积产量为

$$N_{pmax} = \frac{Q_t}{a} + NP_i$$

3）指数递减规律的应用范围

(1) 指数递减规律预测产量只到一定的含水阶段,含水高于90%时,直线将发生弯曲,即递减变得缓慢,所以不能推出实际的最终采收率和最大累积产量,往往预测的最终采收率比油田实际的最终采收率低。

(2) 当井网、工作制度等生产条件发生变化时,经验参数要改变数值,待求得新的经验曲线和经验参数以后再进行推算。

(3) 有的油田是长时间符合指数递减规律的,有的油田是短时间符合指数递减规律的,但大多数油田是变递减规律的。

(4) 一般指数递减规律只适合于弹性驱动、重力驱动、封闭气藏、水驱油藏等。

4. 调和递减规律分析

1）调和递减规律的表达式

调和递减规律的产量递减率不是一个常数,递减率与递减产量成正比。即

$$\frac{D}{D_i} = \frac{Q}{Q_i}$$

式中：D_i——初始瞬时递减率,1/月,1/年；

D——目前递减率, 1/月,1/年；

Q_i——初始发生递减时的产量；

Q——目前 t 时间的产量。

根据递减率的定义

$$D = -\frac{\mathrm{d}Q}{Q\mathrm{d}t}$$

$$-\frac{\mathrm{d}Q}{Q\mathrm{d}t} = D_i Q/Q_i$$

$$-\frac{\mathrm{d}Q}{Q^2} = \frac{D_i}{Q_i}\mathrm{d}t$$

$$-\int_{Q_i}^{Q}\frac{\mathrm{d}Q}{Q^2} = \frac{D_i}{Q_i}\int_{0}^{t}\mathrm{d}t$$

对上式积分得

$$\frac{1}{Q} = \frac{1}{Q_i} + \frac{D_i}{Q_i}t$$

写成一般表达式

$$\frac{1}{Q} = A + Bt \tag{10-90}$$

在直角坐标中,以$\frac{1}{Q}$为纵坐标,以t为横坐标可得一直线,直线的斜率为B,截距为A。

$$A = \frac{1}{Q_i}, B = \frac{D_i}{Q_i}$$

2) 调和递减规律的应用

(1) 求目前递减率

$$D = D_i\frac{Q}{Q_i}$$

(2) 求时间t时的产量

$$Q = \frac{Q_i}{1 + D_i t}$$

(3) 求累积产量

$$N_P = \int_{0}^{t}Q\mathrm{d}t = Q_i\int_{0}^{t}\frac{1}{1 + D_i t}\mathrm{d}t$$

上式积分得

$$N_P = \frac{Q_i}{D_i}\ln(1 + D_i t)$$

(4) 求日产油量与累积产量的关系

$$\frac{Q_i}{Q} = (1 + D_i t)$$

$$N_P = \frac{Q_i}{D_i}\ln\frac{Q_i}{Q}$$

$$N_P = \frac{Q_i}{D_i}(\ln Q_i - \ln Q)$$

将上式换算成以 10 为底的对数得

$$lgQ = lgQ_i - \frac{D_i}{Q_i \times 2.303}N_p$$

$$lgQ = A - BN_p$$

其中

$$A = lgQ_i$$

$$B = -\frac{D_i}{2.303Q_i}$$

（5）求产量递减到某一值的开发时间

$$\frac{Q_i}{Q} = 1 + D_i t$$

$$t = \frac{\frac{Q_i}{Q} - 1}{D_i}$$

5. 双曲递减规律分析

1）双曲递减规律的表达式

双曲递减规律也是一种变递减率的方法，其递减率 D 随时间而变化，而且愈变愈小，即愈接近油田开发末期，其递减愈慢，其表达式为

$$\frac{D}{D_i} = \left(\frac{Q}{Q_i}\right)^{\frac{1}{n}} \tag{10-91}$$

式中：n——递减指数。

2）双曲递减规律的应用

（1）求目前递减率

$$D = D_i\left(\frac{Q}{Q_i}\right)^{\frac{1}{n}}$$

（2）求时间 t 时的产量

$$-\frac{\frac{dQ}{dt}}{Q} = D_i\frac{Q^{\frac{1}{n}}}{Q_i^{\frac{1}{n}}}$$

分离变量得

$$-\frac{dQ}{Q^{1+\frac{1}{n}}} = \frac{D_i}{Q_i^{\frac{1}{n}}}dt$$

积分得

$$-\int_{Q_i}^{Q}\frac{dQ}{Q^{1+\frac{1}{n}}} = \int_0^t\frac{D_i}{Q_i^{\frac{1}{n}}}dt$$

$$Q = \frac{Q_i}{(1+\frac{D_i}{n}t)^n}$$

（3）求累积产量

$$N_{\mathrm{P}} = \int_0^t Q\mathrm{d}t = Q_{\mathrm{i}}\int_0^t \frac{\mathrm{d}t}{\left(1+\frac{D_{\mathrm{i}}}{n}t\right)^n} = \frac{Q_{\mathrm{i}}}{n-1}\left[1-\left(\frac{Q_{\mathrm{i}}}{D_{\mathrm{i}}}\right)^{\frac{1-n}{n}}\right]$$

由 $D = D_{\mathrm{i}}\left(\dfrac{Q}{Q_{\mathrm{i}}}\right)^{\frac{1}{n}}$ 可知，双曲递减是最有代表性的递减类型。当 $n=\infty$ 时为指数递减；当 $n=1$ 时为调和递减；当 $1<n<\infty$ 时为双曲递减，因此，指数递减和调和递减分别是当 $n=\infty$ 和当 $n=1$ 时的两个特定的递减类型。从整体对比来说，指数递减的产量类型产量递减得最快，其次是双曲递减类型，而调和递减产量递减最慢。油田产量递减类型，不是一成不变的，它受到油田能量补给及管理水平、措施等许多因素的影响，引起递减类型的转化。因此在动态分析中，应根据递减阶段的实际资料，对最佳的递减类型做出可靠的判断，以便有效地预测产量。

6. 产量衰减规律分析

1）衰减曲线的表达式

大量国内外油田的实际资料表明，各种驱动类型的油田，在进入衰减期后，其累积产油量 N_{P} 与实际生产时间 t 可用式（10-92）表达。它是由苏联柯贝托夫 1971 年 6 月在《油矿业务》杂志上提出来的。即

$$N_{\mathrm{p}} = a - \frac{b}{t} \tag{10-92}$$

或

$$N_{\mathrm{p}} \cdot t = at - b$$

式中：N_{p}——累积采油量；

　　　t——产量递减期内的开发时间（月或年）；

　　　a——直线的斜率；

　　　b——直线在纵轴上的截距。

若油田产量符合衰减规律，则以累积产量与时间的乘积为纵坐标，以时间 t 为横坐标作图，可得到一曲线，即为产量衰减曲线。

2）衰减曲线的应用

（1）求最大累积产油量

$$N_{\mathrm{p}} = a - \frac{b}{t}$$

当 $t \to \infty$，$N_{\mathrm{p}} \to a$，a 的物理意义为油藏递减期的最大累积产量。加上递减以前的累积产量（N_{p1}）即为最大累积产油量

$$N_{\mathrm{P_{max}}} = N_{\mathrm{p1}} + a$$

（2）求任一时刻的累积产量

$$N_p = a - \frac{b}{t} + N_{p1}$$

绘制 $N_p \cdot t$-t 曲线,利用曲线外推,查出 t 时对应的 $N_p \cdot t$ 值,再除以 t,再加初始的累积产油量,即得 t 时刻的累积产油量。

（3）计算瞬时产量

$$N_p = a - \frac{b}{t}$$

对上式两端微分得

$$\frac{\mathrm{d}N_p}{\mathrm{d}t} = -\frac{b}{t^2}$$

$$Q = -\frac{b}{t^2}$$

3) 应用条件

必须在衰减曲线呈直线段时才有一定的准确性。若仅利用曲线的初始段,则这一公式计算的产量误差很大(一般在递减缓慢阶段用最好)。

衰减曲线为一统计规律,它可适用于弹性驱、水驱、溶解气驱以及各种混合驱动的油藏,也适用于单井、断块及气藏,故具有一定的普遍意义。

衰减曲线不受开采方式的限制,其唯一的条件是油井或油藏要处于产量递减阶段,这种统计规律包含了油田地质特性、开采方式及由于人为因素所造成的综合效应在内。

7. 衰减曲线的校正

当油田衰减时间不长,衰减曲线的初始段未出现或刚出现直线段时,若选取直线段斜率进行计算,则存在一定的误差,因此需将衰减曲线进行校正,做出校正衰减曲线。

1) 表达式

根据 $N_p = a - \frac{b}{t}$ 将其写成校正形式

$$N_p = a_1 - \frac{b_1}{t+c}$$

$$N_p(t+c) = a_1(t+c) - b_1 \tag{10-93}$$

2) 求 c 值

在累积产量 N_p 与时间 t 的变化曲线上取两点 1 和 3,这两点一般为首、末两点,则可有 N_{p1}、N_{p3}、t_1、t_3,在曲线中间再取一点 2,如图 10-19 所示,使

$$N_{p2} = \frac{1}{2}(N_{p1} + N_{p3})$$

求出 N_{p2} 则可从 N_p-t 曲线上确定 t_2。

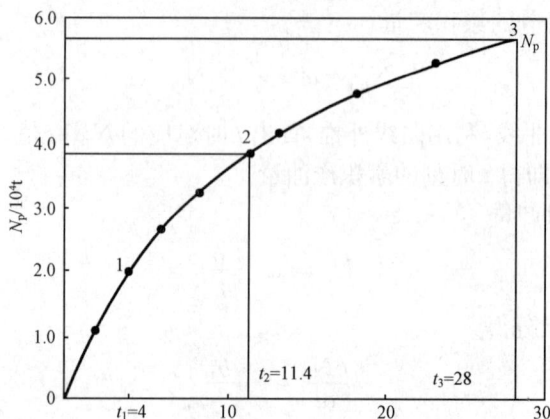

图 10-19 衰减曲线的校正

由上式可写成以下关系式

$$N_{p1} = a_1 - \frac{b_1}{t_1 + c}$$

$$N_{p2} = a_1 - \frac{b_1}{t_2 + c}$$

$$N_{p3} = a_1 - \frac{b_1}{t_3 + c}$$

得

$$a_1 - \frac{b_1}{t_2 + c} = \frac{1}{2}\left(a_1 - \frac{b_1}{t_1 + c} + a_1 - \frac{b_1}{t_3 + c}\right)$$

解上式就可求出常数 c，其值为

$$c = \frac{t_2(t_1 + t_3) - 2t_1 t_3}{t_1 + t_3 - 2t_2}$$

将 c 值求出后以 $N_p(t+c)$ 为纵坐标、$t+c$ 为横坐标,绘图可得一直线即为校正衰减曲线。

a_1 为曲线的斜率，b_1 为曲线在纵轴上的截距,如图 10-20 所示。

3) 校正衰减曲线的应用

(1) 求最大累积产量

当 $t \to \infty, N_p \to a_1$

$$N_{pmax} = a_1 + N_{p_1}$$

实际资料表明,公式 $N_p(t+c) = a - \dfrac{b_1}{t+c}$ 中的 a_1 往往更接近于油田的实际,而且可根据衰减曲线的初始段确定出来，a_1 往往比 a 大 3% 左右,若越接近后期越准确。

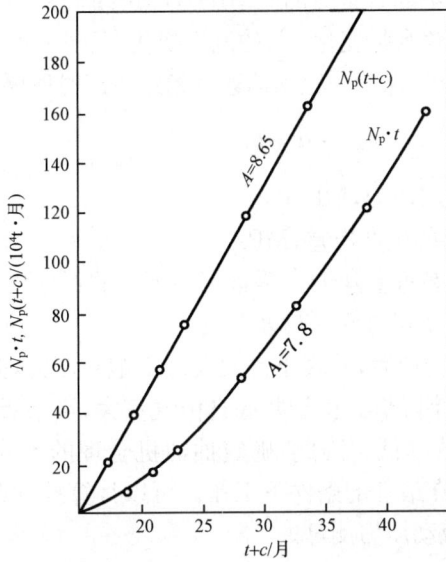

图 10-20　衰减曲线及校正衰减曲线

（2）预测任意时刻的累积产量

$$N_p = a - \frac{b_1}{t+c} + N_{p1}$$

（3）计算瞬时产量

$$\frac{dN_p}{dt} = Q = -\frac{b_1}{(t+c)^2}$$

（4）计算产量随累积产量的变化

$$t + c = \frac{b_1}{a_1 - N_p}$$

$$Q = -\frac{1}{b_1}(a - N_p)^2$$

（五）油藏压力系统分析

储层中的流体之所以能够流入井底或喷出地面，是因为油层中存在着天然的或人工补充增加的驱动能量，反映为人们从井筒内或地面上测得的各种压力，这些不同的压力点构成油藏的压力系统。系统地分析研究压力系统的传递、分布及其变化规律，以制定油田开发合理的压力界限。

1. 自喷井生产时流、静压测算

自喷开采阶段的流动压力与含水率的关系表现为一条直线，其线性方程为

$$p_{wf} = a + bf_w \qquad\qquad (10\text{-}94)$$

式中：p_{wf} ——流动压力，MPa；

a —— 截距，即不同含水时的流动压力，MPa；

b —— 斜率，即含水每变化 1% 的流压变化率。

那么不同含水阶段，保持一定采油速度稳定生产时所要求的地层压力

$$p_R = a + bf_w + \frac{\Delta p}{1 - f_w J_0 \%} \qquad (10\text{-}95)$$

式中：p_R —— 目前地层压力，MPa；

Δp —— 见水前的生产压差，MPa；

$J_0\%$ —— 含水率每上升 1%，采油指数下降的百分数。

2. 机械采油条件下压力界限测算

水驱油藏在全面转抽后，井底压力大大低于饱和压力，井底附近严重脱气，这将使油相的相对渗透率降低。由于井底自由气量大，当泵吸入口含气量超过一定的界限时，则造成泵效率低。因此，确定抽油机合理的流动压力（即最低流动压力），保持各种抽油泵在最佳的条件下工作。可以计算抽油泵的充满系数、泵效及沉没度，以及最低的流动压力测算。

3. 注水井最大流动压力测算

注水井最高流动压力一般不能超过岩石水平破裂压力。按注水设备能力计算注水最高流动压力

$$p_{iwf} = p_{wh} - p_m + \frac{H_z}{100} p_{iwf} = p_{wh} - p_m + \frac{H_z}{100}$$

式中：p_{iwf} —— 注水井流动压力，MPa；

p_{wh} —— 注水井井口压力，MPa；

p_m —— 油管中水流磨损压力，MPa。

4. 生产压差和地层压力的测算

由上述计算出的不同含水阶段机采井最低流动压力和注水井最大流动压力，可以得到最大注采压差（即由注水井底到油井底的压差），然后再根据不同含水率下的采液、吸水指数随油藏含水上升，油井最低自喷流压不断增高，放大生产压差余地越来越小。因此逐步改变了开采方式，由自喷生产转为机械采油。抽油生产后大幅度降低了流动压力，为了保证抽油泵正常生产，确定机采井最低流动压力界限，所以生产压差的大小取决于地层压力的高低。影响含水上升率的因素较多，主要取决于油水黏度比和油层渗透率级差，因此不同条件的油藏含水上升规律各不相同。分析和预测含水率变化，要根据油藏的储层物性和流体性质，合理地选择适用的含水率变化曲线，才能按照油藏开发的客观规律采用不同的对策，有效地控制含水上升速度，延长稳产期和减缓产量递减，提高油田注水开发水平。

第十一章　剩余油分布预测

剩余油分布研究是油田开发中后期重要的研究内容,是高含水期油藏地质研究的根本目的。自 20 世纪 90 年代以来,我国老油田含水率已高达 80% 以上,可采储量采出程度也已达 63.1%,从总体上看已进入高含水、高采出程度阶段,全国油田水驱总平均采收率为 33%,地下油藏中尚有 2/3 以上地质储量的剩余油(韩大匡,1995)。据估计,如果世界上所有油田的采收率提高 1%,相当于增加 2～3 年的石油消费量。由此不难理解,挖掘剩余资源潜力、提高油田的采收率一直是油田开发为之奋斗的目标(俞启泰,1996,1997)。

以提高采收率为目的的剩余油研究,历来是油田开发地质学家和油藏工程师关注的焦点,关于这一领域的研究从 20 世纪 70 年代就陆续见于不同文献和报刊。通过国内外多学科的研究人员 30 多年的共同努力,关于剩余油分布研究,人们已经掌握了多种方法和手段,如:①应用室内水驱油实验资料、密闭取心资料、动态监测资料、常规测井资料、套管井测井资料、生产动态资料研究剩余油;②应用含油薄片技术、示踪剂监测技术、CT 扫描技术、荧光分析技术研究剩余油;③应用油藏数值模拟技术研究剩余油;④使用井间地震法确定剩余油分布范围;⑤还可以结合储层的地质构造、孔隙度、渗透率、厚度等物性特点,根据注水井和生产井的油水动态,分析影响剩余油分布的各种因素,进而确定储层内剩余油分布。

岩心分析一般是指在实验室对所取油藏岩心进行分析,获得含油饱和度数据。尽管有很多间接推算油藏剩余饱和度的方法,但岩心分析是唯一能够直接确定剩余油饱和度的方法,它可与其他资料相互校正,提高综合评价的可靠性。由于取心技术的不同,也会导致实验室测定的含油饱和度精度上的差异,常见的取心技术有常规取心、橡皮套取心、密闭取心、压力密闭取心和海绵取心等。为了保证井下岩心样品取到地面后所含流体保持原状,常采取密闭取心或压力密闭取心技术。

上述各类方法各有优缺点,都具有一定的误差(表 11-1),其中示踪剂和井间地震方法尚处于发展完善之中。一般来讲,岩心分析和测井方法可提供井眼附近剩余油的垂向分布资料;示踪剂和井间地震方法可提供井间或平面的剩余油分布资料;油藏工程方法,特别是数值模拟方法可提供垂向和平面的剩余油分布资料。也可以根据油藏动态资料进行物质平衡计算,取得整个油藏的平均残余油饱和度。测井方法是上述所有方法中最经济、常用的方法,而录井方法则是近年蓬勃发展的快速剩余油评价方法。

表 11-1　各种测井方法确定剩余油饱和度的优点和缺点

测试方法		探测深度	优点	缺点
取心	常规	25cm	广泛	难以得到原状 ROS
	压力	25cm	精度极高	需要钻新井,岩心收获率为低到中等
	海绵	25cm	精度高,费用不太高	很难得到含气饱和度
示踪剂测试		7.5～12cm	中等-极高精度,测量的储层体积大,可以控制测量体积	要求较均匀的地层,只给出平均的剩余油饱和度值
测井	电阻率 常规	0.6～15cm	广泛适用,探测半径大	精度低
	测-注-测(LIL)	0.6～15cm	精度极高	—
	核磁测井 (NML) 常规	0.6m	—	只用于重油层
	注入-测井	0.6m	直接测量剩余油饱和度	
	介电常数 常规	0.3～0.6cm	能在各种地层矿化度下测井	精度低
	EPT 常规	5cm	能在各种地层矿化度下测井,垂直分辨率高	探测深度浅
	脉冲中子俘获测井 (PNC) 常规	17.5～60cm		精度低
	LIL,水	17.5～60cm	精度极高	—
	LIL,化学剂	17.5～60cm	不需要孔隙度数据	需要三次注入
	LIL,氯化油	17.5～60cm	能够测量可动油饱和度	需要四次注入
	C/O 常规	23cm	能在各种地层矿化度下测井	精度可疑,性能不稳定
	LIL,水	23cm	能在各种地层矿化度下测井,精度极高	—
	LIL,化学剂	23cm	能在各种地层矿化度下测井,不需要孔隙度数据	—
	自然伽马测井 LIL,水/化学剂	5～10cm	高垂直分辨率,广泛适用	精度可疑,在第二次测井前很难消除井中的放射性
	重力(常规和 LIL)	15cm	不受各种井眼条件的影响,测量体积大	垂直分辨率低,注入/生产时间长
试井方法	有效渗透率	井的泄油面积	—	—
井间剩余油饱和度	电阻率	井间距离	井间剩余油饱和度	需要现场试验和改进
	井间示踪剂	井间距离	井间剩余油饱和度	测量时间长
	油驱替	井间距离	井间剩余油饱和度	测量时间长
	总压缩系数	井间距离		精度低
	水油比	井的泄油面积	计算简单	精度低
物质平衡		整个储层	计算简单	需要准确的储层/生产数据,精度低
生产模拟		整个储层	提供区域的剩余油饱和度	精度低

　　高含水期油田一般水淹严重,剩余油分布在纵向上受储层纵向非均质性影响,在平面上受储层平面非均质性、注入井、生产井油水运移规律的影响,剩余油分布状况相当复杂。因此剩余油分布研究必须由定性向定量发展,由单井按层系的小范围研究转向区块分小层的油田大规模研究,并考虑油水在层内的运动规律。

　　考虑"定量"与"规模"这两方面,数值模拟是最理想的方法,但高含水期油藏精细描述的数值模拟静态数据准备工作量最大,且模拟周期长,对模拟工程师的理论水平和实际经验要求也高,而且数值模拟不能替代油藏工程研究,不能仅作为高含水期剩余油分布研究的唯一手段。提高油藏工程综合分析研究剩余油分布的能力是大家共同的愿望,这也正是剩余油分布研究成为目前世界公认的一大难题的原因所在。如何提高剩余油单井解释精度,如何应用各种有限的井点信息去预测井间的剩余油分布,如何描述剩余油的潜力,为本章重要阐述内容。

第一节　单井剩余油饱和度解释

　　利用适当的测井方法能够得到可靠的剩余油饱和度测量结果。测井方法确定剩余油饱和度可分为两大类,一类是裸眼井测井方法,另一类是套管井测井方法。选择哪种测井方法确定剩余油饱和度主要取决于油层和井眼的具体情况与测量精度要求。电阻率测井、脉冲中子俘获测井(PNC)、碳/氧比(C/O)测井、电磁波传播测井(EPT)、核磁测井(NML)、井下重力测井和伽马测井等都可用来确定剩余油饱和度,但各种方法都有其优缺点和一定的适用范围。一般来说应至少选择两种或两种以上的测井方法才能得到较可靠的剩余油饱和度测量结果,只采用一种测井方法来求准地层剩余油饱和度是不现实的。另外,钻井泥浆的选用应尽可能满足最佳测井环境条件的影响,只有这样才能获得可靠的测井结果,从而得到可靠的剩余油饱和度资料。

　　不同的井眼和地层条件应选用不同的测井方法。关于各种方法的测量精度,有人做了大量的研究和对比,结果表明,与其他方法相比,脉冲中子测井(测-注-测)、碳/氧比测井和单井示踪剂得出的剩余油饱和度测量结果很类似。电阻率测井得出的数值往往偏高(高出2个饱和度单位),压力密闭取心给出的数值偏低(低4个饱和度单位)。EPT测井和NML测井与其他方法相比偏差较大,约差8个饱和度单位。总之,每种剩余油饱和度测量技术都有其优点和限制条件。应当根据所测试井的地层及井眼条件选择相应的测量方法。虽然近些年对某些剩余油测井方法作了改进,但仍有许多需要进一步改进的方面,例如EPT、C/O测井和示踪剂测试等的解释模型;测-注-测技术的扫油效率;电阻率测井中饱和度指数的确定和发展井间剩余油测量方法等。

一、原始含油饱和度解释方法

含油饱和度包括原始含油饱和度、剩余油饱和度和残余油饱和度。要正确认识高含水期剩余油的潜力,不仅要研究剩余油饱和度的分布状况,而且要研究原始含油饱和度与残余油饱和度的分布规律,只有这样,才能正确认识各油层在平面上可动油的分布状况,提出有效的稳油控水、挖潜增效措施。

(一) 原始含油饱和度计算

高含水期油藏精细描述中的储量计算、数值模拟研究以及剩余油分布研究都以精细研究原始含油饱和度为基础和前提,以某一平均原始含油饱和度来模拟和研究高含水期剩余油在平面上的分布状况已经不能满足油藏精细描述和剩余油研究的要求。因此,对原始含油饱和度的准确解释也是很重要的。

在油气开发的各个阶段中,获取含油饱和度的有效测井手段来源于传统的电阻率测井。其早期采用梯度电极系电阻率测井(包括 4.0m、2.5m 梯度电极系等),现在主要由感应(或双侧向)来测量地层的视电阻率,经过环境校正确定地层的真电阻率,最终估算含油气饱和度。

建立原始含油饱和度解释模型主要有以下三种方法,它们都是以水驱油实验资料或开发初期密闭取心资料为基础,通过建立含油性与电性、物性或含油性与物性、流体性质的统计关系来求得原始含油饱和度。

1. 阿尔奇方程法

该方法的基本出发点是阿尔奇(Archie)方程

$$(S_w)^n = \frac{abR_w}{R_t \phi^m} \tag{11-1}$$

式中: S_w ——含水饱和度,%;

a、b ——与岩石性质有关的岩性系数;

R_w ——地层水电阻率,$\Omega \cdot m$;

R_t ——地层真电阻率,$\Omega \cdot m$;

ϕ ——岩石有效孔隙度,%;

m ——与岩石有关的孔隙指数;

n ——与油、气、水在孔隙中的分布状态有关的饱和度指数。

应用该方法测量的剩余油饱和度的精度取决于与上述每个变量有关的误差。其中,a、b、m、n 等岩电参数通常需要实验室测试得到,地层水电阻率也是直接决定原始含油饱和度解释精度的重要因素。一般地说,在最佳条件下计算的剩余油饱和度误差为 5%~10%,在条件差时(如缺乏标准的 a、b、m、n 等良好的岩电实验数据),其误差则大于 10%。

例如，新疆克拉玛依洪积扇砾岩油田，大量岩电实验指出，岩电系数取值为 $a = 1.32, b = 1, m = 1.58, n = 1.51$。地层水电阻率为 $0.715\Omega \cdot m$，根据下式计算：

$$R_w = R_{wn}\left[\frac{45.5}{T + 21.5}\right] \qquad R_{wn} = 0.0123 + \frac{3647.54}{P_{wn}^{0.995}} \qquad T = T_g \cdot H + 14.62$$

式中：R_w ——地层水电阻率；

　　　R_{wn} ——24℃时地层水电阻率；

　　　P_{wn} ——地层水矿化度，mg/L；

　　　T ——地层温度，℃；

　　　T_g ——地温梯度，本区取 2℃/100m；

　　　H ——油藏埋深，m，目的层为 400m。

若有大量的密闭取心实测饱和度资料，可以采用多元回归的方法计算油层原始含油饱和度。其方法原理如下。

将式(11-1)两边取对数，得

$$\lg S_w = \frac{1}{n}(\lg a + \lg b + \lg R_w - \lg R_t - m \lg \phi) \tag{11-2}$$

地层真电阻率可以由感应电阻率(R_{il})表示：即 $R_t = c(R_{il})^d$，则表达式(11-2)可以写成下面的一般形式

$$\lg(S_w) = a + b \lg R_w + c \lg(R_{il}) + d \lg \phi \tag{11-3}$$

利用油田开发初期的油基泥浆取心井或密闭取心井的油层物性分析资料和测井资料，建立含水饱和度(或含油饱和度)与感应电阻率、孔隙度、地层水电阻率的多元回归关系式。初期取心井的含油饱和度可以认为是原始含油饱和度(S_{oi})，含水饱和度可以认为是束缚水饱和度(即原始含水饱和度 S_{wi})。由于在取心过程中，岩心存在着脱气或脱水，或者泥浆侵入，或者由于分析测定的系统误差，实验室测得的油水饱和度与地下真实的油水饱和度有明显的偏差。因此，要建立饱和度解释模型，必须对岩心分析的饱和度进行校正。校正方法如下：

当油层中不存在游离气而只有油水两相时，油、水饱和度的关系应满足 $S_w = 1 - S_o$，油田地下真实的含水饱和度与含油饱和度呈线性关系，其截距为1，斜率为 -1(图 11-1)。

大量的资料统计表明，密闭取心井的油、水饱和度资料虽不满足 $S_o + S_w = 1$，但其线性关系仍然较好。只是这种线性关系的截距和斜率不一定是 1 和 -1，这种线性关系的存在是密闭取心资料分析油、水饱和度校正的前提。

设密闭取心资料分析的油、水饱和度分别为 S_{ol}、S_{wl}，它们存在线性关系 $S_{wl} = a + b S_{ol}$。则有：$\frac{1}{a}S_{wl} = 1 + \frac{b}{a}S_{ol}$，比较 $S_w = 1 - S_o$，可以确定出实验室测得

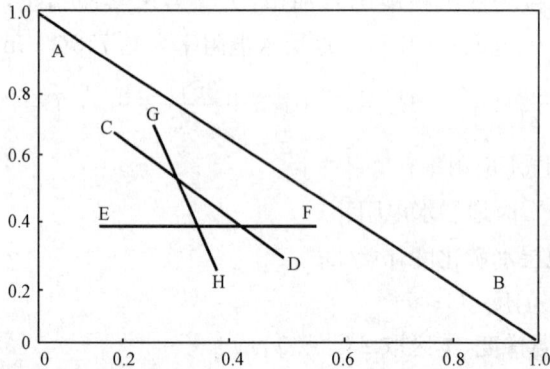

图 11-1　岩心分析油、水饱和度关系

的油、水饱和度的校正系数分别为 $-\dfrac{b}{a}$、$\dfrac{1}{a}$，校正系数的大小决定了油、水饱和度误差的大小。图 11-1 能让我们更好地理解误差的大小。如果 $b=-1,a=1$，说明油、水饱和度分析值的回归直线落在 AB 线上，油、水饱和度都没有误差；如果 $a\neq 1,b=-1$，回归直线如 CD，油、水饱和度分析值具有相同误差；如果 $b>-1$，则 $-\dfrac{b}{a}<\dfrac{1}{a}$，回归直线如 EF，含水饱和度的误差大于含油饱和度的；如果 $b<-1$，则 $-\dfrac{b}{a}>\dfrac{1}{a}$，回归直线如 GH，含油饱和度的误差大于含水饱和度的。

　　对取心井油、水饱和度分析值进行校正后，校正后的值应明显集中在 45°线上，这时油饱和度和水饱和度之和接近 1。

　　一般情况下，岩心中挥发逸散的主要成分是油和气，水处于束缚状态，不易挥发，挥发量极小，而且油基泥浆取心还可能向岩心中渗入柴油，因而可以认为分析测定的水饱和度比油饱和度相对准确，因此也可以在不作饱和度校正的情况下，先用含水饱和度建立多元关系式，再求原始含油饱和度。

　　例如，胜利油区孤东油田馆陶组油藏是一个疏松河道砂岩油藏，在孤东油田七区西求取原始含油饱和度时，利用三口油基泥浆取心井（孤东 12-8、孤东 7-36-206、孤东试 7）和两口密闭取心井（孤东 14、孤东 34）资料建立了孤东油田馆陶组原始含油饱和度解释模型

$$\lg S_w=-0.7116-0.3299\lg R_{il}-1.1488\lg\phi+0.0273\lg R_w$$

　　其中，地层感应电阻率 R_{il} 由感应曲线标准化后得到，地层水电阻率 R_w 由孤东油田水分析资料与深度所建立的关系式求取

$$R_w=10.19-0.007134\times 井深（井深\leqslant 1400m）$$
$$R_w=0.16（井深>1400m）$$

　　从含水饱和度解释模型精度分析图(图 11-2)可以看出,岩心分析与测井解释偏差在±5%内的层占 93.6%,符合解释精度要求。

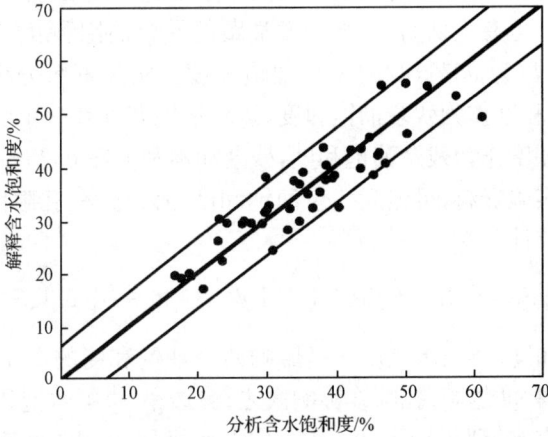

图 11-2　孤东油田馆陶组原始含油饱和度图版精度分析

　　2. 取心井物性资料多元回归法

　　由开发初期油基泥浆取心和密闭取心的岩心分析油饱和度校正值直接建立原始含油饱和度与渗透率、孔隙度的关系为

$$\lg S_{oi} = C_0 + C_1 \lg K + C_2 \lg \phi \tag{11-4}$$

式中：K ——渗透率,μm^2；

　　　C_0、C_1、C_2 ——地区经验系数。

　　3. 水驱油实验资料多元回归法

　　由水驱油岩样的渗透率、孔隙度以及油、水黏度比直接和水相渗透率为 0 时所对应的原始含油饱和度建立多元关系为

$$\lg S_{oi} = C_0 + C_1 \lg K + C_2 \lg \phi + C_3 \lg \frac{\mu_o}{\mu_w} \tag{11-5}$$

式中：μ_o/μ_w ——地下油、水黏度比,mPa·s；

　　　C_0、C_1、C_2、C_3 ——地区经验系数。

　　原始含油饱和度的三种解释方法,是以不同的资料为基础。第一种方法以电性资料为基础；第一、二种方法以物性资料为基础,不需要电性资料,只适用于纯油层；第三种方法考虑了油水黏度比,其准确性一般高于方法二。但综合来看,在参数准确的情况下,阿尔奇公式应更准确。

(二)残余油饱和度计算

　　残余油饱和度的确定是定量描述可动油饱和度、剩余可采储量丰度的前提,也

是正确认识剩余油潜力的基础。

从严格意义上说,对于注水开发,若无论如何增加注入水量,都不会再有原油采出,此时的油层含油饱和度为注水开发的残余油饱和度,即生产含水为100%时的剩余油饱和度。也有人认为,注水开发油藏的残余油饱和度应指生产含水达到某一经济极限(通常为98%)时的剩余油饱和度。实际资料分析表明,若以含水100%时的含油饱和度作为残余油饱和度,残余油饱和度在0.10~0.53;若以含水98%时的含油饱和度作为残余油饱和度,残余油饱和度在0.25~0.53。

利用水驱油实验资料,可建立残余油饱和度与渗透率、孔隙度、油、水黏度比、束缚水饱和度的统计关系

$$\lg S_w = C_0 + C_1 \lg K + C_2 \lg \phi + C_3 \lg \frac{\mu_o}{\mu_w} + C_4 \lg S_{wi} \tag{11-6}$$

来确定残余油饱和度。油、水黏度比是影响残余油饱和度的主要因素,油、水黏度比越高,残余油饱和度越高;孔隙度影响次之;渗透率、束缚水饱和度影响最小。

以孤东油田为例,利用馆上段5口井31块岩样的相渗透率资料,以产水率98%时对应的含油饱和度为残余油饱和度建立的残余油饱和度模型

$$\lg S_{or} = 0.2321 - 0.2186 \lg \phi - 0.0008454 \lg K + 0.1068 \lg(\mu_o/\mu_w)$$
$$- 6163 \lg T - 0.3108 \lg S_{wi}$$

相关系数0.96,平均相对误差3.9%,平衡误差0.00119。从图11-3也可以看出,解释值与分析值吻合较好,精度较高。

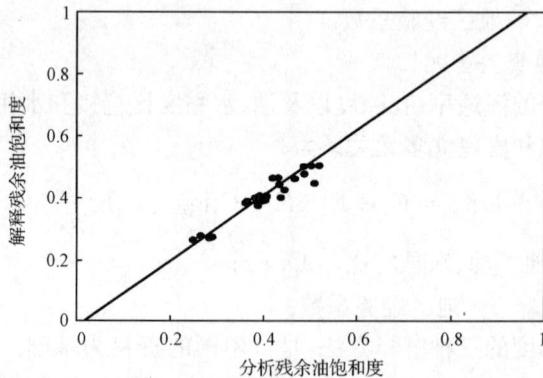

图11-3　孤东油田馆陶组残余油饱和度精度分析图

二、剩余油饱和度解释方法

确定剩余油饱和度是剩余油分布研究的核心,也是剩余油潜力描述的关键。剩余油饱和度的解释方法主要有三种:其一是依靠裸眼井测井资料解释剩余油饱

和度;其二为利用套管井的饱和度测井资料来确定地层的剩余油饱和度;其三是在已知含水率(f_w)的条件下,求剩余油饱和度,含水率可以是单层的试水资料,也可以是利用产液剖面确定的地层含水率。

(一)裸眼井测井解释法

测井是获取可靠的剩余油饱和度剖面最广泛使用的方法。根据井眼条件,分裸眼井测井和套管井测井两类。裸眼井测井包括电阻率测井、核磁测井、电磁波传播测井和介电常数测井等。

1. 电阻率测井法

电阻率测井法是最早、最常用的测定含油饱和度的方法,在油藏的开发初期和中期,由传统的电阻率和孔隙度测井系列,有效地解决了油气饱和度计算的问题,为油藏的开发管理、可采储量的估算提供了可靠的依据。但对于开发中、后期,由于采用注水补充地下能量,或采用注入聚合物驱油,使地层的流体性质发生变化(地层的矿化度、聚合物的进入使原始的油、水两相变得更为复杂),从而使传统的电阻率测井识别油气水层和估算油气饱和度变得更加困难。解决此类问题的途径:一是建立新的解释模型;二是寻找新的测量方法。为此,电阻率测井法解释剩余油饱和度具体包括常规电阻率法、测-注-测法和复电阻率测井。

1) 常规电法测井资料解释法

根据常规测井资料解释剩余油饱和度都是从阿尔奇方程出发的。在以公式形式(11-1)或(11-3)建立求解原始含油饱和度解释模型时,R_w为地层水电阻率,对原始的含水饱和度,可通过水分析资料建立其与深度的关系求得。在求解剩余油饱和度时,R_w为水淹后的地层混合液电阻率,显然水淹后的地层混合液电阻率不会只受深度的影响。因此,研究地层混合液电阻率的变化规律是求解剩余油饱和度的关键。对污水回注地层,可通过地面确定的常温下的电阻率转化为地下温度下的电阻率即可。对其他条件,可利用自然电位能够反映地层的地层水电阻率特性,建立如下的统计公式

$$\lg R_w = C_0 + C_1 \lg(\Delta sp) + C_2 \lg(R_{il}) \tag{11-7}$$

式中:R_w——地层混合液电阻率,$\Omega \cdot m$;

Δsp——目的层的自然电位幅度差与水层自然电位幅度差比值;

C_0、C_1、C_2——地区经验系数;

R_{il}——感应电阻率,$\Omega \cdot m$。

这种根据常规测井资料解释剩余油饱和度,并以此确定剩余油分布规律的方法,必须有较多的新井作为前提。

仍以孤东油田七区西馆上段为例,注水后,地层混合水电阻率不再与地层深度保持良好的规律(图 11-4),所以用孤东油田注水前后共计 49 口井 73 层的实际水

分析资料,建立地层水电阻率(R_w)与自然电位相对值(Δsp)、感应电阻率(R_{il})经验关系为

$$R_w = -0.037556 - 0.522744\ln(\Delta sp) + 0.00898406R_{il}$$

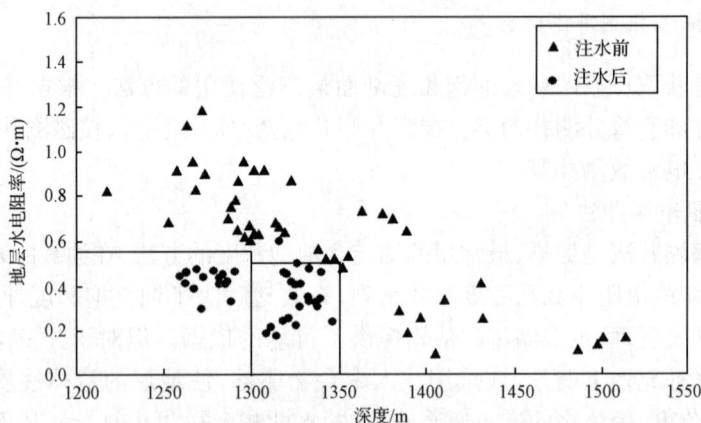

图 11-4　孤东油田七区西馆陶组地层水电阻率与深度关系图

然后,利用孤东油田注水后 9 口油基泥浆和密闭取心井 86 层资料建立剩余油饱和度解释模型

$$\lg S_w = -0.1143 - 0.0844\lg\phi - 0.4058\lg R_{il} + 0.0190\lg R_w$$

复相关系数为 0.8507,平均绝对误差 0.0542,平均相对误差 13.84%。用该模型解释的剩余油饱和度的平均绝对误差均在 5% 以内。

2)电阻率测-注-测法

为了降低电阻率测井的不确定度,1973 年 Murphy 等提出一种减小电阻率测井误差的方法,即电阻率测-注-测法。其步骤是:

先测量一次地层的电阻率(R_t);然后注入活性滤液、胶束液和微乳液等进行化学驱油,将井附近地层中的全部剩余油驱出仪器探测范围之外,在已洗净的地层中注入配制的地层水,重新饱和;再次测量该地层的电阻率(R_o)(图 11-5)。

油层的剩余油饱和度由下式求得

$$S_{or} = 1 - \left(\frac{R_o}{R_t}\right)^{1/n} \tag{11-8}$$

如果饱和度指数不受化学剂驱油的影响,该方法就可能是测定剩余油的一个好方法,应用此方法测量的 S_{or} 的精度可提高到 $\pm2\% \sim \pm5\%$ 饱和度单位。

3)复电阻率测井

岩石的电阻率随测量频率的变化而变化的频散特性是岩石介质的重要特征之一,复电阻率测井就是利用此特性发展起来的一种新的测井方法,经过实验,初步证实能有效地改进陆相沉积地层油、气识别和评价的能力。

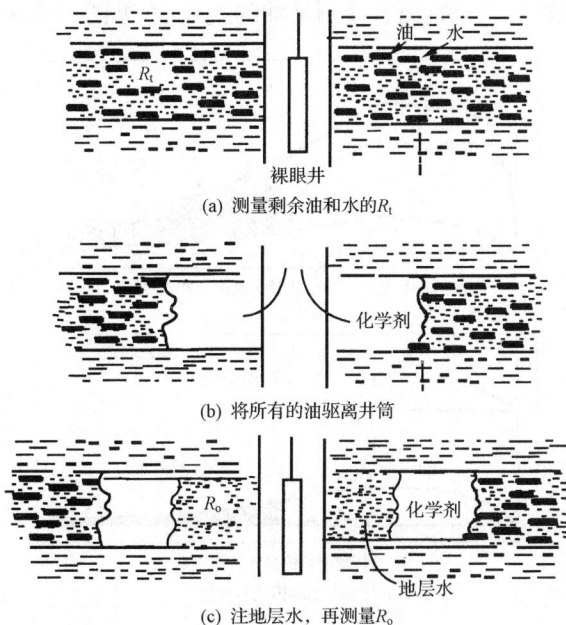

(a) 测量剩余油和水的R_t

(b) 将所有的油驱离井筒

(c) 注地层水，再测量R_o

图 11-5　电阻率测-注-测程序示意图

复电阻率测井具有以下的优点：

(1) 解决低矿化度地层油、水层识别的困难；

(2) 识别淡水水淹层；

(3) 解决复杂的碎屑砂岩储层中，由于物性掩盖含油性造成的油、水层识别困难；

(4) 减小聚合物的影响，为三次采油的水淹层解释提供了帮助。

2. 核磁测井法(NML)

核磁测井的信号来自孔隙中的流体，其信号特征强烈，因而在裸眼井里测定剩余油时是一种最准确的方法，罗宾逊(Robinson)、洛伦(J. D. Loren)和希格登(Higdon)1972 年认为，应用核磁测井测量剩余油很有前途，该技术简单而准确。

核磁测井的原理是将塑料或玻璃纤维包裹的线圈下入井内通入电流，对井筒周围的流体施加一个强磁场，周围的流体感应的磁场强度不断增大，趋向于与施加磁场成正比的一个平均值。当磁场移走时，质子就绕地磁场旋进产生振荡，使电压呈指数衰减(彭仕宓，黄述旺，1998)。图 11-6(a)表示了这一过程的次序，对一定的感应磁场强度来说，信号的强度取决于总的流体量。

1) 正常油的核磁注-测法

由于核磁测井仪测量的是油和水两者，因此关键在于如何只测量油，将含有顺磁离子的水注入地层即可做到这一点。顺磁离子将很快使来自水的信号衰减，因而只是油的信号被记录下来,而直接测量油的饱和度,见图 11-6 和图 11-7。

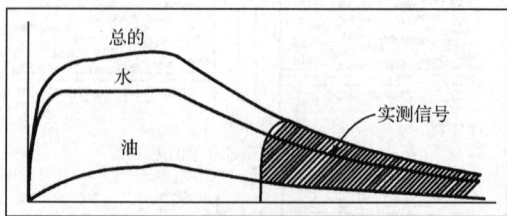

(a) 来自油和水两者的核磁测井信号

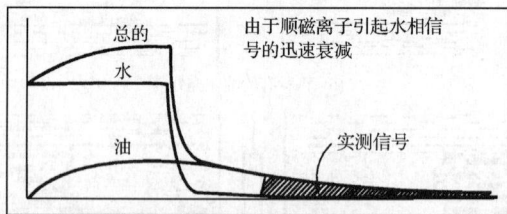

水衰减前后的核磁测井信号

(b) 只来自油的核磁测井信号

图 11-6　注隔断水前后的核磁测井信号

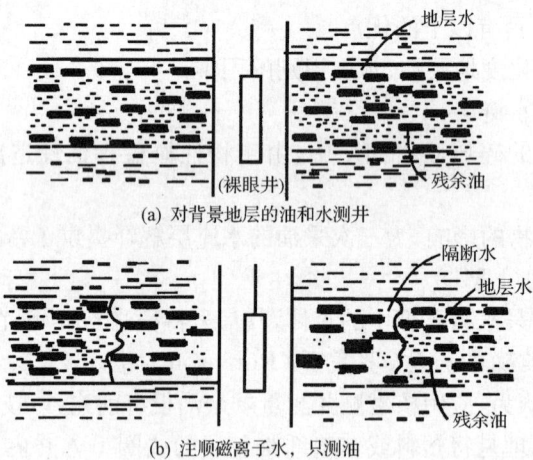

(a) 对背景地层的油和水测井

(b) 注顺磁离子水,只测油

图 11-7　核磁测井注-测技术示意图

对来自油的信号,给予适当地外推,就得到油的自由流体指数(I_{fFO})或是地下直接度量

$$I_{fFO} = \phi \cdot S_{or} \tag{11-9}$$

$$S_{or} = I_{fFO}/\phi \tag{11-10}$$

这种方法称之为核磁注-测法。该方法必须假设井筒及其附近所有水相的信

号都被有效的隔断,对所研究的层段,不应有过量的磁性物质,且假定既没有残余油被驱走,也无气体逸出而造成原油的体积收缩,否则会存在较大误差,其精度很大程度上取决于孔隙度的估算和倍噪比。

2）重油的常规核磁测井法

对于重油,由于地层原油黏度太大($\mu>600\mathrm{mPa\cdot s}$),质子旋进将很快衰减,不能够测到油的信号,测出的只是水的信号,通过测量水的信号就能估算重油饱和度。因此,对于重油,只用常规核磁测井就可以了。

3. 电磁波传播测井法（EPT）

电磁波传播测井是通过测量经过地层传播的电磁波的相位移和衰减率来估算剩余油饱和度,其频率为 1.1kHz,它对薄层及浅的深度（5cm）具有良好的分辨能力,但对矿化度的敏感性差。因而适用于地层水矿化度未知或淡水情况下的油层,井眼周围的侵入带将严重影响测试结果。

仪器的探测范围只深入地层 5～10cm,因此对井眼不规则、冲蚀以及钻井液滤液的侵入十分敏感。

在下述情况下,使用 EPT 测井效果较好:

（1）由于淡水钻井液、地层水或者地层中含非导电流体,使微侧向测井、微球形聚焦测井等方法不能使用。

（2）胶结指数、地层水或钻井液滤液电阻率等测井解释所需的参数无法确定。

（3）希望能分别采用 EPT 测井和普通的冲洗带电阻率（R_{xo}）测井来估算冲洗带的残余油饱和度和可动油饱和度。

为了改善 EPT 技术对剩余油饱和度的测量结果,在实验室研究了储层岩石和流体的介电特性及影响 EPT 测量的各种因素,然而至今尚未充分了解在不同岩石骨架中分布各种不同流体情况下的介电特性。该技术可行与否取决于能否成功地获得精确的解释模型。

4. 介电常数测井法

介电常数测井响应取决于岩石及所含流体的介电常数,且与频率有关。水的介电常数比油和常见岩石类型要大得多,特别在高频情况下,介电常数读数对矿化度变化的敏感性比电阻率测井要差得多。根据与电磁波传播测井相同的测量原理,介电常数测井应用频率为 16～60Hz 的电磁波的相位移和衰减率来估计剩余油饱和度,其探测范围 0.3～0.6m,这种仪器在裸眼井里区分油和淡水或矿化度未知的地层水特别有效,但其精度较差,其误差可达±6％～±9％饱和度单位。

（二）套管井测井解释法

套管井测井包括脉冲中子俘获测井（PNC）、碳氧比能谱测井（C/O）和硼中子寿命测井,此外,还有示踪剂、井间电磁成像等井间剩余油饱和度监测技术。

1. 脉冲中子俘获测井(PNC)

1) 常规脉冲中子俘获测井法

脉冲中子俘获测井又称为热中子衰减时间测井(TDT)或中子寿命测井(NLL)。它是用在套管井中测量地层单位岩石体积的热中子俘获截面(Σ_t)来计算剩余油饱和度的方法。地层的俘获截面是岩石骨架和岩石孔隙中流体各种成分俘获截面的总和。俘获截面是对所发射的热中子吸收能力的量度。由于确定岩石骨架俘获截面的不确定性,常规的 PNC 测井对剩余油饱和度的测量是有限的。其求得的饱和度误差达±15%,精度较低,但在采取了测-注-测方法后精确度较高。

地层热中子俘获截面(Σ_t)的数值大小主要取决于地层水中氯的含量,而氯的含量通常反映孔隙中地层水的量。因此测量地层的俘获截面 Σ_t 就可以求得地层的含水饱和度。

对于含油气纯岩石

$$\Sigma_t = (1-\phi)\Sigma_{ma} + \phi S_w \Sigma_w + \phi(1-S_w)\Sigma_o \tag{11-11}$$

$$S_w = \frac{(\Sigma_t - \Sigma_{ma}) + \phi(\Sigma_{ma} - \Sigma_o)}{\phi(\Sigma_w - \Sigma_o)} \tag{11-12}$$

对于含油气泥质砂岩

$$\Sigma_t = (1-\phi-V_{sh})\Sigma_{ma} + V_{sh}\Sigma_{sh} + \phi S_w \Sigma_w + \phi(1-S_w)\Sigma_o \tag{11-13}$$

$$S_w = \frac{(\Sigma_t - \Sigma_{ma}) + V_{sh}(\Sigma_{ma} - \Sigma_{sh}) + \phi(\Sigma_{ma} - \Sigma_o)}{\phi(\Sigma_w - \Sigma_o)} \tag{11-14}$$

式中:Σ_t——岩石的宏观俘获截面;

Σ_{sh}——泥质的宏观俘获截面;

Σ_{ma}——岩石骨架的宏观俘获截面;

Σ_w——地层水的宏观俘获截面;

Σ_o——油的宏观俘获截面;

V_{sh}——泥质含量;

ϕ——孔隙度;

S_w——含水饱和度;剩余油饱和度 $S_{or} = 1 - S_w$。

2) 脉冲中子测-注-测(LIL)方法

理查森和怀曼(Richardson 和 Wyman,1971)提出了在套管井内用脉冲中子"测-注-测"技术确定剩余油饱和度,可以提高计算结果的精度。

该方法是通过注入矿化度与地层水矿化度明显不同的盐水而不需要测量岩石骨架和剩余油的俘获截面,从而改善了剩余油的测量结果,精度可达±2%~±4%

饱和度单位。具体做法是先用地层水测一次井,求得地层的俘获截面(Σ_{t1})和地层水的俘获截面(Σ_{w1}),接着注入一种对比盐水,再重复测井,求得Σ_{t2}和Σ_{w2},矿化度差值尽可能大,用30000~150000mg/L当量的NaCl水得到的效果最佳。假定在注入过程中没有油流动,井筒周围完全被水置换,将注盐水前后所得测量结果相减,这时剩余油饱和度为

$$S_{or} = 1 - \frac{\Sigma_{t2} - \Sigma_{t1}}{\phi(\Sigma_{w2} - \Sigma_{w1})} \tag{11-15}$$

ϕ为应用岩心分析或测井求得的数据,Σ_{w1}、Σ_{w2}可取样直接测量或根据水样的化学分析资料计算出来。求得的S_{or}与Σ_{ma}和Σ_{o}有关,因而具有较高的精度,误差为±5%。

乔登和米切尔(Jorden 和 Mitchell,1971)提出注入化学剂将油100%从井筒驱走,然后重新注入地层盐水,再进行第二次测井(即化学驱测-注-测)就可以不用孔隙度数据,从而更加提高求取剩余油饱和度的解释精度。

2. 硼中子寿命测井

中子寿命测井是一种在套管井中测量地层热中子寿命的测井方法,也是目前确定剩余油饱和度比较成熟的测井方法之一,在地层水矿化度较高的油田应用效果较好,最大的缺点是不适用于低矿化度地层水的油田。该技术是通过向地层中注入易溶于水的硼酸,采用测-注-测技术,使中子寿命测井可以有效地解决低矿化度地层油、水层的识别,其主要地质应用是寻找地层的主要产水层。

例如,胜利油田的临41-30井全井合采,日产液46.0m³,油2.3m³,含水95.0%。采用硼中子寿命测井后,资料解释认为,第6层为主要产水层(图11-8)。采取封堵后,对8~10层进行二次射孔并进行开采,日产液32.0m³,油6.9m³,含水降到78.4%。

3. 碳氧比能谱(C/O)测井法

C/O比能谱测井方法通过测量碳和氧、钙和硅的比值来确定剩余油饱和度。其特点是不受地层水矿化度的影响,对高孔隙度($\phi > 15\%$)地层效果良好。

C/O比能谱测井利用14.1×10^6eV的中子脉冲轰击地层,当中子与地层元素发生非弹性散射后,释放出伽马射线。元素不同,放出来的伽马射线的能谱也不一样,因此,分析所探测到的伽马射线能谱,就可以确定地层所含元素的种类和数量。C和O是由石油和水的化学成分所决定的。油中主要含碳,水中主要含氧。取C/O能更灵敏地反映油、水层,另一方面取比值,可以消除仪器中子产额不稳定带来的影响。

由于C/O的变化可能是由于含油饱和度引起,也可能是由岩性变化引起,因此也记录了Ca/Si,以鉴别岩性变化。

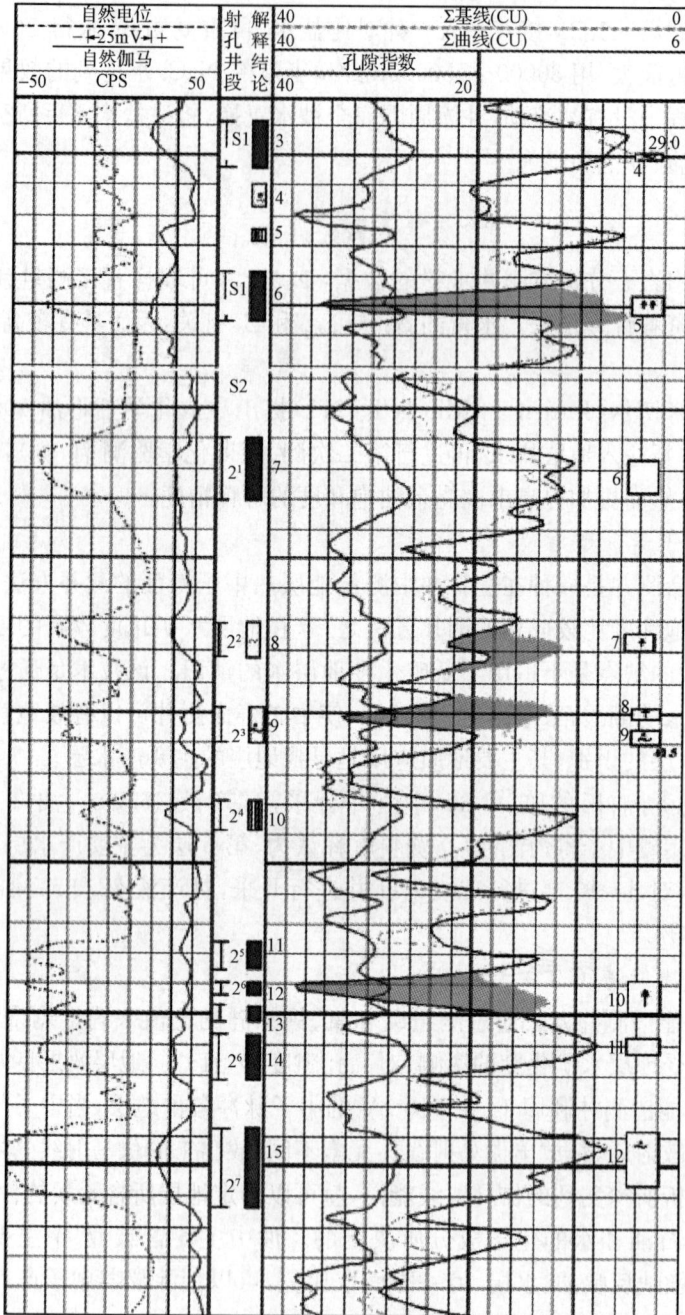

图 11-8 临 41-30 井硼中子寿命测井结果

Roscoe 和 Grau 以及 Scott 提出利用 C/O 可指示含水饱和度

$$COR = \frac{C_{ma}(1-\phi) + C_o\phi(1-S_w) + C_B}{O_{ma}(1-\phi) + O_o\phi S_w + O_B} \qquad (11\text{-}16)$$

式中：COR ——C/O 比值；

　　　C_{ma} ——骨架中 C 原子含量；

　　　C_o ——油气中 C 原子含量；

　　　C_B ——井眼中 C 原子含量；

　　　O_{ma} ——骨架中 O 原子含量；

　　　O_o ——水中 O 原子含量；

　　　O_B ——井眼中 O 原子含量；

　　　ϕ ——孔隙度；

　　　S_w ——含水饱和度。

　　通过上述公式,利用 100% 含水层 C/O 点测结果,可得出充满水/盐水井眼情况下公式中的参数,图 11-9 为在不同含油饱和度下 C/O 与孔隙度之间的关系,若已知 C/O 和孔隙度,便可由该图求出含水饱和度。

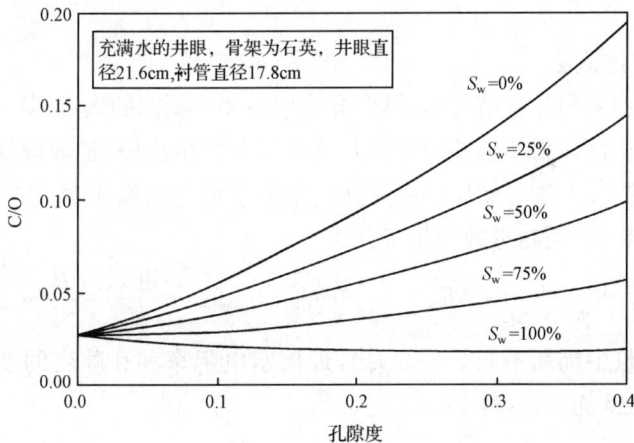

图 11-9　C/O 与孔隙度关系图

4. 剩余油饱和度时间推移测井

　　剩余油饱和度时间推移测井是为了定期监测井间油水变化情况而提出的一种技术,其技术思路是在井间加密新井的油层部位下入玻璃钢套管,利用电阻率、介电、C/O 等测井仪器定期进行测井,获得开发过程中同一口井不同时期的测井曲线,进而计算随开发过程变化的饱和度数据,解决了井间剩余油监测的难题。美国从 20 世纪 70 年代开始用玻璃钢套管井进行监测,前苏联在玻璃钢套管井用感应测井和脉冲中子寿命测井监测饱和度变化。大庆油田在 20 世纪 80 年代末建立了 3 口井玻璃钢套管井监测系统,利用介电、C/O 测井监测剩余油饱和度取得了较好效果,90 年代后期胜利、南阳、大港油田也相继建立了玻璃钢套管监测系统。

玻璃钢套管井是在需要监测的目的层段,用特制的不导电玻璃钢套管代替一般金属套管完井。目前监测油藏含油饱和度及水淹层变化时,一般采用常规电测、C/O 测井、示踪剂及产液剖面等方法。但由于钢管内电量受磁性干扰,因而影响了监测含油饱和度的准确性。如果在目的层下入玻璃钢套管,则可避免磁场干扰,提高监测准确度。玻璃钢套管可以使某些裸眼井和套管井常规测井方法进行多次重复测量,即从裸眼测井到建立玻璃钢套管井,实行油藏开发过程中的多次重复监测测井。其他诸如介电测井、高阻感应测井等方法也可应用到玻璃钢套管井。油田开发过程在玻璃钢套管井中用常规的裸眼井感应测井仪、碳氧比测井仪等监测剩余油饱和度,可大大提高对油藏动态监测的能力和监测准确度,可定量评价开发层系的当前剩余油饱和度、水淹状况和驱油效率。

玻璃钢套管井时间推移测井求取剩余油饱和度的方法有电阻率比值法、碳氧比差值法等。

1) 电阻率比值法

高分辨率感应测井有精度高、纵向分辨率高和探测深的优点,其时间推移测井资料可以与其在该井和其他井的裸眼井感应测井资料比较,是玻璃钢套管井中较理想的饱和度测井方法。储层感应测井电阻率主要受到饱和度、地层水电阻率和物性变化的影响,利用熟悉的阿尔奇公式

$$\Delta R_{\mathrm{t}} = \frac{a}{\phi^m \cdot S_{\mathrm{w}}^n} \cdot \Delta R_{\mathrm{w}} - \frac{n \cdot a \cdot R_{\mathrm{w}}}{\phi^m \cdot S_{\mathrm{w}}^{n+1}} \cdot \Delta R_{\mathrm{w}} - \frac{m \cdot a \cdot R_{\mathrm{w}}}{\phi^{m+1} \cdot S_{\mathrm{w}}^n} \cdot \Delta \phi \quad (11\text{-}17)$$

若时间推移测量中周期不长(4~6 月),地层水电阻率和孔隙度的变化是可忽略的,即 ΔR_{w} 和 $\Delta \phi$ 为零,这样

$$\Delta R_{\mathrm{t}} = - \frac{n \cdot a \cdot R_{\mathrm{w}}}{\phi^m \cdot S_{\mathrm{w}}^{n+1} \cdot \Delta S_{\mathrm{w}}} \quad (11\text{-}18)$$

那么,利用相邻两次测量的比值,就可以得到如下公式

$$\frac{S_{\mathrm{w2}}}{S_{\mathrm{w1}}} = \left[\frac{R_{\mathrm{t1}}}{R_{\mathrm{t2}}} \cdot \frac{R_{\mathrm{w2}}}{R_{\mathrm{w1}}} \right]^{1/n} \quad (11\text{-}19)$$

公式中的下标 1、2 分别表示相邻两次测量的先后读数(或计算值)。在注水条件下,$R_{\mathrm{w1}} \approx R_{\mathrm{w2}}$,则含水饱和度比值是对应电阻率读数比值的倒数的方根。

2) 碳氧比差值法

利用两次相邻 C/O 测量的差值就可以消除非地层 C、O 元素的影响

$$\Delta S_w = \frac{(C/O)_1 - (C/O)_2}{D} \tag{11-20}$$

这样,利用相邻两次采集感应电阻率读数的比值法和 C/O 测井读数的差值法可以在三次采油的这个特殊环境中较可靠地监视剩余油的动态情况。

如图 11-10 所示是胜利孤岛油田注聚试验区的西 5-检 142 井 C/O 测井各次计算的含油饱和度与 1997 年 10 月计算的含油饱和度之差。西 5-检 142 井的测井资料在空间和时间上为试验区的三次采油工程提供了十分可贵的信息。感应测井灵敏地反映出复合驱在全层段是有效的,从曲线形态可以看出,在馆上段 4^4 这个河流相砂岩油藏中,上部地层的可驱动剩余油要比下部地层多,C/O 测井曲线的变化充分证实了这一点。

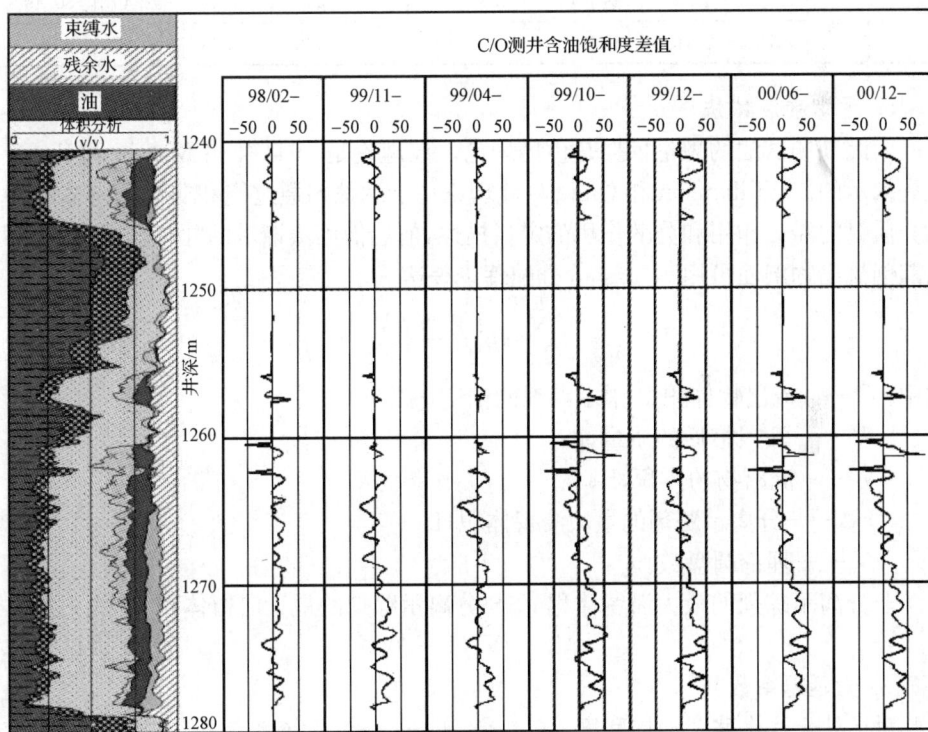

图 11-10　西 5-检 142 井各次 C/O 测井含油饱和度与 1997 年 10 月计算的含油饱和度之差

羊监 1 和羊监 2 井是大港油区羊三木油田馆陶组油藏注聚开发试验区的两口玻璃钢套管井,从 C/O 比测井监测资料提供的近几年层内剩余油饱和度变化看,随注水开发程度加深含油饱和度逐渐减小(表 11-2)。

表 11-2　羊监 1、羊监 2 井 C/O 测井含油饱和度监测成果表

井号	层号	深度/m	层位	不同时间剩余油饱和度变化/%					
				1997.5	1998.4	1998.11	1999.6	2000.10	2002.1
羊监 1	12	1362.6～1366.0	馆 II 3_1^2	58.94	57.03	45.31	46.50	46.0	46.53
		1366.0～1369.0	馆 II 3_1^3	48.20	48.03	40.64	37.66	33.67	34.31
		1370.0～1372.5	馆 II 3^2	31.84	32.02	18.56	15.01	11.88	1.54
		1375～1378.8	馆 II 4^{1-2}	49.30	39.79	32.98	26.61	33.60	25.31
羊监 2	9	1355.6～1358.4	馆 II 3_1^1	55.56	53.4	50.94	53.20	43.28	35.47
		1358.4～1363.0	馆 II 3_1^2	55.56	35.45	33.99	32.56	—	—
	10	1365.5～1368.0	馆 II 3^2	52.99	55.13	55.00	52.08	52.27	55.23
	11	1371.0～1373.7	馆 II 4^1	60.86	60.98	56.23	55.80	52.46	50.49
		1373.7～1376.5	馆 II 4^2	40.19	42.17	47.22	40.35	42.47	—

5. 示踪剂测试法

示踪剂测试法的理论依据是色谱理论。该理论是 1941 年由 Martin 和 Synge 首先揭示的。Williamson 和 Craig 将此理论用于示踪剂通过饱和非混相流体的多孔介质时的滞后作用和分散作用的定量描述,他们借用蒸馏塔的"圆盘"概念,说明示踪剂流出物剖面可用 Gaussian 分配理论表达

$$C = \frac{W}{V_R}\sqrt{\frac{N}{2\pi}}\exp\left[-\frac{N}{2}\left(\frac{V}{V_R}-1\right)^2\right] \tag{11-21}$$

式中：C——流出物体积 V 中示踪剂的浓度,g/L；

　　　W——注入溶质的质量,g；

　　　V——流出物的体积,L；

　　　V_R——分离示踪剂的最大滞留体积,L；

　　　N——理论圆盘数。

非分离示踪剂的最大滞留体积 V_o 与分离示踪剂的最大滞留体积 V_R 的关系为

$$V_R = V_o(1+\beta) \tag{11-22}$$

$(1+\beta)$ 为延迟系数。

对于处于注水残余油饱和度 (S_{or}) 状态时的水-油系统

$$\beta = \frac{KS_{or}}{1-S_{or}} \tag{11-23}$$

K 为分配系数,实验室用实验方法可以确定。

利用示踪剂测试得到的示踪剂产出浓度曲线,通过上述方程就可以计算剩余油饱和度 S_{or}

$$S_{or} = \frac{V_R-V_o}{V_R-V_o+KV_o} \tag{11-24}$$

示踪剂法确定剩余油饱和度一般可分为三部分：①实验室试验确定示踪剂的分配系数；②现场试验，给出示踪剂的浓度曲线，其中包括注入浓度曲线（浓度与注入体积关系）和产出浓度曲线（浓度与产出体积之比）；③解释测试结果，其方法有直接计算法和数值模拟法。

Cooke 在 1971 年首先提出将这种色谱理论用于测量剩余油饱和度。近年来，随着性能很好的示踪剂的出现及测试结果解释技术的发展，应用示踪剂测试剩余油饱和度技术也有了很大发展。单井示踪剂测试和井间示踪剂测试两种方法都已投入现场使用，且效果较好。

单井示踪剂测试是将一种原始示踪剂注入测试的井中，然后关井使示踪剂在水中部分水解并形成次生示踪剂。最后开井生产，并监测两种示踪剂的浓度剖面。由于在水/油系统中的不同分配系数，两种示踪剂将以不同速度回采。通过一种模拟示踪剂测试的计算机程序，应用这两种示踪剂回到井中的时间差来确定。根据压力取心和数学模拟方法，证实这种示踪剂方法的精度为 $\pm2\%\sim3\%$ 孔隙体积，其探测深度大约 $3\sim12m$，具备控制探测深度的能力。

Exxon 公司在 1971 年发展了单井示踪剂测试之后，已进行了各种现场试验和实验，并研究了各种不同的测试解释模型。曾对 30 个油藏进行了 59 次单井示踪剂测试，以检验示踪剂注入剖面、关井时间和精度极限。结果发现，示踪剂测试所测量的是与示踪剂相接触的那部分地层的平均含油饱和度。因此该方法精度受测试井段中渗透率分布或注入示踪剂的扫油效率的影响。

单井示踪剂法确定剩余油饱和度与其他方法的比较：首先，从研究范围来讲，单井示踪方法的研究深度（半径）远远大于取心和测井方法，它求得的饱和度值是更大范围内地层内的平均值，因而也更具有代表性。其次，M. M. Chang 等曾根据平均 S_{or} 值，对各种确定剩余油饱和度的方法进行了对比，发现单井示踪法与脉冲中子俘获/测-注-测方法和碳/氧比测井方法获得的 S_{or} 结果类似。第三，M. M. Chang 等列出了一个选用各种方法的优先顺序表，从中也可以看出单井示踪剂法处于比较优先的地位，在大多数情况下，它处于第一选择地位，对于非均质油藏，它仍处于第二选择地位。

美国在单井示踪剂法的研究和应用方面做的工作较多，也较深入。美国能源部曾委托一些大学和公司对此方法的理论与设备等进行了全面的研究，形成了比较成熟的理论和方法。由于计算机技术的发展，单井示踪剂测试结果的解释更准确，剩余油饱和度的计算更精确，另外示踪剂也有了很大发展，这使得单井示踪测试法成为重要的方法之一，此法的现场施工和结果解释技术近年来得到了很大发展，已能用于各种复杂地层。因此，它必然有着广阔的应用前景。国外普遍认为，测井、岩心分析和单井示踪剂测试方法是目前用于确定剩余油饱和度的三大方法。

美国科研人员从 1968 年到 1987 年,在美国、加拿大、委内瑞拉、北海等地应用该法测井 153 口,成功率在 80% 以上。有必要研究和推广该法在我国的应用。胜利油田曾利用该法测井共 17 次,成功率在 82% 以上。

有人提出采用两次注入方法解决这些问题,即第一次注入后立即采出以便得到一个基准和有关参数,第二次注入后浸泡一段时间后再开采,比较示踪剂的回采量就可以确定剩余油饱和度。

(三) 分流量方程法

在已知含水率 (f_w) 的条件下,通过分流量方程就可以求取剩余油饱和度,其中,含水率可以是单层的试水资料,也可以是利用产液剖面确定的地层含水率。

将油田多条相渗曲线标准化,然后求平均相对渗透率曲线,再求出 $\lg \dfrac{K_{ro}}{K_{rw}}$ 与含水饱和度的直线关系式即渗饱曲线

$$\lg \frac{K_{ro}}{K_{rw}} = A_2 + B_2 S_w \tag{11-25}$$

$$f_w = \frac{1}{1 + \dfrac{K_{ro} \cdot \mu_w}{K_{rw} \cdot \mu_o}} \tag{11-26}$$

便可求得含水饱和度和剩余油饱和度

$$S_w = \frac{1}{B_2} \lg\left[\left(\frac{1}{f_w} - 1\right) \frac{\mu_o}{\mu_w} \right] - \frac{A_2}{B_2} \tag{11-27}$$

$$S_o = 1 - \frac{1}{B_2} \lg\left[\left(\frac{1}{f_w} - 1\right) \frac{\mu_o}{\mu_w} \right] + \frac{A_2}{B_2} \tag{11-28}$$

A_2、B_2 值可根据油田的平均相渗曲线求得。将 A_2、B_2 值以及单井相对应的地下油、水黏度代入式 (11-28),即可求得剩余油饱和度。

从上面方法求饱和度过程看,求准 $\dfrac{K_{ro}}{K_{rw}}$ 是精确解释饱和度的关键。用平均相渗曲线求 $\dfrac{K_{ro}}{K_{rw}}$ 实际上是一种比较粗略的方法。虽然要得到每口井每个层段相应的相渗曲线是不可能的,但通过对相渗曲线的深入研究,$\dfrac{K_{ro}}{K_{rw}}$ 这一比值是可以通过渗饱曲线式 (11-25) 中 A_2、B_2 值与渗透率、孔隙度、原始含油饱和度和油、水黏度比的多元回归求得。应用这一研究成果,便能更准确地解释已知含水率的单井的剩余油饱和度。统计的 A_2、B_2 的多元关系为

$$A_2 = a + b S_{wi} + c \frac{\mu_o}{\mu_w} \tag{11-29}$$

$$B_2 = d + e S_{wi} + f \frac{\mu_o}{\mu_w} \tag{11-30}$$

式中：S_{wi}——束缚水饱和度，%；

　　a、b、c、d、e、f——地区经验系数。

将式(11-29)、(11-30)代入式(11-28)即可求得剩余油饱和度。

三、水淹层评价

主要是利用测井水淹层的单井解释成果确定单井剩余油的分布。准确地评价水淹层、搞清地下剩余油分布是油田后期开发重点中的重点，也是难中之难。

(一)水淹层测井评价法

在油田的开发过程中，油层的含油饱和度是在不断变化的。开采前的含油饱和度称为原始含油饱和度 S_o；在开采过程中，地层含油饱和度称为剩余油饱和度（目前含油饱和度）S_{os}。剩余油饱和度 S_{os} 介于原始含油饱和度 S_o 和残余油饱和度 S_{or} 之间，随着油田的开发而逐渐降低。

1. 水淹级别

正确划分水淹级别对较好地评价水淹层相当重要，从不同的角度有不同的划分方法，有以时间为界限的划分方法，有以产水率为界限的划分方法等，在油田实际应用中应综合考虑各种因素，选择一种划分方法作为主线，结合其他方法来综合划分水淹层的水淹时期。利用含水率参数按油层水淹程度来划分油层水淹级别，属于定量评价水淹层的方法。

单井水淹层定量评价是通过计算以剩余油饱和度为核心的产层参数来完成的，这些参数有：储层的泥质含量 V_{sh}、粒度中值 Md、孔隙度、渗透率（空气渗透率、油和水的相对渗透率）、含水饱和度（地层含水饱和度 S_w、束缚水饱和度 S_{wi}）、含油饱和度（油层原始含油饱和度 S_o、剩余油饱和度 S_{os}、可动油饱和度 S_{om}、残余油饱和度 S_{or}）、含水率 f_w。通过对测井信息的还原，求解出反映储层油、水相对流动能力的相对渗透率 K_{ro} 与 K_{rw}，并进一步求出反映产层动态特征的含水率 f_w，最终以含水率这一动态参数实现对地层产液性质的定量描述，确定油层的水淹程度。

根据分流量方程，含水率 f_w 为

$$f_w = \frac{1}{1 + \dfrac{K_{ro} \cdot \mu_w}{K_{rw} \cdot \mu_o}} \tag{11-31}$$

按中国石油天然气集团公司的行业标准，根据含水率 f_w 的大小，将水淹层划分为以下级别：

油　　层：$f_w < 10\%$；

弱水淹层：$10\% \leqslant f_w \leqslant 40\%$；

中水淹层：$40\% \leqslant f_w \leqslant 80\%$；

强水淹层：$f_w > 80\%$。

表 11-3 是大港油区枣园油田枣南区块注水开发十几年之后，1992 年完钻的 Z1266-6 井根据测井数字处理和综合评价水淹层的实例。

表 11-3　枣园油田枣 1266-6 井测井解释成果

序号	顶深/m	底深/m	含水饱和度/%	束缚水饱和度/%	残余油饱和度/%	油相对渗透率	水相对渗透率	含水率/%	水淹级别
1	1962.6	1966.6	33.58	33.48	27.4	0.996	0.002	0	油层
2	1968.7	1985.3	29.04	28.94	24.69	0.926	0	0	油层
3	1993.6	1999.3	34.79	34.69	27.13	1	0	0	油层
4	2000.6	2007	32.66	32.56	26.99	0.508	0.02	0.3166	弱水淹层
5	2013.1	2020.8	37.34	30.36	25.41	0.266	0.037	0.5432	中水淹层
6	2026.2	2035.6	38.62	33.57	27.55	0.307	0.029	0.4862	中水淹层
7	2036.2	2044.1	39.24	30.39	25.67	0.257	0.037	0.5932	强水淹层
8	2048.0	2057.8	44.59	25.08	21.45	0.373	0.023	0.2432	油水同层
9	2060.2	2062.9	38.37	27.61	23.26	0.354	0.026	0.3298	油水同层
10	2064.6	2074.8	39.89	26.52	22.31	0.248	0.047	0.4653	油水同层

2. 水淹类型

注水开发油田，注入水进入地层后，原始地层水与注入水混合，形成混合溶液，此时的地层水矿化度属于混合液矿化度，与原始地层水矿化度相比可能变化很大。根据混合液矿化度的大小，可将水淹层划分为三种类型：淡水水淹、地层水水淹和污水水淹。

1) 淡水水淹

淡水水淹是指注入水矿化度低于原始地层水矿化度时，水淹层的混合液矿化度也低于原始地层水矿化度。此时，水淹层的电性曲线与原始油层相比有较大的变化。不同级别水淹层的特征如下：

弱水淹层，自然电位基线明显偏移，电阻率下降。

中水淹层，电阻率下降缓慢，自然电位基线偏移幅度减小，有的层声波时差增大。

强水淹层，自然电位基线偏移，幅度减小并变形；声波时差增大，电阻率测井值增高，甚至高于油层。

2) 地层水水淹

由于长期开采，导致油水界面上升，使油层边水水淹，此时，由于没有外来流体注入，水淹层的地层水矿化度变化并不大。地层水水淹层的电性特征是，电阻率测井值下降,自然电位幅度增大,相应的含油饱和度降低。

3) 污水水淹

污水水淹是指注入水矿化度大于地层水矿化度时,水淹层的混合液矿化度也高于地层水矿化度。污水水淹后,水淹层的电性特征是,自然电位幅度不变,基线不偏移或偏移很小,电阻率变化不定。

利用常规测井资料难以识别这种水淹层。加强井间横向对比,结合周围井动态情况,方可综合判断该类型水淹层。

(二) 水淹层录井快速评价法

伴随录井技术的发展,仪器的更新换代,计算机技术特别是高速工作站的飞速发展,录井的概念已不再停留于"一把铁锹一个盆、几袋沙子一张图"的时代,录井仪器精度的提高以及功能的扩展,使录井技术早已突破了传统地质录井的内涵,从单一的地质服务转向全方位、多功能、综合性的整体服务,并以多参数、大信息量和实时性为现场及基地决策提供了大量可靠的分析资料。定量荧光、定量地化、定量气测录井、地层压力录井、钻井工程录井、随钻测量等录井新技术以及综合录井计算机系统的充分应用,不仅在发现油气显示、地质分层、油层非均质性研究、储产层预测、油源对比、生油层评价及勘探目标选择、工程安全监测、指导科学快速钻井、降低钻探风险与成本、提高勘探成功率、缩短油气田发现等方面一显身手,而且在剩余油评价、提高油气采收率等方面也得到的应用,是一种水淹层快速评价方法。

1. 气相色谱分析技术

油田开发中,油气水在岩石孔隙中的比例要发生变化,这种变化也会引起气相色谱图的变化,利用这种变化程度(差异)即可进行剩余油气的评价。因此,在系统总结密闭取心样品的气相色谱图的规律基础上,应用气相色谱资料就可对油层水淹级别做出定性评价(赵晨颖等,2005)。具体方法原理是:

(1) 井壁取心色谱资料评价水淹级别标准的建立。通过选取密闭取心井岩心样品的色谱资料,结合密闭取心实验室常规分析的样品水洗级别相对照,研究岩石样品的气相色谱图峰形的变化形态及损失幅度与油层水淹级别的关系,建立井壁取心色谱资料评价水淹级别的基本判别标准。

(2) 不同含油饱和度状态下的气相色谱图及相关知识库的建立。建立起不同含油饱和度状态下的气相色谱图及相关知识库,建立含油饱和度或含水率与气相色谱属性参数间相关关系式。

(3) 开发中后期油田加密或调整井目的层录井信息的获取。

(4) 剩余油评价及预测。利用多元统计分析、地质统计分析、神经网络模拟进行剩余油模拟和预测。

2. 轻烃分析技术

轻烃分析技术是一种新的色谱分析技术,主要用于油、气、水层评价和油田开发后期油层水洗程度和水淹程度评价。

伴随注水开发,油层 C_9 以前的各单体烃的浓度和相对百分含量将发生明显的变化。总体规律为:开发中,同一油层,含水越高,轻烃减少或消失,重烃相对含量增加。通过轻烃分析可得到油层 C_9 以前的各单体烃的浓度和相对百分含量,据此评价开发后期油层水洗程度或水淹程度。

3. 荧光显微图像分析技术

在实验室水驱油试验基础上,利用不同含水率条件下的荧光显微图像特征,并结合试油资料,可以建立荧光图像判断油层不同水洗状况的解释评价标准(马德华等,2005)。

(1) 不同强度水洗油层荧光图像特征:要通过模拟水驱油实验研究和岩样水洗前后的荧光显微图像特征及其含水上升微图像上的变化规律的分析,建立起油层未(弱)洗、中洗、强洗的荧光图像特征。

(2) 荧光显微信息解释剩余油饱和度模型建立:建立含油饱和度与含油率、含水率、面孔率及油、水分布比率间相关关系式。

(3) 剩余油评价及预测:利用多元统计分析、地质统计分析、神经网络模拟进行模拟和预测。

4. 岩石热解分析法

地化录井已经从生油岩的评价迈向储层综合评价的新时代,利用岩石热解录井资料已经能够进行储层产液类型、含油饱和度、储层产能、原油性质、剩余油饱和度等的综合定量评价(李玉恒,2003)。具体过程包括:

(1) 关键井(密闭取心井)流体饱和度与热解油气参数及储层参数间相关关系或模拟模式建立。

(2) 剩余油饱和度计算。

(3) 储层性质定量判别。

5. 定量荧光分析技术

近年来,定量荧光录井技术有了长足的发展。传统的综合录井技术是使用黑箱子或荧光仪来确定岩层中是否存在原油,即用紫外辐射法对岩屑试样进行照射,使其产生荧光然后通过肉眼观察到的颜色和荧光强度对其进行描述。然而,除在可见光范围的辐射外,其他大多数荧光则看不见,所以这种方法带有很大主观性,且不可靠。目前,德士古公司的 QFT 方法在检测岩屑试样中荧光的能力以及与岩屑中含油量相关的荧光强度等方面,其工艺有了很大的改进,且准确度和可靠性都有所增加。将其应用于油田开发,可定性地判别油层水淹程度,指明剩余潜力。

利用定量荧光分析技术评价水淹层的过程是:

（1）荧光光谱测试及同步光谱测试。

（2）原油定量荧光数据转存和实时预处理,包括滤波、检索波峰、计算峰面积、连续扫描测定、样品定量分析、绘制标准曲线、测定样品的浓度、进行图谱运算、图谱存储与传输、图谱窗口处理、自动信噪比测定等功能。

（3）剩余油气量化分析。利用开发过程中荧光参数变化特征,进行剩余油气量化分析。

第二节 井间剩余油监测

随着剩余油研究的深入,人们不能仅满足于单井单层的剩余油饱和度解释,更关心的是井间区剩余油饱和度,这是了解开发过程中井间油水运动规律的重点参数。因此,测井手段得到长足的发展,诞生了井间电磁成像等许多新的测井技术。在单井中应用很好的示踪剂测试方法也被推广到井间区。与此同时,具有井间测量优势的地震技术也被应用得油田开发领域,诞生了时间推移地震（四维地震）等技术。井间剩余油监测是油田开发领域目前发展很快的方向。

一、井间测井方法

（一）井间示踪剂测试

Cooke 提出,将溶于盐水的两种示踪剂注入一口井内,然后从附近的另一口井中产出盐水和示踪剂。如果这两种示踪剂在油和盐水中的分配系数不同,则证明从注入井到产出井的流动过程中,它们发生了分离,分离量的相对大小与剩余油饱和度有定量关系,且一种示踪剂会比另一种示踪剂滞后,通过观察井的监测能够确定井间的平均剩余油饱和度。

测定残余油饱和度的井间测试法是以示踪剂在油藏中的色谱分离为基础的。测试开始时,向一口注水井同时注入至少两种示踪剂。这些示踪剂,由于它们在油中的溶解度相差很大,所以是能辨别的。然后从邻近生产井采集水样,并确定示踪剂的响应函数。根据色谱理论,在油中溶解度大或分配系数大的示踪剂的产出较非分配示踪剂的产出滞后。

水驱开发油藏中应用井间示踪方法已有多年的历史,但最初仅仅被用来定性地了解地下流体运动状况,直到 20 世纪 80 年代 ESSO 公司的 Cooke 专利技术问世,运用井间示踪技术确定水淹层才得到验证,最近这几年我国许多油田和单位也开始从事这项研究。

目前,国外对采出曲线的解释方法主要有解析法和数值模拟法,但各有局限性,我国学者刘有芳提出采用色谱转换技术结合分层流管模型来解释井间示踪测试结果比较容易实现又能达到较好效果。大港油田测井公司采用该法监测注水和剩余油分布,取得可喜成果。

试验表明,用井间示踪剂测试测定残余油饱和度的费用为单井示踪剂测试费用的 1/3 或更低,为海绵取心分析费用的 1/5 或更低。对井间示踪测井资料的定性解释虽取得较大成效,但对于定量解释还存在许多问题,还需深入研究。

(二)井间电法测量

通过岩心和模拟地层的实验室测量表明,如在几口井的电极上加上电位,提供井间的电流,测量电极间的电流,并根据此测量值计算含油、水地层的视电阻率,根据视电阻率可确定井间含油饱和度的分布。

在计算三维油田中井间视电阻率分布时,假定测量电极间的导电介质为均质、各向同性且厚度恒定的地层,在实践中这种假定无疑是对系统的过于简化;但在计算中采取了一些措施考虑油田实际情况来适应均质性和厚度的变化。这些计算得出两个水平方向电阻率变化的估计值用以确定油田中井间含水饱和度分布。

这种方法对油田在制定三次采油方案时预测井间剩余油分布具有一定参考价值,但有待矿场试验。

(三)井间低频电磁波法

井间低频电磁波成像导出的电阻率分布,对岩石孔隙流体变化非常敏感。由于电阻率直接与孔隙度、孔隙流体电阻率和饱和度等油藏描述的关键参数有关,在这些参数中结合其他信息,可以提高其他参数的解释精度,井间电阻率资料可以帮助确定描绘储层特性变化,以及常见的井间非均质特性,其另一用途是监测提高采收率措施。

由于井间电磁波成像的分辨高、成本低、无破坏性,最近在美国政府的资助下,由多家研究机构如 Lanrence Berkeley 实验室(LBL)、LLNL 和加利福尼亚 Berkeley 大学联合开发,推出了适于油田使用的大井距(1000m)井间低频电磁波观测和成像方法。新型电磁系统能够发射 $40\sim100$ kHz 低频电磁波,能够选择最佳发射频率,有效地解决分辨能力与井间距的问题。

目前,已专门对新型观测系统和成像方法进行了一系列井距为 $10\sim300$ m 的野外测试,测试效果令人满意,展示出该项技术在解决油藏描述与监测问题方面的巨大潜力和良好应用前景。

二、地震方法

地震资料提供的储层横向连续性、孔隙空间分布和非均质性信息,是把储层地质描述扩展到井眼以外区域的关键,是油藏圈定和描述的主要信息源,根据这种信息得到的描述结果将是后期解决剩余油分布问题所依据的基础。通过连续和重复测量方式获得的地震资料,则是在油藏开采阶段监测井间乃至开采区域中储层内部非均质性、流通性和增产措施波及效果的主要信息。这种信息结合描述结果将帮助圈出开采中的未波及域死油区,修改增产措施的实施计划,指导加密井的部署。

在油藏描述和油藏监测两个方面,影响地震方法解决剩余油分布问题的主要因素是分辨率和检测范围。在油藏开采阶段,用地震法确定剩余油分布的方式以油藏开采过程中的油藏监测为主,以检测或寻找漏失储层为辅。利用地震资料可确定储层孔隙度、裂隙、流体及流体流动的监测。为使地震监测技术成为油藏管理的常规技术,必须综合使用开发地质与油藏模拟技术。

目前,在直接解决剩余油分布问题中,常用的地震方法有以下两种。

(一) 四维地震

四维地震又称时间推移地震,即在同一测量区进行两次甚至多次重复的三维地震观测。通过分析和研究各次三维地震之间的振幅变化,来识别和追踪油藏内流体前缘推进的情况,从而可以找出剩余油的富集带,为打高效井提供十分重要的依据。

这种方法的基本原理是地震响应的变化与油藏中温度、压力的变化以及所含油、气、水的饱和度变化密切相关。一般来讲,当地层的温度增加时,可导致地震速度的下降,压力的下降则可使速度增加;而当地层中饱和水时速度最高,饱和油时速度居中,饱和气时速度明显下降。四维地震正是利用了这些地震属性和地层温度、压力、流体饱和度之间的相关性来研究和识别油藏剩余油分布状况。由此可见,四维地震和油藏数值模拟相结合,将是油藏剩余油分布研究的重大突破。

四维地震技术的发展对于提高采收率有重大意义。BP 公司宣称,在 Foenhaven 油田进行了迄今世界最大的四维地震研究以后,可将该油田的采收率由 40%~50%增至 65%~75%。因此,在国外已有越来越多的油田开始采用四维地震技术,据不完全统计,世界上已有 54 个油气田或区块已经进行或正在进行四维地震研究。有的专家估计在 5 年内,国际上四维地震技术市场份额将达到每年 10 亿~30 亿美元。美国哥伦比亚大学已研制了专用的四维地震软件。在美国墨西哥湾 Eugene 岛开展了四维地震油藏监测试验工作,搞清了剩余油的分布及死油层的位置,提高了对油藏的认识水平。

目前我国刚开始进行四维地震的研究,分别在辽河、胜利、新疆等油田作了一些尝试性试验。辽河油田稠油热采地震监测试验中,发现受热软化的稠油层在两次监测对比剖面上出现同相轴"下拖"现象;新疆油田也在稠油热采时进行过三次三维地震监测试验,均已取得了有益的认识。

（二）井间地震法

井间地震是一种借助井眼检测井间地层的地震法,测量时将特制震源系统放入井下激发信号,将接收系统放入相邻井中接收信号,得到井间地层传播的地震波场记录。目前,在实际井间地震测量中,一般采用的井间距为 50～500m,震源和接收系统下井深度为 300～2000m,采集结果包括共激发点道集、共接收点道集和地震测井记录等三种形式。实用地震成像技术以反射波成像和透射波层析成像两种方法为主。

使用井间地震法的前提条件是油田内井网要达到一定的密度（<500m）,因此目前该法只是在开采中的油田使用。井间地震资料有比其他地震资料更高的分辨率（1～10m）,基本满足了油藏工程的要求,因此它是目前从事精细油藏描述与生产动态监测精度的地震方法。根据这种资料获得的高分辨率构造图像、产层特征测量结果和生产或强化采油后油藏变化的监测结果,能帮助优化储层模型,了解井间地层的确定结构和特性变化趋势,掌握各种增产措施的效果,确定剩余油分布范围,因此经济效益十分显著。

井间地震法在解决剩余油分布问题上能发挥极重要的作用,是目前美国能源部的首选方法。其作用主要体现在两方面,一是借助开采油田上有效井网,进行精细油藏描述,确定储层非均质性及对流动特性的影响,优化已有的储层模型,为加密钻井设计提供依据;二是开采中对增产措施实时监测,确定波及效果,及时修改实施计划。除此之外,井间地震法还可以在开采过的老油区内,直接寻找漏失的隐蔽圈闭。

第三节　开发地质方法预测剩余油分布

对于一个具体的油藏,到了高含水后期,要搞清复杂而又零散的剩余油,开发地质研究的核心是建立能够反映储层和构造细微变化的、精细的三维定量地质模型。从剩余油分布的特征来看,油藏描述的精细化和定量化的关键与难点,主要是解决井间砂体形态的描述和砂体内的油藏参数估值问题。国外以地质、地球物理和试采资料及各种模型数据库为基础,用多学科技术手段,以研究流动单元为特点,以建立精细地质模型为目标,形成了油藏表征技术。国内则在精细地层对比基础上,以微构造和细分沉积微相为主线,以水淹层测井解释为特点,以储层非均性研究为重点,建立研究剩余油的精细地质模型为目的,逐步形成了精细油藏描述与剩余油分布研究技术。

用开发地质方法的研究成果揭示剩余油分布首先利用生产动态、测试和检查井资料,分析测产吸剖面的井中各层有效厚度动用状况,统计单层总有效厚度、单层未动用总有效厚度、小层中各类流动单元未动用有效厚度等,分析各套层系、各个砂层在平面、层间、层内井点的水淹状况;然后从油藏的微构造、沉积微相、储层非均质性、储层流动单元等方面,阐述剩余油的形成和分布规律,预测剩余油富集区。

一、微构造与剩余油分布

在陆相储层中,直径几百米、起伏一二十米的微型构造十分普遍,包括微穹隆、微反向屋脊断块等,它们含油气丰富,但地震资料难以分辨,因而常被遗漏。

微型构造的研究方法是用密井网资料,首先要对斜井和普通直井都进行井斜校正和补心海拔校正,用精细对比的断点数据和三维地震资料编制断面等深图,断层线的平面位置用断面图与分层构造线交会确定,微型构造研究一般要求大比例尺(至少 $1:10000$,最好 $1:5000$)、小间距($2\sim5m$ 等高线),建立的精细构造模型要求表现出构造幅度 $\leqslant5m$ 、面积 $<0.1km^2$ 的构造,要求表现出断距 $\leqslant5m$ 、断层长度 $<100m$ 的断层。等高线间距越小,微构造越丰富,但是也不是说等高线间距越小越好,还存在微构造等间距的合理性问题,具体研究时需要考虑所划分出的微型构造储存剩余油的有效性问题、在有利微构造上部署加密井的可行性问题等。

油层微型构造对剩余油分布和油井生产具有明显的控制作用。一般而言,处于微断鼻和微背斜上的油井,各个方向均为向上驱油,剩余油相对富集,对油井生产有利;而微型负构造上布注水井可获得良好的驱油效果。

在注水开发过程中,油井在平面上有四个可能的水驱油方向,垂向上有向上和向下两个水驱油方向。前者只有数量上的变化,后者,不仅在数量上随前者变化,自身也有质的变化,这种变化取决于微型构造的性质。比如正向微型构造中的小背斜(小高点),因处于油层局部高处,在四个方向上均为向上驱油;小鼻状构造,在闭合的三个方向上为向上驱油,开启的一个方向向下驱油。负向微型构造中的小向斜(小低点),因处于低部,在四个方向上均为向下驱油;小凹槽,因三个方向均处于低部位,故三个方向为向下驱油,一个方向为向上驱油。斜面微型构造,不论是小构造阶地还是小挠曲,均为两个方向为水平驱油,一个方向为向上驱油,另一个方向为向下驱油。

在密井网注水条件下,在构造很平缓的区域背景下,超低幅度微型构造对油井生产的影响较小,而此时动态因素影响占明显优势,但幅度较大的微型构造,仍对油井生产发挥有利作用。

在动态因素一定的条件下,由于受其驱油方向的影响,位于正向微型构造的油井生产一般都好于负向油井。对具底水的油层,微型构造也有一定影响,油在顶部最厚,向外逐渐减薄,进入底水区,油层厚度与砂层厚薄无关。即在同一部位,如构造翼部或边部,相邻井间的油层厚度受微型构造的影响,正向微型构造区油层因上凸而加厚,负向微型构造区油层因下凹而减薄。

在分析微构造与剩余油分布和油井生产的关系时,特别强调砂体顶部和底部形态的组合模式对剩余油分布与油井生产的控制作用,而不是简单地依据砂体顶部或底部形态分析它与剩余油分布及油井生产的关系。在考虑井网条件和其他地质条件相似的情况下,分析不同的微构造模式对剩余油分布的控制作用。综合应用单层生产数据、测井技术解释的剩余油饱和度以及油藏数值模拟预测的剩余油饱和度,分析剩余油富集规律与微构造组合模式之间的内在联系。

例如,孤岛油田中一区馆 3～4 五个主力小层顶底微型构造形态组合模式中,顶凸底凸的双凸型、顶凸底平型、顶平底凸型和顶底鼻状凸起型 4 种模式,剩余油饱和度及剩余油储量丰度相对较高、油井生产情况良好、累积水油比低;而顶凹底凹的双凹型、顶凹底平型和底沟槽顶平型 3 种模式,油井见水快、累积水油比高、水淹程度高、剩余油饱和度及剩余油储量丰度相对较低。

随着油井注水开发程度的变化,储层微构造配置模式对油井生产的影响也发生变化。在含水率不很高的情况下,储层微构造模式对油井生产的影响较大;在含水率很高的情况下,超低、低幅度的微构造起伏对油井的影响显著减小,而受动态因素的影响明显增强,但起伏幅度较大的微构造仍对油井生产有影响。

二、沉积微相与剩余油分布

(一)沉积微相对剩余油分布的控制作用

沉积微相对剩余油分布的控制作用主要表现在以下三个方面:

(1) 砂体外部几何形态、顶底界面的起伏形态、幅度(油层微型构造)等对剩余油分布的控制。

·(2) 砂体厚度变化及连续性、延伸方向和展布规律对地下油水运动的影响。如沿边滩滩脊的长轴方向砂体连通性好,孔渗性好,易水淹,而在边滩的短轴方向上由于滩脊和凹槽相间排列,砂体连通性受到凹槽的分割,孔渗性变化较大,水淹程度相对较弱。在井网相对较稀的情况下,砂体的延伸方向及展布规律对地下流体运动的控制作用更加明显。

(3) 砂体内部结构,包括垂向上的沉积层序、夹层分布对剩余油分布的控制。由于河流相储层具有典型的向上变细变薄沉积层序,中、下部为高孔高渗段,易水淹,而上部成为剩余油富集部分。在总体上呈向上变细变薄的沉积层序,内部由于夹层的分布形成复杂正韵律模式,对剩余油分布和油井生产有很重要的影响,如中6-413 和中 15-411 两口油井主要由于馆 4^4 层的内部结构不同导致生产状况截然不同。

（二）不同沉积微相剩余油分布规律

1. 河流沉积砂体剩余油分布模式

河流沉积砂体中，曲流河道砂体展布呈蜿蜒的条带状，辫状河道砂体呈网状交织，渗透率同样具有明显的方向性，因此，注入水也是沿主河道厚砂体主流线方向快速突进，水淹程度高，而河道边缘薄层砂体渗透率相对低，水淹程度差。因此，平面上河道边缘砂体中剩余油相对富集。纵向上，河道砂体粒径具有下粗上细，渗透率下高上低的特点，砂体上部或顶部水淹程度低，但辫状河道砂体的水淹程度明显好于曲流河道砂体，因此，剩余油主要分布于辫状河道砂体的上部和曲流河道砂体的上、中部。河道边缘砂体以及决口扇沉积砂体厚度薄，粒径细，渗透率多呈中到低渗，因此，这部分砂体中的原油动用程度低或根本没有动用，因而成为剩余油富集区。

对于河流相砂体而言，注入水首先沿油层下部砾状和粗、中砂组成的单元突进，在多个单元组成的砂体中，下部单元的水淹程度比上部单元高。当油层处于中含水期时，水淹段不明显，即使有水淹段，水淹厚度也较小，仅占全层厚度的 4.4%～17.8%，而在高含水期密闭取心井岩心观察，单元底部岩心大部发白，驱油效率一般为 50%～80%，这是由于在重力作用影响下，注入水沿单元底部窜流的结果。当油层内有相对稳定，且厚度大于 1m 的夹层时，则夹层上下油层水淹程度差异明显。夹层上部单元的底部水淹程度高，夹层下部单元的顶部水淹程度低。如胜坨油田沙二段中、高含水期钻遇河流相的密闭取心检查井的 220m 岩心统计，在中含水期达到"水洗"级别的扫油厚度系数分别为 19.7% 和 25.5%，而高含水期同层达到"水洗"＋"强水洗"级别的扫油厚度系数分别为 35.8% 和 32.6%，到高含水期不仅"水洗"级的扫油厚度系数增加，而且强度也增大，但也只占油层厚度的 1/3。说明这类油层水淹厚度薄，水沿单元下部突进，剖面上部水淹程度差，还有较多的剩余油。据 300 块样品统计，河流相砂体剩余油主要分布在中上部，剩余油饱和度为 45%～55%，而下部仅为 10%～30%。

如孤岛油田中一区馆 4^4 层单采井中，处于河道侧积砂坝微相的油井累积水油比达 15 以上，是非河道微相的 3 倍，而累积水油比较低（小于 5）的 7 个井区的 14 口油井均处于天然堤、决口扇等河流侧缘微相。孤岛油田具有很多这种相变实例，如南 5-N6 井的馆 3^{3-1} 层位为河流相砂体，向南 5-7 井河流相砂体物性变差，至南 5-8 井时变为溢岸砂体，且溢岸砂体剩余油饱和度高于河道砂体饱和度。N9-03、N10-4、N8-010、N15g1、N24-03 的馆 3^{3-1} 小层均为溢岸沉积砂体，剩余油饱和度均高于同时间沉积单元的河道砂体饱和度。

又如，大港油区港西油田明化镇组油藏开发后期，统计得出各单砂体内不同微相的地质储量、可采储量及剩余可采储量数据如表 11-4。

表 11-4　不同沉积微相剩余油储量分布统计数据表

储量＼微相	河道	点砂坝	废弃河道	决口扇	河道间	心滩	合计
地质储量 /10⁴ t	508.114	76.835	4.543	0.429	1.358	15.174	606.453
可采储量 /10⁴ t	137.719	14.308	1.215	0.1	0.455	5.581	159.378
剩余可采储量 /10⁴ t	32.622	3.733	−0.863	0.1	0.455	1.006	37.053

从表中可以看出，河道微相的储量、可采储量及剩余可采储量最多(占总储量的 83.78%、可采储量的 86.41%、剩余可采储量的 88.04%)，占了绝大部分，其次为点砂坝和心滩，而其他微相所占储量份额很少，剩余可采储量也很少。故有利的相带为河道、点砂坝和心滩微相。下一步应加强和完善各河道储层相关井组的开发，应用各种手段挖掘河道相带的剩余潜力。

2. 三角洲沉积砂体剩余油分布模式

三角洲前缘砂坝砂体，岩石的成熟度较高，垂向上砂体多呈现反韵律。平面上，注入水首先沿砂体轴部突进，随后逐渐向两侧扩展，注入水波及程度较高，层内水淹厚度大。但砂坝两侧的侧翼及道间浅滩砂体岩性变差，泥质条带或夹层增多，剩余油相对富集。席状砂和远砂坝砂体，尽管砂体厚度较薄，由于平面上砂体连片程度高，层内渗透率非均质性相对弱，垂向上多呈反韵律，注采井网易于控制，因此，层内水淹程度高，平面上注入水推进缓慢且相对均匀。纵向上反韵律和反复合韵律的砂体在水洗过程中，注入水沿中上部的高渗透段突进，随后由于油水密度差的影响，在重力作用下，注入水向砂体下部缓慢推进，所以远砂坝水淹程度和水淹厚度较大，但在底部仍有部分低渗带未能水洗或注入水波及程度低，因而可以成为剩余油相对富集区。水下分流河道砂体呈正韵律，上部水洗程度低，水下河道边缘泥质含量增多，渗透率相对低，其上部和边缘微相带仍有部分原油尚未驱替，因而成为剩余油相对富集区。三角洲平原沉积砂体的剩余油分布与曲流河沉积砂体剩余油分布形式类似，剩余油主要富集于主河道砂体的中、上部以及河道边缘相带的砂体中。

如胜坨油田 2-2-J1502 检查井分析表明，全层水淹相对均匀，驱油效率基本接近，在 25%～40%。在渗透率级差较小的油层内，水淹厚度系数大，但仍表现为底部先见水。但当油层内有夹层存在时，油水运动在垂向上置换受到限制，在夹层以上单元的底部出现水淹程度较高段。经密闭取心井含油饱和度资料统计，这类油层上部剩余油含量较下部高，一般下、中部含油饱和度较上部高 5%～10%，故剩余油多富集在油层的中上部。

3. 冲积扇沉积砂体剩余油分布模式

由于辫状水道砂体在平面上呈网状交织的条带状，并且辫状水道砂体厚度较大，渗透率的方向性也较明显，因此，注入水主要沿冲积扇辫状水道主流线方向快速舌进；而主水道砂体两侧边缘厚度较薄，泥质夹层增多，渗透率变差，水淹程度低，剩余油相对富集。水道间砂体沉积厚度小，渗透率低，所以吸水差，大部分储量动用程度低，剩余油相对富集。

纵向上，冲积扇砂体由于成分成熟度和结构成熟度较低，加之层内夹层发育，因此其水淹情况相对复杂。砂体呈正韵律的特点，水通常沿油层底部颗粒较均质段流动，油层内夹层上部水淹程度高；在油层内渗透率相对较均匀的部位以及层内夹层的上部水淹程度较高，而在渗透率变化频繁的油层上部或夹层以下砂体的上部剩余油呈条带状富集。

（三）根据沉积微相预测剩余油分布

在密井网条件下，把空间很复杂的储集砂体纵向上细分到单一沉积时间单元，使其基本上相当于单一水动力单元，并应用测井相或测井岩石相方法，精细研究沉积微相的平面展布。对于各种储层参数图，打破以往只按井距之半或井间线性内插勾绘边界和等值线的传统方法，而是按照沉积规律，在密井网条件下，预测性地勾绘沉积砂体边界，例如对河流沉积应确定单一河道砂体形态，在边界内再根据测井解释的储层参数，勾绘沉积成因储层数图。这样的平面图能比较形象、真实地呈现单一曲流带砂体的形态、规模、内部结构、平面非均质性，包括渗透率的分布及方向等。在此基础上采取动、静结合的方法分析剩余油可能的分布位置。剩余油主要分布在注采不完善或岩性、物性变差的部位，面积较大的韵律发育厚油层区或薄层砂发育地带。

平面上沉积相变化是导致剩余油平面分布不均的沉积因素，沉积相平面变化包括沉积微相的转变以及同一沉积微相内部不同部位储集体物性的变化。在沉积作用的影响下，储层平面非均质性主要表现为平面沉积微相差异，其对水驱油效率及剩余油的形成与分布的控制作用主要有以下两方面：其一为连通体内部储层质量的差异导致的平面渗流差异；其二为开发工程因素，表现为连通体规模与注采井网的非耦合性、注采对应、注采强度以及井间分流等因素对剩余油分布的控制作用。不同微相的物性差异以及同一微相不同部位物性的差异，导致地下储集体中流体运动规律的非均一性。注入水总是就近优先进入较高渗的储集体或储集部位，并沿着高压力梯度方向突进，直到该方向压力梯度变小，才向两侧扩展，致使低渗储集体或储集部位水驱状况差，剩余油饱和度较高。通常在边缘相带和不同沉积微相带结合部剩余油饱和度较高，如河床边缘、堤岸、河漫滩亚相、天然堤和决口扇微相。

三、储层非均质与剩余油分布

储层非均质性表现为储层砂体的规模大小、几何形态、连续性和砂体内的孔隙度、渗透率等参数的分布所引起的平面非均质性；各单砂层厚度、孔隙度、渗透率等差别所引起的层间非均质性；以及单砂层内部垂向上储层性质的变化、非渗透夹层等所引起的层内非均质性。

从宏观到微观，从层内、层间至平面，储层非均质性均控制剩余油的分布。表征储层非均质性的有岩性、物性、含油性、渗透率非均质性及隔夹层等 10 余种参数，这些参数对剩余油分布的控制作用程度不同（李阳，2001）。

（1）岩性参数如储层厚度、粒度中值、泥质含量等是控制剩余油分布的重要参数，岩性参数是由沉积微相决定的。厚层、粗粒、泥质含量低的油层含水率高。

（2）物性参数如孔隙度和渗透率与含水率的相对关系相对比较差，但是也有一定关系，孔渗性好的油层比孔渗性差的油层含水率要高，剩余油饱和度相对较低。

（3）渗透率非均质参数如渗透率变异系数、突进系数和级差对剩余油分布有非常明显的控制作用，特别是渗透率的突进系数和级差与含水率之间相关关系更强，层内最大渗透率与平均渗透率或最小渗透率的差值越大，也就是渗透率的突进系数和级差越大，越容易水淹，含水率越高。

（4）夹层参数如夹层厚度和夹层密度与剩余油分布也有较明显的关系，具层内夹层的油层含水率较低，油井生产情况好，剩余油相对较富集。

（5）非均质综合指数是非均质性的综合反应，如孤岛中一区研究表明，非均质综合指数大于 0.8 为强非均质，剩余油饱和度大于 45%，剩余储量丰度大于 4.4m³/m²；综合指数在 0.5～0.8 时为中等非均质，剩余油饱和度 40%～45%，剩余石油储量为 4.0～4.5m³/m²；综合指数小于 0.5 为弱非均质，剩余油饱和度小于 40%，剩余储量丰度小于 3.0m³/m²。

平面渗透率非均质性影响注采效果，当油水井均位于高渗区时，特别是油井处于高渗向低渗过渡区时，其产量相对较高，水淹程度弱；当水井位于高渗区，油井位于低渗区，或者油水井均位于低渗区时，注水见效差，油井剩余油饱和度相对较高。

四、储层流动单元与剩余油分布

流动单元是指一个油砂体及其内部因边界限制、不连续薄隔挡层、各种沉积微界面、小断层及渗透率差异等因素造成的渗流特征相同、水淹特征一致的储集单元。无疑，这是渗透率模型的延伸和发展，对剩余油分布研究能够提供更接近实际渗透过程的地质模型。在一个小层或单砂体内部可细分出多个流动单元，也可能就是一个,即油砂体本身。流动单元划分能帮助确定沉积相的高渗层和低渗层,反映不同相带垂向渗透率及水平渗透率的分布。不同流动单元水淹状况可以大不相同,有的可能已被水洗净,有的只有残余油,有的则有可流动的剩余油。

划分流动单元的依据是岩性特征和岩石物性参数。如英国北海的 Balmoral 油田,在划分流动单元时使用了 818 个孔隙度和渗透率测量值,54 块薄片鉴定的平均粒径,9 条压汞毛细管压力曲线,19 次空气-盐水毛细管压力测量数据。在实际划分时以 1~2 种参数或特征为主要依据,再综合考虑其他参数,以此区别于其他流动单元。

对不同的储集砂体,划分流动单元的方法不甚一致,要根据具体油田特点,如对 Tirrawarra 砂岩,根据反映岩石特征的 15 项参数分为六个流动单元,各流动单元间在粒度和分选性上存在着很大差别。

(一)平面上不同流动单元间剩余油分布特征

不同的流动单元类型具有不同的岩性、物性特征。平面上低孔渗流动单元、流动单元过渡区剩余油饱和度较高。长期注水开发油田,平面上剩余油饱和度较高的部位主要分布在较低孔渗性流动单元,及井网未控制的透镜砂体及砂体边缘。

例如,据孤东油田统计,物性最好的两类流动单元属于河床亚相相带,其采出程度较高,为 21.1%~35%;物性较差的两类流动单元采出程度为 11.3%~24.4%。前者耗水量亦高,平均为 4.33,而后者平均为 3.56。

但实际上,好的流动单元中剩余油绝对量(剩余储量)仍较高。这是由于好的流动单元往往也是最主要的储层,原始含油饱和度高,尽管采出程度高,注入水沿高渗方向窜进,含水率高,剩余油饱和度比差的流动单元低,但是好的流动单元油层厚度大、面积大,剩余油量也大。如河流相储层中天然堤微相砂体属于差的流动单元类型,在开发上往往表现为投产初期产量较高、含水率较低而产量下降很快,经换泵排放后改为注水井;同样是差的流动单元的废弃河道砂体平面上分布局限,被泛滥平原和泛滥盆地包围,储量有限,产量较低,一般以合采方式开采。

(二)垂向上层间不同流动单元剩余油分布特征

垂向上好的流动单元就是主力油层,主力油层因孔隙度和渗透率均较好、油层较厚,渗流能力强,水驱油效率高,平均剩余油饱和度相对较低,水淹程度高。非主力油层的层较薄、孔隙度和渗透率较低,水淹程度低,剩余油饱和度比主力油层相对较高。因非主力油层原始地质储量少,虽水洗程度低,剩余油饱和度较高,但剩余储量丰度较低,可采剩余储量比主力油层少;主力油层剩余储量丰度较高,可采剩余储量绝对数量大,故河流相储层空间剩余油主要分布在主力油层中。因此,目前我国东部老油田高含水开发阶提高采收率的重点仍是主力油层的挖潜。

（三）流动单元内部剩余油分布特征

三角洲成因储层层内沉积层序主要为反韵律特征,中下部多发育较低渗透的储集砂体,渗流阻力大,加上驱替过程中的重力作用,中上部驱油效率较低,剩余油饱和度较高。河流相储层属于正韵律储层,层内中上部剩余油富集,这是由于受层内非渗透隔夹层或沉积构造控制,注入水未驱到的部分剩余油饱和度也较高,导致河流相储层在正韵律的中下部富集。

例如,枣园油田枣南地区主力产层孔一段枣 V 油组划分出四类流动单元。①一类流动单元物性好、分布面积广,连片程度高,多位于河道主体部位,一类流动单元地质储量占总储量的 48.74%,产液量占总产液量的 46.2%,剩余可采储量占总剩余可采储量的 53.2%;作为连通体内部的储层质量好的一类流动单元,主要位于自然连通体的中心,当一类流动单元储层是吸水层时,它可能造成注入水沿主流线水窜,而当一类流动单元是产液层时,它可能造成油层水淹,或者抑制其他各类流动单元的开采。②二类流动单元分布面积广、连片程度高,它多位于河道部位,有效厚度较大,地质储量占总储量的 32.7%,产液量占总产液量的 30.2%,剩余可采储量占总剩余可采储量的 36.6%,因此,二类流动单元的原始储量丰度较高,生产中的贡献大,同时剩余油也比较丰富。③三类流动单元多位于河道边缘部位,有效厚度较小,储量占总地质储量的 18.5%,产液量占总产液量的 22%,剩余可采储量占总剩余可采储量的 11.8%,存在一定的剩余油。④四类流动单元多是河道多期性形成的细小边缘或孤立或叠加的薄差砂体,不连片,其有效厚度小,无产液能力,在生产中贡献很小。

五、剩余油富集区预测

胜利油区在近十年开展大规模精细油藏描述和剩余油研究的基础上,总结出了剩余油富集理论认识(李阳等,2004),提出复杂非均质油藏高含水期剩余油富集受油藏分割性控制,包括断层分割、夹层分割、物性分割和水动力分割,并据此提出了剩余油富集区描述和预测的相关方法技术,如低级序断层精细描述与预测技术、层内夹层定量描述与预测技术和储层优势通道的描述与预测技术,在油藏数值模拟和剩余油定量描述时突出考虑油藏分割性的约束作用,使得剩余油富集区更符合油田开发实际。

断层分割控油是指由封闭性断层的遮挡作用而在断层附近形成剩余油富集区的控油方式,共有四种断层分割控油模式:断棱分割、交叉夹角分割、平行夹持分割和微小断块分割。

夹层分割控油是指油层内非渗透或低渗透夹层对流体渗流的隔挡作用而导致

剩余油富集的控油方式。夹层位于油层顶部或底部时,在夹层之上或之下与隔层夹持形成剩余油富集;在油层中部发育多个夹层时往往形成多段互层状剩余油富集。我国广泛分布的正韵律厚油层上部发育夹层时,顶部剩余油富集,剩余油的富集程度与夹层面积直接相关,胜利孤岛等油田用水平井方式挖掘正韵律厚油层顶部剩余油取得了很好的效果。

物性分割控油是指因储层物性差异而导致对流体渗流的分隔作用,在物性相对较差的区域注水见效慢,形成剩余油富集区,包括平面相变模式和垂向韵律变化模式。水动力分割控油则是指层系及井网井距等开发方式的局限性,导致流体渗流分隔,水驱不均衡,形成局部剩余油富集区,包括平面舌进、底水锥进、层间突进和井间滞留。优势渗流通道受储层渗透率级差、纵横向渗透率比值、注采强度、地下油水黏度比等影响。

第四节　油藏工程方法预测剩余油分布

剩余油分布预测的油藏工程方法是指在地质研究的基础上,通过物质平衡和数值模拟等方法获得油藏含油饱和度及分布。

一、常规油藏工程方法

剩余油的确定主要是采用油藏工程常规概算法,即利用油藏动态监测资料(吸水剖面、产液削面),根据实际动态变化,把产量劈分到单砂体上,最终用单砂体含水分级图、油层动用程度、剩余储量分布等来表征剩余油分布状况。研究关键是单井产量劈分及单井原始地质储量的计算。

(1)对于有产液剖面、吸水剖面的油水井,按剖面进行劈分,同时有产液剖面和吸水剖面的按产液剖面劈分。

(2)对于没有监测资料的或时间段内无监测资料的井,依据砂体间连通情况,确定是否被动用,对于中、强动用层,主要按 KH 加权平均计算,同时结合周围井生产情况。对于弱动用或未动用层,产量将不予劈分。

(3)对于一口井有多次产液剖面或吸水剖面的,首先根据吸水剖面划分出不同的时间段,然后在每个时间段内进行劈分,力求准确。

(4)对于有补孔、封层、堵水措施的油水井必须在措施前后分阶段进行劈分。

根据每口井的产量劈分,统计出分层采出状况,并做出每个单砂体含水分级图、油层动用程度图、剩余地质储量及剩余可采储量。

(一)水驱特征曲线法

在油田的开发动态分析中,水驱特征曲线得到广泛的应用。利用水驱特征曲线可以计算油田的平均剩余油饱和度。当水驱油田进入中含水期($f_w > 40\%$)后，其累积产油与累积产水在半对数坐标上具有较好的线性关系。

根据童宪章研究成果，水驱油田到了高含水期，大部分油井都可作单井甲型水驱曲线，其形式为

$$N_p = a(\lg W_p - \lg b) \tag{11-32}$$

根据该曲线可计算单井水驱可采储量、剩余可采储量等。作 $\lg W_p\text{-}N_p$ 曲线，得回归参数 a、b。

水油比计算

$$\text{WOR} = \frac{Q_w}{Q_o} = \frac{2.3 W_p}{a} = \frac{f_w}{1 - f_w} \tag{11-33}$$

$$\text{WOR}_{max} = \frac{f_{max}}{1 - f_{max}} \tag{11-34}$$

水驱可采储量

$$N_R = a\left(\lg \frac{\text{WOR}_{max} \cdot a}{2.3} - \lg b\right) \tag{11-35}$$

剩余水驱可采储量

$$N_{Rr} = N_R - N_p \tag{11-36}$$

式中：N_p——目前累积产油量，$10^4 t$；

W_p——目前累积产水量，$10^4 m^3$；

WOR——水油比；

WOR_{max}——最大水油比；

Q_o、Q_w——产油量、产水量，$10^4 t$；

a、b——回归系数；

f_w——含水率；

f_{max}——极限含水率；

N_R——水驱可采储量，$10^4 t$；

N_{Rr}——剩余水驱可采储量，$10^4 t$。

该方法可以计算出高含水期、特高含水期单井、单层、区块、油田的剩余油饱和度，但水驱曲线必须出现直线段，是计算井点剩余油最为常用方法之一。不足之处是，由于没有考虑地下流体的流动，利用水驱特征曲线预测的单井水驱控制储量和剩余可采储量可能偏大或偏小，需要结合动态指标进行校正，而且，该方法且不能反映剩余油分布的平面差异。

(二) 物质平衡法

物质平衡法基本原理是把油藏看成一个容器，根据油藏生产过程中表现出来

的产量、压力以及随压力而变化的油气性质来研究油藏的物质(油、气、水)在油藏开采前后的平衡及变化情况,从而对油层进行研究。

可用简化了的物质平衡法根据累积产油量估计平均剩余油饱和度。

水驱控制地质储量

$$N = \frac{100 \cdot A \cdot h \cdot \phi \cdot S_{oi} \cdot \rho_o}{B_{oi}} \tag{11-37}$$

剩余油饱和度

$$S_o = \frac{(N - N_p)B_{oi}}{100 \cdot A \cdot h \cdot \phi \cdot \rho_o} \tag{11-38}$$

剩余可动油饱和度

$$S_{om} = S_o - S_{or} \tag{11-39}$$

剩余水驱控制地质储量

$$N_r = \frac{100 \cdot A \cdot h \cdot \phi \cdot S_o \cdot \rho_o}{B_{oi}} \tag{11-40}$$

剩余地质储量丰度

$$G = N_r/A \tag{11-41}$$

式中：N ——水驱控制储量,10^4 t;

$\quad\quad A$ ——计算单元面积,km^2;

$\quad\quad h$ ——有效厚度,m;

$\quad\quad \phi$ ——孔隙度;

$\quad\quad S_{oi}$ ——原始含油饱和度;

$\quad\quad \rho_o$ ——原油密度,g/cm^3;

$\quad\quad B_{oi}$ ——原油体积系数;

$\quad\quad S_o$ ——剩余油饱和度;

$\quad\quad N_p$ ——目前累积产油量,10^4 t;

$\quad\quad S_{om}$ ——剩余可动油饱和度;

$\quad\quad S_{or}$ ——残余油饱和度;

$\quad\quad N_r$ ——剩余水驱控制储量,10^4 t;

$\quad\quad G$ ——剩余水驱控制地质储量丰度,10^4 t/km^2。

该方法计算公式相对简单,但因涉及纵向劈产和平面劈产,因此,该方法较适用于井网规则、注采方式较为固定的油田。

根据物质平衡方法结果能够搞清油藏纵向上各小层的剩余油储量,明确今后挖潜的重点层位。这种方法能够定量计算出单井、油砂体、油层和油田的剩余油饱和度值,但不能够指出油藏平面上剩余油分布的具体情况。为了克服物质平衡法存在的弱点,可以把油藏分成若干区块,然后分别对每个区块用物质平衡方程进行计算。正确地使用物质平衡方程可以对注水结束时的累积产油量作出可靠的预测,此后即可把这个值用于计算剩余油量或平均剩余油饱和度。另外,该方法适合于地层压力高于饱和压力的油藏。对于地层压力低于饱和压力、脱气严重的油藏,误差较大,不宜使用。

二、试井法

(一)不稳定试井法

1. 用压力恢复试井或压降试井资料计算流体饱和度

该方法需要用不稳定试井资料计算出有效渗透率,如为油水两相同时生产,则需分别计算出油的有效渗透率 K_o 和水的有效渗透率 K_w。用岩心分析资料计算出岩石的绝对渗透率 K 并作出相对渗透率曲线,然后计算出油和水的相对渗透率

$$K_{ro} = K_o/K \tag{11-42}$$

$$K_{rw} = K_w/K \tag{11-43}$$

应用上述公式时,绝对渗透率 K 必须和用于绘制相对渗透率曲线的相同。

用上述公式算出某一相的相对渗透率之后,根据求出的该相相对渗透率值,在相应的相对渗透率曲线上,查出它所对应的饱和度值。在没有自由油气和残余气饱和度的条件下,用上述方法估算的含油饱和度就必须满足

$$S_o = 1 - S_w \tag{11-44}$$

式中:S_o——含油饱和度;

S_w——含水饱和度。

若用 K_{ro} 和 K_{rw} 以及相对渗透率曲线估算的 S_o 和 S_w 不能满足上述公式,说明不稳定试井分析中某些假设没有得到满足,或相对渗透率曲线对于试井区没有代表性,就需要对各种资料进行认真的分析研究。

2. 用产量计算流体饱和度

当一口井产出油、水两相流体时,也可以用产量资料结合相对渗透率曲线来计算井附近每个相的饱和度。所假设的条件与不稳定试井法的相同

$$K_{ro}/K_{rw} = Q_w B_w \mu_w / Q_o B_o \mu_o \tag{11-45}$$

如果水的产量为 Q_w、油的产量为 Q_o、水的体积系数 B_w、油的体积系数 B_o 和油的黏度 μ_o、水的黏度 μ_w 已知,即可根据产量数据估算 K_{ro}/K_{rw} 与饱和度关系曲线,便可在曲线上找到与之相应的饱和度值。估算的饱和度是试井影响区的总平均值,而且假设整个试井井段均质,各向同性,流体饱和度处处均匀分布,当垂向上饱和度变化很大时,这些方法就不适用了。

(二)现代试井解释法

我国学者成绥民在总结国外学者研究的基础上,利用注水井及见水井现代试

井解释了剩余油分布的两种新方法:不仅可以得到整个泄油范围内的剩余油饱和度,而且可在油田开发中随用随取,能反映油藏全面的动态特征和开发现状。

1. 注水井现代试井解释

通过研究注水区内注水时流动下的压力不稳定特征,求出注水井试井与普通均质油藏试井的井筒压力差,给出确定拟表皮因子的方法,然后利用表皮因子法确定相对渗透率曲线,提出确定剩余油饱和度分布的方法,并得到解析解。

2. 见水油井现代试井解释

利用具有多向流体界面的多区油藏近似的方法,建立见水油井区域内的数学模型,并求出井底压力解析式,通过分解得到地层不稳定渗流的影响因子,建立和利用神经网络的逼近映射求取地层的相对渗透率曲线。针对见水油井区域内的剩余饱和度分布,并通过实例利用智能化的软件技术验证这一方法。

三、流线模型法

流线模型法就是利用三维水驱油流线模型模拟剩余油饱和度分布的方法,该方法结合了常规的流管模型的优点,但不同于传统的油藏数值模拟(杨宏等),是除数值模拟之外定量研究井间剩余油的一种新方法,它具有允许节点多、运算速度快、研究周期短的特点。

流线模型的基本思路是先求出流体在多孔介质中的流线场(或压力场和速度场),然后求出流体的流动轨迹即流线,最后求出任一流线上任一点的饱和度值。通过流线模型计算,可以求得井间任一点的含油饱和度、剩余油饱和度,从而确定驱油效率、可动油饱和度、可采储量、剩余可采储量等参数。流线模型不存在数值弥散和不稳定性,比传统的数值模拟速度快,能充分体现精细的地质模型对流体动态、流动特征的影响,达到精细描述注水开发油藏高含水期剩余油在平面和层内分布的目的。

第五节 分阶段数值模拟及剩余油分布预测

油藏数值模拟技术是模拟油气藏中流体渗流过程的一项技术,它是定量研究剩余油分布常用的重要方法。目前主要有二维二相数值模拟、二维三相数值模拟和三维三相数值模拟。

数值模拟技术以渗流理论为基础,通过求解差分方程组,求出每个网格点的压力、饱和度分布。数值模拟似乎是定量描述剩余油分布的理想方法,但实际上并不是这样。避开研究周期长等其他问题不谈,数值模拟采用的是粗网格化的近似技术,即将储层划分为一个个网格,每个网格作为一个不同的均质体来近似描述油藏非均质模型。从理论上讲,这种网格粗化近似技术正是数值模拟的弱点。因为这种近似技术是基于单相流体在介质中的流动来求解压力方程的,所以网格粗化近似技术应用于多相流体在介质中的流动就存在不可靠的问题。很显然网格越粗越不可靠,网格越细,精度会越高。对数值模拟来说,10m 的网格应是相当细了,但用 10m 的网格来描述储层,仍然是一个比较粗糙的模型。

过去,油藏数值模拟预测剩余油分布的主要指标是含水、剩余油饱和度和剩余储量丰度等。目前,人们还能输出不同小层、不同时间单元的剩余油饱和度、剩余可动油饱和度、剩余储量丰度、剩余可采储量丰度、采出程度、含水、剩余油潜力井层计算与分析等多项剩余油指标。对这些结果进行综合分析寻找剩余油富集区,将为实施挖潜措施提供方向。

随着现代计算机技术的飞速发展和油藏描述技术的深入推广,现代油藏数值模拟强调"精"、"细"。所谓"精"就是历史拟合的高精度、后处理技术的高精度及动静态资料的高精度;"细"就是在地质模型纵向上细到沉积时间单元,平面上网格步长进一步细化,动态模型细到月度数据,油层物理参数细到与沉积时间单元一一对应。

油藏数值模拟两个关键环节是油藏模型建立和历史拟合。

模型建立是数值模拟的基础,油藏数值模型由静态模型和动态模型构成。根据油藏描述的地层、构造、储层、流体等模型建立起油藏静态模型;根据矿场实际生产数据,建立起动态模型。网格类型、网格步长、模拟单元、残余油饱和度和生产数据的取值等方面是模型建立要考虑的重点。

历史拟合的符合程度,既是验证地质模型的一个重要指标和依据,同时又是衡量预测方案可靠程度的一个依据。地质模型、流体模型和油藏动态拟合相辅相成、不可分割,是一个有机的整体,拟合的过程也是一个对地质模型和流体参数进行重新修订、补充的一个过程。历史拟合通过再现油藏的生产过程,来确定地下流体的分布,拟合精度的高低直接决定地下剩余油计算的精度和分布的状况。考虑开发过程中储层参数时变性和拟合参数约束机制是历史拟合的主要发展方向。

一、问题的提出

中国陆上大部分油田均进入开发中后期,许多油田从 20 世纪 60 年代投入开发,迄今已近 50 年。在如此长期的开发过程中进行了多期综合整理,开发方式经过多次调整,增产措施批次多、工作量大,油藏介质随之不断发生变化。特别是低渗、特低渗复杂裂缝性油藏,突出表现为双重介质、开发阶段分明。双重介质能够很好地研究和描述裂缝的分布变化特征、裂缝与基质的相互作用规律及其对开发效果的影响。分阶段则有助于具体问题具体分析,化整为零。为此,我们提出利用分阶段数值模拟技术,进行复杂裂缝性油藏剩余油分布预测。

不难看出,分阶段数值模拟技术适用于对生产历史较长,开发过程复杂,增产措施次数多的油藏进行数值模拟。其关键在于合理划分开发阶段。阶段越细,拟合程度将越高,但其工作量也会急剧增加。

二、开发阶段的划分及开发特征

由于老油田在漫长的开发过程中,大量采用了压裂、酸化、堵水、调剖等措施,使得油藏在开发过程中地层物性参数发生了反复的很大变化,如果在整个开发过程中采用同一个模型进行拟合,将不能真实反映油藏的渗流规律,也很难达到理想的拟合效果。为此需要进行科学合理的开发阶段划分,进行分阶段数值模拟,才有可能获得理想的模拟结果。

以新疆火烧山油田为例,该油田 H_4^1 层是一典型的低渗透复杂裂缝性油藏,依据油藏的整体含水变化规律以及油藏采取措施的情况,我们将其开发历史分成三个阶段,根据不同阶段油藏实际情况采用不同地质模型进行数值模拟,取得了较好的效果。

火烧山油田 H_4^1 层到目前已经历了十七年的开发历史,开采曲线见图 11-11。根据生产情况可将油田开发历程划分为以下三个阶段:

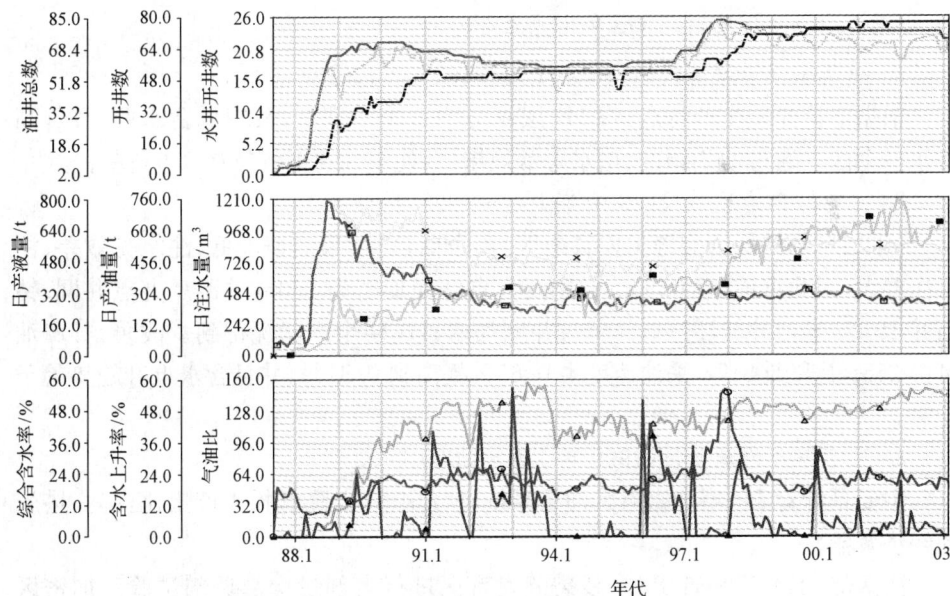

图 11-11　火烧山油田 H_4^1 层综合开采曲线

(一) 产能建设阶段(1987 年 8 月~1988 年 10 月)

火烧山油田 H_4^1 层自 1987 年开始投产。1988 年在试验区设计井数尚未全部投产情况下,油田便转为正式开发。此阶段所表现出的特点主要有:随着投产井数的增加,产量稳步上升,1988年10月产量达到峰值,油井总数60口,注水井3口,含水井数为零。油藏日产量为752t,平均单井日产量为12.5t,采油速度2.1%,采出程度为1.01%;高产井成连片状分布,大于15t的高产井,主要分布在油藏的腰部,特别是西南的H1420—H1482井一带。低产井主要分布在油藏的边部。

(二)产量递减阶段(1988年10月～1995年1月)

此阶段主要表现出油井产量大幅度递减、含水上升快、地层压力下降严重等特点。

到1995年1月,H_4^1层油井总数60口,含水井数达到59口,油井开井数52口,注水井20口;日产油量下降到220t,平均单井日产量下降到4.2t;含水率为43%,注采比为1.25,采油速度0.6%,采出程度为7.14%。

随着注入水水窜,油井水淹严重,不得不大幅度地控制注入量,平均单井日注水量由1988年10月的42t减少到33t。同时地层压力也下降较快,1989年生产压差为4.2MPa,1994年下降到3.3MPa。

(三)综合治理阶段(1995年1月至今)

1. 一期综合治理阶段(1995年1月～1996年12月)

根据渗流介质生产特点,将H_4^1层划分为三个治理区,其中低含水两个区,高含水一个区。通过使用调剖、堵水等常规措施,使采油速度维持在0.9%左右。

2. 二期综合治理阶段(1997年1月～1998年12月)

H_4^1层东部储层为裂缝欠发育地区,剩余储量大、采油速度低、注水见效差、注采压差大,因此将该区域350m井距反九点井网加密为250m井距反九点井网,钻新井19口,老油井转注三口。经过井网加密,H_4^1层生产状况得到了改善,日产油量由255t上升到317t,采油速度由0.67%提高到0.81%,并且含水上升趋势趋于正常。

3. 三期综合治理阶段(1999年1月～2000年12月)

主要是针对H_4^1层加密后的注采系统进行调整,以降低投入产出比,提高措施的经济效益。

西南部H1427—H1487一线裂缝发育区进行大剂量深部调剖试验。加密区和西南部完善注采井网加强注水工作。在提高注水强度和控制含水上升的基础上,恢复中部低压区的地层压力,保持油藏能量。适时地对油井做好酸化和压裂引效工作,对边部高含水井继续实施堵水措施,共设计措施74井次,其中油井30井次,水井44井次;H_4^1层乳化酸酸化10口,有效率60.0%,井均增油1586t,有效天数422d。

4. 深化治理阶段(2001 年 1 月至今)

加强西部裂缝带综合治理,采取分注和堵水等措施,细化注水结构,发挥低渗层潜力,缓解层间矛盾;在东部加密区对于欠注井,在提高泵压的同时,采取酸化、压裂措施,提高注水井的注水量,对部分油井实施了转注措施,以补充地层能量。至 2004 年 3 月,油井开井数 70 口,水井开井数 24 口,日产油 231t,平均单井日产 3.3t。

上述结果表明,不同阶段生产状况差异大,如果按照常规的油藏数值模拟方法进行,势必不会取得好的效果。

三、各向异性油藏渗流数学模型

本节推导三维三相各向异性油藏渗流数学模型。首先给出物理条件:

(1) 油藏渗透率为完全各向异性;

(2) 油藏中最多只有油、气、水三相,每一相的渗流均遵循广义达西定律;

(3) 油藏中的烃类只含有油、气两个组分;

(4) 气体溢出或溶解于油的过程瞬时完成,即认为油藏中油、气两相始终平衡;

(5) 油、水之间及油气之间不互溶;

(6) 认为油藏中的渗流是等温渗流。

在直角坐标系 (x, y, z) 中,各向异性介质多相渗流达西公式为

$$\begin{cases} \text{油相：} v_o = -\dfrac{K_{ro}}{\mu_o}\overline{K} \cdot [\nabla P_o - (\gamma_o + \gamma_{gd})\nabla D] \\[2mm] \text{气相：} v_g = -\dfrac{K_{rg}}{\mu_g}\overline{K} \cdot [\nabla P_g - \gamma_g \nabla D] \\[2mm] \text{水相：} v_w = -\dfrac{K_{rw}}{\mu_w}\overline{K} \cdot [\nabla P_w - \gamma_w \nabla D] \end{cases} \tag{11-46}$$

其中 $v_o = (V_{ox}, V_{oy}, V_{oz})$,$v_g = (V_{gx}, V_{gy}, V_{gz})$,$v_w = (V_{wx}, V_{wy}, V_{wz})$,分别是油、气、水三相的渗流速度;$K_{ro} = K_{ro}(S_o, S_g, S_w)$,$K_{rg} = K_{rg}(S_o, S_g, S_w)$ 和 $K_{rw} = K_{rw}(S_o, S_g, S_w)$ 分别是油、气、水三相的相对渗透率。μ, p, γ 分别表示黏度、压力和重度,下标 o、g、w 分别表示油、气、水三相;D 表示深度;$\overline{K} = K_{ij}(i, j = x, y, z)$,是各向异性渗透率张量;$\nabla$ 为哈密顿算子。

按组分表达的物质守恒方程如下

$$\begin{cases} \text{油组分：} -\nabla \cdot (\rho_o v_o) = \dfrac{\partial[\phi \rho_o S_o]}{\partial t} \\[2mm] \text{气组分：} -\nabla \cdot (\rho_{gd} v_o + \rho_g v_g) = \dfrac{\partial[\phi(\rho_{gd} S_o + \rho_g S_g)]}{\partial t} \\[2mm] \text{水组分：} -\nabla \cdot (\rho_w v_w) = \dfrac{\partial[\phi \rho_w S_w]}{\partial t} \end{cases} \tag{11-47}$$

其中，ρ、S、ϕ 分别表示密度、饱和度和岩石孔隙度，下标 d 表示油相中的溶解气。将方程组(11-46)带入方程组(11-47)，并考虑产量项，得到下列方程

油组分：$\nabla \cdot \left[\dfrac{K_{ro}\rho_o}{\mu_o}\overline{K} \cdot (\nabla p_o - \gamma_{og} \nabla D) \right] + q_o = \dfrac{\partial (\phi \rho_o S_o)}{\partial t}$ 　　　(11-48)

气组分：$\nabla \cdot \left[\dfrac{K_{ro}\rho_{gd}}{\mu_o}\overline{K} \cdot (\nabla p_o - \gamma_{og} \nabla D) \right] + \nabla \cdot \left[\dfrac{K_{rg}\rho_g}{\mu_g}\overline{K} \cdot (\nabla p_g - \gamma_g \nabla D) \right]$

$$+ R_s q_o + q_g = \dfrac{\partial (\phi \rho_{gd} S_o)}{\partial t} + \dfrac{\partial (\phi \rho_g S_g)}{\partial t} \qquad (11\text{-}49)$$

水组分：$\nabla \cdot \left[\dfrac{K_{rw}\rho_w}{\mu_w}\overline{K} \cdot (\nabla p_w - \gamma_w \nabla D) \right] + q_w = \dfrac{\partial (\phi \rho_w S_w)}{\partial t}$ 　　　(11-50)

其中，q_o、q_g、q_w 分别为油、气、水三相的产量项；$\overline{K}$ 为对称张量，即 $K_{ij} = K_{ji}$。

将上式分别除以标准状态下的密度 ρ_{osc}、ρ_{gsc}、ρ_{wsc}，并记 $x_i (i=1,2,3) = x,\ y,\ z$，用分量表示如下

油组分：$\dfrac{\partial}{\partial x_i}\left[\dfrac{K_{ro}}{\mu_o B_o}K_{ij} \cdot \left(\dfrac{\partial p_o}{\partial x_j} - \gamma_{og}\dfrac{\partial D}{\partial x_j}\right) \right] + \dfrac{q_o}{\rho_{osc}} = \dfrac{\partial}{\partial t}\dfrac{\phi S_o}{B_o}$ 　(11-51)

气组分：$\dfrac{\partial}{\partial x_i}\left[\dfrac{K_{ro}R_{so}}{\mu_o B_o}K_{ij} \cdot \left(\dfrac{\partial p_o}{\partial x_j} - \gamma_{gd}\dfrac{\partial D}{\partial x_j}\right) + \dfrac{K_{rg}}{\mu_g B_g}K_{ij} \cdot \left(\nabla\dfrac{\partial p_g}{\partial x_j} - \gamma_g \dfrac{\partial D}{\partial x_j}\right) \right]$

$$+ \dfrac{R_s q_o + q_g}{\rho_{gsc}} = \dfrac{\partial}{\partial t}\dfrac{\phi R_{so}S_o}{B_o} + \dfrac{\partial}{\partial t}\dfrac{\phi S_g}{B_g} \qquad (11\text{-}52)$$

水组分：$\dfrac{\partial}{\partial x_i}\left[\dfrac{K_{rw}}{\mu_w B_w}K_{ij} \cdot \left(\dfrac{\partial p_w}{\partial x_j} - \gamma_w\dfrac{\partial D}{\partial x_j}\right) \right] + \dfrac{q_w}{B_w} = \dfrac{\partial}{\partial t}\dfrac{(\phi S_w)}{B_w}$ 　(11-53)

将上述各式按 (x,y,z) 坐标展开后，变成如下形式

油组分：

$$\dfrac{\partial}{\partial x}\left\{ \dfrac{K_{ro}}{\mu_o B_o}\left[K_{xx}\left(\dfrac{\partial p_o}{\partial x} - \gamma_{og}\dfrac{\partial D}{\partial x}\right) + K_{xy}\left(\dfrac{\partial p_o}{\partial y} - \gamma_{og}\dfrac{\partial D}{\partial y}\right) + K_{xz}\left(\dfrac{\partial p_o}{\partial z} - \gamma_{og}\dfrac{\partial D}{\partial z}\right) \right] \right\}$$

$$+ \dfrac{\partial}{\partial y}\left\{ \dfrac{K_{ro}}{\mu_o B_o}\left[K_{yx}\left(\dfrac{\partial p_o}{\partial x} - \gamma_{og}\dfrac{\partial D}{\partial x}\right) + K_{yy}\left(\dfrac{\partial p_o}{\partial y} - \gamma_{og}\dfrac{\partial D}{\partial y}\right) + K_{yz}\left(\dfrac{\partial p_o}{\partial z} - \gamma_{og}\dfrac{\partial D}{\partial z}\right) \right] \right\}$$

$$+ \dfrac{\partial}{\partial z}\left\{ \dfrac{K_{ro}}{\mu_o B_o}\left[K_{zx}\left(\dfrac{\partial p_o}{\partial x} - \gamma_{og}\dfrac{\partial D}{\partial x}\right) + K_{zy}\left(\dfrac{\partial p_o}{\partial y} - \gamma_{og}\dfrac{\partial D}{\partial y}\right) + K_{zz}\left(\dfrac{\partial p_o}{\partial z} - \gamma_{og}\dfrac{\partial D}{\partial z}\right) \right] \right\}$$

$$+ \dfrac{q_o}{\rho_{osc}} = \dfrac{\partial}{\partial t}\dfrac{\phi S_o}{B_o} \qquad (11\text{-}54)$$

气组分：

$$\dfrac{\partial}{\partial x}\left\{ \dfrac{K_{ro}R_{so}}{\mu_o B_o}\left[K_{xx}\left(\dfrac{\partial p_o}{\partial x} - \gamma_{og}\dfrac{\partial D}{\partial x}\right) + K_{xy}\left(\dfrac{\partial p_o}{\partial y} - \gamma_{og}\dfrac{\partial D}{\partial y}\right) + K_{xz}\left(\dfrac{\partial p_o}{\partial z} - \gamma_{og}\dfrac{\partial D}{\partial z}\right) \right] \right.$$

$$\left. + \dfrac{K_{rg}}{\mu_g B_g}\left[K_{xx}\left(\dfrac{\partial p_o}{\partial x} - \gamma_g\dfrac{\partial D}{\partial x}\right) + K_{xy}\left(\dfrac{\partial p_o}{\partial y} - \gamma_g\dfrac{\partial D}{\partial y}\right) + K_{xz}\left(\dfrac{\partial p_o}{\partial z} - \gamma_g\dfrac{\partial D}{\partial z}\right) \right] \right\}$$

$$+ \dfrac{\partial}{\partial y}\left\{ \dfrac{K_{ro}R_{so}}{\mu_o B_o}\left[K_{yx}\left(\dfrac{\partial p_o}{\partial x} - \gamma_{og}\dfrac{\partial D}{\partial x}\right) + K_{yy}\left(\dfrac{\partial p_o}{\partial y} - \gamma_{og}\dfrac{\partial D}{\partial y}\right) + K_{yz}\left(\dfrac{\partial p_o}{\partial z} - \gamma_{og}\dfrac{\partial D}{\partial z}\right) \right] \right.$$

$$+ \frac{K_{rg}}{\mu_g B_g}\left[K_{yx}\left(\frac{\partial p_o}{\partial x} - \gamma_g \frac{\partial D}{\partial x}\right) + K_{yy}\left(\frac{\partial p_o}{\partial y} - \gamma_g \frac{\partial D}{\partial y}\right) + K_{yz}\left(\frac{\partial p_o}{\partial z} - \gamma_g \frac{\partial D}{\partial z}\right)\right]\Big\}$$

$$+ \frac{\partial}{\partial z}\left\{\frac{K_{ro}R_{so}}{\mu_o B_g}\left[K_{zx}\left(\frac{\partial p_o}{\partial x} - \gamma_{og} \frac{\partial D}{\partial x}\right) + K_{zy}\left(\frac{\partial p_o}{\partial y} - \gamma_{og} \frac{\partial D}{\partial y}\right) + K_{zz}\left(\frac{\partial p_o}{\partial z} - \gamma_{og} \frac{\partial D}{\partial z}\right)\right]\right.$$

$$+ \frac{K_{rg}}{\mu_g B_g}\left[K_{zx}\left(\frac{\partial p_o}{\partial x} - \gamma_g \frac{\partial D}{\partial x}\right) + K_{zy}\left(\frac{\partial p_o}{\partial y} - \gamma_g \frac{\partial D}{\partial y}\right) + K_{zz}\left(\frac{\partial p_o}{\partial z} - \gamma_g \frac{\partial D}{\partial z}\right)\right]\Big\}$$

$$+ \frac{R_s q_o + q_g}{\rho_{gsc}} = \frac{\partial}{\partial t}\frac{\phi R_{so} S_o}{B_o} + \frac{\partial}{\partial t}\frac{\phi S_g}{B_g} \tag{11-55}$$

水组分：

$$\frac{\partial}{\partial x}\left\{\frac{K_{rw}}{\mu_w B_w}\left[K_{xx}\left(\frac{\partial p_w}{\partial x} - \gamma_w \frac{\partial D}{\partial x}\right) + K_{xy}\left(\frac{\partial p_w}{\partial y} - \gamma_w \frac{\partial D}{\partial y}\right) + K_{xz}\left(\frac{\partial p_w}{\partial z} - \gamma_w \frac{\partial D}{\partial z}\right)\right]\right\}$$

$$+ \frac{\partial}{\partial y}\left\{\frac{K_{rw}}{\mu_w B_w}\left[K_{yx}\left(\frac{\partial p_w}{\partial x} - \gamma_w \frac{\partial D}{\partial x}\right) + K_{yy}\left(\frac{\partial p_w}{\partial y} - \gamma_w \frac{\partial D}{\partial y}\right) + K_{yz}\left(\frac{\partial p_w}{\partial z} - \gamma_w \frac{\partial D}{\partial z}\right)\right]\right\}$$

$$+ \frac{\partial}{\partial z}\left\{\frac{K_{rw}}{\mu_w B_w}\left[K_{zx}\left(\frac{\partial p_w}{\partial x} - \gamma_w \frac{\partial D}{\partial x}\right) + K_{zy}\left(\frac{\partial p_w}{\partial y} - \gamma_w \frac{\partial D}{\partial y}\right) + K_{zz}\left(\frac{\partial p_w}{\partial z} - \gamma_w \frac{\partial D}{\partial z}\right)\right]\right\}$$

$$+ \frac{q_w}{\rho_{wsc}} = \frac{\partial}{\partial t}\frac{(\phi S_w)}{B_w} \tag{11-56}$$

其中：$K_{xy} = K_{yx}, K_{xz} = K_{zx}, K_{yz} = K_{zy}$。

若取直角坐标方向为渗透率的主方向，并设渗透率主值分别为 K_x、K_y 和 K_z，则方程(11-54)至(11-56)可化为

油组分：

$$\frac{\partial}{\partial x}\left[\frac{K_{ro}K_x}{\mu_o B_o}\left(\frac{\partial p_o}{\partial x} - \gamma_{og} \frac{\partial D}{\partial x}\right)\right] + \frac{\partial}{\partial y}\left[\frac{K_{ro}K_y}{\mu_o B_o}\left(\frac{\partial p_o}{\partial y} - \gamma_{og} \frac{\partial D}{\partial y}\right)\right]$$

$$+ \frac{\partial}{\partial z}\left[\frac{K_{ro}K_z}{\mu_o B_o}\left(\frac{\partial p_o}{\partial z} - \gamma_{og} \frac{\partial D}{\partial z}\right)\right] + \frac{q_o}{\rho_{osc}} = \frac{\partial}{\partial t}\frac{\phi S_o}{B_o} \tag{11-57}$$

气组分：

$$\frac{\partial}{\partial x}\left[\frac{K_{ro}R_{so}K_x}{\mu_o B_o}\left(\frac{\partial p_o}{\partial x} - \gamma_{og} \frac{\partial D}{\partial x}\right) + \frac{K_{rg}K_x}{\mu_g B_g}\left(\frac{\partial p_o}{\partial x} - \gamma_g \frac{\partial D}{\partial x}\right)\right]$$

$$+ \frac{\partial}{\partial y}\left[\frac{K_{ro}R_{so}K_y}{\mu_o B_o}\left(\frac{\partial p_o}{\partial y} - \gamma_{og} \frac{\partial D}{\partial y}\right) + \frac{K_{rg}K_y}{\mu_g B_g}\left(\frac{\partial p_o}{\partial y} - \gamma_g \frac{\partial D}{\partial y}\right)\right]$$

$$+ \frac{\partial}{\partial z}\left[\frac{K_{ro}R_{so}K_z}{\mu_o B_g}\left(\frac{\partial p_o}{\partial z} - \gamma_{og} \frac{\partial D}{\partial z}\right) + \frac{K_{rg}K_z}{\mu_g B_g}\left(\frac{\partial p_o}{\partial z} - \gamma_g \frac{\partial D}{\partial z}\right)\right]$$

$$+ \frac{R_s q_o + q_g}{\rho_{gsc}} = \frac{\partial}{\partial t}\frac{\phi R_{so} S_o}{B_o} + \frac{\partial}{\partial t}\frac{\phi S_g}{B_g} \tag{11-58}$$

水组分：

$$\frac{\partial}{\partial x}\left[\frac{K_{rw}K_x}{\mu_w B_w}\left(\frac{\partial p_w}{\partial x} - \gamma_w \frac{\partial D}{\partial x}\right)\right] + \frac{\partial}{\partial y}\left[\frac{K_{rw}K_y}{\mu_w B_w}\left(\frac{\partial p_w}{\partial y} - \gamma_w \frac{\partial D}{\partial y}\right)\right]$$

$$+ \frac{\partial}{\partial z} \left[\frac{K_{rw} K_z}{\mu_w B_w} \left(\frac{\partial p_w}{\partial z} - \gamma_w \frac{\partial D}{\partial z} \right) \right] + \frac{q_w}{\rho_{wsc}} = \frac{\partial}{\partial t} \frac{(\phi S_w)}{B_w} \tag{11-59}$$

上述方程组就是三维三相各向异性油藏渗流基本微分方程组。主要求解变量为 p_o、S_g 和 S_w（或 p_b）共 3 个，方程组的方程数也是 3 个，所以这个方程组是封闭的。求解时，方程组的其他变量和各项参数需要一些辅助方程来确定

$$S_o + S_g + S_w = 1 \tag{11-60}$$

$$\left. \begin{array}{l} p_w = p_o - p_{cow} \\ p_g = p_o + p_{cog} \end{array} \right\} \tag{11-61}$$

其中 p_{cow} 和 p_{cog} 分别是油水两相和油气两相的毛细管压力。

$$\rho_o = \rho_o(p_o, p_b) \tag{11-62}$$

$$\rho_g = \rho_g(p_g) \tag{11-63}$$

$$\rho_{gd} = \rho_{gd}(p_o, p_b) \tag{11-64}$$

$$\rho_w = \rho_w(p_w) \tag{11-65}$$

$$K_{ro} = K_{ro}(S_g, S_w) \tag{11-66}$$

$$K_{rg} = K_{rg}(S_g) \tag{11-67}$$

$$K_{rw} = K_{rw}(S_w) \tag{11-68}$$

$$\mu_o = \mu_o(p_o, p_b) \tag{11-69}$$

$$\mu_g = \mu_g(p_g) \tag{11-70}$$

$$\mu_w = \mu_w(p_w) \tag{11-71}$$

$$p_{cow} = p_{cow}(S_w) \tag{11-72}$$

$$p_{cog} = p_{cog}(S_g) \tag{11-73}$$

一个完整的数学模型，除了控制方程组外，还包括适当的定解条件，即边界条件和初始条件。油藏渗流问题的边界条件分外边界条件和内边界条件。外边界条件常见的有两种，即定压边界与封闭边界，定压边界条件是给出边界 S 上的各点 $S(x, y, z)$ 在任何时刻 t 的压力值 p，即

$$p_s = f(s, t) = f_s(x, y, z, t) \tag{11-74}$$

这里 f_s 为已知函数。封闭边界条件用下式表示

$$\boldsymbol{n} \cdot \bar{\boldsymbol{K}} \cdot \nabla p = 0 \tag{11-75}$$

或

$$\boldsymbol{n}_i K_{ij} \frac{\partial p}{\partial x_j} = 0 \tag{11-76}$$

其中，$\boldsymbol{n} = (n_1, n_2, n_3)$，为边界的单位法线向量。

内边界主要是指油藏内分布的采油井和注水井。由于渗透率各向异性的影响，井筒外的流动不再是圆形径向流动。但因井筒半径相对于井距为小量，有时可

忽略井筒变形的影响,直接使用常规油藏数模中处理井的方法。

初始条件主要是给定未知量压力、油气水饱和度中的两项在初始状态的分布值。一般表示为

$$p(x,y,z,0) = p_o(x,y,z) \qquad (11\text{-}77)$$

$$S_w(x,y,z,0) = S_{wo}(x,y,z) \qquad (11\text{-}78)$$

$$S_g(x,y,z,0) = S_{go}(x,y,z) \qquad (11\text{-}79)$$

其中,$p_o(x,y,z)$、$S_{wo}(x,y,z)$ 和 $S_{go}(x,y,z)$ 为已知函数。

四、网格系统建立

(一)网格系统建立原则

将地质模型数值化的第一步,就是把要模拟的油藏区域进行网格离散,原则是:达到足够精度,尽量减少网格数量。建立网格系统需考虑至少以下几个方面。

1. 几何特征

油藏空间跟矩形网格区域的最佳配合,考虑因素包括油藏大小、形状和方位及边界条件处理。

2. 井位

每口井必须独占一个网格,任意两口井之间间隔 3 个网格以上,注采井连线与网格方向合理匹配。

3. 各向异性

对于各向异性渗透率油藏,网格方向应尽量与渗透率主方向平行。

(二)火烧山 H_4^1 层油藏数值模拟网格方向

火烧山一期综合治理研究中,地面露头调查共观察 18 个点,发现地层内发育南北、北西、东西和北东向四组裂缝,并依次减弱。测井处理结果:据 8 口 FMS 测井,测井总厚度为 312.6m,具有南北向裂缝发育方向的厚度为 213.6m,占 68.3%;北西向 56.5m,占 18.1%;东西向 23.1m,占 7.4%;北东向 19.4m,占 6.2%。据 17 口地层倾角测井结果,裂缝以南北向为主,北西向次之,北东、东西较少。因此,网格划分采取平面直角坐标网格,按 x 方向为东西向、y 方向为南北向。

(三)网格系统建立

网格平面区域由各层的含油区域叠加面积确定,网格步长为 50m×50m。每小层划分网格数为 70×122=8540,纵向上共 3 小层,总网格数为 70×122×3=25620 个。为了使模型更加接近油藏实际,本次数值模拟采用双重介质模型。

五、动态数据处理

根据火烧山油田 H_4^1 层开发历史及其他动态测试资料,对模拟区所有单井及区块总体生产数据都进行了处理,供数值模拟建模及历史拟合研究调用。模拟区内共有 104 口井,其中转注井 25 口。开发历史模拟从 1987 年 8 月到 2004 年 3 月共 17 年零 8 个月。

历史拟合计算时,生产井按实际生产数据给定产液量,注水井按实际生产统计数据给定注水量,注水数据在历史拟合过程中进行了调整。拟合指标主要是压力和含水率。由于该油田开发历史较长,模拟过程以六个月为一个时间段,对于不足六个月的进行特殊处理,例如:开井时间、转注时间、关井或上返时间,如果没有恰好在每年的一月或七月,则采取不足三个月的数据折算到下一个六个月时间点中,超过三个月折算成六个月数据的做法。最终以六个月为一个时间段进行数据处理。

油田整体生产指标数据处理包括:全油田平均日产油量、全油田平均日产液量、全油田平均含水率、全油田平均气油比、全油田平均地层压力。

单井生产动态指标数据处理包括:油井的平均日产油量、油井的平均日产液量、油井的平均含水率、油井的井底流压、油井的平均气油比。

单井注水动态指标数据处理包括:水井的平均日注水量、水井的井底流压。

六、历史拟合

在整个数模工作中,历史拟合的工作量最大。历史拟合的符合程度,既是验证地质模型的一个重要指标和依据,同时又是衡量预测方案可靠程度的一个依据。地质模型、流体模型和油藏动态拟合相辅相成、不可分割,是一个有机的整体,拟合的过程也是一个对地质模型和流体参数进行重新修订、补充的一个过程。油藏历史拟合的目的就是通过再现油藏生产历史,使我们对油藏的地质情况有更准确的认识、为今后预测、制定开发方案做准备。

历史拟合的过程实际上就是对所建立的模型进行调参的一个过程,对于三维三相的双重介质黑油模型,油藏中参数很多,因此我们在历史拟合前将参数分成两大类。

(1)基本确定性参数:主要有地质储量、有效厚度、孔隙度、初始压力、PVT 参数、综合压缩系数等,这些参数都是经过地质专家多次论证,可靠性强,一般不进行调整。

(2)不确定性参数:主要指相渗曲线、毛细管压力曲线、渗透率、裂缝与基质的耦合系数、表皮系数、边底水能量的大小。H_4^1 油藏为低渗透性裂缝油藏,裂缝渗透率的解释由于受到诸多限制,在局部区域不够准确。在历史拟合过程中,这是一个极其重要的有待根据生产历史修订的参数。

基质油水相对渗透率、油气相对渗透率取火烧山油田 18 井的综合实验结果,平滑处理后应用到数值模拟中。裂缝的相对渗透率曲线按裂缝的一般处理方法。

七、总体指标拟合

火烧山油田 H_4^1 层提供的生产数据时间为 1987 年 8 月至 2004 年 3 月。为了保证油藏数值模拟结果的准确性,历史拟合过程中充分利用了压裂、酸化、补射孔等资料,并将这些数据应用于数值模拟模型中。总体指标拟合主要考虑以下几个方面。

(1) 地质储量拟合:火烧山油田 H_4^1 层在 1987 年的开发方案中拟定的地质储量为 1289×10^4 t,2000 年地质复算地质储量为 1019×10^4 t。本次数值模拟计算的地质储量为 1041×10^4 t。在计算油田采收率时,采用复算地质储量。储量拟合的目的是为了使模型计算的储量与油藏的真实储量相吻合,地质储量拟合是后续历史拟合的基础。

(2) 油藏初始压力:调整所给参考深度对应的地层压力,使得油藏模型的初始平均压力符合实际油藏初始压力,以保证所建模型的可靠性和准确性。

(3) 综合含水率:综合含水率是反映油藏内油水运动规律的主要指标之一,综合含水率拟合是数值模拟历史拟合过程中一项主要内容。本项研究中综合含水率拟合率达到 95% 以上。

(4) 油藏总体压力:油藏总体压力指全模拟区范围内的平均地层压力。矿场测试资料表明,2004 年 3 月油藏总体压力为 12.16MPa 左右,比初始压力低,说明实际生产中有效注水量不足以补充采液量。经模拟计算发现,在总采出量的计算值与实际值相当的情况下,要使总体压力的计算值与实际值符合,必须大幅度削减注水量,计算注水量约等于实际注水量的 0.78 倍。并且油藏压力对注入量表现敏感,注入量较少增加,便会引起油藏压力较大幅度上升。

下面利用物质平衡原理对上面计算结果进行验证分析。

据生产统计数据,到 2004 年 3 月,火烧山油田 H_4^1 模拟区块累积产油量 $V_{os}=$ 205.9sm³,累积产水量 $V_{ws}=137.51 \times 10^4$ sm³,累积产气量 $V_{gp}=10087 \times 10^4$ sm³,累积注水量为 371.25×10^4 sm³。其中 sm³ 为标准条件下立方米。

根据 PVT 曲线,油藏原油在泡点压力下体积系数为 $B_o=1.1214$,溶解气油比 $R_{so}=46.78$ sm³/sm³,油藏原油体积系数随溶解气油(体积)比的变化率的平均值为 $C_r=1.12 \times 10^{-3}$。C_r 值的意义是油藏内溶进 1sm³ 的气量,原油在油藏内体积

最多增加 $1.12\times10^{-3}\,\mathrm{rm^3}$；反之，若从油藏内脱出 $1\mathrm{sm^3}$ 的气，油藏内原油体积最多减少 $1.12\times10^{-3}\,\mathrm{rm^3}$。其中 $\mathrm{rm^3}$ 为油藏条件下立方米。累积产油量折算成油藏内体积为

$$V_{\mathrm{or}} = V_{\mathrm{os}} \cdot B_{\mathrm{o}} = 205.91\times1.1214 = 230.89(\times10^4\,\mathrm{rm^3})$$

累积产水量在油藏内的体积为

$$V_{\mathrm{wr}} = V_{\mathrm{ws}} = 137.51(\times10^4\,\mathrm{rm^3})$$

累积产气中随原油采出的溶解气量为

$$V_{\mathrm{go}} = V_{\mathrm{os}} \cdot R_{\mathrm{so}} = 205.91\times46.78 = 9632.6(\times10^4\,\mathrm{sm^3})$$

这部分气体在油藏内不另算体积。另外，由于油藏内脱气生产的气量为

$$V_{\mathrm{gf}} = V_{\mathrm{gp}} - V_{\mathrm{go}} = 10087.0 - 9632.6 = 454.4(\times10^4\,\mathrm{sm^3})$$

油藏内原油由于脱气而可能减少的最大体积是

$$V_{\mathrm{og}} = V_{\mathrm{gf}} \cdot C_{\mathrm{r}} = 454.4\times1.12\times10^{-3} = 0.58(\times10^4\,\mathrm{sm^3})$$

按油藏内体积计算的总采出量

$$V_{\mathrm{t}} = V_{\mathrm{or}} + V_{\mathrm{og}} + V_{\mathrm{wr}} = 230.89 + 137.51 + 0.58 = 368.98(\times10^4\,\mathrm{sm^3})$$

因此，要基本维持油藏内物质平衡，从而使压力恢复并保持在目前 12.16MPa 水平，注水量应不多于 $289.47\times10^4\,\mathrm{rm^3}$，为实际生产统计注水量的 0.78 倍，这与数模计算得出的结论是一致的。

以上分析说明，实际注水量中很大部分是无效注水，在注入过程中被漏失掉，并没有进入油层起到驱油作用。在进行模拟计算时，必须扣除这部分注入量，才能正确进行历史拟合。

火烧山油田 $\mathrm{H_4^1}$ 层总体指标拟合曲线见图 11-12 至图 11-15。

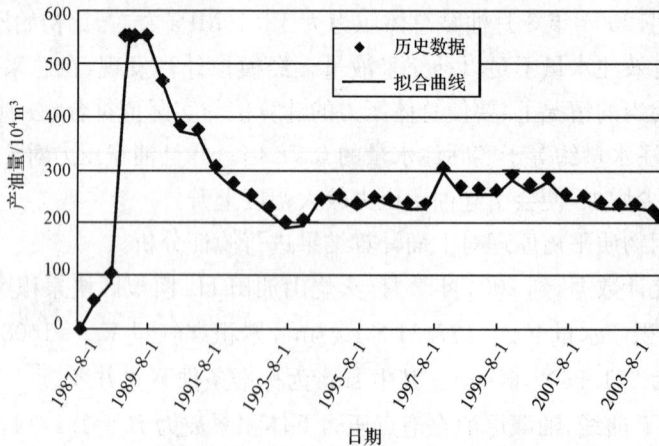

图 11-12　$\mathrm{H_4^1}$ 层日产油量拟合曲线

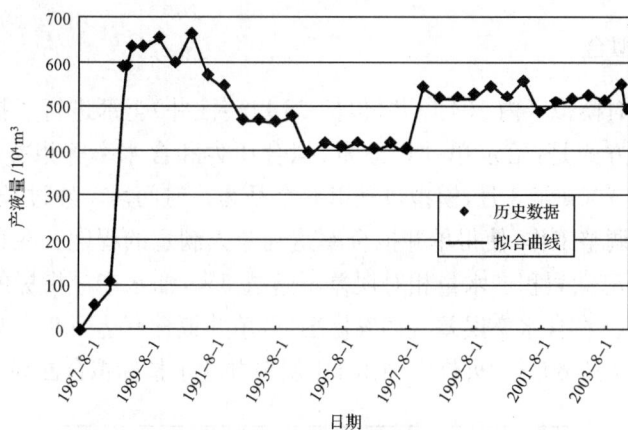

图 11-13　H_4^1 层日产液量拟合曲线

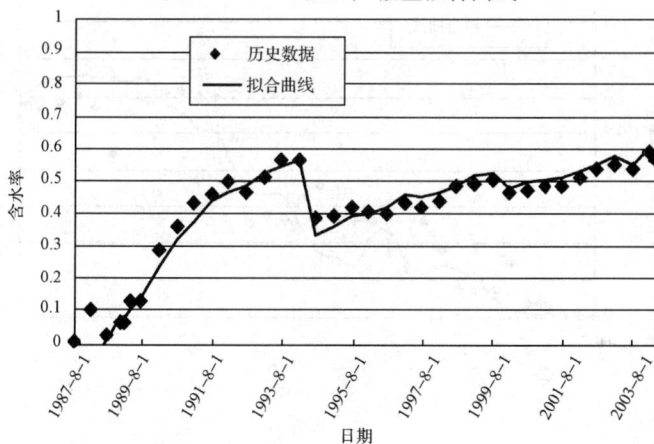

图 11-14　H_4^1 层含水率拟合曲线

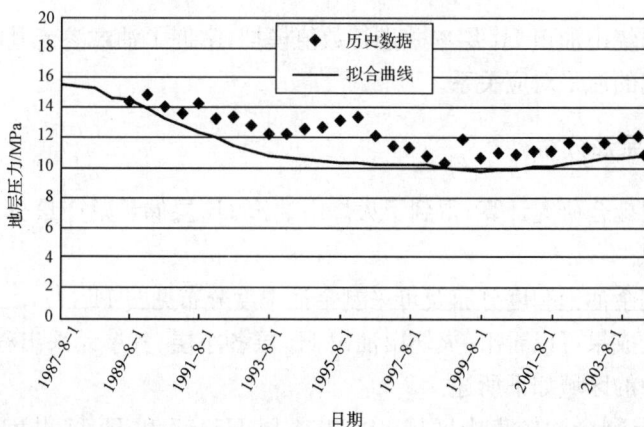

图 11-15　H_4^1 层地层平均压力拟合曲线

八、单井指标拟合

本项研究对模拟区内 104 口井(包括 25 口转注井)全部进行了拟合。此次历史拟合采用的方式是:给定单井产液量、拟合压力和含水率等指标,拟合历史从 1987 年 8 月至 2004 年 3 月,模拟过程以 6 个月为一时间段。经过长期艰苦、细致的分析、校对、调整工作,使得单井拟合率达到令人满意的程度。在累积产油量相对误差不超过 5%、累积产水量相对误差不超过 5%,油水产量指标的单井拟合率达到 90% 以上。在含水率误差≤15% 标准下,单井拟合率达到 80% 以上。全面指标的单井拟合率达 80%。火烧山油田 H_4^1 层单井含水指标拟合曲线见图 11-16。

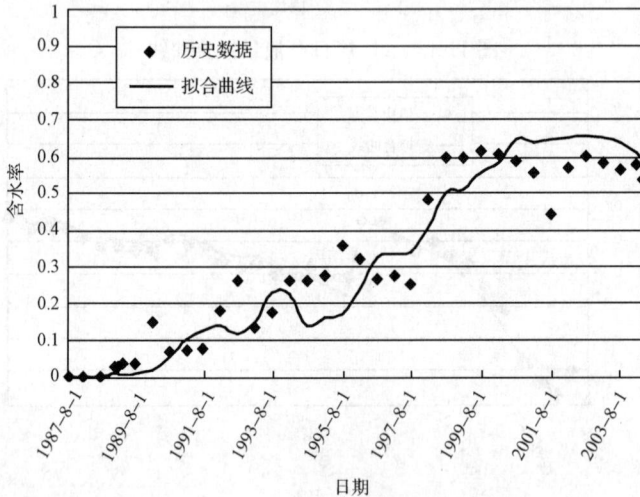

图 11-16　H1414 井含水率拟合曲线

通过对火烧山油田 H_4^1 层单井进行数值模拟,掌握了油藏渗流基本规律,搞清了各井各层间的注采对应关系。

九、产能及剩余油分布

通过历史拟合研究计算,得到了火烧山油田 H_4^1 层储量及产量分布,明确了剩余油分布状况。

各小层剩余油饱和度分布及可采剩余油丰度分布见图 11-17。

分析以上成果可以看出,火烧山油田 H_4^1 层各小层、各单元采出程度不均。剩余油比较集中的区域如下所述。

H_4^{1-1} 小层剩余油较集中区域:① H_4^{1-1} 层 H1457 和 H011 井间;② H_4^{1-1} 层 H2444 井区;③ H_4^{1-1} 层 H1467 和火 11 井间。

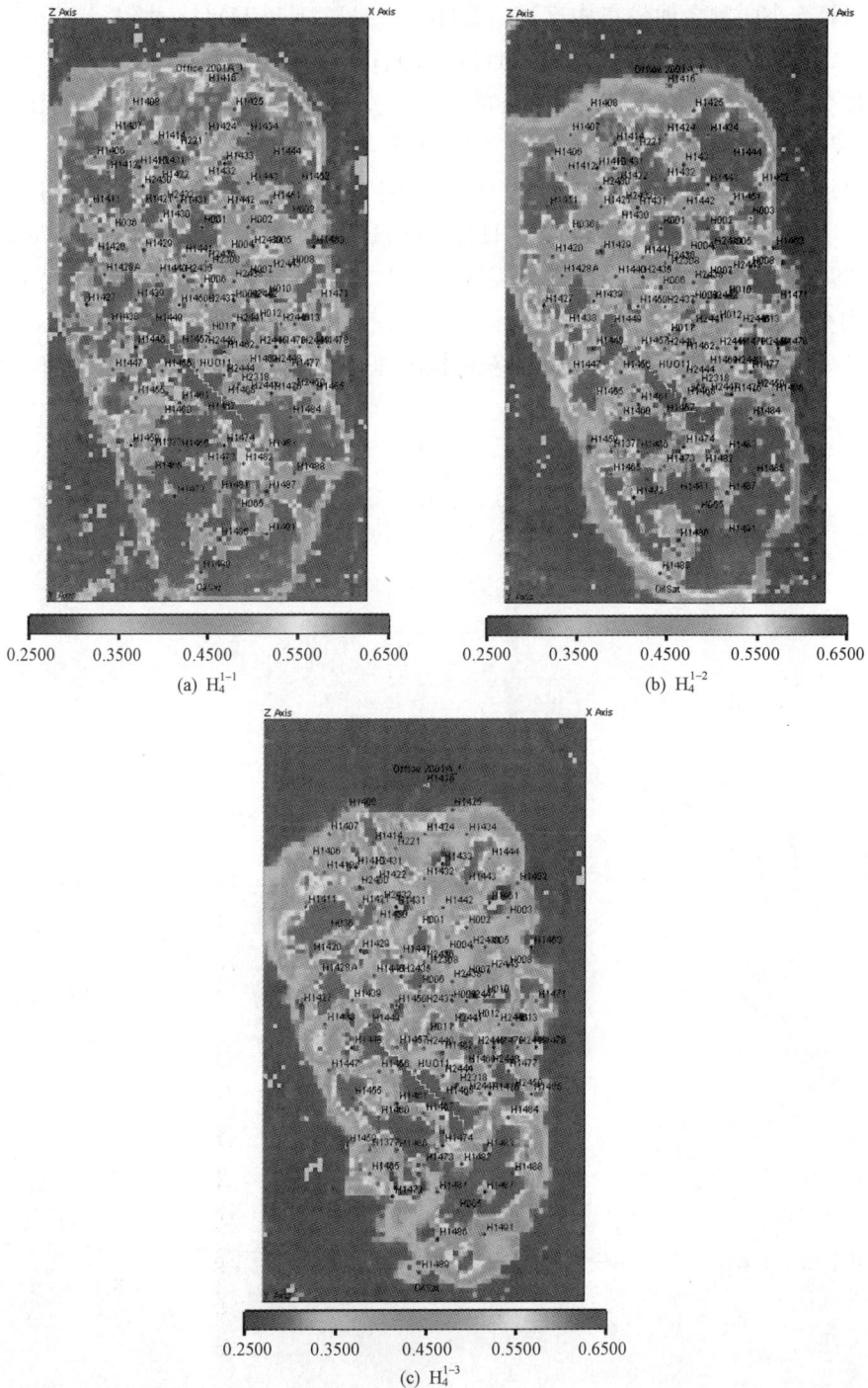

(a) H_4^{1-1}

(b) H_4^{1-2}

(c) H_4^{1-3}

图 11-17　H_4^1 各小层剩余油饱和度分布图(见彩图 39)

H_4^{1-2} 小层剩余油较集中区域：①H_4^{1-2} 层 H221 和 H1433 井间；②H_4^{1-2} 层 H1434 井区；③H_4^{1-2} 层 H008 和 H1471 井间；④H_4^{1-2} 层 H1470 和 H1477 井间；⑤H_4^{1-2} 层 H1447 和 H11438 井间；⑥H_4^{1-2} 层 H1447 和 H1455 井间；⑦H_4^{1-2} 层 H1467 和火 11 井间；⑧H_4^{1-2} 层 H1484 和 H1488 井间。

H_4^{1-3} 小层剩余油较集中区域：①H_4^{1-3} 层 H1434 和 H1443 井间；②H_4^{1-3} 层 H001 和 H2436 井间；③H_4^{1-3} 层 H1420 和 H1411 井间；④H_4^{1-3} 层 H1428A 和 H1439 井间；⑤H_4^{1-3} 层 H2445 井周围；⑥H_4^{1-3} 层 H1467 和火 11 井间；⑦H_4^{1-3} 层 H1483 和 H1484 井间。

综上，通过分阶段数值模拟，可获得比较理想的拟合结果，说明方法是可行的。

第十二章　油藏地质建模

油藏地质模型是表征油藏地质特征三维变化与分布的数字化模型，是油藏描述的最终成果。它不仅是油藏综合评价的基础，同时也是油藏数值模拟的重要基础及开发方案优化的依据，其重要意义在于可提高勘探和开发的预见性。

第一节　油藏地质模型

一、油藏地质模型及其意义

（一）油藏地质模型的组成

油藏地质模型由三大部分组成，即构造模型、储层模型和流体分布模型。

构造模型主要由断层模型（图 12-1）和层面模型（图 12-2）组成，反映圈闭类型、几何形态、封盖层及断层与储层的空间配置关系、储层层面的变形状态等。

按照储层属性及模型所表述的内容，可将储层地质模型分为三类，即储层相（构型、流动单元）模型（图 12-3）、储层参数模型（图 12-4）及裂缝分布模型等。

储层相模型为储层内部不同相类型的三维空间分布，反映储集体的几何形态、连续性、连通性等。储层构型模型为不同级次构型单元的三维空间分布，可突出表

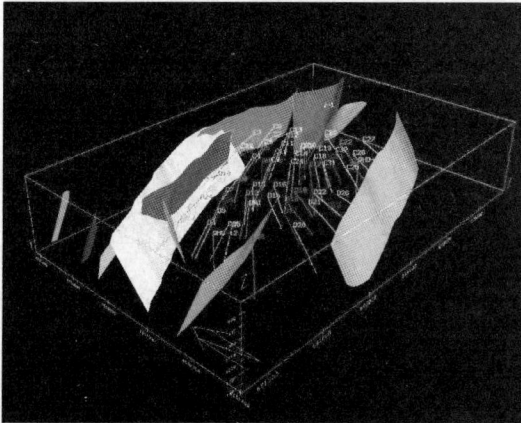

图 12-1　三维断层模型（见彩图 40）

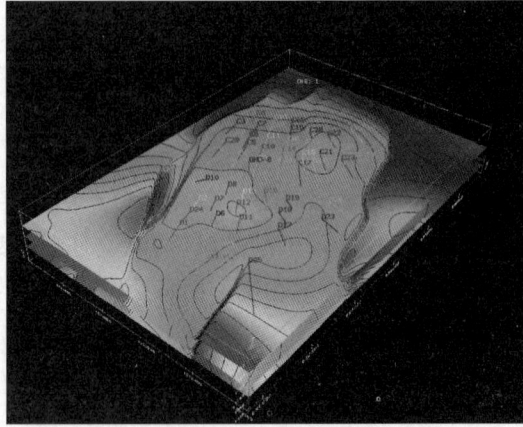

图 12-2　三维层面模型(见彩图 41)

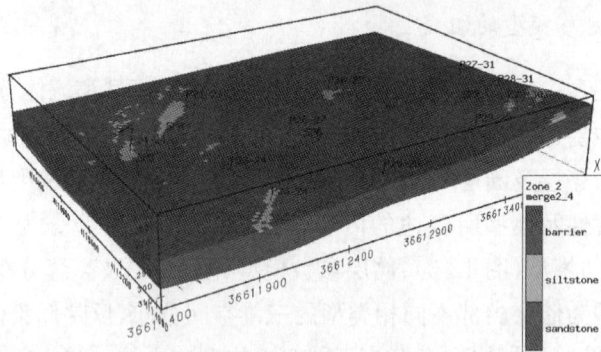

图 12-3　储层相模型(见彩图 42)

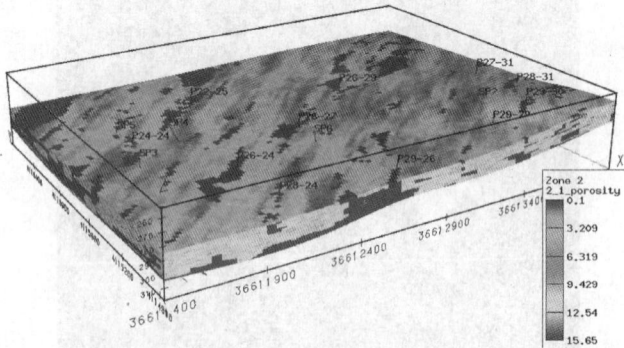

图 12-4　储层参数(孔隙度)模型(见彩图 43)

现砂体内部构型包括夹层的差异分布。流动单元模型是由许多流动单元块体镶嵌组合而成的模型,反映了单元间岩石物性的差异和单元间边界,还突出地表现了同一流动单元内影响流体流动的物性参数的相似性。

储层参数分布模型为储层参数在三维空间上的变化和分布,属于连续性模型(continuous model)的范畴。主要包括孔隙度模型和渗透率模型。

裂缝分布模型可分为二类,其一为三维裂缝网络模型,表征裂缝类型、大小、形状、产状、切割关系及基质岩块特征等,其二为二维裂缝密度模型,表征裂缝的发育程度。

流体分布模型反映地层流体(油、气、水)的性质及分布,一般由含油(气)饱和度模型来表达。

(二)油藏地质模型的意义

20世纪80年代以后,国外利用计算机技术,逐步发展出一套利用计算机存储和显示的三维储层模型,即把储层三维网块化(3D griding)后,对各个网块(grid)赋以各自的参数值,按三维空间分布位置存入计算机内,形成了三维数据体,这样就可以进行储层的三维显示,可以任意切片和切剖面(不同层位、不同方向剖面),以及进行各种运算和分析。

值得注意的是,三维储层建模不等同于储层的三维图形显示。从本质上讲,三维储层建模是从三维的角度对储层进行定量的研究并建立其三维模型,其核心是对井间储层进行多学科综合一体化、三维定量化及可视化的预测。与传统的二维储层研究相比,三维储层建模具有以下明显的优势:

(1)能更客观地描述储层,克服了用二维图件描述三维储层的局限性。三维储层建模可从三维空间上定量地表征储层的非均质性,从而有利于油田勘探开发工作者进行合理的油藏评价及开发管理。

(2)可更精确地计算油气储量。在常规的储量计算时,储量参数(含油面积、油层厚度、孔隙度、含油饱和度等)均用平均值来表示。显然,应用平均值计算储量忽视了储层非均质因素,例如,油层厚度在平面上并非等厚,孔隙度和含油饱和度在空间上也是变化的。应用三维储层模型计算储量时,储量的基本计算单元是三维空间上的网格(分辨率比二维储量计算时高得多)。因为每一个网格均赋有相类型、孔隙度值、含油饱和度值等参数,因此,通过三维空间运算,可计算出实际的油砂体体积、孔隙体积和油气体积,其计算精度比二维储量计算高得多。

(3)有利于三维油藏数值模拟。三维油藏数值模拟要求一个把油藏各项特征参数在三维空间上的分布定量表征出来的地质模型。粗化的三维储层地质模型可直接作为油藏数值模拟的输入,而油藏数值模拟成败的关键在很大程度上取决于三维储层地质模型的准确性。

在油藏评价至油田开发的不同阶段,均可建立三维储层地质模型,以服务于不同的勘探开发目的。随着油藏勘探开发程度的不断深入,基础资料不断丰富,所建模型的精度也越来越高。当然,与此同时,油田开发管理对储层模型精度的要求也越来越高。

在油藏评价阶段及开发设计阶段,基础资料主要为大井距的探井和评价井资料(岩心、测井、测试资料)及地震资料。在这一阶段,为了进行开发方案设计,需要建立储层概念模型,即针对某一种沉积类型或成因类型的储层,把它具代表性的储层特征抽象出来,加以典型化和概念化,建立一个对这类储层在研究区内具有普遍代表意义的储层地质模型。

在开发方案实施及油藏管理阶段,由于开发井网的完成,基础资料大为丰富,因而可建立精度相对较高的储层模型。这种针对某一具体油田(或开发区)的一个(或)一套储层,将其储层特征在三维空间上的变化和分布如实地加以描述而建立的地质模型,称为储层静态模型。这类储层模型主要为优化开发实施方案及调整方案服务,如确定注采井别、射孔方案、作业施工、配产配注及油田开发动态分析等,以提高油田开发效益及油田采收率。

在注水开发中后期及三次采油阶段,基础资料非常丰富,井资料更多(井距更小,在开发井网基础上,又有加密井、检查井等),特别是该阶段具有大量的动态资料,如多井试井、示踪剂地层测试及生产动态资料等,因而,可建立精度较高的储层模型。然而,由于储层参数的空间分布对剩余油分布的敏感性极强,同时储层特征及其细微变化对三次采油注入剂及驱油效率的敏感性远大于对注水效率的敏感性,因此,为了适应注水开发中后期及三次采油对剩余油开采的需求,对储层模型的精度要求很高,要求在开发井网(一般百米级)条件下将井间数十米甚至数米级规模的储层参数的变化及其绝对值预测出来,即建立高精度的储层预测模型。这类模型的建立正是储层建模工作者正在攻关的重要目标。

二、油藏地质建模的基本步骤

三维建模一般遵循点一面一体的步骤,即首先建立各井点的一维垂向模型,其次建立油藏框架(由一系列层面和断层构成的构造模型),然后在构造模型基础上,建立储层模型和流体分布模型。三维油藏建模过程包括四个主要环节,即数据准备、构造建模、储层建模和流体分布建模。

(一)数据准备

储层建模是以数据库为基础的。数据的丰富程度及其准确性在很大程度上决定着所建模型的精度。

1. 数据类型

从数据来源来看,建模数据包括岩心、测井、地震、试井、开发动态等方面的数据。从建模内容来看,基本数据类型包括以下四类。

(1) 坐标数据:包括井位坐标、地震测网坐标等。

(2) 分层数据:各井的油组、砂组、小层、砂体的划分对比数据;地震资料解释的层面数据等。

(3) 断层数据:断层位置、断点、断距等。

(4) 储层数据:是储层建模中最重要的数据。包括井眼储层数据、地震储层数据及试井储层数据。

井眼储层数据为岩心和测井解释数据,包括井内相、砂体、隔夹层、孔隙度、渗透率、含油饱和度等数据(即井模型),这是储层建模的硬数据(hard data),即最可靠的数据;地震储层数据主要为速度、波阻抗、频率等,为储层建模的软数据(soft data),即可靠程度相对较低的数据。试井(包括地层测试)储层数据包括两个方面,其一为储层连通性信息,可作为储层建模的硬数据,其二为储层参数数据,因其为井筒周围一定范围内的渗透率平均值,精度相对较低,一般作为储层建模的软数据。

2. 数据集成及质量检查

数据集成是多学科综合一体化储层表征和建模的重要前提。集成各种不同比例尺、不同来源的数据(井数据、地震数据、试井数据、二维图形数据等),形成统一的储层建模数据库,以便于综合利用各种资料对储层进行一体化分析和建模。

对不同来源的数据进行质量检查亦是储层建模十分重要的环节。为了提高储层建模精度,必须尽量保证用于建模的原始数据特别是硬数据的准确可靠性,而应用错误的原始数据进行建模不可能得到符合地质实际的储层模型。因此,必须对各类数据进行全面的质量检查,如岩心分析的孔渗参数的奇异值是否符合地质实际、测井解释的孔渗饱参数是否准确,岩心－测井－地震－试井解释结果是否吻合等。可以通过不同的统计分析,如直方图、散点图等方法对数据进行检查,还可以在三维视窗中直观地观察各种来源数据的匹配关系并对其进行质量检查和编辑。

(二) 构造建模

构造模型反映储层的空间格架。因此,在建立储层属性的空间分布之前,应进行构造建模。构造模型由断层模型和层面模型组成。

断层模型实际为三维空间上的断层面,主要根据地震解释和井资料校正的断层文件,建立断层在三维空间的分布。

层面模型为地层界面的三维分布,叠合的层面模型即为地层格架模型。建模的基础资料主要为分层数据,即各井的层组划分对比数据及地震资料解释的层面数据等。一般是通过插值法(亦可应用随机模拟方法),应用分层数据,生成各个等时层的顶、底层面模型(即层面构造模型),然后将各个层面模型进行空间叠合,建立储层的空间格架。

(三) 储层建模

储层建模即是在构造模型基础上,建立储层属性的三维分布,包括储层相(构型、流动单元)模型、储层参数模型及裂缝分布模型等。

三维储层建模的前提是对地层-构造模型进行三维网格化,即分别按 X、Y、Z 三个方向划分若干网格,将地层划分为一系列网块。网格大小应根据资料情况及建模目的而定。一般地,平面网格大小以井间内插 4~8 个网格为宜,垂向网格大小一般为 0.1~0.5m。三维储层建模即对利用井数据和(或)地震数据,按照一定的插值(或模拟)方法对每个三维网块进行赋值,建立储层属性(离散和连续属性)的三维数据体,即储层数值模型。

在储层建模过程中,一般先建立储层相模型,然后通过"相控"建立储层参数模型。对于含裂缝的储层,再进行裂缝建模。

储层建模是油藏地质建模中最为关键也是最难的环节。关键在于赋值精度,这决定着模型的精度。影响模型精度的因素很多,但主要为以下三个方面:

(1) 资料丰富程度及解释精度:不难理解,资料丰富程度不同,所建模型精度亦不同。对于给定的工区及给定的赋值方法,可用的资料越丰富,所建模型精度越高。另一方面,对于已有的原始资料,其解释的精度亦严重影响储层模型的精度。如沉积相类型的确定,涉及应用何种地质概念模式来建立储层三维相模型;储层孔隙度、渗透率、含油饱和度的测井解释精度则决定了储层参数建模所依赖的硬数据的可靠性。

(2) 赋值方法:赋值方法很多,就井间插值(或模拟)而言,有传统的插值方法(如中值法、反距离平方法等)、各种克里金方法、各种随机模拟方法等。不同的赋值方法将产生不同精度的储层模型。因而,建模方法的选择是储层建模的关键。

(3) 建模人员的技术水平,包括储层地质理论水平及对工区地质的掌握程度、计算机应用水平及对建模软件的掌握程度。

(四) 流体分布建模

在三维油藏建模中,流体分布模型主要表现为含油(气)饱和度模型。由于油藏含油分布受控于构造(层面弯曲与断层)、油水界面及储层性质,因此,在含油饱和度建模时,要充分考虑这些因素。

一般地,首先应用构造(层面弯曲与断层)和油水界面确定纯含油段、油水过渡段和含水段,然后分别按纯含油段和油水过渡段进行含油饱和度插值或模拟。在建模过程中,应充分考虑"相控"原则,分相带进行含油饱和度插值或模拟,同时考虑含油高度对含油饱和度的影响。

在建立了数字化的油藏地质模型之后,可进行灵活的三维图形显示、三维储层非均质分析及油藏开发管理;可进行各种体积计算(如油气储量);如果要将油藏地质模型用于油藏数值模拟,还可对其进行粗化,粗化后的模型可直接输入到模拟器进行油藏数值模拟。

第二节　储层建模的方法技术

本节重点介绍油藏地质建模中的核心环节,即储层建模的方法技术。储层建模的核心问题是井间储层预测。在给定资料的前提下,提高储层模型精细度的主要方法即是提高井间预测精度。井间预测有两种途径,相应地有两种建模途径,即确定性建模和随机建模。确定性建模对井间未知区给出确定性的预测结果,即试图从已知确定性资料的控制点如井点出发,推测出点间确定的、唯一的、真实的储层参数,而随机建模则是对井间未知区应用随机模拟方法给出多种可能的、等概率的预测结果。

一、确定性建模

确定性建模是对井间未知区给出确定性的预测,即从具有确定性资料的控制点(如井点)出发,推测出点间(如井间)确定的、唯一的储层参数。确定性建模方法主要有储层地震学方法、储层沉积学方法及地质统计学克里金方法,三者可单独使用,亦可结合使用。

(一) 储层地震学方法

储层地震学方法主要是应用地震资料研究储层的几何形态、岩性及储层参数的分布,一般是针对盆地内某区块或有利储集相带的一套含油层段进行研究。研究厚度相对较小,一般在几米至几十米范围内,在地震剖面上主要表现为一个反射同相轴或几个同相轴组成的反射波组。这与区域地震地层学的研究范畴有所区别。

应用地震资料进行确定性储层建模的思路主要是将地震属性参数,如层速度、波阻抗、振幅等转换为储层岩性和物性参数。其前提是地震属性参数与地质参数之间具有确定性的关系,如波阻抗与储层孔隙度具有线性相关关系。这一方法有很多论著进行过详细介绍,在此不再赘述。

(二) 储层沉积学方法

储层沉积学方法主要用于建立储层结构模型,建模的主要过程就是井间砂体对比。

传统的井间砂体对比主要是依据井对的测井曲线的相似性或差异性来进行井间砂体解释(井间砂体连接或尖灭)。实际上,科学的井间砂体对比应是利用多学科方法进行综合一体化的解释过程。

井间砂体对比的最重要基础是高分辨率的等时地层对比及沉积模式。高分辨率等时地层对比主要为砂体对比提供等时地层框架,其关键是应用层序地层学原理,识别并对比反映基准面高频变化的关键面(如洪泛面、海侵冲刷面等)或高频基准面转换旋回。沉积模式主要用于指导砂体对比过程,因为砂体空间分布受沉积相的控制,因此在砂体对比之前,必须根据岩心、测井甚至地震资料识别沉积相类型、建立研究区的沉积模式,并应用沉积学原理指导砂体对比过程。

井间砂体对比是在沉积模式和单井相分析的基础上进行的。在对比过程中,人们可以借助以下资料、方法和技术:

(1) 砂岩与泥岩几何形态的地质知识库(砂体宽厚比、长宽比、砂地比、隔夹层密度与频率等)。

(2) 通过地层测试(如 RFT、脉冲测试等)获取砂体连续性及连通性信息。

(3) 通过地层倾角测井获取砂体定向资料。

(4) 通过详细的三维地震和(或)井间地震分析,以获取砂体几何形态及连通性等资料。

(5) 应用古地形资料帮助进行砂体对比。

(三) 插值方法

在确定性的储层参数建模中,主要应用插值方法对空间上每个网格赋以储层参数值(孔隙度、渗透率或含油饱和度)。

井间插值方法很多,大致可分为传统的统计学插值方法和地质统计学估值方法(主要是克里金方法)。由于传统的数理统计学插值方法(如反距离平方方法)只考虑观测点与待估点之间的距离,而不考虑地质规律所造成的储层参数在空间上的相关性,因此插值精度很低,实际上,这种插值方法不适用于地质建模。为了提高对储层参数的估值精度,人们广泛应用克里金方法来进行井间插值。

克里金方法是地质统计学的核心,它是随着采矿业的发展而产生的一门新兴的应用数学的分支。克里金方法主要应用变异函数和协方差函数来研究在空间上既有随机性又有相关性的变量,即区域化变量。从井剖面中获取的储层参数如孔隙度、渗透率、泥质含量均为区域化变量。

克里金法估值是根据待估点周围的若干已知信息,应用变异函数所特有的性质,对估点的未知值作出最优(即估计方差最小)、无偏(即估计值的均值与观测值的均值相同)的估计。

在应用克里金法进行井间(点间)估值时,首先是确定待估点周围的已知数量点的参数对待估点的贡献大小(即加权值),然后进行估值,估值计算的一般算式

$$Z^*(X) = \sum_{i=1}^{n} \lambda_i Z_i(X_i)$$

式中：$Z^*(X)$——待估点的克里金法估计值;

$Z(X_i)$——待估点周围某点 X_i 处的观测值,$i = 1, 2, 3, \cdots, n$;

λ_i——X_i 的权系数,表示 X_i 点值对估值 $Z^*(X)$ 的贡献大小。

克里金方法较多,如简单克里金、普通克里金、泛克里金、因子克里金、协同克里金、指示克里金等。这些方法可用于不同地质条件下的参数预测。

克里金方法是一种光滑内插方法,实际上是特殊的加权平均法。它难于表征井间参数的细微变化和离散性(如井间渗透率的复杂变化),同时,克里金方法为局部估值方法,对参数分布的整体结构性考虑不够,因而,当储层连续性差、井距大且分布不均匀时,则估值误差较大。因此,克里金方法所给出的井间插值点虽然是确定的值,但并非真实的值,仅是接近于真实的值,其误差大小取决于方法本身的适用性及客观地质条件。然而,就井间估值而言,克里金方法比传统的数理统计方法更能反映客观地质规律,估值精度相对较高,是定量描述储层的有力工具。

二、随机建模

(一)随机建模的意义

地下储层本身是确定的,在每一个位置点都具有确定的性质和特征。但地下储层又是很复杂的,它是许多复杂地质过程(沉积作用、成岩作用和构造作用)综合作用的结果,具有复杂的储层结构(储层相)空间配置及储层参数的空间变化。在储层描述过程中,由于用于描述储层的资料不完备,因此人们又难于掌握任一尺度下储层的确定的且真实的特征或性质。特别是对于连续性较差且非均质性强的陆相储层来说,更难于精确表征储层的特征。这样,由于认识程度的不足,储层描述便具有不确定性。这些需要通过"猜测"而确定的储层性质,即为储层的随机性质。

　　由于储层的随机性,储层预测结果便具有多解性。因此,应用确定性建模方法作出的预测结果便具有一定的不确定性,以此作为决策基础便有风险性。为此,人们广泛应用随机模拟方法对储层进行建模和预测。

　　Haldorsen(1990)提出将随机技术应用于描述确定性储层的六个原因:①用于表征储层空间展布、内部(几何)结构和岩石性质在各个范围变化的信息资料不完备;②储集体和相的空间排列复杂;③难以掌握相对于空间位置和方向上岩石性质的变化和变化形式;④不了解岩石物性与用来求取平均值的岩石体积的关系(比例问题);⑤静态储层资料(井点岩心、测井资料及地震资料)多于动态资料(时间变化效应、岩石结构如何影响采收过程等);⑥随机模拟方便快捷。

　　所谓随机建模,是指以已知的信息为基础,以随机函数为理论,应用随机模拟方法,产生可选的、等可能的储层模型的方法。这种方法承认控制点以外的储层参数具有一定的不确定性,即具有一定的随机性。因此采用随机建模方法所建立的储层模型不是一个,而是多个,即一定范围内的几种可能实现(即所谓可选的储层模型)(如图12-5),以满足油田开发决策在一定风险范围的正确性的需要,这是与确定性建模方法的重要差别。对于每一种实现(即模型),所模拟参数的统计学理论分布特征与控制点参数值统计分布是一致的。各个实现之间的差别则是储层不确定性的直接反映。如果所有实现都相同或相差很小,说明模型中的不确定性因素少;如果各实现之间相差较大,则说明不确定性大。

　　由此可见,随机建模的重要目的便是对储层的不确定性进行评价。每一个随机储层模型可视为一个"确定性"模型,但利用多个等可能随机储层模型则可评价模型中的不确定性。例如,应用一簇模拟实现可得到各相带分布的概率模型,据此可得到在已有条件下对某相带预测的、用定量概率表示的可靠性;应用一簇模拟实现分别进行储量计算,可得到一簇储量值,据此可得到地下油藏储量的最大值、最小值、均值和偏差,而不是一个"确定的"但实际上又难于确定的值,从而可把握勘探和开发的决策风险;另外,依据某一指标(如砂体连通性)对一簇模拟实现进行排序,从中分别选择"最佳"、"中等"和"最差"的模拟实现,粗化后进行油藏数值模拟,可以分别得到"乐观"、"中等"和"悲观"的动态预测结果,而不是一个"确定的"但实际上又风险未知的预测结果,据此可有效地把握下一步开发决策的风险。

　　(二)随机模型

　　随机模型是指具有一定概率分布理论、能表征研究现象随机特征的统计模型。Haldorsen 和 Damsleth(1990)将随机模型分为三类,即离散模型、连续性模型和混合模型。Deutch 和 Journel(1992,1996)将随机模型分为两大类,即基于目标的和

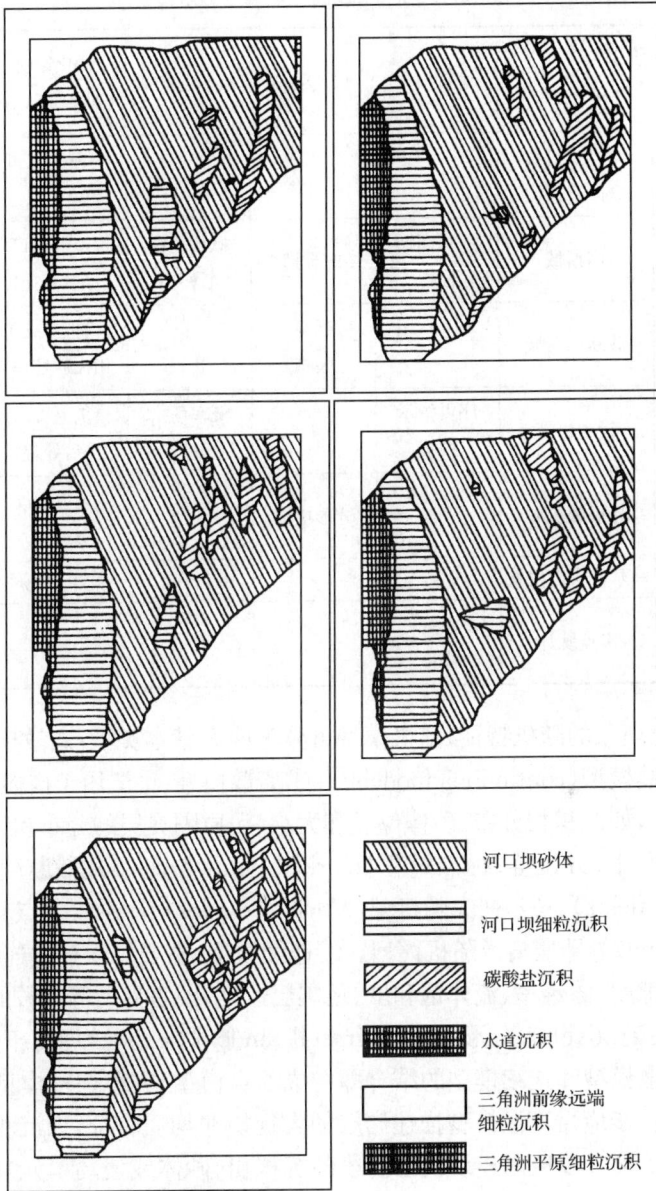

图 12-5 随机模拟的不同实现:三维相模型的水平切片(据 Damsleth 等,1992)

基于像元的随机模型。除此之外,Deutch 和 Journel(1992,1996)以及 Srivastava (1994)讨论了不同的模拟算法,如序贯模拟、误差模拟、概率场模拟、矩阵分解、模拟退火等。从实用角度入手,综合考虑模型和算法,我们对随机模型进行了综合分类(表 12-1)。

表 12-1　主要随机模型、算法及方法

随机模拟 算法及模型方法 随机模型		序贯模拟	误差模拟	概率场模拟	优化算法 （如模拟退火）	模型性质
基于目标的 随机模型	示性点过程 （标点过程）				标示性点过 程模拟	离散
基于像元的随机模型	高斯域	序贯高斯 模拟	转向带模拟	概率场高 斯模拟	（模拟退火可用 作后处理）	连续
	截断高斯域		截断高斯 模拟		（模拟退火可 用作后处理）	离散
	指示模拟	序贯指示 模拟		概率场指 示模拟	（模拟退火可用 作后处理）	离散/连续
	分形随机域		分形模拟		（可应用模 拟退火）	连续
	马尔柯夫随机域				马尔柯夫模拟	离散/连续
	多点统计	多点统计 模拟				离散

　　根据研究现象的随机特征,随机模型可分为两大基本类型:离散模型(discrete models)和连续模型(continuous models)。①离散模型:主要用于描述具有离散性质的地质特征,如沉积相分布、砂体位置和大小、泥质隔夹层的分布和大小、裂缝和断层的分布、大小、方位等;标点过程(marked point process)、截断随机域(truncated random fields)、马尔柯夫随机域(Markov random fields)、二点直方图(two-point histogram)等即属离散随机模型。②连续模型:主要用于描述连续变量的空间分布,如孔隙度、渗透率、流体饱和度、地震层速度、油水界面等参数的空间分布;高斯域(Gaussian fields)、分形随机域(fractal random fields)等即属于连续随机模型。另外,离散模型和连续模型的结合即构成混合模型,亦称两步模型(two-stage model),即第一步应用离散模型描述储层的大规模非均质特征,如沉积相、砂体结构或流动单元,第二步应用连续模型描述各沉积相(砂体或流动单元)内部的岩石物理参数的空间变化特征。这种建模方法即为"两步建模"方法。

　　根据随机模拟的基本模拟单元,可将随机模型分为两大类 ,即基于目标(object-based)的随机模型和基于像元(pixel-based)的随机模型。对于基于目标的随机模型,其基本模拟单元为目标物体(即是离散性质的地质特征,如沉积相、流动单元等),标点过程(布尔模型)即属此类。

　　对于基于像元的随机模型,其基本模拟单元为像元(相当于网格化储层格架中的单个网格),既可用于连续性储层参数的模拟,亦可用于离散地质体的模拟;这类模型包括高斯域、截断高斯域、指示模拟、分形随机域、马尔柯夫随机域和二点直方图等。随机模拟方法是指根据随机模型和算法而产生模拟结果的技术或程序。模拟算法指的是模拟过程中的数学规则,如序贯模拟算法(sequential simulation)、误差模拟算法(error simulation)、概率场模拟算法(probability fields)、优化算法[模拟退化(simulated annealing)和迭代(iterative simulation)算法]等。

一般地,模拟方法可分为两大类:基于目标的方法(即以目标物体为基本模拟单元)和基于像元的方法(即以像元为基本模拟单元)。基于目标的方法主要应用标点过程模型和优化算法(模拟退火或 Metropolis-Hasting 算法),进行离散物体的随机模拟。基于像元的方法实际上为基于像元的随机模型与各种算法的结合,如将序贯模拟算法应用于高斯域模型则为序贯高斯模拟方法,将序贯模拟算法应用于指示模拟中则为序贯指示模拟方法等。

(三) 基于目标的随机建模方法

主要为示性点过程(标点过程)方法,其基本思路是根据点过程的概率定律按照空间中几何物体的分布规律,产生这些物体的中心点的空间分布,然后将物体性质(即 marks,如物体几何形状、大小、方向等)标注于各点之上。从地质统计学角度来讲,标点过程模拟即是要模拟物体点(points)及其性质(marks)在三维空间的联合分布。

根据不同的点过程理论,物体中心点在空间上的分布可以是独立的(如 Poisson 点过程,即布尔模型的概率分布理论),也可以是相互关联或排斥的(如 Gibbs 点过程)。目标点密度在空间上可以是均匀的,也可以根据地质规律赋予一定的分布趋势。在实际应用中,目标点位置可以通过以下规则来确定:①密度函数(即各相的体积比例及其分布趋势);②关联(如井间相连通)和排斥原则(如同相物体或不同相物体之间不接触的最小距离)。物体性质(marks)实际上就是物体几何学形态,包括各相的形状、长度、宽度、高度、方向、顶底位置等。一般地,可以确定各种形状,如矩形、椭球体、锥形等。对于各类物体本身的几何学参数(如长、宽、高等)则可利用多元高斯分布来模拟。利用优化算法(模拟退火或迭代算法)可以使模拟实现忠实于井信息、地震信息以及其他指定的条件信息。

从标点过程的理论来看,模拟过程是将物体"投放"于三维空间,亦即将目标体投放于背景相中。因此,这种方法适合于具有背景相的目标(物体或相)模拟,如冲积体系的河道和决口扇(其背景相为泛滥平原)、三角洲分流河道和河口坝(其背景相为河道间和湖相泥岩)、浊积扇中的浊积水道(其背景相为深水泥岩)、滨浅海障壁砂坝、潮汐水道等(其背景相为潟湖或浅海泥岩)。另外,砂体中的非渗透泥岩夹层、非渗透胶结带、断层、裂缝均可利用此方法来模拟。

标点过程一般应用迭代算法或模拟退火来进行模拟。基本思路如下(以岩相模拟为例,如图 12-6):

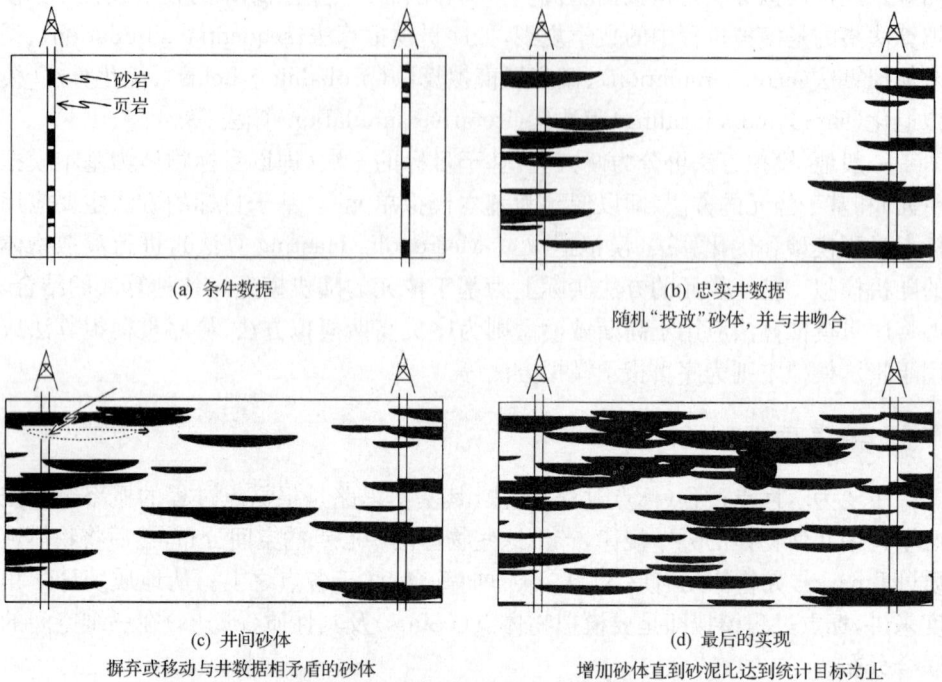

(a) 条件数据

(b) 忠实井数据
随机"投放"砂体,并与井吻合

(c) 井间砂体
摒弃或移动与井数据相矛盾的砂体

(d) 最后的实现
增加砂体直到砂泥比达到统计目标为止

图 12-6　示性点过程模拟示意图

(1) 确定一种岩相作为背景相,如在模拟三角洲平原的岩相分布时,可选择分流河道间泥岩作为背景相,而将分流河道砂体及漫溢砂体作为模拟目标体。

(2) 选择一种岩相,随机地选择一些位置点,并给定其形态使之满足适当的大小、各向异性和方向。

(3) 检查各位置点及其形态,并通过多次增加、取消或替换的过程使模拟形态与先验条件信息相吻合。

(4) 检查各种相分布是否达到已知比例(或目标函数值)。如果达到已知比例,则认可此次模拟过程;否则,回到上一步继续进行。

作为一种面向对象或基于目标的模拟方法,标点过程具有其独有的优点:使用灵活,一些先验的地质知识可以容易地作为条件信息加入到模型中去,如各相百分比、砂体宽厚比、各种相空间分布规律等等,这样就可以最大限度地综合地质家的认识,这相当于人机交互式的建模过程。另外,从数学上来说,空间数据不要求服从某种分布。

标点过程建模的应用要求很强的先验地质知识,因此,如何最大限度地获取这一先验地质知识并有效地组织到模型中去,是提高建模精度的关键。

(四)基于像元的随机建模方法

基于像元的随机模拟方法的基本思路是首先建立待模拟网格的累计条件概率分布函数(ccdf)[图 12-7(b)],然后对其进行随机模拟,即从 ccdf 中随机地提取分位数,便得到该网格的模拟实现[图 12-7(c)]。根据随机模型和模拟算法的不同,该类方法又包括很多方法,主要有高斯模拟方法(主要为序贯高斯模拟等)、截断高斯模拟、指示模拟(主要为序贯指示模拟、同位协同指示模拟等)、分形模拟、马尔柯夫域模拟、多点统计模拟方法等。目前,常用的方法主要为高斯模拟、截断高斯模拟及指示模拟。

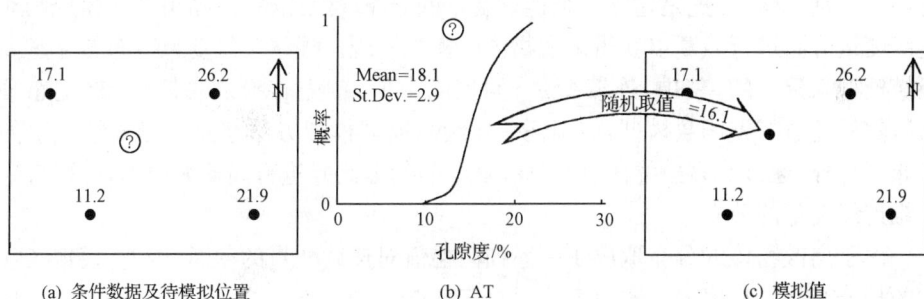

图 12-7　基于象元的随机建模示意图

1. 高斯模拟

高斯随机域是最经典的随机函数。该模型的最大特征是随机变量符合高斯分布(正态分布)。对于高斯分布而言,只要得到均值和偏差,便可构建累计条件概率分布函数(ccdf)。当然,大多数地质数据并非是对称高斯分布的。在实际应用中,可首先将区域化变量(如孔隙度、渗透率)进行正态得分变换(变换成高斯分布),模拟后,再将模拟结果反变换为区域化变量。

由于构建 ccdf 的均值和偏差可方便地通过克里金方法来求取,因此,整个模拟过程被极大地简化。用于高斯模拟的克里金方法很多,主要有简单克里金、普通克里金、泛克里金(具有趋势)、协同克里金(结合地震资料)、块克里金(结合地震资料)等。

高斯模拟中的随机模拟可以采用多种算法,如序贯模拟、误差模拟、概率场模拟等。实际中经常应用序贯模拟,即为序贯高斯模拟。

序贯高斯模拟为一种应用高斯概率理论和序贯模拟算法产生连续变量空间分布的随机模拟方法。模拟过程是从一个像元到另一个像元序贯进行的,而且用于计算某像元 ccdf 的条件数据除原始数据外,还考虑已模拟过的所有数据。从 ccdf

中随机地提取分位数便可得到模拟实现。

序贯高斯模拟的输入参数主要为变量统计参数(均值、标准偏差)、变差函数参数(变程、块金效应等)及条件数据等。如果是相控建模,则应输入三维相模型,并且对于每一类相,均应输入相应的变量统计参数和变差函数参数。

高斯模拟是应用广泛的连续性变量的随机模拟方法。值得注意的是,传统的、非相控的高斯模拟不适合于数值变异性大且极值分布具方向性的连续性变量的随机模拟,但是,相控建模可克服这一不足。

2. 截断高斯模拟

截断高斯随机域属于离散随机模型,其基本模拟思路是通过一系列门槛值截断规则网格中的三维连续变量而建立离散物体的三维分布。在截断高斯模拟中,有两个关键步骤,首先是建立三维连续变量的分布,然后通过门槛值及门槛规则对连续变量分布进行截断以获得离散物体的模拟实现。连续三维变量分布是通过高斯域模型来建立的,其中,连续变量(如粒度中值)首先转换成高斯分布(正态分布),然后通过变差函数模型,应用任一连续高斯域模拟方法建立三维连续变量的分布。另外,通过对离散物体(如不同沉积相)的编码并进行高斯域模拟,亦可得到三维连续变量的分布。

由于离散物体的分布取决于一系列门槛值对连续变量的截断,因此,模拟实现中的相分布将是排序的。这一方法适合于相带呈排序分布的沉积相模拟,如三角洲(平原、前缘和前三角洲)、呈同心分布的湖相(滨湖、浅湖、深湖)、滨面相(上滨、中滨、下滨)的随机模拟。

3. 指示模拟

指示模拟既可用于离散物体(类型变量),又可用于离散化的连续变量类别的随机模拟。指示模拟的重要基础为指示变换和指示克里金。所谓指示变换,即将数据按照不同的门槛值编码为 1 或 0 的过程。对于模拟目标区内的每一类相,当它出现于某一位置时,指示变量为 1,否则为 0。指示变换的最大优点是可将软数据(如试井解释、地质推理和解释)进行编码,因而可使其参与随机模拟。

同所有的基于像元的随机模拟一样,指示模拟方法亦包括两大步,即首先建立待模拟网格的累计条件概率分布函数(ccdf),然后对其进行随机模拟。然而,与高斯类方法不同的是,ccdf 不是通过参数的均值和偏差来构建的,而是通过指示克里金求取各类别(如各个微相)的条件概率,并将其归一化后拟合成条件概率分布函数(ccdf)。在具有地震资料的情况下,可通过同位协同指示克里金来求取 ccdf,或分别应用指示克里金和地震资料求取各类别的条件概率后,迭合成统一的条件概率,再拟合成 ccdf。

在得到某网格的 ccdf 后,随机提取一个 0 至 1 之间随机数,该随机数在条件概率分布函数中所对应的变量即为该像元的相类型。这一过程在其他各个像元进行运行,便可得到研究区内相分布的一个随机图像。指示模拟中的这种随机模拟也可以采用多种算法,如序贯模拟、概率场模拟等。实际中经常应用序贯模拟算法,即为序贯指示模拟。

指示模拟可用于模拟复杂各向异性的地质现象。由于各个类型变量均对应于一个指示变差函数,也就是说,对于具有不同连续性分布的类型变量(相),可给定(指定或通过数据推断)不同的指示变差函数,从而可建立各向异性的模拟图像。因此,指示模拟可用于多向分布的沉积相建模,也可用于断层和裂缝的随机建模。

(五)随机建模方法的研究进展

在随机建模的研究及应用中,人们发现现有算法在准确表征储层非均质性方面还存在一些不足。因此,研究者在不断完善已有方法的同时,也在不断开发新的方法,如多点地质统计学方法。

1. 已有方法的不足及改进

上述介绍了目前商业软件中常用的随机建模方法,如用于相建模的方法主要为示性点过程模拟、指示模拟和截断高斯模拟,用于储层参数建模的方法主要为高斯模拟。下面,以相建模为例,分析现有算法的不足。

对于基于目标的方法(如示性点过程模拟),其最大的优点是根据先验地质知识、点过程理论及优化方法(如模拟退火)表征目标地质体的空间分布,因此可以较好地再现目标体几何形态,但有以下的不足:①每类具有不同几何形状的目标均需要有特定的一套参数(如长度、宽度、厚度等),而对于复杂几何形态,参数化较为困难;②由于该方法属于迭代算法,因此当单一目标体内井数据较多时,井数据的条件较为困难,而且要求大量机时。

对于基于像元的方法(如截断高斯模拟、指示模拟),其最大的优点是很容易忠实条件数据(井和地震数据),但由于现有算法均是以变差函数为基础,因而难于精确表征具有复杂空间结构和几何形态的地质体,这也是该类方法的最大不足。变差函数是传统地质统计学中研究地质变量空间相关性的重要工具。然而,变差函数只能把握空间上两点之间的相关性,亦即在二阶平稳或本征假设的前提下空间上任意两点之间的相关性,因而难于表征复杂的空间结构和再现复杂目标的几何形态(如弯曲河道)。如图 12-8 所示,三种不同的空间结构[黑色图元和白色图元的空间分布,图 12-8(a)至图 12-8(c)]在横向上[东西方向,图 12-8(d)]和纵向上[南北方向,图 12-8(e)]的变差函数十分相似,这说明应用变差函数不能区分这三种不同的空间结构及几何形态。

针对上述不足,研究者正在大力进行改进,同时,亦不断地探索新的方法,其中,多点地质统计学方法则是正在发展的、应用前途最大的一种方法。

(d) 三种结构东西方向的变差函数　　　　　　　(e) 三种结构南北方向的变差函数

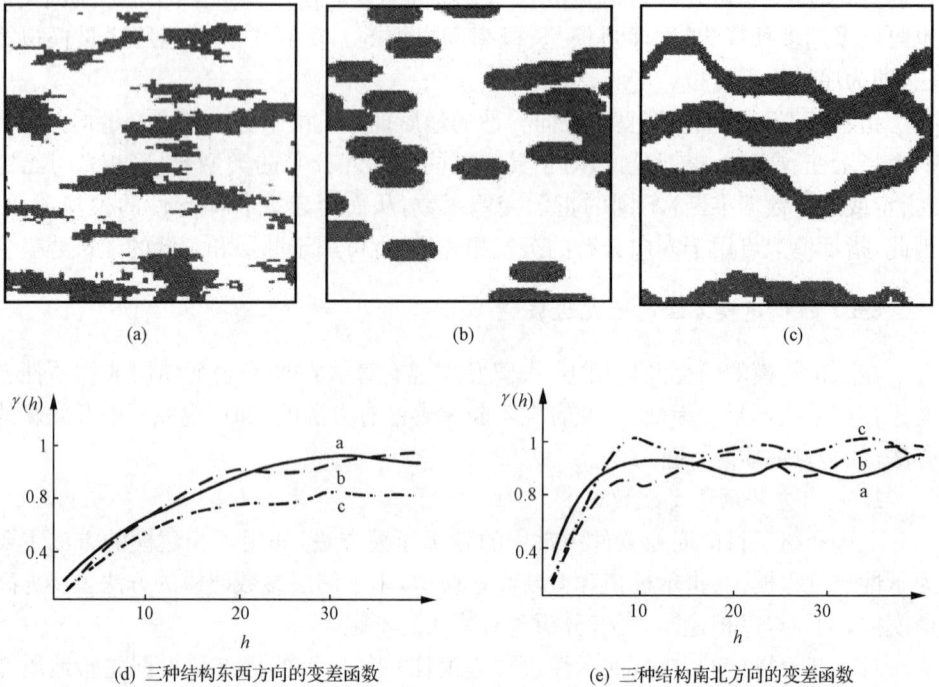

图 12-8　变差函数不能充分反映空间各向异性(Caers J 和 Zhang T,2002)

2. 多点地质统计随机模拟方法

多点地质统计学是相对于基于变差函数的二点统计学而言的。由于实际的复杂地质体很难通过两点相关性来表达,因此,变差函数难于表达复杂地质体。为此,在多点地质统计学中,抛弃了变差函数的概念,应用"训练图像"代替变差函数表达地质变量的空间结构性,因而可克服传统地质统计学不能再现目标几何形态的不足。同时,由于该方法仍然以像元为模拟单元,而且采用序贯算法(非迭代算法),因而很容易忠实硬数据,并具有快速的特点,故克服了基于目标的随机模拟算法的不足。因此,多点地质统计学方法综合了基于像元和基于目标的算法优点,同时克服了已有的缺陷。

多点统计学着重表达多点之间的相关性。"多点"的集合则用一个新的概念,即数据事件(data event)来表述(Strebelle 和 Journel,2001)。

考虑一种属性 S(如沉积相),可取 K 个状态(如不同相类型),即 $\{s_k, k=1,2,\cdots, K\}$,则一个以 u 为中心,大小为 n 的"数据事件" d_n 由以下两部分组成:

① 由 n 个向量 $\{h_a, a=1,2,\cdots,n\}$ 确定的几何形态(数据构形),亦称为数据样板(data template),记为 τ_n;

② n 个向量终点处的 n 个数据值。如图 12-19(a)为一个五点构形的数据事

件,由一个中心点和四个向量及数值组成。多点统计则可表述为一个数据事件 d_n = $\{S(u_a)=s_{k_a},a=1,\cdots,n\}$ 出现的概率,即数据事件中 n 个数据点 $s(u_1)\cdots s(u_n)$ 分别处于 $s_{k_1}\cdots s_{k_n}$ 状态时的概率,也可表述为 n 个数据指示值乘积的数学期望,即

$$\mathrm{Prob}\{d_n\} = \mathrm{Prob}\{S(u_a)=s_{k_a};a=1,\cdots,n\} = E\left[\prod_{a=1}^{n} I(u_a;k_a)\right]$$

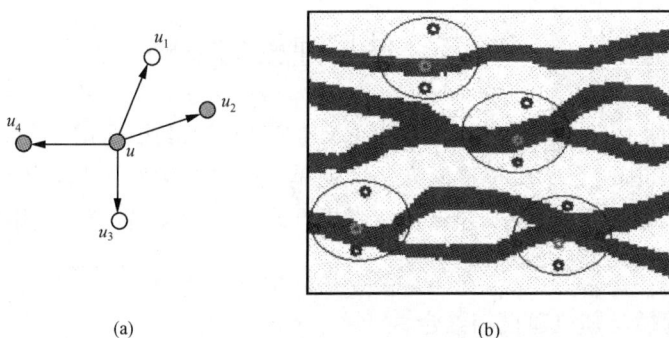

(a)　　　　　　　　　　　　　　　　　　(b)

图 12-9　数据事件与训练图像示意图

(a) 数据事件:由中心点 u 和邻近四个向量构成的五点数据事件,其中 u_2 和 u_4 代表河道,
u_1 和 u_3 代表河道间;(b) 训练图像:反映河道(黑色)与河道间(白色)的平面分布。
图内四个圆环表示数据事件对训练图像扫描的四个可能的重复

在实际建模过程中,上述多点统计或概率难于通过稀疏的井资料来获取,而需要借助于训练图像。训练图像为能够表述实际储层结构、几何形态及其分布模式的数字化图像。对于沉积相建模而言,训练图像相当于定量的相模式,它不必忠实于实际储层内的井信息,而只反映一种先验的地质概念,如图 12-9(b)为一个反映河道(黑色,编号为1)与河道间(白色,编号为2)分布的训练图像。一个给定的数据事件的概率则可通过应用该数据事件对训练图像进行扫描来获取。

因此,通过扫描训练图像,可获取未取样点处的条件概率分布函数,如图 12-9 所示。图 12-9(a)为模拟目标区内一个由未取样点及其邻近的四个井数据组成的数据事件,当应用该数据事件对图 12-9(b)的训练图像进行扫描时,可得到 4 个重复,即 $c(d_n)=4$,其中,中心点为河道(黑色)的重复为 3 个,即 $c_1(d_n)=3$,而中心点为河道间(白色)的重复为 1 个,即 $c_2(d_n)=1$,因此,该未取样点为河道的概率可定为 3/4,而为河道间的概率为 1/4。

多点地质统计学随机模拟方法(如 Snesim 算法)也是基于像元的算法,其与传统的二点统计学随机模拟方法(如序贯指示模拟 SIS)的本质差别在于未取样点处条件概率分布函数的求取方法不同。前者应用多点数据样板扫描训练图像以求取条件概率分布函数,而后者通过变差函数分析并应用克里金方法求取参数条件概率分布函数。正是这一差别,使多点地质统计学克服了传统二点统计学难于表达

复杂空间结构性和再现目标几何形态的不足。

多点地质统计学的发展迄今只有 10 多年的研究历史,方法上远未成熟,在训练图像平稳性、目标体连续性、综合地震信息等方面尚需进一步加以完善。多点地质统计学为一个新的学科分支,诸多方面需进一步深入研究,其发展可谓任重而道远。

第三节 储层建模的策略

目前,市面上有很多建模软件,如 RMS/STORM、HERISIM、RC^2、GOCAD、GridStat 等,其中配置了多种建模方法。但是,在实际的建模过程中,为了建立尽量符合地质实际的储层模型,还应切实考虑合理的建模策略,充分应用地质原理和地质知识对建模过程进行地质约束。

一、确定性建模与随机建模相结合

在实际的建模过程中,为了尽量降低模型中的不确定性,应尽量应用确定性信息来限定随机建模过程,这就是随机建模与确定性建模相结合的建模思路。通过多学科资料,可以提取井间储层的一些确定性信息,如通过层序地层学研究确定层序格架、等时界面及洪(湖)泛泥岩的分布,应用生产动态资料确定井间砂体的连通性信息等。另外,为降低模型的不确定性,应尽量应用多种资料(地质、测井、地震、试井等)进行协同建模。

二、等时建模

沉积地质体是在不同的时间段形成的。一般地,各时间段的砂体沉积规律有所差别(由于物源供应及沉积作用的差别)。在建模过程中,若将不同时间段的沉积体作为一个层单元来模拟,则不能反映各层的实际地质规律,导致所建模型不能客观地反映地质实际。另外,储层建模过程中的三维网块化一般是在层内进行的,即在层内按等厚或等比例进行三维网块划分,显然,若将不同时间段的沉积体按等厚或等比例地进行网块划分在地质上是不甚合理的。

因此,为了提高建模精度,在建模过程中应进行等时地质约束,即应用高分辨率层序地层学原理确定等时界面,并利用等时界面将沉积体划分为若干等时层。在建模时,按层(zone)建模,然后再将其组合为统一的三维沉积模型。这样,针对不同的等时层进行三维网格化,可减小等厚或等比例三维网格化对井间赋值带来的误差;同时,针对不同的等时层输入不同的反映各自地质特征的建模参数,可使所建模型能更客观地反映地质实际。这就是等时约束建模的主要目的。

三、成因控制建模

　　沉积相的分布是有其内在规律的。相的空间分布与层序地层之间、相与相之间、相内部的沉积层之间均有一定的成因关系,因此,在相建模时,为了建立尽量符合地质实际的储层相模型,应充分利用这些成因关系,而不仅仅是井点数据的数学统计关系。

　　相的成因关系主要体现于层序地层学原理及沉积模式方面。近 20 年来,地质学的飞速发展使人们充分认识到沉积与海平面、构造、气候的关系,并发展了层序地层学这一重要地学分支学科。它对控制沉积物的动态机制有了更好的理解。人们研究的重点已从纯粹的岩性对比转移到成因对比。可容空间和沉积物供给之间的关系控制了纵横向相序。相模式则体现了相带之间及相带内部的成因关系。各种相均有其基本相模式,各亚相类型、微相空间分布关系和特征均有理论性的综合和描述。例如曲流河的二元结构、点沙坝的侧向加积、垂向层序特点,以及河口坝的前积和垂向层序等特点。

　　因此,在相建模时,不论是确定性建模还是随机建模,均应充分应用层序地层学原理及沉积相模式来约束建模过程,即应用层序地层学原理确定等时界面及等时地层格架,并在由等时界面限制的模拟单元层(zone)内,依据一定的相模式(相序规律、砂体叠加规律、微相组合方式以及各相几何学特征)选取建模参数,进行沉积相的三维建模研究。本书第二章介绍了不同沉积类型的储层相模式,以此作为储层建模的地质基础。

四、相控建模

　　就储层参数(孔隙度、渗透率、含油饱和度)建模而言,传统的建模途径主要为"一步建模"(one-stage modeling),即直接根据各井储层参数进行井间插值以建立储层参数三维分布模型。这种方法比较简便,但值得注意的是,它主要适合于具有单一微相分布或具千层饼状结构的储层参数建模,因为在这种情况下,目标区的储层参数具有同一的统计分布。但对于具有多相分布或复杂储层结构(如拼合板状和迷宫状结构)的储层来说,由于不同相的储层参数分布(例如直方图)有较大的差别,因此,应用这种方法将影响甚至严重影响所建模型的精度。事实上,具单一微相分布的储层很少,特别在陆相储层中更为少见。

　　在这种情况下,应采用"相控建模"(facie-controlled modeling)或"二步建模"(two-stage modeling)方法,即首先建立沉积相、储层结构或流动单元模型,然后根据不同沉积相(砂体类型或流动单元)的储层参数定量分布规律,分相(砂体类型或流动单元)进行井间插值或随机模拟,建立储层参数分布模型。

　　这种多步随机模拟方法不仅与所研究的地质现象吻合,而且能避免大多数连续变量模型对于平稳性/均质性的严格要求。实践证明,这是符合地质规律的、行之有效的储层参数建模方法。

五、原型模型的"借用"

克里金插值和随机模拟的输入参数主要为各种统计特征参数,其数值在很大程度上决定着插值或模拟实现是否符合客观地质实际,因此,正确地确定统计特征参数是储层参数建模成败的关键。对于不同的随机模拟方法,模拟输入的统计特征参数有所不同。如示性点过程要求的统计特征参数主要为砂体(或相)的形态特征(如形状、长宽比、宽厚比)、产状特征、砂泥比等;高斯域的统计特征参数主要为变差函数和概率密度函数特征值等;指示模拟的统计特征参数主要为指示变差函数和概率密度函数特征值;分形模拟的统计特征参数主要为分形维数(或间断指数)和不同规模的方差。

一般地,当目标区井点较多时,统计特征参数可通过井点数据或其他条件数据来求取。然而,在井点较少的情况下,一般很难把握储层性质和参数的地质统计特征,尤其是平面变差函数(包括平面分形变差函数)。实际上,当模拟目标区内实际的变程(h)小于最小井距时,则单纯应用井点数据计算的平面变差函数反映不了最小井距内储层特征或参数的变异性。因此,必须通过地质类比分析,即通过对原型模型的解剖,把握模拟目标区储层(性质)参数的地质统计特征。

所谓原型模型是指与模拟目标区储层特征相似的露头、开发成熟油田的密井网区或现代沉积环境的精细储层模型。对于露头区和现代沉积区,可以进行三维空间的砂体结构测量,并可在三维空间进行密集采样和岩石物性(孔隙度、渗透率等)测定,取样网格可密至米级甚至厘米级,因此,可建立十分精细的三维储层地质模型(结构模型和参数分布模型)。在开发成熟油田的密井网区,尤其是具有成对井的密井网区,亦可建立原型模型,只不过精度比露头或现代沉积低,但可用于相对稀井网区的随机建模研究。应用原型模型,不仅可以为模拟目标区提供模拟需要的地质统计特征参数,而且可以推导或优选适用于某类成因类型储层的地质统计学方法,即通过对模型采样点的抽稀分析,检验不同地质统计学方法对这类储层进行参数预测的精确度,然后选择(或通过修改提炼)一种精确度最高的方法对同类地下储层进行地质建模。

第十三章　数字油藏

本章在系统调研国内外最新资料的基础上,弄清数字油藏管理模式、关键技术、主要内容、实现流程,并结合油田实际,落实数字油藏未来发展方向,为中国陆上油田数字油藏进程添砖加瓦。

第一节　数字油藏的提出

信息技术在飞速发展,企业的需求也不断出新,信息化建设已经发展到了新的阶段。国内外的石油企业也一样,正面临着信息化建设的新课题。长远的信息化建设目标——数字油藏(digital oilfield),已成为油田建设总体战略目标不可缺少的一部分。

关于数字油藏的定义,目前存在着较大的争论。但是,有一点是被普遍认可的,即数字油藏与数字地球(digital earth)有着密切的联系。虽然数字地球的确切定义也存在分歧,但由于关于数字地球的研究较为深入,所以我们可以从数字地球的含义出发对数字油藏的概念加以探索和推断。如果说数字地球是数字化的地球,那么也可以说数字油藏是数字化的油田。从油田业务的视点出发,一般意义上的数字油藏是油田企业的信息基础设施和企业生产管理的基础信息平台。它以油田为研究对象,以石油的整个生产流程为线索,建立勘探、开发、地面建设、储运销售以及企业管理等多专业的综合数据体系,并将各专业的数据和应用系统进行高度融合。在建立油田生产和管理流程优化应用模型的基础上,利用可视化技术和模拟仿真以及虚拟现实等技术对数据实现可视化和多维表达,并且通过智能化分析模型,为企业经营管理提供辅助决策信息,进一步挖掘生产和管理环节的潜力,使信息化建设更好地服务于企业生产和管理,为油田企业的发展创造良好的信息支撑环境。

数字油藏是石油企业信息化发展的要求,是油田企业的基础信息平台,是油气田数字化的展现,是石油企业信息管理和应用的最佳方式,是企业信息化和可持续发展的基础。数字油藏包括四个主要的部分:

科研的数字化(勘探开发研究过程中的一体化);

生产的数字化(勘探开发生产过程中的一体化与自动化);

经营的数字化(油田商务活动的电子化,即电子商务);

管理的数字化(办公、管理、决策的网络化与智能化)。

数字油藏目的就是实现油田科研、生产、经营和管理的数字化,实现油田企业的信息化和油田信息数字化,高效充分地利用更多信息,找到更多的油、采出更多的油、获得更大的效益。

第二节　数字油藏发展现状与进展

一、国外数字油藏建设现状与进展

人类已经步入了 21 世纪,知识经济革命正在蓬勃兴起,企业信息化的发展更为迅猛,信息和知识已经成为企业的战略资源,企业采集、共享、利用和传播信息的能力已经成为企业竞争优势的重要部分。国际上各大石油公司已经充分认识和体验到信息技术全面应用的作用。为了提高工作效率,降低生产和管理成本,面向全球及时做出生产经营决策,提高精细和综合地质研究的水平和能力,进而提高企业经济效益和增强企业竞争力,他们非常重视信息系统和数据库建设,不断地提升企业信息化建设的水平,实现企业流程再造,变革企业运作方式,向数字油藏(或数字化油气公司)迈进。

首先,国际各大石油公司,如 Shell、Schlumberger、BP-AMOCO 等,建立了与公司相适应的高速计算机网络传输平台,信息化基础设施已经比较完善,内部的勘探开发研究和生产、销售、技术服务等生产经营管理活动都运行在统一、稳定的网络上。不仅日常生产和管理信息通过网络传输,大块的地震数据也已经在网络上接收和处理,从而提高工作效率,降低运营成本。

其次,利用数据银行等数据管理与应用技术,国际大部分油气公司实现了以集中的方式对勘探开发的原始数据和成果数据类信息进行统一的管理,为专业技术人员决策分析、科学研究(包括地震资料处理解释、地质综合解释、油藏描述、测井处理解释等)和生产管理人员的决策提供全面的信息支持。

另外,在信息管理方面,各油气公司均实现了规范化、系统化和网络化,能够为各层次的管理人员提供及时、全面的信息服务。但管理的方式各具特色,有的公司以成本为核心管理生产信息,有的以产量为核心管理生产信息;有的建立了基于数据库的生产信息管理系统,有的采用 EXCEL 等简单表格的方式管理、使用和共享生产信息。

(一)国外石油数据银行的应用情况

通过建立石油数据银行,基本解决了由于石油勘探采集的数据量快速增长而产生的数据存储、管理、数据检索与使用的难题。具体地讲,解决了以下问题:数据分散,不易检索;数据格式不统一,存取困难;数据存储介质老化;数据不完整,可靠性差等。实现了跨部门、跨系统和跨专业的数据共享,从根本上消灭了信息和应用"孤岛",大大提高了数据的利用率以及科学研究和综合分析的水平,降低了软件购买费用和维护费用。

石油数据银行在许多方面是目前数据库管理系统无法比拟的。特别是,传统的数据库系统是针对每个具体学科应用系统的需要建立的,而数据银行则是针对多学科应用软件间数据共享要求建立的。数据银行按照统一的数据模型存放多学科数据。进入数据银行的数据均经过严格的质量控制、审查,确保所有数据的完整性、正确性、唯一性、标准化。数据银行采用高密度大容量存储介质和可靠的备份机制,并具备可视化的数据查询和检索系统,与应用系统的项目数据库(或数据仓库)之间有接口部件。

数据的集中统一管理,开创了数字价值创新的新时代。据国外资料统计,各大油气公司的研究和管理人员,在1996年,仅花费20%的时间在核心业务方面,其余的时间都在寻找数据、访问数据、准备数据、处理文档和归档。通过一体化数据管理,在2001年,研究和管理人员可以把50%的时间用在核心业务方面。很多国际油气公司将在2005年前后实现建立一个初步的数字化空间的目标,这样就可以保证研究和管理人员85%的时间花费到核心业务上。

据有关资料显示,世界500强中一些重要的石油天然气公司认为数据管理是增强企业竞争优势的重要因素,并明确提出了油气企业只有具备了六项数据管理能力,才能建立并维持竞争优势。一是更快、更有效地组织传递信息的能力;二是整个公司内的信息一体化管理能力;三是实现数据输入/输出格式的标准化,保证信息在全公司内畅通无阻的能力;四是实现全公司范围内分布存储数据的集中管理,确保为综合研究提供准确数据的能力;五是建立完善的、能够充分体现数据价值的、可靠支持业务决策工作流程的能力;六是合理调整应用软件,尽量做到应用与数据管理无缝连接的能力。采用石油数据银行的方式是实现上述六项数据管理能力的有效途径。

(二)国际公司勘探与开发一体化情况

勘探与开发、科研和生产信息一体化的建设,促进了国际各大油气公司勘探开发研究和管理决策应用的集成,实现了各系统、各部门间数据共享,加快了企业生产经营管理活动的全面整合。

目前,许多国际大油气公司价值链的完成主要是在计算机集成应用平台上实现的,而且,随着电子商务、供应链管理和客户关系管理的开展,企业资源的整合正不断地扩展,企业运营模式、员工的工作和思维方式也在不断地发生着变革,企业的经济效益也会获得巨大的提高。

随着石油工业的发展和剩余油气藏开采难度的加大,勘探开发的融合越来紧密,对于油藏地质的研究和开发动态分析的要求越来越深刻。为发现复杂油气藏,深入分析开采过程中不断变化的地下形势,制定调整方案,提高采收率,国外油公司多采用地震勘探、油藏工程、生产测井等多学科方法和技术的综合运用,即项目协同工作方式,来提高油田勘探开发的水平。在地震解释、油藏数值模拟、油藏三维地质描述等方面应用了大型的软件系统,并不断推进集成化程度,使得从寻找油藏、认识油藏到开采动态形势分析、方案预测的工作效率和质量大大提高。不少石油软件公司,如 GeoQuest(Schlumberger)、Landmark 近几年都努力使自己的软件集成化起来,形成所谓的石油勘探开发"一体化"解决方案。

(三)国际公司知识管理情况

国外许多大型企业已经系统地开展了知识管理工作。借助信息网络技术,以加快企业知识、经验、专长的传输和交流以及知识创新为目标,实现企业知识共享和企业员工的洲际合作。共享的用户范围正在不断地延伸,不仅包括企业员工,还有供应方、客户,甚至竞争对手。通过知识管理,不仅保护了企业的知识资产,而且加快和拓展了企业智慧的发展。目前,他们正在通过互连企业内有技术专长的员工,建立知识库建设机制,实现企业知识、经验和专长的实时共享。他们的长远目标是依托数据库、知识库和组织学习,致力于构建企业知识共享文化,建立新型人际关系,实现个人应用集体知识,实时地做出生产和管理决策。

(四)国际公司数字油藏模式研究与实现情况

国际上各个大型石油公司都在加紧进行数字油藏的模式研究和建设工作。但各公司对数字油藏的理解和解释都有所不同。有的公司在数字油藏的研究与建设上投入了大量的资源,有的并不使用数字油藏这一概念,有的甚至没有把公司的数字化作为重点考虑的内容。但是,这并不是说他们不重视数字油藏,而恰恰是他们认为自身情况已经距离数字油藏的目标不远了。

各大油气公司对自己的数字油藏的内涵定义也存在很大的区别,但基本可以划入各个流派当中。值得注意的是:他们大多接受狭义数字油藏的内涵,这是因为我国油公司和国外油公司的运作机制不同所致。总的来讲,国外大油气公司的信息化建设水平较高,在勘探开发等数据一体化管理、专业应用、企业管理、信息化建设管理以及信息技术基础设施维护管理等各方面都存在着明显的优势。

二、国内数字油藏建设现状

国内数字油藏的研究与建设情况较为简单,都处于研究和试验阶段。目前大庆油田有限责任公司处于领先地位。

（一）国内各油田数字油藏立项情况

国内各大油田都在大庆油田提出数字油藏的构想之后,相继提出了数字油藏的设想或目标,许多油田已经立项。其中胜利油田的数字油藏架构与大庆油田有限责任公司最为相近,也基本属于广义的数字油藏。其他许多油田(如新疆油田)把数字油藏的目标都基本定义在技术层面上,属于狭义的数字油藏。

2001年,数字油藏被列为"十五"国家科技攻关计划重大项目,塔里木油田承担了这个项目。塔里木油田明确提出了"数字塔里木油田"目标。塔里木油田公司的运作模式在国内是最新的,最接近于国际通行模式,数字油藏在那里最容易实现,这是国家科技部在塔里木油田立项的主要原因。

（二）国内数字油藏的研究与建设情况及主要成果

国内各油田都在着手研究数字油藏。中国石油天然气股份有限公司和中国石油化工股份有限公司等都在进行模式研究和方案论证。

中国石油天然气股份有限公司已经于2000年制定颁发了IT总体规划方案,其下属的勘探与生产分公司正在制定数据中心技术方案。

中国石油化工股份有限公司近年来组织了大批人员、投入了大量资金搞ERP,目前尚未见到明显效果。

以大庆油田有限责任公司为例,已经完成了2003～2005年的信息化建设总体规划,并着重制定了数据资产管理中心(相当于数字油藏的数据层和专题层)的总体技术方案,即将完成数据资产管理中心的详细设计方案。大庆油田有限责任公司已经启动了数据资产管理中心框架设计与建立、多学科油藏数字化研究、勘探开发信息一体化研究、WebGIS油藏研究、人力资源管理系统等数字油藏的部分重点工作,但尚需三年左右的时间才能够基本完成。企业信息门户技术已经在大庆油田公司普遍推广,但与应用系统连接工作还未进行。财务资产等管理系统已经运行多年,效果良好。大庆油田公司在数字油藏思想的指导下于2002年又提出了数字油藏的目标,并将其作为数字油藏的重要组成部分。数字油藏是狭义数字油藏的核心部分。企业模型研究、ERP应用研究正在进行。

企业网基本建成,企业网通过防火墙接入外联网(Extranet)和因特网(Internet)都达到了相当的规模。网络基础设施的完善为今后信息化建设的深入开展提供了保障。

信息开发与应用初见成效,勘探、开发、地面工程、计划、办公自动化等应用取得了较大进展:

(1) 油田主营专业信息系统建设效果显著;

(2) 经营管理信息系统逐步完善;

（3）数据资产管理中心建设启动；

（4）企业信息门户框架建设基本完成。

信息化建设组织机构基本确立，建立健全了信息化建设的组织机构，不少油田公司形成了公司、厂（分公司）、矿（大队）、小队（组）四级信息化管理体系。

人员培训效果显著，以举办企业网应用大赛、组织数据建设研讨会等形式，将培训和解决实际问题结合起来，使广大业务人员在专业人员的指导下，通过解决本职工作中的具体问题，进一步巩固基础培训效果，提高自身应用水平，还重点针对领导干部进行了较大规模的信息技术应用培训。

信息化建设管理水平大幅度提高，信息中心的职能逐渐由单纯的 IT 技术支持向技术服务与信息化建设管理并重转变。通过建立一系列的规章制度和管理办法，对全公司的信息化建设统筹规划、统一安排。制定和完善了信息化工作管理流程，将信息中心的管理职能和岗位规范进行了规范化和文本化。

第三节　数字油藏主要内容及模式

一、数字油藏的主要研究内容

关于数字油藏的研究内容，不同的专家学者可能会根据自己对数字油藏的理解而开列出不同的清单。这种差别估计会相当的大，因为目前不同流派的专家学者为数字油藏设定的内涵虽有所重叠，但仍存在较大的分歧。目前，数字油藏的主要研究内容分为信息技术、地学/石油工程和管理学三个方面。各流派数字油藏的内涵互相重叠，但是企业再造流派的内涵覆盖了其他所有流派的内涵。实际上，所谓企业再造流派就是"全能"流派。

二、数字油藏的模式

数字油藏的概念自诞生以来已经具有了很大的发展。目前，各方面的专家和学者已经给数字油藏做出了很多定义。虽然这些定义出发点不同，表述不一，内容亦有所差别，但是都对数字油藏的概念进行了细化和扩展。总体来说，大部分专家和学者都侧重于数字油藏的技术含义。

数字油藏应同时兼顾了数字油藏在管理方面的内涵。我们认为，数字油藏不仅是技术目标，更是管理目标——总体发展战略的一部分，内涵中同时包括了以下几方面的含义：

（1）数字油藏是数字地球模型在油田的具体应用；

（2）数字油藏是油田自然状态的数字化信息虚拟体；

（3）数字油藏是油田应用系统的集成体；

（4）数字油藏是企业的数字化模型；

（5）数字油藏是数字化的企业实体；

（6）数字油藏的能动者是数字化的人。

为了对比不同专家与学者对数字油藏的观点，粗略地把各种观点划分了若干派别，这种划分方法不一定准确，只是为了更清晰地展示各种数字油藏内涵的差别。

数字地球流派：数字油藏是数字地球的分支，与数字城市、数字农业等同类。强调数字地球的指导作用和 GIS 的作用。

地质模型流派：数字油藏是油田地质的数字化模型。强调对地质实体的模拟功能、模型的互动性和地质属性的精细度。

工程应用流派：数字油藏是油田专业应用系统的集成体。强调应用系统的整合、数据共享和整体实用性。

信息管理流派：数字油藏是企业的神经系统。强调信息流、业务流、知识管理、协同工作环境和决策支持。

企业再造流派：数字油藏是数字化的油田企业。强调信息技术在油田的全面的、深层次的应用，兼顾各流派数字油藏的技术功能和对企业实体的改造作用。重视资源的重整与优化，突出数字油藏的战略意义。

三、数字油藏研究内容

数字油藏可以定义为："数字油藏是某油藏的虚拟表示，能够汇集该油藏的自然和人文信息，人们可以对该油藏虚拟体进行探查和互动。"

自然信息：构造、储层、流体等静态信息——遗传信息。

人文信息：油藏动态信息——变异信息。

探查和互动：模型、模拟、方案、措施显示在数字油藏系统里，可把复杂的地下地质情况转换成动态、可视、可交互的三维图像，可随意沉浸其中直接观察构造和储层，直接设计井位和开发方案、确定钻井轨迹，配合油藏模拟软件，可以追踪油藏的生产史、识别剩余油富集区和大孔道，优化开发方案，改善油藏管理，从而极大地降低开发成本。技术总工和管理决策者不再是传统的审查报告图集和听取多媒体介绍来决策，他们和专业人员一起，通过声控或其他交互，侵入到工作区的油藏及其周围，甚至沿着布设的井迹，触摸那些储层，身临其境地检查成果，调看不同思路的建模和模拟结果，优化决策。基于虚拟可视化决策为主要内容的数字油藏系统是集计算机、网络系统、虚拟实现系统、数据集成共享、滚动和智能化建模以及各种勘探开发应用软件为一体的油田信息化和决策系统，而不是纯用户版的三维可视化地震解释系统。

基于虚拟可视化的数字油藏包括以下几个主要部分：

（1）油藏信息访问与集成；

（2）油藏信息处理与管理：油藏信息处理方法库，油藏知识库；

（3）数字化油藏模型（油藏综合研究、油藏三维模型、油藏模拟模型）；

（4）油藏虚拟现实（reservoir virtual reality）：主计算机和客户机，虚拟现实（virtual reality）投影和侵入交互用户界面，网络系统，虚拟现实系统软件（用于硬软件耦合调试和人机交互），虚拟现实系统的开发兼应用集成平台，虚拟现实应用软件包（从处理、解释到油藏滚动建模等），跨系统异构数据共享，通用的软件开发工具库，通用的应用算法和模块库（例如信号处理、统计分析和离散建模等）。油藏虚拟现实是用计算机图形学构造出酷似真实油藏的一种仿真模拟。这个虚拟的油藏并不是静态的，它可以对用户的输入（手势和动作命令等）做出响应。

实时的交互性、沉浸性及想象：实时性指计算机能探测到用户的输入并同时修改虚拟油藏。虚拟现实是一种高端人机接口，包括通过视觉、听觉、触觉、嗅觉和味觉等多种感觉通道的实时模拟和实时交互。

第四节　数字油藏关键技术

一、数字油藏架构

数字油藏就是由石油行业要求在统一的信息平台上建立起不同信息管理系统和专业软件应用系统，实现全企业所有业务的计算机化、自动化、科学化和规范化管理而提出的概念。数字油藏是其中一个重要的组成部分，是油气藏勘探、开发过程中，多种数据、专业软件、多种成果、可视化技术等的综合信息管理、研究的信息实体。

二、数字油藏的关键技术

（一）数字油藏关键技术概论

数字油藏的研究需要地学、石油工程学、信息学和管理学等多个学科的支持，因此其关键技术也是从属于这些学科的。

在地学方面，数字油藏需要下列理论和技术的支持：

（1）石油天然气地质理论；

（2）沉积学理论；

（3）地球物理与化学理论；

（4）地质建模技术；

（5）地理学应用技术；

（6）空间定位技术；

（7）制图理论。

在石油工程方面,数字油藏需要下列技术支持:

(1) 地震与非地震勘探技术;

(2) 油田开发与采油工艺技术;

(3) 钻井、测井、录井、试油技术;

(4) 油气集输技术;

(5) 地面建设技术;

(6) 设施监控、自动化技术。

在信息学领域,数字油藏需要下列技术支持:

(1) 计算机网络技术;

(2) 信息采集、处理、解释、应用技术;

(3) OpenGIS 和 WebGIS 技术;

(4) 软件工程技术;

(5) 数据库管理技术、数据仓库技术及数据银行技术;

(6) 虚拟现实技术;

(7) 海量存储技术;

(8) 并行计算、移动计算技术;

(9) 信息流分析技术;

(10) 协同工作技术;

(11) 企业信息门户技术。

在管理学领域,数字油藏需要下列技术支持:

(1) 企业战略管理技术;

(2) 系统工程理论;

(3) 组织管理技术;

(4) 风险分析技术;

(5) ERP 技术;

(6) BPR 技术;

(7) 电子商务技术;

(8) 信息管理技术;

(9) 知识管理技术;

(10) 项目管理技术。

其中最为重要的则是虚拟实现技术。

(二) 油藏信息数据处理技术

(1) 多元统计(回归分析、趋势分析、因子分析、判别分析、聚类分析);

(2) 地质统计(各类克里金分析、各种随机模拟);

（3）神经网络模拟及预测技术；

（4）分形预测技术；

（5）模糊识别及模糊综合评判技术。

（三）基于标准化基础上的多井数字处理及评价技术

主要包括储层多井对比、自动测井相分析、沿层切片相分析、多井自动处理、储层参数集总、地质统计分析。

（四）基于精细地层对比的单砂体微相自动识别及储层结构分析技术

在原储层划分对比及井震合一基础上，利用 DISCOVERY 储层划分对比技术、层拉平井间模拟及预测技术、层控井间模拟及预测技术进行砂体规模、边界、连续性及砂体间连通性的识别与预测，进行储层结构分析，描述单砂体在纵横向上的分布规律。

（1）对比标志层选择及油组、砂组标定；

（2）地震层序约束，约束并检验砂组对比方案；

（3）DISCOVERY 储层划分对比，宏观调整时间单元对比方案；

（4）层拉平储层模拟，确定层序、砂组对比界线，进行时间单元初步对比；

（5）层控储层模拟，确定时间单元对比界线。

（五）数字油藏虚拟现实（VR）技术

1. VR 的内涵及特征

1）VR 的内涵

VR 有时也称灵境，其基本概念最早由美国科学家拉厄尔于 20 世纪 80 年代初提出，可看作是可视化技术的延伸，被认为是人机交互最理想的方式。它是一种可以创建和体验虚拟世界的计算机系统。虚拟世界是全体虚拟环境或给定仿真对象的全体。虚拟环境是由计算机生产的，通过视、听、触觉等作用于用户，使之产生身临其境感觉的交互式视景仿真。

因而，为了研究如何设计和构成一个身临其境的灵境系统，需要涉及计算机图形学、图像处理与模式识别、智能接口技术、人工智能技术、多传感器技术、语音处理与音响技术、网络技术、并行处理技术和高性能计算机系统等众多研究领域。

2）VR 的基本特征

（1）多感知性（multi-sensation）

理想的 VR 技术应具有一切人所具有的感知功能，即除了计算机技术所具有的视觉感知外，还有听觉感知、力觉感知、触角感知、运动感知、味觉感知、嗅觉感知等。目前,由于相关技术的限制,特别是传感器技术的限制,VR 无论是从感知范围还是从感知精度都无法与人相比拟。

（2）沉浸（immersion）,也称为存在感（presence）

存在感是指用户身心置于模拟环境中的体验,理想的模拟环境应该达到用户难以分辨真假的程度。存在感的意义在于可以使用户集中注意力,可以将抽象的数据变成熟悉的体验,且从中获取知识。

（3）实时交互性（real-time interactivity）和自主性（autonomy）

实时交互性是指用户对模拟环境中物体的可操作程度和从环境中得到反馈的自然程度。自主性是指虚拟环境中物体依据物理定律动作的自然程度。

2. VR 的应用

虚拟现实技术随着计算机技术、传感与测量技术、图形理论学、仿真技术和微电子技术等的飞速发展而发展。

1）虚拟现实地图的应用

虚拟现实地图是以 VR 为基础的新型数字地图,它可通过多重感觉通道使人沉浸于三维地理环境之中,同时可通过人机交互工具模拟人在自然地理环境中的空间认知方式,并进行各种空间地理分析。

虚拟现实技术在地图学中一个主要应用是制作虚拟现实地图。涉及以下技术：①利用 VR 强大的三维场景构建技术,构造三维地形模型,制作各种地物,真实地再现自然景观;利用其他的环境编辑器对环境进行渲染。②利用 VR 技术多感通道编辑器对以视觉为主的感觉进行仿真,使用户能以真实的感觉"进入"地图。③利用数据手套、头盔显示器等交互工具从分析应用工具箱中提供应用工具,模拟人在现实环境中进行工作,如距离量算、面积计算等。

2）在 GIS 中的应用

在 GIS 中利用 VR 技术的三维场景模型和多感通道编辑器来对三维地物进行视觉的仿真,使人亲临地物之中,具有逼真的感觉。在利用 VR 技术中,地理空间数据库的支持特别重要。地理数据库以地形数据为主,包括地形、水下、居民点、交通线、地物的三维数据等,是生成空间定位地形图像的基础。与之相配合的是地面影像数据库,这是根据已定位的航空照片与卫星照片数字化而成,是构成地形三维图像的重要数据来源。

3）在数字油藏中的应用

数字油藏是信息化社会发展的必然结果,也是 GIS 发展的方向。但要真正建立数字油藏,使其给社会带来好处,VR 技术是关键。只有利用 VR 技术才能真正使油藏变小,使人自由自在地认识、管理、改造油藏。

4）在空间数据不确定性的应用

近年来,空间数据不确定性研究已引起重视,对如何表达其不确定性给人直观的感觉和立体感,许多学者发现虚拟现实技术是比较好的方法。

5) 在空间信息可视化的应用

空间信息可视化一直是中国地图科学家关注的问题,其实现的主要途径是虚拟现实技术。

6) 在其他方面的应用

VR技术在图像处理、军事、电影业、文艺、医疗、娱乐、机器视觉等都有很大的作用。

3. VR的关键技术

VR的关键技术和研究内容包括:

1) 动态环境建模技术

虚拟环境的建立是VR技术的核心,其主要目的是获取实际的三维数据,并依据应用的需要、利用获取的三维数据建立相应的虚拟环境模型,建模的内容还包括对象的物理属性、运动特征和行为特征。

2) 实时三维图形生成技术

三维图形的生成技术已较成熟,而关键是如何"实时生成"。为了达到实时的目的,至少要保证图形的刷新频率不低于15帧/s,最好是高于30帧/s。在不降低图形质量的前提下,如何提高刷新频率是该技术研究的重点内容。

3) 立体显示和传感器技术

VR的交互能力依赖于立体显示和传感器技术的发展。立体显示设备要向质量轻、延迟小、高分辨率、行动限制小或无、跟踪精度高、视野宽化等方向发展。传感器技术在向作用范围大、延迟小、高分辨率方向发展,另外,力觉和触觉传感装置的研究有待进一步的深入。

4) 应用系统开发工具

VR应用的关键是寻找合适的场合和对象,即如何发挥想象力和创造性。选择适当的应用对象可以大幅度提高效率。为达到这一目的,必须研究VR的开发工具。例如:VR系统开发平台、分布式VR技术等。

5) 系统集成技术

由于VR系统中包含大量的感知信息和模型,因此系统的集成技术起着至关重要的作用。集成技术包括信息的同步、模型的标定、数据转换、数据管理模型、识别与合成等技术。

4. 虚拟现实技术的实际运作步骤

虚拟现实技术在数字油藏中占有至关重要的地位。其中:

(1)"多通道虚拟现实投影系统"部分是一个真三维的可视化环境的硬件部分,它通过环形屏幕、CAVE屏幕等视觉环境使用户感觉进入一个虚拟世界,可以看到地下岩层展布、断层形态、圈闭构造、油藏性状。

　　(2)"虚拟现实接口 API 软件",用于硬软件耦合调试和人机交互部分,是虚拟现实可视化环境的软件部分,是虚拟现实应用软件与可视化环境硬件的接口,它的中心任务是把各种模型数据以真三维图形、图像的方式再现出来,包括数据模型的运算、光照的处理、动态图像的刷新、交互设备的信号跟踪等任务。

　　(3)"虚拟现实系统的开发兼应用集成平台"部分是开发环境平台,目前一般是在 Linux 操作系统下,用 QT 作为基础开发语言。较低层次的开发工具是 OPENGL 图形图像软件包,较高层次的开发工具是 WTK,最适合一般用户使用的交互式开发工具是 VEGA。

　　(4)"虚拟现实应用软件包",从处理、解释到油藏滚动建模等部分是数字化油田的软件核心,包括地震数据处理、交互式真三维解释、钻井轨迹设计和油藏动态管理等功能。国外几家大的软件公司已有应用产品,如 Landmark、Geoquest。

　　目前,石油系统引进的虚拟现实可视化中心基本上依靠引进国外产品,因此,开发具有自主知识产权的虚拟现实系统是实施数字化油田战略的当务之急。

　　5. 虚拟现实系统在数字油藏中的重点应用

　　虚拟现实技术在进入石油工业后,迅速、广泛地应用于复杂探区的地震资料三维可视化解释、地质综合研究、井位和井眼轨迹的设计和优化、成熟探区开发方案设计、储层模型建立和油藏数值模拟、虚拟钻井以及海上石油平台的工程设计等勘探开发的各主要环节。

　　1) 可视化的内涵及特征

　　科学计算可视化(visualization in scientific computing)这一术语是在 1987 年由 B. H. McCornick 等根据美国科学基金会召开的"科学计算可视化研讨会"的内容撰写的一份报告中正式提出的。它的基本含义是将科学计算中产生的大量非直观的、抽象的或者不可见的数据,借助计算机图形学和图像处理等技术,用几何图形和色彩、纹理、透明度、对比度及动画技术等手段,以图形图像信息的形式,直观形象地表达出来,并进行交互处理。它涉及图像处理、计算机辅助设计和图形交互技术等相对独立的学科领域。

　　2) 可视化的关键技术

　　可视化的关键技术主要包括:科学技术的可视化、可视化系统设计及体视化技术。

　　科学技术的可视化包括工程计算可视化和测量数据可视化,其核心是三维数据场的可视化。实行三维数据场可视化的步骤一般分两步:首先要进行数据处理,包括数据的精炼和插值、数据的分类和边界提取、数据场梯度值的计算及数据场的滤波和采样等;其次是对数据进行以上处理之后再利用图像生成技术绘制出三维数据场的图像。

　　可视化系统设计必须要考虑:界面友好,交换操作直观方便;模块化设计;开放式系统结构,可扩展性好;多种显示方式;数据管理等。另外,可视化设计正朝着智能化方向发展,只有建立通用的数据模型、知识库和推理机制,可视化技术才能发挥更广泛的作用。

体视化技术是在吸收图像处理、计算机视觉和计算机图形学等相关知识的基础上发展起来的。体视化是以三维基元(体素)来描述整个物体,它包含物体内部的全部信息。体数据的显示一般有两种方法:基于表面的显示方法和基于体素的显示方法。体视化在体数据的表示、分割、匹配及物体表面重建和直接体视等方面还有大量工作要做。

3) 虚拟现实环境下的三维地震资料可视化解释

基于 VR 技术的地震资料解释是地震资料解释技术的一次飞跃,相对常规的技术有如下优点:

(1) 三维模型和数据体的立体显示提供了真实的三维环境,使得技术人员可以有效地发现模型和数据中存在的空间关系;

(2) 三维解释系统的数据预览功能,能够对三维数据体进行透视性观察,可以概略地了解地下构造的轮廓;

(3) 通过体素的自动追踪算法,可以自动完成选定层面的自动描述,实现层位自动解释;

(4) 通过透明体渲染、薄层雕刻等技术可以直接发现地层、岩性异常体,如河道砂体等;

(5) 通过对属性体进行体素子体追踪,可以直接圈定异常体,计算空间展布和体积,并可将其作为特殊的对象研究其内部变化;

(6) 改变了二维空间断层解释的不理想状况,直接在三维空间中进行断层解释,不再需要断层组合等工序;

(7) 可以对数据体同时进行水平切片、垂直剖面组合显示。通过交互动态显示,可以帮助分析人员对地质数据、地球物理数据之间的空间关系产生新的认识。

4) 钻井轨迹设计和油田开发方案设计

虚拟现实技术能在虚拟化显示地震数据及其各种属性体的同时,将井轨迹和各种井数据同时显示于同一个虚拟化立体空间,成为井眼轨迹设计以及钻探跟踪决策的有效工具。

(1) 沿井眼轨迹所在剖面或多井任意连线剖面显示地震数据剖面,使钻井成果和新解释的地质模型进行相互验证;

(2) 在精确三维可视化解释和储层检测的基础上优选钻探靶点,依据钻探地质目标进行三维井眼轨迹论证设计,也可以对已有的井眼轨迹设计进行修正;

(3) 在虚拟现实平台上,地质人员和钻井工程人员协同工作,在地质设计的同时可以完成对定向井的工程设计优化;

（4）在钻探过程中不断用最新钻井成果及时修改原有的地质认识模型,反过来用它指导后续钻井进程和调整方案的决策;

（5）结合网络和井场实时监控分析设备和软件,将钻井数据及时传输至虚拟现实系统,实现勘探项目组人员对钻井过程的实时监控。

5）储层分析和综合油藏管理

采用虚拟现实储层分析和综合油藏管理,可以更准确地了解储层或油藏的空间分布和动态变化,有效地进行油藏开发方案规划设计和实时调整,提高油气采收率,延长油藏寿命。

6）海上钻井平台设计

采用 VR 技术进行海上钻井平台的设计,实现石油钻井平台的虚拟再现、浏览,甚至可以观测平台结构的每个细微之处,可以在平台建造之前就检测并解决设计中存在的问题,降低工程风险。

7）协同工作和决策

在 VR 环境下,多学科工作组或资产小组可以方便地在同一个直观的数据模型中进行交流和协作,分享知识,交流各自的认识和观点。可以在协同环境下对多种方案的风险和优点进行可视化对比、分析和评估,以便选择最佳方案。

6. 虚拟现实系统设计及发展趋势

1）虚拟现实交互地震资料解释系统硬件设计

该系统由大型平面专业投影屏幕、DLP 投影系统、高端图形图像工作站、多通道立体图像处理系统、图像拼接系统、三维交互装置等部分组成。其中,高端图形图像工作站、多通道立体图像处理系统完成虚拟世界的建模、纹理、光照、图像信号输出等功能;图像拼接系统完成立体场景三维图像的同步控制、图像合成亮度平衡等功能;系统由大型平面专业投影屏幕、DLP 投影系统完成虚拟世界场景的生成与再现;三维交互装置进行交互操作,使观察者在虚拟世界进行动态观察、沉浸漫游等操作。

2）虚拟现实系统软件设计

虚拟现实地震资料解释软件是虚拟现实技术在数字油藏中应用的基础和核心。研究中提出了虚拟现实系统软件的初步方案,并以某油田区块数据体为例,完成了软件设计、调试。

该软件具有多功能数据通用接口,可以接收大多数著名地震处理软件的数据输出,如 Landmark、Geoquest 等公司的数据处理软件。软件以交互方式对数据体进行解释。

视网络规模和业务情况,在北京某公司采用光纤或其他提供固定 IP 地址的方式接入,带宽可以选择 1M 至 100M 甚至更大,VPN 网关也相应选用较高带宽和处理能力的高端防火墙产品,同时保障网络信息的安全性,设在世界各地的分公司和出差的移动用户则可以选择其他方式接入,终端较多的分公司可以选择性能较好的硬件 VPN 防火墙网关,而终端较少的分公司和移动用户,则可以安装客户端软件。各用户的 IP 地址设置不能冲突。例如胜利油田驻京单位,采用 2M 光纤接入 Internet,用硬件 VPN 接入远在山东的油田局域网,同时胜利油田分布在全国许多地方的驻外机构都采取专线或其他形式的接入方式与油田网相联,各用户如同在本地局域网内一样共享各种资源。

3)虚拟现实技术的发展趋势

(1)硬件技术的发展。VR 所要求的超级计算、图形图像处理、图像投影及交互等虚拟环境构建硬件技术将得到持续的发展,成本大幅度下降,从而促进 VR 技术的应用和普及。

(2)开放平台 VR 技术的发展。利用 Intel 微机硬件平台＋Linux 自由软件平台＋中低档图形、数字投影设备构建经济型中低档 VR 系统,是 VR 技术的一个重要发展方向和现实途径。

(3)协同分布式 VR 技术的发展。VR 系统已经由单机系统发展到分布式 VR 系统,现在人们正在向支持协同工作的分布式虚拟现实系统即协同虚拟现实(CVR)系统发展。

(4)可视化区域网络技术的发展。可视化区域网络(VAN)的目标是实现全球化用户用各种设备对可视化系统的交互访问以及可视化协同工作。VAN 由高性能的可视化服务端(负责数据的存储管理、可视化计算等任务)、宽带网络和客户端组成。

(5)多感知能力的发展。未来理想的虚拟现实系统将提供人类所具有的一切感知能力,包括视觉、听觉、触觉,甚至味觉和嗅觉。

4)虚拟现实技术在石油工业中的应用展望

随着 VR 技术的日趋完善,预期该技术在石油勘探开发中应用的前景为:

(1)随着技术的进步,VR 系统的成本将不断下降,VR 在石油勘探开发中的应用将逐步普及,预计 5 年后 VR 将成为石油勘探开发数据分析和协同决策的标准平台。

(2)基于开放平台构建的中低档 VR 系统,将成为桌面型数据分析系统的标准配置。

(3)VR 技术与数据银行、数据仓库、知识挖掘、决策支持、知识管理等技术的紧密结合将加快石油工业的数字化进程,引导石油工业由数据集成、应用集成向知识集成、业务流程集成发展。

(4)VR 技术与 GIS 技术、数据管理技术、网络技术的紧密结合将推进"数字油藏"的进程,显著地提高油藏综合管理水平,彻底改变油气工业的工作方式和营运水平,有效地挖掘数字资产的增值作用,增强企业的抗风险能力,保证企业的可持续发展。

总之,通过虚拟实现技术:

(1) 地层模型和数据体的三维显示环境中,技术人员可以从任意角度、任意位置观察三维对象,有效地发现模型和数据中存在的空间关系。

(2) 在三维可视化环境中,不同的地质构造、岩性表现为不同的特点,地下构造的轮廓和分布一目了然。

(3) 应用地震数据体相干处理,突出不相干地震数据体,可以清楚地反映地下断层的空间分布关系。

(4) 利用反射界面的波组特征在目的层反射界面上定义的一个或多个种子点,在三维地震数据体上自动追逐同相轴,实现层位自动解释。

(5) 利用属性体特征定义的种子进行体素子体追踪,可以直接圈定异常体,计算空间展布和体积,并可将其作为特殊的对象研究其内部变化。

(6) 直接在三维空间中进行断层解释,无需断层组合等工序。

(7) 动态显示可以帮助分析人员对地质数据、地球物理数据之间的空间关系产生新的认识。

(8) 基于虚拟现实技术的三维地震解释可以大大缩短解释周期,提高解释精度和质量,减少不确定性,还可以充分挖掘数据体,得到常规地震解释无法得到的新信息、新知识。

三、数字油藏应用描述

数字油藏是一个开放式的全方位应用平台,可以根据油田的生产和管理的需要灵活方便地设计具体的专题应用。如油藏动态模拟、油田虚拟开采、三维地质建模、油水井可视化动态监测、输油管道动态监测与诊断、可视化生产动态管理以及辅助决策分析等等,以下是几个典型应用的简要介绍。

(一) 油藏动态模拟

油藏模拟是用模拟的手段确定油藏的储量和分布情况。数字油藏的油藏动态模拟是根据油藏当前数据和历史数据,建立相应的空间数据仓库,形成对油藏状况的连续模拟,从而可以找出油藏演化的规律,为油藏的开发提供动态的依据。

(二) 油田虚拟开采

油田的虚拟开采是根据某一区块地质构造、油藏储量与分布的特点,在实际开采前,运用三维仿真和虚拟现实的手段,对各种开发方案进行可视化的虚拟实现,如井位的布置、工艺流程等,从而可以比较各种开发方案的效果,为实际开发方案的选定提供辅助决策。

（三）油水井可视化动态监测与诊断

油水井的可视化动态监测与诊断是一种在线对油水状况的实时描述,根据油水井的动态监测数据和测试信息,运用三维可视化技术,可以实现对任一油水井在地下的状况进行模拟,并根据智能化的故障诊断手段,实时地对油水井故障情况作出判断,并能指导工作人员进行维修,从而大大节省工作时间,提高工作效率。

（四）公司运营模拟

在公司数字模型的基础上,可以由计算机系统模拟公司在不同的经济环境、社会环境中的运行情况,使决策者在决策之前对决策实施后的效果有较为准确的估计。公司数字模型还可以提供准确的业务流程情况,找出问题所在,提出改造建议。它还可以监视公司运行的各项指标,在危险时给出警告。

第五节　不同勘探开发阶段数字油藏的建设

如前所述,数字油藏是指在统一的数据平台上,多专业、多学科的信息集成构建的多维虚拟油藏数据体。要从专业和信息两个方面解决,既要解决油藏专业技术问题,又要解决油藏信息管理与应用问题,实现油藏描述与管理的一体化。

数字油藏就是综合利用地震、地质、测井以及构造、储层、岩性、沉积等各种静态和动态资料,建立油藏数据体,能够精细刻画油藏的构造形态、储层分布和流动单元特征及其随时间的变化规律。在油藏数据体的基础上,可以进行重新解释和认识,有利于弄清储层分布和流动单元特征。还可以任意抽取数据,进行数值模拟、剩余油分析、方案制定、生产优化等。

其功能为:

(1) 综合:油藏基础信息的综合体;油藏研究成果的综合体;油藏动态信息的集中表现。

(2) 研究分析:油藏构造研究;油藏储层研究;生产动静态研究。

(3) 油藏显示:普通二维显示;三维立体显示;虚拟现实显示。

(4) 管理:成果的质量评价;VR油藏监控;VR油藏动态管理;VR油藏方案跟踪;滚动勘探开发总体控制;决策支持。

作为数字油藏其最终要实现的技术以及成果是:

(1) 从油藏专业技术方面:

勘探领域:处理、解释、油藏描述和油藏评价的一体化。

开发领域:精细地质研究、建模、数模和剩余油预测的一体化。

最终实现:储量计算、经济评价、开发方案和生产优化一体化。

（2）从油藏信息管理应用方面：

基于 GIS 的油藏管理、查询、分析和综合应用可视化系统，实现数据、图形和信息管理应用的一体化。

上述阐述表明，数字油藏建设如同传统的油藏描述，必须分阶段、分类型进行实施。

一、勘探阶段数字油藏的建设

勘探阶段油藏描述是指从圈闭预探获得工业性油气流到探明储量过程中所进行的综合性油藏勘探和评价。因此该阶段数字油藏建设是基于该阶段数字油藏研究基础上的数据管理和处理以及研究。

该阶段油藏描述以及数字油藏建设的主要任务是综合各方面研究数据，统一管理来描述油气藏的形态和规模，揭示油气藏内部结构和油气分布状况，准确确定油藏概念模型，指导勘探部署，提高勘探程度，以尽可能少的探井控制和探明更多的油气地质储量，并为开发可行性评价提供地质依据。

勘探阶段油藏描述以及相应的数字油藏建设可进一步分为两个阶段。第一阶段：以第一口发现井所取得的各项资料和数据管理为基础，充分利用地震信息，综合研究所掌握数据，对油气藏类型、储集体规模、油气层分布等进行概要性的描述，提交控制储量和提出评价井井位意见，以优化勘探部署，达到以尽可能少的探井控制更多油气储量的目的。第二阶段：以油气藏评价井所取得的各种资料为基础，充分发挥地震和多井综合评价的优势，对油气藏结构和参数的三维分布进行基本的描述，建立油藏概念模型，提交探明储量，并为开发可行性研究及先导开发试验区的选择提供必要的地质依据。主要研究内容包括：构造精细解释及圈闭描述、沉积相研究、关键井研究及多井评价、地震资料特殊处理及储层横向预测、油气藏内流体性质研究及其分布规律描述、储层岩石物理相研究、储层模拟及预测、油藏三维地质模型建立、储量计算及油藏综合评价。

该阶段数字油藏以及油藏描述在综合、统一管理各类数据的基础上进行，具体内容如下：

（1）圈闭描述：综合管理各类数据，利用相应的管理软件编制油组（或油气层）顶面圈闭形态图，进行圈闭特征描述与圈闭发育史分析。研究圈闭级别、形态、面积、闭合高度、断层产状、长度、断距、封闭性等，分析圈闭构造发育史，圈闭对油气的控制作用。并根据地震、地质、测井、测试等方面的资料进行综合分析，研究圈闭和断层对油气聚集的控制作用。

（2）沉积相与沉积模型：根据所管理的分层数据和井信息，进行层序划分与对比，即应用层序地层学方法，利用发现井和评价井的录井、测井和地震资料，进行地层层序划分对比，确定层序的时空展布，并根据描述精度要求划分出进行地震相、沉积相分析的层序单元;进行单井相研究,包括岩心相分析、测井相分析及单井划相;进行地震相分析,开展沉积相综合研究,探讨沉积相对储盖层发育和分布的控制。

(3) 储盖层特征描述:综合管理各类岩石数据,储盖层物性数据,进行储层成岩作用研究,储层储集特征研究,进行测井储层解释,地震储层横向预测及储层综合评价、盖层描述与评价。并利用沉积相、成岩作用、地层岩性组合及各种分析测试资料数据,深入研究盖层封闭机理、微观封闭能力和宏观封闭能力及储盖组合关系,并对盖层进行综合评价。

(4) 油气藏特征描述:综合管理油藏流体数据、岩心、露头、测井、地震等信息数据,主要进行油气层解释及油气水系统划分,准确标定油气藏类型。主要根据圈闭描述、油气藏形成条件,油、气、水分布特征及主要控制因素,分析确定油气藏类型及油气分布规律,确定含油气边界,油、气、水性质及其分布,油气层压力和温度特征,油气井产能。并通过试井和试采确定油气井产能(日产量、采油气强度和指数),分析产能变化特征和高产条件。

(5) 油藏地质模型建立及油藏综合评价:综合管理油藏的整体数据,主要进行油气储量计算,进行油气藏综合评价、经济评价及开发可行性研究,在此基础上,选择先导开发试验区。

二、开发早期阶段的数字油藏建设

开发早期阶段为开发方案初步实施阶段,即全部开发井钻完阶段。油藏描述以及数字油藏建设的任务是综合各类数据并根据前期勘探阶段研究搞清油藏中油气富集规律,指明高产区、段,模拟油藏中流体流动规律,预测可能发生的暴性水淹及储层敏感性,以便进行合理的现代油藏管理,为提高无水采收率及可采储量的动用程度服务。其特殊性表现在,以岩心为基础,利用开发井的测井信息进行"四性"关系的转换、储层及储层参数的准确确定,关键井及多井评价是关键技术,研究的基本单元是小层。描述内容有沉积微相、成岩储集相、储层非均质性、渗流地质特征、小层级别的油藏地质模型,计算开发探明储量(一级)。在开发方案实施阶段还需利用各种测试资料、生产测井资料、生产动态资料所提供的信息进行动态数字油藏建设和油藏动态描述。

这一时期油藏描述的主要内容如下:

(1) 油田构造方面:以钻井资料为主,参考地震成果,重新核实构造图,特别是通过地层、油层对比、逐井落实断点,组合断层,进一步落实一、二、三、四级断层,提交准确的构造图,并结合油、气、水系统等核实断块划分。

(2) 地层划分和对比:全区每口井小层划分、对比及统层。

(3) 沉积相研究:全区沉积微相分析并编制分层组(或重点小层)的微相图。

(4) 油气水系统:根据测井解释结果确定每口井的油、气、水层分布,核实各个界面,按井点修正含油、气边界;作出分油层组(分单层)含油气边界图。

(5) 储层描述:重点内容是搞清油层规模的层间和平面的非均质性;建立分井分层的储层参数数据库;在微相图控制下编制分层组、分单层的各种参数剖面图;分区块、分层组、分单层统计各项储层特性参数,重新作出储层分类评价。

(6) 建立储层静态模型:利用大量开发井的测井资料和地质分层数据直接建立储层静态模型。三维模型的精度要求:300m×300m×(>1.0)m。

三、开发中后期阶段的数字油藏建设

开发中后期数字油藏以及油藏描述是指开发方案全面实施到进行三次采油之前的阶段。该阶段的油藏已全面进入高含水的产量递减阶段。油田开发进入高含水后直到最后废弃前这一阶段又称为挖潜、提高采收率阶段。

这一阶段由于高含水、高采出程度而引起地下油水分布发生了巨大的变化,开采挖潜的主要对象转向高度分散而又局部相对富集的、不再大片连续的剩余油,甚至转向提高微观的驱油效率上来。早期的那种油藏描述方法和精度已远远不能满足这个阶段的开发要求,它要求更精细、准确、定量的预测出井间各种砂体尤其大砂体内部非均质性和小砂体的三维空间分布规律,揭示出微小断层、微构造的分布面貌。油藏描述和数字油藏建设的重点是建立精细的三维预测模型,进而揭示剩余油的空间分布,增加油田采收率。因此把这个阶段的油藏描述以及数字油藏建设称为油田挖潜提高采收率或高含水阶段的精细油藏描述以及精细的数字油藏建设。

为了研究剩余油的展布,这个阶段的研究内容将以储层的非均质变化为基础,以剩余油分布规律为核心,该阶段的具体建设以及研究内容有:

(1) 井间非均质参数的分布;

(2) 平面储层属性参数的变化及表征;

(3) 储层性质在不同开发阶段的变化;

(4) 剩余油饱和度及分布;

(5) 储量复算;

(6) 不同开发阶段油藏流体性质的变化;

(7) 油藏目前的压力、温度场分布、边水及底水的水体体积变化;

(8) 小层及单砂体油藏精细模型。

由于储层非均质特征的差异性、屏障性、敏感性及储层变化的随机性,加之井网的不完善性,导致油水推进在储层的纵横向不均一及油层的动用程度的差异性,剩余油的分布在油藏内部高度的零散。同时,在长期水淹的储层中,储层及流体性质将要发生一系列的物理、化学的变化。

油田进入开发后期,一方面各种资料极其丰富,另一方面地下油水关系复杂,剩余油分布零散,实施各种挖潜、提高采收率措施的难度越来越大,必须更加精细

地描述油藏,因此考虑到该阶段的资料基础和确定剩余油分布的要求及未来的发展趋势,提出了精细油藏描述的概念和方法,认为精细油藏描述以及数字油藏建设应该具有以下特点或达到的目标:

(1)管理数据全、精细程度高。应描述出幅度≤5m 的构造;断距≤5m,长度<100m 的断层;微构造图的等高线≤5m;建立的三维地质模型的网格精度应在100m×100m×(0.2～1.0)m 以内。

(2)基本单元小。该阶段研究的基本单元为流动单元。流动单元划分的粗细与当时的技术水平和要解决的生产问题有关。

(3)与动态结合紧。精细油藏描述不是一个单一的地质静态描述,而必须与油田生产动态资料紧密结合。用动态的历史拟合修正静态的地质模型。

(4)预测性强。不仅能比较准确地预测井间砂体和物性的空间分布,而且要能预测剩余油的分布(包括定性的规律性研究和定量的指标研究)。

(5)计算机化程度高。有完整的油藏描述数据库;油藏描述和地质建模软件应用广泛,大多数(>80%)图件由计算机制作完成。

数字油藏的阶段性建设,就是要在阶段性数字油藏数据综合管理的基础上进行数据的统一、有效调用,进行油藏描述研究。

随着数字油藏的提出,各类数据管理技术以及相应的软件随之研制开发出来,更加加速了数字油藏的建设以及油藏描述的研究,从而更快、更有效地提高了油藏勘探开发的速度和油田的综合管理水平。随着计算机技术和油藏建设技术、理论的日益提高,数字油藏的管理将成为将来油田数据的主要管理、研究模式。

第六节　数字油藏建设进程——以大港油田为例

一、开发信息化取得的成果

(一)油藏工程信息系统建立

从 2001 年开展以重建地质档案库为核心的开发信息化建设以来,经过三年的努力,形成了以数据中心建设为核心,夯实基础资源建设,逐步开展应用建设的格局。在重组改制以前,软硬件配置主要集中在研究中心,各采油厂只有数量很少的用于数据管理的微机。2000 年以来,各生产单位以及研究中心均加大了软硬件的配置力度,目前各单位都已经配备了图形工作站和 SUN 系列工作站以及相应的输入输出设备。同时,根据需要在南部公司、各作业区及研究中心配置了 Discovery 微机油藏描述软件、GMAplus 储层(LogM Suite)正演软件、ISIS 反演软件、FT 地质建模软件、VIP 数值模拟软件(BlackOil Model)、DSS 油田生产动态监控软件等。这些软件油藏描述起到了很好的促进作用。2003 年,已经成功搭建了上游生产信息系统平台,该平台包含了从生产运行、油藏工程、地面工程、采油工程在内的整个上游生产信息。其中油藏工程子系统已经在 2003 年底投入运行。该系统从数据采集、报表查询、单表查询、网上交流、应用扩展等多个层次满足了油藏数据管理应用的需要,特别是在网络技术的支撑下,应用油藏工程分析软件开展实用的在线分析和交流,实现了开发数据管理的革命。中国石油天然气股份公司专家在项目验收中一致认为达到了中国石油的领先水平。目前的网络带宽、服务器数量、存储容量达到了初级数据中心的规模;并基本完成了磁带库、测井库、开发数据库、地质图库、开发文库、空间数据库六大库的建设,为今后实现可视化奠定了基础。

（二）开发信息资源建设

2001 年以来,开展了以重建地质档案库工作为核心的信息化建设工作,编制了实施方案,利用三年的时间开展重建地质档案库工作。建立了开发数据库、开发图库、地理信息空间图库、开发文库、地震磁带库、测井数据库。通过三年多时间的努力,基本构建了以数据中心建设为核心,以数据资源建设为基础,开发数据管理系统和应用系统的信息化建设模式。其成果如下。

1. 开发数据库

目前开发数据库以 ORACLE 数据库系统为支撑环境,将油田开发以来的原 DBASE 格式数据完全迁移到新系统,现已入库的网络共享信息有:1964 年至目前的油水井、油田区块单元动态月度生产数据;单井静态、监测数据、油藏地质静态、分析化验数据;油田公司范围内的油水井每天产生的生产数据已基本做到及时入库和及时上网发布,丰富了数据资源。

2. 开发图库

开发地质图库建设是将大港油田 26 个油田精细油藏描述后的成果图件集中入库管理。该系统应用以 GEOMAP 为制图系统,以 GEOBANK 系统进行图形管理。目前完成港东油田、港西油田、羊二庄油田、唐家河油田、王官屯油田、港中油田、马西油田共计 4200 余张图的矢量化工作。

3. 地理信息空间图库

完成 26 个开发区 200 余个开发单元的地理信息空间图库。

4. 开发文库

开发文库的建设是将大港油田自 1964～2000 年所有的开发方案、措施方案、开发区块研究成果报告、开发月报及其附表、附图册,以电子文档形式保存并在网上发布浏览。共完成 1990～2000 年 834 余份开发报告,以 Word 文档形式保存并实现了网上发布;1964～1989 年开发报告部分纸张、格式、印刷质量很差,采用影印形式保存,目前也已全部完成,共计 688 份,总计全部上网资料 1522 份。2000 年以来开发文档及开发方案全部实现电子归档并网上发布。

5. 测井数据库

2002 年下半年开展了测井资料的数字化工作,将 1986 年以前的 3800 余口井的测井曲线数字化入库,该项工作进度目前已全部完成测井曲线数字化。1986 年至目前的数字测井整理,已整理入库,少量井资料因磁带读不出数据,需要补充数字化成果数据。

6. 地震磁带库

磁带库已接收管理磁带档案 14688 盘(张),并通过地震检测系统,实现了磁带的管理与检测,保存条件逐步完善,保证了信息资源的集中安全存储与共享。

(三)上游生产信息管理——油藏子系统建立与应用

上游生产信息管理系统开发成功,油藏子系统正式运行,建立了一套覆盖油田开发管理全过程的信息采集、传输、处理、存储、维护、分析和系统运行状态的监控网络系统,构建网络化微机应用的油藏管理信息应用平台。整个系统以油田公司各油气生产基层单位数据采集点为数据源,数据整理与汇总逐级由小队到作业区,再到油田公司研究中心的数据中心;油气月报数据再传送到生产分公司油藏工程处。把油田生产管理的全过程作为一个整体,实现生产日报、周报、旬报、月报、半年报、年报及各有关动静态信息的网络化自动统计、分析,为油藏管理、调整部署和决策提供可靠的信息支持,加强了对油气生产过程的管理和控制。

在系统建设中同时实现规范数据库标准、按标准整理和迁移现有数据、完善现有的数据管理等任务。为了推动该系统运行,组织更新了原不能上网的微机,2003 年 8 月至 2003 年底,油气生产单位从采油队、作业区至油田公司全面系统试运行。

2004 年 1 月 1 日,油藏子系统正式运行,油田公司范围内,油气生产单位、国内合作区块、国际合作区块的油水井生产数据全部进入该系统。其实现的内容如下。

1. 系统应用范围

油田公司机关:油气开发处、开发事业部、研究中心。

作业区:一、二、三、四、八区和南部公司的所有地质队和小队。

国际、国内合作区:赵东、孔南、低效区块管理办公室。

2. 报表完成情况

地质日报、月报;产能井跟踪报表;周、旬、月产量变化对比分析类报表;单井开关井、措施、新井等效果对比分析类报表。油气地质综合月报数据上报生产分公司,实现了全面计算机化、网络化的数据共享。

为了充分依靠网络计算机应用管理,自 2004 年 1 月 1 日起,与油藏工程有关的日、月报表一律上网发布与查询。各有关单位纸质油藏工程油、气综合日、月报数据报表的印刷与分发停止。

3. 开通辅助系统

为了保障上游生产信息管理——油藏子系统的顺利运行,建立了"网上交流"论坛和实时交流系统(BQQ),内容涉及系统的使用和常见问题解答及意见反馈、各项应用经验交流,形成了良好的学习氛围,促进了整个油藏地质系统"全员增素质,全面上水平"工作的开展。目前有用户 1300 余人,经常在线人数约 500 人,基本上涵盖了所有油田公司各处室和作业区各科室小队,方便了用户文件交换,提高了解决问题的效率,节约了通讯费用等成本支出。

4. 油藏管理与分析的扩展应用系统开发应用

随着上游生产信息管理系统——油藏子系统的应用,同时陆续开展了油气田地理信息系统、图库发布系统、文库检索等系统开发应用,并相继投入运行,支持和加快了各类信息的应用,提高了管理者、科研人员的工作效率。通过应用系统的使用,缩短了科研人员资料的搜集整理时间三分之二以上,科研人员可以把更多的精力放在研究上。

通过已有的应用带动数据资源建设,原有的数据已不能满足应用系统的需要。因此采取通过应用系统带动数据资源建设。通过两年多的实践,逐渐完善了以下应用系统的开发与建设,这些应用已开展了相应的培训和试运行工作,其内容见表 13-1。

表 13-1 应用系统开发与建设

应用名称	应用范围	应用对象	应用情况
油藏开发效果评价与动态分析	单井小层、油藏开发单元	基层小队、作业区、研究中心、机关部室	试运行
油藏动态监控与分析系统	单井小层、油藏开发单元	作业区、测试公司、研究中心、机关部室	正式运行
油藏工程计算系统	单井、油藏开发单元	作业区、研究中心、机关部室	试运行
基于事例推理 CBR 在油田动态配水中的应用	单井小层、油藏开发单元	作业区、研究中心	试运行
基于事例推理 CBR 在措施筛选中的应用	单井小层、油藏开发单元	作业区、研究中心	试运行
单井措施地质送修设计与管理	单井	基层小队、作业区	试运行
开发生产建设项目监控与优化	单井钻井—试油—投产过程管理	建设单位、作业区、研究中心、机关部室	试运行
钻井地质设计与管理	单井	作业区、研究中心、机关部室	试运行
测井相、沉积微相识别与建立	单井小层、油藏开发单元	作业区、研究中心	试运行
储层损害矿场评价软件	单井	测试公司、作业区、研究中心、机关部室	试运行

采用数据子库与主库互动的方法,在保证应用的基础上,完善主库的结构,加快资源建设。同时利用数据回迁工具,保证数据子库与主库的数据一致性。最终将完成全部数据资源建设,保证业务对数据的需求。

二、数字油藏具体实施内容

(一)数据资源整合及项目库管理

实现各类数据资源的整合,统一数据平台,实现各类数据资源的透明访问。目前涉及的数据内容包括:地震、地质、测井、油藏、钻井、地面工程等专业领域的各种基础数据和成果数据,也包括相关的文档资料。项目库管理的内容主要包括:地震解释项目(Landmark、Geoquest 等解释软件系统)、测井解释项目、地质建模、油藏数值模拟等(图 13-1)。

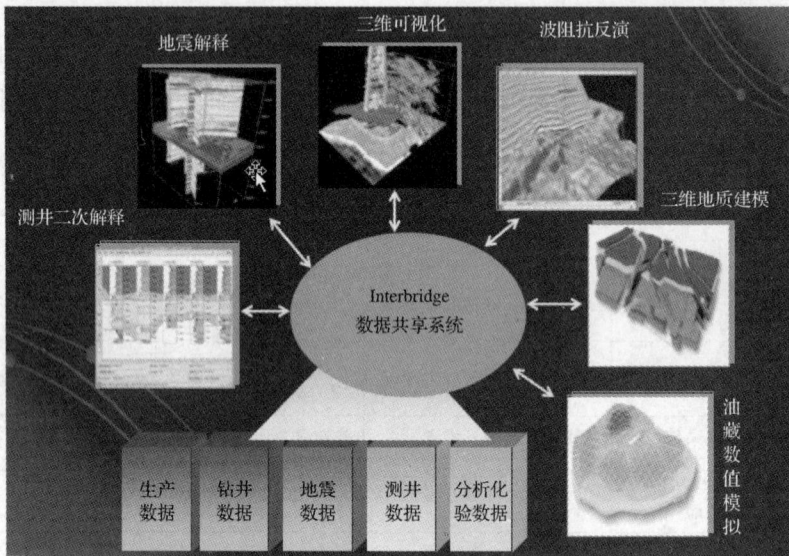

图 13-1　数字油藏

采用石油行业开发领域中不同应用程序之间实现数据共享和数据交换的一个平台,实现跨平台、分布式应用。它的核心基于 Openspirt 提供的功能,同时它又提供了大量的第三方软件数据访问接口和一些实用功能,支持丰富的软件数据来源,它目前支持 Landmark、Geoquest、ISIS、VoxelGeo、Jason Workbench、Strata、FAPS。

其具体功能为:

(1) Landmark、Geoquest、Finder、Openspirit 支持的其他数据源之间的双向

数据交换和共享。

（2）Landmark、Geoquest、Finder与第三方软件系统之间单向的数据交换，支持更多的软件系统，如ISIS、VoxelGeo、Jason、Workbench、Strata、FAPS等。

（3）提供数据输入和输出，输出为石油行业标准的数据交换格式，实现数据库、OpenSpirit不支持的应用软件系统之间的数据交换，方便地传输和使用各类数据。

（4）基于"虚拟工区"概念，统一管理Landmark、Geoframe、ISIS、Jason、Voxelgeo、Strata、FAPS等系统的项目数据，包括井数据、地震数据、层位数据、断层数据等。

（5）统一的数据模型。为了实现在不同的系统之间共享数据，即必须提供一个系统内部一致的数据模型。这个模型就起到了"桥梁"的作用，它在不同体系结构的应用系统之间之间建立了一座沟通的桥梁，实现不同系统之间的互通。数据模型的建立参考了石油行业POSC标准。

（6）可将项目数据保存到成果数据库中，在需要时可以直接恢复工区数据，实现了不同应用软件系统数据的一致性，从而实现不同软件系统之间项目数据的共享。

（7）在线项目成果与文档成果管理，用户能方便地进行数据及成果的共享与查询。

（8）实现不同项目或工区内坐标系统的统一。

（9）实现成果文档的录入、查询、浏览、基本信息编辑功能，成果文档包括Word、PowerPoint、Excel、TXT文档资料，同时还包括各种图形文件，如BMP、GIF、PCX、JPEG等光栅文件以及矢量图形文件，如Geomap、CGM、DXF。通用的图形文件还具备显示功能。成果文档的管理基于Web浏览器方式，系统具备用户权限管理功能，不同权限的用户只能操作该用户权限范围内的文档。B/S模式大大降低了系统对硬件的要求，用户可以在任何拥有浏览器的位置进行文档操作，实现了数据集中管理和用户分布式应用的统一。

（10）标准规范建设：数据模型标准建设、数据交换标准建设、资源整合标准、数据资源管理规范制定、应用软件集成规范。

（二）地震解释、油藏建模、数模可视化

三维可视化是油藏研究、分析、决策和管理的一个重要发展方向，地震解释可视化将帮助更快、更实用、更灵活地发现新的油气藏目标；建模可视化将对目标区块的构造、断层、流体性质等研究和油藏数模建立完整的地质模型；数模可视化将为油藏剩余油分布和动态跟踪预测提供新的途径。

地质综合研究基于一体化研究平台，地震、地质研究成果通过一体化建模软件真实再现地质模型,然后通过网格粗化技术,直接将地质模型传输给一体化数值模拟软件,同时常规油藏工程研究成果,如油藏天然能量评估、井网井距论证、开发层系论证、开采方式论证、采油速度论证等动态研究成果传输给数模软件系统,通过可视化数模软件,将前期的地震、地质以及油藏研究成果进行综合评价,预测油藏可能的开采现状,优化方案的实施。油藏在投入开发后,随着新资料的补充,油气田动态监测分析系统对油气田的动态特征进行进一步的分析评估,同时将油藏的新认识输入到数模软件系统进行重新历史拟合,在结合动态资料的情况下,重新评估前期的地质认识,重新调整地质参数,力求真实反映地下真实面貌,提高油气田的开发水平。

引进先进的三维可视化地震解释系统,能够快速实现以下功能:

(1) 井标定:用已知井数据标定地震反射层是解释工作的一个重要方面。在三维可视化环境下,已知井地质分层数据和测井曲线不仅可以标在主测线和联络线上,而且可与任意方向上的数据体进行对比,观察井间地层变化。

(2) 三维断面解释:可在剖面或切片上精细解释断层,在不同剖面上拾取断层控制点,断层控制点间自动内插形成断面,可同时解释多个断面,可定义断面间的切割关系。

(3) 层位追踪:波形分析法层位自动追踪,可同时使用多个种子点;分析时窗交互定义;追踪结果自动质量监控。可在剖面、切片、任意线上做手动层位解释。

(4) 三维体追踪:同时利用多种属性追踪地质体三维形态,如河道、扇体等,直接形成地质体顶底界面。

(5) 三维体雕刻:可用三维体追踪点集、层位、断面作为约束条件雕刻三维地质体。

(6) 储量计算:可对追踪的点集、雕刻出的地质体进行储量计算,使用容积法,可考虑孔隙度、含油饱和度、不确定性等多种因素。

在三维可视化环境里综合分析各种数据和解释成果,确定目标。

地质建模是保证精细油藏描述,提高地质综合研究能力的方法和手段。构建新的地质建模工作流程,克服了传统建模软件存在的普遍缺陷,从真正意义上实现了从地震、地质、测井数据综合解释到地质建模、整个工作流程的空间数据和过程的有机整合。该地质建模工作流程的特点主要表现在以下三个方面。

简单:由于该地质建模工作流程是基于统一的一体化数据平台,建模过程中所需的地质、地震、测井等各种所需要的原始数据均由数据库统一管理,由此实现了解释—建模—钻井设计等业务研究流程真正意义上的一体化数据管理和支持,保证精细油藏描述及地质综合研究过程更加简洁有效。

综合:多学科一体化建模要求地质、测井、地震等多种数据源能够相互验证,发挥不同数据类型的优势,共同参与整个建模过程。同时,数值模拟的动态成果能够实时地返回到地质建模软件中,对地质模型的精度进行质量控制。

准确:丰富多样的地质统计和空间插值模拟算法,能够满足不同开发阶段、不同数据条件对油藏描述及地质综合研究的需求。

(三)油藏生产综合信息在地理平台应用可视化

随着上游生产管理信息系统的推广运行,汇聚了大量的生产信息,建立了比较完善的数据报表管理信息系统。这些报表是最符合用户习惯的信息展现形式,但它也存在着一些不足:数据枯燥,展现不直观。如果在现有的报表系统中加入部分GIS的功能,使系统图文并茂,把枯燥的数据变成更加直观的、有效的、可视的信息。

1. 地震解释可视化

在 2004 年全部完成 6 个油田的第一轮油藏描述和港东二轮描述解释成果的转录工作,实现在目前研究系统下成果的可视化,完成所有测井曲线的数字化和校正加载工作,让已有的研究成果为油藏开发服务。2004 年,利用 GNT 公司的"微机版油藏描述一体化软件"进行目标区的单工区三维地震解释;2005 年,开始利用该软件和引进的三维可视化地震解释软件进行目标区的精细构造研究,更快捷、更实用、更精确、更灵活的刻画构造和储层模型。

2. 地质建模可视化

应用现有的 FT 地质建模软件,首先对新区港 10-66 断块建立地质模型,为油藏数值模拟提供可靠的构造、储层静态模型。目前所有油田的静态数据均规范入库,应用 FT 地质建模软件,对 14 个注水区块进行建摸工作,逐步实现油藏模型管理可视化。

3. 数值模拟可视化

在三维地质建模的基础上,按照总体研究计划,首先对新区进行了油藏数值模拟研究,为新发现油藏和已开发油藏剩余油的分布和动态跟踪预测提供新的途径,为新区开发方案的编制、老区产能建设、油田综合治理方案的编制提供了可靠的依据。

(四)规模应用信息管理平台,全面实现油藏生产综合信息应用可视化

在上游生产信息查询的基础上,建立了采油一厂信息管理平台及地质工作室(包括整个作业一区的油水井日度、月度生产数据、油水井措施效果数据、动态监测数据、注水受益井数据),一是:实现了区块、单井生产信息查询网络化、阶段产量对比分析、注水管理、区块油藏评价自动化,提高了工作效率及油藏分析的精度。另外建立了地质工作室,按各组室的需求建立了不同的数据库,并及时对数据库进行维护,为油藏分析提供了基础保障。二是:通过综合信息及网络化应用,实现了单

井地质措施送修设计与管理网络化,实现了方案审批自动化,提高了方案运行质量和决策水平。三是:通过使用应用软件,实现了油藏开发效果评价、油藏动态分析计算机化、可视化,提高了油藏分析人员的工作效率和分析水平。如应用"助手2000"软件,快速绘制油田、区块、单井月度开发曲线及油藏评价曲线;"油田开发动态数据分析系统"软件,绘制单井、注采井组日度曲线。未来3年实施计划及安排如下:

(1) 实现从基层到技术部门基础数据的有效传输。实现了地面计量自动化、软件化、网络化,提高作业区与采油队、基层站之间的密切联系和信息的反馈速度,确保生产信息的及时性和准确性。目前采油队计算机少,版本低,而且没有一个采油站配备。

(2) 实现钻井地质方案设计网络化、可视化。新井地质设计、审批工作全面实现网络化、可视化。

(3) 由信息向知识转化,逐步实现油藏管理智能化。目前具有智能化措施筛选软件"CBR措施优选软件"、"CBR动态配水软件",该软件是通过建立各类措施样例进行措施优化和精细注水量调整,现已建立了部分措施样例,并展开了CBR动态配水试验工作。

(4) 油藏开发效果评价与动态分析系统实现软件化、可视化。目前"助手2000"软件和"油田开发动态数据分析系统"软件已全面应用于油藏开发效果评价及油藏动态分析工作中,为油藏动态分析及效果评价提供了便利,提高了技术人员的工作效率和分析水平。2004年引进的"DSS可视化的实时动态监测分析系统"软件、"Dass油藏动态分析系统"软件,可通过导入动静态数据,绘制不同阶段构造图、开采现状图、连通图及单井产量、压力、井筒作业的实时动态监测分析及油藏动态预测等。实现了多种油藏分析方法的综合运用,为挖掘油藏潜力提供更为准确的分析手段。

(五) 规模应用信息管理平台,全面实现方案编制标准化

按油田公司"按标准编制开发方案"的要求,已经编制了新区产能开发方案。按标准进行的方案编制,提高了方案质量,提高了方案实施过程的预见性,提高了对油藏资源有效利用的水平,提高了油田开发的经济效益。已在评价方案、开发方案、调整方案、综合治理方案的编制上,全面实行方案编制标准,严格按开发方案编制标准进行数据准备、内容填写,实现提高方案质量,有效利用资源的目的。同时,通过加强培训,使主要研究人员具备了方案编制能力,注重技术人员综合能力的培养,使其既要掌握地质研究的本领,又掌握各类方案的编制方法,通过实践,建立了一支符合作业区特点的精干综合研究队伍。并实现各类方案的网络共享。

第七节　数字油藏发展趋势及未来展望

一、数字油藏的信息化

从生产、经营和管理的实际需求出发,组织建设生产运行实时数据系统在油田生产、经营和管理中发挥重要的作用。

(一) 搭建全公司快速、安全的信息高速公路

信息化建设必须为油田公司的主营业务服务,为生产经营管理服务,为公司全体员工服务。为了达到此目的必须建立起油田公司的主干高速网络,建立和完善公司各单位的局域网和公司广域网,建立和完善油田公司信息采集、发布和查询系统。尽快开通油田公司的电子邮件系统和办公自动化系统。

(二) 加强劳动资源、物流、资金流的管理

人才和劳动力数据库的建设与应用,可以有效和灵活地组织公司人力资源的配置,做到人尽其能,提高全员劳动生产率。电子商务的应用可以降低采购成本、减少库存积压、提高资金的周转率。因此,必须加强劳动力、物流、资金流的管理,建立健全相应的数据库和相应的应用管理系统。

(三) 勘探开发数据库的建立健全和应用系统的推广

企业管理依赖于对大量数据的分析,因而数据管理不仅是企业基础管理的重要内容,也是企业信息化建设的前提条件和基础。首先要建立统一、完整、操作性强的数据代码编制系统,要建立规范的数据采集、录入制度,确保数据采集的高效、真实和统一;其次是利用先进的软件和设备建立企业统一标准和规范的数据库,在此基础上利用开发工具和软件,在统一平台下去开发和应用,为此油田公司专门建立一个勘探开发数据中心负责各类勘探开发数据的整理、汇集和处理。

(四) 贴近生产、结合实际,建立综合信息应用管理系统平台

综合信息系统的建设其主要目的是让全体员工共享信息资源,提高生产经营和科研水平,这就需要各部门建立好本系统的信息系统,为公司领导和其他部门及时、准确、全面地提供本部门的信息资源。

(五) 更新管理理念,改变管理方式

这些部门分系统具有数据录入、数据管理、数据查询和信息分析等功能。这些

分系统在统一标准、统一平台和操作系统下由各专业部门建立、应用和管理。

二、油藏数字化建设远景规划

油藏数字化建设工程遵循"统一数据流,统一应用平台、统一规划、分步实施"的原则,抓好"四个结合",即"油田公司与股份公司相结合、油田公司与二级单位(部门)相结合、建设单位与使用单位相结合、系统应用与维护管理相结合";加快数字油藏建设步伐,以油田信息化促进管理理念、管理方式的转变,进一步推进公司管理水平的提升。

针对油田内外部环境的变化,为加强内部管理,适应外部环境的需要,油田公司从内外部信息收集入手,启动了"网上油田"的建设工作。进一步建设完善好物探专业数据库、钻井专业数据库、测井专业数据库、地质综合专业数据库(含图形库)等专业数据库。在占有大量信息资源的基础上,不断加强信息研究的力度,开发采油(气)厂专业数据库勘探与生产信息系统一体化应用软件、生产运行地理信息系统,为辅助领导决策发挥更重要的作用。不断加强油田内部数据信息源点建设,主要生产单位初步实现了从井站、井区、作业区、采油厂到油田公司一级一级采集传输汇总,采油作业区的单井产量、测试资料、成本、人员等方面的信息实现了"源头采集,远程调度",并进行了"微机地宫"的试点工作。基层单位应该尽量实现生产数据现场采集、远程传输,初步达到了"一次采集、全局共享"的目的和应用效果。

油田应确立的油藏数字化远景目标:如,勘探数据采集、处理与解释一体化;油气及辅助生产数据采集、处理与分析一体化;勘探开发研究一体化;工程设计、施工及监控一体化;实施网络工程;软件及高性能计算机配套与应用工程;标准化工程;人才工程,建立生产经营综合数据一体化管理应用平台,打造网上油藏,实现真正意义上的"数字油藏"。

主要参考文献

蔡树堂.2002. 企业战略管理,北京:石油工业出版社,329~415.

常子恒.2001. 石油勘探开发技术(上册). 北京:石油工业出版社.

巢华庆等.1997. 大庆油田持续稳产的开发技术. 石油勘探与开发,24(1):36~37.

陈波,田崇鲁.1998.储层构造裂缝数值模拟技术的应用实例.石油学报,19(4):50~55.

陈布科,刘家绎,杜贤樾等.1997. 断面构造体系与油气地质意义初探——以东营凹陷王家岗油田为例. 石
  油实验地质,19(4):317~322.

陈发景.1997. 中国中、新生代含油气盆地成因类型、构造体系及地球动力学模式. 现代地质,11(1).

陈恭洋.2000. 碎屑岩油气储层随机建模. 北京:地质出版社.

陈军,邬伦.2003. 数字中国地理空间基础框架. 北京:科学出版社,233~247.

陈亮等.1996.严重非均质油藏高含水期剩余油分布研究进展. 石油大学学报,20(6).

陈亮等.1998. 三次采油油藏精细描述的关键技术. 石油与天然气地质,19(2):142~145.

陈清华,曾明,章凤奇,等.2004.河流相储层单一河道的识别及其对油田开发的意义.油气地质与采收率,11
  (3):11~15.

陈铁龙.2001. 油田控水稳油技术论文集. 北京:石油工业出版社.

陈永生.1993. 油田非均质对策论. 北京:石油工业出版社,297~303.

陈元,刘中云,曾庆辉.1998. 储层横向相变对剩余油分布的影响[J]. 油气采收率技术.5(1):45~50.

陈元千,李璨.2004. 现代油藏工程[M]. 北京:石油工业出版社,65~71.

成绥民,苏彦春,林加恩,等.2000. 高含水期剩余油分布的现代试井解释[J]. 油气井测试,9(3):1~7.

程绍志.1995. 国外剩余油研究. 北京:石油工业出版社.

丁中一、钱祥麟,霍红.1998.构造裂缝定量预测的一种新方法——二元法.石油与天然气地质,19(1):1~17.

董冬,陈洁,邱明文.1999.河流相集层中剩余油类型和分布规律[J]. 油气采收率技术,6(3):39~45.

窦之林,曾流芳,张志海,等.2001. 大孔道诊断和描述技术研究.石油勘探与开发,28(1):75~77.

范高尔夫-拉特TO著,陈钟祥等译.1989. 裂缝油藏工程基础. 北京:石油工业出版社.

付广,王朋岩,孙洪斌.1998. 断层垂向封闭模式及研究方法. 新疆石油地质,19(1):7~10.

付广,杨勉.2000. 利用地震资料判断断层封闭性的方法探讨,石油物探,39(1):70~76.

付国民,李永军,石京平,等.2003.特高含水期扇三角洲储集层剩余油分布及挖潜途径[J].成都理工大学
  学报(自然科学版),30(2):178~182.

付强,沈川,蒋峰.2003. 有效的项目管理. 北京:中国纺织出版社,309~380.

冈秦麟.1997. 高含水油田改善水驱效果新技术. 北京:石油工业出版社.

葛丽珍,张鹏.2005.秦皇岛32-6油田含水率上升快原因分析[J].中国海上油气,17(6):394~397.

郭莉,王延斌,刘伟新,等.2006. 大港油田注水开发过程中油藏参数变化规律分析[J]. 石油实验地质,28
  (1):85~90.

韩大匡.1995. 深度开发中高含水油田提高采收率问题的探讨[J]. 石油勘探与开发,22(5):47~49.

郝力.2002. 城市地理信息系统及应用. 北京:电子工业出版社,157~171.

何生厚,毛峰.2001. 数字油藏的理论、设计与实践. 北京:科学出版社,15~60.

何生厚,韦中亚.2002. 数字油藏的理论与实践. 地理学与国土研究,18(2):13~15.

何文祥,吴胜和,唐义疆,等.2005.地下点坝砂体内部构型分析——以孤岛油田为例.矿物岩石,25(2):

81～86.

洪峰,宋岩,余辉龙,等.2002.柴达木盆地北缘典型构造断层封闭性与天然气成藏.石油学报,23(2):11～15.

侯读杰,张敏.2001.油藏及开发地球化学导论.北京:石油工业出版社.

侯建国,高建,张志龙等.2005.五号桩油田桩74断块特低渗砂岩油藏微构造模式及其开发特征.石油大学学报(自然科学版),29(3):1～5.

胡向阳,熊琦华.2001.储层建模方法研究进展.石油大学学报(自然科学版),25(1):107～112.

胡雪涛,李允.2000.随机网络模拟研究微观剩余油分布[J].石油学报,21(4):46～51.

姜汉桥,姚军,姜瑞忠.2006.油藏工程原理与方法.东营:石油大学出版社.

李道亮,付丽丽,马建国,等.2004.区块整体调剖技术在濮城油田沙三段油藏的研究与应用[J].特征油气藏,11(5):77～80.

李道品.1997.低渗透砂岩油田开发.北京:石油工业出版社.

李海燕,彭仕宓.2002.应用分形技术预测井间裂缝.石油大学学报(自然科学版),26(6):33～35.

李善军,肖承文.1997.碳酸盐岩地层中裂缝孔隙度的定量解释.测井技术,21(3):205～214.

李兴国.1987.油层微型构造影响油井生产的控制作用.石油勘探与开发,14(2):53～59.

李兴国.1991.中高含水期油田开发地质工作探讨.石油勘探与开发,18(6):53～59.

李兴国.1993.对油层微构造的补充说明.石油勘探与开发,20(1):82～89.

李兴国.2000.陆相储层沉积微相与微型构造.北京:石油工业出版社,206～209.

李阳,王大悦,张正卿,等.2003.油藏评价一体化研究[M].北京:石油工业出版社,138～139.

李阳,王端平,刘建民,等.2005.陆相水驱油藏剩余油富集区研究[J].石油勘探与开发,32(3):91～96.

李阳.2001.河道砂储层非均质模型.北京:科学出版社.

李阳.2003.储层流动单元模式及剩余油分布规律.石油学报,24(3):52～55.

李志明,张金珠.1997.地应力与油气勘探开发.北京:石油工业出版社.

林承焰.2000.剩余油形成与分布.东营:石油大学出版社.

刘国旗,赵爱武,赵磊,等.2001.河流相多层砂岩油藏剩余油描述及挖潜技术[J].大庆石油地质与开发,20(5):34～37.

刘建民,徐守余.2003.河流相储层沉积模式及对剩余油分布的控制.石油学报,24(1):58～62.

刘建民.2003.沉积结构单元在油藏研究中的应用[M].北京:石油工业出版社,101～102.

刘晓艳,李宜强,冯子辉,等.2000.不同采出程度下石油组分变化特征[J].沉积学报,18(2):324～326.

刘志云,宋晓峰,林成岭,等.1999.井间示踪法在储层剩余油分布研究中的应用[J].江汉石油学院学报,21(4):76～78.

卢颖忠,黄智辉,管志宁,等.1998.储层裂缝特征测井解释方法综述.地质科技情报,17(1):85～90.

鲁洪江,等.1999.砂岩油藏剩余油分布地质研究.成都理工学院学报,26(3).

陆克政,漆家福,朱筱敏.2001.含油气盆地分析.东营:石油大学出版社.

吕延防,李国回,王跃文,等.1996.断层封闭性的定量研究方法.石油学报,17(3):39～45.

罗蛰潭,王允诚.1986.油气储集层的孔隙结构.北京:科学出版社.

马世忠,杨清彦.2000.曲流点坝沉积模式、三维构形及其非均质模型.沉积学报,18(2):241～247.

马世忠,等.2000.决口水道沉积模式及其砂体内剩余油形成与富集.大庆石油地质与开发,19(6).

穆龙新,贾爱林,陈亮,等.2000.储层精细研究方法[M].北京:石油工业出版社,21,122～142.

穆龙新,贾文瑞,贾爱林.1994.建立定量储层地质模型的新方法[J].石油勘探与开发,21(4):82～86.

穆龙新.2002.油藏描述的阶段性及特点.石油学报,21(5).

纳尔逊著,柳广弟,朱筱敏译.1991.天然裂缝性储集层地质分析.北京:石油工业出版社,6～26.

彭仕宓,黄述旺.1998.油藏开发地质学.北京:石油工业出版社.

漆家福,Groshong R H Jr,杨桥.2002.用面积平衡原理预测断陷盆地中岩层内部应变及亚分辩断层的方法.地球科学—中国地质大学学报,27(6):693~702.

裘怿楠.1991.储层地质模型[J].石油学报,12(4):55~62

沈建国,陈宇.2003.用声波测井方法识别剩余油需要解决的两个关键问题[J].测井技术,27(1):30~34.

石占中,张一伟,熊琦华,等.2005.大港油田港东开发区剩余油形成与分布的控制因素[J].石油学报,26(1):79~86.

束青林.2006.孤岛油田馆陶组河流相储层隔夹层成因研究.石油学报,27(3):100~103.

宋长伟,李刚,郭志强.1999.用硼中子寿命测井确定低渗透砂岩储层剩余油饱和度[J].测井技术,23(3):176~179.

宋惠珍,曾海容,孙君秀.1999.储层构造裂缝预测方法及其应用.地震地质,21(3):205~213.

孙焕泉,孙国,程会明,等.2002.胜坨油田特高含水期剩余油分布仿真模型[J].石油勘探与开发.29(3):66~67.

孙焕泉.2002.油藏动态模型和剩余油分布模式[M].北京:石油工业出版社,134~138.

谈德辉,余敏.1996.裂缝性油气储层测井解释方法与评价.北京:石油工业出版社.

万天丰,王明明,殷秀兰,等.2004.渤海湾地区不同方向断层带的封闭性.现代地质,18(2):157~162.

汪涵明,张庚骥,李善军.1995.单一倾斜裂缝的双侧向测井响应.石油大学学报,19(6):12~24.

王秉海,沈祯华.1993.胜利油区开发研究与实践.东营:石油大学出版社.

王端平,柳强.2000.复杂断块油藏精细描述技术.石油学报,21(6):111~116.

王佳平,万里春,赵雪梅.2001.用碳氧比能谱测井和多井解释技术确定剩余油饱和度分布[J].测井技术,25(6):456~458.

王家华,张团峰.2001.油气储层随机建模[M].北京:石油工业出版社.

王乃举等.1999.中国油藏开发模式(总论).北京:石油工业出版社,19~75.

王仁铎.1986.线形地质统计学[M].北京:地质出版社.

王瑞平.2001.油气采收率技术论文集.北京:石油工业出版社.

王延忠.2006.陆相水驱油藏断层分割与剩余油富集研究[J].油气地质与采收率,13(2):78~84.

王玉成等.1991.老君庙油田油藏剩余油分布规律研究.石油勘探与开发,18(2):57~64.

王志章.1999.裂缝性油藏描述及预测,北京:石油工业出版社.

王志章,石占中.1999.现代油藏描述技术.北京:石油工业出版社.

魏纪德,杜庆龙,林春明,等.2001.大庆油田剩余油的影响因素及分布[J].石油与天然气地质,22(1):57~58.

吴济畅,陈光明,刘国宏,等.2001.濮城沙二段油藏高含水期剩余油分布及挖潜研究[J].江汉石油学院学报,23(2):26~28.

吴胜和,金振奎,黄沧钿,陈崇河.1999.储层建模[M].北京:石油工业出版社.

吴胜和,李文克.2005.多点地质统计学——理论、应用与展望[J].古地理学报,7(1):137~144.

吴胜和,熊琦华.1998.油气储层地质学.北京:石油工业出版社.

吴胜和,岳大力,刘建民,等.2008.地下古河道储层构型的层次建模研究.中国科学,D辑—地球科学,38:111~121.

吴胜和,曾溅辉,林双运,郭燕华.2003.层间干扰与油气差异充注.石油实验地质,25(3):285~289.

吴胜和,张一伟,等.2001.提高储层随机建模精度的地质约束原则[J].石油大学学报,25(1):55~58

吴世旗.1999.套管井储层剩余油饱和度测井评价技术.北京:石油工业出版社

吴元燕,吴胜和,蔡正旗.2005.油矿地质学[M].北京:石油工业出版社,257～285.

晓光,王德发.2000.储层地质模型及随机建模技术.大庆石油地质与开发,19(1):10～16.

信荃麟.1999.剩余油预测及油气评价国际学术研讨会论文集.东营:石油大学出版社.

熊琦华,王志章,纪发华.1994.现代油藏描述技术及其应用.石油学报,(1).

徐安娜,穆龙新,裘怿楠,等.1998.我国不同沉积类型储集层中的储量和可动剩余油分布规律[J].石油勘探
　　与开发,25(5):41～44.

徐安娜等.1998.我国不同沉积类型储集层中的储量和可动剩余油分布规律.石油勘探与开发,25(5):41～44.

薛培华.1991.河流点坝相储层模式概论.北京:石油工业出版社.

杨辉廷.2004.油藏描述中的储层建模技术.天然气勘探与开发,27(3).

尹太举,张昌民,樊中海,等.2002.地下储层建筑结构预测模型的建立.西安石油学院学报(自然科学版),17
　　(3):7～10.

俞启泰.1996.论提高油田采收率的战略与方法.石油学报,17(2).

俞启泰.1997.关于剩余油研究的探讨[J].石油勘探与开发,24(2):46～50.

俞启泰.2000.注水油藏大尺度未波及剩余油的三大富集区.石油学报,21(2).

袁士义,宋新民,冉启全.2004.裂缝性油藏开发技术.石油工业出版社.

云美厚,刘国良.1997.重力测井技术应用于油藏注水动态监测的可行性研究[J].石油地球物理勘探,32
　　(3):450～456.

曾大乾,张世民,卢立泽.2003.低渗透致密砂岩气藏裂缝类型及特征.石油学报,24(4):36～39.

曾联波,李新兵.1998.准东帐北地区低渗透砂岩储层裂缝分布规律,新疆石油地质,19(3):225～227.

曾联波,刘洪涛,房宝才,邓海成.2004.大庆油田台肇地区低渗透储层裂缝及其开发对策研究.中国工程科
　　学,6(11):73～79.

曾联波,漆家福.2006.油气田开发阶段的构造地质学研究.地质科技情报,25(4):15～20.

曾联波,田崇鲁,刘刚.1998.松辽盆地南部低渗砂岩储层裂缝及其开发特征.石油大学学报,22(2):11～13.

曾联波,田崇鲁.1997.伸展构造区低渗透储层裂缝分布特征.石油实验地质,19(4):344～347.

曾联波,田崇鲁.1998.构造应力场在隐蔽性油气藏勘探中的应用.现代地质,12(3):401～405.

曾联波,文世鹏,肖淑容.1998.低渗透油气储层裂缝空间分布的定量预测.中国石油勘探,3(2):24～26.

曾联波,张建英.2002.辽河盆地静北潜山油藏裂缝及其渗流特征.石油大学学报,26(2):34～36.

曾联波.2004.低渗透砂岩油气储层裂缝及其渗流特征.地质科学,39(1):11～17.

张凤奎.1998.马岭油田剩余油分布规律及综合挖潜[J].石油勘探与开发,25(2):62～64.

张厚福,张万选.1989.石油地质学(第二版).北京:石油工业出版社.

张继焦,吕江辉.2001.数字化管理.北京:中国物价出版社,443～452

张筠.2003.川西坳陷裂缝性储层的裂缝测井评价技术.天然气工业,23(增刊):43～45.

张敏,张俊.2000.水洗作用对油藏中烃类组成的影响[J].地球化学,29(3):287～292.

张守仁,万天丰,陈建平.2004.川西坳陷孝泉—新场地区须家河组二—四段构造应力场模拟及裂缝发育区带
　　预测,石油与天然气地质,25(1):70～74.

张树林.1995.裂谷盆地的断层封闭类型.地球科学,20:250～255.

张幸福.2001.陆相复杂断块油田精细油藏描述技术.北京:石油工业出版社.

张一伟,陈发景,陆克政,漆家福.1996.中国含气(油)盆地的构造格架和成因类型.中国科学D辑,26(2).

张一伟,熊琦华,王志章,吴胜和,等.1997.陆相油藏描述.北京:石油工业出版社,62～63.

张宗檩.2004.济阳坳陷低级序断层组合样式及成因机制.石油大学学报(自然科学版),28(3):1～3.

赵翰卿.2002.储层非均质体系、砂体内部建筑结构和流动单元研究思路探讨.大庆石油地质与开发,21(6):

16~18.

赵永胜. 1996. 剩余油分布中的几个问题. 大庆石油地质与开发,15(4).

周灿灿,杨春顶. 2003.砂岩裂缝的成因及其常规测井资料综合识别技术研究. 石油地球物理学报,38(4)：425~430.

周琦等. 1997. 萨尔图油田河流相储集层高含水后期剩余油分布规律研究. 石油勘探与开发,24(4):51~53

周新桂,张林炎,范昆. 2006. 油气盆地低渗透储层裂缝预测研究现状及进展. 地质论评,52(6):777~782.

王庆,贾东,马品刚. 2003. 微幅度构造识别方法及利用浮力开发油田. 石油勘探与开发. 130(1).

Aitken J F, Howell J A. 1996. High resolution sequence stratigraphy: innovations, applications and future prospects. Geological Society Special Publication No. 104,25~35.

Allan U S. 1989. Model for hydrocarbon migration and entrapment within faulted structures. AAPG Bulletion,73:803~811.

Allen J R L. 1983. Studies in fluviatile sedimentation: bars, bar complexes and sandstone sheets(lower-sinuosity braided streams)in the Brownstones(L. Devonian),Welsh Borders[J]. Sediment Geol. 33:237~293.

Allen P A,Allen J R. 1990. Basin analysis,Principle and Application. Blackwell Scientific Publication,Oxford.

Arpat B G,Caers J. A multiple-scale,pattern-based approach to sequential simulation. GEOSTAT 2004 Proceedings,Banff,Canada,Oct. 2004,7th international Geostatistics Congress.

Bai T,Pollard D. 2000. Fracture spacing in layered rocks: a new explanation based on the stress transition. Journal of Structural Geology,22(1):43~57.

Barker L H. 1998. A review of the oil industry in Barbados: problems and prospects[J]. Geol. Soc. Jam. , Kingston,Jamaica,2~3.

Barton C C. 1995. Fractals in the Earth Sciences. New York:Pointe Plenum Press.

Bates C R,Lynn H B, Simon M. 1999. The strdy of a Natrurally Fracured Gas Reservoir Using Seismic Techniques. AAPG Bulletin,83(9):1392~1407.

Blunt M J et al. 1994. What Determines Residual Oil Saturation in Three-phase Flow? SPE27816.

Bouvier J D. 1989. Three-dimensional seismic interpretation and fault sealing investigation, Nun River Field, Nigeria. AAPG Bulletin,11:1397~1414.

Boxter K. 1998. The role of small-scale extensional faulting in the evolution of basin geometries,an example from the late Paleozoic Petrel sub-basin, northwest Australia. Tectonophysics,287: 21~41.

Brown A R, Edwards G S,Howard R E. 1987. Fault slicing-a new approach to the interpretation of fault detail. Geophysics,52:1319~1327.

Catalan L, Xiaowen F, Chatzis I,et al. 1992. An experimental study of secondary oil migration. AAPG Bulletin, 76:638~650.

Chang M M, et al. 1988. Evaluation and comparison of residual oil saturation determination techniques. SPEFE,251~262.

Chouparova E, Philp R P. 1998. Geochemical monitoring of waxes and asphaltenes in oils produced during the transition from primary to secondary water flood recovery. Organic Geochemistry,29(1-3):449~461.

Cousin E,et al. 1990. Field Measurements of Remaining Oil Saturation. SPE20260.

Damslesh E. 1992. A two-stage stochastic msdel applied to a North sea reservoir. Journal of Petroleum Technology,April, 404~408.

Dembicki H Jr,Anderson M J. 1989. Secondary migration of oil experiments supporting efficient movement of separate, buoyant oil phase along limited conduits. AAPG Bulletin, 73:1018~1021.

Deutsch C V. 2002. Geostatistical reservoir modeling. Oxford University Press.

Deutsch C V, Wang L. 1996. Hierarchical object-based stochastic modeling of fluvial reservoirs. Mathematical Geology, 28(7):857~880.

Eakin B E, Mitch F J, Hanzlik E J. 1990. Oil property and composition changes caused by water injection[J]. Society of Petroleum Engineers of AIME, 65 225~232.

England W A, Mackenzie W S, Mann D M, et al. 1987. The movement and entrapment of petroleum fluids in the subsurface. Journal of the Geological Society of London, 144:327~347.

Galloway W E. 1989. Genetic stratigraphic sequences in Basin Analysis In: Architecture and Genesis of Flooding-surface Bounded Depositional units. AAPG Bulletin, V. 73, No. 2, 125~142.

Gibling M R. 2006. Width and Thickness of Fluvial Channel Bodies and Valley Fills in the Geological Record: A Literature Compilation and Classification. Journal of Sedimentary Research.

Grigorievieh B P et al. 1993. Two Tracer Test Method for Quantification of Residual Oil in Fractured Porous Media. SPE25Z01

Groshong R H. 2001. Forced folds and fractures: Geological Society Special Publication. Tectonophysics, 334 (5):57~59.

Haldorsen H, Damsleth E. 1990. Stochastic Modeling. Journal of Petroleum Technology, 42(4):404~412.

Haldorson H H et al. 1993. Challenges in Reservoir Characterization. AAPG Bull, 77(4), 541~551.

Harding T P, Tuminas A C. 1989. Structural interpretation of hydrocarbon traps sealed by basement normal block faults at stable flank of foredeep basins and at rift basins. AAPG Bulletin, 73:812~840.

Hearn C L, Ebanks Jr W J, Ranganath V. 1984. Geological factors influencing reservoir performance of the Hartzog Draw field, Wyoming. JPT, 1335~1344.

Hennings P H, Olson J E, Thompson L B. 2000. Combining outcrop data and three-dimentary structural models to characterize fractured reservoirs: An example from Wyoming. American Association of Petroleum Geologists Bulletin, 84:830~849.

Hindle A D. 1997. Petroleum migration pathways and charge concentration: a three-dimensional model, AAPG Bulletin, 81:1451~1481.

Holba A G, Dzou L I P, Hickey J J. 1996. Reservoir geochemistry of South Pass 61 Field, Gulf of Mexico: compositional heterogeneities reflecting filling history and biodegradation[J]. Organic Geochemistry, 24 (12):1179~1198.

Holden L, Hauge R, Skare, Skorstad. 1998. Modeling of fluvial reservoirs with object models. Mathematical Geology, 30(5):473~495.

Howard J H. 1990. Description of natural fracture systems for quantitative use in petroleum geology. AAPG. 74(2):151~162.

Jame D L. 1985. Structural Styles in Petroleum Exploration. OGCI publications Oil & Gas Consultants International Inc. Tulsa.

Ji S, Zhu Z, Wang Z. 1998. Relationship between joint spacing and bed thickness in sedimentary rocks: effect of interbed slip. Geol. Mag. , 135(5):637~655.

Jones T A. Using flowpath and vector fields in object-based modeling[J]. Computer & Geosciences, 2001, 27 (1):133~138.

Journel A G. 2002. Combining knowledge from diverse sources: an alternative to traditional data independence hypotheses. Mathematical Geology, 34(5):573~596.

Journel A G. 1983. Non-Parametric Estimation of Spatial Distribution. Math. Geol. ,15,445~468.

Kao C S, Hunt J R. 1994. A plug flow model of liquid infiltration into dry soils[J]. Geophysical Union Hydrology Days, 14:183~193.

Keleispehn K L. 1998. New perspectives in basin analysis. New York:Springer-Verlag.

Laubach S E. 1998. Fracture patterns in low-permeability sandstone gas reservoir rocks in the Rocky Mountains regions:SPE,21853:501~508.

Leeder M R. 1973. Fluviatile fining upwards cycles and the magnitude of paleochannels[J]. GeolMag, 110: 265~276.

Lin Chengyan,et al. 1998. The distribution law of remaining oil in the fluvial sandstone reservoir with high water-cut-An example from the Zhong-1 district in Gudao oil field [J]. Scientia Geologica Sinica. 7(3):395~401.

Matheron G. 1987. Conditional Simulation of the Gemetry of Fluvio-Deltaic Reservoirs,SPE 16753.

Miall A D. 2002. Architecture and Sequence Stratigraphy of Pleistocene Fluvial Systems in the Malay Basin, Based on Seismic Time-Slice Analysis. AAPG Bulletin,86(7): 1201~1216.

Miall A D. 1985. Architectural-Element Analysis: A new Method of Facies Analysis Applied to Fluvial Deposits. Earth Science Reviews,22:261~308.

Miall A D. 1991. Hierarchies of architectural units in clastic rocks,and their relationship to sedimentation rate. In: Miall A D. Tyler N. The three-dimensional facies architecture of terrigenous clastic sediments, and its implications for hydrocarbon discovery and recovery. Soc Eco Paleontol Mineral Conc Sedimentol Paleontol,3:6~12.

Miall A D. 1996. The Geology of Fluvial Deposits: Sedimentary Facies,Basin Analysis and Petroleum Geology. Berlin, Heidelberg. New York: Springer-Verlag.

Miall A D. 1988. Architectural Elements and Bounding Surfaces in Fluvial Deposits: Anatomy of the Kayenta Formation(LowerJurassic),Southwest Colorado[J]. Sedimentary Geology. 155:233~262.

Miall A D. 1991. Hierarchies of architectural units in clastic rocks, and their relationship to sedimentation rate. In: Miall AD, Tyler N. The three- dimensional facies architecture of terrigenous clastic sediments, and its implications for hydrocarbon discovery and recovery. Soc Eco Paleontol Mineral Conc Sedimentol Paleontol,3:6~12.

Milner C W D,Rogers M A, Evans C R. 1997. Petroleum transformations in reservoirs[J]. Journal of Geochemical Exploration,7(2):101~153.

Mitchum Jr R M,Vail P R,Thompson Ⅲ S. 1997. Seismic stratigraphy and global changes of sea level,part2: the depositional sequence as a basic unit for stratigraphic analysis. In: Payton C E. Seismic stratigraphy applications of hydrocarbon exploration. AAPG Memoir 26,53~62.

Narr W,Suppe J. 1991. Joint spacing in sedimentary rocks. J. Struct. Geol. 13(9):1037~1048.

Nelson R A. 1985. Geologic analysis of naturally fractured reservoires. Gulf Publishing Company.

Ngwenya B T,Elphick S C,Bshimmield G. 1995. Reservoir Sensitivity to Water Flooding: An Experimental Study of Seawater Injection in a North Sea Reservoir Analog. AAPG,79,127.

O'Byrne C J,Flint S. 1993. High-resolution sequence stratigraphy of Cretaceous shallow marine sandstones, Book cliffs outcrops Utah, USA-application to reservoir modeling. First Break,11,445~459.

Poelgeest F Van. 1989. Comparison of Laboratory and Insitu Measurements Waterflood Residual Oil Saturations for the Cormorant Field. SPE19300.

Posamentier H W, Jerrey M T, Vail P R. 1988. Eustatic controls on clastic deposition I-conceptual framework. In: Wilgus C K,et al,ed. Sea level changes: on integrated approach. Society of Economic Paleon-tol-ogists and Mineralogists, special publication,42, 109~124.

Qiu Yinan,Xue Peihua,Xiao Jingxiu. 1987. Fluvial Sandstone Bodies as Hydrocarbon Reservoirs in Lake Ba-sin. In:Ethridge FG,Flores R M ed. Recent Development in Fluvial Sedimentology. Special Publ,39:329~342.

Rhea L, Person M, de Marsily G,et al. 1994. Geostatistical models of secondary oil migration within hetero-geneous carrier beds: a theoretical example, AAPG Bulletin, 78:1679~1691.

Richard G G. 1994. Fault-zone seals in siliclastic strata of the Columbus basin, Offshore Trinidad. AAPG Bulletion,78:1372~1385.

Shanley K W,McCabe P J. 1994. Perspectives on the sequence stratigraphy of continental strata. AAPG Bulle-tin, V. 78,No. 4,544~568.

Slatt R M. 1996. Scales of Geological Reservoir Description for Engineering Applications: North Sea Oilfield Example. SPE.

Srivastava R M. 1994. An Overview of stochastic methods for Reservoir Characterization. In: Yarus,Chamber eds. Stochastic Modeling and Geostatistics:Principles,Methods, and Case Studies. AAPG Computer Appli-cation in Geology,No. 3,3~20.

Stephen E Lauback. 1997. A method to detect natural fracture strike in sandstones. AAPG Bulletin,81(4): 604~623.

Strebelle S. 2002. Conditional simulation of complex geological structures using multiple-point statistics. Mathematical Geology,34(1):1~21.

Thomas M M,Clouse J A. 1995. Scaled physical model of secondary oil migration,AAPG Bulletin,79:19~29.

Vail P R. 1987. Seismic stratigraphy interpretation using sequence stra-tigraphy. Part I: seismic stratigraphy interpretation procedure. In: Bally A W. Atlas of Seismic Stratigraphy. Volume1. AAPG, Studies in Geol-ogy, 27,1~10.

Vail P R, Mitchum R M, Thompson S. 1997. Seismic stratigraphy and global changes of sea-level. Part 4. Global cycles of relative changes of sea level. In: Payton,C. E. AAPG,Memoir,26,83~98.

van Wagoner J C,Mitchum H W,Vail R M,et al. 1988. An overview of sequence stratigraphy and key defini-tions. In:Wilgus C K et al. Sea-level changes-an integrated approach. SEPM special publication,42,39~45.

van Wagoner J C, Mitchum R M, Campion K M,RahmanianVelde B,Duboes J. 1990. Fractal analysis of fracture in rocks:the Cantor's Dust method. Tectonophysics,179:345~352.

Weber K J,van Geuns L C. 1990. Framework for constructing clastic reservoir simulation models[J]. JPT, 10:1248~1249.

Weber K J. 1986. How heterogeneity affects oil recovery. In:Lake L W,Carroll H B Jr. Reservoir character-ization. Orlando,Florida:Academic Press, 487~544.

Whelan J K, Kennicutt M C. 1994. Organic geochemical indicators of dynamic fluid flow processes in petrole-um basins[J]. Organic Geochemistry, 22(3-5):587~615.

William R Jamison. 1997. Quantitative evaluation of fractures on Monksbood anticline, a detachment fold in the footballs of western Canada. AAPG Bulletin,81(7):1110~1132.

Wu H,Pollard D D. 1995. An experimental study of the relationship between joint spacing and layer thick-ness. J. Struct. Geol. 17(6):887~905.

Xiao Shurong. 2001. Evaluation of seepage geology in Jingbei fractured buried-hill pool in Liaohe basin. Petro-leum Science,4(1):29~32.

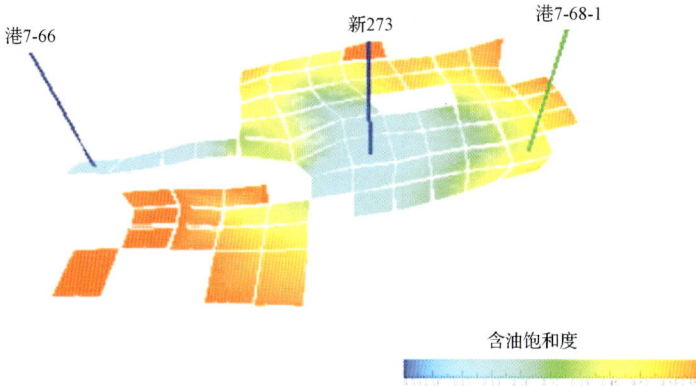

含油饱和度

彩图 1　（说明见正文第 134 页图 6-5）

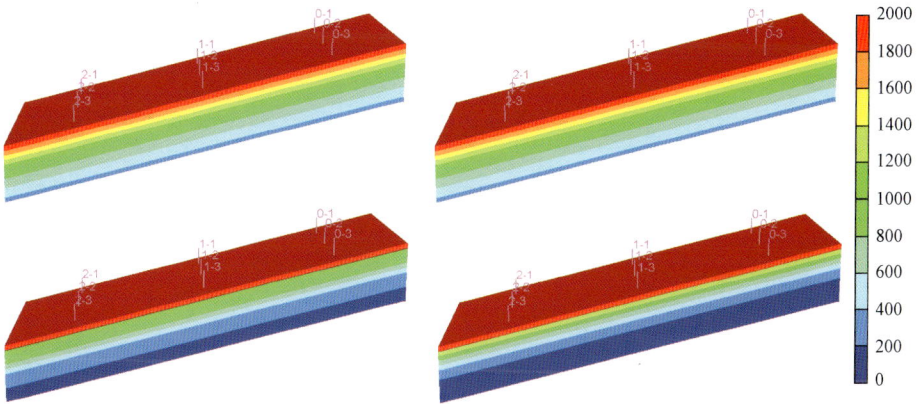

彩图 2　（说明见正文第 140 页图 6-14）

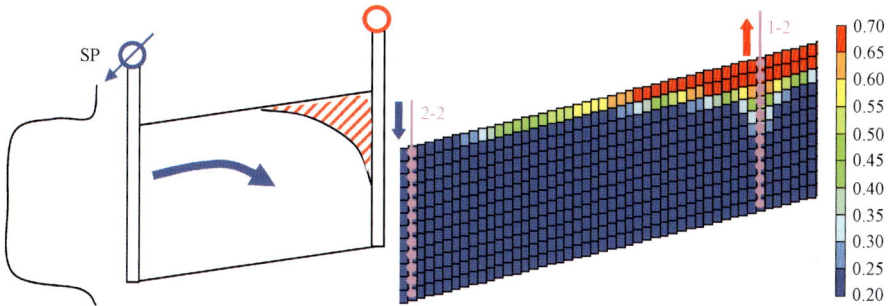

彩图 3　（说明见正文第 142 页图 6-15）

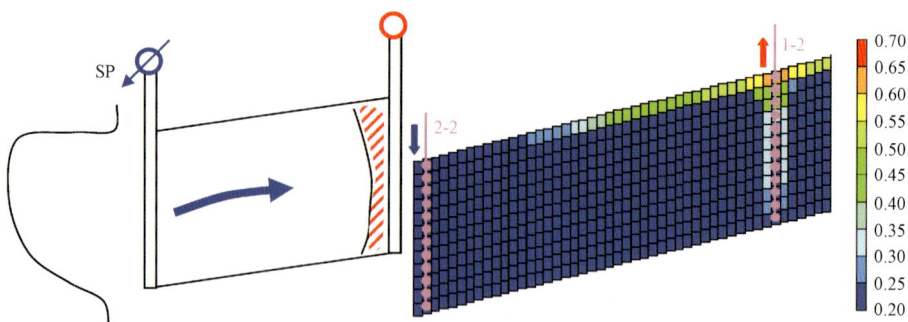

彩图 4 （说明见正文第 142 页图 6-16）

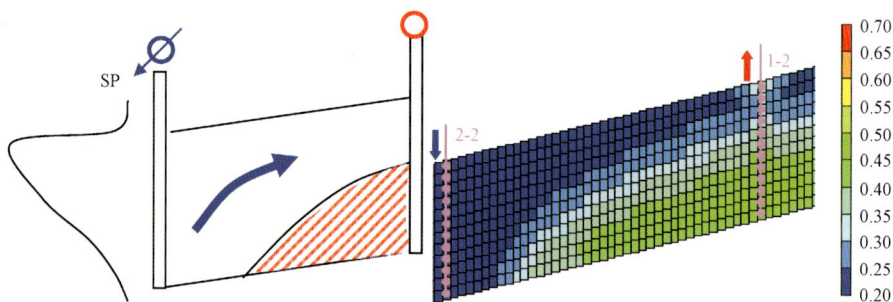

彩图 5 （说明见正文第 142 页图 6-17）

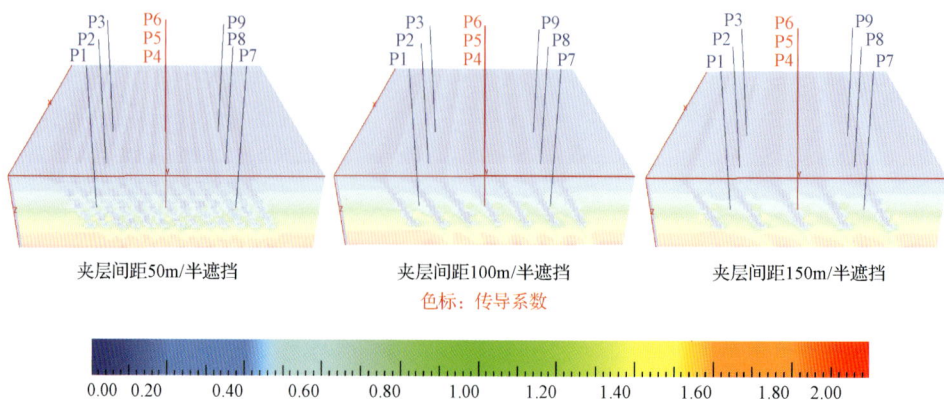

夹层间距50m/半遮挡　　　夹层间距100m/半遮挡　　　夹层间距150m/半遮挡

色标：传导系数

彩图 6 （说明见正文第 150 页图 6-23）

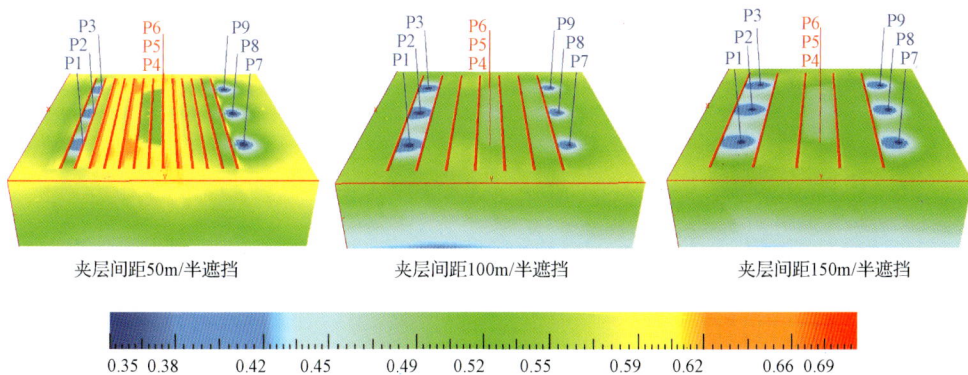

夹层间距50m/半遮挡　　　　夹层间距100m/半遮挡　　　　　夹层间距150m/半遮挡

0.35 0.38　0.42　0.45　　0.49　0.52　0.55　0.59　0.62　0.66 0.69

彩图 7 （说明见正文第 150 页图 6-24）

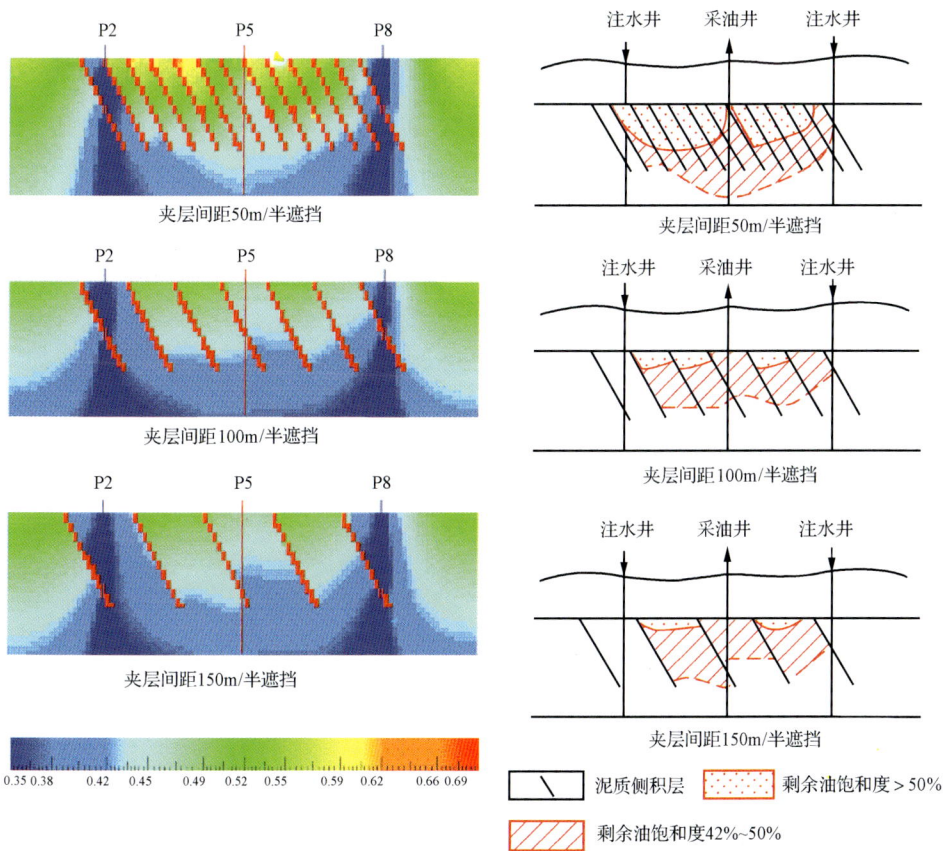

夹层间距50m/半遮挡

夹层间距100m/半遮挡

夹层间距150m/半遮挡

0.35 0.38　0.42　0.45　0.49　0.52　0.55　0.59　0.62　0.66 0.69

泥质侧积层　　　剩余油饱和度>50%

剩余油饱和度42%~50%

彩图 8 （说明见正文第 151 页图 6-25）

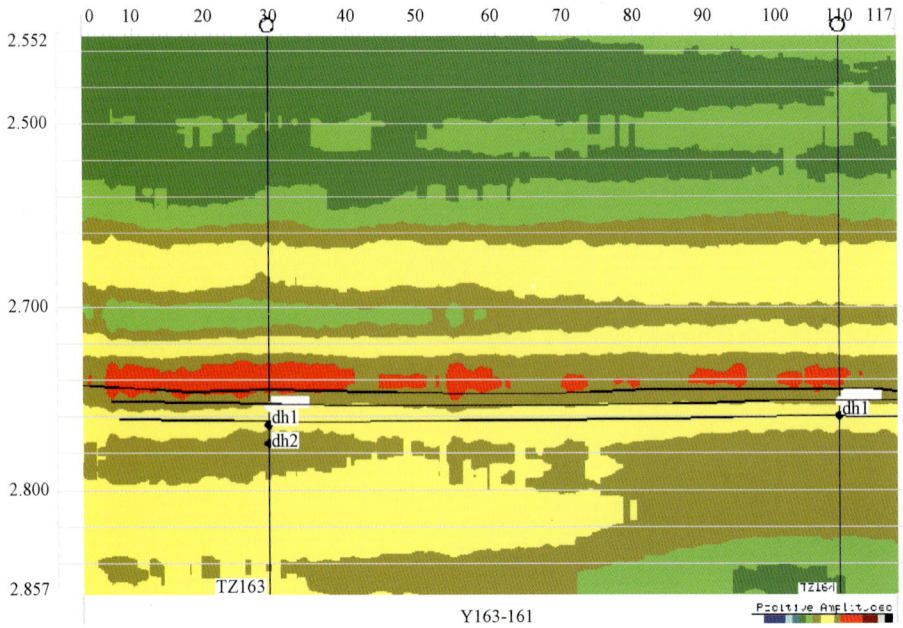

彩图 9 （说明见正文第 223 页图 8-4）

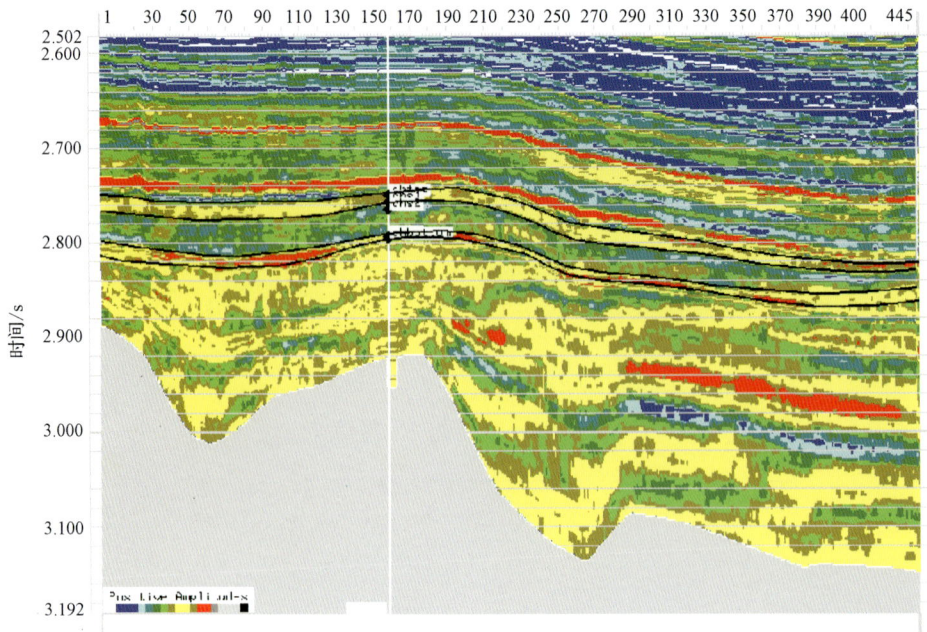

彩图 10 （说明见正文第 226 页图 8-5）

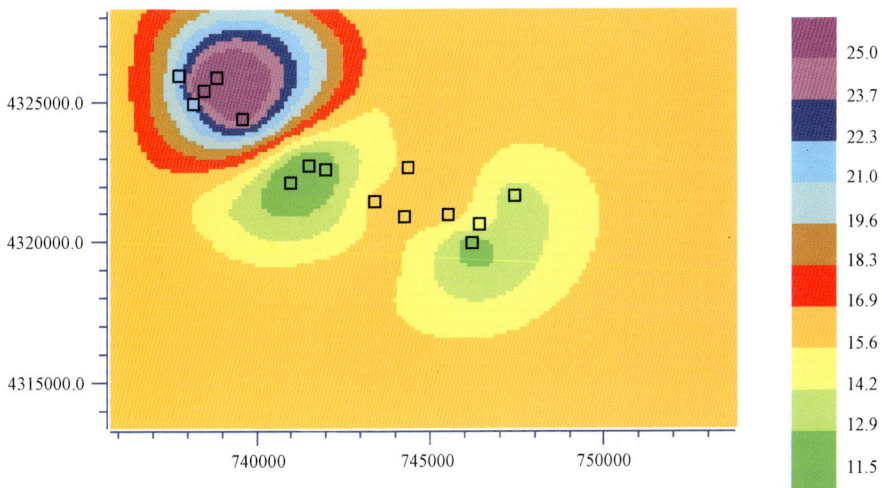

彩图 11 （说明见正文第 235 页图 8-7）

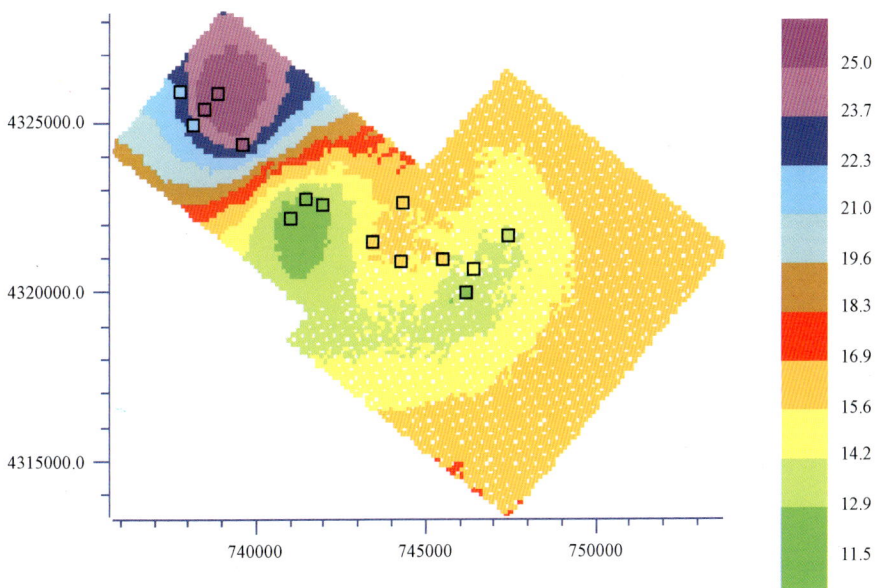

彩图 12 （说明见正文第 236 页图 8-8）

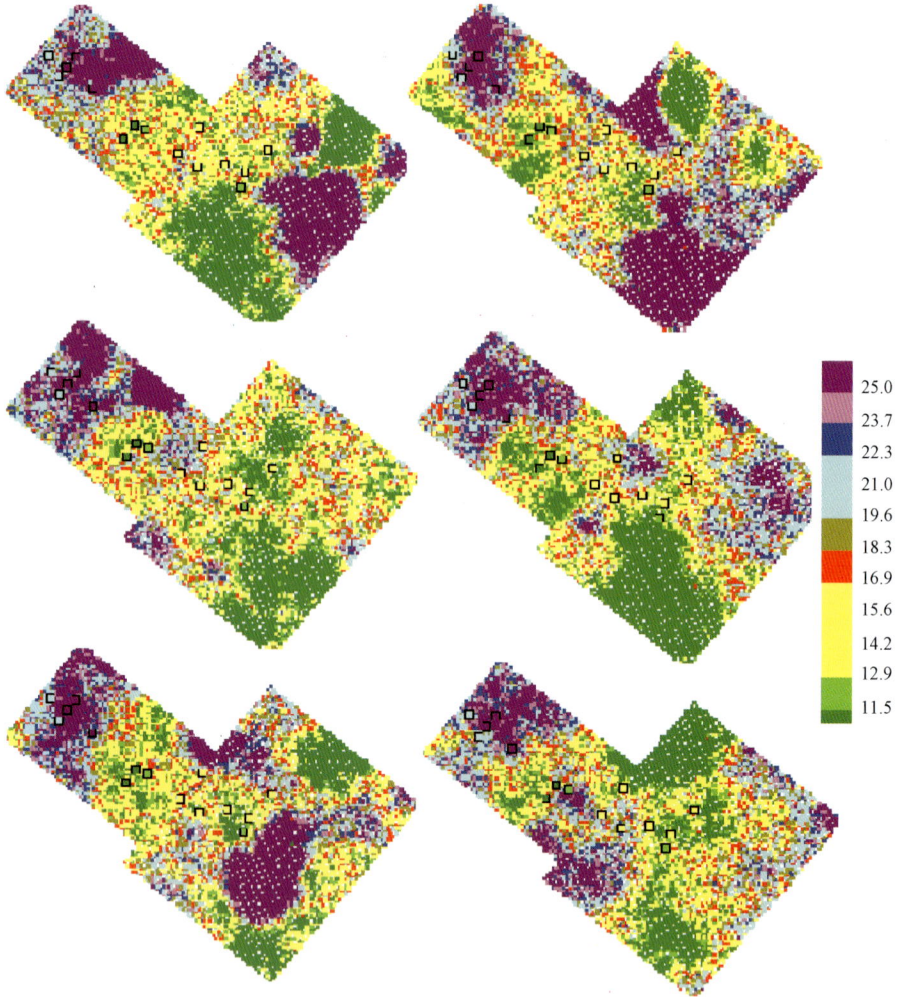

彩图 13 （说明见正文第 237 页图 8-9）

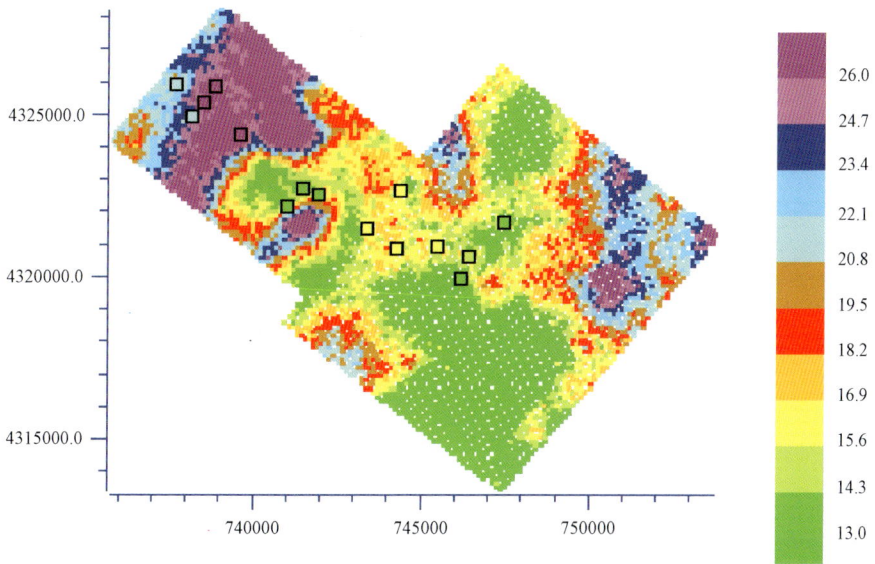

彩图 14 （说明见正文第 238 页图 8-10）

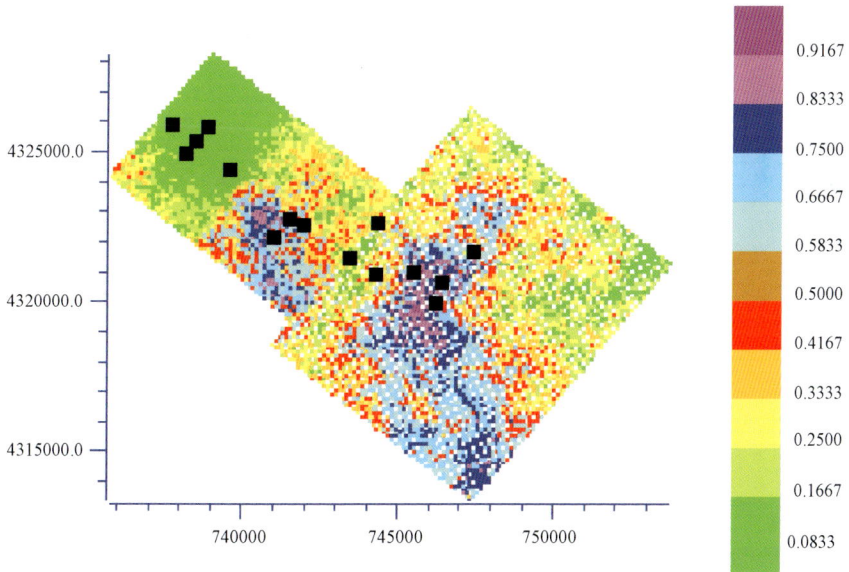

彩图 15 （说明见正文第 238 页图 8-11）

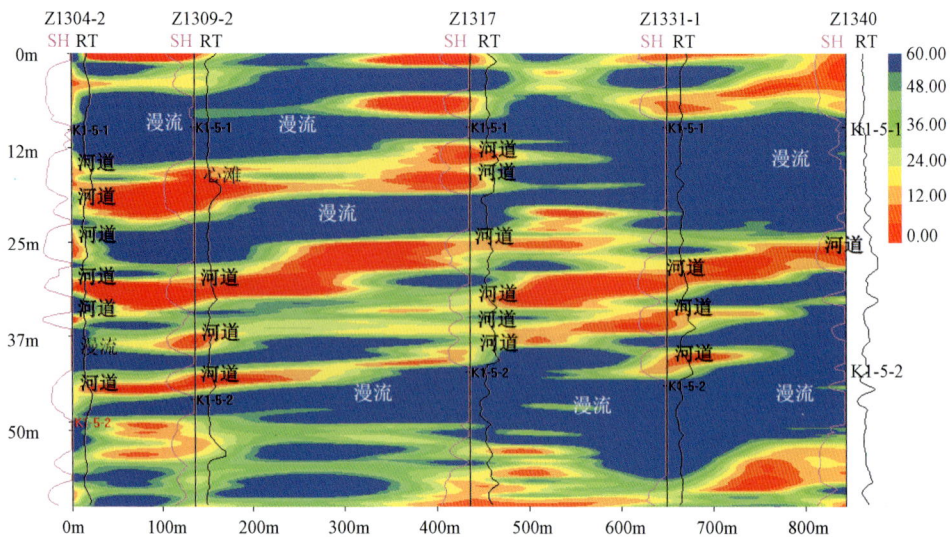

彩图 16　(说明见正文第 246 页图 8-17)

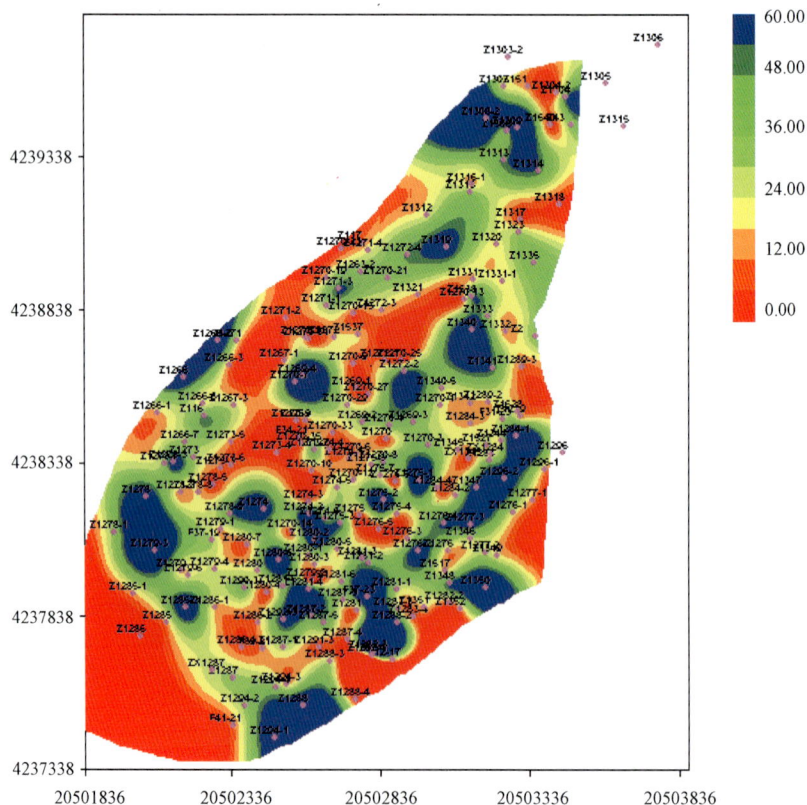

彩图 17　(说明见正文第 250 页图 8-19)

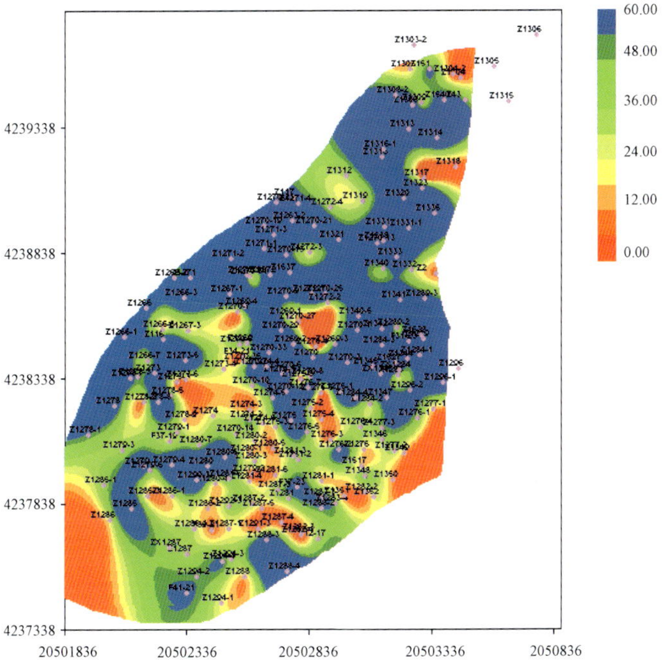

彩图 18 （说明见正文第 251 页图 8-20）

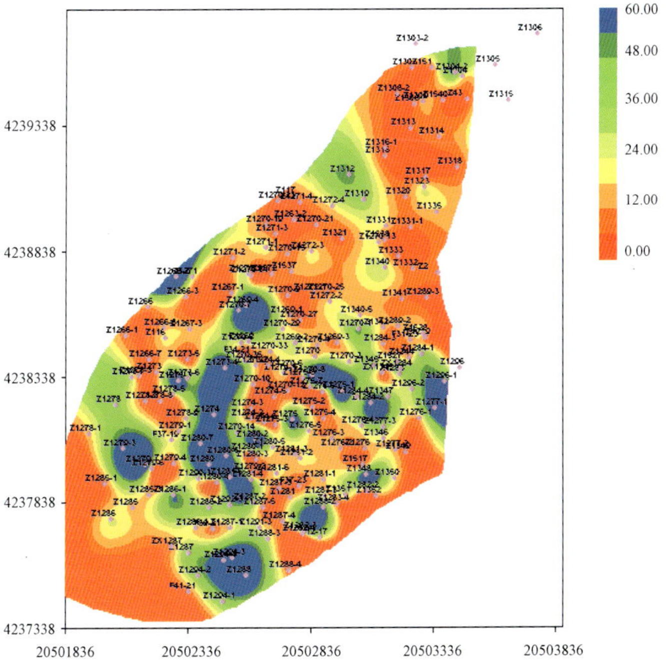

彩图 19 （说明见正文第 251 页图 8-21）

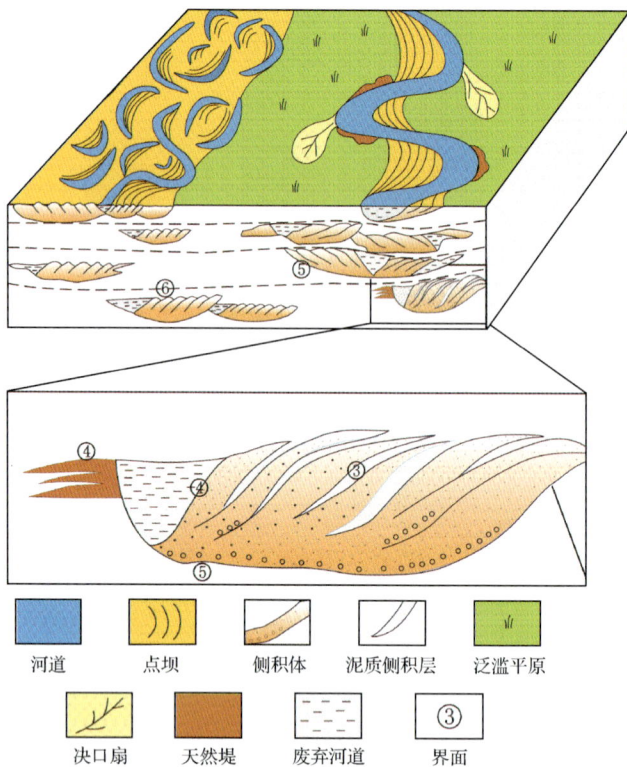

河道	点坝	侧积体	泥质侧积层	泛滥平原

决口扇	天然堤	废弃河道	③ 界面

彩图 20 （说明见正文第 254 页图 8-22）

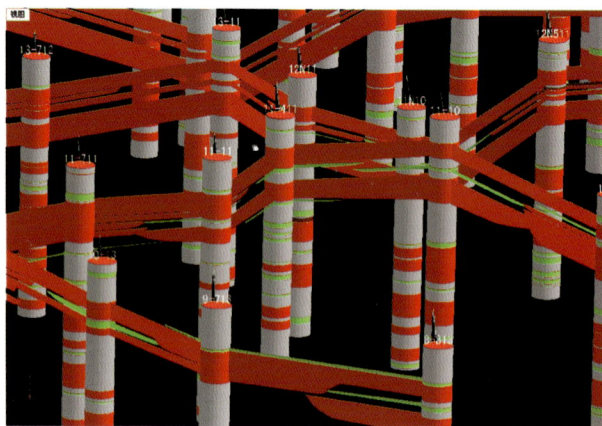

河道砂体	溢岸砂体	泛滥平原

彩图 21 （说明见正文第 256 页图 8-23）

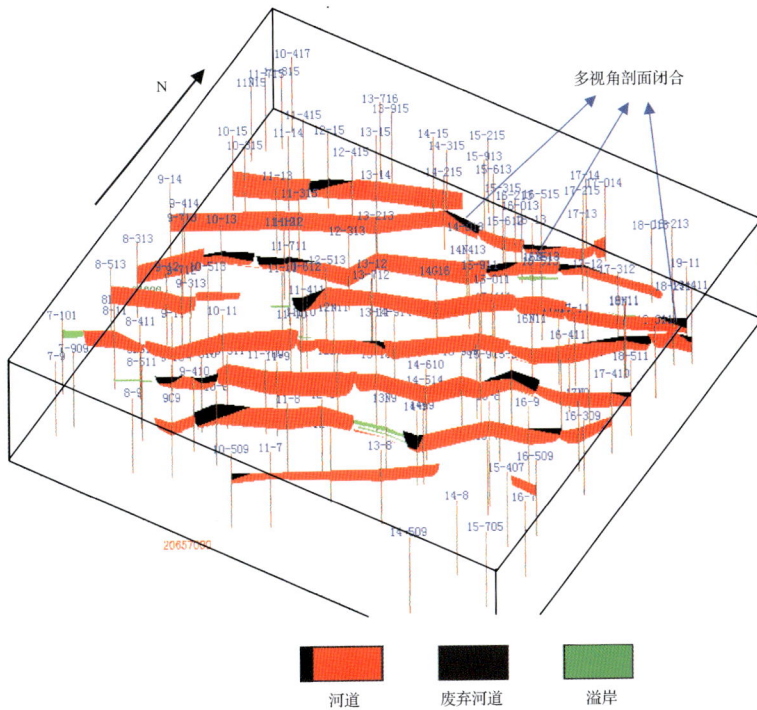

彩图 22 （说明见正文第 260 页图 8-27）

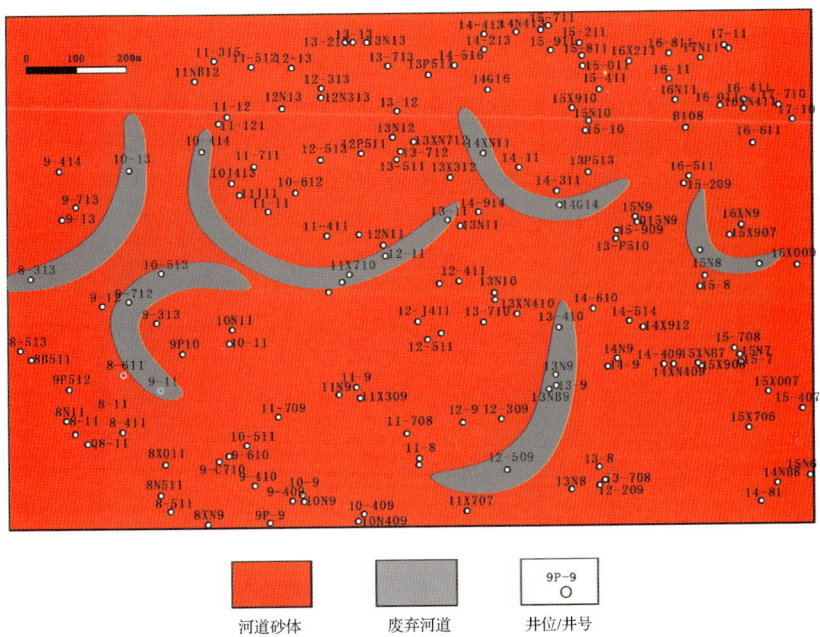

彩图 23 （说明见正文第 261 页图 8-28）

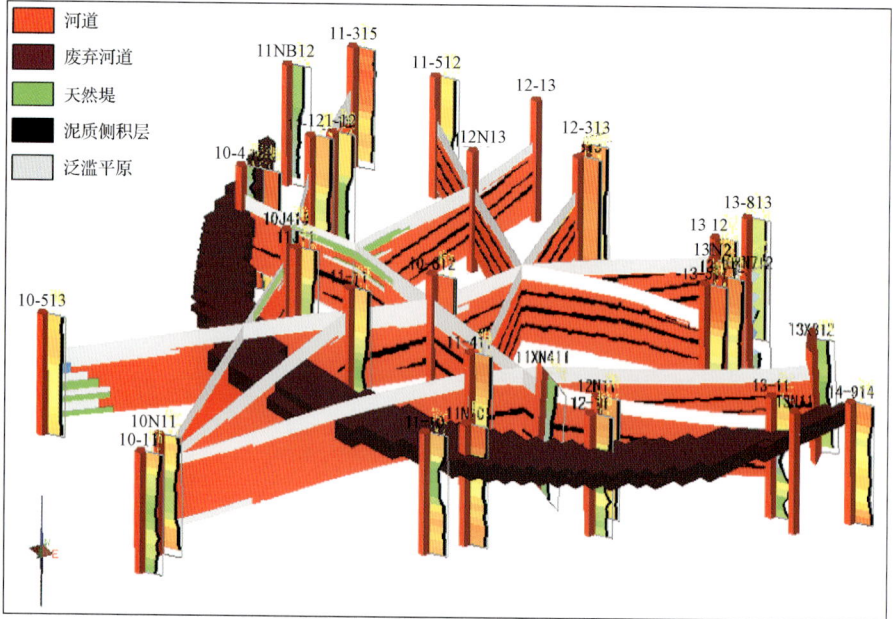

彩图 24 （说明见正文第 262 页图 8-29）

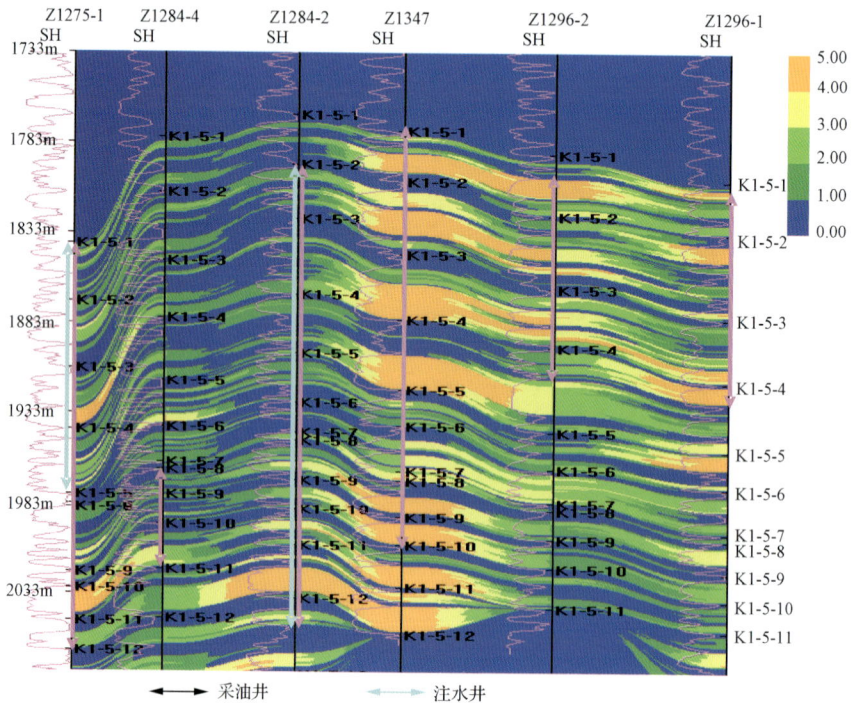

彩图 25 （说明见正文第 275 页图 8-31）

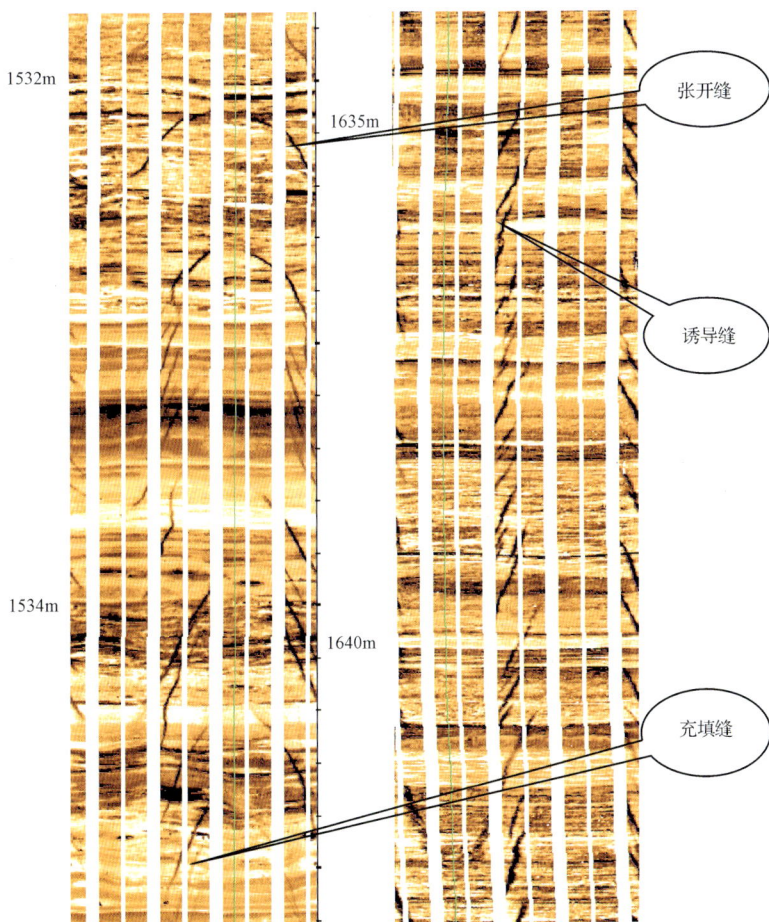

1532m

1635m

张开缝

诱导缝

1534m

1640m

充填缝

彩图 26 （说明见正文第 298 页图 8-36）

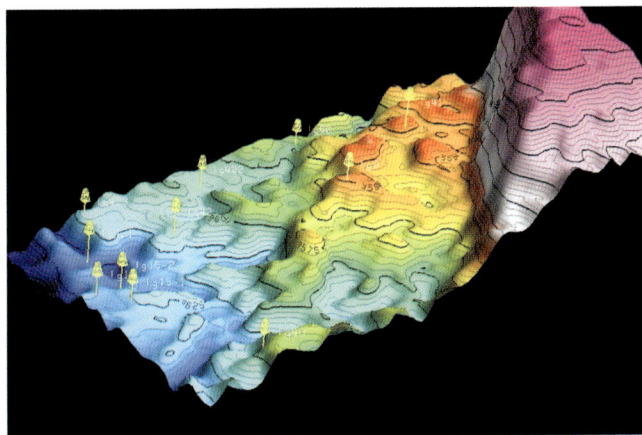

彩图 27 （说明见正文第 311 页图 8-37）

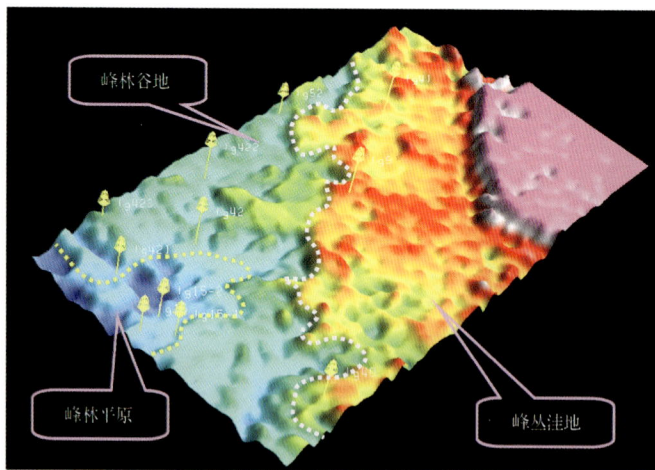

彩图 28 （说明见正文第 315 页图 8-42）

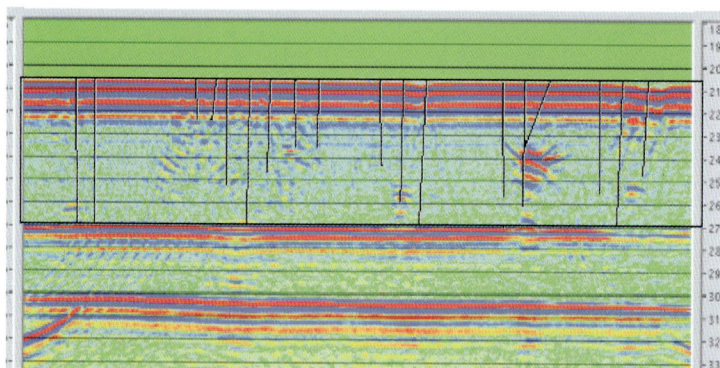

(a) 只有断层而无洞穴发育的二维偏移记录剖面（彩色显示）

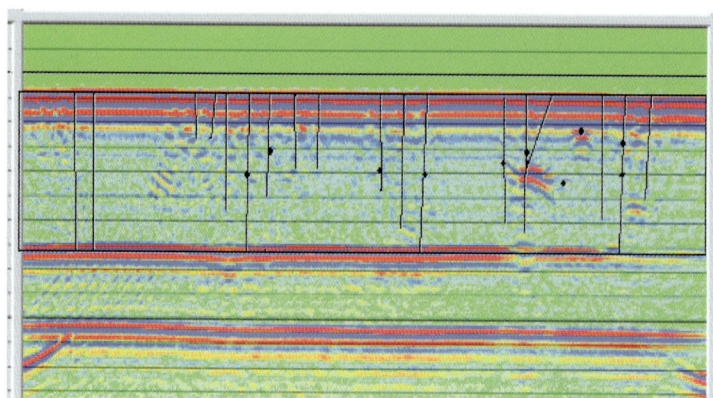

(b) 既有断层又有洞穴发育的二维偏移记录剖面（彩色显示）

彩图 29 （说明见正文第 319 页图 8-44）

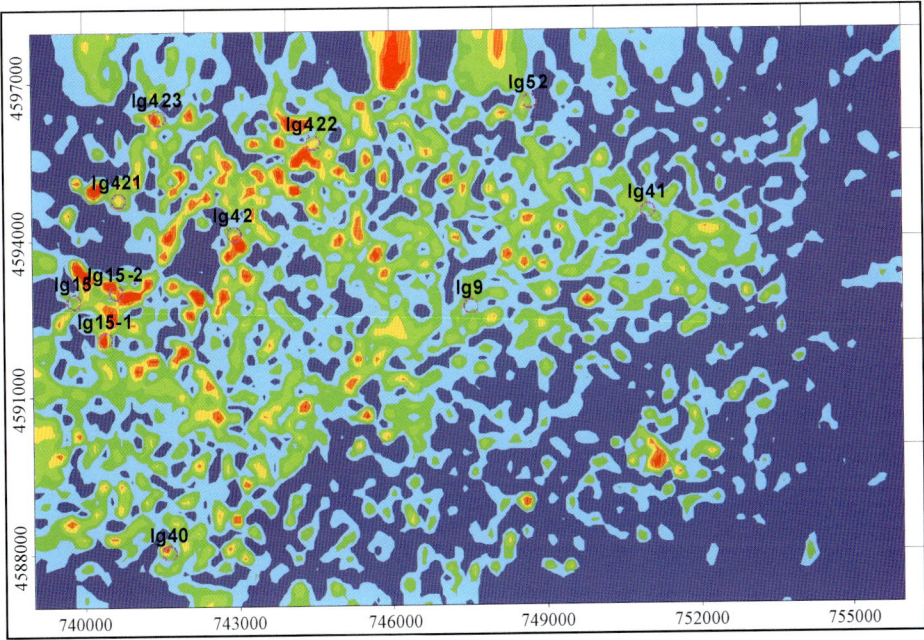

彩图 30 （说明见正文第 324 页图 8-48）

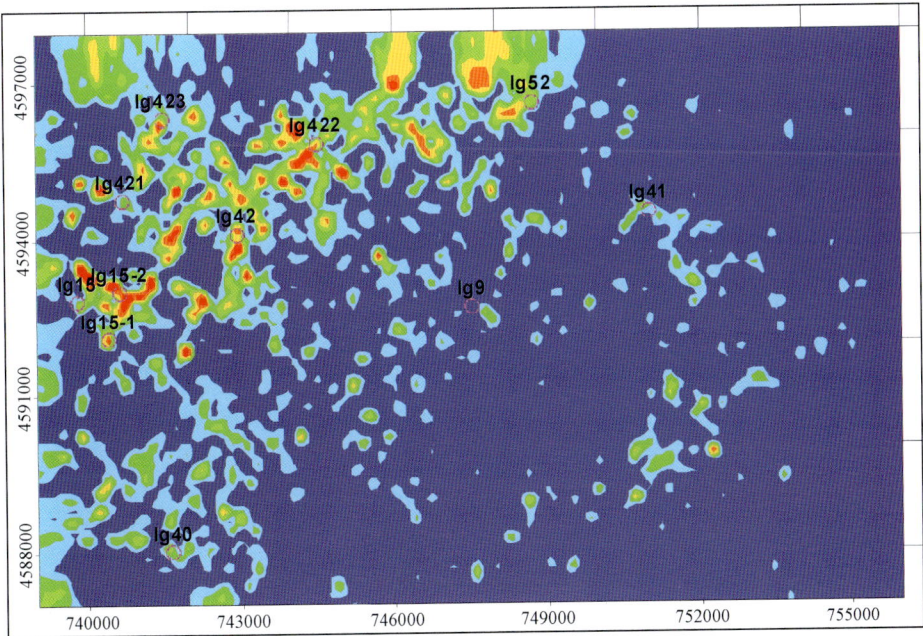

彩图 31 （说明见正文第 324 页图 8-49）

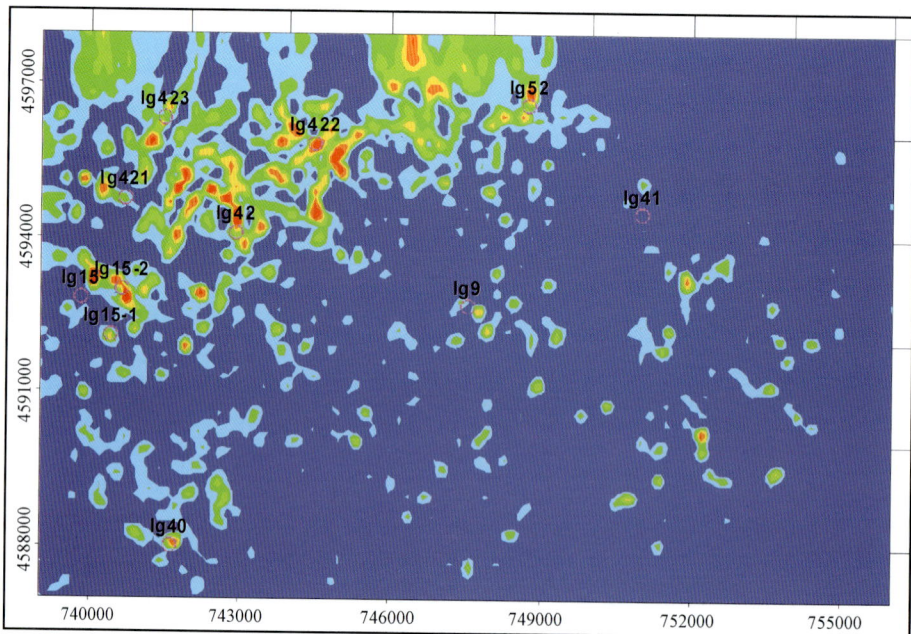

彩图 32 （说明见正文第 325 页图 8-50）

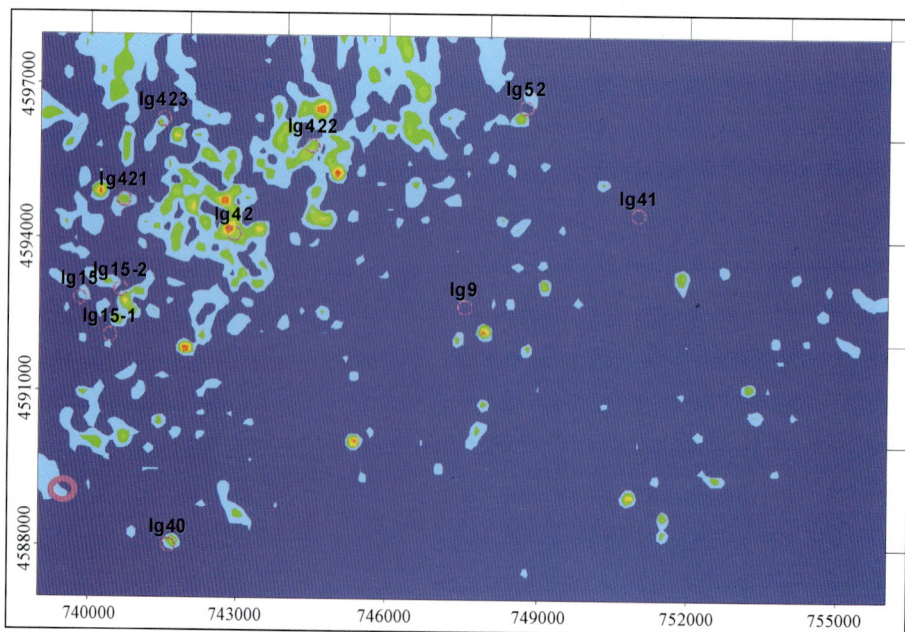

彩图 33 （说明见正文第 325 页图 8-51）

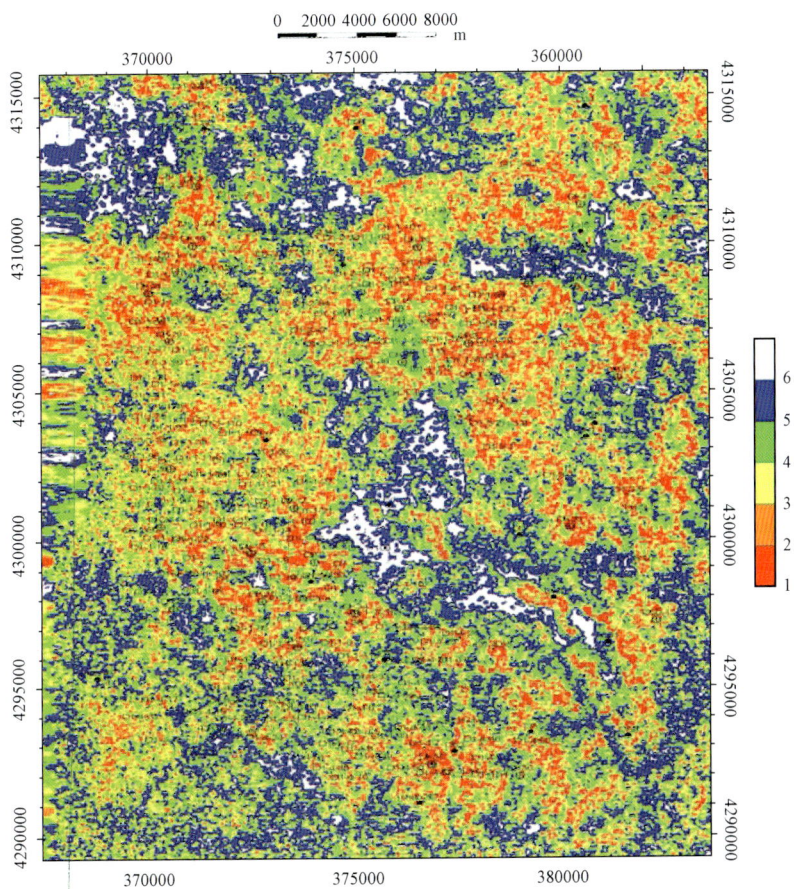

彩图 34 （说明见正文第 402 页图 9-24）

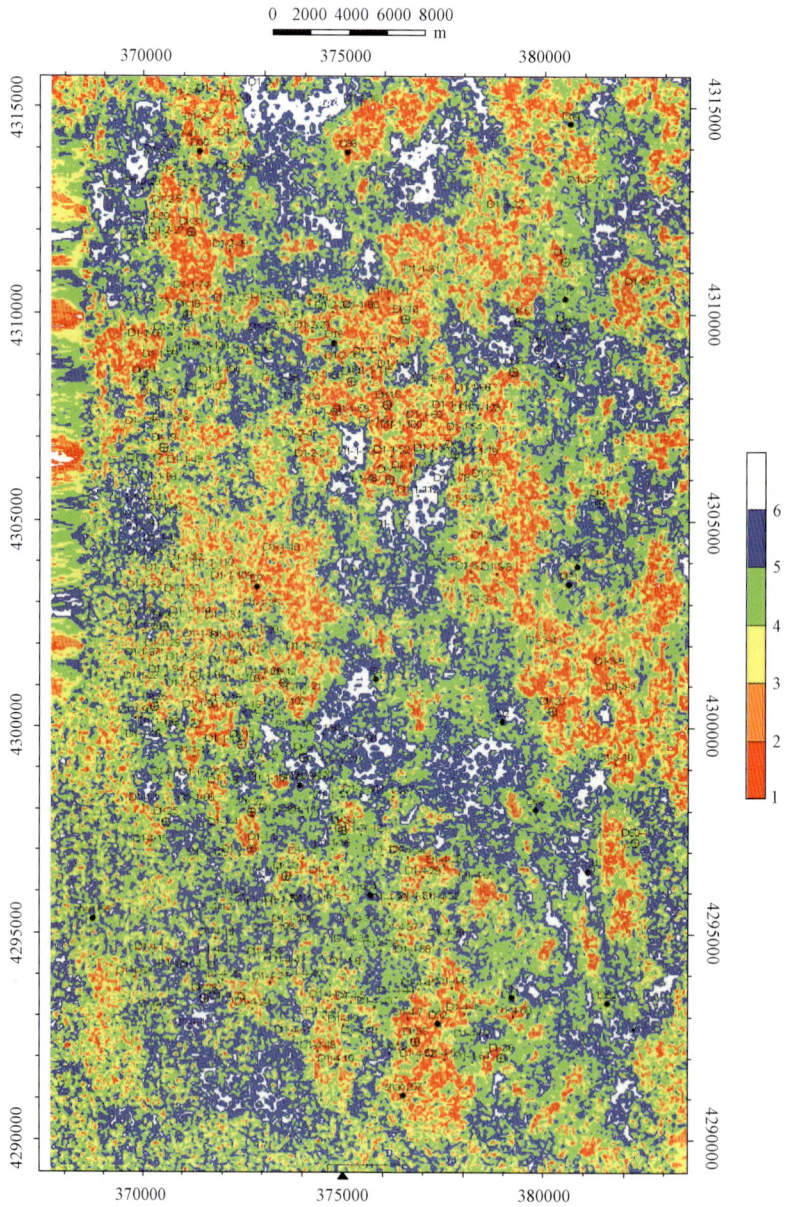

彩图 35 （说明见正文第 403 页图 9-25）

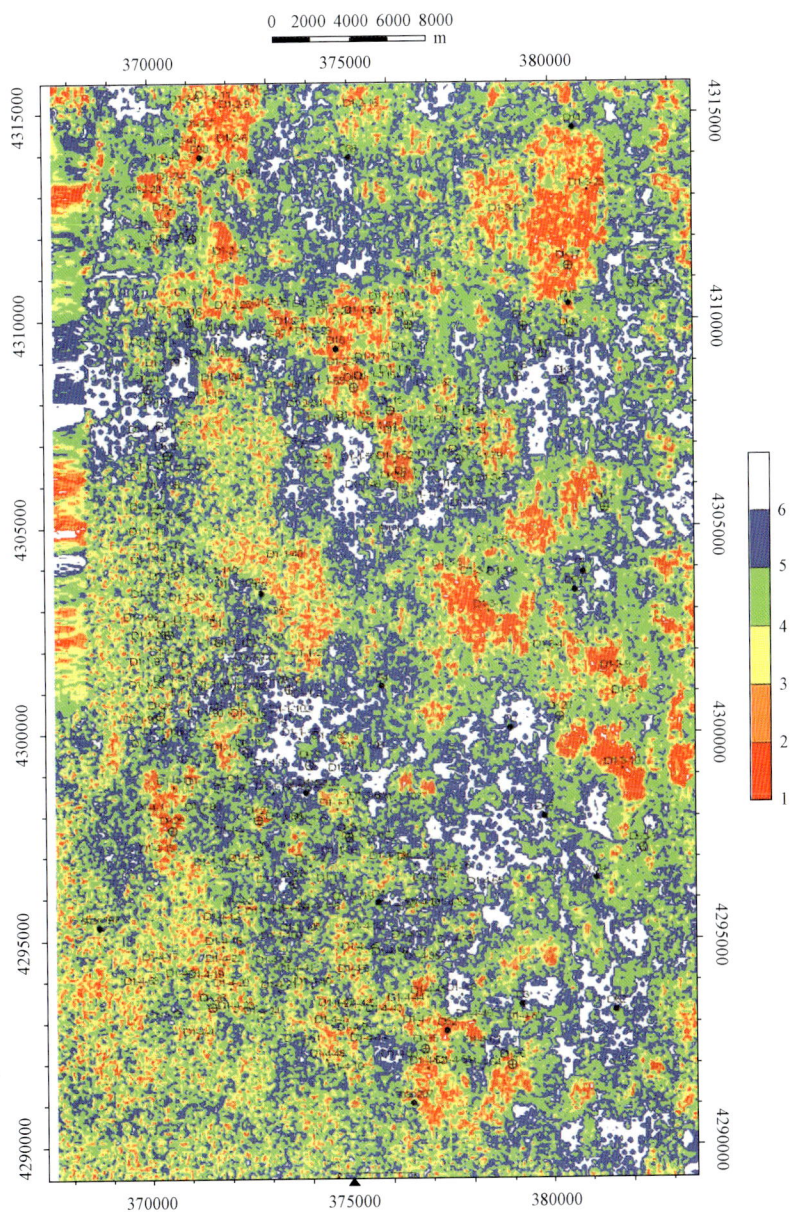

彩图 36 （说明见正文第 404 页图 9-26）

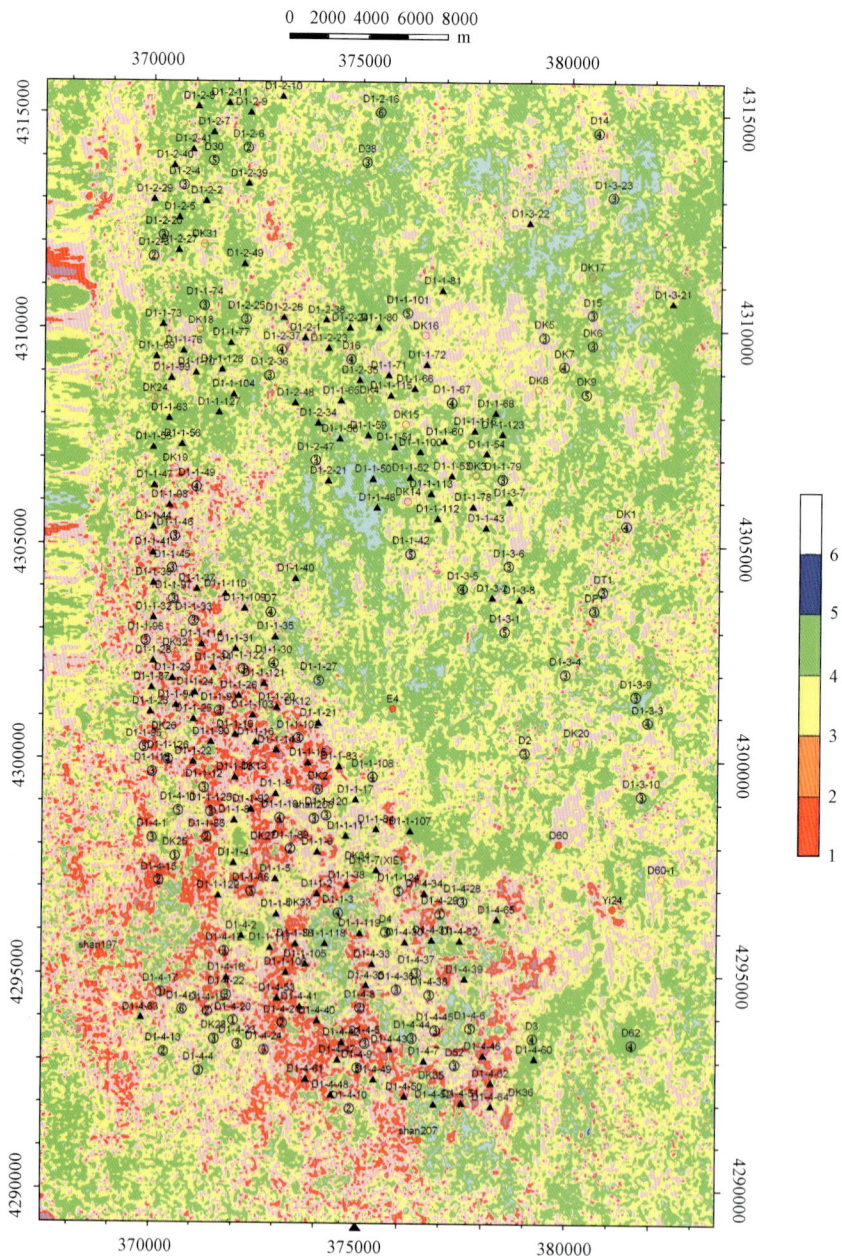

彩图 37 （说明见正文第 405 页图 9-27）

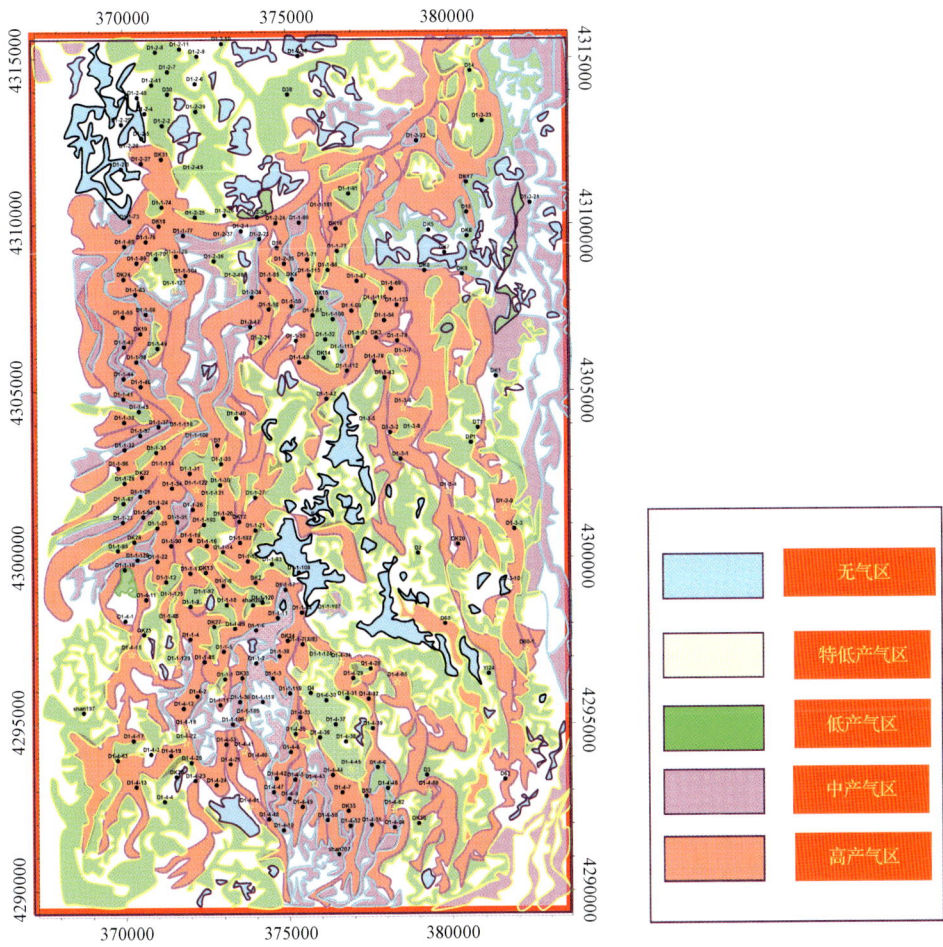

彩图 38 （说明见正文第 406 页图 9-28）

图例：
无气区
特低产气区
低产气区
中产气区
高产气区

(a) H_4^{1-1}

(b) H_4^{1-2}

(c) H_4^{1-3}

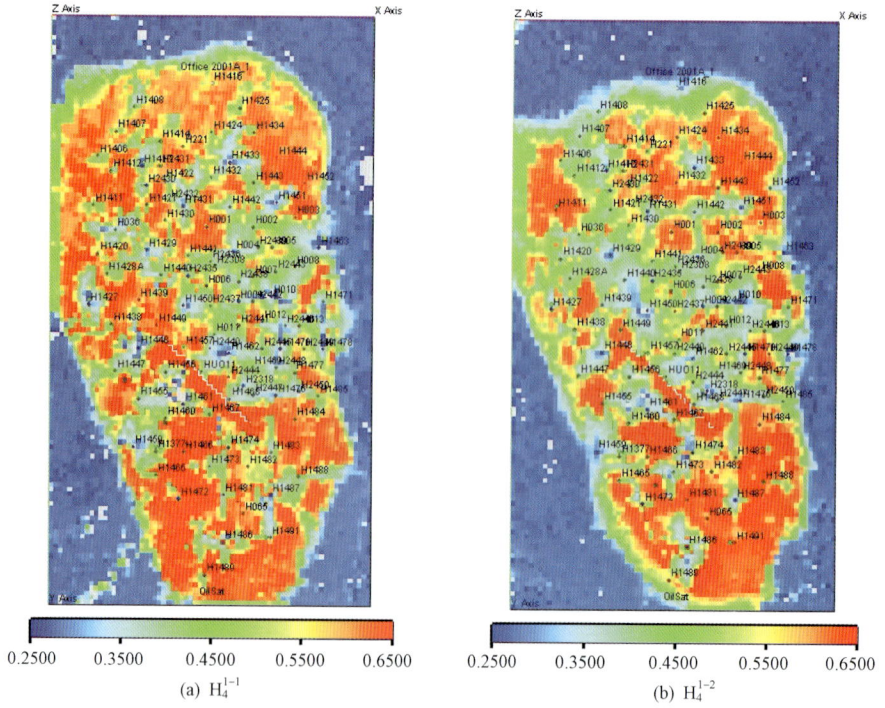

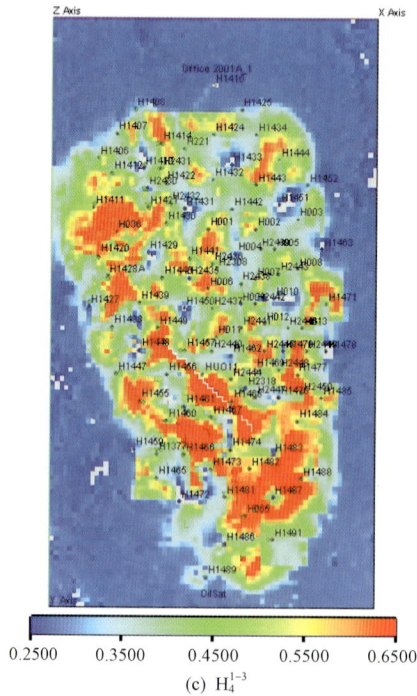

彩图 39　（说明见正文第 525 页图 11-17）

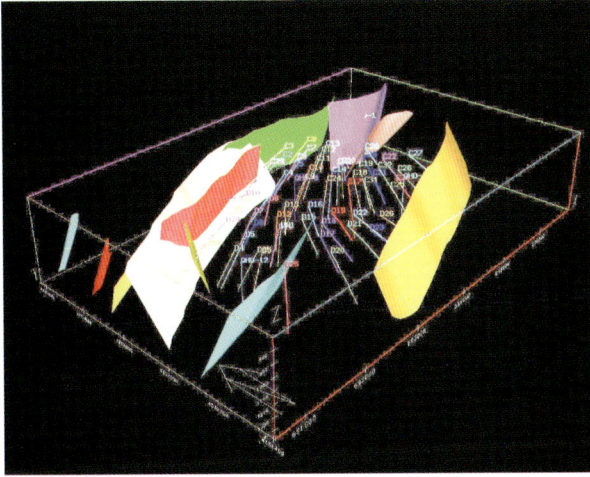

彩图 40 （说明见正文第 527 页图 12-1）

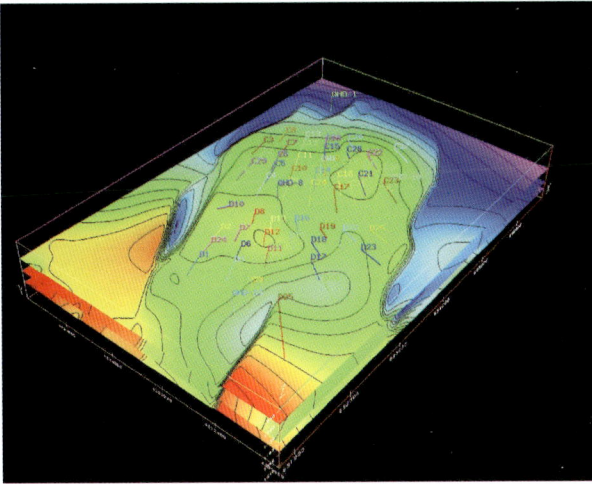

彩图 41 （说明见正文第 528 页图 12-2）

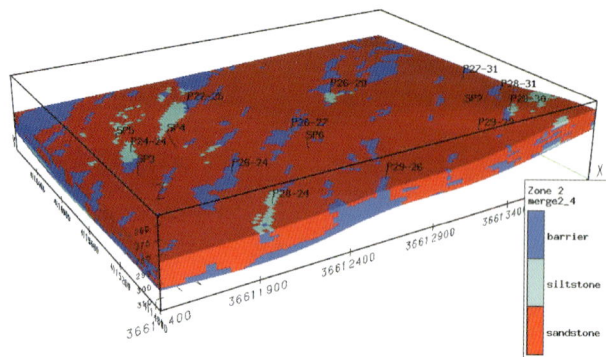

彩图 42 （说明见正文第 528 页图 12-3）

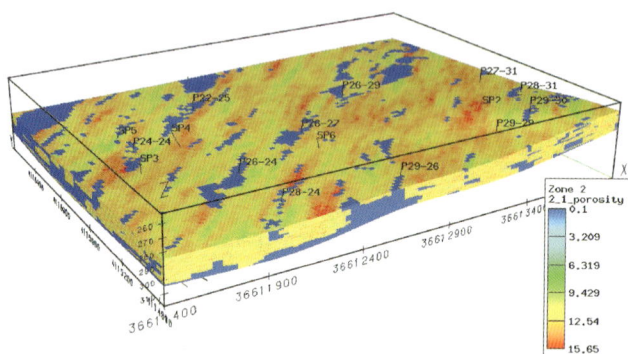

彩图 43 （说明见正文第 528 页图 12-4）